# HISTORISCHE
# GRAMMATIK
DES
# KILIKISCH-ARMENISCHEN

VON

DR. JOSEF KARST.

STRASSBURG
VERLAG VON KARL J. TRÜBNER
1901.

MEINEM VEREHRTEN LEHRER

HERRN

PROFESSOR DR. H. HÜBSCHMANN

IN DANKBARKEIT

GEWIDMET.

# Vorwort.

Die bisherigen Grammatiken des Altarmenischen, von denen mehrere — wie z. B. Bagratuni's große Grammatik — wirklich hervorragende Leistungen in ihrer Art darstellen, zeigen neben all ihren Vorzügen fast ausnahmslos auffallenden Mangel an Kritik. In der Regel wird darin ein gewaltiges, den verschiedensten Denkmälern, sowohl gedruckten als handschriftlichen, entnommenes Sprachmaterial aufeinandergestapelt, ohne streng wissenschaftliches System, ohne historische Kritik, wonach das Jüngere vom Älteren geschieden würde, so dass zeitlich getrennte und ganz verschiedenen Sprachphasen angehörige Formen als gleichberechtigte nebeneinandergestellt und mit dem gemeinsamen Prädikate »classisch« oder »altarmenisch« belegt werden. Diese Kritiklosigkeit ist jedoch im Grunde vollauf begreiflich und zu entschuldigen: sie war gewissermaßen bedingt als notwendige Folge des mangelhaften Zustandes der sprachlichen Überlieferung, der Unsicherheit der Chronologie der einzelnen Denkmäler, sowie namentlich der Unkenntnis und Unbeachtung der nachclassischen Vulgärlitteratur. Erst in den letzten Jahrzehnten führte das eingehendere Studium der Manuskripte, der Versuch chronologischer Fixierung der verschiedenen Sprachdenkmäler, sowie namentlich die Mitteilung größerer nichtclassischer Vulgärtexte hierin einen Umschwung herbei. Und zwar darf derselbe fast ausschließlich als das Werk der Wiener Mechitharisten betrachtet werden. Zunächst wurde in diesem Gelehrtenkreise durch Katalogisierung der armenischen Denkmäler über die vorhandenen Sprachschätze orientiert und so deren Studium erleichtert; man denke an die musterhaften wissenschaftlichen Kataloge armenischer Handschriften von P. G. Kalemkiar und zumal von P. J. Dashian. In linguistischer Hinsicht ragen aus demselben Kreise namentlich zwei Männer hervor: der als Grammatiker rühmlichst bekannte P. A. Aidynian und P. L. Hunanian. Aidynian war einer der ersten, der auf das Vorhandensein eines vulgärsprachlichen Elements in der späteren Litteratur mit Nachdruck hinwies; seine im J. 1866 erschienene »Kritische Grammatik der modernen armenischen

Sprache« bezeichnet geradezu einen Wendepunkt in der armenischen Philologie: mit großer Schärfe und kritischem Verständnisse wird in der sprachhistorischen Einleitung zu dieser Grammatik das nichtclassische Sprachgut vom classischen geschieden und die Existenz einer selbständigen mittelarmenischen Vulgärsprache, die hier als *հին ռամկօրէն* oder auch *նախնեաց ռամկօրէն* bezeichnet wird, nachgewiesen. Daran schlossen sich in neuester Zeit P. L. Hunanian's »Forschungen über die alte Vulgärsprache« Wien 1897, ein großartig angelegtes Werk, das jedoch Torso geblieben ist und in den vorliegenden zwei ersten Bänden wesentlich eine gelehrte Kompilation mittelarmenischer Vulgärtexte bietet: also mehr eine litterarhistorische, quellenkritische als eigentlich linguistische Arbeit. Auch Aidynian's ausgezeichnete kritische Grammatik fand bei den abendländischen Gelehrten nicht die gehörige Beachtung und Würdigung; war es doch in erster Linie eine Grammatik des Neuarmenischen, zudem in neuarmenischer Sprache verfasst, die den mittelarmenischen Sprachstoff mehr sekundär und nach allgemeinen Gesichtspunkten hin betrachtet, kein systematisches adäquates Gesamtbild des Mittelarmenischen oder eines bestimmten mittelarmenischen Dialekts geben will, sondern vielmehr eine historisch geordnete Zusammenstellung der auffälligsten Vulgarismen, so wie sie in den verschiedenen Quellen von der frühesten Zeit ab bis ausgangs der mittelarmenischen Periode hervortreten.

Im Anschluss an diese Vorarbeiten wird mit vorliegendem Werke zum ersten male die vollständige grammatische Rekonstruktion jener längst verschollenen mittelarmenischen Sprachphase in Angriff genommen, und zwar speziell an dem hervorragendsten, allein näher bekannten mittelarmenischen Idiome, dem Kilikischen; ein, wie mir nur zu wohl bewusst ist, keineswegs leichtes Unternehmen: galt es doch, bei dem sehr rudimentären Charakter der Vorarbeiten, zunächst erst das gesamte Rohmaterial auf Grund zuverlässiger Quellen zu sammeln und zu sichten. Dass dies mit möglichster Gründlichkeit und Kritik erstrebt worden ist, wird hoffentlich ein Blick in diese Grammatik lehren. Aus dem Stoffe selbst sollte das Werk hervorwachsen, nicht auf luftige Hypothesen sich gründen. Der eigentliche Aufbau des Werkes geschah nach folgenden Gesichtspunkten: die Darstellung sollte eine sprachgeschichtliche, keine sprachvergleichende werden; auf irgend welche verwandte indogermanischen Dialekte zurückzugehen, ist daher prinzipiell vermieden worden; Sprachvergleichung gehört in das Gebiet des Altarmenischen, nicht in dasjenige des Mittelarmenischen; nicht auf dem Grunde der indogermanischen Ursprache, sondern nur auf dem des Altarmenischen kann sich das kilikische Sprachgebäude sicher und fest erheben. Ebendeshalb ist nur selten und ausnahmsweise auf das Urarmenische Rücksicht genommen.

Wurden so einerseits möglichst die Wurzeln und Ursprünge zu ergründen gesucht, woraus das Mittelarmenische hervorgegangen, so ist andrerseits die Entwickelung der mittleren Sprache in ihren verschiedenen Abstufungen zum Neuarmenischen nicht minder angelegentlich verfolgt worden. Ist doch gerade für das Neuarmenische die Erforschung der mittleren Sprache von größter Wichtigkeit. Die neuarmenische Dialektologie hat seit längerer Zeit eine rege Thätigkeit entwickelt. Abgesehen von älteren Arbeiten, sei hier nur hingewiesen auf die trefflichen Monographieen von Hanusz über das Polnisch-Armenische, von Sargsianç über den Dialekt von Agulis, von Mserianç über den Dialekt von Mush, von Thomson über die Dialekte von Achalzich und von Tiflis. Dass diese an sich bereits sehr tüchtigen Leistungen noch an Bedeutung gewinnen im Lichte des Mittelarmenischen, ist klar. Die modernen Dialekte fußen samt und sonders auf dem Mittelarmenischen: infolge genauerer Kenntnis des letzteren wird daher mancher bisher dunkle Punkt auf dem Gebiete der modernen Sprache beleuchtet werden und schwinden. Namentlich wird eine künftige vergleichende Grammatik der neuarmenischen Mundarten sich auf das Mittelarmenische stützen müssen.

Hinsichtlich seiner äußeren Anlage und Einrichtung trägt vorliegendes Werk den Charakter seiner successiven Genesis deutlich an sich selbst. Die für den ersten Teil noch weniger reichlich fließenden Quellen wurden für den zweiten Teil derart erweitert und verstärkt, dass sich neue Gesichtspunkte erschlossen und völlig neue, zum teil von den früheren abweichende Resultate hinsichtlich der sprachgeschichtlichen Stellung des Kilikisch-Mittelarmenischen ergaben. Diese Ergebnisse konnten, da sie mehr allgemeiner Natur waren und nicht sowohl die eigentliche Grammatik als vielmehr die Einleitung zu derselben betrafen, ohne Störung im Gange der

Grammatik füglich in einer zweiten Einleitung zum zweiten Teile niedergelegt werden. Ist das Werk so auch nicht ganz aus einem Gusse, so bleibt desungeachtet doch die Einheit des Ganzen wesentlich gewahrt. Für sonstige Unebenheiten und Unvollkommenheiten rechne ich auf wohlwollende Nachsicht, die kaum irgendwo mehr in Anspruch genommen werden dürfte als für diese Arbeit auf dem neuen, jüngst noch brachliegenden Gebiete des Mittelarmenischen.

Mehrfach ist im Laufe der Ausführungen Bezug genommen und verwiesen auf das in Vorbereitung befindliche in engem Zusammenhang mit dieser Grammatik stehende mittelarmenische Wörterbuch, welches anfangs als Glossar geplant der Grammatik angehängt werden sollte, nun aber separat erscheinen und zugleich die Stelle eines Index zur Grammatik vertreten wird.

Zum Schlusse bleibt mir noch die angenehme Pflicht, an dieser Stelle allen denen meinen öffentlichen Dank auszusprechen, die zur Herstellung des Werkes beigetragen haben. Zunächst zolle ich meinen tiefgefühlten unterthänigsten Dank dem Kaiserlichen Statthalter von Elsass-Lothringen, Seiner Durchlaucht Fürsten zu Hohenlohe-Langenburg, welcher in liberalster Weise eine Beihülfe zum Drucke mir zu bewilligen gnädigst geruht hat. Dank auch den gelehrten Mitgliedern der armenischen Mechitharistenkongregationen zu Venedig und zu Wien, die mir bereitwilligst und freundlichst ihre reichen Bibliotheken zur Verfügung gestellt und auch in mündlichem Verkehr mir lehrreiche Förderung verschafft haben. Namentlich gebührt mein lebhaftester Dank meinem verehrten Lehrer im Armenischen, dem hervorragenden Armenisten und Sprachforscher Herrn Professor H. Hübschmann. Er, dessen bahnbrechende Forschungen auf dem Gebiete der armenischen Linguistik auf unabsehbare Zeit nachwirken werden, er war es auch, der die Anregung zu diesem Werke gegeben, dessen Ausführung er zum Teil noch überwachte und auf liebenswürdigste Weise förderte; mit seinem Namen geschmückt übergebe ich diese mittelarmenische Grammatik der Öffentlichkeit.

Straßburg, im Oktober 1900.

Dr. **J. Karst.**

# Inhaltsverzeichnis.

# FORMENLEHRE.

## Anhang:

## Exkurs.

# Berichtigungen.

S. 6 Z. 20 lies **allzuferner** statt **allzufernen**.

S. 19 Z. 5 lies *botl̤er* st. *bodl̤er*.

S. 23 Z. 18—19 lies ձեռնայգրեց st. ձեռնայդրեց.

S. 24 Rdn. 1) Z. 4 lies կու գայր st. կու դայր.

S. 25 Z. 8 lies *badv* (pl.), *badvī* und *badavī* (sg.) st. *badū* (pl.).

S. 28 Z. 23 lies փաղչող *ṗayčoγ* st. փաղչոլ *ṗayčol*.

S. 31 Rdn. 1) lies Siehe auch unten § 29 st. Siehe auch unten unter »Transskriptionen«.

S. 32 Z. 4 v. u. streiche in այտի für cl. *այդի.

S. 35 Rdn. 2) Z. 2 lies (յ)աջողութիւն st. (յ)աջուղութիւն.

S. 40 Z. 10 lies *hāǰib* st. *hǰāib*.

S. 44 Z. 15 streiche den Satz: ծխի *jxi* (*jəxi*) Gen. v. ծախ H. 221—223.

S. 44 Z. 17 v. u. füge nach *lavutʿiun* noch ein: *asaçek̔*.

S. 46 Rdn. 1) Z. 2 lies **Agulis** st. **Augulis**.

S. 50 Z. 18—19 lies *beril*, *berim*, *berink̔* st. *bəril*, *bərim*, *bərink̔*.

S. 53 Z. 1 v. u. lies *pardə* st. *parde*.

S. 54 Z. 7 lies *angišeṙ* st. *angišʿeṙ*.

S. 55 Z. 17 lies *angəšeṙ* st. *angəšʿeṙ*.

S. 55 Z. 9 v. u. lies *čə-pr̈nes* st. *če-pr̈nes*.

S. 55 Z. 7 v. u. lies *čə-das* st. *če-das*.

S. 57 Rdn. 1) Z. 5 lies հող st. հօղ.

S. 57 Rdn. 1) Z. 5 lies *$h^u$eγ* st. *$h^u$eg*.

S. 58 Z. 13 lies անլսըրդութիւն st. տնլսըրդութիւն.

S. 63 Z. 4 v. u. füge zu պատրոյկ noch bei: պատրոյգ.

S. 63 Z. 3 v. u. lies գոյգ st. գոյք.

S. 65 Z. 10 lies այրոյն st. տյրոյն.

S. 65 Rdn. 2) Z. 3 streiche den Satz: kl. Հարուն *harun* »Schlag, Ausschlagen der Pferde« aus älterem *Հարիւն *hariun* (vgl. բախիւն Schlag).

S. 66 Z. 1 lies **wurde gesehen** st. **sah**.

S. 66 Z. 3 v. u. lies ծառայութիւն st. ծառտյութիւն.

S. 67 Z. 5 lies ծերութիւն st. ծեռութիւն.

S. 67 Z. 11 lies փառաբանութիւն st. պառաբանութիւն.

S. 74 § 84 Z. 8 ff. zu ändern nach Einleitung S. 126 Z. 7 ff.
S. 75 Z. 1 v. u. lies *anbad'eh* st. *anbed'eh*.
S. 80 Z. 16 lies *բարձր* st. *գարձր*.
S. 81 Z. 22 lies *gark* st. *kark*.
S. 86 Rdn. Z. 2 v. u. lies *սնտիկ* st. *ոնտիկ*.
S. 87 Z. 15 lies *k̄ayakʿ* st. *k̄agakʿ*.
S. 93 Z. 20 lies *ṡyor* st. *syor*, und *ṡuy* st. *suy*.
S. 101 Z. 14 lies *անձ-ս* st. *տնձ-ս*.
S. 102 Z. 14 lies *մեռնիմ* st. *մեռնին*.
S. 104 Z. 7 v. u. lies Konsonantismus st. Konsoantismus.
S. 106 Rdn. 1) a Z. 3 lies *գոյանել* st. *պոյանել*.
S. 107 Z. 8 lies *heṙeçnem* st. *heṙecnem*.
S. 107 Z. 9 lies *heṙaçuçanem* st. *heṙaçucanem*.
S. 111 Z. 9 lies ihre st. seine.
S. 112 Z. 2 lies *մ՛ այլ* st. *մ՛ այղ*.
S. 117 Z. 14 v. u. lies *մոյսկատա* st. *մոյսկատա*.
S. 127 S. 14 v. u. lies *č* st. *ǰ*.
S. 173 Z. 14 v. u. lies *փոս* st. *խոս*.
S. 204 Z. 19 lies Hand st. Buch, resp. Hände st. Bücher.
S. 219 Rdn. 1) Z. 8 v. u. lies *io̱tʿn* (*io̱tʿən*) st. *io̱tn* (*io̱tən*).
S. 223 Z. 7 v. u. lies ضَرْبَة *ḍarba* st. ضَرْب *ḍarb*.
S. 292 Z. 5 lies *արգելում* st. *տրգելում*.
S. 294 S. 9 lies *կեցցնիլի* st. *կեցցիլի*.
S. 322 Rdn. 2) Z. 4 v. u. lies Amiratʿ st. der Emir.
S. 357 Z. 3 lies *hiṡaj* st. *hiṡay*.
S. 359 Z. 17 lies *ǰeyk̄aj* st. *ǰeygaj*.
S. 377 Z. 14 v. u. lies *չլոսէին* st. *չլոսէին*.

Vgl. außerdem auch die Einleitung zum II. Teile S. 115 ff. sowie die »Nachträge und Erweiterungen« am Schlusse der Grammatik.

# EINLEITUNG.

Gegenüber der reichen dialektischen Gliederung des Neuarmenischen, dessen zahlreiche Mundarten in zwei Hauptgruppen, Ost- und Westarmenisch[1], zerfallen, stellt das Altarmenische, so wie es uns in der Litteratur entgegentritt, eine geschlossene Einheit dar. Obschon nun aber die altarmenische Litteratur der Sprache nach eine einheitliche, nicht wie z. B. die althochdeutsche eine dialektisch gespaltene ist, so lassen sich doch an einer bestimmten Reihe von Schriftstellern nichtklassische Spuren nachweisen, namentlich auffallende Eigentümlichkeiten der Flexion, die der gewöhnlichen Litteratursprache fremd sind, wie die Pluralformen auf *-եար -ear* und auf *-անի -ani*[2]: es sind dies ebensoviele fremde Eindringlinge in die strengklassische Sprache, welche aus einem gleichzeitigen lebenden Volks- oder Vulgäridiom hervorgegangen sein müssen.

Ist nun auch dieser seit der frühesten Zeit des litterarischen Lebens sich kundgebende vulgärsprachliche Einfluss in stetem unaufhaltsamen Wachsen begriffen, so spielt immerhin in dem Zeitraume vom 5.—10. Jahrhundert das vulgärsprachliche Element noch eine sekundäre, untergeordnete Rolle. Die klassische Sprache war freilich schon längst vor dem 10. Jahrh. zur toten

---

1) Lautlich unterscheiden sich Ost- und Westarmenisch durch die II. armen. Lautverschiebung, wonach Westarmenisch die alten Tenues: *p, t, k, c, č* zu den entsprechenden Mediae, die alten Mediae: *b, d, g, j, ǰ* zu den entsprechenden Tenues geworden sind, während das Ostarmenische den alten Lautstand beibehält. Über die sonstigen Trennungspunkte beider Dialektgruppen vgl. WZKM 1, 182 f. sowie Patk. Dial. S. 16 ff.

2) Ausführlich handelt hierüber Aidynian's »Kritische Grammatik« I, S. 61—120.

Sprache herabgesunken: gleichwohl hatte sie sich behauptet als allgemeine, durch die Tradition geheiligte Litteratursprache, gleichsam als ein Erbgut der armenischen Nation. Dieser anormale Zustand konnte unmöglich auf die Dauer bestehen bleiben. Als nun im 11. Jahrh. unter der Dynastie der Rupeniden in Kilikien ein neues, nationalarmenisches Königreich erstanden, und der Schwerpunkt der Nation von dem alten Stammlande hierher übertragen war, da erwachte mit der politischen Wiedergeburt zugleich ein regeres geistiges Leben. Wie mit so mancher veralteten Tradition gebrochen wurde, so wurden auch die Fesseln der alten toten Litteratursprache abgestreift, die fürderhin fast ausschliesslich als Gelehrten- und Kirchensprache gebraucht wird, als welche sie bis heute fortlebt. Nun erscheint zum ersten Male eine volkstümliche Litteratur, deren Sprache ihrem Grundstocke nach die zeitgenössische im Volksmunde lebende ist, namentlich in Schriften, die auf das nationale und Volksleben, auf Rechtswesen, Ackerbau, Medizin, Verwaltung, Handel und Verkehr Bezug haben. Solche Schriften sind: Mechitar Heraçi, »Trost für Fieber« (a. 1184), Geoponica (13. Jahrh.?), Syrisch-Römisches Rechtsbuch (13. Jahrh.?), Chronik Smpad's (13. Jahrh.), desselben »Assisen von Antiochien« (13. Jahrh.), desselben vulgärarmenische Bearbeitung des Gesetzbuches von Mechitar Goš (13. Jahrh.); zahlreiche Medizinalhandschriften, Aktenstücke der kilikischen Kanzlei u. s. w. Zwar ist das klassische Element noch nicht völlig aus dieser Litteratur ausgeschieden[1]), namentlich aus der älteren: es verschwindet jedoch und kommt nicht mehr zur Geltung neben der Masse des vulgärsprachlichen Materials. Letzteres hebt sich gleichermaßen vom Alt- wie Neuarmenischen ab und stellt eine besondere Sprachphase dar, die als Mittelarmenisch bezeichnet werden muss.

Mittelarmenisch nennen wir demnach die Uebergangsperiode zwischen Alt- und Neuarmenisch, in der das Altarmenische in phonetischer Hinsicht seine ursprüngliche Fülle eingebüßt und merkliche Abschleifungen erlitten hat, zumal durch den Schwund von *a* in den mittleren Silben, die großenteils

*) Ueber das Verhältnis des volkssprachlichen und des klassischen Elementes in dieser Litteratur vgl. L. Hunanian, »Studien über das Altvulgärarmenische« I und II, Wien 1897.

schon vollendete Monophtongisierung der Diphtonge und die Verschiebung der Konsonanten durch die II. armenische Lautverschiebung, während in morphologischer Beziehung namentlich durch das Princip der Übertragung und Angleichung der Formen durchgreifende Neuerungen eingetreten sind. Die mittelarmenische Periode beginnt etwa mit dem 10. Jahrh. und reicht annähernd bis zum 15. Jahrh., mit dem die Periode des Neuarmenischen einsetzt, das sich nun wieder durch bestimmte Merkmale vom Mittelarmenischen scheiden lässt[1]).

Wenn nun auch im Gegensatz zu Alt- und Neuarmenisch und hinsichtlich der es vor diesen beiden Sprachphasen kennzeichnenden gemeinsamen Characteristica das Mittelarmenische als ein zusammengehöriges Ganze erscheint, so stellt es doch keineswegs eine einheitliche Sprache dar, sondern zeigt bedeutende dialektische Nüancen. So unterscheidet sich die Sprache Mechitar Heraçi's von der des Smpad durch folgende Eigentümlichkeiten: a) der Nominativ Pluralis endigt auf ս *s* [bei Smpad so nur bei չորս *čors* »vier«]; b) *ə* hat sich häufig zu *i* entwickelt, z. B. չի *či* Negativpräfix [bei Smp. *čə*]; իսպիտակ *ispidag* weiß u. s. w.; c) das Partizip Präteriti endigt auf -եր -*ʿer* [bei Smp. auf -ել -*ʿel*]. — Von diesen beiden Sprachformen wiederum verschieden ist die in einer Inschrift aus Bəǰni[2]) vom Jahre 1358 zu Tage tretende Mundart, welche Formen zeigt wie: էսիր *esir* [für *aisor* bei Smpad][3]); ճորտերի-(ն) *ǰorderi-(n)* [für *ǰordero-(n)* bei Smpad]; հեծելի *hejeli* [für *hejelo*

1) So ist allgemein im Neuarmenischen älteres pronominales *n* vor Konsonanten durch *ə* ersetzt, die Kasuspräfixe: *i* des Ablativs, *z* des Accusativs sind geschwunden, eine neue Pluralbildung mittels doppelter Suffixe [z. B. —*kʿ*-*ʿer*] ist eingetreten. Spezifisch neuarmenisch sind ferner: die Postponierung der älteren Präpositionen, die Übertragung des Suffixes -*nkʿ* der I. pl. präs. auf die gleiche Person des Imperfekts und Aoristes, die Konjugation des negativen Verbs, die sich aus der mittelarmenischen weiter entwickelt und umgestaltet hat, der Übergang des passiven Partizips auf -ած -*aj*, -*ac* zum aktiven Partizip u. s. w. Auch nicht unbedeutende lautliche Umgestaltung hat die mittelarmenische Sprache beim Übergang in das Neuarmenische erlitten.

2) Mitgeteilt von Šachšatunean II, S. 183, und hiernach von Aidynian I, 169, sowie in etwas abweichender Fassung in Airarat, S. 273, 274.

3) Vgl. auch die Form էնոր *enor*, Gen. sg. von էն [= cl. այն »jener«] im Diplom des Königs Levon V, bei Langlois S. 186. Vgl. ibid. die Form քէ *kʿ* Gen. sg. des Personalpronomens II. pr. [bei Smp. = *kʿo*].

bei Smpad]; բերաց *peraç* »brachte« [für *eper* bei Smpad]. — Keiner dieser Mundarten lässt sich einreihen der Text des mittelarmenischen Achrabadin[1]): daselbst lesen wir z. B. տեսնել »sehen« [= *desnul* bei Smp.], չաքս »Maß« [= *čak̄* bei Smp.], երիկ »Mann« [= *airig* bei Smp.]; ferner für das Pronomen der III. pers. die Formen: ուր *uir* »sein« H. 430—24. 35 [für *ir* bei Smp.], ուրեն *uir'en* »seiner« H. 430—4; յ-ուրմէն *y-uirmen* »von ihm« H. 430—18 [*y-irmen* bei Smp.] u. s. w. — Wieder anders gefärbt ist endlich das bei Vardan sich vorfindende vulgäre Sprachgut und zwar dürfen wir, nach Stellen zu urteilen wie: ի սրտումս դրի զ քո խօսքդ »in mein Herz habe ich deine Rede niedergelegt«, քեզ աղօթք են առնում՝ »für dich beten sie«[2]), diese Sprachspezies als Vorläuferin des Modernostarmenischen, resp. eines neuostarmenischen Dialektes erklären.

Wie fest nun auch einerseits die Thatsache der Spaltung des Mittelarmenischen nach Mundarten steht, so lässt sich dennoch andererseits von einer einheitlichen mittelarmenischen Litteratursprache sprechen: der Hauptmasse der in Frage stehenden Denkmäler liegt nämlich ein und dieselbe Sprache zu Grunde, nämlich die Sprache des Kilikiers Smpad und der Aktenstücke der königlich-kilikischen Kanzlei, die notwendigerweise die damalige kilikisch-armenische Volkssprache gewesen sein muss. Während die übrigen mittelarmenischen Dialekte uns zum Teil gar nicht, zum Teil nur durch Bruchstücke und unzureichende Schriftdenkmäler überliefert sind, tritt das Kilikische uns in seinem ganzen Umfange entgegen als Sprache einer ausgedehnten Litteratur, die es nur deshalb werden konnte, weil es zugleich die Sprache des kilikischen Königshofes[3]) war und eben in Kilikien damals das ganze intellektuelle und politische Leben der armenischen Nation vereinigt war. — War also auch das Kilikische nicht der einzige vorhandene, so ist es doch für uns der am besten bekannte und wichtigste mittelarmenische Dialekt.

---

1) Nach der Handschrift des Asar. Vgl. Hunanian »Studien«, Bd. II.

2) Näheres hierüber siehe bei Hunanian »Studien«, I, S. 253 ff.

3) Dass die kilikische Volkssprache auch zugleich die Hofsprache war, geht daraus hervor, dass die königlichen Aktenstücke, sofern sie überhaupt armenisch und nicht in einer fremden Sprache verfasst sind, eben diese kilikische Volkssprache zeigen.

Hinsichtlich der Stellung, die das Kilikische in der armenischen Sprachgeschichte einnimmt, gehört es nach Lautstand und Grammatik [1] zu den westarmenischen Sprachen; als westmittelarmenisches Idiom ist es unzweifelhaft die Mutter der meisten neuwestarmenischen Mundarten, wenn nicht gar der ganzen westlichen Gruppe. Die Frage jedoch bedarf näherer Einzeluntersuchung, für welche an dieser Stelle nicht der Platz ist.

Seinem **Ursprunge** nach reicht das Kilikisch-Mittelarmenische in die altarmenische Periode zurück: Die oben angeführten Formen des Plurals auf *-եար* und *-անի* in der älteren Litteratur sind eben die altarmenischen Entsprechungen der mittelarmenischen Plurale auf *-եր* *-ⁱer* und *-նի* *-ni*, wie denn überhaupt die oben S. 1 berührten Eigentümlichkeiten der älteren Sprache die Vorläufer des Mittelarmenischen sind. Da nun jene vulgärsprachlichen Elemente der altarmenischen Litteratursprache notwendigerweise auf der der Schriftsprache zu Grunde liegenden lebenden Volkssprache beruhen, nicht etwa irgend einem daneben vorhanden gewesenen alten Dialekte [2] angehören, so folgt: das Kilikische ist die mittelarmenische Fortsetzung und Weiterentwickelung des der altarmenischen Schriftsprache entsprechenden altarmenischen Vulgäridioms, welch letzteres bereits in altarmenischer Zeit nicht unmerklich von der mehr künstlich zurechtgemachten, früh erstarrten altarmenischen Litteratursprache abgewichen haben muss [3]. — Dieses Resultat wird bestätigt durch die Betrachtung des kilikischen Lautstandes. Wie sehr derselbe auch von dem altarmenischen abweicht, so erklären sich doch sämtliche Abweichungen lautphysiologisch als Produkt naturgemäßer histo-

1) Die für das Neuwestarmenische charakteristische Verschiebung der alten Tenues und Mediae findet sich schon im Kilikischen. In morphologischer Hinsicht zeigt die Flexion des Nomens, sowie die Konjugation wesentlich den Charakter der modernen westlichen Sprache.

2) Nach einem allgemeinen Sprachgesetze wird die Schriftsprache wohl von der entsprechenden **Volks-** oder **Vulgärsprache** beeinflusst und durch Zuwüchse bereichert, nicht aber von den außerhalb der Schriftsprache stehenden **Dialekten**.

3) Analog geht z. B. die neugriechische Volkssprache (das Zakonische natürlich ausgeschlossen) auf den altattischen Dialekt, resp. die spätgr. *κοινή* zurück, wie denn auch sämtliche romanischen Sprachen bekanntlich aus der altlateinischen Vulgärsprache hervorgegangen sind.

rischer Weiterentwickelung aus der Grundsprache des uns überlieferten Altarmenisch. Annahme eines außerhalb der klassischen Sprache stehenden altarmenischen Dialektes, aus dem das Kilikische hervorgegangen wäre, ist geradezu ausgeschlossen. Dialekte sind bedingt durch grundsätzliche Verschiedenheit ihres gegenseitigen Lautstandes; eine solche existiert aber zwischen dem Kilikischen und der altklassischen Sprache nicht.

Die hohe Bedeutung des Kilikisch-Mittelarmenischen als des Bindegliedes zwischen Alt- und Neuarmenisch, spez. zwischen Alt- und Neuwestarmenisch, erhellt aus dem Gesagten. — Diese kilikische Volkssprache möglichst rein und aus der sie in der Litteratur teilweise noch umgebenden klassischen Hülle herausgeschält darzustellen, von historischem Standpunkte aus — unter steter Berücksichtigung des Alt- und Neuarmenischen — zu erklären, ist der Zweck der folgenden Darstellung. Wie unvollständig dieselbe auch sein mag, so giebt sie doch das Bild in seinen Umrissen und Hauptzügen: die nähere Ausführung und Vervollständigung wird hoffentlich in nicht allzufernen Zeit auf Grund weiteren Quellenmaterials möglich werden.

Den Stoff zu dieser Arbeit lieferten folgende Quellenschriften: a) Անսիզ Անտաքոյ Assises d'Antioche de Sempad le Connétable, Venise 1876, die mittelarmenische, aus der Zeit vor dem Jahre 1265 stammende Bearbeitung eines altfranzösischen verlorenen Originals, mit französischer Übersetzung von L. Ališan. b) Die mittelarmenische um 1265 von demselben Smpad hergestellte Redaktion des Rechtsbuches von Mechit'ar Goš [Դատաստանագիրք Հայոց], noch ungedruckt, jedoch in grossen Auszügen mitgeteilt in Hunanians »Studien« I, S. 201—227. c) Տարեգիրք Chronik Smpads aus dem 13. Jahrh. nebst deren anonymer Fortsetzung; benutzt in der Ausgabe von Dulaurier, Recueil des Historiens des Croisades I, S. 605—680. d) Folgende in Victor Langlois' »Cartulaire de la chancellerie royale des Roupéniens« edierte mittelarmenische Aktenstücke: ein Handelsprivileg des Königs Levon III. an die Republik Genua v. J. 1288; ein Privileg des Königs Ošin für die Kaufleute der französischen Stadt Montpellier v. 7. Januar 1314; ein weiteres Privileg, das der Stadt Montpellier von König Levon V. am 16. März 1321 ausgestellt ward; ferner ein mittelarm. Diplom des Baron von Sarvandikar v. J. 1271, bei Hunanian S. 258. e) Die mittelarmen. medizinischen Werke, leider großenteils noch unediert, jedoch in umfänglichen Auszügen mitgeteilt in Hunanian's »Studien«, S. 129—162, nach zwei wesentlich übereinstimmenden Handschriften, v. J. 1294 und v. J. 1438. f) Գիրք վաստակոց [Γεωπονικά], ed. Venedig 1877; eine erschöpfende Ausbeutung dieses Werkes ist hier übrigens nicht beabsichtigt, schon deshalb nicht, weil der publizierte Text des ursprünglich mehr vulgärsprachlichen Werkes offenbar stark schriftsprachlich überarbeitet ist. g) Die mittelarmen. Chronologie des Het‘um von Korikos, ed. Hist. d. Crois. I, S. 471—490; ferner die Chroniken von Matthäus von Urrha, Michael dem Syrer, Samuel von Ani, Gregor Ereç [ed. Dulaurier], welche letztere, obschon nicht auf kilikischem Boden hervorgegangen, dennoch kilikisches Sprachmaterial bieten. h) Syrisch-Römisches Rechtsbuch aus dem 12. oder 13. Jahrh., ed. Bruns et Sachau, Leipzig 1880.

Die Vulgärsprache dieser sämtlichen Werke ist die rein kilikische. In zweiter Linie werden aber in der vorliegenden Schrift auch die übrigen mittelarmenischen aber nicht kilikischen Dialekte, soweit sie in der Litteratur hervortreten, berücksichtigt werden. Solche treten in folgenden Schriften auf: Diplom des Königs Levon V. an die Sicilier, vom 24. November 1331, bei Langlois S. 186—190; Volkslied auf die Gefangenschaft des Prinzen Levon (14. Jahrh.) bei Dulaurier S. 539—540; ferner Մխիթարայ բժշկապետի Հերացւոյ ջերմանց մխիթարութիւն, Mechitar Heraçi's »Trost für Fieber« Venedig 1832; Ախրապատին Axrabadin, ein aus dem Arabischen übertragenes Medizinalwerk, auszugsweise mitgeteilt bei Hunanian »Studien« II, S. 375—148.

# Erläuterungen über Citierweise, Abkürzungen und Transskription.

a Bei Citaten aus den armenischen Quellen, namentlich den einschlägigen mittelarmenischen, steht an erster Stelle das Abkürzungszeichen der betreffenden Quelle, darauf die Stellenzahl. Bei sämtlichen Citaten aus den »Assisen von Antiochien« ist jedoch das Kürzungszeichen Ass. Ant. stets weggelassen, so dass sämtliche Citate ohne Abkürzungszeichen sich auf die »Assisen« beziehen. — Hinsichtlich der Stellenzahl gilt: die Seitenzahl ist von der darauffolgenden Zeilenzahl durch Querstrich (—) getrennt; sind mehrere Zeilenzahlen vorhanden, so werden die einzelnen durch Punkte von einander getrennt. So bedeutet z. B. պարոնն baronn 13—7. 24. 31: պարոնն baronn steht in »Assises d'Antioche« Seite 13, Zeile 7, Zeile 24, Zeile 31; und weiter bei mehreren Seitenzahlen z. B. ֆուլան fulan 13—13, 15—15, 41—7. 22 = ֆուլան fulan kommt vor in Ass. Ant. Seite 13, Zeile 13, Seite 15, Zeile 15 und Seite 41, Zeile 7 und Zeile 22. Noch sei bemerkt, dass bei Citaten aus den Geoponica, aus Məchit̔ar Heraçi und einigen anderen die Zeilenzahl nicht durchgehends angegeben ist. Wo die Stellenangabe fehlt, sei auf das Glossar verwiesen, welches im Anschluss an diese Grammatik erscheinen wird.

b) Verzeichnis der hauptsächlichsten Abkürzungen der angeführten Quellen und Bücher:

**Aid.** = K̔nnakan K̔erakanut̔iun ardi hayeren lezvi von Aidənian. Wien 1866. I. Einleitung, II. Grammatik. **Airar.** = Airarat von Ališan. Venedig 1890. **Allahw.** = J. J. Allahwerdean, Ulnia gam Zet̔un. Konstantinopel 1884. **Aristak. v. Last.** = Aristakes von Lastiverd (armen.). Venedig 1844. **Arm. Gramm.** = Armenische Grammatik von H. Hübschmann. I. Leipzig 1895, II. Leipzig 1897. **Ass. Ant.** = Assises d'Antioche. Venedig 1876. **Bagrat.** = Bagratuni, Hayeren K̔erakanut̔iun. Venedig 1852. **Bars. Mark.** = Barseł Erklärung des Markusevangeliums (armen.) um 1325. **Bazm.** = Bazmavep, armenische

Zeitschrift aus Venedig. **Čanik.** = J. K. Čanikean, Hnutiunḱ Akna. Tiflis 1895. **Cart.** oder **L. Cart.** = V. Langlois, Cartulaire de la Chancellerie royale des Roupéniens. Venedig 1863. **Čaṙənt.** = Čaṙəntirḱ (armen.). **Čax.** = Čaxčaxean, Baṙgirḱ i barbaṙ hay ev italakan. Venetik 1837 (Dizionario armeno-italiano composto dal P. E. Ciakciak. Venezia 1837). **Črb.** = Črb'ed, Ḱerakanutiun aramean lezvi. Paris 1823 (Grammaire de la langue arménienne par Cirbied. Paris 1823). **Dav. Phil.** = David der Philosoph (armen.). Venedig 1833. **Dion. Thr.** = Grammaire de Denis de Thrace par M. Cirbied. Paris 1830. **Dipl. Sarv.** = mittelarmenisches Diplom des Baron von Sarvandikar v. J. 1271. **Dul.** = Dulaurier, Recueil des Historiens des Croisades I. **Eleg. Ed.** = Elegie auf Edessa. **Eleg. Jer.** = Elegie auf Jerusalem, von Gregor Tłay [bei Dul.]. **Faust. Byz.** = Faustos von Byzanz (armen.). Venedig 1832. **Ganj.** = Ganjaran, Sammlung von Kirchenliedern. **Gowrik.** = G. Gowrikean, Haiḱ Jeγisapetubolis Transilvanio. Wien 1893. **Gr. Mag.** = Grigor Magistros (armen.). Venedig 1868. **Gr. Nar.** = Grigor von Narek (armen.). Venedig 1840. **H.** = L. Hunanian, Hetazotutiunḱ naxneaç ṙamkoreni vra. Venedig 1897. Bd. I und II. **Han.** = Dr. Jan Hanusz, O Języku Ormian Polskich. Krakau 1886. **Haut. ams.** = Handes amsorea, armenische Zeitschrift aus Wien. **Hdwb.** = Aṙjeṙn Baṙaran haikazean lezvi. Venedig 1865. **Het'. Kor.** = Hetum von Korikos, chronologisches Werk aus dem 14. Jahrh. [ed. in Recueil des Hist. des Crois. I]. **H. Hübschm. Arm. Stud.** = H. Hübschmann, Armenische Studien. Leipzig 1883. **H. Hübschm. Arm.** = H. Hübschmann, Armeniaca in ZDMG, Bd. 35 und 36. **H. Hübschm. Chron.** = H. Hübschmann, Zur Chronologie der armenischen Vokalgesetze, in »Sprachwiss. Abh. ed. L. v. Patrubány«. Budapest 1898. **H. Hübschm. Sem. Lw.** = H. Hübschmann, Die Semitischen Lehnwörter im Altarmenischen, ZDMG Bd. 46. **Karek.** I und II = Karekin P., Patmutiun hayeren dprutean, I. Hin Matenagrutiun, Ven. 1865, II. Nor Matenagrutiun, Ven. 1878. **Karek. Bibl.** = Karekin P., Haikakan Matenagitutiun. Venedig 1883 [Bibliographie Arménienne 1565—1883]. **Karek. Cat.** = Karekin P., Catalogue des anciennes traductions arméniennes des V.—XIII. siècles (armen.). Venedig 1889. **Kost. Samml.** = K. Kostaneanç, Nor žoγovacu. Mijnadarean Hayoç taγer yev otanavorner. Heft I, II, III. Tiflis 1892.

**Kost. Joh. T'lk.** = Kostaneanç, Jowhannes T'lkurançin yev iur tagerə. Tiflis 1892. **L.** = V. Langlois, Cartulaire etc. Siehe unter Cart. **Lied. Lev.** = mittelarmenisches Volkslied auf den Prinzen Levon, ed. in Historiens des Croisades I. **Mašt. jahk.** = Armenisches aus dem Lat. übersetztes Ritual vom 14. Jahrh. **Margol. Syr.-Arm.** = Margoliouth, The Syro-Armenian Dialect [enthalten in »Journal of the Royal Asiatic Society« 1898—1899]. **Matth. Urrh.** = Matthäus v. Edessa (Urrha), Chronik [in Recueil des Historiens des Croisades I. ed. Dulaurier]. **Mem. Smp.** = Memorial Smpads, ed. in »Assises d'Antioche« S. 93. **Mich. Syr.** = Michael der Syrer, Chronik [in Recueil des Historiens des Croisades I. ed. Dulaurier]. **Min. Leh.** = Minas Bžškeanç, Čanaparhordutiun i Lehastan. Venedig 1830. **Mr. A.** = Redaction vom J. 1294 einer mittelarmenischen Medizinalhandschrift. **Mr. B.** = Redaktion vom J. 1438 derselben med. Schrift. **Mser.** = L. Mserianç, Sravnitelnaja Fonetika Mušskavo Dialekta w swjazi s fonetikoju Grabara. Moskau 1897. **Mx. Goš.** = Mxitar Goš, Datastanagirk' Hayoç. Vagaršapat 1880. **Mx. Her.** = Mxitar Heraçi, Jermanç mxitarutiun. Venedig 1832. **N. Lampr.** = Nerses von Lampron (armen.). **N. Šnorh.** = Nerses Šnorhali (armen.). **Nwa. Wb.** = Bařgirk' yašxarhabaře i grabař (neuwestarmenisches Wörterbuch). Venedig 1869. **Palas.** = S. Palasanean, K'ërakanutiun maireni lezvi. Ed. IV. Tiflis 1894. **Patk. Mat.** = K. P. Patkanean, Materialy dlja izučenija armjanskich narěčij. I. Govor nachičevanskij. Petersburg 1875. **Patk. dial.** = K. P. Patkanean, Izslědovanije o dialektach armjanskavo jäzyka. Petersburg 1869. **Patk. słov.** = K. P. Patkanean, Materialy dlja armjanskavo słovarja I. II. Petersburg 1882—84. **Patm. Vr.** = Patmutiun Vraç. Venedig 1884. **Pet. Gramm.** = Petermann, Grammatica linguae armeniacae. Berlin 1837. **Plat.** = Altarmenische Platonübersetzung. **Proleg. Aphr.** = Prolegomena in Aphraatis Sapientis Persae Sermones Homileticos, von F. Sasse. Leipzig 1878. **Riggs gramm.** = Riggs, A grammar of the modern Armenian language, as spoken in Constantinople and Asia Minor. II. Aufl. 1856. **Sam. v. Ani** = Samuel von Ani, Chronik, 12. Jahrh. **S. Sarg.** oder **Sarg.** = S. Sargseanç, Aguleçvoç barbařə [Zokə], Grammatik des Dialektes von Agulis mit Chrestomathie. Moskau 1883. **Sis.** = Sisakan von L. Ališan. Venedig 1893. **Sisv.** = Sisvan von L. Ališan. Venedig 1885. **S.-R. Rb.** =

Syrisch-Römisches Rechtsbuch, ed. Bruns & Sachau. 1880. **Šir.** = Širak von L. Ališan. Venedig 1881. **Smp. Chron.** oder **Chron. Smp.** = Smpad's Chronik [Ausgabe Dulaurier's in »Historiens des Croisades I.«]. **Smp. Rb.** = Kilikische Redaktion des Datastanagirkʿ des Mx. Goš durch Smpad [im Auszuge bei Hunanian Hetazǫtutiunkʿ], im Folgenden meist bloß mit H citiert bei Zahlangaben. **Tał.** = Tałaran, altes Gesangbuch. **Tom. Dial. v. Tifl.** = A. Thomson, Istoričeskaja Grammatika Sowremennavo armjanskavo yäzyka goroda Tiflisa. Petersburg 1890. **Tom. Dial. v. Ach.** = A. Thomson, Kratkij očerk fonetiki i morfologii achalcychskavo govora [in »Lingvističeskich Izsledovanijach« I. Petersburg 1887]. Petersburg 1887. **Tonaç.** = Tǫnaçoiç, armenischer Festkalender. **Wb.** = Wörterbuch der armenischen Sprache (armen.). Venedig 1836—37. 2 Bde. **WZKM** = Wiener Zeitschrift für die Kunde des Morgenlandes. **ZDMG** = Zeitschrift der deutschen morgenländischen Gesellschaft. — Im Übrigen sind, namentlich für das Altarmenische, die von H. Hübschmann, Arm. Gramm. angewandten Abkürzungen befolgt.

c) Von anderen Abkürzungen seien noch erwähnt:

*α*) Armenische Sprache: **aa.** = altarmenisch; **ma.** = mittelarmenisch; **na.** = neuarmenisch; **nwa.** = neuwestarmenisch; **noa.** = neuostarmenisch; **wa.** = westarmenisch; **oa.** = ostarmenisch; **cl.** = klassisch, d. i. altarmenisch; **kl.** = kilikisch-mittelarmenisch. Entsprechend ist: **AA.** = Altarmenische Sprache; **MA.** = Mittelarmenisch, **NA.** = Neuarmenisch u. s. w.

Für die modernen Dialekte gelten folgende Zeichen:

**Ach.** = Dialekt von Achalzich; **Ag.** = Dial. v. Agulis (Zok); **Ak.** = Dial. v. Akən (Egin); **Ašt.** = Dial. v. Aštarag; **Astr.** = Dial. v. Astrachan; **Choy** = Dial. v. Choy; **Er.** = Dial. v. Erivan; **J̌lf.** = Dial. v. J̌ulfa; **Kr.** = Dial. v. Karabach; **Mš.** = Dial. v. Muš; **Nch.** = Dial. v. Nachijevan am Don; **Pol.** = Dial. v. Polen (Kuty); **Sr.** = Dial. v. Syrien; **Tf.** = Dial. v. Tiflis; **Tk.** = Dial. v. Tokat (Eudokia); **Tr.** = Dial. v. Konstantinopel und Kleinasien oder Türk-Armenisch; **Wn.** = Dial. v. Wan; **Zt.** = Dial. v. Zeitun (Ulnia). — Dieselben Zeichen mit Minuskeln stehen in der Geltung des betreffenden Adjektivs, z. B. **pol.** = polnarmenisch, **tr.** = türkarmenisch u. s. w.

β) Fremde Sprachen: **afr.** = altfranzösisch; **ahd.** = althochdeutsch; **arab.** = arabisch; **byz.** = byzantinisch; **it.** = italienisch; **mhd.** = mittelhochdeutsch; **mlt.** = mittellateinisch; **np.** = neupersisch; **phl.** = pehlevi; **skr.** = sanskrit; **syr.** = syrisch; **türk.** = türkisch u. s. w.

d) Das Altarmenische ist nach dem von H. Hübschmann eingeführten Systeme transskribiert; nur wird für է das Zeichen ẹ statt des bisherigen ē angewandt. Die Transskription der neuarmenischen Formen ist möglichst nach dem Mittelarmenischen uniformiert. Etwaige vereinzelte Inkonsequenzen in der Umschreibung mögen entschuldigt werden.

# LAUTLEHRE.

# I. Abschnitt. Aussprache.

Zur Schreibung des Kilikischen dient naturgemäß das altarmenische Alphabet. Da jedoch die Zeichen des letzteren der Mehrzahl nach im Laufe der Zeit von ihrer ursprünglichen Geltung abgewichen waren, so handelt es sich zunächst darum, ihren Lautwert für das Kilikische festzustellen. Dazu dienen folgende Hilfsmittel:

1) Die moderne Aussprache des Altarmenischen, 2) der Lautstand der modernwestarmenischen Dialekte, die wenigstens teilweise als Fortsetzung des Kilikischen gelten dürfen, 3) der Reim in mittelarmenischen Dichtungen, 4) das Schwanken in der Schreibung mancher kilikischer Wörter, sowohl echtarmenischer als fremder, 5) die Transskriptionen aus dem Kilikischen und in das Kilikische.

Auf Grund dieser Hilfsmittel versuchen wir, den Lautwert der kilikischen Schriftzeichen[1] zu ermitteln.

## A. Vokale und Diphtongen.

Von den Vokalen haben ա *a*, ի *i*, ու *u*, ը *ə* ihren alten Lautwert beibehaten.

§ 1. ա (*a*) vertritt in Lehnwörtern fremdes *a*, *ā*: սամսար *samsar* »Makler« = arab. *samsār*; մահր *mahr* »Brautgeschenk« = arab. *mahr*; խապար *xabar* »Nachricht« = arab. *xabar*; պազար *bazar* »Markt« = np. *bāzār*; գան *kan* »Messrute« = afr. *canne*, *cane*; մարիաժ *mariaj* »Heirat« = afr. *mariage*; բասաժ *pasaj* »Kreuzzug« = afr. *passage*; հառնէզ *har̃ne̠z* »Rüstung« = afr. *harnais* u. s. w.

---

1) Über Aussprache und Umschreibung des Altarmenischen vgl. Hübschm. Arm. Gramm. S. 2.

§ 2. ի (*i*) entspricht fremdsprachlichem *i*, *ī*; սիր *sir* »Herr« = afr. *sire*; քիթ *kit* »ruhig«, »frei« = afr. *quite*; լիճ *lij* »Lehnsmann« = afr. *lige*; լիվր *livr* »Pfund« = afr. *livre*; մինայ *mina* »Hafen« = arab. *mīnā* u. s. w. Mit ի *i* wird griechisches *υ* wiedergegeben, z. B. սինոռ *sinoṙ* »Grenze« = σύνορος; durch ին *in* das afr. *-un* in գումին *kumin* »Genossenschaft« = afr. *commun*, *comun*.

§ 3. ու (*u*) vor Konsonanten entspricht fremdem *u*, *ū*: սուր *sur* »Tyrus« = arab. *ṣūr*; ֆուլան *fulan* »der und der« = arab. *fulān*; մուրատ *murad* »Wunsch« = arab. *murād*; մուխթասիպ *muxtasib* »Marktmeister« = arab. *muxtasib*; տուպլ *dubl* »doppelt« = afr. *double*; պուրճէս *purjes* »Bürger« = afr. *bourgeis* u. s. w. Dass derselbe Buchstabe vor Vokalen den Lautwert *v* hat, beweisen zahlreiche Doppelschreibungen, worin ու mit վ, ւ (*v*) wechselt; so wird z. B. der Passivstamm auf *-vi* bald -վի, bald -ւի, bald -ուի geschrieben.

Anm. Nur im Imperfekt der Präsensstämme auf *-u* sind wir berechtigt, auch vor Vokalen das Zeichen ու = *u* zu lesen, gestützt auf das Altarmenische, wo ebenfalls im gleichen Falle ու = *u* lautet. Vgl. Arm. Gramm. S. 2 und Aid. II, S. 372.

§ 4. ը (= *ə*) steht, gleichwie im Altarmenischen, regelmäßig nur im Anlaut vor Liquiden und Nasalen[1]: ընկեր *ənger* »Genosse«; ընդունիլ *əndunil* »annehmen« u. s. w. Im Inlaut findet sich zwar auch ը geschrieben in Fällen wie: դարձընել, ցուցընել, կեցցընել, դատըստընել, դատըստընվոր, գրաւկընեմ; ապրընաց, դարպըսուն, հարըստնամ, փոընքտոյն u. s. w. Meist jedoch kommt im Wortinnern der reduzierte Vokal *ə*, wie auch im Altarmenischen, nicht zum schriftlichen Ausdruck. Als wirklich vorhanden ist derselbe anzusetzen:

1) Als sekundärer Vokal zwischen Konsonanten, wo in der klassischen Sprache kein Vokal ersichtlich ist. Dies lehren

1) Zuweilen jedoch wird *ə* in diesem Falle in der Schrift weggelassen, wenn es sekundärer Hilfslaut ist; so lesen wir: ըռզակ *əṙzag*, ըռէ *əṙē*, ըռաւբէն *əṙopen* neben den gleichlautenden: ռզակ, ռէ, ռոբէն. Dagegen liegt bei Doppelschreibungen wie: ըղորդ und ղորդ, ըղորդել und ղորդել, յըղարկեմ neben ղրկեմ wirkliche Lautdifferenz vor, und die zweiten Formen sind zu lesen: *γort* (*xort*), *γortel* (*xortel*), *γrkem* (*xərkem*), im Hinblick auf pol. *xortełu* »corriger«, *xortvełu* »se corriger«, *xərgełu* »envoyer«, nch. *xərkem* (it.).

namentlich die mittelarmenischen Dichtungen, worin bekanntlich des Metrums halber derselbe Laut auch schriftlich zum Vorschein kommt; so bei N. Šnorh. Eleg. Ed. *ծընար* 199, *թըշնամւոյն* 74, *խընդրեմ* 212, *խընձոր* 516, *պըտղով* 296, *հընչեն* 224, *տըղայք* 381, *ծընունդ* 400, *բըժիշկ* 610, *լըսողաց* 532, *դըպիրք* 1443, *գըրեաց* 37, *վըկայից* 703, *նըման* 124, *մըխիթար* 49, 131 u. s. w. In Eleg. Jer. *նըմին* 711, *գըլուխ* 265, *լըսէ* 1053, *դըստերօք* 1224, *նըստէին* 622, *վըկայ* 598, *գըրեալ* 598, *մընացեալ* 774 u. s. w. Ferner am Wortende, bei Šnorh. Eleg. Ed. *մեծըն* 167, *ծընունդըն* 168, *ունկըն* 88; Eleg. Jer. *վասըն* 1855, *անդըր* 403; Vahr. Ed. *յինքըն* 90, *այժըմ* 598 u. s. w. Hieraus, sowie durch Rückschluss aus dem Neuarmenischen[1]), ergeben sich für das Kilikische folgende Einzelfälle. Der Laut *ə* tritt ein: a) am Wortanfang, nach dem ersten Konsonanten eines mit zwei oder mehreren Konsonanten beginnenden Wortes. Ausgenommen sind die Konsonantenverbindungen von Sibilant *s*, *š*, *z* und Explosivlaut *p*, *k*, *t*, *b*, *g*, *d*, *p̔*, *k̔*, *t̔*, zwischen welche Lautkomplexe *ə* nicht eintritt[2]). b) Am Wortende, zwischen zwei Konsonanten, deren letzter pronominales *s*, *d*, *n* oder eine der Liquidae *γ*, *n*, *r*, *ṙ* ist. In allen übrigen Fällen tritt *ə* nicht ein.

Anm. Dieselbe Aussprache muss schon für das Altarmenische gegolten haben, wie unter anderem aus griechischen und georgischen Transskriptionen aus dem Altarmenischen hervorgeht (vgl. Hübschm. Chron. S. 157). So wurde z. B. das Wort *պտուղ* wohl schon altarm. *pətuł* (aus urspr. **pu̇tuł*) gesprochen; *գլուխ* = *gəlux* (aus urspr. **gu̇lux*). Hier ist *ə* Ersatz für ursprüngliches *i* oder *u* in unbetonter Silbe.

2) Als Vertreter der Vokale *i*, *u* (wie bereits im Altarmenischen) und *a*, seltener von *e* und *o*, in unbetonter Silbe. Und zwar ist im Prinzip anzunehmen, dass für jedes schwindende *i*, *u*, *a*, *e*, *o* der Vokal *ə* eintritt; es ist jedoch auch dieser reduzierte Vokal zum großen Teil geschwunden und

1) Vgl. pol.: *cəmer* (ձմեռն); *xəmer* (խմոր); *xənjər* (խնձոր); *xərad* (խրատ); *gərag* (կրակ); *gəriv* (կռիւ); *vəga* (վկայ); *astəγ* (աստղ); *oskər* (ոսկր). Dagegen *spanełu* (սպանանել); *skesur* (սկեսուր) u. s. w. n. Han. Orm. Pols.

2) Nach der neuarmenischen Tradition (Aid. II, S. 367) wird diesen Konsonantenverbingungen ein *ə* vorgeschlagen, übereinstimmend mit den mittelarm. Dichtungen, die im gleichen Falle regelmäßig *ը* (*ə*) schreiben. Für das Kilikische jedoch ist dieser Sandhivokal in dieser Ausdehnung mindestens zweifelhaft.

zwar[1]) im allgemeinen in dem Falle, wo die Silbengrenze zwischen die Doppelkonsonanz fällt. Beispiele für Nichtvorhandensein des *ə*: աղ‿չեմ (աղաչեմ), առ‿ջեւ (առաջեւ), աւ‿տամ (աւատամ), ար‿ծող (արածող), բաժ‿նել (բաժանել), բաղ‿նիք (բաղանիք), բաժ‿տուն (բաժատուն), գող‿նամ (գողանամ), գրաւ‿կան (գրաւական), ժող‿վեմ (ժողովեմ), իջ‿նում (իջանեմ), լոկ‿նամ (լոգանամ), հագ‿նիմ (հագանիմ), հալ‿ծիմ (հալածիմ), ի քաղ‿քէն (ի քաղաքէն) u. s. w. Nie finden wir in diesem Falle den Laut *ə* in der Schrift ausgedrückt, auch in gebundener Rede nicht, und da derselbe hier auch im Neuarmenischen fehlt, so folgt daraus, dass er in diesem Falle auch im Kilikischen nicht vorhanden ist, so dass obige Beispiele lauten: *aγ-ç̌em*, *aṙ-ç̌ʿev*, *av-dam*, *ar-joγ*, *paž-nel*, *paγ-nik̆*, *paž-dun*, *koγ-nam*, *krav-gan*, *žoγ-vem*, *ij-num* u. s. w. Dagegen mit *ə*: սրտի (Gen. v. սիրտ) *sər-di*, նստեմ (zu նիստ) *nəs-tem*, դստեր (Nom. դուստր) *təs-ter* u. s. w.

§ 5. Der Vokal է war, obwohl diphtongischen Ursprungs, bereits im Altarmenischen des 5. Jahrh. wohl kein eigentlich langer Vokal mehr[2]). Im Neuarmenischen entspricht ihm regelmäßig kurzes oder mittleres offenes *e* (= *ü*)[3]). Dass letzteren Lautwert das Zeichen է auch im Kilikischen hat, beweisen Transskriptionen wie: Թէտպիր *t̓e̲dbir* = arab. pers. *tüdbīr*; սէրէֆիկ *se̲re̲fig* = arab. (vulg.) *ṣürüf*; քէրվան *k̆e̲rvan* = np. *kürvān*; գումբէթ *kumbe̲t̓* = np. *gunbüδ*; չարեէկ *ç̌are̲e̲g* (*ç̌arʿe̲g*) = np. *čāryük*; Հառնէզ *haṙne̲z* = afr. *harnais* (*harneis*, *harnes*); Ջաստէլ *časte̲l* = afr. *chastel*; Փրէր *fre̲r* = afr. *frère*; Պէնէթ *Be̲ne̲t̓* = it. *Benetto*, afr. *Beneit*; Մանսէլ *Manse̲l* = afr. *Mancel*; Զապէլ *Zabe̲l* = afr. *Isabelle*; Ըռուճէր *əṙuǰe̲r* = afr. *Roger* u. s. w. Kilikisch է giebt hier den offenen *e*-Laut wieder[4]); wir umschreiben es durch das Zeichen *e̲*.

---

1) Dies folgt für das Kilikische unter anderem auch aus der Betrachtung der modernen Dialekte, welche in dieser Hinsicht mit einander übereinstimmen. Z. B. pol. *arjelu* (արածիլ), *mernelu* (մեռանիլ), *mornalu* (մոռանալ), *vernalu* (վերանալ), *irgun* (երեկուն), *k̆arsun* (քառասուն); mit *ə*: *kəšer* (գիշեր), *məser* (v. միս), *ləzelu* (լիզել), *gənig* (v. կին), *šənig* (v. շուն), *tadəstan* (դատաստան) u. s. w. n. Han. Orm. Pols.

2) Vgl. Hübschm. Chron. S. 157.

3) Vgl. Mser. Dial. v. Muš. S. 42.

4) Die lat. Transskription Ropinus (Rupinus) von kilikisch Ռուբէն beruht auf dem Gen. sg. Ռուբինայ.

§ 6. In manchen Fällen zeigt sich ein Wechsel von է (*ẹ*) mit ե. So steht z. B. զէղ(տ) *zẹt* neben զեղ; ebenso: ամէն *amẹn*, մէն *mēn*, մէկ *mẹg*, աղէկ *ayẹg*, քաւէլ *k̄avẹl*, զարթէլ (զարդէլ) *zart̄ẹl*, վզէն *vzẹn*, սամսրչէք *samsrçẹk̄*, սէրէֆիկ *sẹrẹfig*, ֆրէր *frẹr*, պոդլէր *bodlẹr* neben: ամեն, մեն, մեկ, աղեկ, քաւել, զարդել, վզեն, սամսրչեք, սերեֆիկ, ֆրեր, պոդլեր. Da die Schreibung mit է *ẹ* die regelmäßige ist, und է hier sicher den Lautwert von offenem *e* hat, muss notwendigerweise ե denselben Laut darstellen. Dass das Zeichen ե daneben noch in seiner ursprünglichen Geltung von geschlossenem *e*[1]) vorkomme, scheint hervorzugehen aus vereinzelten Transscriptionen wie լեճ bei Ners. Lampr. für gewöhnliches լիճ (afr. *lige*) »Lehnsmann«; կեռ für gewöhnliches կիռ, կիւր *κῦρ*. Es ist jedoch auch möglicherweise ե = *ʻe* zu lesen (s. weiter unten), so dass das Kilikische überhaupt keinen geschlossenen *e*-Laut besäße[2]), womit auch übereinstimmen würde, dass fremdes geschlossenes *e* mit ի *i* transskribiert ist in լիկաթ *ligat́* = afr. *légat*; լիղատան *liyadọn* = byz. *λέγατον*, *legatum*; սինիջեալ *siniċeal* = afr. *sénéchal*.

Außer dem einfachen *e*-Laut repräsentiert kl. ե in gewissen Fällen den Laut *ʻe*, resp. *ye*. Dies verraten Transskriptionen wie: *Μαντζικίερτ* bei Konst. Porph. de admin. imp. c. 44. 45 = Մանծկերտ bei Vard. und Matth. Urrh.; *Ἀσπιέτης* bei Anna Komn.[3]) = ասպետ. Ferner lesen wir in einem Aktenstücke Levons IV. L. 173 *cum barone Ossino Bassiliensi* als Entsprechung eines kilikischen պարոն Օշին Վասիլենց; also auch kl. Եհաննենց L. 178 = *Ehannʻenç*; Միխայլենց L. 178 = *Mixaiľenç*, d. i. es wurde -ենց (aa. -եանց) = -*ʻenç* gesprochen. Entsprechend ist np. *čāryük* wiedergegeben durch kl. չարեկ = *çarʻeg* zu sprechen, wie auch die Dublette չարեէկ lehrt; afr. *banier* = kl. պաներ *banʻer*; afr. *chancelier* (byz. *χαντζηλιέρης*) = kl. ջանցլեր *čançľer*; afr. *solier* = kl. սօլեր *sọlʻer* u. a. m.

1) Vgl. Hübschm. Chron. S. 157.

2) Das Kilikische würde so schon den Zustand der modernen Sprache abspiegeln, in welcher ե und է (im Inlaut) im allgemeinen zusammengefallen sind und wie offenes *e* lauten. Vgl. Mser. Dial. v. Muš S. 24 ff., Han. WZKM 1, S. 281 ff. u. s. w.

3) Zum Belege die Formen: *Ἀσπιέτης* [*ὁ δὲ Ἀρμένιος Ἀσπιέτης*] I, 147, II, 147, 148; *Ἀσπιέτην* II, 146; *Ἀσπιέτη* II, 146; *Ἀσπιέτου* II, 148 [Anna Komn. ed. Reifferscheid 1884].

Es erübrigt nur noch, die Grenzen der beiden Lautwerte von kl. ե, die des einfachen und die des jotierten *e* annähernd zu bestimmen. Dies wird uns ermöglicht durch die modernen Dialekte, für deren westliche Gruppe folgender Satz gilt: aa. ե (und եա) in letzter Silbe = nwa. *ʲe*[1]), in nichtletzter Silbe = nwa. offenes *ẹ*[2]). Aus der Ausgeprägtheit und Allgemeinheit dieser Erscheinung auf dem Gebiete des Neuwestarmenischen darf unbedenklich geschlossen werden, dass dieselbe auf das Mittelarmenische und speziell auf das Kilikische, als einer westmittelarmenischen Sprache zurückgehe und darin wurzele. Ob der Satz aber auch schon allgemein ohne Ausnahme wie in der modernen Sprache gelte, ist höchst zweifelhaft. Vielmehr ist anzunehmen, dass in bestimmten Fällen innerhalb der letzten Silbe die jotierte Aussprache erst im Werden begriffen war. So haben wir in Dipl. Sarv. H. S. 258 die Schreibungen իրէնց für gewöhnliches իրենց, էն für են, մէնք für մենք, welche, vorausgesetzt, dass sie nicht willkürlich sind, darauf hindeuten möchten, dass ե in letzter Silbe noch nicht allgemein jotiert war; namentlich muss dies bei den Verbalendungen der Präsensstämme auf -ե der Fall gewesen sein. In Folgendem soll kl. ե in vorletzter Silbe durch *e* umschrieben werden; im Anlaut der Einsilbler mit *ye*; im Inlaut der Einsilbler sowie in der Endsilbe der Zwei- und Mehrsilbler mit *ʲe*; das ե der Präsensendungen der *e*-Stämme wird vorläufig mit einfachem *e* (nicht *ʲe*) umschrieben[3]).

§ 7. In der Aussprache des dem aa. ո *o* entsprechenden Lautes stimmen die modernen Dialekte dahin überein, dass altem ո *o*, analog wie bei ե *e*, im Anlaut der Einsilbler ein zusammengesetzter Laut entspricht, dessen erster Bestandteil *u* (*v*) ist: ostarmenisch entspricht in diesem Falle altem ո *o* regelmäßig *ᵘe* (*ve*), *ᵘue* (*vue*)[4]), westarmenisch *ᵘo* (*vo*)[5]).

---

1) Vgl. Han. WZKM 1, S. 281 ff.; Mser. Dial. v. Muš S. 24 ff.; Tom. Dial. v. Tifl. S. 32 ff.

2) Einige moderne Dialekte gehen jedoch weiter, so namentlich das Türk-Armenische, wo regelmäßig jedes anlautende ältere ե auch bei mehrsilbigen jotiert ist. Vgl. Riggs Gramm. S. 7.

3) Das in letzter Silbe mit urspr. է graphisch wechselnde ե, wie in ամեն (= ամէն), մեկ (= մէկ) wird natürlich als einfacher *e*-Laut mit *e* umschrieben.

4) Vgl. Tom. Dial. v. Ach. S. 33.

5) Vgl. Mser. Dial. v. Muš S. 58. Das Pol. hat neben *vo*- im Anlaut

Durch Rückschluss dürfen wir auch schon dem Kilikischen, als einem westarmenischen Dialekte, für altes ո *o* im Anlaute der Endsilbler den Lautwert *ᵘo* (*vo*) zuerkennen.

Im Übrigen hat kl. ո nicht etwa den Wert unseres gewöhnlichen *o*-Lautes, sondern stellt vielmehr, wie bereits in älterer Zeit, einen Mittellaut dar zwischen *o* und *u*, also geschlossenes *o*, wie aus folgenden Transskriptionen hervorgeht: *Rupinus* = Ռուբէն; *Curchus*, *Culchus*, *Curco*, *Courc* (neben *Coricus*, *Colco*, *Corc*) = Կոռիկոս [1]), պոդլէր = afr. *bouteiller*, *boutillier*. Dazu stimmt, dass zum Ausdrucke des afr. Nasals *-on* (mit vorherrschender *u*-Färbung) bald -ոն, bald -ուն verwendet wird; z. B. շապրոն neben շապրուն = afr. *chaperon*, շալունջ = afr. *chalonge*, պարոն = afr. *baron* neben գունթ = afr. *comte* u. s. w. Demgemäß wird fremdsprachliches offenes *o* bei Transskriptionen ins Kilikische nicht durch ո, sondern regelmäßig durch das Zeichen աւ resp. օ, den Repräsentanten des offenen *o*-Lautes, dargestellt: z. B. լիղատաւն = gr. *λεγατόν*, սինօռ = gr. *σύνορος*, Ճաւֆրէ = afr. *Geoffrey*, աւդրեւլ = afr. *otrier*, ընփրրօր = afr. *empereor*, Մունֆօրտ = afr. *Montfort*, Ջօսլին = afr. *Josselin* u. s. w. — Kl. ո umschreiben wir im Anlaute der Einsilbler mit *vo*, sonst mit *o*.

Anm. Das neuarmenische Gesetz, dass in betonter (letzter) Silbe aa. ո *o* zu wa. *ᵘo* [2]), oa. *ᵘe* [3]) wird [4]), scheint für das Kilikische noch nicht gegolten zu haben; ob wirklich schon ein Ansatz zu diesem Lautwandel vorhanden gewesen oder nicht, bleibt durch fernere Untersuchung klarzustellen.

auch das abgeschwächte *və*: *vorp* cl. որբ, *vov* cl. ո̊ւլ; *vəd* cl. ոտն, *vər* cl. որ, *vər* cl. ոռ. Han. WZKM 1.

1) Nach Sisv. S. 333.

2) So z. B. im Mš. (Mser. S. 58): *hᵘoγ* (հող), Gen. sg. *hoyi*; *cᵘov* (ծուլ), Gen. sg. *covu*; *gᵘort* (գործ), Gen. sg. *gortan*, Nom. pl. *gortⁱer*.

3) So im Ach. (Tom. S. 32): *kᵘerj* (գործ), Gen. *korji*; *vᵘesd* (ոստ), Gen. *vosdi*; *vᵘedkʿ* (ոտք), Gen. *odkʿi* u. s. w.

4) Für das Polnisch-Armenische lässt sich ebenfalls diese Verzweigung von aa. ո *o* nachweisen, was von Han. WZKM 1, S. 288 nicht genugsam betont ist. Und zwar entspricht hier altem ո *o* im Anlaut der Einsilbler sowie in betonter Silbe der Laut *və*, als Abschwächung von *vo*, in nichtletzter Silbe dagegen einfacher *o*-Laut. Z. B. *vəd* »Fuß«, aber Gen. *odiç*, Nom. pl. *odvəńer*; *vər* »Hintere«, aber Gen. *orun*, Instr. *orov*; *vər* »welcher« (որ); *vəyəč* »lebendig« (ողջ); ferner: *çvər* »trocken« (չոր); *kvəy* »Dieb« (գող), pl. *koýer*; *gvək* »glatt« (կոկ). Ebenso gehen *fəd*

§ 8. a) Kl. այ im **Wortauslaut** = *a*, welchen Laut այ im gleichen Falle auch in der modernen Aussprache hat (Aid. II, S. 370). So haben wir kilikisch die Doppelschreibungen ապա und ապայ = *aba*, նա und նայ = *na*, ինա und ինայ = *ina* u. s. w. — Fremdsprachlichem auslautenden *a* entspricht kl. այ *a*, z. B. ճառայ *ǰaṙa*, arab. *ǰarra*; խալապայ *xalaba*, arab. *γalaba*; մինայ *mina*, arab. *mīnā* u. s. w. Da das auslautende յ hier ein totes, lautloses Zeichen ist, wird es als erschwerender Bestandteil in mittelarmenischen Inschriften meist weggelassen. So in einer Inschrift v. J. 1286 in Šir. S. 72 die Schreibungen: ծառա, Ցոհնա, ապաւինեցա, ընծա, ջանա für cl. ծառայ, ջանայ u. s. w.; ferner in einer Inschrift vom J. 1036 in Šir. S. 82: Ամպատա, Գագկա, Վահըրմա, Վասակա für cl. Ամպատայ u. s. w. — Das Zeichen այ im Wortauslaute umschreiben wir mit *a*.

Anm. In den Einsilblern հայ »Armenier«, բայ »Wort«, sowie in Interjektionen wie ա՜յ, վա՜յ hat natürlich այ — wie auch noch in den modernen Dialekten — den Lautwert *ay*: *hay*, *pay* u. s. w.

b) Im **Inlaute vor Vocalen** lautet nach der modernen Aussprache այ = *ay*; da überdies auch moderndialektisch noch այ vor Vokalen den alten Laut *ay* beibehält — vgl. Han. WZKM 2, S. 301 — so muss dies um so mehr für das Mittel-

»Duft« (= հոտ), *fərt* »Kalb« (= որթ), *tfər* »Enkel« (= թոռն) zurück auf **hvəd* (älter **hᵘod*), **hvərt* (älter **hᵘort*), entstanden durch Übertragung der Aspiration des auslautenden Konsonanten auf den Anlaut, **thvər* (= älter **thᵘor*), entstanden durch Auflösung der anlautenden Aspirata in ihre beiden Elemente. In letzteren Formen entwickelte sich *hv* zu *f* nach ebendemselben neuarmenischen Lautgesetze, nach welchem z. B. im Ach. (Tom. S. 56) zu Nom. *mayh* »Tod« die Genitivform *mayfan* aus **mayhvan* (= cl. մահուան *mahvan*, Gen. v. մահ, մարհ) hervorgegangen ist. — Daneben hat sich die vollere Form *vo* erhalten nur in *vorp* (= որբ) »Waise«, *vov* (ո՞վ) »wer«. — Statt *və* findet sich jedoch im Inlaut der Tonsilbe meist einfaches *ə*: *ç̇ər*, *ç̇ərs* »vier« (= չորս); *ciavər* »zu Pferde« (= ձիաւոր); *p̀əs* »Graben« (= փոս); *ç̇ər* »trocken« (= չոր); *nər* »neu« (= նոր); *məm* »Wachs« (= մոմ); *arəxċ* »gesund« (= առողջ); *okərd* »Frosch« (= գորտ) u. s. w. Zum Teil hat sich auch der *o*-Laut unverändert erhalten, wie in *ç̇or* »trocken«, *ç̇ors* »vier«, *aroxċ* »gesund«, *t́akevor* »König«, *hargevor* »rechtschaffen« u. s. w., so dass immerhin in diesem Dialekte das Gesetz bedeutende Einschränkung erleidet.

armenische der Fall sein. Wir umschreiben demnach dem Lautwert entsprechend kl. *վկայեմ* mit *vgayem*, *դղայոց* mit *dγayoç* u. s. w.

c) Kl. *այ* vor Konsonanten entspricht fremdsprachlichem *ai* in folgenden Wörtern: *պայլ bail*, afr. *bail*; *պայլութիւն bailutün*, afr. *baillage*; *բլայթ plait*, afr. *plait*; *բլայթել plaitel*, afr. *plaidier*, mlt. *plaitare*; *վիգայր vikair*, roman. *vikair*; *սայզեմ saizem*, afr. *saisir*; *սայզի saizi*, afr. *saisie*; *մայստռ*, *մայստր maistr̄*, *maistr*, byz. *μαϊστρος* (*μαίστωρ*); *ֆայլել failel*, afr. *faillir*.

Dagegen wird *այ* für fremdes *ā* geschrieben in Fällen wie: *կումայշ* neben *կումաշ* = arab. *qumāš*; *բայժ* neben *բաժ* = np. *bāž* (*bāj*); *բայժտուն* neben *բաժտուն*; *տիւանպայշի* = türk.-pers. *divānbāšy*; *ախայխիր* = arab. *ʿaqāqīr*. Die hier sich findenden Varianten mit *ա a* deuten darauf hin, dass *այ* monophtongisch gesprochen wurde [1]). — Monophtongischen Lautwert hat ferner *այ* in Fällen wie: *աստուածայպահ* (für *աստուա-ծապահ*) L. 158; *ըղտայբեոն* (= *ըղտաբեոն*) L. 157—6. 8; *ձեռ-նայգրեց* (= *ձեռնագրեց*) L. 158. Neben *արոյննի aruinni* (Plur.) Mem. Smp., *արոյն aruin* und *արուն arun* bei Mx. Her. lesen wir *այրոյն* in Ass. Ant., entschieden = *aruin*: neben *համանք hamank̄* in Ass. Ant. auch *համայնք* in der kilikischen Krönungsordnung Sisv. S. 475, letzteres ebenfalls mit Lautwert *hamank̄*; neben *աժեմ* auch *այժեմ ažem*; neben *աժենամ* auch *այժենամ aženam*. In all diesen Fällen hat *այ* den Lautwert *a*. Dies setzt aber voraus, dass in der lebenden kilikischen Volkssprache wirklich altes *այ ai* monophtongisch als *a* gesprochen wurde. Diese Annahme wird bestätigt durch folgende Thatsachen: Neben *այն*, Gen. *այնոր* findet sich bereits *անոր* 37—17; neben *այրնել* auch *արնել* bei Mx. Her.; neben *այնել* Ass. Ant. auch

---

1) Ein Analogon zu dieser Transskription zeigt uns schon das Altarmenische in der Wiedergabe von fremdsprachlichem langem *ō* (gr. *ω*) durch *ո* + *վ* (z. B. *Յովսէփ Jōsep̆*, *Յովհաննէս Jōhannes*, *Ենովք Enōkʿ*, *Մովսէս Mōses* für gr. *Ιωσηφ*, *Ιωαννης*, *Ενως*, *Μωσης*). Dementsprechend wird in unserem Falle fremdes *ā* in Lehnwörtern durch *ա* + *յ*, d. i. *a* + entsprechenden Halbvokal wiedergegeben, und wie dort *ով* (gr. *ω*) den Lautwert *ō*, so stellt hier *այ* (arab.-pers. *ā*) den Lautwert *ā* dar, indem in beiden Fällen die Zeichen *վ* und *յ* reine Dehnungszeichen sind. Vgl. auch arab. ى- im Auslaute = *ā*.

անել im Dipl. Lev. V.; in letzterem Aktenstücke stehen die Formen: անէ (= այնէ) 188—10. 18; արած (= այրած) 188—22. 33. 36; արել (= այրել) 189—5; in demselben Aktenstücke L. 187—13 die Form պաժառ *bajaṙ* = cl. *paicaṙ*. Dass unter anderem das klassische Pron. այն *ain* zu *an* geworden war, beweist die Form հանչաք *hančaḱ*, sowie անչաք *ančaḱ* (= այնչաք) S. 55—6. In dem Volkslied auf Levon Dul. S. 539, 540 findet sich bereits կու լար *gu lar* für altes լայր *lair*; auch ալ *al* für älteres այլ *ail*; pron. dem. ան *an* für altes այն *ain*; überhaupt zeigen die meisten Vulgärschriften des 13. und 14. Jahrh. in der Schreibung sehr starke Spuren von Monophtongisierung des Diphtongs այ *ai*, indem ganz gewöhnlich für älteres այնել *ainel* die jüngere Schreibung անել *anel*, für älteres հայնց *hainç* das jüngere հանց *hanç* u. s. w. steht. Wo trotzdem in mittelarmenischen Dichtungen dieser Zeit die alte Schreibung mit այ noch herrscht, da lautet այ entschieden = *a*, wie aus dem Reime hervorgeht[1]). — Aus alledem ist zu folgern: aa. այ *ai* ist in der lebenden kilikischen Volkssprache des 13. und 14. Jahrh., wenn auch wahrscheinlich noch nicht so allgemein wie im Modernwestarmenischen[2]), so doch schon großenteils zu einfachem *a* geworden, und als Diphtong stark im Schwinden begriffen. In der Schrift jedoch ist die alte, diphtongische Schreibweise noch erhalten geblieben, und dass in der Litteratursprache auch die ältere diphtongische Aussprache als gelehrte und antiquierte noch Geltung hatte, beweisen Transskriptionen wie պայլ *bail*, ֆայլեմ *failem* u. s. w. Für die frühkilikische Zeit mag jedoch die diphtongische Aussprache noch gegolten haben, weshalb wir auch kl. այ vor Konsonanten mit *ai* umschreiben.

§ 9. Mit ոյ verhält es sich ähnlich wie mit այ. a) Im Auslaut wechselt ոյ mit ու in der Endung des Gen. pl., und

1) So reimt z. B. in den von Kostanianç (Tiflis 1892) mitgeteilten mittelalterlichen Liedern: վախենար auf վայր I, 11; ունայն auf անար-ժան I, 36; ունայն auf կատարման I, 36; խաղայր auf դիւահար I, 42; գայր auf տըռար I, 43; կենայր auf խապար I, 43; կու դայր, կու տայր auf ճարտար I, 43; շատանայր auf դըժար I, 44; երթայր auf թաթար I, 44; ամենայն auf տան I, 55; միայն auf լման II, 6 u. s. w.

2) So im Polnarmenisch, Türkarmenisch u. s. w. — Dagegen ist im Ostarmenischen regelmäßig altes *ai* zu *e* monophtongisiert (vgl. Palas. S. 9).

des Genitiv überhaupt; z. B. ծորտերոյ 43—12; ծորտերու 3—4. Das յ ist hier wie bei auslautendem այ ein lautloses, rein historisches Zeichen, weshalb es auch inschriftlich weggelassen wird[1]. Auslautendes ոյ umschreiben wir mit *o*.

b) Im Inlaut vor Vokalen hat nach der modernen Tradition aa. ոյ den Lautwert *uy*. Für das Kilikische ist dieser Lautwert sicher; vgl. պտոյեանք, պտոյիք, *bduyeank̄*, *bduyik̄* »Beduinen« = arab. *badū* (pl.).

c) Vor Konsonanten hat das Zeichen ոյ, — übereinstimmend mit der modernen Aussprache des Altarmenischen — den Lautwert *ui* in folgenden Wörtern: պաղտոյն *baγduin*, afr. *Baldouin*; լոյս *luis*, afr. *Louis*; Գոյներ *kuiner*, afr. *Cuilner* (s. Gloss.) u. s. w. Dass jedoch auch hier, wie bei այ, die Schreibweise eine rein historische ist, wenn nicht allgemein, so doch für eine große Anzahl von Fällen, das verrät schon das Schwanken der Orthographie. So findet sich neben pl. քուրվտի *k̄urvdi* auch քոյրվտի, natürlich ebenso *k̄urvdi* zu sprechen; neben այրոյն, արոյն auch արուն bei Mx. Her.; ibid. neben ալոյր auch ալուր u. s. w. Das lat. Wort *laudamus* ist in der kl. Krönungsordnung (Sisv. p. 474) transkribiert mit լաւտամոյզ *laudamuz*, also ոյ = *u*. Regelmäßig mit ու *u* statt altem ոյ *oi* (*ui*) geschrieben erscheint ուժ *už* (cl. ոյժ); bereits spätklassisch անուժ *anuž* (cl. անոյժ); անուշ *anuš* (cl. անոյշ); im Lied Lev. (Dul. 539, 540) die Form լուս im Refrain, für cl. լոյս u. s. w.

Aus letzterer Schreibung mit ու scheint hervorzugehen, dass bei diesen Wörtern der Lautwandel von ոյ zu ու früher vor sich gegangen war, als in den übrigen Fällen, wo noch die alte Schreibung ոյ fortbesteht, obschon auch bei dieser Schreibung der diphtongische Charakter des ոյ für die Sprache Sempad's und das spätere Kilikisch stark angezweifelt werden muss. Für das Frühkilikische dürfte immerhin noch allgemein der Lautwert *ui* anzunehmen sein, und demgemäß wird kl. ոյ in Folgendem mit *ui* umschrieben.

§ 10. a) kl. իւ vor Vokalen lautet = *iv*; z. B. տիւան *divan*, np. *dīvān*; հիւանդ *hivand* u. s. w. Denselben Laut hat իւ auch im Wortauslaut, was schon aus der Übereinstimmung der modernen Dialekte hervorgeht, die im gleichen Falle altes *iv* bewahrt haben. Also kl. կրիւ = *gṙiv* u. s. w.

1) Vgl. die Inschriften Šir. S. 84, 85 u. s. w.

b) Vor Konsonanten hat das kl. իւ monophtongischen Lautwert, und zwar stellt es einen Mittellaut dar zwischen aa. իւ *iu* und dessen modernem regelmäßigen Korrelat *i*, einen Laut, der aus altem *iu* kontrahiert etwa unserem *ü* entspricht[1]. Vgl. կիւռ »Herr« = κύριος, mgr. κῦρ, wie denn bereits in der älteren Zeit gr. *υ* durch իւ wiedergegeben wird. Auch in Schreibungen wie: կշիւռ 79—13 für կշիռ, իւրենք Dipl. Sarv. für իրենք[2]) offenbart sich der monophtogische Charakter von kl. իւ vor Konsonanten; wir umschreiben dasselbe mit *ü*.

---

1) Ganz denselben Lautvorgang haben wir auf germanischem Gebiete, wo der althochdeutsche Diphtong *iu* äußerlich, d. h. der Schreibung nach bis ins Mittelhochdeutsche hineinragt, dem Lautwerte nach jedoch zu einem langen *ü*-Laute geworden ist, so dass ahd. *iu* wirklich = *iu*, mhd. *iu* dagegen = *ü*. Vgl. Braune, Ahd. Gramm. S. 38.

2) Genau dieselbe graphische Erscheinung begegnet uns schon in vorkilikischer Zeit in folgenden Doppelschreibungen: ծիռ, ծիւռ; ակծիռ, յակծիւռս, յածիւռ; ճանճիռն, ճանճիւռն; սփիռ, սփիւռ; զամբիղ, զամբիւղ; շիղ, շիւղ; փիղ, փիւղ; փիղծ, փիւղծ; ուղիղ, ուղիւղ; շաւիղ, շաւիւղ; ծիղ, ծիւղ. Die Schreibung mit ի *i* ist in diesem Falle die ursprüngliche; erst in spät- und nachklassischer Zeit erscheint dafür auch իւ. Dieses իւ hat entschieden monophtongischen Lautwert und stellt einen *i*-Laut dar, allerdings wohl einen von gewöhnlichem ի *i* verschiedenartigen. Es taucht nämlich von spätklassischer Zeit ab in den meisten Fällen eine dritte Schreibung dieser Wörter, nämlich mit ե auf, so z. B. neben կշիռ und կշիւռ auch կշեռ, շիղ und շիւղ auch շեղ, neben փիղ und փիւղ auch փեղ, neben փիղծ und փիւղծ auch փեղծ, neben ուղիղ, ուղիւղ auch ուղեղ, neben շաւիղ, շաւիւղ auch շաւեղ u. s. w.; d. h. ursprüngliches ի *i* ist hier vor der Liquida im Mittelarmenischen zu ե *e* geworden. Eben deshalb kann in spät- und nachklassischer Zeit das vor Liquida ռ, ղ stehende ursprüngliche *i* unmöglich noch den älteren reinen *i*-Laut dargestellt haben; vielmehr war der ursprüngliche Laut, da ղ und ռ dunkles Timbre hatten, stark nach *e* hin getrübt worden, und eben weil dem nunmehrigen Laute eher das Zeichen իւ — nachdem *iu* seinen alten diphtongischen Lautwert eingebüßt hatte und zu *ü* geworden war — entsprach, als der Buchstabe ի *i*, ward in diesem Falle in jener späten Zeit auch իւ geschrieben. — Nicht damit zu verwechseln sind Fälle wie: cl. երկիւղ *erkiül* neben ma. երկիղ *ergiγ*, cl. իւր, իւրմէ *iür*, *iürmē* neben ma. իր, իրմէ *ir*, *irmē*, wo ursprüngliches, diphtongisches *iu*, durch das Mittel von monophtongischem *ü* (իւ) sich zu *i* (ի), d. i. offenem, getrübtem *i*-Laute, zuspitzte.

§ 11. Wie aus der neuarmenischen Aussprache und den modernen Dialekten hervorgeht, ist im Kilikischen das Zeichen եւ = *ev* auszusprechen, resp. *'ev* in betonter Silbe, aber nicht = *eu*. Vgl. kl. Լեւոն = byz. *Λεβούνης*, arab. ليفون Langl. Cart. S. 217.

§ 12. a) Vor Vokalen und im Auslaut hat աւ den Lautwert *av*, gleichwie in der alten Sprache; so wird z. B. spätgr. *σάβανον* transskribiert durch սաւան *savan*; türk. *čavuš* durch չաւուշ *čavuš* neben չավուշ, wie denn überhaupt աւ und ավ beliebig mit einander abwechseln. — Die Aussprache *av* im Wortauslaut ist durch Rückschluss aus der modern-armenischen Sprache als gesichert anzusetzen.

b) Bereits vor dem Jahre 1000 hatte աւ vor Konsonanten die Geltung von kurzem, offenem *o̦* erlangt; vgl. darüber Arm. Gramm. S. 328. So hat denn աւ vor Konsonanten in unserem Kilikisch-Mittelarmenisch den Lautwert *o̦*, und entspricht in Fremdwörtern dem Laute *o*; so z. B. աւդրել *o̦trel* = afr. *otrier*; աւդրէ *o̦tre* = afr. *ottrei*, *ottreid*; գաւնց *ko̦nç* = afr. *conse*; լիղաաւան *liγado̦n* = gr. *λεγᾶτον*.

§ 13. Für den so aus altem աւ *au* entstandenen *o*-Laut kommt jedoch — der genauen Bezeichnung wegen — im 12. Jahrh. ein eigenes, dem Griechischen entlehntes Zeichen auf, nämlich օ (= gr. Omikron), welches, obschon eigentlich nur für das Mittelarmenische passend, bekanntlich auch in die Manuskripte der klassischen Litteratur eindrang, wo wir es nun regelmäßig für altes աւ = *au* finden und natürlich auch mit *au* wiedergeben müssen in der Aussprache[1]. — In unserem Mittelarmenisch steht deshalb für altes աւ *au* regelmäßig օ = *o̦*, mit Ausnahme der Inschriften, in welche[2]) das neue Zeichen օ *o̦* kaum Eingang fand, und die alte Schreibung աւ für ma. *o̦* sich erhalten hat. So lesen wir inschriftlich: Հաւր *ho̦r* Šir. 72 v. J. 1213, աւրհնին *o̦rhnin* Šir. 73 v. J. 1286, Հզաւր *hzo̦r* Šir. 75 v. J. 1215, նշանաւք ibid., աւր ibid. S. 75 u. s. w., während in Ass. Ant. regelmässig օր *o̦r* (Tag), նշանօք *nšano̦k̄* (Instr. v. նշան), Հօր *ho̦r* (Gen. v. Հայր) u. s. w. steht. In Fremd- und Lehnwörtern entspricht — da beide Zeichen, աւ und օ ein und

1) Vgl. Arm. Gramm. S. 2, Anm. 3, sowie ZDMG. 30, S. 67 f.

2) Wie ein Blick auf die von Ališan in Airarat. Sisakan und Širak mitgeteilten Inschriften lehrt.

denselben Laut ausdrücken — bald das eine, bald das andere fremdsprachlichem *o*. So z. B. սօլ *sǫl*, afr. *sol*, սօլեր *sǫlʼer*, afr. *solier*; սինօռ *sinǫr̄*, gr. σύνορος, σύνορον; նօտար *nǫdar*, gr. νοτάριος, Մունֆօրդ *Munfǫrt*, afr. *Montfort*; Կիօդին *Giǫtin*, afr. *Guillotin*; Օքսենց *Ǫksʻenç*, gr. Αὐξέντιος (*Oxentios*); լաւ-ղաւիաս *lǫγar̄ias* neben լօղօռիաս *lǫγǫr̄ias* (vgl. d. Gloss.); տի-պաւն *dibǫn* neben տիպօն *dibǫn*; Պապէռաւմ neben Պապառօմ transskribiert mit *Baberom*. Vgl. oben unter աւ *ǫ*: աւդրել *ǫtrel*, աւդրէ *ǫtrẹ* u. s. w. In nachlässiger Schreibung wechselt աւ oder օ auch mit ո *o*; so z. B. Ջօսլին neben Ջոսլին, afr. *Josselin*; Բաւրէն neben Բորէն; Հաւքցօղ, Հօքցօղ neben Հոքցօղ »Verwalter«; Հաւն, Հօն neben Հոն »da« u. s. w. Die Zeichen աւ und օ, als Vertreter des offenen *o*-Lautes werden mit *ǫ* umschrieben.

Anm. Auffallenderweise erscheint in einigen weniger sorgfältig geschriebenen Manuskripten statt աւ = *av* vor Vokalen die Schreibung օ, entschieden fehlerhaft, da hier dem Zeichen օ der Lautwert *av* beigelegt wird. So namentlich im S.-R. Rb. ed. Bruns et Sachau: բերօ *perav* S. 117; մերձօր *mercavor* S. 116; օւրն *avurn* S. 117; հօսարեցի *havasareçi* S. 98; առօել *ar̄avʻel* S. 107; իրօցի *iravaci* S. 107; իրօանցն *iravançn* S. 110; սպասօրէն *spasavorẹn* S. 111; միօրութիւն *miavorutün* S. 112 u. s. w. Vor Konsonanten dagegen steht ebendaselbst օ = *ǫ* in օրէնքն *ǫrẹnkʻn* S. 97, փաղչօլ *paγčǫl* S. 105 u. s. w. Also ganz wie աւ = *ǫ* = *av*, so erscheint hier օ = *ǫ* = *av*; also eine durch das Streben nach Ausgleichung bedingte, wenn auch unrechtmäßige Funktionsausdehnung.

§ 14. Zusatz. Auch vor Konsonanten lauten աւ, իւ, ույ, այ = *av*, *iv*, *uy*, *ay* (und nicht *o*, *ü*, *ui*, *ai*), wenn denselben im Altarmenischen eben dieselben Laute entsprechen, und zwar: a) falls zwischen ihnen und dem folgenden Konsonanten ein Vokal ausgefallen ist, so dass sie ursprünglich und eigentlich vor Vokal stehen. So z. B. kl. հաւնիմ *havnim*, cl. հաւանիմ *havanim*; kl. հաւսար *havsar*, cl. հաւասար *havasar*; kl. աւտամ *avdam*, cl. հաւատամ *havatam*; kl. հիւնդութիւն *hivəndutün*, cl. հիւանդութիւն *hivandutiun*. Diese Aussprache ist gesichert durch Doppelschreibungen wie ավտամ *avdam*, հիվընդութիւն *hivəndutün*, sowie auch durch Vergleichung der modernen Sprache, die ganz dieselben Laute aufweist. — Vgl. das analoge klassische աղաւնի *ałavni*, aus urarm. *աղաւինի *ałavini*, wie pol. *ayvenikʻ* (Han. 22) wahrscheinlich macht; գաւիթ *gavit*, gen. sg. գաւթի *gavṫi*; շաւիղ *šavil*, gen. pl. շաւղաց *šavłaç* u. s. w. Vgl. Arm. Gramm. S. 2. — b) Falls auslautendes աւ, իւ u. s. w. durch Antreten von Suffixen in das Wortinnere zu stehen kommt. Da in diesem Falle sowohl im Alt- wie Neuarmenisch աւ, իւ ihren urspr. Laut *av*, *iv* beibehalten, müssen wir dasselbe auch für das Kilikisch-Mittelarmenische annehmen, und so ist zu lesen: կրիւն *grivn* (= *griv* + *n*), հալաւն *halavn* (= *halav* + *n*), կտաւնի *gdavni* (= *gdav* + *ni*) u. s. w.

Anm. Auch hier steht ursprünglich իւ vor Vokal, da կրիւն eigentlich = *grivən*, aa. *krivən*, urarm. **kriv-an*; կտաւնի = *gdavəni* = **ktav-ani* u. s. w.

Eine Ausnahme macht nur der Instrumental Plural auf աւք und իւք. Für die klassische Sprache setzt hier die moderne Tradition den Lautwert *ǫk̇* (= alt. *auk̇*), resp. *iuk̇* an (Aid. II, S. 372), nicht etwa, wie man zunächst nach dem entsprechenden Kasus des Singular annehmen möchte, *avk̇* und *ivk̇*. Diese Aussprache halte ich, wenigstens für die spätklassische Zeit für vollkommen richtig und zutreffend; denn für das Kilikisch-Mittelarmenische lauten die betreffenden Kasussuffixe sicher = *ǫk̇* und (soweit noch vorhanden) *ük̇*, wie aus der gewöhnlichen Schreibung օք *ǫk̇* hervorgeht. Ma. *ǫk̇* setzt aber ein aa. *auk̇*, ma. *ük̇* ein aa. *iuk̇* voraus. Vgl. Lautlehre § 71 und § 73 a.

## B. Konsonanten.

### Explosivlaute und Affricatae.

§ 15. Die altarmenischen Aspiraten behalten, wie noch heute im Neuarmenischen, so auch im Kilikisch-Mittelarmenischen ihren Lautwerth bei. Dass sie tonlose Laute waren, bezeugen Transskriptionen wie քիչ, np. *kīč*; քիթ, afr. *quite*; տիաթիկ, gr. *διαθήκη*; քմին, arab. *kamīn* كمين; փաղամպար, փըղամպար, np. *paiyambar*. Hier entspricht armenische Aspirata fremdsprachlicher Tenuis oder Aspirata [1]).

1) Wenn kilikisch-armenische Aspirata häufig fremder Tenuis entspricht, so rührt dies teils daher, dass öfter die sog. fremdsprachliche Tenuis genau genommen eine Aspirata ist, teils auch daher, dass die

§ 16. Zur Eruirung des Lautwertes für die Zeichen der alten Tenues und Mediae steht uns ein treffliches Hilfsmittel zu Gebote: die Fremdwörter im Mittelarmenischen, speziell im Kilikischen[1]). So ist np. *bāzār* = kl. պազար *bazar*; afr. *bail* = kl. պայլ *bail*; afr. *baron* = kl. պարոն *baron*; afr. *banier* = kl. պաներ *ban'er*; arab. *burǰ* = kl. պուրճ *burǰ*, woraus folgt, dass kl. պ im Anlaute = *b*. — Ferner haben wir: խապար *xabar* = arab. *xabar*; սապոն *sabon* = arab. *ṣabūn*; Մինապան *minaban* = mlt. Transskr. *miraban* (sic); Պապառօն *babaron* = mlt. Transskr. *Baberom*; Մուխթասիպ *muxtasib* = arab. *muḥtasib*; ըռուպ *ərub* = arab. *rubb*; d. h. auch im In- und Auslaut ist kl. պ = *b*.

Ebenso für alle übrigen altarmenischen Tenues; so z. B. տիւան *divan*, np. *dīvān*; տըֆընդել *dəfəndel*, afr. *defendre*; տուպլ *dubl*, afr. *double*; տֆթար *dftar*, arab. pers. *daftar* دفتر; տուկ *dug* oder *duk*, gr. *δουξ*, afr. *duc*; լուկամ *lugam*, լկամ *lgam*, np. *ligām*; լիկաթ *ligat*, afr. *légat*; մզկիթ *mzgit*, np. *mazgit*; իկտիշ *igdiš*, türk. *iydiš*; Պաղտուին *baydun*, afr. *Balduin*, *Baldouin*; Թէտպիր *tedbir*, Թտպիր *tdbir*, arab. *tadbīr*, *tädbīr*; Կիօտին *giotin*, afr. *Guillotin*; Կուկլակ *guglag*, transskr. *Gogulag* u. s. w. Daraus folgt: die altarmenischen Tenueszeichen haben im Kilikischen den Lautwert der entsprechenden Mediae.

§ 17. Umgekehrt zeigen die klassischen Mediae im Kilikischen den Lautwert der entsprechenden Tenues, wie aus folgenden Transskriptionen hervorgeht: աւդրել *otrel* = afr. *otrier*; բլայթ *plait* = afr. *plait*; բլայթել *plaitel*; աւուգաթ *avukat* = afr. *avocat*; գան *kan* = afr. *canne*, *cane*; գումին *kumin* = afr. *commun*, *comun*; գունդ *kunt* (գունթ) = afr. *comte*; գունց, գանց *kunç*, *konç* = afr. *conse*; Գոյներ *kuiner* = afr. *Couilner*; դամփլ *tampl* = afr. *temple*; դարիթ *tarit* = mlt. *tareta*; դրայիդուր *trayitur* = afr. *traytor*, *traïtor*; ըմբրուր *əmprur*, օնբրուր *onprur* = afr. *emperour*; Մունֆորդ *munfort* = afr. *Montfort*; մարգիզ *markiz* = afr. *marchis*; Ռոբէն, Ըռոբէն *əropen* = mlt. Transskr. *Ropinus*, *Rupinus*. Vgl. Թագւոր *takvor*, arab. transskr. *taqfūr*, bei Willebrandt *Tacfol*.

armenische Tennis, als eigentliche, durch wirklichen Kehlkopfverschluss erzeugte — kaukasisch-armenische — Tennis, sich zur Wiedergabe von gewöhnlicher Tennis nicht so gut eignet als die Aspirata.

1) Vgl. ZDMG 46, S. 268; Arm. Gramm. S. 15, 260, 261, 391 u. s. w.

§ 18. Ganz dieselbe Verschiebung des Lautwertes gilt auch für die Tennes und Mediae der Affricatae. Dies zeigen folgende Transskriptionen ins Kilikische: *բրինձ princ* = afr. *prince*; *բասաճ pasaǰ* = afr. *passage*[1]); *ճառայ ǰaŕa* = afr. *ǰarra*; *ճուշան ǰušan* = arab. pers. *ǰūšan*; *Ջոսլին ǰoslin* = afr. *Josselin*; *լիճ liǰ* = afr. *lige*; *Ըռուճէր əŕuǰer* = afr. *Roger*; *զընճպիլ zənǰbil* = arab. *zanǰabīl*; *չաբրոն čapron* = afr. *chaperon*; *չալունչ čalunǰ* = afr. *chalonge*; *չալընչեմ čalənǰem* = afr. *chalonger*; *չամպլայն čamblan* = afr. *chambellan*; *չանուն čanun* = afr. *chanone*; *Ջառլ čaŕl* = afr. *Charles*; *չանցլեր čançlʻer* = afr. *chancelier* u. s. w.

§ 19. Es liegt hier also eine förmliche, abgeschlossene Lautverschiebung vor, die zweite armenische Lautverschiebung, die jedoch zu schriftlichem Ausdruck nur bei neuentlehnten, d. i. nach vollzogener Verschiebung entlehnten Wörtern kommt, während die älteren, sowohl echtarmenische als Lehnwörter auch bei der veränderten Aussprache die historische Orthographie bewahrten[2]) — die bekanntlich in der heutigen Litteratursprache noch fortlebt — wonach z. B. zu lesen ist: kl. *վկայ* = *vga*, kl. *տղայ* = *dγa*, kl. *վճար* = *vǰar*, kl. *աբրիմ* = *abrim*, kl. *կարենամ* = *garenam*, kl. *պարտենամ* = *bardenam* u. s. w. Zugleich ist ersichtlich, dass die Lautverschiebung einen festen Anhaltspunkt bietet, zur Bestimmung der ungefähren Entlehnungszeit von Lehn- und Fremdwörtern[3]).

1) Siehe auch unten unter »Transskriptionen«.

2) Vgl. Arm. Gramm. S. 261.

3) So tragen die Lehnwörter *դիմոս* = gr. *δημόσιον*, *դարպաս* = np. *darvāza*, *գումբէթ* = np. *gunbad*, *gunbäd*, *սուլտան* = arab. *sultān*, *լիգատոն* = gr. *λεγατόν*, lat. *legatum*, *պառիկոս* = gr. *παροικός* u. s. w. eben in ihrer Schreibweise den deutlichen Stempel früherer Entlehnung; es sind nämlich die Lautwerte der Tenuis und Mediae noch die alten, unverschobenen für die Entlehnungszeit, wo *դիմոս* = *dimos*, *սուլտան* = *sultan* gelautet haben muss. Wären sie erst in mittelarmenischer Zeit, also nach der Verschiebung entlehnt worden, so würden sie folgendermaßen geschrieben sein: **տիմոս dimos*, **տարբաս* (**տարաբաս*) *darpas* (*darabas*), **կումպէթ gumbētʻ*, **սուլդան sultan*, **լիղադան liγaton*, **բառիգոս paŕikos*. Für das Mittelarmenische lauten dieselben Lehnwörter mit verschobenem Lautwert, jedoch gleicher Schreibung: kl. *դիմոս* = *timos*, *դարպաս* = *tarbas*, *գումբէթ* = *kumpētʻ*, *սուլտան*

§ 20. Neben die alte, historische Schreibweise tritt in ganz bestimmten Fällen eine neue phonetische:

a) Nach Nasal ն *n* erscheint für altarmenische Media im Mittelarmenischen die entsprechende Tenuis; nur vereinzelt findet sich daneben noch die alte Schreibung mit Media beibehalten. So z. B. kl. *հինկ* für aa. *հինգ* »fünf«; kl. *ժառանկ* für *ժառանգ* »Erbe«; kl. *հանկիստ*, *հանկստեմ* für *հանգիստ*, *հանգստեմ* »Ruhe, ruhen«; kl. *հնկակ* für *հնգակ* »Fünftel«; kl. *գանկատ*, *գանկտանք*, *գանկտւոր* für *գանգատ*, *գանգտանք*, *գանգտւոր* »klage« u. s. w. — Den Schlüssel zur Erklärung dieser neuen Schreibweise giebt uns das Neuarmenische: im Neuarmenischen (so im Tr., Pol. u. s. w.; vgl. Han. WZKM I, S. 312, II, S. 65) bleibt nämlich nach Nasal *n* die alte Media *d*, *b*, *g*, *j*, *ǰ* unverschoben. Ebenso muss dies für das Mittelarmenische der Fall sein, und so erklärt sich jene neue Schreibweise: um ein einzelnes Beispiel herauszugreifen, so bleibt aa. *hing* »fünf«, wie im Neuarmenischen, so auch kilikisch unverschoben als *hing*; eben deshalb aber konnte die historische Schreibung *հինգ* nicht gut mehr beibehalten werden, nachdem Media գ *g* den Lautwert von *k* erhalten hatte; die Folge war, dass die auf *n* folgende Media mit dem allgemein gültigen Zeichen für die Media, d. i. in diesem unserem Falle mit կ *g* ausgedrückt wurde. Dieser unregelmäßige Fall in der Lautverschiebung bedingte somit auch eine Unregelmäßigkeit in der Orthographie, eine Durchbrechung der alten historischen Orthographie [1]).

b) Die historische Schreibweise ist ferner verdrängt durch die neue phonetische in kl. *այտ* demonstr. Pron. der 2. Person, für cl. *այդ* *aid*; in *այտի* für cl. **այդի*; in Pronominalsuffix *տ* der 2. Pers. für cl. *դ*. Dass hier kl. *տ* = *d* lautet, lehrt das Neuarmenische, wo wir *ad*, *adi*, *d* haben im Pol., Tr. u. s. w. Ganz analog, wie im vorigen Fall musste auch hier wegen

= *suldan*, *լիղատուան* = *liyado̱n* u. s. w. Vgl. H. Hübschmann, ZDMG 46, S. 268; Arm. Gramm. 261 u. s. w.

1) Dieselbe phonetische Schreibart gilt übrigens für denselben Fall auch in der modernen Schriftsprache. — Wenn aber neben der phonetischen Schreibweise noch die alte Orthographie erscheint, ist selbstverständlich der Lautwert derselbe; so kl. *հինգ* = *հինկ* = *hing*, kl. *զընդան* = *զընտան* = *zəndan*.

nicht eingetretener Lautverschiebung die phonetische Schreibweise angewandt werden.

§ 21. Die historische Schreibweise bleibt zwar bestehen, jedoch nicht mit dem im Mittelarmenischen allgemein gültigen, sondern mit dem altarmenischen Lautwerte in folgenden Konsonantengruppen: ստ, շտ, սպ, շպ, սկ, շկ. So haben wir die kilikischen Transskriptionen: չաստեմ *ćastem* = afr. *chastier*; չաստէլ *častel* = afr. *chastel*; տրըստիմ *drəstim* = np. *durust*; մայստռ *maistr̈*, մաստռ *mastr̈* = gr. *μαῖστρος*, afr. *maistre*; գունդուստապլ *kundustabl* = *contestabile*; auch ուսպիթալ, օսպի-թալ neben ոսպիթալ = afr. *hospital* u. s. w. Hier hat տ nicht wie allgemein kilikisch den Lautwert *d*, sondern behält, geschützt durch den mit ihm verbundenen harten Zischlaut, die alte Geltung einer Tenuis. Aus diesem Grunde haben wir, gestützt außerdem auf die modernarmenischen Dialekte, wo in den alten Lautgruppen *st*, *št*, *sk*, *šk*, *sp*, *šp* die altarmenische Tenuis unverschoben ist[1]), im Kilikischen zu lesen: -ստան (Pluralsuff.) = *-stan*, հարուստ = *harust*, սպաննեմ = *spannem*, սպկիկ, սպրկիկ = *spgig*, *sprgig*, ստաձեմ = *stajem*, քշտեմ = *k̛štem*, կշտանամ = *gštanam*, հասկնամ = *hasknam* u. s. w.

Auch der altarmenische Buchstabe կ hat, so fest es auch steht, dass կ in den meisten Fällen, namentlich im Inlaut, zu *g* verschoben ist und den Lautwert *g* hat, so doch unzweifelhaft in bestimmten Fällen die alte Aussprache *k* beibehalten. Zu dieser Annahme nötigen Transskriptionen im Kilikischen, wie մարկ = afr. *marc*, տիաթիկ = gr. *διαθήκη*, տուկ = gr. *δοῦξ*, Gen. *δουκ-ος*, afr. *duc*, it. *duca*, namentlich aber die Betrachtung der modernen Dialekte: so entspricht z. B. im Pol. namentlich häufig in den Endsilben *-ak*, *-ik*, seltener im Anlaut, der Laut *k* altarmenischem *k* կ[2]). — In denselben Fällen, d. i. im Anlaute vor inlautendem հ *h*, oder den Lautverbindungen րգ, րդ, die moderndialektisch meist aspiratisch als *rk̛*, *rt̛* ausgesprochen werden, sowie in den Endsilben -ակ, -իկ sind wir

1) Vgl. Han. WZKM I, S. 305 und 307.

2) So nach Han. WZKM 1, 305, 307, 308, 312; II, 65: *bardàk* »geheim« = cl. պարտակ, *hasəràk* »Mitte« = cl. հասարակ, *hedevàk* »zu Fuß« = cl. հետեւակ, *istàk* »rein« = cl. յստակ, *Zadìk* »Ostern« = cl. զատիկ, *erèk* »gestern« = cl. երեկ, *kahelù* »schlagen« = cl. գահել, *karkelù* »heiraten« = cl. կարգել, *kartalù* »lesen« = cl. կարդալ u. s. w.

berechtigt auch für das Kilikische die Gleichung cl. կ = kl. *k* anzusetzen. Der Fall verdient jedoch nähere Untersuchung. — Vgl. unten § 31 die Vertretung von arab. ق *q* im Anlaute durch armenisches կ.

## Die übrigen Konsonantenzeichen.

§ 22. Die Nasale lauten wie in der klassischen Sprache; hervorgehoben sei nur, dass das Zeichen ն vor gutturalem Explosivlaut den gutturalen Nasal *ṅ* darstellt.

Von den Spiranten und Liquiden kommen hier in Betracht nur յ und ղ. — Dass das aa. ղ schon zur frühesten Araberzeit seinen ursprünglichen Lautwert *ł* (= gr.-syr. *l*) aufgegeben und auf dem Wege zur späteren Aussprache *γ* war, hat bereits H. Hübschmann dargethan in ZDMG 46, S. 257 ff. Für das Kilikische geht der Lautwert *γ* von ղ noch ganz besonders hervor aus Transskriptionen wie folgende: փաղամպար *p̔aγambar*, պըղամպար *pəγambar* = np. *paiγambar*; լիղատոն *liγado̱n* = gr. λεγατόν; լաւղարիաս, լօղօրիաս *lo̱γar̈ias*, *lo̱γo̱r̈ias* = λογαριάστης; Ղազար *γazar* »Lazarus« transskribiert durch *Gazar* (L. Cart. S. 172); vgl. § 31. Über die Vertretung von fremdsprachlichem *ld* durch kl. ղտ s. unten § 28. Kl. ղ wird umschrieben mit *γ*.

§ 23. Das Zeichen յ ist hinsichtlich seines Lautwertes im Aus- und Inlaute bereits oben § 8 und 9 besprochen. — Im Anlaute der Wörter hat յ in der modernarmenischen Aussprache des Altarmenischen den Lautwert von *h*; so lauten nach der modernen Aussprache z. B. յարմար, յապաղել, յոյս, ղյակոբ, անյապաղ, թերայոյս = *harmar*, *anhapaγ*, *t̔erahuis* u. s. w. nach Aid. II, 371. Nicht für das eigentliche Altarmenische, sondern vielmehr für die spät- und nachklassische und mittelarmenische Zeit muss diese Aussprache wirklich bestanden haben und die richtige sein. Für das Kilikische speziell steht der Lautwert *h* von anlautendem յ fest und außer Zweifel durch folgende Doppelschreibungen: հետ neben յետ *h'ed* (vgl. Gloss.), հետի neben յետի *hedi* (vgl. Gloss.), հայրենէթփութիւն neben յայրենեթփեմ, ersteres nach Gloss. = »Verbannung, Verweisung«, letzteres = »verbannen, verweisen«, beide offenbar in ihrem ersten Kompositionsgliede identisch miteinander und folglich zu lesen: *hairene̱tp̔utün*, *hairenetp̔em*. Vgl. Gloss.

Dies Ergebnis wird übrigens noch bestätigt durch die modernen Dialekte, in welchen übereinstimmend altem յ im Anlaute modernes *h* entspricht. So im Tr., Pol.[1]), Mš.[2]) u. s. w.[3]) Kilikisch anlautendes յ wird umschrieben durch *h*. — Erwähnt sei noch, dass ւ und ր im Auslaute miteinander wechseln; so Իրոճել *əṙojel* und Իրուճէլ *əṙujel* neben Ըռուճէր *əṙujer*; ähnlich Սանջաւել *Sanjavel* = afr. *sans aveir*: ein Beweis, dass beide Zeichen zwei phonetisch eng verwandte Laute darstellen.

Die übrigen Konsonanten fallen in der Aussprache mit den entsprechenden altarmenischen zusammen. — Als neues, dem alten mesropischen Alphabet unbekanntes Zeichen ward im 12. Jahrh. zur Bezeichnung der harten Spirans *f* in Fremdwörtern der Buchstabe ֆ eingeführt. Beispiele im Gloss. Auch vereinzelt in echtarm. Wörtern, wie in ինչֆի *inčfi*, für *inčvi*, Dipl. Sarv. H. 258.

---

§ 24. Das kilikische Lautsystem ist demnach folgendes:

Vocale: ա *a*; ե *ye*, *ʻe*, *e*; է *e̱*; ը *ə*; ի *i*; ո *vo*, *o*; աւ, օ *o̱*; ու *u*; իւ *ü*.

Diphtonge: այ *ai* (*a*)[4]); ոյ *ui* (*u*)[4]).

---

1) Vgl. Han. WZKM 2, 295, woselbst die Beispiele: *havid'àn* »ewig« = յաւիտեան, *Hagòp* = Յակոբ, *Hovannes* = Յովհաննէս, *huis* »Hoffnung« = յոյս u. s. w.

2) Vgl. Mser. Dial. v. Muš. S. 121: *hert* = cl. *yart* յարդ; *hacoyutʻen* = cl. (*y*)*ajoyutʻiun* (յ)աջողութիւն; *harutʻen* = cl. *yarutʻiun* յարութիւն; *hisun* = cl. յիսուն *yisun* u. s. w.

3) In gewissen Fällen schwindet der anlautende Hauch vollständig; so Dial. v. Muš Mser. 122: *ənknʻer* = cl. յօնք, *oyorkʻel* = cl. յուղարկել u. s. w.; Dial. v. Kuty: *Owanes* neben *Howannes* u. s. w. WZKM 2, 295.

4) Ueber die halbvokalische Aussprache von յ in այ = *ay*, ոյ = *uy* vgl. oben § 8b und § 9b.

Konsonanten:

| | Explosivlaute und Affricatae | | | Spiranten | | Liquidae | Nasale |
|---|---|---|---|---|---|---|---|
| | Mediae | Tenues | Ten. Aspiratae | Tonlose | Tönende | | |
| Gutturale . . . | կ g | գ k | ք k̔ | խ x, հ h, յ h | ղ γ[1] | | |
| Palatale . . . . | ճ j | ջ č | չ ç̌ | շ š | ժ ž, յ y | | |
| Dental-Linguale | ձ j | ծ c | ց ç | | | | |
| Dentale . . . . | տ d | դ t | թ t̔ | ս s | զ z | ր r, ռ ṙ, լ l | ն n, ṅ |
| Labiale . . . . | պ b | բ p | փ p̔ | ֆ f | վ, ու, ւ v | | մ m |

## Anhang: Die Fremdwörter und ihre Wiedergabe.

§ 25. Im Anschluss an das Vorhergehende und zu dessen Vervollständigung sei hier über die Lehn- oder Fremdwörter und deren Transskription noch folgendes bemerkt.

Hinsichtlich der Transskription der fremden Mediae und Tenues zerfallen die Lehnwörter, nach dem oben § 19 Gesagten in zwei Gruppen, eine jüngere und eine ältere. Bei ersterer kommt die zweite Lautverschiebung zwar zum Vorschein, nicht aber zur Geltung, so z. B. in պայլ *bail*, afr. *bail*, պարոն *baron*, afr. *baron*, տըֆընդել *dəfəndel*, afr. *defendre* u. s. w. Bei der zweiten Gruppe kommt die Lautverschiebung zur Geltung, nicht aber zum Vorschein und schriftlichen Ausdruck; so z. B. դիմոս, gr. δημόσιον, պառիկոս, gr. παροικός, դարպաս, np. *darvāza*, գումբէթ, np. *gunbaδ*, *gunbäδ* u. s. w. Diese machen die Lautverschiebung ganz wie echtarmenische Wörter durch und behalten gleichwie letztere die alte historische Schreibweise bei, so dass դիմոս = aa. *dimos*, ma. *timos*, պառիկոս = aa. *paṙikos*,

1) In bestimmten Fällen ist jedoch möglicherweise die Spirans յ als weiche Spirans '*h* neben ղ γ unter die Tönenden zu stellen.

ma. *bařigos*, դարպաս = aa. *darpas*, *darapas*, ma. *tarbas* u. s. w. ist. Zur ersten Gruppe gehören sämtliche nach der Verschiebung entlehnten Wörter, namentlich viele altfranzösische, auch arabische und persische. Zur zweiten Gruppe gehören ältere, vor oder während der Verschiebung gemachten Entlehnungen, namentlich die griechischen Lehnwörter und die älteren persischen und arabischen.

§ 26. Da das Armenische keine Doppelkonsonanten hat, wird Doppelkonsonanz in Transskriptionen vereinfacht. — Ein besonderer Fall liegt vor in անսիզ *ansiz* 1) »Gesetz, Assise«, 2) »Assignat« = afr. *assise*. Hier ist also das Doppel-*s* des Originals durch Nasal *n* + *s* wiedergegeben. Für unorganisches eingeschobenes *n* kann in diesem Falle *n* nicht gehalten werden. Wohl aber zeigt das Arabische und andere semitische Sprachen Neigung zu einer derartigen Doppelkonsonanz-Auflösung und zwar von *dd* zu *nd*, *bb* zu *nb*, *ss* zu *ns* (vgl. Fränkel, Aram. Fremdw. S. 136 Anm.). Da nun *n* in անսիզ *ansiz* unmöglich unorganisches *n* ist — eine solche Annahme ist den armenischen Lautgesetzen zuwider —, muss der Nasal bereits im Originalwort zu անսիզ vorgelegen haben, d. i. անսիզ *ansiz* geht auf ein Originalwort *ansiz* (oder *ansis*) zurück; da aber das Eintreten des Nasals hier keineswegs nach altfranzösischen Lautgesetzen erfolgt sein kann, so ist mit Sicherheit anzunehmen, dass afr. *assise* durch das Mittel irgend einer semitischen Sprache — die doch wohl nur das damalige Syrisch-Arabische sein kann — zu *ansiz* differenziert worden ist, und so als անսիզ auch ins Kilikische transskribiert wurde. Eine ganz anloge Erscheinung findet sich bekanntlich in älteren syrischen Lehnwörtern des Altarmenischen. Vgl. Arm. Gramm. S. 286, sowie ZDMG 46, S. 230.

§ 27. Da anlautendes *r* oder *γ* (*gh*) den armenischen Sprachorganen widerstrebt, so wird bei Übernahme von Lehnwörtern beiden Lauten ein ը *ə* vorgeschlagen. So nach Gloss. ըռասուլ *əřasul* = arab. *rasūl*; ըռատակն *əřadagn*, mit erstem Compositionsglied ըռատ *eřad* = np. *rād* راد u. s. w., s. unten § 153 b. Daneben auch die Schreibung ohne ը, wo jedoch ebenfalls *ə* zu sprechen, z. B. ռէ *əřẹ*.

Seltener wird die anlautende weiche gutturale Spirans *γ* (غ) mit vorgeschlagenem *ə* transskribiert. Vielmehr wird dieselbe beim Übergang ins Kilikisch-Armenische zur entsprechenden harten Spirans խ *x*. So z. B. nach Gloss. խազի *xazi* = arab. *γāzī* غازي, խալապայ *xalaba* = arab. *γalaba* غلبة, խալատ *xalad* = arab. *γalaṭ* غلط, խալէ *xale̜* = afr. *galee*, it. *galea*, wohl vermittelt durch das Arabische.

§ 28. Fremdsprachliches *ld* wird kilikisch durch ղտ *γd* transskribiert; so z. B. Պաղտին *baγdin*, Պաղտուին *baγduin* = *Balduin*, *Baldouin*; Ռենաղտ, Ըրենաղտ *ərənaγd* = *Renald*. Hierher gehört wohl auch մարաջախտ *maračaxd*, wohl auf ein Original *marachald* zurückgehend. Vgl. it. *marescaldo*, byz. *μαρισκαλδος* (s. Gloss.).

§ 29. Afr. *ch* wird kilikisch durch չ *č*, afr. *j*, *g* durch ճ *ǰ* transskribiert, scheinbar unregelmäßig, in Wirklichkeit jedoch ganz lautgetreu, da die betreffenden altfranzösischen Laute nicht wie im heutigen Französischen Spiranten, sondern vielmehr Affricatae sind. So nach Gloss. Ճաւֆրէ *ǰo̜fre̜*, afr. *Geoffrey*; Ճօսլին, Ճոսլին *ǰo̜slin*, *ǰoslin*, afr. *Josselin*; լիճ *liǰ*, afr. *lige*; պասաճ *pasaǰ*, afr. *passage*; պուրճէս *purǰe̜s*, afr. *bourgeis*; չալունճ *čalunǰ*, afr. *chalonge*; չալընճեմ *čalənǰem*, afr. *chalonger*; չամբռ *čambṙ*, afr. *chambre*; չամբռլայն, չամպլլայն *čambṙlan*, *čamblan*, afr. *chambellan*; չանուն *čanun*, afr. *chanone*; չանցլեր *čançl'er*, afr. *chancelier*; չաբրոն *čapron*, afr. *chaperon*; չաստեմ *častem*, afr. *chastier*; չաստէլ *časte̜l*, afr. *chastel*; Չառլ *čaṙl*, afr. *Charles*.

§ 30. Arab. ع (ع) ʿ wird, da ein entsprechender Laut dafür im Armenischen nicht existiert, bei der Transskription unberücksichtigt gelassen. So z. B. kl. ալանի = arab. علاني *ʿalānī*, kl. ալկեմ von arab. عليق *ʿalīq*, kl. ախայխիր = arab. عقاقير *ʿaqāqīr* Plur. von عقار, kl. կլայ = arab. قلعة *qalʿa*, kl. կլայեկ (= *կլայի + ակ) = arab. قلعي *qalʿī* u. s. w.

§ 31. Arab. ق *q* wird durch arm. կ wiedergegeben in կապալ = arab. قبالة *qabāla*; կումայշ, կումաշ = arab. قماش *qumāš*; կահրայ = arab. قهرة *qahra*; ferner կուռայ, կլայ, կլայեկ u. s. w. Daneben aber auch նաղտ *naγd* = arab. نقد *naqd*, պաղղամ *baγγam* »Brasilienholz« = arab. بقم *baqqam* (np. *bakam*, *bagam*), ղուրան = arab. قرآن *qur'ān* neben կուրան, ղուրս (häufig bei Mx. Her.) neben կուրս u. s. w. Für arab. ق *q*, den tiefen emphatischen Guttural, besaß das Armenische keinen adäquaten Laut: die Transskription musste naturgemäß, entsprechend dem Charakter jenes zwischen *g* und *γ* liegenden arabischen Lautes, zwischen կ = *g* und ղ = *γ* schwanken. Vgl. Hübschm. Arm. Gramm. I, S. 260, richtig S. 391.

§ 32. Während so der Konsonantismus im wesentlichen getreu wiedergeben wird, ist hinsichtlich des Vokalismus um so auffälliger die zwischen der kilikischen Transskription und dem Originalwort bestehende Differenz, und zwar so gut wie ausschließlich bei arabischen und persischen Lehnwörtern. Erwähnt seien folgende Beispiele: խիսմ *xism* = arab. *xaṣm*, *xuṣīm*; մանբար *manbar* = arab. *minbar*; հեջուպ, հեճուպ *hejub* = arab. *hājib*, mit Imāla *hējib*; սեհալ *sehal* = arab. *sāḥil*; փայղամ-պար *payambar* = np. *paiyambar*; լուկամ *lugam* = np. *ligām*; դիրտ *dird* (nur bei Čaxčax) = np. *durd*[1]; փօշաման *pošaman* und փօշամնիմ *pošamnim* von np. *pašīmān*; մամուլ, մալում *mamul*, *malum* = arab. *mo'allim*, neuarab. *ma'llim*. Ferner: կլայ *gla* = arab. *qal'a*, կլայեկ *glay'eg*[2]) von arab. *qal'ī*, թտպիր *tdbir* = arab. *tadbīr*, ըռզակ *ərzag* = arab. *'arzāq*, Plur. v. *rizq*, բլխամ *blxam*, բլղամ *blyam*[3]) = arab. *balγam*, մզկիթ *mzgit* = np. *mazgit*, մընճան *mənjan* = arab. *marjān*, մլհամ *mlham* »Pflaster« = np. *malham*, մլքեմ *mlkem* = arab. *malak-*, տֆթար *dftar* = arab. *daftar*, ֆխիր *fxir* = arab. *faqīr*, տլիսմ *dlism* = arab. *ṭilsim*, տրստիմ *drstim* zu np. *durust*, մսլիմ *mslim* = arab. *muslim*, բուստ *bust*, պիստ *bist* = np. *bussad*[4]) u. s. w. Eine Wirkung der armenischen Vokalgesetze ist hier ausgeschlossen. Die Differenzen beruhen teils auf Vokalreduktion, teils auf ungenauer, nachlässiger Wiedergabe[5]), teils wohl auch darauf, dass bereits das Originalwort jenen scheinbar abnormen Vokalismus zeigte, indem es der (arabischen, resp. persischen) Volkssprache, nicht der Schriftsprache angehörte, so dass in diesem

1) Arm. Gramm. S. 264.
2) Vgl. oben § 30.
3) Oskip., Mechitar Aparançi u. s. w.
4) Vgl. Arm. Gramm. 263.
5) Vgl. Arm. Gramm. S. 330 und Hübschm. Chron. S. 144f. und 153.

Falle nur scheinbar unregelmäßige Wiedergabe vorläge. Letzteres jedoch ist bloße Vermutung.

§ 33. Zu untersuchen wäre noch für arabische Lehnwörter, welche von denselben direkt aus dem Arabischen entlehnt, und welche durch das Neupersische vermittelt in das Kilikische eindrangen. In der Mehrzahl der Fälle wird sich hierüber positive Sicherheit kaum ergeben. Für andere Fälle ist ein Kriterium das neupersische Imāla; so kommt z. B. kl. սլեհ *sleh* »Waffe« direkt aus np. *silēḥ* mit Imāla (= arab. *silāḥ*); kl. *heǰub* direkt aus np. *hēǰib* mit Imāla (= arab. *hǰāib*).

# II. Abschnitt. Eigentliche Lautlehre.

## Vokalismus.

### Cl. ա *a* und seine Entsprechungen im Kilikischen.

§ 34. 1. Cl. ա *a* = kl. ա *a* in allen ein- und zweisilbigen Wörtern; in drei- und mehrsilbigen Wörtern bleibt *a* nur in der ersten und letzten Silbe, während es in den mittleren Silben ausfällt oder zu *ə* reduziert wird.

1. a) In einsilbigen Wörtern:

անձ *anj* »Person«, cl. *anjn*; անց *anç* »Übergang«, cl. *anç*; բան *pan* »Sache«, cl. *ban*; գանձ *kanj* »Schatz«, cl. *ganj*; գրաստ *krast* »Lasttier«, cl. *grast*; զարկ *zarg* »Schlag«, cl. *zark*; ժամ *žam* »Stunde«, cl. *žam*; խաչ *xač* »Kreuz«, cl. *xač*; ծանր *jandr* »schwer«, cl. *canr*; կամք *gamk̕* »Wille«, cl. *kamk̕*; մահ *mah* »Tod«, cl. *mah*; մարդ *mart* »Mensch«, cl. *mard*; նման *nman*, »ähnlich«, cl. *nman*; նշան *nšan* »Zeichen«, cl. *nšan*; շահ *šah* »Gewinn«, cl. *šah*; շատ *šad* »viel«, cl. *šat*; չար *čar* »schlecht«, cl. *čar*; պահ *bah* »Zeitpunkt«, cl. *pah*; վարձ *varc* »Miete«, cl. *varj*; քաջ *k̕ač* »tüchtig«, cl. *k̕aj*; քսան *k̕san* »zwanzig«, cl. *k̕san*; auch in Verbalformen wie: գամ *kam* »gehe«, cl. *gam*; կամ *gam* »stehe«, cl. *kam*; ferner im Auslaute der Imperativformen: գնա *kna* »gehe«, cl. *gna*; մնա *mna* »bleibe«, cl. *mna* u. s. w.; ebenso im Auslaute der Pronomina սա *sa*, դա *ta*, նա *na* = cl. *sa*, *da*, *na*; im Gen. Dat. նարա *nara* u. s. w. = cl. *nora*.

b) In zweisilbigen Wörtern:

ամիս *amis* »Monat«, cl. *amis*; անուն *anun* »Name«, cl. *anun*; անուշ *anuš* »angenehm«, cl. *anoiš*; ապրիմ *abrim* »lebe«, cl.

*aprim*; ebenso bei ազատ *azad*, առանց *aṙanç*, արդար *artar*, արծաթ *arjať*, բաժին *pażin*, կամիմ *gamim*, կարգեմ *garkem*, հազար *hazar*, հիւանդ *hivand* u. s. w.

2. Bei drei- und mehrsilbigen Wörtern:

a) ա *a* bleibt:

կամենամ *gamenam* »will«; կարենամ *garenam* »kann«; գիտենամ *kidenam* »weiß«; ունենամ *unenam* »habe«; յերեւան *herevan* »offenbar«, cl. *yerevan* u. s. w. Beispiele sind übrigens unter 2 b) mit einbegriffen.

b) ա *a* fällt aus:

հոգցող *hokçoγ* »Verwalter«, cl. *hogaçoł*; կորսնեմ *gorsnem* »verliere«, cl. *korusanem*; ցուցնեմ *çuçnem* »zeige«, cl. *çuçanem*; գտնում *kdnum* (*kədnum*) »finde«, cl. *gtanem* (*gətanem* dreisilbig!); անվնել *anvnel* »nennen«, cl. *anvanel*; անցնեմ *ançnem* »überschreite«, cl. *ançanem*; առջի *aṙči* »erste«, cl. *aṙaji*; ասցին *asçin* »sagten«, cl. *asaçin*; արծող *arjoγ* »hütend«, cl. *arajoł*; բաժնեմ *pażnem* »teile«, cl. *bażanem*; հասնիմ *hasnim* »gelange«, cl. *hasanim*; հաւնիմ *havnin* »glaube«, cl. *havanim*; մատնեմ *madnem* »übergebe«, cl. *matanem*; շալկեմ *šalgem* »trage«, cl. *šalakem*; սպաննեմ *spannem* »töte«, cl. *spananem*; ամրնամ *amrnam* »festige mich«, cl. *amranam*; ապրնաց *abrnaç* (Gen. pl.), cl. *apranaç*; աւտամ *avdam* »glaube«, cl. *havatam*; գրաւկան *kravgan* »Pfand«, cl. *gravakan*; դարպաս *tarbas* »Gerichtshof«, cl. *darapas*; հասկնամ *hasknam* »erfahre«, cl. *haskanam*; հաւսար *havsar* »gemeinsam«, cl. *havasar*; վաճռկան *vajṙgan* »Kaufmann«, cl. *vaćaṙakan*; վաճռկներ *vajṙgn'er* (Nom. pl.), cl. **vaćaṙakanear* u. s. w. — Im Besonderen schwindet cl. *a*: *α*) in der Endung -աւոր *-avor* = kl. -վոր: գանկտվոր *kangdvor* »Kläger«, cl. *gangatavor*; թագվոր *ťakvor* »König«, cl. *ťagavor*; պատեհվոր *badehvor* »geeignet«, cl. **patehavor*; վարձվոր *varcvor* »Mieter«, cl. *varjavor*. *β*) in dem Pluralsuffix -անի *-ani* = kl. -նի *-ni*: այրիկաննի *airiganni* »Witwen«, cl. *airi* + *kanani*; պատճռնի *badjṙni* »Gründe«, cl. **patčaṙani* u. s. w. *γ*) in der Kausativendung -ուցանեմ *-uçanem*, resp. -ցուցանեմ *-çuçanem*, welche, da außerdem auch ու *u* schwindet, kilikisch zu -ցնեմ *-çnem* (*-çənem*) wird, mit Vereinfachung von Doppel-*ç*: ամրցնեմ *amrçnem*, cl. *amraçuçanem*; անհոգցնեմ *anhokçnem*, cl. *anhogaçuçanem*; արիացնեմ *ariaçnem*, cl. *ariaçuçanem*; պակսեցնեմ *bagseçnem*, cl. *pakaseçuçanem*; մեռցնեմ *meṙçnem*, cl. *meṙuçanem*; վերցնեմ *verçnem*, cl. *veraçuçanem* u. s. w. — Auch in Fremdwörtern schwindet *a*; z. B. *կումշի* 19—8 Gen. sg. v. *կումաշ* (*կումաշի*) = arab. قماش.

Anm. Da nach der modernen Tradition aa. *աստուած* »Gott« den Gen. *աստուծոյ* mit *a*-Schwund, *աստուած* »Götze, Heidengott« dagegen regelmäßig *աստուածոյ* bildet, so würde hierin bereits ein altarmenischer Fall von *a*-Schwund vorliegen. In den alten Handschriften finden sich jedoch stets nur die Abkürzungen *ած*, *ածոյ*, *ածով*, so dass die alte Aussprache für die obliquen Kasus unsicher ist.

§ 35. Ausnahme 1): mittelsilbiges *a* bleibt vereinzelt erhalten:

So in der Infinitivflexion der *a*-Stämme: *հասկնալ*, Gen. *հասկնալոյ* *hasknalo* u. s. w.; auch als Kompositionsvokal in *ազգակից* *azkagiç* »verwandt« 65—15; *նորածին* *norajin* »neugeboren« 49—8; *դիմախօսեմ* *timaxosem* »widerspreche« 59—8 u. s. w. In letzteren Beispielen ist jedoch Einfluss der klassischen Schriftsprache wahrscheinlich. Geradezu als Klassicismen müssen Fälle gelten wie: *ազատեմ* *azadem* »befreie« 67—3; *հաստատեմ* *hastadem* »befestige« 65—7; *ուրանալ* *uranal* »leugnen« 71—13; *իշխանութիւն* *išxanutün* »Vollmacht« 53—4; *կենդանութիւն* *gendanutün* »Leben« 37—22; *ժառանգեմ* *žarangem* »erbe« 47—19; *աւետարան* *avedaran* »Evangelium« 61—9 u. s. w.

Anm. Vgl. pol. *astvaja-mar* »mère de Dieu« Han. 39, *ašxadelu* »s'occuper« Han. 30, *azadelu* »délivrer« Han. 31, *Garab'ed* Han. 56, *giragi* »dimanche« Han. 57, *giragur* »viande« Han. 57, *habardut'in* »arrogance« Han. 61, *havadalu* »croire« Han. 64, *Hayastan* »Arménie« Han. 61, *imanalu* »apprendre« Han. 73, *vartab'ed* »archevèque« Han. 123, *žamanag* »temps« Han. 127, *an-žamanagen* »depuis ce temps« Han. 26 (vgl. auch Mser. S. 16). Diese Fälle sind teils reine Klassicismen, teils hat sich unter dem Einflusse der klassischen Sprache der alte Lautstand erhalten.

§ 36. Ausnahme 2): vereinzelt schwindet cl. *ա* *a* auch in anlautender Silbe.

a) Cl. *a* wird zu *ə* geschwächt im Anlaute vor Nasal *n* in: *ընգողին* *əngoyin* »Bett« 47—32 = cl. *ankolin*; *ընկնիլ* *əngnil* »fallen«, *ընկնի* *əngni* H. 208—30, *ընկնին* *əngnin* 53—3; *ընկաւ* *əngav* 33—7 = cl. *ankanel*, *ankani*, *ankanin*, *ankav*. Vgl. tr. *əngnil* und *iynal*, tf. *əngnel*, kr. *əynel* u. s. w. Hier liegt volksetymologische Anlehnung an die mit *ըն-* (aus *ընդ*) beginnenden Wörter vor.

Anm. Schon im AA. findet sich neben den älteren Formen mit *a* vereinzelt auch ընկողին und ընկանիմ: letzteres nur bei Plat. und bei Joh. Chrys., jenes in der Bibelversion Hiob. 41, 21, Kön. IV, 11, 2 und bei Gr. Nar. Auch neben անդաճեմ *andačem* »untersuche« das abgeschliffene ընդաճեմ *əndačem* bei El. (Moskauer Ausg. 20). — Als mittelarmenisch dagegen sind zu bezeichnen die von Wb. citierten Formen ակընջաց (Gen. pl. v. ականջ »Ohr«) für ականջաց; ակընջատ »ohrenlos« für ականջատ; զոքընչի (Gen. sg. v. զոքանչ »Schwiegervater«) für զոքանչի.

b) Cl. *a* wird im Inlaute der ersten Silbe zu *ə* reduziert in folgenden Fällen: չքաւորութիւն *çk̄avorut̄ün* (*çək̄avorut̄ün*) »Maß, Verhältnis« = cl. *čap̄avorut̄iun* H. 217—17; չքօք *çk̄ok̄* (*çək̄ok̄*) Instr. pl. v. չաք 55—8 = չաքօք *çak̄ok̄* Geop. 138—5, 144—20, cl. *čap̄auk̄*; ժմու *žmu* (*žəmu*) Gen. v. ժամ 37—9 = cl. *žamu*; ձխի *jxi* (*jəxi*) Gen. v. ձախ H. 221—23.

Anm. Gegenüber dem MA., wo *a*-Ausfall in erster Silbe nur ausnahmsweise stattfindet, nimmt im NA. der Ausfall von *a* in erster Silbe eine weit größere Ausdehnung. So hat das Tr.: *ən'el* »machen« (für älteres *an'el*), *əs'el* »sagen« (kl. *asel*), *gərnal* »können« (kl. *garenal*). Ferner das Mš. (Mser. S. 20): *əm'en* »ganz« (kl. *amen*), *kəncner* »ging über« 3. p. sg. Impf. (kl. *gu ançner*), davon Aor. *ənca* (kl. *ança*), *təsverku* »12«, *təsnevut* »18« (kl. *dasn u ergu*, *dasnvut'*), *ṙəmik* »Bauer« (= *ṙamik*), *t'əmm'el* (zu *t'amam*), *k'ənj* »als« (kl. *k'anç*), *k'ən* »als« (cl. *k'an*), *Kərpo* (Kurzform von *Karapet*) u. s. w. Auch *əs'el* »sagen«, *əngn'el* »fallen«, *əngoyin* »Bett«. Ebenso im Kr. (Patk. Dial. S. 65 ff.): *hərevan*, *kəpotal*, *čnapa*, *ləvot'ün*, *əsecek'* für älteres *harevan*, *kapoteal*, *čanaparh*, *lavut'iun*. Im Ag. (Patk. Dial. S. 39 ff.): *əhel*, *əykanal*, *hərsənik'*, *hərçanal*, *čənəpar*, *sənəmar*, *zərmanal*, *k'na* u. s. w. für urspr. *asel*, *ayekanal*, *harsanik'*, *harçanel*, *čanaparh*, *sanamair*, *zarmanel*, *k'ani* u. s. w., wie denn überhaupt diese Abschleifung am stärksten in den zentralen und den östlichen Dialekten hervortritt. — Übrigens schwindet in den mittleren Silben, ganz wie im KL., so auch im NA. der alte *a*-Laut. So im Pol. WZKM 1, 196, im Tr. und der westlichen Schriftsprache Aid. II, 274, im Nch. Patk. Mat., im Ach. Tom. S. 23 f., im Mš. Mser. S. 14 u. s. w.

§ 37. 2. Cl. ա *a* nach Spirant յ *y* im Anlaut = kl. ե *e*; offenbar ist dieser Lautwandel unter dem Einflusse des benachbarten յ *y* vor sich gegangen. Für ե *e* tritt auch ի *i* ein.

So kl. յեմ *h'em* »Zeitdauer, Verzug« 33—9 = cl. յամ *yam* (Klimach., N. Šnorh.); յեմեմ *hemem* »zögere«, »schiebe auf« 15—2, 23—19 u. s. w. = cl. յամեմ *yamem*; յերակ *herag* »fortdauernd, anhaltend, ununterbrochen« in Geop. Msr. 00

= cl. յարակ *yarak*. յիմեցնեմ *himeçnem* »verzögere« 81—24, aus älterem *յեմեցնեմ *hemeçnem* = cl. *yameçuçanem*.

Anm. Denselben lautlichen Vorgang zeigt das NA. in tr. *hert*, *ert* = cl. յարդ *yard* »Strohhalm«; tr. *evel*, *yevel* »mehr« = cl. *յաւել (in յաւելուլ); dazu die derivaten *evelnal*, *evelçənel* u. s. w. Ebenso im Mš.[1]) *hert* = cl. յարդ, im Ach.[2]) *ert'* = cl. յարդ *yard*, *exdel* = cl. յաղթել *yatt'el* u. s. w. — Verschieden hiervon ist die allgemeine Vertretung von cl. *a* im Wortinnern durch *e* im Kr., woselbst nach Patk. Dial. S. 64 z. B. kr. *pen* (= cl. բան) »Wort«; *penal* (= cl. բանալ) »öffnen«; *peç* (= cl. բաց) »außer«; *petmel* (= cl. պատմել) »erzählen«; *gezan* (= cl. գազան) »Bestie«; *pešar* (= cl. պաշար) »Wegzehrung«; *teřal* (= cl. դառնալ) »zurückkehren«. Ebenso im Jlf. (Patk. Dial. S. 82): *lev* (= cl. լաւ) »gut«; *minek* (= kl. միանակ) »sogleich« u. s. w. Der Lautwandel ist auf persischen Einfluss zurückzuführen.

§ 38. 3. Cl. ա *a* = kl. այ *ai* im Anlaute vor ր und ռ, die im Kilikischen meist ausfallen.

Beispiele: այնեմ *ainem* »mache«, aus älterem այրնեմ *airnem* (b. Mx. Her.) = cl. առնեմ *ařnem*; այժեմ *aižem* »bin wert, koste« = cl. արժեմ *aržem*; այժենամ *aiženam*, zu cl. արժեմ *aržem*; այրոյն *airuin* »Blut« = cl. *ariun* (արիւն). Zum Teil läuft jedoch auch die Schreibweise mit einfachem ա *a* nebenher, und für das Spätkilikische ist hier bereits älteres *ai* zu *a* monophtongisiert.

Anm. Vgl. im NA. das ach. *mayh* (*maih*) »Tod« (Tom. Dial. v. Ach. S. 56), welches nach ebendemselben Lautvorgang hervorgegangen ist aus aa. *marh*, der Grundform von *mah* »Tod«. Ebenso im Ak. (Čanik. S. 284) *maih* »Tod« = aa. *marh*; *paih* »Wache« = aa. *parh*, *pah*. Ferner in demselben Dialekte: *aih* »Furcht« = cl. *ah*; *gaih* »Thron, Sitz« = cl. *gah*; *šaih* »Gewinn« = cl. *šah*; d. i. älteres *a* wird hier allgemein vor unmittelbar folgendem *h* zu *ai* diphtongisiert, indem die ursprünglich auf Fälle wie *maih*, *paih* beschränkte Erscheinung sich auch auf jene Fälle verallgemeinert hat, in welchen *r*-Ausfall vor dem Hauchlaute nicht stattgefunden hat. — Sonst ist moderndialektisch altes *ai* in *ainem* und den analogen Fällen teils zu *a* monophtongisiert, teils zu *e*: z. B. pol. *anełu* »machen«, *aže* »Preis«, *arun* »Blut« (Han. S. 28 u. s. w.). Im Mš. (Mser. S. 21 f.) dagegen: *en'el* »machen«, *ežan* »würdig« (*ežan* auch im Jlf. Mser. S. 22) u. s. w. — Überhaupt tritt im NA. gern für cl. *a* + *r* die Entsprechung *e* + *r* ein, und überhaupt wird altes *a* in Verbindung mit *r* gerne zu *e*: pol. *abəsperełu* = cl. *apsparel*; kr. *dertak*

1) Mser. S. 21.
2) Tom. S. 29.

= cl. *datark*, *dartak*; tf. *erçat'*, Gen. *-əťi* = cl. *arcať*; *ežan* = cl. *aržan*; *çiçernak* = cl. *cicarn*; *tarekusvil* = cl. *tarakusil*; *sirekan* = cl. *sirakan* (Tom. 27 f.); mš. (Mser. 21) *areč* = ǰlf. *hareǰ* = cl. *araǰ*; ach. *mers'el* = cl. *marsel* u. s. w.

§ 39. 4. Cl. ա = kl. ու *u* in:

Kl. պաշխուն *baçxun* »Erwiderung, Antwort« = cl. *patasxan-i* aus **păti-saxvan*, np. *suxun*.

Anm. Diese im Kilikischen vereinzelt dastehende Lauterscheinung treffen wir wieder im neuarmenischen Dialekt von Agulis, in welchem regelmäßig klassischem *an* ան in auslautender, also betonter Silbe, die Lautverbindung *un* ուն (resp. *ün* ü̈ն) entspricht; S. Sarg. Dial. v. Agul. S. 31 f. So z. B. *nšun* նշուն, pl. նշուններ = cl. *nšan*; *nmun* նմուն, pl. նմուններ, cl. *nman*; *bün*, cl. *ban*; *t'ungj*, cl. *t'ang*; *xun*, cl. *xan*; *vunk'*, cl. *vank'*; *ǰun*, cl. *ǰan* u. s. w.

§ 40. 5. Cl. ա *a* in der Instrumentalendung -ամբ *-amb* der *n*-Stämme = kl. *o̱* (աւ, օ) in dem entspr. Suff. *-o̱m* (-աւմ, -օմ).

Beispiele: անձօմ *anǰo̱m* (Instr. v. անձ) 33—6, 57—22 = cl. *anǰamb* (անձամբ); ձեռօմ *ceṙo̱m* (Instr. v. ձեռ) 27—18 = cl. *jeṙamb* (ձեռամբ); բուլթաւմ *puło̱m* Msr. B. 153 = cl. *bułamb* (բուլթամբ); կաթաւմ *gało̱m* Geop. 221 = cl. *kałamb* (կաթամբ); ոսպաւմ *ospo̱m* Msr. B. 148 = cl. *ospamb* (ոսպամբ) u. s. w. Näheres s. in Formenlehre[1]).

---

1) Hinsichtlich der Vertretung von aa. *a* durch *o* zeichnen sich die neuarmenischen Dialekte v. Augulis, Aken und Zeit'un aus. Im Ag. gilt folgendes Gesetz: In einsilbigen Wörtern entspricht klassischem inlautenden *a* na. *o* (resp. *ö*); wird das Wort jedoch durch Suffixe in der Flexion u. s. w. zu einem mehrsilbigen, so kommt das ursprüngliche *a* zum Vorschein (vgl. S. Sarg. 29, 30). Beispiele: cl. *mard*, ag. *mord*, aber pl. *mardik'*; cl. *harsn*, ag. *hors*, aber Gen. *harsi*, pl. *harsnar*; cl. *mah*, ag. *moh*, Abl. *mahiç*; cl. *hak*, ag. *hok*; cl. *mkrat*, ag. *mkrot*; cl. *haç*, ag. *hoç*; cl. *caṙ*, ag. *coṙ*; cl. *vard*, ag. *vörd*; cl. *barj*, ag. *börj*, Gen. *bärji*; cl. *var*, ag. *vör*, Gen. *väri*, pl. *värär*; cl. *žam*, ag. *žöm*, Gen. *žämi* u. s. w. (S. Sarg. S. 29 f.). — Im Dial. v. Aken (Čanik. S. 282) findet sich *o* als Entsprechung von cl. *a* auch auf die Mehrsilbigen, und zwar auch auf die nichtletzten Silben ausgedehnt. Z. B. ak. ճոնճ (= ճանճ), մոնճ (= մանճ), ակոնճ (= ականջ), հիւոնդ (= հիւանդ); ferner թոռմիլ = (թառամիլ), ոգդի (= անդղի), օլլի (= անլի), որդեւ (= անձրեւ), հոգչիլ (= հանգչիլ), ոնիլ (= անցնիլ) u. s. w. Wie ersichtlich, ist jedoch hier die Regel auf den Fall beschränkt, wo auf das ursprüngliche *a* Doppelkonsonanz unmittelbar folgt. — Für das Zt. gilt folgendes Gesetz: Cl. *a* in letzter Silbe = zt. *o*;

## Cl. ե e und seine Entsprechungen im Kilikischen.

§ 41. 1. Cl. ե *e*, welches nie im Auslaut steht[1]), = kl. ե mit dem Lautwert *ye*, *'e* in betonter Endsilbe.

Anm. Vgl. oben § 6, wonach es fraglich bleibt, ob nicht in gewissen Fällen, namentlich bei mehrsilbigen, innerhalb der letzten Silbe noch der einfache nichtjotierte *e*-Laut anzunehmen sei.

Beispiele: kl. եփ *yep̌* »wann, sobald«, cl. երբ *erb*; ես *yes* »ich«, cl. *es*: եմ *yem* »bin«, cl. *em*; ես *yes* »bist«, cl. *es*; մեծ *m'ej* »groß«, cl. *mec*; մենք *m'enk̆* »wir«, cl. *mek̆*; խելք *x'elk̆* »Gehirn«, cl. *xelk̆*; տեղ *d'eγ* »Ort«, cl. *teɫ* u. s. w. ընկեր *əng'er* »Gefährte«, cl. *ənker*; աներ *an'er* »Schwiegervater«, cl. *aner* u. s. w.

---

diesem *o* assimiliert sich älteres *ə* und teilweise älteres *a* der unmittelbar vorhergehenden Silbe. Z. B. (nach Allahw.): zt. *po* und *pon* (= cl. բան), *poncr* (= cl. բարձր), *porc* (= cl. բարձ), *dog* (= cl. տակ), *kop* (cl. կապ), *hok* (= cl. հակ), *hoç* (= cl. հաց), *cor* (= cl. ծառ), *vord* (= cl. վարդ), *ósk* (= ազգ), *óγ* (= cl. աղ), *ór* (= cl. առ). Ferner: *pařnonk̆* (= cl. բառնամք), *parikom* (= cl. բարեկամ), *piron* (= cl. բերան), *pirok̆* (= cl. բերաք), *kakotʿ* (= cl. գագաթ), *kakov* (= cl. կաքաւ), *kazvon* (= cl. գաւազան), *kidanol* (= kl. գիտենալ), *hazor* (= cl. հազար). Endlich mit Assimilation der vorletzten Silbe: *kono* (aus **kəno* = cl. գնա), *kodnol* (aus **kədnol* = kl. գիտենալ), *kodog* (aus **kədog* = cl. գտակ), *tokol* (aus **təkol* = kl. *tək̆al*), *tomog* (aus **təmog* = cl. դմակ), *modov* (aus **mədov* = kl. *mədav* մտաւ »ging ein«), *donog* (aus **dənog* = cl. տնակ »Häuschen«), *osoh* (aus **əsoh* = cl. ասա »sag«), *puvortog* (aus **puvartog* = cl. բովանդակ) u. s. w. In *pəsgon* (Gen. v. *pəsəg*, cl. պսակ) findet ausnahmsweise die Assimilation nicht statt.

Verschieden von dieser Erscheinung ist folgender Lautwechsel des Altarmenischen, woselbst nebeneinander stehen: թօն *tʿaun* »Feuchtigkeit, Nässe, Regenguss« und թանալ *tʿanal* »befeuchten«; յօտ *yaut* »abgeschnittene Weinranke« und յատանեմ *yatanem*, յատեմ *yatem* »den Weinstock schneiden«; մօտ *maut* »nahe« und մատուցանել *matuçanel* »nähern, darbringen, präsentieren«; մատչիմ *matčim* »nähere mich« (= na. *modenam* »nähere mich«, *modeçənel* »nähern, darbringen«); արտօսր *artausr* »Thräne« und արտասուք *artasuk̆*, pl. »Thränen«, արտասուեմ *artasvem* »weine«.

1) d. i. in den Drucken. In alten Handschriften steht auch mehrfach im Auslaute ե *e*, wie z. B. եթե »wenn«, թե »wenn«.

§ 42. 2. In den vorderen, d. i. den der letzten Silbe vorangehenden Wortsilben behält cl. ե *e* im KL. seinen alten Lautwerth *e* bei, sowohl im An- als im Inlaut.

Beispiele: երկիր *ergir* »Erde«, cl. *erkir*; երկու, երկուք *ergu*, *erguḱ* »zwei«, cl. *erku*; ելնեմ *elnem* »gehe aus, steige«, cl. *elanem*; երեւնամ *erevnam* »erscheine«, cl. *erevanam*; երկեղ, երկիղ *erg'ey*, *ergiy* »Furcht«, cl. *erkiuł*; երմակ *ermag* »Herde«, cl. *eramak*; բերան *peran* »Mund«, cl. *beran*; բերեմ *perem* »bringe, trage«, cl. *berem*; մեռնիմ *meṙnim* »sterbe«, cl. *meṙanim*; տեսնուլ *desnul* »sehen«, cl. *tesanel*; մեղկան *meygan* »schuldig«, cl. *mełakan* u. s. w.

Aus dem Gesagten folgt, dass das in auslautender Silbe erscheinende *'e* ե zu einfachem *e* werden muss, sobald jene Silbe durch Wortverlängerung inlautend wird. So z. B. բերդ *p'ert* »Burg«, aber բերդեր *pert'er*; տեղ *d'ey* »Ort«, aber տե-ղեստան *deyestan* u. s. w.

Anm. In dieser Lautentsprechung zeigt das Kilikische schon wesentlich den Stand des Neuwestarmenischen, welches nach dem oben § 6 Bemerkten regelmäßig aa. ե *e* in betonter Endsilbe zu *'e* werden lässt, während in den übrigen Fällen der einfache *e*-Laut erhalten bleibt. In einigen Dialekten jedoch, so im Tr., ist das Gebiet des aus altem ե *e* hervorgegangenen jotierten *e*-Lautes ein weit größeres[1].

---

1) Die ursprünglich wohl ausschließlich auf den Laut *e* beschränkte Jotierung erstreckt sich in einigen zentralen und östlichen Dialekten des NA. auch auf die übrigen Vokale (außer *i*), seien sie ursprünglich oder aus den entsprechenden Diphtongen hervorgegangen. So wird aa. ու (ոյ) zu *ju* im Ak. (Čanik. S. 280 f.); aa. ո zu *jo* im Ak. (Čanik. S. 280 f.), zu *ju* im Ag. (Patk. Dial.), im Kr. (Patk. Dial.), im Zt. (Allahw.); ferner wird aa. ա (այ) zu *ja* im Zt., woselbst nach Allahw. z. B. die Formen: zt. խէաչ (= խաչ) »Kreuz«, խէաղ (= խաղող) »Weintraube«, էազիւխ (= ազոխ) »wilde Traube«, էաղդիւր (= աղտոր, ախտոր) »Sommaco«; կէալ (= գայլ) »Wolf«, էան (= այն) »jener« ինդէաս, ինդէադ, ինդէան (= ընդ այս, ընդ այդ, ընդ այն), քէրէայր (= քարայր) »Grotte«, սէնէմէար (= սանամայր) »Patin«, տէրվէար (= pol. *tar i var* դառն ի վայր) u. s. w. Aber auch էօնիւր (= այնոր) »jenes« Gen.; էօսիւնց (= այսոնց) »dieser« Gen. plur.; էօսէօր (= այսօր) »heute«; ferner auch: խէօնծիւր (= խնձոր) »Apfel«, վէօզնիւց (= վզնոց) »Halsgeschmeide«, դէօզչիւր (= tr. տկճոր, cl. տիկ) »Schlauch«; d. i. es findet in letzterem Falle Assimilation an den *u*-Laut der folgenden

§ 43. 3. Cl. ե *e* = kl. ի *i* vor Liquida, seltener vor Spirans oder Nasal.

a) Im Anlaute: իրեք *ir'ek̄* »drei«, cl. *erek̄*; իրէց *ireç* »Priester« (Gen. իրիցու *iriçu*, Abl. pl. յ-իրիցնոյ *y-iriçno*), cl. *ereç*; իրիցութիւն *iriçutün* »Priestertum, Priesterwürde«, cl. *ericutiun*; իրիցկին *iriçgin* »Priestergattin, Priesterin«, cl. *eriçakin*; իրիցուկ *iriçug* »Kamille«, cl. *eriçuk*; իրիկուն *irigun* »Abend«, cl. *erekun*, *erikun*; իրկունք *irgunk̄* »Bemühung, ängstliches Sorgen«, cl. *erkunk̄*.

b) Im Inlaute: արգիլեմ *arkilem* »hindere« aus älterem արգելեմ *arkelem* = cl. *argelum*; աւիրեմ *avirem* »vernichte« Mech. Her. 25 = cl. *averem*; աւիլեմ *avilem* »fege« nach Wb. dialektisch für älteres cl. *avelum*.

c) Mit älterem ե *e* wechselt jüngeres, mittelarmenisches, aus jenem hervorgegangenes *i* in: մինակ *minag* »sofort« neben մենակ *menag*; դիհ *tih* »Seite«[1] neben դեհ *t'eh*; նիհ *nih* »Tarif, Taxe« bei Vardan, neben նեհ *n'eh*. — Nach Wb.[2] ferner noch: ma. սիղեխ *siy'ex*, սիղիղ *siyiy* »Buhler« = cl. *selex*; ma. նսիհ *nsih* »Schicksal« = cl. *nseh*; ma. գռիհ *k̄rih* »Straße« = cl. *greh*; ma. ժիռ *žir̄* »Felszacke« = cl. *žer̄*[3]. Hierher gehört endlich auch das schon oben § 37 berührte յիմեցնեմ *himeçnem* »verzögere«.

Anm. 1. Hinsichtlich dieser Lautverschiebung spiegelt das KL. das NA. wieder, wo im gleichen Falle aa. ե *e* ebenfalls *i* entspricht. So in der westl. Schriftsprache und im Tr., im Pol. (WZKM 1, S. 291), Nch. n. Patk.), Mš. (Mser. S. 37), Ach. (Tom. S. 31 § 72), Tf. (Tom. S. 34 § 3), und namentlich im Zt. In letzterem finden sich nach Allahw.: *ireg* »Abend«, Gen. *irgon* = cl. *erek*; *iriç* = cl. *ereç* »Priester«; *iranə* »selig« = cl. *erani*; *pirç* »trägt« = cl. *bere*; *piron* »Mund« = cl. *beran*. — Weiter noch zeigt derselbe Dialekt folgende, das obige Gesetz entschieden durchbrechende Formen: *idiv* »nach«, kl. *et'ev*; *irink̄* »sie«, kl. *ir'enk̄*;

Silbe statt, infolgedessen älteres *ə* zu *jo* und älteres *a* (*ai*), statt naturgemäß zu *ja*, ebenfalls zu *jo* verändert wird. — Es handelt sich hier nicht etwa um Diphtonge, zu welcher Annahme die mangelhafte neuarmenische Schreibung (bei Patk., Allahw., Čanik. u. s. w.) zunächst verleiten möchte, sondern um wirkliche jotierte Laute, wie sie z. B. auch dem Slavischen eigen sind.

1) դիհ *tih* (na. *ti*, *tih*) geht wirklich auf das klassische Lehnwort դեհ *deh* zurück, und ist nicht etwa in mittelarmenischer Zeit zum zweiten Male aus dem Persischen entlehnt; in letzterem Falle müsste es տիհ *dih* und nicht դիհ geschrieben sein.

2) Allerdings ohne nähere Gewähr.

3) Älteste und am besten belegte Form ist *žair̄*.

*iris* »Gesicht«, kl. *er'es*; *igir* »kamst«, cl. *ekir*; *ikuyən* Gen. v. *ikuy* »kommend«, cl. *ekołin*; *idvənən* »nachher«. cl. *yet*, tr. *edevnin*; *iṗmon* »gekocht« aus *eṗ-man*, cl. *eṗel* u. s. w. Letztere Fälle kennzeichnen den westarmenischen Dialekt von Zeitʻun als Grenzdialekt, der, obwohl noch zur westlichen Sprachgruppe gehörend, in diesem Punkte, wie auch noch in mehreren anderen bereits an den Lauteigentümlichkeiten des Ostarmenischen Anteil nimmt. Vgl. Anm. 2.

Anm. 2. In dem durch seinen Itacismus charakterisierten OA. ist außerdem *i* der regelmäßige Vertreter von wa. jotiertem *e* [= *'e*]: während im WA. altes ե sich zu *e* in unbetonter, nichtletzter, dagegen zu *'e* in betonter Silbe verzweigt, spaltet dasselbe sich im OA. ebenfalls zu *e* in unbetonter Silbe, dagegen zu *i* (resp. *yi* im Anlaut der Einsilbler) in betonter, welches *i* auch in inlautender Silbe bei Wortverlängerung bestehen bleibt. So im Tf. (Tom. 32, § 60): *bix*, pl. *bixir*, cl. *bex*; *diy*, *diyir* »Arznei«, cl. *dey*; *xixč* »arm«, **xełč*; *cir* »alt«, cl. *cer*; *minj* »groß«, cl. *mec*; *sirt* »fest«, cl. *sert*; *miyr* »Honig«, cl. *mełr*; *mixk* »Sünde«, cl. *mełkʻ*; *gišir* »Nacht«, cl. *gišer*; *aril* »mehr«, cl. *aveli*; *xilkʻ* »Gehirn«, cl. *xełkʻ*; *viç* »sechs«, cl. *veç*. Bei der Verbalflexion: *bəril*, *bərim*, *bərinkʻ* = cl. *berel*, *berem*, *beremkʻ*. — *yis* »ich«, cl. *es*; *yiṗ* »wann«, cl. *erb*; *yizə* »Ochse«, cl. *ezn* u. s. w. Ebenso im Ag. (S. Sarg. S. 35): *mic* »groß«, cl. *mec*; *is* »ich«, cl. *es*; *iznə* »Ochse«, cl. *ezn*; *git* »Fluss«, cl. *get*; *vir* »über«, cl. *ver*; *bir* »Tragen, Transport«, cl. *ber*; *kir* »Nahrung«, cl. *ker*; *gjril* »schreiben«, cl. *grel* u. s. w. — Dagegen wa. *m'ej*, *m'eyr*, *m'eykʻ*, pl. *meykʻ'er*, *yes*, *yep* u. s. w. Vgl. Han. S. 75 und 92.

Auch die nordwestarmenische Dialektgruppe zeigt entschieden Neigung zum Itacismus: so entspricht in den Dialekten von Polen, Siebenbürgen, Krim, Nachǰevan a. Don, v. Muš in der Konjugation dem alten Themavokal ե *e* allenthalben *i*; so pol. *im*, *is*, *ipkʻ* = cl. եմ, ես, եմք; *kidim*, *kidis*, cl. գիտեմ, գիտես u. s. w.; Han. in WZKM 1, 291. — Mser. Dial. v. Muš S. 37.

§ 44. 4. Cl. ե *e* = kl. ա *a* vor der weichen Spirans ղ *γ* im Wortanlaut.

Kl. աղբայր *aγpair* »Bruder«, cl. *ełbair*.

Anm. Vgl. pol. *aγpar*, *axpar* Han. S. 22; tr. *aγpar* nwa. Wb. S. 9; mš. *axper* Mser. S. 38; tf. *axper* Tom. § 63; kr. *aper* Patk.; ach. *axbar* Tom. § 60; nch. *axbar* Patk.; ag. *aγpar* S. Sarg. 34 u. s. w.

Hierher gehören ferner die von Wb. als vulgär bezeichneten: աղիճ *aγij*, աղինճ *aγinj* »Brennessel« = cl. եղինճ *ełič*; auch als աղիջ, աղիջ֊իկ, աղիճ֊իկ. աղտիւր *aγdür* (*ałtiur*) »Sumpf« = cl. եղտիւր *ełtiur* »Sumpf«. Allerdings daneben kl. եղայ »ich ward«, auch kl. եղբայր u. a. m.

Anm. Vgl. ag. (S. Sarg. 32) *araz* »Traum«, cl. *eraz*; *arkatʻ* »Eisen«, cl. *erkatʻ*; *arku* »zwei«, cl. *erkʻu*; *baran* »Mund«, cl. *beran*; *jaṙkʻ* »Hand«, cl. *jeṙkʻ*; *maṙal* »gestorben«, cl. *meṙeal*; *karac* »gegessen«, cl. *kerac*; *kʻari*

»Oheim« (mütterlicherseits), cl. *k'eri*. — Jedoch auch vor Explosivlauten: *akal* »gekommen«, cl. *ekeal*; *gatin* »Boden«, cl. *getin*. Ebenso ist cl. *e* vor Liquida *r* ersetzt durch na. *a* im Jlf., Patk. Dial. S. 83. — Zu vergleichen wäre auch im AA. *հանում hanum* »webe, nähe zusammen« (Hiob 10, 11) = *հենում henum* »webe« (pol. *hinelu* »spinnen«), wovon letzteres das häufigere. Vgl. Arm. Gramm. S. 466.

§ 45. 5. Die dem Neuarmenischen eigentümliche Abschwächung von cl. *ե e* zu *ə*, bezw. vollständiger Ausfall von altem *ե e*, ist, wenn auch in geringerer Ausdehnung, schon mittelarmenisch vorhanden.

a) cl. *ե e* wird zu *ը ə* abgeschwächt im Anlaut vor *ղ*: kl. *ըղընգունք əγəngunk̄* »Fingernägel«, Msr. B. S. 154, Leb. d. Väter u. s. w. = cl. *ełngunk̄* pl. v. *ełungn* »Fingernagel«. — Vgl. tr. *əγung*, mš. *əγung* (Mser. S. 40).

b) cl. *ե e* fällt aus vereinzelt im Inlaut zwischen Konsonanten, namentlich vor einer Liquida:

kl. *վայլէ vailē* »es ziemt sich« 19—28 = cl. *vayelē վայելէ*; kl. *վայլեմ vailem* »genieße« 39—21 u. s. w. = cl. *vayelem վայելեմ*. Auch *վայլք vailk̄* im Ganj. = cl. *vayelk̄ վայելք* »Genuss«. — Vgl. *vaylel* »genießen« im Ach. Tom. 31, ibid. *hayli* »Spiegel« = cl. *hayeli*, auch tr., pol. u. s. w. — Hierher stellt sich auch kl. *լինալ linal*, *լիննալ linnal* »sein, werden« aus **լինենալ linenal*; *ուննալ unnal* »haben« aus **ունենալ unenal*; *ճանչնալ janč̣nal* »erkennen, erfahren« aus **ճանաչենալ čanač̣enal* und einige andere ähnliche Fälle.

Anm. Diese im MA. offenbar erst in ihren Anfängen vorhandene Erscheinung hat sich im NA. verallgemeinert. So zeigt z. B. Mš. (nach Mser. S. 40): *hrəštak* »Engel«, cl. *հրեշտակ*; *vər* »über, oben«, cl. *վեր*; *dər* »noch«, cl. *դեռ*; *arcəl'el* »rasieren«, cl. *ածելել*; *arcəli* »Rasiermesser«, cl. *ածելի*; ferner dat. *k'əzi* »dir«, cl. *քեզ*; *məzi* »mir«, cl. *մեզ*; *jəzi* »euch«, cl. *ձեզ* u. s. w. In demselben Dialekte, ohne sekundäres *ə*: *ersun* »30«, cl. *երեսուն*; *alv"or* »Greis«, cl. *ալեւոր*; *avr'el* »vernichten«, cl. *աւերել*; *vres* »auf mir, bei mir« = **վերայէ-ս*; *vret* = **վերայէ-տ* (Abl. + Suff. *տ*) u. s. w. Ganz analog im Tr. (Aid. II, S. 274), Pol. (Han. WZKM 1, 285), Ach. (Tom. S. 30). Am weitesten aber geht das OA. in der Abschleifung von aa. *ե* in unbetonter Silbe, so im Tf. (Tom. S. 33), woselbst sich altes *ե e* nicht sowohl in *e* und *i*, als in *ə* und *i* spaltet. Vgl. auch die regelmäßige Apokope von anlautendem *e* vor *r*-Laut im Ag. und Kr.: ag. *րխայ* = cl. *երեխայ*; ag. *րես* = cl. *երես*; ag. *րելաց* = cl. *արարելոց* v. *արարեալ*; kr. *րիւգիւն* = cl. *երեկուն*; kr. *րխայ* (*րախայ*) = cl. *երեխայ*; kr. *րէս* = cl. *երես*;

kr. ռաւուտ = cl. առաւօտ; kr. ռաջվայ = cl. առաջոյ, nch. *aṙaǰva* u. s. w. Patk. Dial. S. 39 u. 65.

## Cl. է *ẹ* und seine Entsprechungen im Kilikischen.

§ 46. Cl. է *ẹ* = kl. է *ẹ*.

a) Im Anlaute: է *ẹ* »ist«, cl. *ẹ*; imperf. էի *ẹi* »ich war«, cl. *ẹi*; էիր *ẹir* »du warst«, cl. *ẹir* u. s. w.

b) Im Inlaute: տէր *dẹr* »Herr«, cl. *tẹr*; կէս *gẹs* »Mitte, Hälfte, halb«, cl. *kẹs*; մէկ *mẹg* »ein«, cl. *mẹk*; մէջ *mẹč* »mitten«, cl. *mẹǰ*; ամէն *amẹn* »ganz«, cl. *amẹn*; բերէր *perẹr* »brachte« 3. P. Imperf., cl. *berẹr* u. s. w.

c) Im Auslaute: թէ *t́ẹ* »wenn«, cl. *t́ẹ*; լսէ *lsẹ* »hört«, 3. P. sg. Präs., cl. *lsẹ*; բերէ *perẹ* »trägt, bringt«, cl. *berẹ*. Ablative auf է wie: յիրմէ 63—21, cl. յիւրմէ; ի գրաւկնէ 73—19, cl. ի գրաւականէ; ի բաժնէ 53—26, cl. ի բաժնէ.

Anm. Überhaupt hat sich der Vokal է *ẹ*, soweit wir ihn in der armenischen Sprachgeschichte zurückverfolgen können, bis ins heutige NA. hinein, abgesehen von seinem quantitativen Wert, als *e*-Laut unverändert erhalten und so finden wir ihn noch an seiner alten Stelle im Pol. (WZKM 1, 283), im Ach. (Tom. S. 28), Mš. (Mser. 47, 48), Tf. (Tom. S. 44), Ag. (Sarg. S. 36), in der Litteratursprache, im Tr. u. s. w.[1]).

§ 47. Zusatz: Der Laut է *ẹ* erscheint ausschließlich in letzter Silbe; in nicht letzter Silbe tritt dafür *i* ein. Der durch das betreffende Lautgesetz der alten Sprache geschaffene Zustand ist hier also erhalten geblieben, nachdem das Wirken jenes Gesetzes längst aufgehört hatte. Vgl. Hübschm. Chron. S. 154.

So z. B. տէրն *dẹrn* 71—11, aber տիրոջն *diročn* 71—13; մէջ *mẹč* 19—6, aber միջոցն *mičoçn* 71—13; կէս *gẹs* 45—17. 20, aber կիսովն *gisovn* (Instr.) 45—22.

---

1) Nur vereinzelt erscheint cl. է *ẹ* im NA. differenziert. So im Mš. (Mser. 49) neben *t́e* »wenn« auch *t́ə*; neben *meč* »in« auch *məč*. Vereinzelt auch pol. *s'er* (cl. սէր) als zweites Glied von Composita; *ayv'es*, pl. *ayvesn'er* (cl. աղուէս), weil hier im AA. է für ursprüngl. ե steht, und cl. աղուէս eigentlich = աղուես. S. Arm. Gramm. S. 415; WZKM 1, 283. — Wesentlich abweichend vom Klassischen verhält sich der Dial. v. Karabach, in welchem cl. *ẹ* durch *a* vertreten ist in kr. *maćə* »mitten, in« (cl. մէջ), kr. *t́a* »wenn« (cl. թէ) u. s. w. Vgl. Patk. Dial. 65.

### Cl. ի *i* und seine Entsprechungen im Kilikischen.

§ 48. 1. Cl. ի *i* = kl. ի *i*.

a) Im Anlaute: ինք *inkʻ* »er«, cl. *inkn*; իջնում *ičnum* »steige ab«, cl. *ijanem*; իջուանք *ičvankʻ* »Absteigequartier«, cl. *ijavankʻ*; իսկի *iski* »wirklich«, cl. *isk*; իրար *irar* »einander«, cl. *irear*; իրք *irkʻ* »etwas«, cl. *ir-kʻ* u. s. w.

b) Im Inlaute: գին *kin* »Preis«, cl. *gin*; հինկ *hing* »fünf«, cl. *hing*; կին *gin* »Frau«, cl. *kin*; աղջկին *ayčgin* »Magd«, cl. *aljik*; որդիք *ortikʻ* »Kinder«, cl *ordikʻ*; հիւանդ *hivand* »krank«, cl. *hivand*; գիտենամ *kidenam* »wissen«, cl. *gitel*; շինեմ *šinem* »bilde, verfertige«, cl. *šinem* u. s. w.

c) Im Auslaute: ճի *ci* »Pferd«, cl. *ji*; մի *mi* »ein« cl. *mi*; մի *mi* »dass nicht«, cl. *mi*; տարի *dari* »Jahr«, cl. *tari*; ոսկի *oski* »Gold«, cl. *oski*; auch gehört hierher die 3. sing. Präs. auf ի *i* der *I*-Stämme, sowie der Gen. sing. auf ի *i* (s. Formenlehre).

§ 49. Zusatz: Das altarmenische Lautgesetz, wonach *i* regelmäßig nur in letzter Silbe bleibt, außerhalb derselben aber ausfällt oder zu *ə* wird, hat seiner Wirkung nach zwar aufgehört, der bewirkte Zustand aber hat sich erhalten. Vgl. § 47.

Beispiele: այրիկ *airig* »Gatte«, Gen. այրկան *airgan* 37—23; աղջկին *ayčgin* »Mädchen«, pl. աղջկներ *ayčgnʻer* 37—23; կնիկ *gnig* »Gattin«, Gen. կնկան *gngan* 19—13; տիկին *digin* »Dame«, Gen. տիկնոջ *dignoč* 37—14. 19 u. s. w.

Anm. Hinsichtlich des Eintretens von sekundärem *ə* vgl. oben § 4. Erwähnt sei auch die Abschwächung von anlautendem *i* vor *n* zu *ə* im Indefinitpronomen ընչիկ *ənčig* »irgend welch, irgend ein« (= ինչ + իկ) 9—14. Als eigentlich klassisch-altarmenisch kann dieser Lautwandel kaum gelten, obschon nach Mserian (Dial. v. Muš. 52) sich bereits in der alten Literatur folgende Dubletten finden: *ənkʻean* neben *inkʻean*, Gen. v. ինքն; *ənkʻeankʻ* neben *inkʻeankʻ*, Nom. pl. v. ինքն; *ənkʻeamb* neben *inkʻeamb*, Instr. sg. v. ինքն; *ənkʻeans* neben *inkʻeans*, Acc. pl. v. ինքն; *yəsun*, *ysun* neben *yisun* յիսուն »50«; *yəsnic* Gen. pl. neben *yisnic* յիսնից; vgl. auch Bagrat. § 224. Dagegen gehört diese Lautabschwächung entschieden ins Gebiet des Neuarmenischen. So hat das Mš. (Mser. 55): *ənji* »mir«, cl. *inj*; *ənču* »warum« = *inču*; *əski* »wahrlich« = *iski*; *mə* »dass nicht«, cl. *mi*; *pəti* »oportet«, cl. *piti* u. s. w. Regelmäßig wird aa. *i* der letzten Silbe zu *ə* reduziert im Zt. Z. B. nach Allahw.: zt. *paynək* (= բաղանիք) »Bad«; *panəs* (= բանիս) »du arbeitest«; *parə* (= բարի) »gut«; *parde* (= բարտի) »Pappelweide. Zitterpappel«; *kaçən* (= tr. գացին) »sie gingen«; *k'ayərt'* (= քաղիրդ, քաղիրթ) »Bauch«; *kudə* (= գօտի) »Gürtel«; *truəl* (= tr. դրուիլ) »gelegt werden«; *məs* (= միս) »Fleisch« u. s. w.

Auch bei Fremdwörtern, wie *yanə* »das heißt, nämlich« (aus arab. يعنى *ya'nī*).

§ 50. 2. Cl. ի *i* = kl. ե *'e* vor Liquida:

kl. պեղծ *b'eyj* »sündhaft, böse« 29—22 = cl. պիղծ *pilc*; անկիշեռ *angiš'eř* »ungewogen« L. 155—5 = cl. անկշիռ *ankšiř*. Das in Ass. Ant. 79—13 überlieferte կշիւռ ist als rein graphische Differenzierung von cl. կշիռ aufzufassen.

Anm. Hinsichtlich des Verhältnisses zu cl. ի *i* stimmt das Neuarmenische, abgesehen von der teilweise stattgehabten Schwächung dieses Lautes zu *ə* (vgl. § 49 Anm.), wesentlich mit dem Kilikischen überein; auch hier ist aa. *i* großenteils erhalten geblieben. Vgl. Han. WZKM 1, 289f. für das Pol.; Mser. S. 52f. für das Mš.; Tom. 23f. für das Ach.; Tom. 38f. für das Tf. u. s. w. — Eine Sonderstellung nimmt der Dial. v. Agulis ein: derselbe zeigt (Patk. Dial. S. 39) für cl. *i* a) die Entsprechung *a*: ag. *anj* »mir« (cl. ինձ), *am* »mein« cl. իմ), *ma* »nicht« (cl. մի), *sart* »Herz« (cl. սիրտ), *sarun* »lieb« cl. սիրուն) u. s. w.; für *a* tritt in diesem Falle auch *e* ein: *enj*, *em* für *anj*, *am*; b) die Entsprechung *ai*: ag. *k'aint'* »Nase« (cl. *k'it'*), *mairuk'* »Bart« (na. միրուք), *maitk* »Sinn« (cl. միտք), *pait* »opportet« (cl. պիտի), *mtaik* »Aufmerksamkeit« (cl. մտիկ), *knaik* »Frau« (kl. կնիկ), *hraik'* »genug« (cl. հերիք), *haing* »fünf« (cl. հինգ) u. s. w., vgl. S. Sarg. und Patk. Dial.; c) die Entsprechungen *ui* und *u* vereinzelt in *muin* »eins« = cl. *mi n'*, *unč* »etwas« = cl. *inč* (vgl. Patk. Dial. S. 40 sowie S. Sarg.). Bekanntlich finden sich մոյն und ունչ als altarmenische Vorläufer dieser Formen schon bei Dion. Thr. — Abweichend vom Normalneuarmenischen ist auch der Dial. v. Choy in der Vertretung von aa. *i* durch *e*: z. B. (n. Patk. Dial. S. 74 ff.) choy. *met* »Sinn« (= cl. միտ), *ameş* »Monat« (= cl. ամիս), *tare* »Jahr« (= cl. տարի), *yəye* »Weg, Straße« (= cl. ուղի), *k'ame* »Wind« (= cl. քամի).

## Cl. ը *ə* und seine Entsprechungen im Kilikischen.

§ 51. 1. Cl. ը *ə* = kl. ը *ə* im Anlaute in Verbindung mit Nasalen und Liquiden:

ընկեր *əng'er* »Genosse«, Gen. ընկերոջ *əngeroč* (cl. *ənker*), S. 31—4, H. 224—44; ընդունիլ *əndunil* »annehmen« (cl. *əndunel*), p. pr. ընդունած *əndunaj*; ընծայել *ənjayel* »gebären« (cl. *əncayel*) u. s. w.

Zusatz 1. Der Laut *ə* tritt ein bei Konsonantenhäufungen, namentlich im Anlaut, wo im Klassischen kein Vokal ersichtlich ist. Näheres siehe oben § 4, 1.

§ 52. Zusatz 2. Während im Klassischen der Laut *ə* nur mit *i* und *u* wechselt, wenn diese ursprünglich in nichtletzter Silbe stehen, tritt er im Kilikischen ebensohäufig ein für urspüngliches ա *a* in mittlerer Silbe, vereinzelt auch für ե *e* und ո *o*. Näheres oben § 4, 2, sowie § 34.

Anm. Das Kilikische steht somit, hinsichtlich der Ausdehnung des Lautes *ə* schon auf der Stufe des Neuarmenischen, so z. B. verhält sich analog das Pol. (WZMK 1, 297 ff.), das Mš. (Mser. 73 ff.) u. s. w.

§ 53. Zusatz 3. Der secundäre *ə*-Laut in erster Silbe wechselt mit *i*, d. i. es wird hier älteres ma. *ə* zu *i* in folgenden Fällen:

ինկնիմ *ingnim* »falle« (s. Gloss.) nebem älterem kl. ընկնիմ *əngnim* »falle«; յիստակ *histag* »rein« (s. Gloss.) aus älterem յստակ *həstag*, cl. *ystak*; dazu յիստկեմ *histgem* »reinige«; անկիշեռ *angišʿeṙ* »ungewogen« (s. Gloss.) für älteres ան_կշեռ *angəšʿeṙ*.

Während jedoch in eigentlich kilikischen Quellen diese Erscheinung nur vereinzelt und ausnahmsweise auftritt, ist sie in Mechitar Heraçi's medizin. Werke sehr gewöhnlich und fast regelmäßig. Daselbst findet sich z. B. յիստակ *histag* (= յստակ) S. 57, 81, 92, 99 »rein«; յիստկած *histgaj* (= յստակած) S. 55 »gereinigt«: դիժար *tižar* (= դժար *təžar*) »schwer« S. 49, 53, 55, 57: դիժարնայ *tižarna* (= դժարնայ *təžarna*) »er beschwert sich« S. 65: իսպիտակ *ispidag* (= սպիտակ *əspidag*) »weiß« S. 33, 42 u. s. w. Namentlich wird bei Mx. Her. fast regelmäßig das kilikische Negativpräfix չ *č* vor Konsonant zu չի *či*, oder genauer, das zwischen չ *č* und folgendem Konsonant sich entwickelnde secundäre *ə* des Gemeinkilikischen wird bei Mechitar zu *i*. So z. B. չիբռնես *čipṙnes* S. 10 (= չբռնես *če-pṙnes*); չիհովցնես S. 23 (չհովցնես *čə-hovçnes*); չիյուլանաս p. 29 (չյուլանաս *čə-hulanas*); չիտաս S. 69 (չտաս *če-das*) u. s. w.

Anm. In dieser Ausdehnung jedoch ist die Erscheinung nicht als Kilikisch zu fassen. Mag sie nun in Mechitar's Schrift irgend einen anderen, nichtkilikischen, jedoch mittelarmenischen Dialekt widerspiegeln, oder aber erst durch spätere neuarmenische Redaktion in den Text gekommen sein — sie steht sicher, und findet sich in der modernwestarmenischen Sprachengruppe wieder. So im Pol., wo nach Hanusz [1]) sich

1) O Języku Ormian Polskich Krakow 1886.

folgende Beispiele finden: *tižar* »difficile«, cl. *džar*; *nišan* »signe«, cl. *nšan*; *nišanelu* »signer«, cl. *nšanel*; *istak* »purement«, cl. *ystak*; *ǰigvelu* »se plier«, cl. *čgnil*; *ǰinǰmelu* »serrer«, cl. *čmlel*; *ǰirax* »chandelle«, cl. *črag*; *ǰiraxkal* »chandelier«, cl. *čragakal*; *ǰigelu* »fléchir«, cl. *čgnel*; *bizdig* »petit«, tr. *bəzdig*: dazu Denom. *bizdignalu* »se diminuer«; *tikal* »cuiller«, cl. *drgal*, kl. *təkal*; *viǰarelu* »payer«, cl. *včarel*, kl. *vəǰarel*; *viǰark̔* »récompense, payement«, cl. *včar*, kl. *vəǰar*; auch: *mirug* »barbe« = **mərug* = cl. *moruk̔*, *muruk̔*; auch Negativpräfix *çi* vor Konsonanten, gleichwie bei Mx. Her. — Es ist hier, entsprechend der Vorliebe des Pol. für den Vokal *i*, älteres ma. *ə* in anlautender Silbe zwischen oder vor zwei und mehr Konsonanten, die nicht Liquiden sind, zu *i* geworden. So erklärt sich auch das pol. Indicativpräfix *gi* vor konsonantisch anlautenden Verben. Es wurde nämlich die ursprüngliche, im kl. կու *gu* vorliegende Form dieses Präfixes, bereits in frühneuarmenischer Zeit zu կը *gə* abgeschwächt; als *gə* liegt dieses Präfix noch heute vor im Tr. und vielen anderen Dialekten. Im Pol. dagegen wurde nach dem eben angegebenen Lautgesetze jenes ältere *gə* in Verbindung mit Konsonanten zu *gi* weiter entwickelt, während vor Vokalen die Form *g-* lautet.

Seltener findet sich daneben für aa. *ə* die pol. Entsprechung *u*, und zwar nur dann, wenn der Vokal der folgenden Silbe ein *u* ist: so pol. *guju* »Branntwein« = aa. *kcu* (*kəcu* aus **kicu*) »scharf«; pol. *t̔ut̔u* »sauer« = aa. *t̔t̔u*; pol. *ǰunǰulux* »Sperling« = aa. *čnčluk* [Hübschm. Chron. S. 157]: eine Lautangleichung, die dem Kilikischen unbekannt ist.

## Cl. ո *o* und seine Entsprechungen im Kilikischen.

§ 54. 1. Cl. ո *o* = kl. ո *vo* im Anlaute der Einsilbler. Wird jedoch das Wort durch Antreten von Suffixen mehrsilbig so bekommt kl. ո den Lautwert *o* (nach § 7).

Beispiele: ով *vov* »wer« 39—3, 83—14. 15 = cl. *ov*; որ *vor* »wer«, conj. »dass« = cl. *or*; որբ *vorp* »Waise«, aber N. pl. որբեր *orp̔er* 51—11 = cl. *orb*, Gen. *orboç* u. s. w.

§ 55. 2. Cl. ո *o* = kl. ո *o* im Anlaute der Mehrsilbigen, im Inlaute, und vereinzelt auch im Auslaute. Vgl. jedoch wegen eines event. dritten Lautwertes von ո das oben § 7 Anm. Bemerkte.

a) Im Anlaute: որդի *orti* »Sohn, Kind«, pl. որդիք *ortik̔*, Gen. pl. որդեց *ort̔eç* = cl. *ordi*, *ordik̔*, *ordeaç*; ոսկի *oski* »Gold« 81—14, cl. *oski* u. s. w.

b) Im Inlaute: չորս *çors* »vier«, cl. *čork̔*; ըղորդ *əyort* »richtig«, cl. *ułłord*; գողնամ *koγnam* »stehle«, cl. *gołanam*; կորսնեմ *gorsnem* »verliere«, cl. *korusanem*; մոռնամ *mor̄nam* »vergesse«, cl. *mor̄anam*; Instr. auf -ով *-ov* = cl. *-ov*.

c) Im Auslaute vereinzelt in: քո *ko* Gen. sg. Pr. pers. II 15—15, 23—9, cl. *ko*; sowie in der II. sg. Imperat. der Causativa, die auf -ո -*o* = cl. -*o* ausgeht. Daneben aber schon die jüngere, aus jener entstandene Endung -ու -*u*.

Anm. 1. Hinsichtlich des Verhältnisses des Neuarmenischen zum Kilikischen vgl. für diesen Fall § 7[1].

Anm. 2. In wenigen Dialekten findet im NA. Jotierung des *o*-Lautes statt. So im Ak.[2] nach Čanik. S. 282, 2, falls *o* inlautend ist; ebenso im Zt. nach Allahw. Vgl. oben § 42 Rdn.

§ 56. 3. Cl. ո *o* = kl. ե *e* im Anlaute vor der Liquida ր *r* vereinzelt in kl. երքոյն *erkuin* »Räude« Geop. S. 209 und 223 = cl. որքիուն *orkiun*.

Anm. 1. Vgl. na. *herkun* »Räude« = cl. *orkiun*; na. pol.) *xəmer* »Teig« = cl. *xmor* WZKM 1, 285. — Umgekehrt na. *çor'ek* »tagsüber, des Tages« = cl. *çerek*; na. tr.) *oskor* »Knochen« = cl. *osker* Gen. sg. v. *oskr*, pl. *osker-k*.

Anm. 2. Verschieden von unserem Falle sind folgende Dubletten im AA.: *olol* = *helel* »Überschwemmung«; *ololem* = *helelem* »überschwemme«; *lol* = *lel* »Schwimmen«; *olork* »glatt« = **slig²ros*) = *lerk* = *lerk* »glatt. unbehaart« (λεῖος Gen. 20, 10); *groh* »Straße« = *greh* id.); *oxorim* »feindselig« = *oxerim* id.. Hier liegt entweder idg. Vokalablaut oder arm. Vokalassimilation vor.

§ 57. 4. Cl. ո *o* = kl. ու in լուկ *lug* »allein, nur« 49—22 = cl. *lok*; auch սղալուրդի *syalurti* 81—14, գնուրդի *knurti* 21—11, beide auf älteres *-որդի -*ordi* (aa. Suff. -*ord*) zurückgehend.

---

1 Zu den oben S. 22 Rdn. besprochenen pol. *fəd*. *fərt*, *tfər* stellen sich noch, als unter dasselbe Gesetz fallend, die dem Ak. eigentümlichen Formen Čanik. S. 283: ֆէս *fes* »hier«, ֆէտ *fet* »da«, ֆէն *fen* »dort«, ֆէղ *fey* »Erde«, hervorgegangen aus **h"es* (= wa. *hos* հոս), **h"et* (= wa. *hot* հոտ), **h"en* = wa. *hon* հոն), **h"eg* (= wa. *hoy* հող) — wie denn dieser Dialekt für wa. "*o* *vo* häufig die Entsprechung "*e* (*ve*) zeigt; vgl. ak. վէվէ *veve* = cl. ո՞վ է, wa. *vor e*. — Entsprechend gehen tr. (Aid. I, 180) *fəy* oder *fey*, *fəd*, *fədal*, *fort'* zurück auf aa. հող, հոտ, հոտիլ, հորթ; tr. *fors* ist entstanden aus cl. որս »Jagd, Wildpret«, vermittelt durch ein zu postulierendes **h"ors* (mit Vorschlag-*h*!. — Im Dial. v. Ach. haben sich — wie übrigens auch im Dial. v. Ak. — neben den *f*-Formen noch die älteren Formen mit *h* erhalten: ach. *f"ed* neben *h"ed*, Gen. *hodi*; ach. *f"ert'* neben *h"ert'*, Gen. *hort'i*; ach. *t'"er*, pl. *t'orn'er* (vgl. Tom. Dial. v. Ach.).

2) Ausgenommen: ak. *t'anir* »Ofen« cl. թոնիր; ak. *xanairh* »tief« (cl. խոնարհ); ak. *maxir* »Asche« (cl. մոխիր) n. Čanik. S. 282.

Anm. Nach Wb. zeigt bereits die klassische Litteratur die Varianten: *ałbot* und *ałbut*, *łoł* und *łuł*, *łołak* und *łułak*, *oṙ* und *uṙ*.

§ 58. 5. Cl. ո *o* schwindet im Kilikischen vor oder nach *r*, *ṙ*, *ł*.

Beispiele: ժողվեմ *žoyvem* »sammle, versammle« = cl. *žołovem*; կոտրեմ *godrem* »töte, vernichte« = cl. *kotorem*; Հոռմերէն *hoṙmeren* »oströmisch, griechisch« Geop. S. 147, 169 = cl. *hoṙomaren*, *hoṙomeren*; Gen. pl. Հոռմաց *hoṙmaç*, Հոռմոց *hoṙmoç* »der Oströmer« Smp. Chron. Dul. S. 636 = cl. *hoṙomaç*, *hoṙomoç*; Abl. sg. ի Հոռմէ(ն) *i hoṙme(n)* »von Ostrom« Smp. Chron. Dul. S. 610, 620 = cl. *i hoṙome(n)*; ըղըրկեն *əyərgen* »ebnen, begleichen« Dipl. Lev. V. L. 188—32 = cl. *ołorken*; անլսրդութիւն *anlsərtutün* »Ungehorsam« H. 214—22 = cl. *anlsordutiun*. — Auch finden sich bereits im MA.: խորվեմ *xorvem* »brate« = cl. *xorovem*; սորվիմ *sorvim* »lerne« = cl. *sovorim*.

Anm. Vgl. tr. (Aid. II, 274) *žoyvel*, *sorvil* (*sovril*), *xorvel*, *ṫoṙmil* (aus *ṫoṙomil* = cl. *ṫaṙamel*); pol. Han. WZKM 1, 289) *xorvełù*, *sorvełù* u. s. w.; ach. Tom. 34) *sorvil*, *godṙel*, *žoyvel*; mš. (Mser. 61) *kətᵘor* = cl. *kotor*; *kotrᵉel* = cl. *kotorel*; *sovrᵉel* = cl. *sovorel*; tf. (Tom. 37) *xorvil* = cl. *xorovel*; *sovril* = cl. *sovorel*; *kotril* = cl. *kotorel*; *kətur* = cl. *kotor* u. s. w.

## Cl. ու *u* und seine Entsprechungen im Kilikischen.

§ 59. 1. Cl. ու *u* = kl. ու *u*.

a) Im Anlaute: ութ *uť* »acht«, cl. *uť*; ուտեմ *udem* »esse«, cl. *utem*; ունիմ *unim* »habe«, cl. *unim*; ունենամ *unenam* erweitertes Thema von *unim*; ուսնիմ *usnim* »lerne«, cl. *usanim* u. s. w.

b) Im Inlaute: դուք *tuḱ* »ihr«, cl. *duḱ*; դուստր *tustr* »Tochter«, cl. *dustr*; թուխթ *ṫuxṫ* »Brief«, cl. *ṫułṫ*; անուն *anun* »Name«, cl. *anun*; հարուստ *harust* »reich«, cl. *harust*; տուն *dun* »Haus«, cl. *tun*; շուն *šun* »Hund«, cl. *šun* u. s. w.

c) Im Auslaute: դու *tu* »du«, cl. *du*; երկու *ergu* »zwei«, cl. *erku*; առնու *aṙnu* »nimmt«, cl. *aṙnu*; թողու *ṫoyu* »lässt«, cl. *ṫolu*; Genitive auf ու *u* (nach Formenlehre) u. s. w.

§ 60. Zusatz: Kl. ու *u* (= cl. *u*) ist außerhalb der letzten Silbe regelmäßig zu *ə* geschwächt, oder ganz geschwunden. Vgl. oben § 47 und 49.

Zum Beispiel: դստերաց *tsteraç* (*təsteraç*) 37—26, Gen. pl. von դուստր *tustr*; Nom. pl. դստերք *tsterḱ* (*təsterḱ*) S. 39—4;

տնվի *dnvi* (*dənvi*), Gen. տնվոյ *dnvo* (*dənvo*) Dipl. Sarv., zu տուն *dun* »Haus«; ստեմ *sdem* (*sədem*) »der Lüge zeihen«, zu սուտ *sud* »falsch«; մտեմ *mdem* (*mədem*) »eingehen« zu մուտ *mud* »Eingang« u. s. w. Dasselbe gilt auch für Fremdwörter: so ճալունճ *calunj* neben ճալընճեմ *čalənjem*.

Anm. Wie im Kilikischen, so ist auch im Neuarmenischen altes ու *u* regelmäßig erhalten geblieben. Der Zusatz gilt auch für das Neuarmenische. Vgl. z. B. Han. WZKM 1, 293, Mser. Dial. v. Muš. S. 63 ff. u. s. w. Siehe jedoch unten § 62 Anm.

§ 61. 2. Während im Wortanlaute im Klassischen der Laut ու *u* meist erhalten bleibt, wird im Kilikischen cl. ու *u* im Wortanlaut vor ղ *γ* (*ł*) zu ը *ə* abgeschwächt.

So kl. ըղորդ *əγort* »gerade, recht, richtig« = cl. ուղղորդ *ułłord*, ուղորդ *ułord*; ըղորդեմ *əγortem* »berichtigen, bessern« cl. *ուղղորդեմ *ułłordem*; ըղորդութիւն *əγortutün* »Regel, Norm« = cl. ուղղորդութիւն *ułłordutiun*; ըղուղ *əγuγ* »Gehirn« = cl. ուղեղ *ułeł*, ուղիւղ *ułiuł*; ըղրգեմ *əγrgem* (*əγərgem*) »schicke« = cl. յուղարկեմ *yułarkem*. — Hierher stellen sich noch folgende mittelarmenische Wörter: ըղերձել *əγercel* »schenken, darbieten« bei Gr. Nar. = cl. *ułerjel* ուղերձել; ըղեւորիլ *əγevoril* »reisen« Leb. d. Vät. = cl. *ułevorel* ուղեւորել: dazu das Substantiv ըղեւորութիւն *əγevorutün* »Reise« Ganj. = cl. *ułevorutiun* ուղեւորութիւն; ըղեղ *əγ'eγ* »gerade, richtig« bei Joh. Vanakan (13. Jahrh.) = cl. *ułił* ուղիղ.

Anm. Parallel hierzu laufen im NA.: muš. Mser. S. 68: *əγ''ort*, tr. *əγort* = cl. *ułłord*: mit abgeworfenem anl. *u*: pol. *xortelu* »corriger« Han. 69 = nch. *xort'el*; tr. *xərgel* »schicken« = pol. *xərgelu* = tf. *γərgil* = nch. *xərkel*; tf. *γuγ*, Gen. *γəγi* »Gehirn« = cl. *ułiuł*; *γurt'* »richtig« = cl. *ułłord* (Tom. S. 40).

§ 62. 3. Cl. ու *u* = kl. աւ *o̱*, vereinzelt im Anlaute vor ղ *γ*, in

աւղղեմ *o̱γγem* »adressieren, anweisen, assignieren« (vgl. Gloss.) = cl. ուղղեմ *ułłem* »richten, gerade machen, adressieren«. Als Parallel-Beispiele zu diesem Lautübergang finden sich bereits in der späteren klassischen Sprache: ողորդ *ołord* (*oγort*) »gerade, aufrichtig« (= cl. ուղղորդ *ułłord*); աւղորդ *o̱γort* (= ողորդ) in einer Inschrift v. J. 1036 Šir. 135: որդ *ord* (*ort*) »Wasserlauf, Kanal« (= cl. ուրդ *urd*): օղերձ *o̱lerj* (*o̱γerc*) »Geschenk« (= cl. ուղերձ *ulerj*); օղերձեմ *o̱lerjem* (*o̱γercem*) und ողերձեմ *olerjem* (= cl. ուղերձեմ *ulerjem*)[1]. **Vgl.** auch cl. օժիտ »Geschenk« = ուժիտ; օժանդակել = ուժնդակել.

Anm. Im NA. haben wir entsprechend: tr. *oyort* (nwa. Wb.) »richtig« = ach. *oy"ert'*, *yuert* (Tom. 34); mš. *oyork'el* (Ms. 68) »schicken« = wn. *oroxkel* = cl. [*y*]*ularkel*; pol. *oyuy* (Han. 97) »Gehirn« = cl. *uluł*[2]. Vgl. auch ag. (Sarg. S. 46, 47) *orax* = cl. *urax*; *orag'* = cl. *urag*; *otil* = cl. *utel*; *onil* = cl. *unel*. Überhaupt entspricht dem gemeinarmenischen *u* der Einsilbler im Ag. regelmäßig *o*: ag. *sot* = cl. *sut*, *çort* = cl. *çurt*, *kot* = cl. *kut* u. s. w. Auch *onil*, *otil* für cl. *unel*, *utel*, obwohl der Satz für Mehrsilbige nicht allgemein gilt. — Mit dem Ag. stimmt in diesem Punkte überein das Kr. (Patk. Dial. S. 64). — Über die Jotierung des Lautes *u* im Ak. vgl. Čanik. S. 281 f., im Kr. vgl. Patk. Dial. S. 65. Vgl. oben § 42 Rdn.

## Cl. այ *ai* und seine Entsprechungen im Kilikischen.

§ 63. 1. Cl. auslautendes այ *ai* = kl. այ *a*, wie auch allgemein im Neuarmenischen.

Kl. տղայ *dya* »Kind« 53—15, 55—16, cl. *tłay*; ծառայ *jaṙa* »Diener, Sklave« L. 155—7. 10, cl. *caṙay*; վկայ *vga* »Zeuge« 29—25 cl. *vkay*; վերայ *vera* »über, gegen« 35—17, 51—12, cl. *veray*; 3. sg. Pr. auf -այ *a*; vgl. Formenlehre.

Anm. Für das NA. vgl. WZKM 1, 193; Mser. Dial. v. Muš. S. 82; Tom. Dial. v. Tifl. S. 47 u. s. w.

§ 64. 2. Cl. այ *ai* vor Konsonant = kl. այ *ai*, spätkl. *a*, welch letzter monophtongischer Laut ebenso im Neuwestarmenischen die regelmäßige Entsprechung für cl. *ai* ist. Vgl. oben § 8.

a) Im Anlaute: այլ *ail* (*al*) »anderer« 11—21. 26, 13—29, cl. *ail*; այս, այդ, այն *ais* (*ad*), *aid* (*ad*), *ain* (*an*), Pron. dem.; Gen. այսոր *aisor* (*asor*), այնոր *ainor* (*anor*) u. s. w.; այրիկ *airig* (*arig*) »Gatte« 19—12. 13, 21—19, 45—12, cl. *air* u. s. w.

b) Im Inlaute: հայր *hair* (*har*) »Vater« 47—14. 10, cl. *hair*; մայր *mair* (*mar*) »Mutter« 49—29. 35, cl. *mair*; աղբայր *aypair* (*aypar*) »Bruder«, cl. *ełbair*; ձայն *cain* (*can*) »Stimme, Laut« 47—2. 33, cl. *jain*; ferner in der 2. pl. auf -այք *aik'* (*ak'*) nach Formenlehre.

[1] Vgl. Mser. Dial. v. Muš. 65.

[2] Im Jlf. dagegen (Patk. Dial. 83) entspricht klassischem *u* vor *y* der Laut *a*: z. B. Jlf. *ayord* = cl. ուղղորդ, Jlf. *ayarkel* (= cl. յուղարկել).

Anm. Neuwestarmenisch entspricht in diesem Fall, wie oben bemerkt, regelmäßig *a*. So im Tr. und der westlichen Schriftsprache (Aid. II, S. 272), im Pol. (Han. WZKM 1, 193), im Nch. (Patk.), im Ach. (Tom. S. 30) u. s. w.

§ 65. Zusatz. Erhalten hat sich der diphtongische Charakter von cl. այ *ai* in folgenden Fällen:

a) Im Auslaute einiger Einsilbler (nach § 8a Anm.), als հայ *hay* »Armenier«, cl. *hay* (gespr. *hai*); վայ *vay* »wehe«, cl. *vay* (gespr. *vai*); sowie ähnliche Interjektionen.

b) Im Inlaute mehrerer Wörter, in welchen այ ursprünglich vor Vokal steht: վայլէ *vailē* »es gebührt« (vgl. Gloss.), cl. *vayelē*; վայլեմ *vailem* »genieße» (vgl. Gloss.), cl. *vayelem*; հայլի *haili* »Spiegel« (vgl. Gloss.), cl. *hayeli*. Vgl. oben § 45b.

Anm. Letzterer Lautwert von kl. այ ergiebt sich schon aus der Betrachtung des Neuarmenischen, wo sich Diphtong *ai* erhalten hat in pol. *hay* (pl. *hayer*; *hainak* »en arménien«) = mš., tf. *hay* »Armenier«; mš. *vay* = tf. *vay* »wehe«; pol. *haili* (pl. *hailəstan*) = mš., ach. *haili* »Spiegel«; ach. *vail'el* = nch. *vail'el* »genießen«; während sonst allgemein aa. *ai* im NA. monophtongisiert ist.

§ 66. 3. Cl. այ *ai* = kl. ե *e* im Anlaute:

kl. եգուց *ekuç* »Morgen, morgender Tag« 13—15, 15—18 = cl. *aiguç*: kl. երույց *eruiç* »Brandmal, Brandwunde« Geop. S. 209 = cl. **airoiç* zu *airem* »brenne«; յեգեն *y-ek'en* »am Morgen« Achrab. H. II. S. 416, 422 = cl. **y-aigean* zu *aig* »Tagesanbruch«.

Anm. 1. Auch inschriftlich ist dieselbe Lautentsprechung schon früh nachzuweisen, und zwar entgegen dem Kilikischen, auch im Inlaute. So findet sich für aa. *aigi* »Weinberg« die ma. Form եգի und էգի in Inschriften v. J. 1033 (Šir. S. 127), v. J. 1215 (Šir. S. 75), v. J. 1266 (Šir. S. 116), v. J. 1345 (Sis. S. 116), v. J. 1348 (Sis. S. 121); für aa. *haireneaç*, Gen. pl. v. *hairenik'* die ma. Form հէրէնեց in einer Inschr. v. J. 1266 (Šir. S. 116); für aa. *hairenetiraç* (հայրենէն տիրաց Gen. pl.) die ma. Form հէրէնէ տիրաց v. J. 1215 (Šir. S. 75); für aa. *ełbair* »Bruder« die ma. Form եղբէր in einer Inschr. v. J. 1310; für aa. *y-ais* »zu diesem« die ma. Form յես Inschr. v. J. 1033 (Šir. S. 127) u. s. w.

Anm. 2. Im NOA. ist, wie schon erwähnt, *e* die regelmäßige Entsprechung für aa. *ai*. Man vergleiche z. B. Tom. Dial. v. Tifl. S. 46, Mser. Dial. v. Muš. S. 80, 81[1]. Aber auch das WA., worin *a* der regel-

1) *e* wechselt in diesem Falle im OA. mit *i*, namentlich wenn es außerhalb der letzten Silbe zu stehen kommt, ganz wie cl. է mit ի. Vgl. Mser. S. 81, Tom. Dial. v. Tifl. S. 46, § 92. — In dem durch seine Sonderstellung ausgezeichneten oa. Dial. v. Agulis entspricht altem *ai* sogar *ü*

mäßige Vertreter von aa. *ai* ist, kennt diese Lautentsprechung, allerdings als eine mehr vereinzelte und außergewöhnliche, ganz so wie im Kilikischen als dem Vorläufer und der älteren Stufe des NWA. dieselbe Lauterscheinung nur vereinzelt auftritt. So ist pol. *e* = cl. *ai* nur außerhalb der letzten Silbe (Han. WZKM 1, 285) in *cenelù* »rufen« neben *can* »Stimme«; *crelù* »brennen, cl. այրել; *erig* »Mann«, cl. այր; *eki* »Weintraube«, cl. այգի; tr. *e* = cl. *ai* in *er* »Mann«. cl. այր; *erig* »Gatte, Mann«, cl. այր; *eki* »Weinberg«, cl. այգի; *erel* »brennen«. cl. այրել, nach Aid. II, 273.

Anm. 3. Verschieden von obigem mittel- und neuarmenischen Lautwandel ist der ältere Wechsel zwischen aa. *ai* und *e* in: ժեռ *žeṙ* (*žiṙ*) »Felszacke« b. Mos. Chor. Chrie = ժայռ *žaiṙ* »Zacke, Fels, Klippe«; ժեռաւոր *žeṙavor* (*žeṙavori*) »eine Art Weihrauch oder Aloe« (eig. »gezahnt, zackig«) b. Mos. Chor. Geogr. = ժայռաւոր *žaiṙavor* (id.); սեր *ser* »Schwertspitze, -schneide« = սայր *sair* (id.) vgl. Bagr. Gramm. § 1421). Es fragt sich, welche Form die ursprüngliche ist.

§ 67. 4. Cl. այ *ai* = kl. ո *o* vereinzelt in: պոման *boman* »Bedingung, Vertrag, Termin« = cl. պայման *paiman* »Bedingung«: պոմանել *bomanel* = cl. պայմանել *paimanel*; պոմնթուխթ *bomntuxt* »Vertragsurkunde« = cl. *պայմանաթուղթ *paimanatult*. Vgl. Gloss. — Hierher gehört wohl auch die Vertretung des aa. վայթել *vaitel* »ausgießen« durch ma. վոթել *votel* (neben *vatel*) n. Wb. = pol. *votil* (Aid. I, S. 182).

Anm. Nicht mit unserem Falle zusammenzustellen ist dagegen der altarmenische Wechsel von այ und *o*, աւ in: ժոռատ (ժաւռատ) *žauṙat* »zahnlos, ungezahnt«, gegenüber ժայռաւոր *žaiṙavor* »gezahnt« von ժայռ *žaiṙ* »Zahn«; vgl. Gen. հոր (հաւր) *haur* zu հայր *hair*, մոր (մաւր) *maur* zu մայր *mair* u. s. w. Verschieden davon ist auch die Entsprechung: cl. թառշամիմ *t'aršamim* »welke« = ma. թոշմիմ *t'ošmim* (Geop.) »welke«; cl. թառամիմ *t'aṙamim* »welke« = na. *t'ormim* (id.).

## Cl. ոյ *oi* und seine Entsprechungen im Kilikischen.

§ 68. 1. Cl. ոյ *oy* im Auslaute = kl. ոյ mit Lautwerth *o* nach § 9a.

in *gül* (գիւլ) »Wolf« = cl. *gail* S. Sarg. 31. 48, nicht *gül*. wie ungenau Patkanean 735—2 und nach ihm Hannsz setzen. Die von Aid. I, 215 mitgeteilten oa. Formen: *gil* »Wolf«, *igi* »Weinrebe«, *ic* »Ziege« sind aus aa. գայլ, այգի, այծ vermittelt durch *gel*, *egi*, *ec*, welch letztere die normalostarmenischen Formen sind.

So der Gen.-Dat. sg. der *o*-Deklination auf *-ոյ -o*, cl. *-oy*: *անցնելոյ* 71—8, *գալոյ* 9—18, *հեծնելոյ* 77—21, *անսնոյ* H. 223—25, *աստուծոյ* 3—3. 6, *գլխոյ* 73—9, 83—15, *կիսոյ* 19—10, *մարդոյ* 9—8, 37—2 u. s. w. Weitere Beispiele in Formenlehre.

**Anm.** Entsprechend ist in diesem Falle im NA. allenthalben altes *-oy* zu *-u* geworden. So im Tr. (Aid. II, 7, 273), Pol. (Han. WZKM 1, 295), Ach. (Tom. § 84), Mš. (Mser. S. 91), Er. (Meillet, Notes arm. S. 5), Tf. (Tom. § 89), Ag. (S. Sarg. S. 47) u. s. w.

§ 69. 2. Cl. *ոյ oi* vor Konsonant = kl. *ու u*, woneben auch noch die ältere Schreibung mit *ոյ ui* [*u*] erscheint.

Anm. Der Lautwandel ist durch dasselbe allgemeine Gesetz bewirkt, nach welchem cl. *ai* zu kl. *a* und überhaupt die alten Diphtongen zu kl. Monophtongen geworden sind. Analogie kann höchstens sekundär dazu mitgewirkt haben.

Beispiele: *ուժ už* »Gewalt« 27—4. 12. 18 = cl. *oiž*; dazu *վատուժ vaduž* »schwach« 35—9. 10; *անուշ anuš* »angenehm« H. 226—20 = cl. *anoiš*; *լուս lus* »Licht« Lied Lev. = cl. *lois*[1]) u. s. w. Ferner: *յոյզ huiz* (*huz*) »Streit« 13—30, 59—26 = cl. *yoiz*; *քոյր k̔uir* (*k̔ur*) »Schwester« = cl. *k̔oir* u. s. w.

§ 70. Zusatz. Das auf altes *ոյ* zurückgehende kl. *u* bleibt in nichtletzter Silbe erhalten. Vgl. oben § 60.

Beispiel: Gen. *ուժոյ užo* zu *ուժ* 57—23; während von *դուստր tustr* der Gen. pl. *tsteraç*, von *տուն dun* der Nom. pl. *dnvi* lautet. S. § 60.

Anm. Im NA. ist aa. *ոյ oi*, sowohl im In- und An- als im Auslaute durch *u* vertreten. So im Pol. (Han. WZKM 1, 294f.), Tr. (Aid. II, 273), Ach. (Tom. S. 39f.), Mš. (Mser. S. 90), Tf. (Tom. S. 45) u. s. w. Im Zt. (n. Allahw.) ist jedoch dieses aus älterem Diphtong hervorgegangene *u*, sowie auch ursprünglicher *u*-Laut in letzter Silbe zu *ə* reduziert, nach demselben Gesetze, welches in ebendemselben Dialecte altes *i* in letzter Silbe zu *ə* werden lässt (vgl. oben § 49 Anm.). Z. B. zt. *badrək* (cl. *պատրոյկ*) »Docht«; *zərəçk̔* (cl. *զրոյցք*) »Rede«; *zək* cl. *զոյգ*) »Paar«, *t̔ən* (cl. *թոյն*) »Gift«, *ləs* (cl. *լոյս*) »Licht«. Dieses *ə* wird vor *r* zu *i* erhellt in: *gir* cl. *կոյր* »blind«; *k̔ir* (cl. *քոյր*) »Schwester«; *murk̔ir* (cl. *մօրաքոյր*) »mütterliche Tante« u. s. w. Außerdem

1) Vgl. aus der älteren Litteratur die Varianten: *դոյզն*, *դուն* »spärlich«; *արձոյլ*, *արձուլ*, *արձոլ* »Netz«; *անագորոյն*, *անագորուն*, *անագորոն* »grausam«; *դոյթ*, *դութ*, *դոթ* in *-տալ* »zusammenkommen, zusammenfließen«.

entspricht noch aa. *oi* ein *i*-Laut im Kr., Ašt., Er.; z. B. er. *lis* »Licht« (cl. լոյս). er. *k̒ir* (cl. քոյր) »Schwester«. Vgl. Patk. Dial. S. 25, Meillet, Notes arm. S. 5. Durch *ü* vertreten ist cl. *oi* im Ag. (S. Sarg. S. 47). Vgl. auch ag. *izil* »suchen« = kl. *uzel* = cl. *yuzel*, *yoiz* (S. Sarg. S. 47). — In pol. *huis* »Hoffnung« hätte sich nach Han. WZKM 1, 301 der alte Diphtong erhalten; offenbar aber liegt in pol. *huis* kein echt volkssprachlicher Ausdruck, sondern vielmehr ein in die höhere Sprache eingedrungener Classicismus vor — was schon daraus sich ergiebt, dass sonst allgemein cl. *oi* = pol. *u* ist.

## Cl. աւ (o) *au* und seine Entsprechungen im Kilikischen.

§ 71. Cl. աւ (o) *au* = kl. աւ, o = *o̱* nach § 12 b und § 13.

a) Im Anlaute: kl. օր, աւր *o̱r* »Tag« 11—28, 13—16. 25. 32, cl. *aur*; օտար *o̱dar* »fremd« 63—3. 4, cl. *autar*; օժտել *o̱žtel* »schenken, verschenken, dotieren« 65—2, cl. *aužtel*; օգնականութիւն *o̱knaganut̒iün* »Hilfe« 3—2, cl. *augnakanut̒iun*; օրէնք *o̱re̱nk̒* »Gesetz« H. 210—21, cl. *aure̱nk̒*; ferner aus mittelarmenischen Schriften: օրհնել *o̱rhnel* »segnen«, cl. *aurhnel*; օկտել *o̱gdel* »helfen«, cl. *augtel*; օծնել *o̱jnel* »salben«, cl. *aucanel* u. s. w.

b) Im Inlaute: խօսք *xo̱sk̒* »Rede, Aussage« 57—14, cl. *xausk̒*; խօսիլ *xo̱sil* »sprechen« 51—13, cl. *xausel*; Gen. sg. հօր *ho̱r* 37—22 u. s. w., cl. *haur* zu *hair* »Vater«; Gen. sg. մօր *mo̱r* 37—24, cl. *maur* zu *mair* »Mutter«; Gen. sg. եղբօր *eγpo̱r* H. 220—42, աղբօր *aγpo̱r* Dipl. Sarv., cl. *eɫbaur* zu *eɫbair* »Bruder«. Im Instr. pl. auf -օք, -աւք *-o̱k̒* = cl. *-auk̒*: ապրնօք *abrno̱k̒* 21—7, cl. *apranauk̒*; հասուիթօք *hasuit̒o̱k̒* 21—7, cl. *hasoit̒auk̒*; չքօք *čk̒o̱k̒* 55—8, cl. *čapauk̒* u. s. w.

Anm. Auch im NA., sowohl in der östlichen als in der westlichen Sprachgruppe wird übereinstimmend aa. *au* zu *o* monophtongisiert. So im Pol. (Han. WZKM 1, 287), im Tr. (Aid. Kr. Gramm.), im Mš. (Mser. 87), Ach. (Tom. 32, § 73), Tf. (Tom. 43, § 83) u. s. w. — Bemerkenswert ist, dass die neuarmenische Entsprechung des klassischen Verbalnomens auf -ող, -օղ regelmäßig auf *-oγ* ausgeht, und zwar auch in jenen Dialekten, in welchen aa. ո *o* zu na. *o*, *ᵘo* (*ᵘe*) differenziert ist; in letzteren Dialekten müsste, vorausgesetzt, dass -ող *-oɫ* wirklich die ursprüngliche altarmenische Lautform dieses Verbalnomens ist, altes -ող *-oɫ* zu na. *-ᵘoγ* (*-ᵘeγ*, *-uγ*) werden. Da nun aber die Endung im NA. nicht *ᵘoγ* u. s. w., sondern allgemein *-oγ* ist[1]), *o* in letzter Silbe aber nur aus altem *au*, nicht aus

1) So im Mš. (Mser. 87, 88), im Ach. (Tom. 66, § 128), im Tr. (Aid. 54 ff.), im Tf. (Tom. 36, § 65) u. s. w.

altem ո o hervorgegangen sein kann, so folgt daraus, dass nicht ող sondern օղ *ał* die wirkliche ursprüngliche, altarmenische Endung dieses Verbalnomens gewesen sein muss. Ganz ebenso Mser. Dial. v. Muš. S. 86, 87, 88. Dazu stimmt auch, dass mittelarmenisch regelmäßig օղ *ǫy* geschrieben wird.

## Cl. իւ *iu* (= եւ *eu*) und dessen Entsprechungen im Kilikischen.

§ 72. 1. Cl. իւ *iu* (եւ *eu*) = kl. ույ *ui* (jünger ու *u*) in auslautender Silbe vor Konsonant:

kl. այրոյն *airuin* »Blut« 61—18. 19 = cl. *ariun* (արիւն, արեւն); bei Mx. Her. als արոյն *aruin* S. 73, 75, 76, 79, 116, neben jüngerem արուն *arun* S. 59 u. s. w. Nom. pl. արոյննի *aruinni* Ass. Ant. 93—5; kl. փռընքտոյն *p̄rənk̔duin* »Niesen« 47—33. 36 = cl. *p̄rəngiun* (փռընգիւն) vgl. Gloss.; kl. հարոյր *haruir* »hundert« L. 178—14. 15 = cl. *hariur* (հարիւր); kl. ալոյր *aluir* »Mehl« Mx. Her. S. 75 = cl. *aliur* (ալիւր, ալեւր); ibid. die jüngere Lautform ալուր *alur* S. 14, 51, 69, 77; kl. առույծ *ar̄uij* »Löwe« Smp. Chron. Mr. A = cl. *ar̄iuc* (առիւծ); kl. երքոյն *erk̔uin*[1]) »Impetigo, scabies saniosa« Geop. 209, 223 = cl. *ork̔iun* (որքիւն). Ferner auch folgende mittelarmenische Ausdrücke: դոյր *tuir* »leicht« Matth. Urrh., Leb. d. Vät., = cl. *diur* (դիւր); ներկոյն *nerkuin* »Elsbeere, Elsbeerbaum«, in mittelarm. med. Schriften, = cl. *nergiun* (ներգիւն); կորդոյն *gortuin* »Pefferkraut« (bot.) b. Vardan = cl. *kordiun* (կորդիւն); արտոյտ *arduid* »Lerche« b. Gal. = cl. *artiut* (արտիւտ) b. Gr. Mag.[2]).

Übrigens lässt sich dieser Lautwandel, resp. diese Lautentsprechung bis in die frühklassische Zeit zurück verfolgen. So haben wir, abgesehen von Dubletten wie: cl. թոյն »Gift« neben թիւն, cl. անթոյն »giftlos« neben անթիւն, cl. նուս »Rücken« neben նիւս (verwandt mit ուս »Rücken«), namentlich schon bei Faust. Byz. (Ed. Ven. 1832) die Lautvertretung -ույր = cl. -իւր und zwar: a) in der 3. sg. Imperf. pass., z. B.

1) Vgl. oben § 56.

2) Hierher stellt sich wohl auch kl. ըղուղ *əyuy* »Gehirn« Mr. B. 154, cl. *ułiuł* (ուղիւղ); ferner: kl. շուղ *šuy* »Pfand«, cl. շիւղ *šiuł* »Halm«; kl. հարուն *harun* »Schlag, Ausschlagen der Pferde« aus älterem *հարիւն *hariun* (vgl. բախիւն Schlag); auch ma. ճուղ *čuy* »Halm, Splitter« identisch mit cl. ճիւղ *čiuł* (id.).

*տեսանոյր* »er sah« S. 69—23 = cl. *տեսանիւր* (für gewöhnliches *տեսանէր*); b) in der Form *երկերոյր* S. 105 = cl. *երկերիւր*. Vgl. Pet. Gramm. S. 88, 213; Bagrat. § 431.

**Anm.** Im Neuarmenischen, als der natürlichen Fortsetzung des Mittelarmenischen, finden wir denselben Lautwandel wieder. Nur ist kl. *ոյ ui* regelmäßig durch na. *u* vertreten. So im Pol. (WZKM 1, 295): *hut* »feucht« (cl. *հիւթ*), *huselù* »flechten« (cl. *հիւսել*), *arun* »Blut« (cl. *արիւն*), *harur* »hundert« (cl. *հարիւր*), *alur* »Mehl« (cl. *ալիւր*). Das Tr. hat außerdem noch[1]): *axpur* »Quell« (cl. *աղբիւր*), *exčur* »Horn« (cl. *եղջիւր*), *sun* »Säule« (cl. *սիւն*), *tur* »leicht« (cl. *դիւր*), *mərčun* »Ameise« (cl. *մրջիւն*), *ayus* »Ziegelstein« (cl. *աղիւս*) u. s. w.; analog der Dial. v. Nachiǰevan (Patk.), von Achalzich (Tom. § 85), von Tiflis (Tom. 50, § 106)[2]). — Noch weiter geht der Dialekt von Muš, woselbst diese Erscheinung sich auch auf den Anlaut erstreckt, in Fällen wie: *ur* (cl. *իւր iur*) »sein«, Gen. *urin* (cl. *իւրեան iurean*) »seiner«, Abl. *urne* (cl. **իւրենէ iurenē*) »von sich« (vgl. Mser. v. Muš 94), während das Kilikische in diesem Falle *i* als Entsprechung für altes *iu* hat[3]). Als mittelarmenische, nichtkilikische (oder außerkilikische) Vorläufer jener neusprachlichen Formen finden sich im Achrabadin (Auszüge davon H. II, 422 ff.) bereits folgende jenen ganz entsprechende Formen vor: *ոյր uir* »sein« = cl. *իւր iur*, H 430—24. 35; *ոյրեն uir'en* »seiner« = cl. *իւրեան iurean*, H. 430—4; *յ-՚յրմէ y-uirmē* »von sich« = cl. *յ-իւրմէ y-iurmē*, H. 426—19, 430—18.

§ 73. 2. Neben der Lautentsprechung 1. geht eine andere einher, wonach cl. *իւ* (*եւ*) *iu* (*eu*) durch kl. *i*-, resp. *e*-Laut vertreten ist.

a) Cl. *իւ iu* = kl. *իւ ü* in auslautender Silbe bei den Bildungssuffixen *-թիւն*, *-իւն -ťün*, *ün*, welch letztere nicht echtkilikisch, sondern aus der altarmenischen Schriftsprache entlehnt sind:

*ծառութիւն jaṙuťün* »Dienst« 9—14, 13—29, cl. *caṙayuťiun* (*ծառայութիւն*); *ծռութիւն ǰṙuťün* »Fehler, Verkehrtheit« 67—7, cl. *cṙuťiun* »Schiefe«; *արծաթսիրութիւն arǰatsiruťün* »Geiz« H. 225—39, cl. *arcaťasiruťiun* (*արծաթասիրութիւն*); *հիվընդու-*

---

1) Vgl. nwa. Wb. sowie Aid. II, 273.

2) Der Dial. v. Tiflis weist z. B. folgende Formen auf (Tom. 50): *arun* »Blut« (cl. *արիւն*), *alur* »Mehl« (cl. *ալիւր*), *harur* »hundert« (cl. *հարիւր*), *husil* »flechten« (cl. *հիւսել*), *jun* »Schnee« (cl. *ձիւն*), *sun* »Säule« (cl. *սիւն*), *čuxk* »Halm« (cl. *ճիւղ*), *hur* »Gast« (cl. *հիւր*), also ganz dieselben Fälle wie in den westlichen Dialekten.

3) Siehe unten § 74.

*թիւն hivəndutün* »Krankheit« Mr. B. 146, cl. *hivandutiun* (*հիւանդութիւն*); *ձիաւորութիւն ciavorutün* »Ritterschaft« 17—22, cl. *-tiun* (*-թիւն*) u. s. w.

Anm. Entsprechend ist in diesem Falle im NA. altes (cl.) *iu* vertreten durch *i* im Pol., woselbst *jerut'in* »Alter«, cl. *ծերութիւն*; *dirut'in* »Gericht«, cl. *տիրութիւն*; *jarut'in* »Dienst«, cl. *ծառայութիւն*; *erganut'in* »Länge«, cl. *երկայնութիւն*; *imastut'in* »Nachricht«, cl. *իմաստութիւն* u. s. w. nach WZKM 1, 291. Ebenso im Nch.: *čarut'in* »Schlechtigkeit« Patk. Mat. S. 6, cl. *չարութիւն*; *ayekut'in* »Güte« S. 30, cl. **աղէկութիւն*; *tramapanut'in* »Logik« S. 16, cl. *տրամաբանութիւն*; *parapanut'in-ner* (pl.) »Lobreden« S. 17, cl. *պառաբանութիւն*; *meknut'in* »Erklärung« S. 18, cl. *մեկնութիւն*; *payut'in* »Kälte« S. 33, cl. *պաղութիւն*; *oyormut'in* »Mitleid« S. 38, cl. *ողորմութիւն*; Instr. *oyormut'in-ov* S. 61; *ampaxtut'in* »Unglück« S. 34, cl. *անբախտութիւն*; *koyut'in* »Diebstahl« S. 35, cl. *գողութիւն* u. s. w. — Ferner *-ut'in* im Tf. (Tom. S. 52), im Ag., im Er. u. s. w. (S. Sarg. 40). — Nicht *i*, sondern *ᶦe* liegt vor im Mš. (Mser. 94), sowie im Ach. (Tom. § 69) woselbst z. B. ach. *derut'ᶦen*, Gen. *derut'an* »Herrschaft«, mš. *uraxut'ᶦen* G. *-t'eni* »Freude«, mš. *candrut'ᶦen* »Schwere« = cl. *ծանրութիւն* u. s. w. Ob die Nominativform *-t'ᶦen* (*-թեն*) nicht vielleicht unter dem Einflusse des ma. Genitivs auf *-թեն -t'ᶦen* der Abstracta auf *-թիւն* entstanden ist?

§ 74. b) Cl. *իւ iu* = kl. *ի i* im Wortanlaut vor *ր r* beim Pron. person. III. Person.

Kl. *իր ir* = cl. *իւր iur*; kl. *յիրմէ y-irmẹ* = cl. *յիւրմէ y-iurmẹ*; kl. *իրենք irᶦenk'* = cl. *իւրեանք iureank'*; kl. *իրենց irᶦenc* = cl. *իւրեանց iureanç*. Belege siehe in Formenlehre. Auch das Reflexiv *իրար irar* »einander«, und mithin auch das cl. *իրեար irear* werden höchst wahrscheinlich auf ein ursprüngliches **իւր-եար *iur-ear* zurückgehen.

Anm. Dieselbe Lautentsprechung zeigt für denselben Fall das NA. im Pol. (Han. WZKM 1, 291), Tr. (Aid. II, 40), Nch. (Patk. Dial. Nach.), Ach., Tf. (Tom. § 110, § 358) u. s. w. Abweichend dagegen im Mš. nach § 72 Anm.

§ 75. c) Cl. *իւ iu* (*եւ eu*) = kl. *ի i* oder *ե e*, resp. *i* im Wechsel mit *e*, vor *ղ γ* (cl. *l*):

Beispiel: *երկիղ ergiγ* neben *երկեղ ergᶦeγ* »Furcht« H. 220—33, 225—44, Mx. Her. 5, 35 = cl. *erkiul* (*երկիւղ*); *գեղ k'ᶦeγ* »Dorf« Chron. Smp. 670 = cl. *giul* (*գիւղ*, *գեւղ*) u. s. w.

Anm. Bekanntlich finden sich schon in der klassischen Litteratur einzelne Vorläufer dieser Lauterscheinung, die bis in das Modernarmenische hinabreicht: so pol. *yeγ* »Unschlitt«, cl. իւղ; *leγ* »Schwimmen«, cl. լիւղ; *keγ* »Dorf«, cl. գիւղ [1]) — mš. *yeγ* »Butter«, cl. իւղ; *g'eγ* »Dorf«, cl. գիւղ [2]); entsprechend im Tf. [3]): *yiγ* »Butter«, *giγ* »Dorf«; im Ach. [4]): *yeγ* »Butter« u. s. w.

Auch in der modernen Sprache laufen demnach beide für das Kilikische festgestellten Lautvertretungen für cl. *iu* իւ parallel neben einander. Nur ist folgendes zu beachten: während die westlichen Dialekte hinsichtlich des Grenzgebietes des *u*- und des *i*-Lautes, als der beiden Vertreter von cl. *iu* իւ, mit dem Kilikischen übereinstimmen, indem hier die Lautentsprechungen cl. իւ *iu* = na. (ma.) *u*, und cl. իւ *iu* = na. (ma.) *i* nahezu gleichberechtigt und gleichweit ausgedehnt neben einander stehen, ist in den östlichen Dialekten die Abgrenzung der beiden Laute eine mehr ungleichmäßige und je nach den verschiedenen Dialekten schwankende, indem bald der eine, bald der andere der beiden fraglichen Lautvertreter die überwiegende Vorherrschaft erlangt, mit fast völliger Ausschließung des anderen. So im Mš., wo altem *iu* fast ausschließlich *u* entspricht, nur selten *i*. Im Kr. dagegen ist *ü* die regelmäßige und so gut wie ausschließliche Entsprechung von cl. *iu* (Mser. 94), im Er. ist es *i*; z. B. er. *jin* »Schnee« = cl. *jiun*; *alir* »Mehl« = cl. *aliur*; *harir* »hundert« = cl. *hariur*; *arin* »Blut« = cl. *ariun* u. s. w. (gegen wa. *cun*, *ulur*, *harur*, *arun*). Vgl. Palas. S. 11, S. Sarg. S. 40, 41 u. s. w.

## Cl. եւ *ev* und seine Entsprechungen im Kilikischen.

§ 76. 1. Cl. եւ *ev* = kl. ու *u* in:

kl. ու *u* (Konj.) »und« (nach Gloss. auch allgemein neuarmenisch) = cl. *ev* եւ »und«; kl. ինչու *inču* (konj.) »bis« 41—12 = cl. *minčev* մինչեւ; kl. ինչվի *inčvi* neben ինչուի *inčvi* (Gloss.) = cl. *minčev i* մինչեւ ի [5]) (kl. ինչու: cl. մինչեւ = kl. յեղմ: cl. մեղմ; vgl. unten § 143).

Anm. Schon in der ältesten klassischen Litteratur findet sich derselbe Lautwechsel in Fällen wie: aa. իբրու *ibru* »wie« = aa. իբրեւ *ibrev* (it.); aa. ութուտասն *ut'utasn* »18« = aa. ութեւտասն *ut'evtasn* (it.); aa. այրուձի *airuji* »Kavallerie« = aa. այրեւձի *airevji* (it.).

§ 77. 2. Classischem եւ *ev* (*eu*) entspricht im KL. vereinzelt *io̱* իաւ in:

---

1) WZKM 1, 285.

2) Mser. S. 94.

3) Tom. S. 52.

4) Tom. Dial. v. Ach.

5) Vielleicht auch kl. (na.) այլուի (այլու + ի) = cl. այլեւ ի; cl. այլեւ ist wirklich vorhanden.

kl. իաւթն *io̲tn* »sieben« 93—7, 15—2 = nachcl. եօթն, եաւթն *eo̲tn* = cl. եւթն *evtn*, nach anderer Lesung = *eutn*. Die Form *eutn* = *septm̥ ist jedenfalls die älteste.

## Cl. եա *ea*, եայ *eay*, եաւ *eav* und ihre Entsprechungen im Kilikischen.

§ 78. I. Cl. եա *ea*, եայ *eay*, եաւ *eav*, eng mit einander verwandt durch das gemeinsame Element եա *ea*, haben auch dies gemeinsam, dass sie nur in letzter Silbe, resp. in Einsilblern stehen können. Kommen sie durch Worterweiterung in eine nichtletzte Silbe zu stehen, so wird եա *ea* zu ե *e* (եայ *eay* demgemäß zu ե *e* + յ *y* = է *e̲*, եաւ *eav* zu ե *e* + ւ *v* = եւ *ev*) z. B. cl. լեարդ *leard*, aber Gen. լերդի *lerdi*, լեառն *leaṙn*, aber Gen. լերին *lerin*, քրիստոնեայ *kristoneay*, aber Gen. քրիստոնէի *kristone̲i*; pl. Gen. -նէից *-ne̲iç*; սեաւ *seav*, aber Gen. սեւի *sevi* u. s. w.

§ 79. Im Kilikischen nun wird եա *ea* auch in letzter Silbe, also da, wo es im Klassischen erhalten bleibt, zu ե *'e* abgeschwächt. Das so entstandene *'e* (s. oben § 6) wird jedoch außerhalb der letzten Silbe zu einfachem, nichtjotiertem *e*.

1. Cl. եա *ea* = kl. ե *'e* in Einsilblern und in letzter Wortsilbe im Inlaut:

a) in der 3. sg. Aor. auf -եց *-'eç* = cl. *-eaç*: այրեց *air'eç* 93—28, cl. *aireaç*; ծախեց *jax'eç* 65—1, cl. *caxeaç*; յուղարկեց *huyarg'eç* 75—13, cl. *yułarkeaç*; բռնեց *pṙn'eç* Smp. Chron. 619, cl. *bṙneaç*; գնեց *kn'eç* Smp. Chron. 655, cl. *gneaç*; լուծեց *luj'eç* ibid. 646, cl. *luceaç*; խլեց *xl'eç* ibid. 612, cl. *xleaç*. Weitere Belege in Formenlehre.

b) Im Gen.-Dat. Plur. der Substantiva auf *i*, Plur. *ik* (vgl. Formenlehre). So die Genitive: հայրենեց *hairen'eç* 19—21, 23—11. 26. 30 u. s. w., cl. *haireneaç*; բաղնեց *payn'eç* 45—11, cl. *bałaneaç*; հարկեց *harg'eç* 9—12, cl. *harkeaç*; որդեց *ort'eç* 31—21, 49—34, cl. *ordeaç*; ուտելեց *udel'eç* Mr. B. 159, cl. *uteleaç*; աղեց *ay'eç* Mx. Her. 96, cl. *ałeaç*; կարեց *gar'eç* Mx. Her. 71, cl. *kareaç*; արծուեց *arjv'eç* Geop. 119, cl. *arcveaç* u. s. w.

c) Im Part. pr. act. auf -ել *-'el* = cl. -եալ *-eal*: z. B. գնել *kn'el* 47—20, cl. *gneal*; գրաւկնել *kravgn'el* 71—20, cl. *grav-*

*kaneal*; գրել *kr'el* 47—31, cl. *greal*; զատել *zad'el* 63—20, cl. *zateal*; ընծայել *ənjay'el* 55—5, cl. *əncayeal*; ժողվել *zoγv'el* 15—15, cl. *žołoveal*; ասցել *asç'el* 15—15, cl. *asaçeal*; գնացել *knaç'el* 77—11, cl. *gnaçeal*; մնացել *mnaç'el* 83—19, cl. *mnaçeal*; բերել *per'el* 45—13, cl. *bereal*; հանել *han'el* H. 221—11, cl. *haneal*; այրել *air'el* 57—17, cl. *arareal*; ելել *el'el* 13—21, cl. *eleal* u. s. w. Weitere Belege in Formenlehre.

d) Im Nom. Plur. auf -եր -'*er* = cl. -եար -*ear* (vgl. Formenlehre): azգեր *azk'er* H. 210—24, cl. -*ear*; բաժեր *paž'er* L. 154—23, cl. -*ear*; ferner բաներ *pan'er* H. 225—34; ծայրեր *jair'er* 59—14; որբեր *orp'er* 51—11; ցաւեր *çav'er* H. 214—15; օրեր *or'er* 23—26, 25—7, 27—10 u. s. w.

Dagegen mit unjotiertem *e*-Laut: գեղերոյ *keγero* Gen. pl. 34—8, zu Nom. pl. գեղեր *keγ'er* H. 224—17; օրերոյ *orero* Gen. pl. 25—7, zu Nom. pl. օրեր *or'er*, ճորտերոյ *jordero* Gen. pl. 9—2. 4 zu Nom. pl. ճորտեր *jord'er* 9—21 u. s. w.

e) Gen.-Dat. Sg. auf -են -'*en* = cl. -եան der Abstrakta auf -իւն, -թիւն (s. Formenlehre): kl. յ․ամսենն *y-ams'enn*, Dipl. Sarv. H. 258 = cl. *y-amseann*; արեն *ar'en* Gen. sg. v. արույն »Blut« Mx. Her. = cl. *arean* zu *ariun*.

f) In den Pronominalformen իրենք *ir'enk̄* 41—8, 49—27, 51—16; զիրենք *zir'enk̄* 17—16, 39—1, L. 178—12 = cl. *iureank̄*, *z*-; իրենց *ir'enç* 3—19, 17—9. 15. 16 = cl. *iureanç*.

g) In einzelnen Substantiven, Adjektiven u. s. w.: z. B. վզեն *vz'en* »Strafe, Geldbuße« 73—18, 81—23 = cl. *vzean*; յաւիտեն *havid'en* »ewig« Dipl. Sarv. = cl. *yavitean*; ցորեն *çor'en* »Weizen« L. 155—18 = cl. *çorean*; կլայեկ *glay'eg* »Zinn« L. 157—25 = cl. *klayeak*; լերդ *l'ert* »Leber« Geop. 176, Mx. Her. 3, 7, 94, 145 = cl. *leard*; լեռն *l'eṙn* »Berg« H. 208—12. 14 = cl. *leaṙn*; հեծել *hej'el* »Reiter, Heer« (eigentl. Part. pr. act.) Smp. Chron. Dul. 649, 656, 668 = cl. *heceal*; բարձուենեկ *parcven'eg* (bot.) »Stabwurz« Mx. Her. 133, 156 = cl. *barjveneak*. Ferner auch folgende mittelarmenische Formen (nach Wb.): զեն *z'en* »Schaden« = cl. *zean*; բորեն *por'en* »Hyäne« = cl. *borean*; դղեկ *tγ'eg* »Burg« = cl. *dłeak*; դայեկ *tay'eg* »Amme« = cl. *daheak*; շեմ *š'em* »Schwelle« = cl. *seam*(*k̄*); ասորեկ *asor'eg*, *sor'eg* (bot.) »Ranke« = cl. *asoreak*; սարեկ *sar'eg* (*sarig*) »Amsel« = cl. *sareak*; կորեկ *gor'eg* »Hirse« = cl. *koreak*; վառեկ *var'eg* »Hühnchen« = cl. *vareak* u. a. m.[1]).

Die Lautabstufung von aa. եա *ea* zu ma. ե *'e* tritt außerdem deutlich zu Tage in zahlreichen mittelarmenischen, zum Teil bis ins 11. Jahrh. zurückreichenden Inschriften, namentlich aus dem Distrikt Širak und der Stadt Ani. So in einer Inschr. v. 11. Jahrh. (Šir. 40); ծագեց (= cl. ծագեաց); գհեծել (= cl. գհեծեալ). — Inschr. v. J. 1348 (Šir. 63): շորթել ին (= cl. շորթեալ են); գնել էի (= cl. գնեալ էի). — Inschr. v. J. 1057—1063 (Šir. 72): իւրեն (= cl. իւրեան). — Inschr. v. J. 1215 (Šir. 75): տիրեց (= cl. տիրեաց); Սմբատաւրենց (= cl. -եանց); Հոնենց (= cl. -եանց); Šir. 76: արենն (= cl. արեանն »des Blutes«); գնել էի (= cl. գնեալ էի); շինել էի (= cl. -եալ էի); Գաւառիկոնեց Gen. pl. (= cl. -եաց); Մշակունեց Gen. pl. (= cl. -եաց); բաղնեց Gen. pl. (= cl. բաղանեաց); գնել էի, շինել էի; ferner Šir. 77: Պապենց (= cl. -եանց); տներ »Häuser« (= cl. -եար); հողեր »Ländereien« (= cl. -եար); էի տվել (= cl. էի տուեալ); եմ գրել (= cl. -եալ). In derselben Inschrift S. 78: յարդենցս »von meinen Einkünften« (= cl. յարդեանցս); հաստատել (p. pr.) է; նզովել (p. pr.) է. — Inschr. v. J. 1310 էր բերել (p. pr.); խաղտել (p. pr.) էր; իրենց (= cl. իւրեանց). — Inschr. v. J. 1291 (Šir. 86): Մխալութենց (= cl. -եանց); ի հալալ արդենց »von rechtmäßigem Einkommen« (= cl. արդեանց). — Inschr. v. J. 1342 (Šir. 86): նախնեց »der Vorfahren« (= cl. նախնեաց); ibid. եկել (= cl. -եալ). — Inschr. v. J. 1262 (Šir. 116): Հէրէ-նեցն (= cl. Հայրենեացն); ibid. գնել (p. pr.) էր; տվել (p. pr.) էր. — Inschr. v. J. 1289 (Šir. 123): Պառաւենց (= cl. -եանց); շինել (p. pr.) եմ; ի տանի Աւետեց (= cl. Աւետեաց). — Inschr. v. J. 1284 (Šir. 140): Աւետեց (= cl. -եաց); արեն (= cl. արեան Gen.-Dat. v. արիւն); էգեց (= cl. այգեաց Gen. pl. v. այգի) u. s. w.

§ 80. 2. Cl. եայ *eay* (= եա *ea* + յ *y*) = kl. է *e* (= ե *e* + յ *y*) in letzter Silbe:

Beispiele: քրիստոնէ *Kristone*, pl. քրիստոնէք *-ek* »Christ, Christen« 25—4, Het. Kor. Dul. S. 478, 485, 486, 488 =

---

1) Dagegen ist wohl in folgenden, in die ältere Zeit zurückreichenden Fällen die Form mit ե *e* die ursprüngliche, die mit եա *ea* dagegen die spätere: վսեմ *vsem* »erhaben« und *vseam*; երեկ *erek* »Abend« und *ereak*; պատճէն *patčen* »Copie, Duplikat« und *patčean*; տենդ *tend* »Fieber« und *teand* u. s. w.

cl. *kristoneay*, Nom. pl. *-eaik*, Gen. *-eiç*. Ebenso ածէք *ażek* »Wert, Preis«, Gen. -էից *eiç* H. 220—43 = cl. **arżeay-k*; սամսրչէք (սամսրչեք) *samsrçek* »Maklergebühr« L. 155—2. 6. 21. 22. 23, L. 156—6 = cl. *-*çeayk*, ganz wie spätcl. առհաւատչէ *arhavatçe* »Draufgeld« = cl. *arhavatçeay*[1]).

Ferner auch folgende mittelarmenischen (vgl. Wb.): միջօրէ *mičore* »Mittag«, cl. *mijaureay*; աշտէ *ašte* »Lanze, Speer«, cl. *ašteay*; մաշկէ *maške* »ledern«, cl. *maškeay*; գարէ *kare* »aus Gerste, gersten- (nach Wb. Suppl.), cl. *gareay*; այծէք *aiјek* »Kleider aus Ziegenhaar«, cl. *aiceai-k*, sg. *aiceay*; շիկերէ *šigere* »Wild«, cl. *šikereay*. Aber auch schon in frühklassischer Zeit erscheint: քուէ *kve* »Würfel« (bei Faust. Byz. S. 252) = cl. *kveay* (gen. *kvei*); cl. գոնէ *gone* »wenigstens« (Bibelversion) für älteres *goneay*, *gonea*.

§ 81. 3. Das für եայ *eay* im Auslaut stehende cl. եա *ea* der 2. sg. Imperativi Aor. der *e*-Themata wird wie jenes behandelt; es ist cl. եա *ea* im Auslaute = kl. է *e*.

So die Imperative Aor. (2. p. sg.): վճարէ *vjare* 41—5, cl. *včarea*; թափէ *tape* 75—10, cl. *tapea*; լուծէ *luje* Mr. B. 157, cl. *lucea*; խառնէ *xarne* Mr. B. 147, cl. *xarnea*; մաղէ *maye* Mr. B. 147, cl. *malea*; շինէ *šine* Mr. B. 157, cl. *šinea*; պահէ *bahe* Mr. B. 148, cl. *pahea*; բանէ *pane* Geop. 34, cl. *banea*; լեսէ *lese* Geop. 195, cl. *lesea*; նայէ *naye* Geop. 99, cl. *nayea* u. s. w. Vgl. Formenlehre.

§ 82. 4. Cl. եաւ *eav* (եա *ea* + ւ *v*) = kl. եւ *'ev* (ե *'e* + ւ *v*) in letzter Silbe.

Kl. սեւ *s'ev* »schwarz« Mr. B. S. 149, 152 u. s. w. = cl. *seav*; առջեւ[2]) *arč'ev* »eher, zuvor« 41—5. 23, 43—1 u. s. w. = cl. *arajeav* (eigentl. Instr. v. առաջի); յետեւ *hed'ev* »nachher, später« 41—22, 69—22 u. s. w. = cl. **yeteav* (eigentl. Instr. v. յետի); ներքեւ *nerk'ev* »innerhalb« 77—7 = cl. **nerkeav* (eigentl. Instr. v. ներքի. Bei Mx. Her. auch: ներքսեւ *nerks'ev*. Auch finden sich in mittelarmenischen Autoren die Formen: վերեւ *ver'ev*

1) Analog im Dial. v. Nachij. (Patk. Mat. S. 135): վարպետչէք »Lehrgeld, Schulgeld«, կրեղչէք, տանեղչէք u. s. w., mit Suff. -չէք *-çek* = cl. *çeai* + *k*.

2) Allerdings auch schon altarmenisch զառաջեւ, հետեւ.

»oben, oberhalb« = cl. **vereav*; դրուցեւ *truc'ev* »außen, außer« = cl. **druçeav*, vgl. Aid. II, 127 f.; վերջեւ *verč'ev* »zurück, hinter« = cl. **verjeav*; ստորեւ *stor'ev* »unter, unterhalb« = cl. **storeav*. Inschriftlich belegt ist z. B.: առջեւ *ar̄č'ev* in einer Inschr. v. J. 1215 (Šir. 76); վերեւ *ver'ev* in einer Inschr. v. J. 1271 (Šir. 170); ներքեւ *nerk̄'ev* in derselben Inschr.

Anm. In all diesen Fällen von Vertretung des aa. եա *ea* durch ma. է *'e* (*e*) ist Analogiebildung, die man zunächst anzunehmen versucht sein könnte, ausgeschlossen, wie schon aus Fall 3. hervorgeht. Vielmehr liegt hier wirklicher, mechanischer Lautwandel vor, hervorgegangen unter dem allgemeinen Gesetze der Abschleifung und Monophtongisierung der altarmenischen Diphtonge. Höchstens kann vereinzelt für Fall 2. und 4. Analogie als mitwirkender sekundärer Faktor am Lautwandel beteiligt gewesen sein.

§ 83. Zusatz. Wie aa. եա *ea*, եայ *eay*, so wird auch das damit verwandte[1]) իա *ia*, իայ *iay* in letzter Silbe zum *e*-Laut monophtongisiert, und zwar regelmäßig zu է *e*.

Beispiele sind: kl. զէտ, զէդ *zet* (*zet*) »wie« 33—1. 16, 35—5 aus spätcl. զերդ *zerd*, զերթ *zert́* (Gr. Mag., N. Šnorh.) = cl. *ziard* »wie«; kl. մէկ *meg* (*meg*) »ein, eins« 21—4, 23—7, 31—16, 35—17, 39—9 = cl. *miak* »Einheit, ἑνάς, einzig«; kl. մենակ *menag*, jüngere Form մինակ *minag* »sofort, sogleich« 13—1, 17—20, 31—19, 11—5, 13—28, 23—16, 35—3, 61—12 entstanden aus *մէնակ **menag* (*men* + *ag*) = cl. *miainak* »einzig, allein«. — Ferner das bereits altarmenisch vorhandene մէն *men* »allein« (das Simplex zu dem vorigen!) = cl. *miain* »allein«; ebenfalls das aus dem AA. überkommene տէր *der* (aa. *ter*) aus ursprünglichem **tē* + *air* woraus **tiair* ward, aus welchem wiederum *ter* hervorgegangen ist[2]).

Anm. Im Neuarmenischen setzt sich im wesentlichen dieselbe Lautvertretung von aa. *ea* durch *'e* fort. So entspricht aa. *ea* na. *'e* im Tr. (Aid. II, 273), im Ach. (Tom. § 68), im Mš. (Mser. 97), im Pol. (Han. WZKM 1, 284) u. s. w., wobei, übereinstimmend mit dem Kilikischen, *'e* außerhalb der letzten Silbe zu *e* wird. So im Pol.: *ẑen* »Schaden« pl.

1) իա wechselt mit եա in նեարդ »Sehne« und նիարդ n. Wb.; խոռեամ, խոռեան Hauptfeldherr Chosrov's II. und խոռիան n. Arm. Gramm. I, S. 42—43.

2) Dagegen ist im Ag. (S. Sarg. S. 101) mittels Vokalausfalls aus urarm. **tēair* die Form ag. *tair* »Herr« (pl. *tair-ar*, Gen. *tair-er-i*) geworden.

*zeńèr*; *hej̀èl* »Heer« aber *hejeluťin* »Krieg« u. s. w.[1]). In den itacisierenden nordwestlichen Dialekten (von Polen, Ungarn-Siebenbürgen, Krim, Neu-Nachij̆evan) wird jedoch gemeinneuarmenisches *ʲe* zu *i* im Part. prät. auf *-il* (cl. -եալ, kl. -ել *-ʲel*), ein Lautwandel, der vielleicht unter dem Einfluss des diesem Particip regelmäßig nachgesetzten Verbum substantivum *im*, *is*, *ink* u. s. w. vor sich gegangen ist[2]). In dem noch stärker itacisierenden Nordostarmenischen, der Sprache von Tiflis, ist sogar regelmäßig und allenthalben gemeinneuarmenisches aus *ea* hervorgegangenes *e* zu *i* geworden, so tf. (Tom. S. 49) *lirť*, gen. *lirťi* »Leber«, cl. լեարդ; *kinkʻ*, gen. *kinkʻi* »Leben«, cl. կեանք; *korik*, gen. *korki* »Hirse«, cl. կորեակ u. s. w. — Der Zusatz § 83 über aa. *ia* gilt ebenfalls für das Neuarmenische (vgl. Tom. Dial. v. Tifl. § 103).

§ 84. II. Cl. եա *ea* = kl. ա *a* in auslautender Silbe in:

Pron. refl. իրար *irar* (*z-irar*) »einander« 3—5, 17—4, 19—4, 27—20, 33—21 u. s. w. = cl. *irear* իրեար (vgl. Formenlehre). Cl. եայ, եա entspricht ferner kl. ա *a* in den Aoristformen: կորան *goran* (cl. կորեան) Smp. Chron. S. 671; հանգաւ *hangav* Smp. Chron. S. 645 (cl. հանգեաւ); փախաւ *paxav* Smp. Chron. S. 624; փախան Smp. Chron. S. 667 u. s. w. Letzteres halte ich jedoch nicht für wirkliche Lautvertretung[3]), sondern für eine rein grammatische Bildungsverschiedenheit (vgl. Formenlehre).

Anm. Im NA. haben wir z. B. überdies noch pol. *xristona* »Katholik« = cl. *kʻristoneay*. — Ferner entspricht altem *ea* im Gen.-Dat. der auf *-iun*, *-utʻiun* der Laut *a* im Tr. (Aid. II, § 769) im Ach. (Tom. § 69), im Mš. (Mser. § 118), in welch letzterem z. B. Gen.-Dat. *san* zu *sun* (cl. *siun*) »Säule«; Gen.-Dat. *jan* zu *jun* (cl. *jiun*) »Schnee«; ebenso ach. Gen.-Dat. *derutʻan* zu *derutʻʲen* »Herrschaft« u. s. w. — Dagegen wird cl. *ea* durch pol. *ja*, d. i. *a* mit Erreichung des vorhergehenden Konsonanten, vertreten in *ǵankʻ* »Leben, Alter« = cl. *keankʻ*; *haviďan* »ewig« = cl. *yaviteun*. Möglich, dass hier der *a*-Laut unter dem Einflusse der altarmenischen Schriftsprache sich erhalten hat.

---

1) Ganz richtig bemerkt über diesen sowohl allgemeinneuarmenischen als auch bereits mittelarmenischen Lautwechsel Hanusz in WZKM 1, 284: »Wie ersichtlich, entspricht hier der Wechsel zwischen *je* (*ʲe*) und *e* dem Ablaute *ea*: *e* in der klassischen Sprache«.

2) Z. B. *peril-im* »ich habe getragen«, *kidacil-im* »ich habe gewusst« n. Han. WZKM 1, 291.

3) Wie z. B. Mser. Dial. v. Muš. 98 will; vgl. auch Tom. Dial v. Tifl. 50.

# Konsonantismus.

## A. Explosivlaute und Affricatae.

### I. Tenues und Mediae. Die zweite armenische Lautverschiebung im Kilikischen.

§ 85. Lautgesetz: Die Tenues der klassischen Sprache *p*, *t*, *k*, *c*, *č* werden im Kilikischen verschoben zu den entsprechenden Mediae: *b*, *d*, *g*, *j*, *ǰ*. — Umgekehrt erscheinen die altarmenischen Mediae: *b*, *d*, *g*, *j*, *ǰ* verschoben zu den entsprechenden Tenues: *p*, *t*, *k*, *c*, *č*. S. oben § 16 ff.

#### 1. Die klassischen Tenues und ihre kilikischen Entsprechungen.

§ 86. Cl. պ *p* = kl. *b* պ:

a) Im Anlaute: kl. պահ *bah* »Stunde, Moment« 11—20, cl. *pah* »Nachtwache«; պահեմ *bahem* »bewache« 17—8, cl. *pahem*; պարտ *bard* »schuldig« 9—5. 16, cl. *part*; պարտի *bardi* »schuldet« 9—17, 15—21, cl. *parti*; պիտի *bidi* »oportet« 17—15, 15—13, cl. *piti*; Gen.-Dat. պարտուց *barduç* v. պարտք »Schuld« 9—24, 77—2, cl. *partuç*; պակաս *bagas* »weniger« 29—23, cl. *pakas*; պակսեմ *baksem* »fehlen, sich verfehlen« H. 226—16, cl. *pakasem*; պատեհ *badeh* »rechtmäßig, gesetzlich« 15—9, cl. *pateh*; պատեհվոր *badehvor* »geeignet, zuständig« 19—27, 53—5, cl. **patehavor*; պատ *bad* »Schranke, Barriere« H. 223—17. 19, cl. *pat*; պեղծ *b'eγj* »schlecht«, cl. *pilc*; պահանջեմ *bahənǰem* »fordere« L. 158—10, cl. *pahanǰem*; պատճառք *badǰaṙk̄* »Entschuldigung« 9—18, 67—6, cl. *patčaṙk̄*; պատճովորէ *badǰṙvorę* »er entschuldigt« 65—16, cl. **patčaṙavorę*; պարտական *bardgan* »Schuldner« 77—2, cl. *partakan*; պոման *boman* »Vertrag, Termin« 77—26, 81—5, cl. *paiman* u. s. w.

b) Im Inlaute: ապա *aba* »darauf« 11—23, cl. *apa*; ապրանք *abrank̄* »Gut, Besitztum« 11—4, 19—18, cl. *aprank̄*; ապրիմ *abrim* »lebe« 45—16, 47—7, 59—27, cl. *aprim*; կապվել *gabv'el* »gebunden« 9—7, part. prät. v. *gabem*, cl. *kapem*; կոպիտ *gobid* »grob« 15—10, cl. *kopit*; հանդիպած *handibaj* »vorkommend« 35—2, p. pr. zu *handibim*, cl. *handipim*; անպատեհ *anbed'eh*

»ungeziemend« 15—11, cl. *anpateh*; անպականս *anbagas* »unfehlbar« 83—3, cl. *anpakas* u. s. w.

c) Im Auslaute: պապ *bab* »Großvater« Lied Lev., cl. *pap.* u. s. w.

Anm. Altarmenischem պ *p* in ճանապարհ *čanaparh* »Weg« entspricht kilikisch ebenfalls պ in der Form ճանպահ 25—6, H. 217—4, 221—34; daneben aber auch բ *p* in der Form ի ճանբէ *i ǰanpe* Dipl. Sarv., und als dritter Vertreter փ *p̔* in der Form ճանփով *ǰanp̔ov* H. 222—19; vgl. Gloss. Erstere Form, ճանպահ ist historische Schreibung und lautet *ǰanpah*; die beiden anderen Schreibarten sind phonetische, und zwar ist, nach dem Neuarmenischen zu schließen, diejenige mit փ *p̔* als die genauere und allein richtige zu betrachten: wir haben nämlich auch Aspirata in pol. *ǰamp̔a* »chemin particulier, voyage« Han. 48, in nch. *čamp̔a* »Weg«, *čamp̔u pašar* »Wegzehrung« u. s. w. — Es ist also in diesem vereinzelten Falle cl. *p* zu kl. *p̔* geworden.

§ 87. Cl. տ *t* = kl. *d* տ:

a) Im Anlaute: տամ *dam* »gebe« 11—18, տայ *da* »giebt« 13—7. 9, տալ *dal* »geben« 21—11, cl. *tal*, *tay*, *tam* »gebe«; տակ *dag* »Wurzel« Mr. B. 154, cl. *tak*; տաք *dak̔* »warm«, Mr. B. 155, cl. *tak̔*; տասն *dasn* »zehn« 17—22, 51—1, cl. *tasn*; տեղ *d̔ey* »Ort« 15—14, 39—13, cl. *teł* (*teł*); տես *d̔es* »Ansicht, Gutachten« 35—21, 13—27, cl. *tes*; տէր *dẹr* »Herr« 17—5, 71—11, cl. *tẹr*; տուն *dun* »Haus« 25—26, 79—1, cl. *tun*; տղայ *dya* »Kind« 17—7. 8. 9, cl. *tłay*; ի տանէ *i danẹ* (Abl. v. տուն) 25—27, cl. *i tanẹ*; տանեցիք *daneçik̔* »Hausgenossen« 13—11, cl. **taneçik̔*; տանի *dani* »er führt« 79—1, cl. *tani*; տանին *danin* »sie führen« 25—18, cl. *tanin*; տարել *dar̔el* (p. pr. v. տանիմ), cl. *tareal*; տարի »Jahr« 11—4, 11—28, cl. *tari*; տառպելնամ *dar̔belnam* »verarme« 53—12, cl. *tar̔apeal*; տեսնում *desnum* »sehe« 11—27. 28, 29—1, cl. *tesanem*; տիկին *digin* »Dame« 37—13, 19—11, cl. *tikin*; տուգանք *dukank̔* »Buße, Geldstrafe« 57—12, cl. *tugan(k̔)*; տուգնեմ *duknem* »strafe« 71—21, cl. *tuganem*; տուրտուլութիւն *durdvułün* »Bestechung«, cl. *turtvułiun*.

b) Im Inlaute: աւետարան *avedaran* »Evangelium« 25—19. 20, cl. *avetaran*; բաժտուն *paždun* »Zollhaus« 83—26, cl. *bažtun*; դատեմ *tadem* »richte, urteile« 13—24, 25—9, cl. *datem*; գիտեմ *kidem* »wisse« 39—3, cl. *gitem*; գետին »Boden, Land« 39—20, cl. *getin*; զատած *zadaj* »getrennt« 49—28, cl. *zatem* »trenne«; կտաւ *gdav* »Leinwand« L. 157—17, cl. *ktav*; կտրեմ *gdrem*

»schneide, sondere ab« 51—18, cl. *ktrem*; մատղաշ *madγaš* »jung« Mr. B. 159, cl. *matał*; մտեմ *mdem* »gehe ein« 17—6, cl. *mtanem*; ուտեմ *udem* »esse, cl. *utem*; վատուժ *vaduž* »schwach« 35—9, cl. *vatuž*; օժտել *ọždel* »schenken« 19—24, cl. *auztel*; օտար *ọdar* »fremd« 21—9, 33—23, 63—4, 69—24, cl. *autar*.

c) Im Auslaute: դատ *tad* »Urteil« 13—19, cl. *dat*; շատ *šad* »viel« 73—5, cl. *šat*; ազատ *azad* »frei« 21—13, cl. *azat*; ճշմարիտ *jšmarid* »wahr« 29—1, cl. *čšmarit*; շողշիրտ *šoγsird* »leidenschaftlich« 35—8, cl. **šołasirt*; սուտ *sud* »falsch« 29—8, cl. *sut* (dazu Denom. ստեմ *sdem* (*sədem*), cl. *stem* »der Lüge zeihen«); փայտ *ṗaid* »Holz« L. 155—13, cl. *ṗait*; auch ոտ(ն) *od(n)* »Fuß« 57—14. 15, cl. *otn*.

§ 88. Cl. կ *k* = kl. *g* կ:

a) Im Anlaute: կամք *gamḱ* »Wille« 29—5, 53—26, cl. *kamḱ*; կայ *ga* »es ist, giebt, existiert« 33—5, cl. *kay*; կենամ *genam* »bin vorhanden«, erweiterter Stamm zum vorigen; կախեմ *gaxem* »hänge« 35—25. 26, cl. *kaxem*; կամենամ *gamenam* »will« 11—16, 23—5, cl. *kamim*; կարեմ *garem* »kann«, erw. St. *garenam*, 11—16, 11—20, 21—19, 73—9, cl. *karem*; կէս *gẹs* »Hälfte« 21—2, cl. *kẹs*; կոպիտ *gobid* »grob« 15—10. 11, cl. *kopit*; կոտրեմ *godrem* »töte« H. 223—34, cl. *kotorem*; կորսնեմ *gorsnem* »verliere« 11—14, 63—10, 65—7, cl. *korusanem*; կռիւ *gṙiv* »gerichtlicher Zweikampf« 29—5. 10. 26, cl. *kriv*; կռվիմ *gṙvim* »sich duellieren« 33—8, 35—23, cl. *kṙvim* u. s. w. — Auch Indikativpräfix կու *gu*, oa. *ki*, *ku*, *kə*.

b) Im Inlaute: գրաւկան *kravgan* »Pfand« 73—6, cl. *gravakan*; եկել *eg'el* »gekommen« 11—17, cl. *ekeal* p. pr.; երկիր *ergir*, Gen.-Dat. *ergri* 39—8, Abl. *y-ergrẹ* 13—9, cl. *erkir*; զրկանք *zrganḱ* »ungerechtes Gut« 29—11, cl. *zrkanḱ*; մեղկան *meγgan* »schuldig, strafbar« 35—22, cl. *mełakan*; շալկեմ *šalgem* »trage, übernehme« 33—15, cl. *šalakem*; վզենկիմ *vzengim* »erleide Schaden« 51—17, cl. *vzenkim*; վաճռկան *vajṙgan* »Kaufmann« 85—1, 83—25, cl. *vačaṙakan*; վկայ *vga* »Zeuge« 11—10, cl. *vkay*; վկայեմ *vgayem* »bezeuge« 11—27, 13—12, cl. *vkayem*; տիկին *digin*, Gen. *dignoč* »Dame«, cl. *tikin*.

c) Im Auslaute: տակ *dag* »Wurzel« Mr. B. 154, cl. *tak*; մէկ *mẹg* »ein, eins« 21—4, 23—7, cl. *miak*; այրիկ *airig* »Mann, Gatte« 19—12. 13, 21—19 u. s. w., cl. **airik*; բարակ *parag* »dünn, fein« L. 157—19, cl. *barak*; հասակ *hasag* »Reifealter«

17—10, cl. *hasak*; կնիկ *gnig* »Frau« 49—1, cl. *kin*; սնդուկ *sndug* »Kiste«, L. 156—17, cl. *snduk* u. s. w.

Anm. Mit Absicht sind unter die Beispiele nicht aufgenommen Fälle wie: կարգել »verheiraten« 19—27, 21—21, 49—11 = pol. *karkelu* »marier«; կարդալ »lesen« 75—12 = pol. *kartału* »lire« u. s. w. Vgl. das oben § 21 am Ende hierüber Bemerkte. Danach werden auch die Endsilben -ակ *-ak*, -իկ *-ik* im KL. unverschoben geblieben sein.

§ 89. Zusatz. Die klassischen Tenues պ *p*, տ *t*, կ *k* bleiben unverschoben in den Verbindungen սպ *sp*, ստ *st*, սկ *sk*, շպ *šp*, շտ *št*, շկ *šk*, geschützt durch die harten Spiranten *s* und *ś*, auf welche sie folgen. Vgl. oben § 21.

Kl. սպաննեմ *spannem* »töte, morde« H. 208—12, cl. *spananem*; սպաննութիւն *spannutün* »Mord« 35—9, cl. *spananutiun*; սպեղնլիք *speγnlik̄* »Heilpflaster« Mr. Br. 154, cl. *spełanelik̄*; սպիտակ *spidag* »weiß« Geop., Mch. Her., Mr. B. 150, 154, cl. *spitak*; սպիտկուց *spidguç* »Eiweiß« Mr. B. 152, cl. *spitakuç*; մարդասպնութիւն *martaspnutün* »Mord« 33—22, cl. *mardaspananutiun*; գրաստ *krast* »Lasttier« 63—9. 12. 20, cl. *grast*; հաստ *hast* »dick, dicht« L. 157—12, cl. *hast*; անհանգըստէ *anhangəstẹ* 3. sg. »beunruhigt« 43—2, cl. *anhangstẹ*; դատըստնի *tadəstni* 3. sg. »klagt« 21—24, cl. *datastani*; իմաստուն *imastun* »weise« L. 154—15, cl. *imastun*; խոստացաւ *xostaçav* »er versprach« 35—14, cl. it.; խոստացել *xostaç'el* »versprochen« 27—17, cl. *xostaçeal*; ուստր *ustr* »Sohn« 49—30, cl. *ustr*; դուստր *tustr* »Tochter« 49—30, cl. *dustr*; ուստի *usti* »woher« 65—1, cl. *usti*; հայրենեստան *hairenestan* »Erbgut« 19—9, 21—10, cl. *hairenestan*; հաստատի *hastadi* »wird gefestigt« 65, cl. *hastati*; հաստատել *hastad'el* p. pr. 29—21, cl. *hastateal*; հաստատուն *hastadun* »fest« 49—24, cl. *hastatun*; հարըստնայ *harəstna* 3. sg. pr. »festigt sich« 35—10, cl. *harstanay*; նստի *nsti* 3. sg. pr. »sitzt« 11—7, cl. *nsti*; վստահի *vstahi* »sicher, zuverlässig« 27—20, 39—16, cl. *vstah*; ստանայ *stana* 3. sg. pr. »erwirbt« L. 158—25, cl. *stanay*; իսկի *iski* »wirklich« 19—14, 37—5, cl. *isk*; ոսկի *oski* »Gold« 65—8, 81—14, cl. *oski*; հասկնամ *hasknam* »erfahre« 9—13, 13—8, cl. *hasakanam*; հաշտին *haštin* »sie kommen überein« 49—21. 22, cl. *haštin*; կշտացընէ *gštaçənẹ* 3. sg. »er sättigt, befriedigt« zu cl. *kušt* »Seite, Bauch«; քշտել *k̄štel* »schlagen« 59—38, 61—9, 31—2, cl. *k̄štel*; մշտնջենաւոր *mštnjenavor* »ewig« 57—11, cl. it.; բժիշկ *pžišk* (*pəžišk*) »Arzt« 65—21, cl. *bžišk*; գրօշկի *troški* Gen. sg. v. դրօշակ »Fähnlein«, cl. *draušak-i*; աշկերտ *aškerd* »Schüler« H. 214—12, cl. *ašakert* u. s. w.

Anm. 1. Vgl. pol. *spanelu* »töten«, cl. *spananel*; *abəsperelu* »befehlen«, cl. *apsparel*; *skesur* »Schwiegermutter«, cl. *skesur*; *oski* »Gold«, cl. *oski*; *oskər* »Knochen«, cl. *oskr* u. s. w. Han. WZKM 1, 303, 305, 307.

Anm. 2. Als unverschoben müssen wir auch die Tenues der Explosivlaute betrachten in vereinzelten Verbindungen wie z. B. mit ք *k'*; so lese ich kl. պէտք »Bedürfnis, Beweismaterial« als *betk'*; պարտք »Schuld, Schulden« als *bartk'*, nach Analogie des Neuarmenischen, wo z. B. pol. *bartk'*, pl. *-èr* »coulpe, dette« (Han. 34); *betkè* »il y a besoin« (Han. 35). Ebenso werden wir kl. պակսել H. 222—16 lesen müssen *baksel* unter Rückschluss von pol. *bakselu* »disparaître« (Han. 33).

Anm. 3. Unverschoben bleibt endlich auch aa. *t* vor darauffolgendem *s*, in welchem Falle es sich im Kilikischen mit dem *s*-Laute zu ց *ç* verbindet; so z. B. kl. պացխուն *baçxun* »Antwort« 13—10. 14. 19. 31, 15—19, 17—19, 21—26 u. s. w. = cl. *patasxani*; kl. արցունք *arçunk'* »Thränen« (Belege siehe im Gloss.) = cl. *artasuk'*.

§ 90. Cl. ծ *c* = kl. *j* ծ:

a) Im Anlaute: ծալած *jalaj* »gefaltet« 85—6, cl. *calem* »falte«; ծախ *jax* »Verkauf« 83—26, cl. *cax*; ծախեմ *jaxem* »verkaufe« 45—21, 53—22, cl. *caxem*; ծանդր *jandr* »schwer« H. 226—15, cl. *canr*; ծանօթիք *janotik'* »Verwandten« H. 218—24, cl. *canautk'*; ծառ *jar* »Baum«, Geop. u. s. w., cl. *car*; ծառայ *jara* »Sklave« L. 155—7, cl. *caray*; ծնօղք *jnoγk'* »Eltern« 19—20, cl. *cnolk'*; ծովեզր *jovezr* 71—9, cl. *covezr*; ծուռ *jur* »falsch, verkehrt« 79—14, cl. *cur*; ծնել *jn'el* »geboren« 45—9, cl. *cneal* p. pr.

b) Im Inlaute: հեծնիմ *hejnim* »reite« 77—21, cl. *hecanim*; հեծել *hej'el* »Reiter, Heer« Smp. Chron. 648, cl. *heceal*; գործէ *korje* »macht« 3. sg. pr. 15—7, cl. *gorce*; ածեմ *ajem* »führe« 93—3, cl. *acem*; արծաթ *arjat* »Silber« 29—6, 81—14, cl. *arcat*; արծող *arjoγ* »Hirt« H. 223—21. 23, cl. *aracol*; արծկել *arjgel* »befreien« 77—4, cl. *arcakel*.

c) Im Auslaute: պեղծ *b'eγj* »schlecht, böse« 29—22, cl. *pilc*; մեծ *m'ej* »groß« 9—6. 7, cl. *mec*; աստուած *astvaj* »Gott 33—25, 31—20, cl. *astvac*; Particip auf -ած *-aj*, oa. *-ac* (s. Formenlehre).

Anm. Statt zu erwartenden regelmäßigen kl. ծ *j* haben wir զ *z* in dem Ausdrucke ձեռնգրազ *cernkraz* »Handschrift« L. 179—2, 186—4 für ձեռնգրած *-aj*. Vgl. pol. *eraj* »Traum« Han. 51, nch. *eraj* (id.) = cl. *eraz* երազ; auch pol. *Zadurowicz* neben *Jadur* für *Astvajadur*; zu pol. *Zerygiewicz* vgl. *jerig* »Greis« ծերիկ (Han. WZKM 2, 299).

§ 91. Cl. ճ *č* = kl. *ǰ* ճ:

a) Im Anlaute: ճանչեմ *ǰançem* »kenne, erkenne« 67—9, 41—19, cl. *čanačem*; ճանպահ *ǰanpah* (*ǰanṗah*) »Weg« 25—6, cl. *čanaparh*.

b) Im Inlaute: վճար *vǰar* »Zahlung« 41—11. 18, cl. *včar*; վճարէ *vǰarē* 3. sg. pr. »er bezahlt« 41—5, cl. *včarē*; վաճառ *vaǰaṙ* »Ware« 83—8, cl. *vačaṙ*; վաճռկան *vaǰṙgan* »Kaufmann« 83—25, cl. *vačaṙakan*; աստիճան *astiǰan* »Los, Lage« 55—16, cl. *astičan*.

c) Im Auslaute: կարճ *garǰ* »kurz« 33—8, cl. *karč* u. s. w.

## 2. Die klassischen Mediae und ihre kilikischen Entsprechungen.

§ 92. Cl. բ *b* = kl. *p* բ:

a) Im Anlaute: բան *pan* »Ding, Arbeit« 3—20, 35—26, cl. *ban* »Wort«; բուն *pun* »Grund, Ende« 41—12, cl. *bun*; բերդ *p'ert* »Burg« 21—6. 7, cl. *berd*; պարձր *parcr* »hoch« L. 178—5, cl. *barǰr*; բաժին *pažin* »Teil« 21—4, cl. *bažin*; բաժնեմ *pažnem* »teile« 37—24, cl. *bažanem*; բանալ *panal* »öffnen« 23—15, L. 156—16, cl. *banal*; բերել *perel* »tragen, gebären« 21—19, 49—12, cl. *berel*; բաղնիք *paγnik̀* »Bad«, 45—11, 47—32, cl. *baλanik̀* u. s. w.

b) Im Inlaute: աղբայր *aγpair* »Bruder« Dipl. Sarv., cl. *eλbair*; համբերել *hamperel* »aufschieben, Frist verleihen« 15—26, 33—17, cl. *hamberel*; հարբենալ *harpenal* »sich betrinken« H. 213—7, 222—3, cl. *arbenal*; որբեր *orp'er* »Waisen« Nom. pl. 51—11, cl. *orbk̀*; շաբաթ *šapat̀* »Woche« 65—18, cl. *šabat̀* u. s. w.

c) Im Auslaute: որբ *vorp* »Waise« 51—9, cl. *orb*; սուրբ, սուբ *surp*, *sup* »heilig« 93—15, cl. *surb* u. s. w.

§ 93. Cl. դ *d* = kl. *t* դ:

a) Im Anlaute: դու *tu* »du« 23—9, 25—24, դուն *tun* »du« 13—12. 13, cl. *du*; դուռ *tuṙ* »Thüre« 23—15, cl. *duṙn*; դնեմ *tnem* »lege« 13—26, 19—15, cl. *dnem*; դառնամ *taṙnam* »kehre zurück« 13—17. 22, cl. *daṙnam*; դիմեմ *timem* »eile« 31—19, cl. *dimem*; դատըստնիմ *tadəstnim* »klage« 27—6, 39—9, cl. **datastanim*; դարպաս *tarbas* »Gerichtshof« 3—15, 15—19, cl. *darapas*; դժար *tžar* »schwierig« Mx. Her. 51, 53, cl. *džvar*; դրացին *traçin* »Nachbar« 39—23, H. 219—9, cl. *draçi* u. s. w.

b) Im Inlaute: արդար artar »gerecht« 67—17, cl. ardar; երդնուլ ertnul »schwören« 11—3. 8. 9, cl. erdnul; որդիք ortiḱ »Söhne« 19—19, cl. ordiḱ u. s. w.

c) Im Auslaute: մարդ mart »Mann« 33—1, cl. mard; երրորդ errort »dritt, dritter« 25—17, cl. errord; բերդ p'ert »Burg« 21—6. 7, cl. berd; պահնորդ bahnort »Leibwächter« (vgl. Gloss.), cl. pahanord u. s. w.

§ 94. Cl. գ g = kl. k գ:

a) Im Anlaute: գամ kam »ich komme« 13—13, 11—26, cl. gam; գնամ knam »ich gehe« 13—31, cl. gnam; գնեմ knem »ich kaufe« 69—25, cl. gnem; գեղ k'eγ »Dorf« 39—8, cl. giuł; գին kin »Preis« 63—24, 71—2, cl. gin; գինի kini »Wein« L. 155—2, cl. gini; գիրնամ kirnam »werde fett« H. 223—30, cl. giranam; գողնամ koγnam »stehle« 65—8, cl. gołanam; գտնում kdnum »finde« 63—11. 23, cl. gtanem; գրաւկնեմ hravgnem »verpfände« 71—17, 75—23, cl. gravakanem; գրեմ krem »schreibe« 25—2, cl. grem.

b) Im Inlaute: հագնիլ haknil »sich kleiden« 73—17, cl. haganel, aganel; հագուցք hakuiçḱ »Rüstung« 31—9, cl. agoiçḱ; հոգի hoki »Seele« Smp. Chron., cl. hogi; թագւոր t́akvor »König« L. 179—2, 186—3. 4, cl. t́agavor.

c) Im Auslaute: կարգ kark »Reihe, Ordnung« Ass. Ant., cl. karg.

§ 95. Cl. ձ j = kl. c ձ:

a) Im Anlaute: ձայն cain »Stimme« 19—15, cl. jain; ձեռ c'eŕ »Hand« 35—20, cl. jeŕn; ձեր c'er »euer« 41—8. 10, cl. jer; ձէթ cet́ »Öl« L. 155—4, cl. jet́; ձի ci »Pferd« 63—10, cl. ji; ձգեմ ckem »entlasse« 17—5. 17, cl. jgem; ձիաւոր ciavor »Ritter« 17—25, cl. jiavor.

b) Im Inlaute: վարձվոր varcvor »Mieter« 71—6, cl. varjavor; վարձեմ varcem »vermiete« 71—6, cl. varjem; փորձած porcaj »erprobt« 81—5, cl. porjem »versuche«.

c) Im Auslaute: վարձ varc »Miete« 71—7, cl. varj; անդարձ andarc »unwiderruflich« 19—9, cl. andarj u. s. w.

§ 96. Cl. ջ ǰ = kl. č ջ:

a) Im Anlaute: ջանալ čanal »sich bemühen« 29—3, cl. ǰanal; ջորի čori »Maulesel« 63—10, cl. ǰori; ջուր čur »Wasser« 79—2. 3. 4, cl. ǰur.

b) Im Inlaute: աղջկին *ayčgin* »Mädchen« 19—5, 45—9, 55—15, cl. *aljik*; առջեւ *arčʻev* »zuvor« 11—17. 22, 21—26, cl. *arajeav*; առջի *arči* »erst, erster« 25—11. 27, 37—20, cl. *araji*; աջողնամ *ačoγnam* »genese« 65—23, cl. *yajolanam*; իջնուլ *ičnul* »herabsteigen« 25—25, cl. *ijanel*.

c) Im Auslaute: յառաջ *harač* »zuvor, vor« 29—7, cl. *araj*; մէջ *meč* »mitten« 19—6, 37—14, cl. *mej*; քաջ *kač* »trefflich, tapfer« Smp. Chron., cl. *kaj* u. s. w.

§ 97. Zusatz 1. Unverschoben bleiben regelmäßig die alten Mediae *b*, *d*, *g*, *j*, *j*, wenn dieselben unmittelbar auf Nasal *n* folgen: der tönende Nasal verhindert in diesem Falle die Verhärtung der mit ihm verbundenen altarmenischen Media. Siehe oben § 20a.

Beispiele: հինկ *hing* »fünf« 17—22. 23. 24, 51—1 (auch Schreibung հինգ *hing* L. 155—26, 177—22), cl. *hing* հինգ; հնկակ, հնգակ *hngag* (*həngag*) »Fünftel« H. 223—26. 34, vgl. Gloss.; գանկատ, գանգատ *kangad* »Klage vor Gericht« 15—19. 22, 29—7, 61—23, cl. *gangat*; գանկտանք *kangdank* 15—10, 13—20, identisch mit dem Vorigen; գանկտւոր *kangdvor* »Kläger« 23—24, cl. *gangatavor*; հանկիստ *hangist* bei Mx. Her. »Ruhe«, cl. *hangist*; ժառանկէ *žarange* 3. sg. präs. »er erbt« 19—27, cl. *žarange*; ferner: անձ *anj* »Person« 31—21. 23, cl. *anjn*; գանձ *kanj* »Schatz« 19—28, 75—2, cl. *ganj*; ինձ *inj* »mir« Dat. pron. 2. p. 27—12, cl. *inj*; հիւանդ *hivand* »krank« 25—11, cl. *hivand*; ընդունիմ *əndunim* (passim.), cl. *əndunim* u. s. w. — Auch լոկնալ *lognal* »sich baden« H. 211—6 (= cl. *loganal* լոգանալ) rettet sein altes *g*, obschon der Nasal nicht vorangeht, sondern folgt.

Anm. Ganz ebenso pol. *togneiu* »blanchir« Han. 86 und WZKM 2, 65; ferner hat analog das Pol.: *hing* »fünf«, *ohung* »Fingernagel«, *jung* »Knie«, *gangun* »Ellbogen« (WZKM 2, 65), *byənj* »Kupfer«, *tʻanjr* »dicht« WZKM 2, 127, *bind* »hart«, *hivand* »krank«, *handəbeiu* »begegnen« u. s. w. WZKM 1, 312.

§ 98. Zusatz 2. Unverschoben bleibt die altarmenische Media *d* դ beim Pronomen Demonstrativum der 2. Person. Nach § 20b.

Kl. այտ *aid* »dieser, diese, dieses« = cl. *aid*. Belegt sind z. B. այտ *aid* »dieser« 11—2, 23—22, 33—7, 39—17, 45—11, 77—26, H. 224—4, L. 145, Mr. B. 147, 148, 152, 155 u. s. w.; այտոր *aidor* Gen.-Dat. 11—2, 39—17, 81—25; այտուլ *aidov* Instr. Mr. B. 154, 156. Ferner այդի *aidi* »dies« H. 219—6, cl. **aidi*. Ebenso Pronomensuffix der 2. Pers. ա *d* entsprechend altarmenischem *d*.

Anm. Übereinstimmend hiermit zeigt auch das Modernpolnarmenische die Form *ad* »dieser« (Han. in WZKM 1, 312). Dagegen lautet hier das entsprechende Pronominalsuffix mittels Verschiebung = *t* (Han. S. 115).

§ 99. Zusatz 3. Zur Aspirata, nicht zur Tenuis verschoben wird altarmenische Media nach *r* ր und wohl auch vereinzelt im Auslaut:

So haben wir im Kilikischen regelmäßig die Form: երփ *yep* (conj.) »wann, sobald, nachdem« 19—20, 59—6, L. 156—14, H. 218—8 = cl. *erb* »wann, sobald als«, statt zu erwartenden regelmäßigen եր *yep*[1]; ganz wie analog schon spätcl. զերթ *z'ert* (Gr. Mag.) »wie« erscheint für regelmäßiges զերդ *z'ert* = cl. *ziard*. Hierher gehört wohl auch: զարթ ի *zart i* »außer, ausgenommen« 47—37, 65—8. 9, neben զարդ ի *zart i* (id.) L. 157—9, 158—29, 155—15; զարթէլ *zartel* »außer, ausgenommen« 45—11, neben զարդել *zartel* L. 154—24, Geop. 139. — Diese mittelarmenischen Formen setzen eine altarmenische Grundform *զարդ *zard* voraus. — Ferner կարք *gark* »Ordnung, »Ordnungsstrafe, verordnete Buße« H. 222—26 (überhaupt häufig bei Smp. Rb.) = cl. *karg*; աւագ[2] *avak* »groß, älterer, ältester« 37—22 = cl. *avag*. Neben պռույգ *bruik* »Mitgift« 57—1 auch die aspirierte Form պրոյք *bruik* 19—15, 45—10, 55—9[3].

Dass wir es hier nicht etwa mit willkürlicher oder fehlerhafter Schreibweise zu thun haben, geht schon hervor aus deren Häufigkeit und Regelmäßigkeit. Dazu tritt noch das Neuarmenische, in dessen Lichte die obigen kilikischen Fälle als völlig gesichert hervortreten.

Anm. Bekanntlich ist die zweite armenische Lautverschiebung im NA. auf die westliche Sprachgruppe beschränkt, während die östliche

---

1) եր *yep* findet sich nur ganz vereinzelt und ausnahmsweise, offenbar als ungenauere, oder auch historische Schreibart (so Mr. B. 144, 156).

2) Daneben auch die alte Schreibweise աւագ.

3) Statt Tenuis finden wir Aspirata auch in հաւքցող (հօքցող) *hok'çoγ* 39—23, H. 223—30. 33 neben der älteren Schreibung հոգցող *hokçoγ* (= cl. *hogaçol*) 41—16. 17. In diesem Falle hat sich die regelmäßig zu erwartende Tenuis *k* der Aspirata *ç g* assimiliert zu *k'*.

davon unberührt geblieben ist. Jedoch ist auch innerhalb ihres so begrenzten Gebietes, des Neuarmenischen, die Lautverschiebung nicht gleichmäßig vor sich gegangen. Die in Einleitung S. 1 unten angeführten neuarmenischen Lautverschiebungsgesetze gelten nur für gewisse centralarmenische Dialekte; im Tr. dagegen sind, wie bereits von H. Hübschmann in ZDMG 30, S. 58 ff. festgestellt ist, »die ursprünglichen altarmenischen Mediae գ, դ, բ, ձ, ջ, nachdem sie zunächst in einer ersten Verschiebung zu Tenues geworden waren, in der jetzigen Aussprache, besonders der Gebildeten, in Aspiraten übergegangen, also gewissermaßen zwiefach verschoben worden, infolge dessen die eigentliche Tenuis jetzt nur noch ausnamsweise erscheint« [1]). Aber auch in der den ursprünglichen Zustand treuer bewahrenden Sprache von Mittelarmenien finden sich vereinzelt: *yerṗ*, cl. երբ; *anarḱ*, cl. անարգ; *tarç*, cl. դարձ; *žaṙanḱ*, cl. ժառանգ u. a. m. nach Hübschmann ZDMG 30, S. 59: die Aspiration ist hier auf Konsonantenverbindungen von *r* + altarm. Media und auf vereinzelte Fälle im Auslaut beschränkt, wie die Beispiele lehren. Auch in dem außerhalb der Lautverschiebung stehenden Ostarmenischen, der Sprache von Tiflis, findet sich dieselbe Erscheinung: daselbst werden regelmäßig die Mediae nach *r*, sowie meistens im Auslaute (selten nach *n*) als Aspiraten gesprochen; vgl. Hübschmann in ZDMG 30, S. 58 und Thomson, Dial. v. Tiflis S. 65 § 141, S. 66 § 145, S. 67 § 148, S. 67 § 151, S. 68 § 153. — Wie sehr nun auch diese als allgemein-neuarmenische zu bezeichnende Lauterscheinung ihrer Ausdehnung nach je nach den verschiedenen Dialekten verschieden ist, und größeren oder geringeren Umfang annimmt, darin stimmen sämtliche, sowohl die östlichen als die westlichen [2]) Dialekte überein, dass nach *r* und vereinzelt im Auslaut alte Media zur Aspirata verschoben wird. Die Wurzeln letzterer, allgemein-neusprachlichen Lauterscheinung müssen notwendigerweise ins Mittelarmenische zurückgehen, was durch die oben § 99 angeführten Beispiele, die sich an der Hand weiterer kilikischer Quellen möglicherweise noch vermehren werden, positiv sichergestellt wird. — Vgl. übrigens mit obigen kilikischen Beispielen noch folgende tiflis-armenischen Formen: *yiṗ* »wann«, cl. երբ; *suṗ* »heilig, rein«, cl. սուրբ; *avaḱ*, kl. աւագ, cl. աւագ; *karḱ* »Ordnung, Reihe«, cl. կարգ, kl. կարգ u. s. w. Tom. § 141 und 148. —

1) Rigg's Grammar of the modern Armenian language as spoken in Constantinople and Asia Minor, S. 6 macht dementsprechend keinen Unterschied zwischen Tenues und Aspiratae; vgl. Hübschmann, ZDMG. 30, S. 58.

2) Namentlich schön zeigt die Aspiration nach *r* der Dialekt von Achalzich. Derselbe hat nach Tom. S. 15 folgende Einzelfälle: *arťar* »gerecht«, cl. արդար; *parç* »Kissen«, cl. բարձ; *pançr* »hoch«, cl. բարձր; *harṗim* »sich betrinken«, cl. արբիմ (tr. *harṗil*, tf., nch. *harṗel*); *marť* »Mensch«, cl. մարդ; *parçi* »ich erhob«, cl. բարձի Aor. v. *baṙnam*; *l'erť* »Leber«, cl. լեարդ; *v'erç*, cl. որձ; *orťi*, cl. որդի; *yeṗ*, cl. երբ u. s. w.

Es hat also eigentlich auch das Ostarmenische eine, wenn auch nur teilweise Lautverschiebung erlitten, hinsichtlich der alten Medien in gewissen Verbindungen. Bezeichnend bleibt, dass im eigentlichen Armenien sich die alte Tenuis am treuesten bewahrt: je weiter dagegen die modernen Dialekte von dem ursprünglichen Stammsitze, dem araratischen Distrikte sich entfernen, desto mehr schwindet in ihnen das Charakteristicum des alten armenischen Lautsystems, nämlich die specifisch armenisch-kaukasischen Tenues, die, wie oben bemerkt, in dem entlegenen Türk-Armenischen so gut wie ganz geschwunden sind.

## Ausgangspunkt und Entstehungszeit der zweiten Lautverschiebung.

§ 100. Daraus, dass die Lautverschiebung am weitesten ausgebildet in den äußersten westlichen Dialekten ist, darf wohl geschlossen werden, dass dieselbe von dem westlichen Gebiete Großarmeniens ihren räumlichen Ausgangspunkt genommen hat.

Zeitlich darf die Verschiebung insofern als mittelarmenische bezeichnet werden, als sie uns zum ersten Male im Kilikischen deutlich und in ihrer vollen Ausbildung entgegentritt. Unzweifelhaft jedoch reicht ihre Entstehungszeit in frühere Zeit zurück. Vgl. hierüber Baumgartner ZDMG 40, S. 459, sowie Carrière, »Un ancien glossaire latin-arménien«, Paris 1886, S. 18. Zur näheren Bestimmung der Anfänge dieser Lautverschiebung werden die arabischen Namen bei den Autoren der 8.—10. Jahrh. Anhalt geben.

Anm. Bereits in frühklassischer Litteratur erscheint nach Nasal *n*, seltener *m*, Schwanken in der Ausdrucksweise der alten Tenuis und es zeigen sich die Doppelschreibungen: *անկանիմ*, *անգանիմ* »falle«; *անկիւն*, *անգիւն* »Winkel«; *ընկեր*, *ընգեր* »Genosse«; *ընկոյզ*, *ընգոյզ* »Nuss«; *ընտրեմ*, *ընդրեմ* »wähle«; *ընկենում*, *ընգենում* »werfe«; *ընկրկեմ*, *ընգրկեմ* »stosse zurück«; *ընկճեմ*, *ընգճեմ* »bewältige«; *ընտանի*, *ընդանի* »häuslich«; *ըմպեմ*, *ըմբեմ* »trinke«; *ընծայ*, *ընձայ* »Geschenk« u. s. w. Dieses graphische Schwanken beruht notwendigerweise auf einer beseits damals stattgehabten Verschiebung des ursprünglichen Lautstandes, d. i. schon im Altarmenischen beginnt die Tenuis nach Nasal in die Media[1]) überzugehen, welch letztere bis

---

1) Da infolge dieses Lautprocesses in obigen Beispielen sowohl *նտ* als *նդ* = *nd*, sowohl *նկ* als *նգ* = *ng* lautet, so konnte umgekehrt auch für ursprüngliche Media nach Nasal die Schreibung mit Tenuis

ins Neuarmenische bleibt. Dieser altarmenische Lautwandel ist jedoch **vor der eigentlichen Lautverschiebung als selbständiger, unabhängiger Akt** vor sich gegangen und hängt mit der zweiten armenischen (mittelarmenischen) Lautverschiebung nicht zusammen.

## II. Aspiratae.

### Cl. փ *ṗ* und seine kilikischen Entsprechungen.

§ 101. 1. Cl. փ *ṗ* = kl. *ṗ* փ:

Beispiele: փայտ *ṗaid* »Holz« L. 155—13, cl. *ṗait*; փախչի *ṗaxči* 3. sg. pr. »flieht« 29—22, cl. *ṗaxči*; փող *ṗoγ* eine kleine Münze 43—10, cl. *ṗoł*; փոխառ *ṗoxaṙ* »Entlehner« Ass. Ant., cl. *ṗoxaṙu*; փոխ *ṗox* »Anleihe« 75—3, cl. *ṗox*; թափեմ *ťaṗem* »schüttle ab, halte ab, löse ein« 31—23, 77—10, cl. *ťaṗem*.

§ 102. 2. Cl. փ *ṗ* = kl. *ḱ* ք vereinzelt in:

չաք *č̣aḱ* »Maß, Quantität, Verhältnis« 25—7, 53—5, 75—3, Geop. 26, 184, 198, 199, 152, Mx. Her. 44, 81, 118, 149, Mr. B. 147, 154, 156 u. s. w. (Näheres in Gloss.) = cl. *č̣aṗ* »Maß«; չքաւորութիւն *č̣ḱavoruťün* »Verhältnis, Maßgabe« H. 217—17 = cl. *č̣aṗavoruťiun*; այսչաք *aisč̣aḱ* »so groß, solch« Mr. B. 152, 155 = cl. *aisč̣aṗ*; այդչաք *aitč̣aḱ* »so groß« u. s. w. Geop. 64 = cl. *aidč̣aṗ*; այնչաք, հանչաք *ainč̣aḱ*, *hanč̣aḱ* »so groß, solch« 53—4, 77—10, 33—17, 67—16, Mr. B. 150, 154 = cl. *ainč̣aṗ*; միաչաք *miač̣aḱ* »gleichmäßig, gleichförmig« Mr. B. 153, 154, 148, Mx. Her. 57 = cl. *miač̣aṗ*; որչաք *orč̣aḱ* »wie groß, wie viel« Mx. Her. 44, 46 = cl. *orč̣aṗ*.

Anm. Aus kl. *č̣aḱ* (= cl. *č̣aṗ*) ist neuostarmenisch mit epenthetischem Nasal meist *č̣anḱ* geworden. So nach Patk. Dial. 84 im J̌lf., woselbst *enč̣anḱ* »so sehr« dem kl. *ainč̣aḱ* entspricht. Im Ag. musste für gemeinostarmenisches *č̣ank* nach § 39 Anm. die Form *č̣unḱ* eintreten. Vgl. Patk. Dial. 40. — Im Ak. (Čanik. 437, 485) entspricht dem kl. *ainč̣aḱ*

---

eintreten und nach Nasal überhaupt **graphisch** Media und Tennis beliebig wechseln, wie in folgenden altarmenischen Fällen: բանդ *band* neben բանտ *band* »Kerker«; եղունգն *elungn* neben եղունկն *elungn* »Fingernagel«; ունդ *und* neben ունտ *und* »Gemüse«; սնդիկ *sndik* neben սնտիկ *sndik* »Quecksilber« u. s. w. Vgl. die analoge graphische Erscheinung im MA. oben § 20 a.

die Form *inçex* »so, dermaßen« [1]. — Vielleicht ist auch hierher zu stellen: cl. *tap* [2]) »Wärme« = ma.-na. *daḱ* (*taḱ*) »Wärme, warm«.

## Cl. թ *ť* im Kilikischen.

§ 103. Cl. թ *ť* = kl. *ť* թ:

թէ *ťe* »wenn« 23—5. 8. 11. 15. 21, cl. *ťe*; թուխթ *ťuxť* »Papier, Brief« 39—15, 47—28, cl. *ťuľť*; թագւոր »König« L. 179—2, 186—3, cl. *ťagavor*; թաթեր *ťať'er* »Wage, Wagschalen« L. 179—3, 186—6, cl. *ťať* »Pfote, Tatze, Fuß«; թողու *ťogu* »er lässt« 17—5, cl. *ťołu* 3. sg. präs.; վաթսուն *vaťsun* »sechzig« 11—6, cl. *vaťsun*; երթայ *erťa* »er geht« 9—17, 13—32, cl. *erťay* u. s. w.

## Cl. ք *ḱ* im Kilikischen.

§ 104. Cl. ք *ḱ* = kl. *ḱ* ք:

քույր *ḱuir* »Schwester« 21—8, cl. *ḱoir*; քո *ḱo* »dein« 15—15, 23—9, cl. *ḱo*; Dat. *ḱez*, cl. *ḱez*; քաղաք *ḱagaḱ* »Stadt« 25—6, cl. *ḱałaḱ*; քանի »wie viel« 11—22, cl. *ḱani*; քաշեմ *ḱašem* »ziehe, schleppe« H. 214—42, cl. *ḱaršem*; քաշանք *ḱašanḱ* Denom. zum Vorigen, 61—6. 11, cl. *ḱaršanḱ*; քրիստոնէ *ḱristone* »Christ« 25—24, cl. *ḱristoneay*; ինք *inḱ* »er«, cl. *inḱn* »selbst«; խօսք *xosk* »Aussage« 29—2, cl. *xausḱ*; հասոյթք *hasuiťḱ* »Einkünfte«, cl. *hasoiťḱ*; տուգանք »Strafe, Geldbuße« 79—14, cl. *tuganḱ*; երեք *ereḱ* »drei« 47, cl. *ereḱ*; աղաչենք *ayaçenḱ* »wir bitten« 53—22, cl. *ałaçemḱ*, und überhaupt aa. Pluralsuffix *ḱ* = kl. *ḱ*.

## Cl. ց *ç* im Kilikischen.

§ 105. Cl. ց *ç* = kl. *ç* ց:

ցաւ *çav* »Krankheit, Schmerz« 25—21. 22. 24, cl. *çav*; ցորեն *çor'en* »Weizen« L. 155—18, cl. *çorean*; ցուցնել *çuçnel* »zeigen« 9—16. 17, 13—8, 63—25, cl. *çuçanel* »zeigen«; դրացին *traçin* »Nachbar« 39—23, cl. *draçi*. Hierher gehören auch

---

1) Zu *inçex* = *aincaḱ* vergleiche ag. *exman* = *iḱmin* (իքմին), ag. *uxman* = *oḱmin* (ոքմին).

2) = np. *tāb* »Glanz, Wärme, Hitze«, bal. *tap*, *ťap*, *ťaf* »Hitze, Glut«, phl. *tap* »Fieber«, skr. *tápas* »Wärme«, Hitze, Glut«, nach Arm. Gramm. 252.

Aoristbildungen mit ց *ç*: z. B. կրեցի *kreçi* 93—16, cl. *greçi*; ծախեցի *jaxeçi* 75—18, cl. *caxeçi*; գրեցաք *kreçak̄* 25—2; cl. *greçak̄*; վկայեցին *vgayeçin* 29—5, cl. *vkayeçin* u. s. w. Auch das -ց -*ç* des Gen.-Dativ Plur.

**Anm.** Dem na. Dial. von Agulis eigentümlich ist die Vertretung von altem inlautenden *ç* durch *h*. Z. B. ag. *mrahal* p. pr. »vergessen« = cl. *moṙaçeal*; ag. *nəyühül* p. pr. »bedrängt« = cl. *neɫaçeal*; ag. *kərdühül* p. pr. »gelesen« = cl. *kardaçeal*; ag. *mruhi* 1. sg. Aor. »habe vergessen« = cl. *moṙaçi*; ag. *hivandahi* »bin erkrankt« = cl. *hivandaçay*; ag. *hrühaj* »bin entfernt« = cl. **heṙaçay* u. s. w. (vgl. S. Sarg. S. 67, 118, 119). Dass hier wirkliche Lautentsprechung und nicht etwa Aoristbildung mit *h* statt *ç* vorliegt, beweist der Umstand, dass auch altarmenischem *s* im Inlaut agulisch *h* entspricht; z. B. ag. *ahil* »sagen« = cl. *asel*; ag. *tihnil* »sehen« = cl. *tesanel*; auch im Anlaute bei pron. *hok* »dies«, verwandt mit cl. pron. dem. *sa* (vgl. S. Sarg. S. 67).

## Cl. չ *č̣* im Kilikischen.

§ 106. Cl. չ *č̣* = kl. *č̣* չ:

kl. չ *č̣* »nicht« (passim), cl. *č̣*, *oč̣*; չէ *č̣e* »nein« 31—5. 23. 99, 33—10, cl. *č̣e*; չորս *č̣ors* »vier« 17—23, L. 154—25, cl. *č̣ork̄*; աղչեմ *ayč̣em* »bitte« 41—9, cl. *aɫač̣em*; ճանչել *jančel* »erkennen« 25—16, cl. *čanač̣em*; ինչ *inč̣* »etwas« (passim), cl. *inč̣*; խաչ *xač̣* »Kreuz« 25—19. 20, cl. *xač̣* u. s. w.[1]).

# B. Spiranten.

## I. Tonlose.

### Cl. խ *x* im Kilikischen.

§ 107. 1. Cl. խ *x* = kl. *x* խ:

Beispiele: խաչ *xač̣* »Kreuz« (siehe oben), cl. *xač̣*; խլել *xlel* »berauben« 39—10, 57—20, cl. *xlel*; խաշեմ *xašem* »siede« Chron. Smp. 611, cl. *xaršem*; խմեմ *xmem* »trinke« 33—18. 19, cl. *xmem*; խնամութին *xnamutʻün* »Heirat« 19—2, 45—6, cl. *xnamutʻiun*; խոզ *xoz* »Schwein« H. 224—9, cl. *xoz*; խոստանամ *xostanam* »verspreche«, cl. *xostanam*; p. pr. խոստացել *xostaç̣ʻel* 27—17, cl. *xostaceal*; գլուխ *klux*, Gen. *klxo* (*kəlxo*) »Kopf,

---

1) Im NA. entsprechen den klassischen Tenuesaspiratae regelmäßig dieselben Aspiratae, seltener und nur in bestimmten Fällen Tenues; vgl. Han. WZKM 1, 304, Msr. Dial. v. Muš S. 105, 108, 111, 115, 119. S. jedoch § 105 Anm.

Kapital« 73—9, cl. *glux*: կանուխ *ganux* »früh« 71—6. 7, cl. *kanux*; ուրախ *urax* »zufrieden« 53—24, cl. *urax*; ծախ *jax* »Verkauf«, ծախել »verkaufen«, cl. *cax*, *caxel*: վաշխ *vašx* »Zins« 73—6. 8, վաշխառ *vašxar* »Kapitalist« 73—9, cl. it.: փոխ *pox* »Anleihe« (siehe oben), cl. *pox*.

§ 108. 2. Cl. խ *x* = kl. *v* վ in:

յիշվէ *hišve* »ist gültig, gilt« 23—22, 29—25, 39—17 = cl. *išxe* 3. p. sg. Präs. v. իշխեմ *išxem*; շաղվել *šaγvel* »kneten, mischen, mengen« bei Mx. Her., in Mr. B. u. s. w. = cl. շաղախել *šałaxel*.

§ 109. 3. Cl. խ *x* = kl. *γ* ղ vereinzelt in:

kl. սղալ *sγal* (*səγal*) »Fehler« 81—14 = cl. *sxal*: dazu Weiterbildung: սղալանք *səγalank̔* »Fehler«, Gen. -անաց in Smp. Chron. Dul. S. 606; Denominativ: սղալեմ *sγalem* (*səγalem*) »fehle« 65—27, 67—2, 81—15 = cl. սխալեմ *sxalem* »fehle«. Vgl. in Gloss. զաղալ *zaγal* »Fehler«.

Anm. Neuarmenisch ist aa. *x* regelmäßig wieder durch *x* vertreten. Vgl. Han. WZKM 2, 292, Mser. Dial. v. Muš S. 119.

## Cl. հ *h* im Kilikischen.

§ 110. 1. Cl. հ *h* = kl. *h* հ:

հայր *hair* »Vater« 49—11. 29. 35, cl. *hair*; հինգ *hing* »fünf«, cl. *hing*; հին *hin* »alt« 41—8, 43—10, cl. *hin*; ferner: համրեմ *hamrem*, cl. *hamarem*; համբերեմ *hamperem*, cl. *hamberem*; հասկնալ *hasknal*, cl. *haskanal*: հաւնիլ *havnil*, cl. *havanel*; siehe die Belege im Gloss.: auch հիւանդ *hivand* »krank« 25—14: հեծնիմ *hejnim* »steige auf« 77—21, cl. *hecanim*; հարուր *haruir* »hundert« L. 178—14. 15, cl. *hariur*: պահ *bah* »Stunde« 11—17, cl. *pah*; պահել *bahel* »bewahren« 49—3, cl. *pahel*; շահ *šah* »Gewinn« 83—17, Gen. շահու *šahu*, 83—14. 17, cl. *šah*, Gen. *šahu*; մահ *mah* »Tod«, Gen. մահու *mahu* 55—9, cl. *mah*, Gen. *mahu* u. s. w.

§ 111. 2. Cl. հ *h* schwindet im Kilikischen, und zwar:

a) Anlautendes *h* in: kl. աւտալ (ավտալ) *avdal* »glauben« 25—11. 15, 63—15, 73—8, 81—7 = cl. *havatal* հաւատալ »glauben«.

§ 112. b) Inlautendes *h* nach *r* in: Nom. pl. աշխարք *ašxark̔* »Länder, Land« L. 178—9. 12, L. 185—14 für cl. *ašxarhk̔* աշխարհք. Die daneben in kilikischen Quellen noch erscheinende Schreibung աշխարհք *ašxarhk̇* mit *h* ist lediglich als historische, antiquierte zu betrachten.

Anm. Denn, dass in der lebenden kilikischen Volkssprache hier *h* wirklich geschwunden war, in letzterem Falle wohl auch im Singular աշխարհ, wird bestätigt durch das Neuarmenische. So hat z. B. Mš. ebenfalls die Formen: *avtənal* »glauben«, cl. *havatal*; *ašxar* (Gen. *ašxəri*) »Welt«, cl. *ašxarh*; ferner analog: *xunar* »tief«, cl. *xonarh*; *šənavᵘor* »gnadenvoll, segensreich«, cl. *šnorhavor* u. s. w.[1]). — Ebenso zeigt Tf.[2]) *h*-Schwund nach *r* in *ašxar* »Erde«; *xonar* »tief«, nebst *xonarutʻin*; *xorurtʻ* »Rat«, cl. *xorhurd*; *šnurkʻ*, *šnukʻ* »Gnade«, cl. *šnorhkʻ* u. s. w.; ferner im Anlaut: *avtal* »glauben«, *ama* »für«, cl. *hamar*, tr. *ḣamar* »für«. — Entsprechend hat Pol. mit *h*-Schwund: *ašxarkʻ* »monde« Han. 30, *xonar* »dux« (cl. *xonarh*), nebst *xonarutʻin* »le doux« Han. 69, auch Nch. *ašxarkʻə* »Welt« (Patk. Mat. 125) u. s. w. — Neudialektisch wechselt endlich auch *x* mit *h* für cl. *h*, so im Tf.[3]) *xuy* und *huy* = cl. *hoł* »Erde«; *xayurtʻ* und *hayurtʻ*, *xayortʻil* und *hayortʻil* = cl. *hałordel* »theilnehmen«; das heisst, es hat sich der anlautende gutturale Hauchlaut *h* der folgenden (weichen) gutturalen Spirans *γ* angeglichen. Im J̌lf. ist *x* die regelmäßige Entsprechung für altes anlautendes *h*; z. B. J̌lf. *xay* »Armenier« (cl. *hay*); *xaç* »Brod« (cl. *haç*); *xer* »Vater« (cl. *hair*); *xet* »mit« (cl. *het*); *xin* »alt« (cl. *hin*); *xaštel* »übereinkommen« (cl. *haštel*). Vgl. Patk. Dial. S. 82.

## Cl. շ *š* und ս *s* im Kilikischen.

§ 113. Cl. շ *š* = kl. *š* շ:

a) Im Anlaute: շահ *šah* »Gewinn« 83—17, cl. *šah*; շէն *šen* »wohlerhalten« 49—3, cl. *šen*; շուտ *šud* »schnell« Mx. Her. 37, 141, cl. *šoit*; շինել *šinel* »gründen, zu Stande bringen« 33—17, cl. *šinel* u. s. w.

b) Im Inlaute und Auslaute: նշան *nšan* »Zeichen, Abzeichen« 9—16, 33—4, cl. *nšan*; քաշեմ *k̇ašem* »ziehe, schleppe« H. 214—42, 222—26, cl. *k̇aršem*; քշտեմ *k̇štem* »schlage« 31 —2. 4. 12, 61—9, cl. *k̇štem* u. s. w.

§ 114. Cl. ս *s* = kl. *s* ս:

a) Im Anlaute: սուր *sur* »schnell, stracks« 13—13, cl. *sur*; սեւ *sʻev* »schwarz« (vgl. Gloss.), cl. *seav*; սնդուկ *sndug* »Kiste« (vgl. Gloss.), cl. *snduk*; սպաննեմ *spannem* »töte« (vgl. Gloss.), cl. *spananem* u. s. w.

1) Mser. Dial. v. Muš S. 138.
2) Tom. Dial. v. Tifl. S. 71, 72, § 169.
3) Tom. Dial. v. Tifl. S. 72, § 170.

b) Im Inlaute: ասել *asel* »sprechen« 13—12. 17, cl. *asel*; լսել *lsel* »hören« 13—20, cl. *lsel*; հասկնալ *hasknal* »erfahren« 9—13, cl. *haskanal*; հասնիլ *hasnil* »gelangen zu, anlangen« 19—8, 55—5, cl. *hasanel*; հասույթք *hasuitḱ* »Einkünfte« 21—3, 47—24, cl. *hasoitḱ* u. s. w.

c) Im Auslaute: այս *ais* »dieser«, Pronomen affixum -ս -*s* = cl. *ais*, -*s*; ես *yes* »ich« 41—7. 8. 21. 23, cl. *es*; Acc. sg. զիս *zis* »mich« 41—8, cl. *zis*; die 2. p. sg. Präs. auf -*s*; կաս *kas* »du gehst« 13—13, cl. *gas*; առնուս *aŕnus* »du nimmst« 13—14, cl. *aŕnus* u. s. w.

Anm. Ganz entsprechend hat auch das Neuarmenische regelmäßig *s*, *ś* als Vertreter von altarmenisch *s*, *š*; vgl. WZKM 2, 130 f., 290 f.; Mser. Dial. v. Muš S. 122 ff. — In tr. *žaž* »Bewegung, Erderschütterung« = cl. *šarž*, hat sich die anlautende harte palatale Spirans der auslautenden weichen Spirans *ž* assimiliert. Vgl. auch Tom. Dial. v. Tifl. § 164. — Über ag. *h* = cl. *s* vgl. oben § 105 Anm.

## II. Tönende.

### Cl. ժ *ž* und զ *z* im Kilikischen.

§ 115. Cl. ժ *ž* = kl. *ž* ժ:

ժամ *žam* »Stunde« 11—19, 25—21, 31—22, cl. *žam*; բաժնիմ *pažnim* »entferne mich« 13—6, 15—11, cl. *bažanim*; բաժին *pažin* »Teil« 41—7, cl. *bažin*; ժողվեմ *žoγvem* »versammele« 13—7, 15—15, 35—15, cl. *žolovem*; ուժ *už* »Gewalt, »Gewaltthätigkeit« 27—4. 12. 18, 29—10, 37—7, cl. *oiž* u. s. w.

§ 116. Cl. զ *z* = kl. *z* զ:

Kl. զ *z* als Akkusativpräfix = kl. *z* զ; զատ *zad*, զատեմ *zadem* »frei, befreie« 49—28, cl. *zat*, *zatem*; զեն *z'en*, վզեն *vz'en* »Schaden« 73—18, 81—23, cl. *vzean*; ազատ *azad* »frei« 21—13, cl. *azat*; հազար *hazar* »tausend« 71—3, cl. *hazar*; լեզու *lezu* »Zunge, Sprache« 15—7, cl. *lezu*; մեզ *m'ez* »uns«, ձեզ *c'ez* »euch« (Formenl.); քեզ *ḱ'ez* »dir« (Formenl.), cl. *ḱez* u. s. w.

Anm. Analog ist im NA. altes *z* und *ž* großenteils erhalten geblieben. — Ausnahmsweise hat jedoch z. B. Mš. (Mser. S. 124): *ask* »Volk« für cl. *azg*; *anoskam* »schlecht« für cl. *anzgam*; *patič* »Strafe« für cl. *patiž*; *varčatun* »Schule« für cl. *varžatun* (Mser. S. 124); die Erhärtung der weichen Spirans ist hervorgerufen durch die benachbarte Tenuis.

## Cl. յ *y* und seine Entsprechungen im Kilikischen.

§ 117. 1. Cl. յ *y* im Anlaute = kl. յ mit Lautwert *h* — wie auch im NA — nach § 23.

Beispiele: kl. յեմ *h'em* »Verzögerung, Aufschub« 33—9, cl. *yam*; յեմեմ *hemem* »verzögere« 15—2, 23—19, cl. *yamem*; յայտնի *haidni* »offenbar« 59—8, cl. *yaitni*; յառաջ *haṙač* »vor, vorher« 29—7, cl. *yaṙaǰ*; յաւելնամ *havelnam* »hinzukommen, überschüssig sein« 45—19, cl. *yavelum*; յաւիտեն *havid'en* »ewig« Dipl. Sarv., cl. *yavitean*; յետ *h'ed* in der Verbindung ի յետ *i h'ed* »hinten, zurück« 47—3. 4, cl. *yet*; յետի *hedi* »der Letzte, letzt« 39—1, 47—11. 17, cl. *yetin*; յոյզ *huiz* »Streit, strittiger Gegenstand« 13—30, 59—26, cl. *yoiz*. Auch յիսուն *hisun* »fünfzig«, cl. *yisun*; յիստակ *histag* »rein« Mr. B. 160, Geop., Mx. Her., cl. *ystak*. Neben der Form յըղարկեմ *həyargem* »schicke« L. 156—22, zeigt sich bereits mit verflüchtigtem Hauchlaute die Form ղըկեմ *əyərgem* (oder *xərgem*) 25—17.

Anm. Häufiger zeigt sich der Schwund des aus *y* entstandenen Hauchlautes im NA. So mš. *ənkn'er* »Augenbrauen«, tr. *ənk'vəner* (id.) = cl. *yaunk'*; mš. *oyork'el* »schicken« = cl. *yułarkel*; pol. *istak* »purement« = cl. *ystak*; pol. *isun* »50« = cl. *yisun* u. s. w.

§ 118. 2. Cl. յ *y* im Wortauslaute war schon in vorkilikischer Zeit geschwunden. Das Nähere siehe § 63, 1 und § 68, 1.

3. Cl. յ *y* im Inlaute vor Vokalen = kl. *y* յ nach § 8 b und § 9 b.

Beispiele: ծառայեն *jaṙayen* »sie bedienen« 53—24, cl. *caṙayen*; ծառայենք *jaṙayenk'* »wir bedienen« 53—23, cl. *caṙayemk'*; հայոց *hayoç* Gen. pl. »der Armenier« 13—6, cl. *hayoç*; տղայոց *dyayoç* Gen. pl. »der Kinder« 53—1, cl. *tłayoç*; վկայել *vgayel* »zeugen, bezeugen« 47—1, cl. *vkayel*; վկայութիւն *vgayutün* »Zeugnis« 29—25, cl. *vkayutiun* u. s. w.

§ 119. 4. Cl. յ *y* im Inlaut vor Vokalen und in diphtongischer Verbindung mit ա *a* ist im Kilikischen zugleich mit dem *a*-Laut geschwunden in:

ծառութիւն *jaṙutün* »Dienst, Lehnsdienst« 9—14, 13—29, 15—1, 19—11. 20, 37—4, H. 206—17. 18, H. 212—5 = cl. *caṙayutiun* ծառայութիւն; kl. համեմ *hamem* »befehle, verordne« 33—8, 39—11 = cl. *hramayem* հրամայեմ.

Anm. Vgl. tr. *dəyu* Gen. sg. von *dəya* = cl. *tłayoy*; Gen. pl. *dəyoç* = cl. *tłayoç*; *pesi* Gen. sg. von *pesa* = cl. *pesayi*; *jampu* Gen. sg. von *jampa* = cl. *čanaparhi*. Aid. II, S. 19 u. 273.

## Cl. վ *v*, ւ *v*, ու *v* und deren Entsprechungen im Kilikischen.

§ 120. 1. Cl. վ *v* = kl. *v* վ sowohl im An- als im In- und Auslaute:

a) Im Anlaute: kl. վաղ *vaγ* »Morgen« 79—2, cl. *vał* վաղ; վեր *v'er* »auf, über« 39—12, cl. *ver* վեր; վերայ *vera* »auf, gegen« 27—2. 3, 35—12, cl. *veray* վերայ; վճար *vǰar* »Zahlung« 11—11. 18, cl. *včar* վճար; վճարեմ *vǰarem* »bezahle« 41—5, cl. *včarem* վճարեմ; վեց *v'eç* »sechs« L. 157—14, cl. *veç* վեց; վերջի *verči* »der letzte« 39—4, cl. *verǰin* վերջին; վերցնեմ *verçnem* »erhebe« 39—11, cl. *veraçuçanem* վերացուցանեմ u. s. w.

b) Im Inlaute und Auslaute nach ո *o*, welches zum Teil ausfällt: ժողվեմ *žoγvem* »sammle, versammle« 13—7, 15—15, cl. *žolovem* ժողովեմ; ծովու *jovu* »des Meeres« Gen. sg. 71—8, cl. *covu* ծովու; ծով *jov* »Meer« Ass. Ant., cl. *cov*; Instr. sg. auf -ով *-ov* = cl. *-ov* -ով: z. B. kl. կռւով *gṙvov* (Instr. zu *gṙiv*) 33—11; հաւատով *havadov* (Instr. zu *havad*) 9—10; ուժով *užov* (Instr. zu *už* 57—20, 67—20; շղով *syov* (Instr. zu *suγ*) 35—5; ծովով *jovov* (Instr. zu *jov*) L. 155—19 u. s. w.

§ 121. 2. Cl. ւ *v* = kl. *v* (ւ und վ):

a) Im Inlaute nach Vokalen, die zum Teil auch ausfallen: աւետարան *avedaran* »Evangelium« 39—24, cl. *avetaran* աւետարան; աւտամ, ավտամ *avdam* »glaube« 25—15, 63—15, cl. *havatam* հաւատամ; թագւոր *t'akvor* »König« L. 179—2, cl. *t'agavor* թագաւոր; ձիաւոր *ciavor*[1]) »Ritter« 17—25, cl. *ǰiavor* ձիաւոր; հիւանդ *hivand* »krank« 25—13. 15, cl. *hivand* հիւանդ; նաւերոյ *navero* »der Schiffe« L. 156—8, Gen. pl. zu cl. *nav* նաւ, Gen. *navu* u. s. w.

b) Im Auslaute nach Vokalen: ցաւ *çav* »Krankheit« 25—21. 22, cl. *çav* ցաւ; հալաւ *halav* »Kleidung« H. 221—18, cl. *halav* հալաւ; կտաւ *gdav* »Leinwand« 85—1, cl. *ktav* կտաւ;

---

1) Eigentümlich ist dem na. Dial. v. Julfa das Bildungssuffix *-ayor* als Entsprechung des aa. Suffixes *-avor*: jlf. *mecayor* (= cl. մեծաւոր), jlf. *gəlrayor* (= cl. գլխաւոր), jlf. *mardayorut'iun* (= cl. մարդաւորութիւն u. s. w. Vgl. Patk. Dial. 82.

սեւ s'ev »schwarz« Mr. B. S. 149, 152, cl. sev սեաւ; առջեւ arč'ev »vorher« 41—5. 23, cl. arajeav առաջեաւ; Endung -աւ -av der 3. p. sg. Aor. = cl. -av -աւ: հագաւ hakav 29—18, 31—7, 35—1 »hat angezogen«; տարաւ darav 13—12 »hat gebracht«; փրթաւ prtav 63—13 »hat sich losgemacht« u. s. w.

§ 122. 3. Cl. ու v = kl. v (ու, վ, ւ) inlautend nach Konsonant und vor Vokal:

Beispiele: թւենալ tvenal »scheinen« 79—3, cl. tvi թուի »es scheint«; կռւիլ gṙvil »sich duellieren« 33—8, 35—23, cl. կռուել kṙvel; աստուած astvaj »Gott« 31—23, cl. astvac աստուած u. s. w.

§ 123. Zusatz 1. Ursprüngliches v schwindet kilikisch in:

դժար tžar (tažar) »schwierig« Leb. d. Vät., Mr. B. 155, 156, Mx. Her. S. 51, 53, 54, 99 u. s. w. = cl. džvar դժուար »schwierig«. Vgl. pol. tižar »difficile« Han. S. 117.

§ 124. Zusatz 2. Älteres v wird vereinzelt zu f erhärtet unter dem Einfluss von vorhergehender Aspirata: in diesem Falle verbindet sich der Hauch der Aspirata mit v zu *hv, welch letzteres — wie im Neuarmenischen — zu f wird. Vgl. oben § 7 Anm. 3.

So haben wir neben älterem ինչուի, ինչվի inčvi »bis« auch die Form ինչֆի inčfi »bis« in Dipl. v. Sarv. H. 258—26. — Dass z. B. auch kl. թագւոր, թագվոր mit Erhärtung der ursprünglichen medialen Spirans v als takfor (aus *takhvor) gesprochen wurde, das verraten Transskriptionen aus dem Kilikischen wie: takfol oder Tacfol in Willebrand's Reisebeschreibung (vgl. Gloss.); arab. takfūr, takafūr, takfūrya.

## C. Liquidae.

### Cl. ր r und seine Entsprechungen im Kilikischen.

§ 125. Schwund von indogermanischem r liegt bekanntlich vor in cl. տեսանեմ tesanem »sehe« für *tersanem: gr. δέρκομαι »sehe«, ἔδρακον »erblickte«, δέδορκα »blicke«, skr. dadárça, zd. dādarəsa »sehe« (Arm. Gramm. II, 497). Außerdem zeigt das Altarmenische Ausfall von ursprünglichem r-Laute in folgenden Fällen, wo neben der jüngeren r-losen Form die ältere Form mit r steht:

մահ *mah* »Tod« neben *marh* (Ephrem III, S. 20), skr. *mrtyú-*, zd. *mərəϑyu-* »Tod«; պահ *pah* »Nachtwache« neben *parh* (Ephrem III, S. 17), zd. *pāϑra* »Schutz«, phl. **păhr*; պահել *pahel* »bewachen« neben *parhel*; խոհ *xoh* in *iravaxoh* »rechtdenkend« neben *iravaxorh*; խոհուրդ *xohurd* »Gedanke« (in einer Evangelienhandschrift, Mscr. S. 137) neben *xorhurd* [1]; բաշ *baš* »Mähne« neben *barš* (13. und 14. Jahrh.), zd. *barəša* »Rücken« (Arm. Gramm. S. 118); աշալուշ *ašaluš* »Morgenröte« neben *aršalus*, *aršaluš* u. a. m.[2]. Die älteren Handschriften haben noch *r*: *rh* und *rš* des 5. Jahrh. werden in der Folgezeit zu *h* und *š* (mit Verlust des *r*).

In spätklassischer Zeit erscheinen weiter noch: ճալաց *čalaç* »Mühle, Wassermühle« = cl. *jralaç* (*ջուր‿աղաց); ճորդան *čortan* »Rinne, Wasserlauf« in Geop. neben älterem *jrordan* (= *ջուր‿որդան »Wasser-Rinne«); քաշել *ḱašel* »ziehen, foltern« b. Ephrem, neben älterem *ḱaršel* u. s. w.

Im Anschluss an diese Erscheinung und als Fortsetzung in vergrössertem Maßstabe erleidet das Kilikische Schwund von ursprünglichem *r* in folgenden Konsonantenverbindungen:

§ 126. a) Cl. հր *hr* = kl հ *h*:

kl. համեմ *hamem* »befehle, verordne, verfüge« 33—8, 39—11, 41—9, 43—7. 10, L. 178—7, L. 179—4, L. 185—17. 18 = cl. *hramayem*; kl. համանք *hamanḱ* »Befehl, Verordnung, Privileg« 19—10, 33—3. 4, 35—2, 53—25, 77—17, 79—11, L. 178—16, L. 179—2, L. 185—9. 19. 20, L. 186—4, Gen. համնաց *hamnaç* L. 185—19 = cl. *hraman-ḱ*, sg. *hraman* »Befehl, Vorschrift«; անհամանք *anhamanḱ* »unbefohlen, unbeauftragt« 13—21 = cl. **anhramanḱ*; հավերք *haverḱ* eigentl. Einladung«, spec. »Einberufung des Vasallen zur Leistung des Lehnsdienstes« 9—14 = cl. *hraver*, pl. *hraverḱ*; անհավերք

1) Ebenso wird խոհ *xoh*, *xah* »Speise« auf älteres **xorh*, **xarh* zurückzuführen sein = zd. *x̌arəϑa-* »Speise« nach Arm. Gramm. I, S. 160.

2) Secundäres, eingeschobenes *r* werden wir dagegen erblicken müssen in cl. *baržin* »Teil«, *baržanem* »teile« Ephrem II, 2. 8—9 neben *bažin*, *bažanem*; *yaverž* »ewig« neben *yavež*; *viržel* »eine Fehlgeburt thun« neben *vižel*; *turž* »Schaden« neben *tož*; *daršoin* »Dolch« neben *dašoin*; *haršel* »schwinden, absterben« neben *hašel*; *maršel* »hinschwinden« neben *mašel*; *paršar* »Vorrat« neben *pašar*; *paršarel* »belagern« neben *pašarel*; *orǰil* »Laus« neben *oǰil*, pol. *očil*.

*anhaverḱ* »uneinberufen, unaufgeboten« 15—1 = cl. *anhraver* »nicht einladend, unfreundlich«, »nicht eingeladen«.

§ 127. b) Cl. րհ *rh* = kl. հ *h*:

Kl. ճանպահ, ճանբահ, ճանփահ *ǰanṗah* »Weg« 25—6, H. 217—4, H. 221—34, 222—19, Dipl. Sarv. = cl. *čanaparh*; kl. դահ *tah* »alt, gealtert« 21—19, Geop. 243 = cl. **darh*.

§ 128. c) Cl. րշ *rš* = kl. շ *š*:

Kl. խաշեմ *xašem* »siede, koche« Smp. Chron. Dul. S. 611, 622 = cl. *xaršem* »siede, koche«; kl. քաշեմ *ḱašem* »ziehe, schleppe« H. 214—42, 222—26 = cl. *ḱaršem* »ziehe«; kl. քաշանք *ḱašanḱ* »Körperverletzung, Misshandlung, Plackerei« 61—6. 11 = cl. *ḱaršanḱ*; թօշմիմ *ṫošmim* »verwelke« in Geop. = cl. *ṫaršamim*.

§ 129. d) Cl. րժ *rž* = kl. ժ *ž*:

Kl. աժեմ *ažem* oder այժեմ *aižem* »bin wert, koste« 11—22. 27, 73—16, Geop. 68—7 = cl. *aržem* (id.). Dazu das Derivierte աժենամ *aženam*, այժենամ *aiženam* 29—6, 59—34. 35, 73—20, H. 213—17, H. 225—8; աժէք *ažek* »Wert, Preis«, Instr. աժեօք *ažeoḱ* H. 220—43 = cl. *aržeḱ*.

§ 130. e) Cl. րբ *rb* = kl. փ *ṗ* (über die Aspiration vgl. § 99 oben):

Kl. եփ *yeṗ* »wann, sobald« 19—20, 59—6, L. 156—14, H. 218—8 = cl. *erb* »wann«; kl. սուփ (սուբ) *suṗ* »rein, heilig« vgl. Gloss. = cl. *surb*.

§ 131. f) Cl. րդ *rd* = kl. *t* (*ṫ*) դ, տ, թ:

Kl. զէդ, զէտ *zet* (wohl = *zeṫ* gesprochen) 33—1. 16, 35—5, 41—23, 47—22, 51—5, 57—16, 59—13. 30, 67—11. 13, 69—2, 73—12, 35—18, 45—23, 59—21 = cl. *ziard* զիարդ, vermittelt durch nachcl. *zeṙt* զերթ (զերդ).

§ 132. g) Cl. րգ *rg* = kl. *k* (*ḱ*) գ, կ, ք:

Kl. դգալ, դքալ *tḱal* (*təḱal*) »Löffel« vgl. Gloss. = cl. *drgal*, *targal*; ferner schwindet *r* vor *ḱ* in den Wörtern: նեկսէ in ընդ նեկսէ *ənd nekse* »innerhalb« Dipl. Sarv. H. 258 = cl. *ənd nerḱse* »innerhalb«; խամճեկ *xamǰ̇ek* »Kinnbacken« Mr. B. 154 = spätcl. *xamcerḱ*. Auch սպկիկ *spəgig* (oder *spəgik*?) »rein« 11—9, 67—1, für älteres սպրկիկ *spərgig* »rein« 59—23. Über այնեմ aus անեմ siehe unten § 135.

Anm. 1. Die gelegentlich noch vorkommenden Formen mit *r*, wie հրաւիրեմ *hravirem* (neben *harerk*), հրամանք *hramanḱ* (neben *hamanḱ*) sind natürlich nur noch in der Schriftsprache zugelassen und der lebenden Volkssprache längst fremd.

Anm. 2. Im NA. setzt sich diese Lautverschiebung derart fort, dass im allgemeinen *r*-Schwund stattfindet vor einer Aspirata oder vor den Spiranten *h*, *ś*, *ž*, seltener vor Spirans *s*. Man vergleiche für das Tr. Aid. II, S. 278, für Pol. Han. WZKM 2, S. 307, Mš. Mser. S. 130; Ach. Tom. S. 21, Tf. Tom. S. 75 u. s. w.

§ 133. Im Übrigen, d. i. in der Mehrzahl der Fälle ist cl. ր *r* = kl. *r* ր im Inlaut und Auslaut, namentlich nach Vokalen, in den Verbindungen:

kl. ար *ar*: kl. արծաթ *arjaṫ* »Silber« 81—14, cl. *arcaṫ*; արդար *artar* »gerecht« 67—17, cl. *ardar*; օտար *odar* »fremd« 21—9, 33—23, 63—4, cl. *autar*; արգելեմ, արգիլեմ *arkelem*, *arkilem* »hindere« 25—25, 41—9, 11—20, cl. *argelul*; արիանալ *arianal* »vorsichtig sein« H. 223—27, cl. *arianal*; արձկեմ *arjgem* »befreie« 77—4, cl. *arcakem*; արծող *arjoγ* »Hirt« H. 223—21. 23, cl. *aracoł*; պարտ *bard* »schuldig« 9—5, cl. *part*; պարտք *bartḱ* »Schuld« 71—19, cl. *partḱ*; տարի *dari* »Jahr« 11—4, cl. *tari*; կարգեմ *garkem* »verheirate« 19—27, cl. *kargem*; կարեմ *garem* »kann« 73—11, cl. *karem*; Deriv.: կարենամ *garenam* »kann« 73—9.

kl. եր *er*: երկիր *ergir* »Erde« 39—8, cl. *erkir*; երկու *ergu* »zwei« 25—13, 35—15, cl. *erku*; երդնում *ertnum* »schwöre« 11—3. 8. 9, cl. *erdnum*; երեւնամ *erevnam* »erscheine« 65—20, cl. *erevanam*; բերեմ *perem* »trage« 21—19, cl. *berem*; ծեր *j'er* »Greis« 39—23, cl. *cer*; ընկեր *əng'er* »Genosse« 31—4, cl. *ənker*.

kl. որ *or*: որ *vor* »wer, dass« (passim), cl. *or*; որբ *vorp* »Waise« 51—9, cl. *orb*; որդի *orti* »Sohn« 93—30, cl. *ordi*; չորս *ċors* »vier« 17—23, cl. *ċorḱ*; կորսնեմ *gorsnem* »verliere« 63—10, cl. *korusanem*; ցորեն *ċor'en* »Weizen« L. 155—18, cl. *ċorean*.

kl. իր *ir*: իրիկուն *irigun* »Abend« 27—14, cl. *erekun*; իրեք *ir'eḱ* »drei« (siehe Gloss.), cl. *ereḱ*; իրկունք *irgunḱ* »Mühe« H. 216—22, cl. *erkunḱ*; իրար *irar* »einander« 3—5, 27—20, cl. *irear*; իր *ir* »sein, seiner«, cl. *iur*. Vgl. Formenlehre.

kl. ուր *ur*: z. B. ուրախ *urax* »zufrieden« 53—24, cl. *urax*; սուր *sur* »eilend« 13—13, cl. *sur*; սուրբ *surp* »heilig« 93—15, cl. *surb*.

kl. ər: z. B. ղրկել *əγərgel* »schicken« 25—17, cl. *yułarkel* »schicken«; փրթաւ *pərṫav* »löste sich los« 63—13, cl. *prṫanim* u. s. w.

Seltener steht *r* im Inlaut oder Auslaut nach Konsonanten, namentlich nach tönenden: z. B. ապրիմ *abrim* »lebe« 9—8. 9, cl. *aprim*; կոտրեմ *godrem* »töte« H. 223—34, cl. *kotorem*; մանդր, մանտր *mandr* »klein« Mr. B. 148, cl. *manr*. Nach tonlosem Konsonant z. B. in դրացին *traçin* »Nachbar« 39—23, cl. *draçin*.

### Cl. ռ *ŕ* und seine Entsprechungen im Kilikischen.

§ 134. 1. Cl. ռ *ŕ* ist, analog wie ր *r*, = kl. *ŕ* ռ nur im In- und Auslaute:

a) Im Inlaute: առջի *aŕči* »erst, der erste« 25—11, cl. *aŕaji(n)*; առանց *aŕanç* »ohne« 13—6. 26, cl. *aŕanç*; առնուլ *aŕnul* »nehmen« 13—14, cl. *aŕnul*; ծառութիւն *jarutün* »Dienstleistung« 9—14, cl. *caŕayutiun*; մեռնիմ *meŕnim* »sterbe« 9—8, cl. *meŕanim*; մոռնամ *moŕnam* »vergesse« H. 224—43, cl. *moŕanam*; կռիւ *gŕiv* »gerichtlicher Zweikampf« 29—5, 31—6, cl. *kŕiv*.

b) Im Auslaute: ծառ *jaŕ* »Baum« (Geop.), cl. *caŕ*; առ *aŕ* »nimm!« Imperat. v. առնուլ (s. Formenl.) u. s. w.

§ 135. 2. Cl. ռ *ŕ* schwindet vor ն *n* vereinzelt in առնեմ *aŕnem* = kl. այնեմ *ainem* »mache, thue«.

Belege: այնել *ainel* Inf. 21—1. 11. 13, L. 186—7; այնեմ *ainem* 1. sg. präs. 21—26; այնես *aines* 2. sg. präs. 15—19, 43—7; այնէ *ainē* 3. sg. präs. 13—10. 19. 31, 15—9, 31—8, 33—25, 35—3. 14 (vgl. Gloss.); auch այնելիք *ainelik* »Handlungsweise« 15—7, cl. *aŕnelik*. Als ältere mittelarmenische Form ist bei Mx. Her. überliefert այրնել *airnel* »thun, machen« (այրնես S. 84, 99, 102, այրնէ S. 88, 94, 101, 106, այրնեն S. 12, 101 u. s. w.), hervorgegangen aus առնել *aŕnel* durch Auflösung in **արրնել* *arrnel* und Ausfall des ersten ր *r*, worauf zum Ersatze ա *a* zu այ *ai* gedehnt ward nach § 38. Aus jenem frühmittelarmenischen այրնել *airnel* ist mittels Schwund des nunmehrigen ր *r* vor Nasal ն *n* die kilikische Form այնել *ainel* geworden. — Sonst ist altes *ŕn* im KL. sowie auch im NA. erhalten geblieben, so z. B. in kl. առնուլ *aŕnul* »nehmen« = cl. *aŕnul*, und zwar deshalb, weil in diesen Fällen das *ŕ* ursprünglich und etymologisch berechtigt ist, während es in առնել lediglich Vertreter von urspr. ր *r* vor Konsonant ist, da առնել eigentlich = *արնել **ar-nel* (Aor. արարի, dagegen առի von առնուլ) ist.

Anm. Auf ma. *ainel*, jüngere Form *unel*, gehen die meisten neuarmenischen Formen desselben Verbums zurück, nach Gloss.

## Cl. ղ *ł* und seine Entsprechungen im Kilikischen.

§ 136. 1. Cl. ղ *ł* = kl. ղ mit Lautwert *γ* — nach § 22 — im In- und Auslaute:

a) Im Inlaute, namentlich vor Vokalen und tönenden Konsonanten: տղայ *dγa* »Kind« 37—14. 16. 17, cl. *tłay*; թողում *t́oγum* »lasse« 81—17, cl. *t́ołum*; գողնամ *koγnam* »stehle« 65—8, cl. *gołanam*; աջողնամ *ačoγnam* »werde gesund, genese« 65—23, cl. *yaǰołanam*; յղարկեմ *həγargem* »schicke« L. 156—22, cl. *yułarkem*; ի վաղէ *i vaγe* »von alters her« 39—18, cl. *i valē*, Abl. v. վաղ *val*; քաղաք *k̄aγak̄* »Stadt« 83—25, cl. *k̄ałak̄*; մատղաշ *madγaš* »jung«, մատղաշցնեմ *madγašçnem* »verjünge« 17—25, cl. *matał*. Jedoch auch vor harten Konsonanten; so in: աղբայր *aγpair* »Bruder« (vgl. Gloss.), cl. *ełbair*; աղքատ *aγk̄ad* »arm«, cl. *ałk̄at*; մեղք *m'eγk̄* »Fehler, Sünde«, cl. *mełk̄*; աղջիկն *aγčgin* »Mädchen« 19—5, cl. *ałǰik* u. s. w.

b) Im Auslaute: թող *t́oγ* »lass« 41—9. 10, cl. *t́oł*; գող *koγ* »Dieb« 65—4. 6, cl. *goł*; գեղ *k'eγ* »Dorf« H. 218—25, cl. *giuł*; վաղ *vaγ* »Morgen« 79—2, cl. *vał*; տեղ *d'eγ* »Ort« 19—25, 39—13, 47—27, cl. *tełi*; ըղուղ *əγuγ* »Gehirn« Mr. B. 154, cl. *ułeł*, *ułiuł* u. s. w.

§ 137. 2. Im Inlaute vor tonlosen Konsonanten ist im Neuarmenischen allgemein die Media *γ* (ղ) zur Tenuis *x* (խ) erhärtet; bereits im Kilikischen finden wir die Anfänge dieser Lauterscheinung in folgenden Fällen:

թուխթ *t́uxt́* »Brief, Urkunde, Papier«[1]) 39—15, 47—28, 59—2, Dipl. Sarv., L. 156—28 = cl. թուղթ *t́ułt́*, spätcl. *t́uγt́*; թախթ *t́axt́* »Schweinsbrot« (bot.) Mr. B. 159 = cl. թաղթ *t́ałt́*, spätcl. *t́aγt́*.

Anm. Die hier im Kilikischen noch schwach und erst vereinzelt hervortretende Erscheinung ist im Neuarmenischen gesetzmäßig geworden; so z. B. entspricht im Tf. den älteren Lautverbindungen *γk*, *γč*, *yt*, *γc*, *γp*, *γč́*, *γk̄*, *γt́*, *γç* (nach Tom. S. 73, 74) regelmäßig tf. *xk*, *xč*, *xt*, *xc*, *xp*, *xč́*, *xk̄*, *xt́*, *xç* und *xc*. Analog im Ag. (S. Sarg. S. 66), im Mš. (Mser.

1) Vereinzelt Ass. Ant. 39—19 findet sich noch թուղթ *t́uyt́*.

S. 133), im Pol. (Han. WZKM 2, 293) u. s. w. Teilweise wird überdies auch im Auslaute, sowie da, wo inlautendes *γ* durch Vokalwegfall anlautend wird, die Mediae *γ* zu *x* verhärtet. So im Pol. (WZKM 2, 293).

### Cl. լ *l* und seine Entsprechungen im Kilikischen.

§ 138. Cl լ *l* = kl. *l* լ im An-, In- und Auslaute: Beispiele: լսել *lsel* »hören« 15—20, cl. *lsel*; լեզու *lezu* »Zunge, Sprache« 15—7, cl. *lezu*; լինիլ, լիննալ *linil*, *linnal* »sein, werden« 15—10, 21—15, 25—6, cl. *linel*; ելնել *elnel* »herausgehen« 13—6, cl. *elanel*; այլ *ail* »aber, weiter, noch« 15—2, 23—19, 25—1, 27—8, cl. *ail* u. s. w. Hierher gehört auch das auslautende *l* des Infinitivs, sowie des Part. präteriti auf -ել -$^{i}$*el* = cl. -*eal*.

Anm. Analog ist im NA. altes *l* durchgehends erhalten geblieben. Nur im WA. zeigen mehrere Dialekte an Stelle des mittelarmenischen Part. präteriti auf -$^{i}$*el* ein entsprechendes Participip auf -$^{i}$*er*; jedoch auch hier ist nur scheinbar aa. *l* zu *r* geworden, wie unten in Formenlehre des Näheren dargethan ist. Vgl. auch Mser. Dial. v. Muš S. 128, Han. WZKM 3, S. 38 f., Tom. Dial. v. Tifl. S. 75 u. s. w.

## D. Nasale.

### Cl. ն *n* und seine Entsprechungen im Kilikischen.

§ 139. 1. Cl. ն *n* = kl. *n* ն:

a) Im Anlaute: նա *na* »da, alsdann« 13—9, 75—12, cl. *na*; նաւ *nav* »Schiff« 156—8, cl. *nav*; նման *nman* »ähnlich« 65—12. 14, cl. *nman*; նշան *nšan* »Zeichen« 9—16, cl. *nšan*; նոր *nor* »neu« 47—11. 30, cl. *nor* u. s. w.

b) Im Inlaute: անուն *anun*[1]) »Name« 11—25, 13—8, cl. *anun*; կանուխ *ganux* »früh« 71—6, cl. *kanux*; քանի *k̔ani* »wie viel« 11—22, cl. *k̔ani*; գինի *kini* »Wein« L. 155—2, cl. *gini*; շինել *šinel* »bereiten« 47—11, cl. *šinel* u. s. w.

---

1) Statt dieser auch gemeinneuarmenischen Form erscheinen ausnahmsweise im Kr. (Patk. Dial. 66) die *m*-Formen: *anam*, *anum*, *anəm*, welch letztere nicht auf das aa. *anun* zurückgehen; vielmehr sind diese Formen herzuleiten aus älteren **anamn*, **anumn*, **anəmn*, in welch letzteren neuarmenisch das finale *n* abfallen musste, und die ihrerseits ein urarmenisches **anmn̥* oder *anomn̥* voraussetzen, aus welchem nach einem anderen Lautprocess auch das gemeinarmenische *anun* hervorgegangen ist.

c) Im Auslaute, namentlich nach Vokal: տուն *dun* »Haus« 11—7, cl. *tun*; իրիկուն *irigun* »Abend« 27—14. 16, cl. *erekun*; հին *hin* »alt« 41—8, cl. *hin*; կին *gin* »Frau« 47—10, cl. *kin*; գին *kin* »Preis« 83—26, cl. *gin*; բան *pan* »Ding, Arbeit« 13—32, cl. *ban*; տան *dan* Gen. v. տուն »Haus« 71—13, cl. *tan*; քսան *k̒san* »zwanzig« L. 157—16. 19. 20, cl. *k̒san*; այն *ain* »dieser« 9—17. 23, 13—8, cl. *ain*; երկայն *ergain* »lang« 85—3, cl. *erkain* u. s. w.[1]).

§ 140. 2. Cl. -ն -*n* im Auslaut nach Konsonant fällt im Kilikischen ab, in folgenden Fällen:

ինք *ink̒* »er, sie, es« pron. pers. der 3. Pers. 17—25, 29—24, 47—3. 21, 49—15, 55—18, 59—30, 61—21, 69—3. 24, 71—13, 75—9 = cl. *ink̒n* ինքն »ipse«; անձ *anj* »Person«: զիմ անձս 31—23, 33—12 = cl. *anjn* անձն; ձեռ *ǰer* »Hand«: զձեռդ »deine Hand« Mr. B. 145 = cl. *jeřn* ձեռն; ելունդ *elund* »Warze« Mr. B. 152 = cl. *elundn* ելունդն. Weitere deutliche Fälle von *n*-Schwund liegen mir nicht vor; dennoch wird es wohl nicht zu gewagt sein anzunehmen, dass auslautendes *n* nach Konsonant schon im Kilikischen großenteils geschwunden war; in der Formenlehre sind, unter Voraussetzung dieses Lautschwundes, sämtliche angeführten, dieser Klasse angehörigen Nomina ohne auslautendes *n* angesetzt.

Anm. Dass im NA. *n*-Abfall im Auslaut nach Konsonant Regel ist, sowohl im NOA. wie im NWA., ist bekannt. Spezifisch neuarmenisch ist, dass an Stelle des geschwundenen *n* sich teilweise halbvokalisches *ə* entwickelt; z. B. pol. *dasə* »zehn«, *ink̒ə* »er«, *oxtə* »sieben« u. s. w. (WZKM 3, 47); natürlich ist dieses *ə* nicht etwa aus *n* hervorgegangen, sondern nichts anderes als der sekundäre, vor *n* sich entwickelnde Halbvokal, der nach dem Schwund von *n* zum Vorschein kommt. Dass *ə* nur in gewissen Fällen erscheint, in anderen dagegen fehlt, beruht auf euphonischen Gründen. — Ein rein euphonischer Laut ist dasjenige *ə* des Neuarmenischen, welches an Wörter antritt, die auf Doppelkonsonanz (seltener einfache Konsonanz) ausgehen, falls unmittelbar darauf konsonantischer Anlaut folgt; so z. B. tr. (nach Aid. II, 276) *garjə xosk̒ mə* »ein kurzes Wort«, *hastə paitʻer* »dicke Holzscheite«, *mutʻə deγə* »ein finsterer Ort« u. s. w. für einfaches: *garj* կարճ, *hast* հաստ, *mut* մութ. Derselbe rein euphonische Laut erscheint auch in demselben Falle regelmäßig bei Wörtern die auf zwei Konsonanten endigen, deren letzter *r*

[1]) Vereinzelt entspricht klassischem *n* der Laut *l* in ma. լապաստ *labast* »Hase« (ob wirklich auch kilikisch?) = cl. *napast* in *napastak* (*napast* + *ak*). Vgl. *lapəstrak* »Hase« im Mš. (Mser. 135), pol. *labestak*, tf. *lapustrak*, zt. *lapstok*, kr. *əlapastrak* u. s. w. (s. Gloss.).

ist; z. B. *jandrə kʻar* »ein schwerer Stein«, *mandrə dəyakʻ* »kleine Kinder«, *parcrə leṙ* »ein hoher Berg« (Aid. II, S. 276). Analog pol. *xərugnə* »tief« (խորունկ), *jandrne* (für *jandrnə*) »schwer«, *inkʻne* (für *inkʻnə*) »er«, deren *ə* resp. *e*, wenn hier wirklich *e* und nicht *ə* gehört wird!) Hanusz in WZKM 3, 47 fälschlich als 3. sg. des Verbum subst. auffassen will; wie auch Hanusz ungenau ebendaselbst das *ə* in *dasə* »zehn«, *oxtə* »sieben« als aus *n* hervorgegangen betrachtet, ein Lautwandel der im Armenischen in diesem Falle geradezu unmöglich ist.

## Cl. մ *m* und seine Entsprechungen im Kilikischen.

§ 141. 1. Cl. մ *m* = kl. *m* մ:

a) Im Anlaute: մայր *mair* »Mutter« 47—6, 49—8, cl. *mair*; մարդ *mart* »Mensch« 65—2. 4, cl. *mard*; մէջ *meč̣* »mitten, in« 37—14, cl. *mej*; մարմին *marmin* »Körper« 31—11, cl. *marmin*; մեռնիմ *meṙnim* »sterbe« 9—8, cl. *meṙanim*; մոռնամ *moṙnam* »vergesse« H. 224—43, cl. *moṙanam*; մնամ *mnam* »bleibe« 35—30, cl. *mnam*.

b) Im Inlaute: ամէն *amen* »all, jeder« 41—10, cl. *amen*; ամիս *amis* »Monat« Dipl. Sarv., cl. *amis*; խմել *xmel* »trinken« 33—18, cl. *xmel*; համբերել *hamperel* »aufschieben« 15—26, cl. *hamberel*; համբերութիւն *hamperutʻün* »Aufschub, Frist« 21—27, cl. *hamberutʻiun*; դիմեմ *timem* »eile« 31—19, cl. *dimem*.

c) Im Auslaute: կամ »oder« 15—7. 8. 11, cl. *kam*; ժամ *žam* »Stunde« 11—19, cl. *žam*; տամ *dam* »gebe« 11—18. 23, cl. *tam*; überhaupt die 1. sg. präs. auf -մ *-m* = cl. *-m*.

§ 142. Zusatz 1. Classischem -մք *-mkʻ* in der 1. pl. des Präsens entspricht kilikisches *-nkʻ* -նք; wir haben hier offenbar einen Fall von Konsonantenassimilation, indem unter dem Einflusse des gutturalen ք *kʻ* der labiale Nasal մ *m* zum gutturalen ն *ṅ* (vgl. § 22 oben) geworden ist[1]).

Beispiele: կու հրաւիրենք *gu hravirenkʻ* 13—13, կու աղաչենք *gu ayač̣enkʻ* 53—22, կու առնունք *gu aṙnunkʻ* 53—23, տանք *dankʻ* 53—23 u. s. w.

§ 143. Zusatz 2. Scheinbar geschwunden ist cl. anlautendes մ *m* in:

kl. ինչու *inč̣u* »bis« 41—12 = cl. *minč̣ev*; kl. ինչուի *inč̣vi* (ինչվի, ինչֆի) 13—15, 17—9 = cl. *minč̣ev i* »bis zu«. In Wirklichkeit hat das Kilikische die ursprünglichere Form

1) Bekanntlich ist im NA. dieselbe Endung auch auf die entsprechende Person des Imperfectum und Aorist ausgedehnt.

mit *inč* bewahrt[1]). Hierher stellt sich auch: kl. յեղմ *heym* »sanft, mild«, häufiger յեղմն *heymn* (id.) Mr. B. 150, 151, 152, 155, Achrabadin H. 402, 403 = cl. մեղմ *melm* »sanft, mild, angenehm«.

Anm. Vgl. cl. *hašel* = *mašel* »erschöpfen, aufzehren«; ferner im na. Dial. v. Akon: ak. *məžvi* und *mižvi* »bis« neben ak. *hižvi* »bis« (Čanik. 283, 409). Namentlich schön zeigt sich das präfigierte Element *m* im na. Dial. v. Julfa, und zwar nach Patk. Dial. 84 in folgenden Formen: *moč*, *monč* »nicht« (= cl. *oč*), *močinč* und *mončinč* »nichts« (= cl. *očinč*), *močum* »Niemanden« Dat. v. *močok'* (= cl. *očumek'*)[2]).

---

# Anhang. Kombinatorischer Lautwandel.

## 1. Einschaltung.

§ 144. 1. Cl. -նր *-nr* = kl. *-ndr* -նդր, -նտր:

kl. ծանդր *jandr* »schwer« H. 226—15 = cl. *canr*; kl. մանտր *mandr* »klein« Mr. B. 148, Mx. Her. S. 19, 67, 150 = cl. *manr*; մանտրէ *mandrē* »verkleinert« 3. sg. präs. Mx. Her. S. 71 Z. 4 unten = cl. *manrē*; ծունտր *jundr* »Knie« H. 333 Z. 12 unten = cl. *cunr*. Auch պանդրուտի (-ուտու) *bandrudi* (*-udu*) »Fasten« (eigentl. »Käseessen«) Matth. Ed. = cl. *panruti*.

*t*-Laut wird ferner eingeschaltet zwischen Nasal *n* + Sibilant im Auslaute in kl. հայնց *hainç* »so«, քանց *Kanç* »als«, վանց *vanç* »wegen«; siehe unten § 148.

---

1) Übrigens findet sich in gewissen mittelarmenischen Schriften, wie im Achrabadin, sowie auch moderndialektisch die reine Wurzelform *inč* als Präposition in der Bedeutung »bis«, entsprechend klassischem *minč* »bis«.

2) Unter dem Einflusse der Nasale *m*, *n* werden in verschiedenen neuarmenischen Dialekten die Lautverbindungen *a* + *m* + Labial und *a* + *n* + Labial nasaliert zu *ą* + Labial. So im Tf. (Tom. § 57—2): *ąpativ* »ehrlos«, cl. անպատիւ; *ąpoxan*, cl. անփոխան; *ąpatčar*, cl. ան-պատճառ; *ąban*, cl. անբան; *ąbaxt*, cl. անբախտ; *ąmərt'i*, cl. անմարդի; *čąpa*, cl. ճանապարհ u. s. w. — Im Mš. (Mser. § 11): *hąber'el*, cl. համ-բերել; *čąpa(h)*, cl. ճանապարհ; *ąb* »Wolke«, cl. ամբ, ամպ; *ąb'eç* »(der Himmel) hat sich bewölkt«, cl. ամպեաց; *hąbr'el*, cl. համբերել u. s. w. — Ebenso auch im Wn. (Mser. S. 24). Anderen modernen Dialekten dagegen, wie z. B. dem von Polen, ist die Nasalierung fremd, wie denn auch dieselbe für das Kilikisch-Mittelarmenische nicht nachgewiesen werden kann.

Das Eintreten des Zwischenlautes ist phonetisch leicht erklärlich und hat sein Analogon in vielen Sprachen.

§ 145. 2. Cl. *-մր -mr* = kl. *-mbr -մբր*:

kl. *ամբրաւ ambrav* »Dattel, Dattelwein« Mr. B. 154, Leb. d. Vät. = spätcl. *amrav* Mx. Her. 149 = cl. *armav* »Dattelpalme« vgl. unten § 147.

§ 146. 3. Epenthetisches *n* zeigt das Kilikische in kl. *մենք m'enk* »wir« pron. pers. (vgl. Formenl.) = cl. *mek*; vielleicht ist hier Nasal *n* unter dem Einfluss und nach Analogie der Endung *-nk* der Nominaldeklination eingetreten. Ferner kl. *արցունք arçunk* »Thränen« (s. Gloss.) = cl. *artasuk*. Vgl. z. B. auch nachcl. *եղինճ* »Brennessel« = cl. *եղիճ ełič*. Ich erinnere auch an das griechische Lehnwort *մենքենայ menkenay* neben *mekenay* »Maschine«, gr. *μηχανή* (Arm. Gramm. II, 365).

Anm. Die Erscheinung setzt sich fort im NA., nur mit größerer Ausdehnung und Verallgemeinerung; so im Tf. *k'int'*, Gen. *k'ənt'i* »Nase«, cl. *քիթ*; *minj* »groß«, cl. *մեծ*; *mink'* »wir«, cl. *մեք*; *amančil* »sich schämen«, cl. *ամաչել*; *ayančak' anil* »bitten, beten«, cl. *աղաչել*; *kananč* »grün«, cl. *կանաչ*; *čananč̣il* »erkennen«, cl. *ճանաչել* Tom. Dial. v. Tifl. § 187. Vgl. auch Mser. § 216, Tom. Dial. v. Ach. S. 20 u. s. w. In letzterem Dialekte, sowie auch im Tr. haben wir unter anderem die Form *m'enc* »groß«, cl. *մեծ*. — Epenthetisches *d* zeigt z. B. Tf. (Tom. § 182) in *çandr* »schwer«, cl. *ծանր*; *mandr* »klein«, cl. *մանր*; *t'ondir*[1]), Gen. *-dri*, »Tandur, Wärmofen«, cl. *թոնիր, -րի* u. s. w. — Epenthet. *b* in *hambril* »rechnen«, cl. *hamarel*, kl. *hamrel*. — Vgl. übrigens Mser. Dial. v. Muš S. 139, Tom. Dial. v. Ach. S. 20, S. Sarg. Dial. v. Ag. S. 71.

## 2. Umstellung.

§ 147. Umstellung des Konsoantismus zeigt sich namentlich bei

a) Konsonantenverbindungen mit *r*:

kl. *դարտակ tardag* »leer« 55—10, Mx. Her. 80—7 = cl. *datark* »leer«; *մախր maxr* »Harzfichte« in Geop. = cl. *marx*, np. *marx*, *mürx*; ma. *դրսով trsov* »Tadel«, *trsovem* »tadele« Leb. d. Vät., Jaism. = cl. *dsrov*, *dsrovem*, letzteres = zt. **duš-*

---

1) Gen. *թոնրի* musste zu *թոնդրի* werden, danach aus dem Nom. *թոնիր* die Form *թոնդիր* geworden. Vgl. got. *swistar*, Gen. *swistrs* = idg. **svesros*.

*sravah* (belegt deriv. *dəuššravå*), päz. *dusrav* (*dusrub*); vgl. Arm. Gramm. I, 145. Analog entsteht ամրաւ *amrav* »Dattel« Mx. Her. 149 aus cl. *armav*. Vgl. neben ma. ակռայ *agṙa* »Zahn« auch յառկայ *haṙga* »Zahn« (Wb. II, 1065).

b) Bei den Verbindungen սխ *sx* und խս *xs*:

սխտոր *sxtor* (*səxtor*) »Knoblauch« bei Galen., in Geop. = cl. *xstor* խստոր »Knoblauch«; սխար *sxar* »Belagerung« bei Matth. Urrh. Dul. S. 58 im Instr. սխարով aus խսար = arab. حصار »Belagerung«; խսար b. Vardan 114 = հիսար *hisar* »Belagerung«. Arm. Gramm. I, 269.

Anm. Vgl. pol. *səxtər* »ail«, tr. *səxtor* (Han. S. 113), mš. *səxtoruk* (Mser. S. 141), tf. *səxtur* (Tom. S. 77) u. s. w. Vgl. ferner folgende Fälle von Metathesis im Ach. (Tom. S. 20, 21): *tardag* »leer«, cl. դատարկ; *jorjag* »Hinterkopf, Nacken«, cl. ծոծորակ, ծոծրակ; *garbʿed* »Fetzen, Lumpen«, cl. կապերտ; *gersar* »Schwiegervater«, cl. սկեսրայր; *garmunǰ* »Brücke«, cl. կամուրջ; *armung* »Ellbogen«, cl. արմունկն; *angaǰ* »Ohr«, cl. ականջ; *onçinç* »nichts«, cl. ոչինչ u. s. w. Analog im Tf. (Tom. § 188), im Mš. (Mser. § 220), im Ag. (S. Sarg. § 17, 1), im Kr.[1]) (Patk. Dial. S. 65) u. s. w. Die im Mittelarmenischen wurzelnde Erscheinung hat naturgemäß, wie aus obigem ersichtlich, neuarmenisch eine viel weitere Ausbreitung erlangt.

## 3. Verschmelzung.

§ 148. Verschmelzung von zwei benachbarten Konsonanten zu einem einzigen liegt vor in Fällen wie:

kl. պացխուն *baçxun* »Antwort« 13—10, 15—19, 17—19, 21—26, 23—11. 24 aus *պատսխուն **batsxun* (**patsxun*) = cl. *patasxan-i* պատասխանի; արցունք *arçunk̇* »Thränen« (vgl. Gloss.) aus *արտսունք **artsunk̇* = cl. *artasuk̇* արտասուք; ferner: քանց *k̇anç* Komparativpart. »als« L. 155—1, L. 155—6, L. 156—8, entstanden aus ursprünglichem քան *k̇an* + զ *z*, dem Präfixe des nach քան regelmäßig stehenden Akkusativs; zwischen Nasal und Sibilant entwickelte sich sekundärer *t*-Laut nach § 144, welch letzterer mit dem Sibilanten die Verbindung ց *ç* eingegangen ist. Ganz analog erklärt sich kl. հայնց *hainç*

1) Im Kr. finden sich nach Patk. Dial. 65: *oxčar* »Schaf« (cl. *oçxar*); *anguǰ* »Ohr« (cl. *akanǰ*); *mnan* »ähnlich« (cl. *nman*); *məhar* »für« (cl. *hamar*); *məhik̇* »jetzig« (tf. *himik̇*) u. s. w.

»so« 11—27, 13—21, 25—5, 33—6, 39—14, 41—10, 47—27, ohne vorgeschlagenes հ *h* als այնց *ainç* »so« im Achrabadin H. 417, 423 aus *այն-տ-ս **ain-t-s* = *այն-ս **ain-s* (s. Formenl.). — Ebenso ist wahrscheinlich auch entstanden kl. վանց *vanç* »wegen« aus *վան-տ-ս **van-t-s*, letzteres aber aus *վան-ս **van-s*, welche Form durch Metathese aus aa. վասն *vasn* hervorgegangen sein wird. — Belege für վանց z. B. 19—12, 21—21, 23—22, 29—9. 25, 37—17, 39—18, 59—27, 67—29, L. 156—13 u. s. w.

Anm. Dieselbe Form *k'anç* »als« zeigt der moderne Dialekt von Agulis (S. Sarg. S. 127), der von Muš hat *k'ənj* »als«, der von Wan nur leicht differenziert die Form *k'änj* »als«, beide regelmäßig hervorgegangen aus **k'an + d + z*, *k'andz* (Mser. Dial. v. Muš § 218). Im Ak. lautet die entsprechende Form *k'əz* (Patk. Dial. 415)[1].

---

1) Weitere Beispiele von *n*-Schwund im Dial. v. Aken sind nach Čanik.: ak. հոգչիլ S. 282 = cl. հանգչիլ »ruhen«; ak. հիւըացաւ S. 298 aus հիւընդցաւ = cl. հիւանդացաւ »erkrankte«; որդեւ S. 282 aus *ոգրեւ = cl. անձրեւ »Regen«; Մզրայ S. 443, Gen. v. Մզուր *Məzur* = Մնձուր *Mənjur* (türk. *Munzur dayə*); ոնիլ S. 282 = cl. անցնիլ »überschreiten«; ճոչնամ S. 290, 294 aus ճանչնամ = cl. ճանաչենամ »erkenne«; իշ S. 290 = cl. ինչ »was«; ըշտեղ (auch im Ag. vgl. Patk. 41) = cl. ինչ տեղ »wo«; իժվան S. 500 aus ինչուան »bis, bis dass«; մըժվի S. 302, միժվի S. 409 und հիժվի S. 283 aus *մինչուի, resp. ինչուի = cl. մինչեւ ի »bis«. Wie ersichtlich ist hier mit dem Schwinden von Nasal *n* zugleich Übergang der auf *n* folgenden Affricata in die nächstverwandte Spirans verbunden, welch letztere vor tönendem Laute in die tönende Spirans übergeht. — Überhaupt liebt dieser Dialekt die Erweichung und Verschmelzung bestimmter Konsonantenverbindungen mit Liquida *n* oder *r*. Folgende Fälle lassen sich aufstellen.

a) Cl. *ng*, *nk* nach Vokal wird im Ak. zu *y*. Z. B. ak. կոյնել S. 235, 302 = tr. կայնել = cl. կանգնել »errichten«; ak. կոյնեցաւ 3. sg. Aor. S. 231, 266, 780 = cl. կանգնեցաւ; ak. գոյտել S. 453 = kl. գանկտել = cl. գանգատել »klagen«; ak. իյնիմ S. 206, 270 = tr. իյնամ = kl. ընկնիմ, ինկնիմ = cl. անկանիմ »falle«. — Der eigentliche Lautprocess ist hier der, dass zuerst *n* ausfällt, worauf der nun unmittelbar an den voraufgehenden Vokal gerückte Guttural zunächst zur gutturalen Spirans *γ*, dann zur palatalen Spirans *y* erweicht wird. In wenigen Dialekten ist der Process auf der Stufe der gutturalen Spirans stehen geblieben. So jlf. (Patk. Dial. 84) *kaγni* »er erhebt sich« (= ak. *koyni*), kr. *kaγnel* (= ak. *koynel*), kr. *əγnel* (= ak. *iynel*). — Vgl. auch die Erweichung von ursprünglichem *k* (*g*) zu *y* in ak. մեյ

## 4. Vereinfachung und Schwund.

§ 149. Doppelkonsonant wird vereinfacht und zwar:

a) *-gg -çç* wird zu einfachem *-g -ç* in dem Kausativsuffix -ցնեմ *-çənem* = *-ցցնեմ = cl. -ցուցանեմ *-çuçanem*: Z. B. kl. ամրցնեմ *amrçnem* 27—20 = cl. ամրացուցանեմ *amraçuçanem*; իրաւցնեմ *iravçnem* 59—8 = cl. իրաւացուցանեմ *iravaçuçanem*; յիմեցնեմ *himeçnem* 81—24 = cl. յամեցուցանեմ *yameçuçanem*; հեռեցնեմ *herecnem* 17—17 = cl. հեռացուցանեմ *heraçucanem* u. s. w. Ausnahmsweise erhält sich der Doppel-

---

տեղ, մեյ մի S. 291 aus մէկ *mek*, *meg* »ein«; ak. մեյն S. 302 aus մէկն *mekn*, *megn* »einer«, welch letzterer Fall, nebst չիյտել aus *ci-gdel (= չ-գիտել) »nicht wissen« auch türkarmenisch ist.

b) Cl. *nr* nach Vokal verschmilzt zu ak. *yr* oder *y*. Z. B. ak. մոյր S. 282 und մոյ S. 422 = cl. *manr* »klein«; ak. ծոյր S. 208, 282 und ծոյ S. 301 = cl. *canr* »schwer«. In diesem Falle scheint zunächst *n* mit Ersatzdehnung des voraufgehenden Vokals ausgefallen zu sein, worauf dann auch das auslautende *r* geschwunden wäre. Wahrscheinlich gehen jedoch ծոյր, ծոյ, մոյր, մոյ nicht direkt auf die betr. altarmenischen Formen zurück, sondern vielmehr auf ma. ծանտր, մանտր, in welchen nach Schwund des Nasals die nunmehr nach Vokal stehende Lautgruppe տր zu յր, bezw. յ erweicht oder verschmolzen wurde, nach Lautgesetz c).

c) Cl. *tr* nach Vokal verschmilzt zu ak. *y*. Beispiele sind: ak. Պեյոս S. 470 = cl. Պետրոս »Petrus«; ak. պայոս S. 440 = gemeinneuarmenisch պատրուս *badrus*, *patrus* = cl. պատուաստ »Pfropfreis«; ak. կըյիճը S. 416, 429 = kl. կտրիճ »Jüngling«; ak. կըյին S. 231, 295 = cl. կտրին »werden geschnitten«; ak. կըյեցի 3. sg. Aor. Act. S. 302 = cl. կտրեցի; ak. կըյեցաւ 3. sg. Aor. Pass. S. 217 = cl. կտրեցաւ; ak. կըյեր Verbaladj. S. 206, 207, 261, 274 = cl. կտրեր; ak. կըյած Part. pr. S. 208 = kl. կտրած; ak. կոյի S. 205 = kl. կոտրի, cl. կոտորի »zerbricht«; ak. կոյեյին S. 296 = kl. կոտրէին »zerbrachen«; ak. կոյած Part. pr. S. 208, 483 = kl. կոտրած.

d) Cl. *dr* nach Vokal verschmilzt zu ak. *h*. Beispiel: ak. դահել = kl. դադրել, cl. դադարել »aufhören«; ak. չի դահիր S. 413 = tf. *çi dadrir* »er hört nicht auf«.

Absorption des *t*-Lautes durch benachbarte Konsonanten findet statt in ak. աստված »Gott« S. 218 = cl. աստուած; ak. ասղը »Stern« S. 218 = cl. աստղ; ebenso im Zt. (n. Allahw.) *osγ* und *osx* »Stern«.

konsonant in Kausat. կեցցնեմ *geççnem* 27—13. 17, 29—17, 33—18, 35—9. 16, 59—2. 11, 63—13. 14, 67—11, 69—2, 71—20. Jedoch auch schon vereinzelt mit einfachem *ç* die Form կեցնէ *geçnē* 3. sg. präs. H. 217—19.

b) Doppel-*n*, -նն, wird vereinfacht in:

լինալ *linal* »sein, werden« 59—33; լինայ *lina* 21—15, 25—6, 27—14; լինան *linan* 19—17. 18, 27—45; լինայր 35—31; լինալ *linal* aus լիննալ *linnal* (vereinzelt belegt L. 157—5 sowie in Geop. und bei Mx. Her.) = *լինենալ **linenal*. — Analog die Form ունալ *unal* »haben«, vereinzelt belegt (s. Gloss.) für das gewöhnliche ուննալ *unnal* = *ունենալ.

§ 150. 2. Die Lautverbindung -ծց *-cç* wird zu einem Laut zusammengezogen in:

kl. դարձնեմ, դարձընեմ *tarcənem* »gebe zurück, erstatte« 47—22, 57—26, 59—26, 63—25, 71—21, 79—3. 4, H. 225—46 = cl. դարձուցանեմ *darǰuçanem*. Die ältere Form դարձցընէ *tarcçənē* steht vereinzelt 19—13. Vgl. pol. *tarçənelu* »tourner, renverser« Han. S. 116[1]).

Anm. Im NA. werden auch einander benachbarte, ihrem Wesen nach von einander verschiedene Konsonanten, einander angeglichen, bezw. vereinfacht. So im Ach. (Tom. S. 20): *ellem* »gehe hinaus« = cl. *elanem*; *əllil* »sein«, cl. *linel*; *ləlem* »fülle«, cl. *lnum*; *gallel* (neben *ganlel*) »ergreifen«, cl. *kalnul*; *alli* (neben *anli*) »ungesalzen«, cl. *anali*; *xəllik̔* (neben *xənlik̔*), cl. *xlink̔* u. s. w. Ferner im Mš. (Mser. 142): *kanav* »er richtete sich auf« aus **kannav* = cl. *kangnel*, pol. *gannelu*, J̌lf. *kannil* (Patk. Dial. 84); *ginal* »wissen« aus *ginnal* = tr. *gidnal* = kl. *kidenal*. — Im Ak.: *gənnel* »finden« (Čanik. 296) aus *gətnel* = cl. *gtanel*; *manneru* Gen. pl. (Čanik. 438), aus *matneru* Gen. pl. v. *matn* »Finger«; *hivənnal* »krank sein« (Čanik. 298) aus *hivəndnal* = cl. *hivandanal*. — Im Kr. (Patk. Dial. 65): *onn* »Fuß«, pl. *onner* = cl. *otn*; *mənnan* »aus dem Sinne« aus **mətnan*, *mətnen*, Abl. sg. zu *mit* »Sinn«. Auf dieser Stufe des Lautwandels ist das Kilikisch-Mittelarmenische noch nicht angelangt.

Über Lautschwund im Kilikischen, sowohl den vokalischen als den konsonantischen, ist bereits im Vorhergehenden im Einzelnen gehandelt. Vgl. die betreffenden Stellen.

---

1) Erwähnt sei hier auch die kilikische Form դաւատիկ *tavadig* »nun« (vgl. Gloss.), belegt L. 156—10, entstanden aus դա աւադիկ *da avadik*, also ein vereinzelter Fall von Vokal-Vereinfachung oder Kontraktion. Ein vereinzelter Fall ist auch դեկան *tegan*, Name einer kilikischen Goldmünze (s. Gloss.), entstanden aus cl. *dahekan* դահեկան durch Schwund von *h* und Kontraktion von *a* + *e* zu *e*.

## 5. Vorschlag.

§ 151. Vorschlag eines Hauchlautes findet statt in folgenden Fällen:

հագնիլ *haknil* »sich kleiden, auf sich nehmen« 73—17, Aor. հագաւ *hakav* 3. sg. 29—18, 31—7. 20, 35—1, 63—6 = cl. *aganim* ագանիմ »kleide mich«, հագոյցք *hakuiçk̄* »Rüstung« 31—9 = cl. *agoiçk̄* ագոյցք, διωστήρ, vectis; հապա *haba* »da, darauf« H. 221—13 neben älteren ապա *aba*, cl. *apa*; հարբենալ *harpenal* »sich betrinken« H. 213—7, 222—3 = cl. *arbenal* արբենալ; հայնցեղ *hainç'eγ* »derartig, solch« 57—24, H. 224—4 = *ain ç'eg* այն ցեղ 45—11, H. 213—10; հայնց *hainç* »so, dergestalt« (Beispiele oben!) = այնց *ainç* »so« aus *այն-ս; այնց ist wirklich belegt im Achrabadin; հայնչաք *hančak̄* »so viel, so lange« 33—17, 53—4, 67—16. 28, 77—10, H. 208—29, H. 213 —13, H. 217—43 = այնչաք *ainčak̄* »so groß, so viel« 53—6. 7, H. 211—41. Vgl. auch Gloss. unter այնչաք, այդչաք, այսչաք. Vielleicht gehören hierher auch: հօն *hon* »da«, հօս *hos* »hier«, հօտ *hod* »hier«, հիմայ *hima* »jetzt« (vgl. Gloss.).

Vorgeschlagenes յ *h* zeigen die folgenden: յիմաց *himaç* »Benachrichtigung« 75—7, L. 189 = cl. *imaç* իմաց; յիմնալ *himnal* »in Erfahrung bringen« H. 213—18 = cl. *imanal* իմա-նալ; յերեւան *herevan* »offenbar« 27—12, 39—22, 59—36, 65—20, 69—8 = cl. *erevan* երեւան; յերկայն *hergain* »lang« Mr. B. 143, 153 = cl. *erkain* երկայն; յում *hum* »wem« Dat. sg. zu ով *vov* »wer« 19—29, 21—18, 49—19. 36, 59—27 = cl. *um* ում »wem«; auch in յումպէտք *humbetk̄* (= յում + պէտք) 67—20 = cl. *umpet* ումպէտ (vgl. Gloss.).

Anm. Dieselbe Erscheinung reicht bis ins Modernarmenische hinein. So hat z. B. der Dial. v. Kuty (Han. WZKM 2, 295) analog die Formen: *hakneveln* »s'habiller«, cl. ագանիմ; *harpetu* »sich betrinken«, cl. արբել; *hargevər* »rechtschaffen«, cl. արգաւոր. Im Tf. (Tom. § 185): *harpil* »sich betrinken«, cl. արբել; *hak'nil*, Aor. *hak'a* »sich bekleiden«, cl. ագանիմ, Aor. ագայ u. s. w. Im Ach. (Tom. § 41) *harpil* »sich betrinken«. cl. արբել. Im Mš. *haka* »bin gekleidet«, cl. ագայ, *hangan* »spät«, cl. անագան u. s. w. Vgl. für das Tr. und die westliche Litteratursprache Aid. II, S. 278[1]).

1) Weiter noch dehnt der Dial. v. Karabach (Patk. 64, 66) den Vorschlag vor *h* aus auf folgende meist einsilbige Fälle: *hu* »und« (cl. *ev*,

## 6. Stimmtonentwickelung.

§ 152. 1. Sekundäres ի *i* erscheint in:

յիստակ *histag* »rein« Mr. B. 160, Geop. 101 = cl. *ystak* յստակ; յիստկեմ *histgem* »reinige« Geop., cl. *ystakem*. Vgl. oben § 53.

§ 153. 2. Sekundäres *ə* entwickelt sich regelmäßig

a) inlautend zwischen Konsonanten, deren vokallose Aussprache eine harte ist. Vgl. oben § 4 und 51.

b) im Anlaute vor *ṙ* ռ (selten erscheint ր) in Fremdwörtern. So haben wir z. B.:

ըռասուլ *əṙasul* »Abgesandter« (vgl. Gloss.) = arab. *rasūl*; ըռատակն *əṙadagn* »freigebig, edelmütig« H. 220—34, worin ըռատ *əṙad* = np. *rād* »liberalis«; ըռէ *əṙę* »König« L. 187, Chron. Smp. 666, 671 = afr. *rei*, ital. *rē* »König«; ըռիմոն *əṙimon* »Pfand, Aufgeld« 83—4. 8 = nachcl. ռեմոն *ṙemon*, ռիմոն *rimon* = np. *ramūn*; ըռնայդ *əṙnayd* »Reinald« Dipl. Sarv. = afr. *Renald*; ըռուպերդ *əṙuberd* »Robert« Chron. Smp. 666 = afr. *Robert*; ըռուճէր *əṙuję̄r* »Rüdiger« Chron Smp. Dul. 639 = afr. *Roger*; ըռզիան *əṙzian* »Fenchel« Geop. = np. *rāziyāna* »Fenchel«; ըռուպ *əṙub* »dick eingekochter Saft, Sirup« Geop. = np. arab. *rubb* »eingekochter Fruchtsaft« (Arm. Gramm. 275) u. s. w.

## 7. Hiatustilgung.

§ 154. 1. Zur Vermeidung des Hiatus wird a) ու *u* vor vokalischem Anlaut zu ու-վ *u* — *v* erweitert: es entwickelt sich nach *u* der entsprechende Halbvokal.

Beispiele: ու վ'ուննայ *u v'unna* 13—24 »und er erlangt«, für einfaches ու ուննայ *u unna*; տֆընդէ ու վ'ուրանայ *dfəndę u v'urana* »verwahrt sich und leugnet 27—7, für einfaches ու ուրանայ *u urana*; դատստնիլ ու վ'ուզել *tadstnil u v'uzel* »klagen und fordern« 23—5 für ու ուզել *u uzel*; ի պուն ու վ'ի յետինն *i pun u v'i hedinn* »bis zum Ende und zum Letzten«

kl. *u*), *hib* »wann« (cl. *erb*, tf. *ip*), *hor* »wo« (cl. *ur*), *huč̣* »nicht« (cl. *oč̣*); *hov* »wer« (cl. *ov*), *hinč̣* »etwas« (cl. *inč̣*), *hinču* »bis« (kl. *inču*), *hunç* »wie« (tr. ^u^*onc*), *hanç* »so« (kl. *hainç*).

41—12. 13, für ու ի *u i*; համբերութիւն ու վ'օր *hamperutün u v'or* »Aufschub und Termin« 75—27, 77—1 für ու օր *u o̱r* u. s. w. Analog haben wir S. 81—26 die Aoristform աւղղուվեցաւ *o̱γγuveçav* »er wurde angewiesen« statt regelmäßigen *աւղղուեցաւ.

Bereits in der alten Sprache ist bekanntlich nach ganz demselben Lautvorgange das Interrogativ-Pronomen ո՞ *o* »wer« zur Doppelform ո՞վ *ov* erweitert, welch letztere Form ursprünglich ausschließlich vor vokalischem Anlaut seine Stelle hat. In der späteren Zeit jedoch stehen willkürlich beide Formen für einander.

Anm. Auch neuarmenisch begegnen wir neben ursprünglichem *u* »und« der erweiterten Form *u* — *v* vor vokalischem Anlaute. So z. B. im Dial. v. Muš (Mser. S. 142).

§ 155. b) Wie ու *u* zu ու - վ *u* — *v*, so wird Präfix ի *i* des Akkusativs, Lokativs, Ablativs vor vokalischem Anlaute, unter Entwickelung des entsprechenden Halbvokales zu ի - յ *i* — *y* erweitert:

Beispiele: ի յ‿որդեցն »von den Söhnen« 49—24, ի յ‿ըն‿պօղնէն von dem Schlafgemache« 47—32, ի յ‿ամէն ժամ »zu jeder Zeit« 11—19, ի յ‿աւուրքն »in den Tagen« 47—20, ի յ‿ինք »zu ihm« 81—26, ի յ‿օրն »an dem Tage« 13—18, ի յ‿այն կնկանն աւուրքն »zur Zeit jener Gattin« 49—3 u. s. w.[1]).

§ 156. 2. Hiatus wird auch dadurch vermieden, dass vor vokalischem Auslaute das Präfix ի *i* sowie ու *u* »und« in den entsprechenden Halbvokal *y* resp. *v* übergehen:

Beispiele für präf. ի *i* vor Vokal = յ *y* finden sich allenthalben. — Konj. ու *u* wird zu վ *v* z. B. S. 85—2: ի բախտ վ'ի

1) Im NA, wo das Princip der Hiatustilgung auch für das Wortinnere gilt, wird analog im Imperfekt der *e*-Stämme altes *e̱* vor vokalisch anlautendem Suffix zu *e̱y*, *ey* erweitert oder aufgelöst. So im Nch., Ach., Tf., Ak. u. s. w. An Beispielen für letzteren Dialekt finden sich bei Čanik.: անեյին S. 294 (cl. առնէին), ինեյին S. 295 (cl. ունէին), կ'իւտէյին S. 303 (cl. ուտէին), խըրկեյին S. 295 (cl. յուղարկէին), հեծնեյին S. 295 (cl. հեծանէին), պագնեյին S. 298 (cl. պագնէին), չէյին S. 294 (cl. չ‿էին u. s. w. Diese im Neuarmenischen weit verbreitete Erscheinung, lässt sich für das Kilikische noch nicht nachweisen.

*յըռղակ*; Dipl. Sarv.: *ի մեր մէջն մ՚ի յիրէնցն*; Memor. Smp. S. 93: *մ՚եղ*, *մ՚այղ*, *մ՚եսպան*; überhaupt in mittelarmenischer Poesie.

Während jedoch *ի* vor vokalischem Anlaute stets differenziert wird, bald zu *ի-յ*, bald zu einfachem halbvokalischem *յ*, wird bei *ու u*, wenigstens in Ass. Ant., ebensohäufig der Hiatus nicht getilgt, wie folgende Fälle zeigen: *ու ուժն u užn* 29—10; *ու ուրանայ u urana* 61—1; *տարի մի ու օր մի dari mi u o̲r mi* 13—25, 11—4. 28, *ու իր u ir* 21—16, *ու ի հետ* 41—12, *ու ի մօտեւոր* 45—17, *ու ի պահ* 11—18, *ու այնել* 21—11, *ու այրել ես* 15—16, *ու ելնէ* 13—6, *ու երկուքն* 15—14 u. s. w.

# FORMENLEHRE.

# EINLEITUNG.

Die Lautlehre lag bereits gedruckt vor, als durch einen längeren Aufenthalt an den armenischen Mechitharistenbibliotheken zu Venedig und zu Wien mir noch weiteres wertvolles Quellenmaterial erschlossen ward. Im einzelnen wurden folgende mittelarmenischen Quellen näher untersucht und verwertet:

1) Das Rechtsbuch Smpads (im Folgenden bezeichnet durch Rb), enthalten im Venediger Codex No. 107, sowie im Wiener Codex No. 435, einer Copie des ersteren.

2) Wiener Codex No. 310 vom Jahre 1438 (Mr B) medicinischen Inhaltes.

3) Venediger Codex No. 1281 vom Jahre 1294 (Mr A) enthaltend verschiedene medicinische Schriften, unter anderem auch ein Glossar von Heilmittelnamen[1]).

Ausserdem wurden herangezogen und excerpiert auch andere Manuskripte, teils medicinische (Amir Dovlat, Asar), teils Fabellitteratur (armenisches »Fuchsbuch«), teils auch Liederhandschriften.

Auf Grund des so erweiterten Quellenmaterials[2]) sind zahl-

---

1) Mr A ist in Folgendem zitiert nach der arabischen Seitenzahl des Codex. Dagegen ist bei Cod. B sowie bei Rb die handschriftliche Paragrafenzahl in armenischen Lettern beibehalten. — Abweichend von der bisherigen Bezeichnungsweise wird im Folgenden die Zeilenzahl durch der Seitenzahl nachgesetzte kleine Ziffern ausgedrückt.

2) An jüngsten Litteraturerscheinungen, die für die Lautlehre nicht mehr benutzt werden konnten, seien erwähnt: »Къ Фонетикѣ говора Польскихъ (Галицкихъ) Армянъ«, А. Томсона. Одесса 1899. — »Les explosives de l'ancien Arménien, étudiées dans les dialectes modernes« par H. Adjarian. l'Abbé Rousselot et A. Meillet. Extrait de la Revue

reiche, zum Teil sehr wichtige Nachträge, Ergänzungen und Berichtigungen zur Lautlehre nötig geworden, welche, da dieselben teilweise zugleich für die Behandlung der Formenlehre maßgebend sind, an dieser Stelle[1]) vorgeführt werden müssen.

## I. ZUR AUSSPRACHE.

Zu § 8 b). Nach Transskriptionen zu urteilen, wie kl. *պայուրախ*, *պատայուարտ*, *ֆայուանիա*, *լայուրէաւլա* (aus med. Gloss.), wo *այու* den Diphthongen *au* des Originals wiedergiebt, kann jedoch *յ* jene altarmenische Lautgeltung von *y* kaum noch besessen haben. Verschiedene mittelarmen. Manuskripte lassen häufig dieses intervokalische *յ* graphisch ganz unbezeichnet[2]), was doch wohl darauf hindeutet, dass der alte Spirant *յ* nur mehr als leiser Hauch, auch im Wortinnern zwischen Vokalen, vernommen ward. Analoges gilt für *ոյ* § 9 b).

Zu § 8 c). Weitere Beispiele für die Wiedergabe von fremdem *a* durch kl. *այ* sind: *պայզար* (= np. بازار) »Markt«, Gen. pl. *պայզըրնոյ* Rb *ճժբ*. — *զայճ* (= arab. زاج) »Kupfervitriol«, *խուպայզ* (= arab. خُبّاز) »Malve«, beide aus dem med. Glossar von Mr B. Ferner: *քուպայպէ* (= arab. كبابة) »Cubebe« Mr B *ճիե*. *մայճուն* (= arab. مَعْجُون »conditum subigendo confectum«) Mr B *ճ*, *ճբ*, *ճգ*, *ճղ*, *ճե*, *ճզ*, *մխա*. *կրայնա սաւլխս* Mr B *մկլժ* = lat. *grana solis*; *մայսիս* med. Gloss. = lat. *macis*; *սանկիս տրայզօնիս* med. Gloss. = lat. *sanguis draconis*. — Dass jedoch dieses Kilikische *այ*, obwohl Vertreter von langem *a*-Laute, nicht sowohl quantitativ als vielmehr qualitativ von dem ge-

---

internationale de Rhinologie, Otologie, Laryngologie et Phonétique expérimentale 1899. — M. A. Meillet, Recherches sur la syntaxe comparée de l'arménien (Mémoires de la Société de linguistique de Paris. Tome X). — M. A. Meillet, Notes sur quelques faits de morphologie (Mémoires de la Société de linguistique de Paris, Tome XI). — *Քննութիւն սուչաւլայի բարբառին* von H. J. Ajarean (Bazmavep 1899 f.).

1) Zugleich mit Verbesserung einiger Druckfehler.

2) So schreibt Mr A: *ընծաէ* (= cl. *ընծայէ*) 109, 194; *ընծաիլն* (= cl. *ընծայելն*) 194; *ընձաի* 194, 203; *ընձաեցնէ* (= cl. *ընձայեցուցանէ*) 109; *ծառաէ* (= cl. *ծառայէ* 159; *կրիաի* (= cl. *կրիայի*) 253; *ի Նուպաէն* (Abl. v. *Նուպայ*) 167, *ի քթիրաէն* (Abl. v. *քթիրայ*) 274 etc.

wöhnlichen *a*-Laute differenziert gewesen, folgt schon daraus, dass das Armenische überhaupt keine eigentlich langen Vokale kennt[1]). Erwägt man außerdem, dass jener transskribierte Laut des Originals ein heller, geschlossener ist, dass ferner այ im Kilikischen mit Vorliebe in Verbindung mit Liquiden vorkommt, in welcher Stellung der Laut notwendigerweise helle Klangfarbe hat, so dürfen wir ohne Bedenken dem in Frage stehenden kl. այ den Lautwert von geschlossenem, nach *ä* hin neigenden *a* zuerkennen, ganz wie analog auch ոյ nach dem unten gesagten den hellen *u*-Laut darstellt. Im Neuarmenischen ist denn auch vielfach jenes mittelarmenische այ geradezu zu է *e̱* geworden: z. B. tr. էրիկ »Mann« = kl. այրիկ; zt. էրին »Blut« = kl. այրոյն; pol. *eki* »Weintraube«, *erel* »brennen« für älteres այգի, այրել. Vgl. oben § 66 Anm. 2.

Zu § 9 c). Der Transskription լաւտամոյզ = lat. *laudamus* seien noch folgende Parallelbeispiele aus dem med. Glossar des Codex B angereiht: դոյս = lat. *thus*; գալամուս արալմադիգոյս = lat. *calamus aromaticus*; գաւրալլոյս = lat. *corallus*; գամարիսգոյս (lies դամարիսգոյս!) = lat. *tamariscus*; իզօբոյս & իզաւբոյս = lat. *hyssopus*; մալալիսգոյս = lat. *malva hibiscus*; սալ արմաւնիագոյս = lat. *sal armoniacus*; գոյպիպէ = lat. *cubebe*; Նոքս մոյսկատա = lat. *nux muscada*; ուրդիքա = lat. *urtica*; սբոյմա մարիս = lat. *spuma maris*; ցոյգարայ = it. *zucchero*; էպոյլ = lat. *ebulum*, *ebulus*; էրոյգայ = lat. *eruca*; լագդոյսէ = lat. *lactuca*, Gen. *-cae*; լինկոյա ավիս = lat. *lingua avis*; ֆէռոի սգոյամա = lat. *ferri squama*; գասիա ֆիսդոյլա = lat. *cassia fistula*; գոյրգոյմա = lat. *curcuma*; լոյսֆոյր (lies սոյլֆոյր!) = lat. *sulphur*; ճոյճոյպէ = lat. *jujube* etc. — Dagegen wird die lat. Endsilbe *-um* ebendaselbst regelmäßig durch -ում wiedergegeben. Beispiele: անէդում = lat. *anethum*; անիսում = lat. *anisum*; ասարում = lat. *asarum*; արճէնդում վիվում = lat. *argentum vivum*; աֆսընդիում = lat. *absinthium*; արմօնիակում = lat. *armoniacum*; ակարիգում = lat. *agaricus*, acc. *-um*; աւրում = lat. *aurum*; բանիգում = lat. *panicum*; բաւլբաւտիում = lat. *polypodium*; գա-

---

1) Übrigens zeigt das Originalwort öfter auch kurzen Vokal: z. B. նիլայնճ »Indigo« Mr B մհ = arab. pers. نِيلَنْج; բլիլայճ »Myrobalana bellerica« Mr B իբ, խզ, խե = arab. pers. بَلِيلَج.

բիլլում վէնէրիս = lat. *capillum Veneris*; գալցանդում = lat. *calcanthum*; գաստարէում = lat. *castoreum*; էլէպաւրում = lat. *helleborus*, acc. *-um*; էուպադաւրիում = lat. *eupatorium*; ինդիկում = lat. *indigum*; լիդարճիրում = lat. *lithargyrum*; կալպանում = lat. *galbanum*; ճիպսում = lat. *gypsum*; նիդրում = lat. *nitrum*; ռէպարպարում & ռէոպարպարում = lat. *rheobarbarum*; սաւլադրում (lies սաւլանում!) = lat. *solanum*; սինամօմում = lat. *cinnamomum*; սպաւտիում = lat. *spodium*; փսիլլիում = lat. *psyllium*; ֆէնում կրէգում = lat. *foenum graecum*; ֆէրմէնդում = lat. *fermentum*; էոյֆաւրպիում = lat. *euphorbium*; մարոյպիում = lat. *marrubium*; ֆինիգոյլում = lat. *foeniculum* etc.

Aus dieser peinlichscharfen Unterscheidung der beiden Zeichen ու und ոյ, wie sie in obigen handschriftlichen Umschreibungen zu tage tritt, ergiebt sich endgiltig deren Lautwert für das Kilikische. Beide Zeichen dienen zur Darstellung des u-Lautes; während jedoch das Zeichen ու die Geltung des offenen, nach *o* hin neigenden *u*-Lautes hat, wie er in der Endsilbe *-um* dem romanisch-mittelalterlichen Latein eigen ist, lautet ոյ wie helles, geschlossenes, mehr an *ü* anklingendes *u*. In der Transskription լիգոյրիսիա (ibid.) für lat. *glycyrrhiza* steht Zeichen ոյ geradezu für lat. *y*.

Zu § 10 b). Dass իւ wirklich den Laut *ü* darstellt, ist auch daraus ersichtlich, dass es mehrfach mit ոյ wechselt. So findet sich Ass. Ant. 33 23 die Schreibung ղ-այրիւն »das Blut« statt des gewöhnlichen ղ-այրոյն; ոյ aber ist, nach dem obigen, gleich hellem nach *ü* hin neigenden *u*-Laute.

Zu § 13 Anm. Allenthalben findet sich in den mittelarmenischen Manuskripten, auch den besseren und sorgfältigeren, bald mehr bald weniger häufig, neben und für աւ zur Darstellung des Lautes *av* die kürzere, bequemere, wenn auch weniger richtige Schreibung mit օ. Z. B. in Mr B ղցօն »die Krankheit« մկղ; ցօուս »dieser Krankheit« մկդ, մծթ; օուրն »des Tages« մծդ. առօել »mehr« միզ; զօրոր »kräftig« ճմր. բնօ »überhaupt« մկղ; սակօ »wenig« ճղր[1].

Anm. S. 32 29 ist der Satz: »in այտի für cl. *այդի« zu streichen. — S. 40 10 ist *hǰäib* in *hāǰib* zu ändern.

[1] Eine Lemberger Urkunde vom J. 1492 (Min. Leh. 117) schreibt überall օ für աւ *av*.

## II. ZUR EIGENTLICHEN LAUTLEHRE.

Zu § 36 b. Zu streichen ist der Satz: »ժխի *jxi* (*jəxi*) Gen. v. ժախ H. 221—23«. — Weitere Belege sind: a) Casusformen von չաք: չքու (Gen. sg.) Mr B ղգ, ճի, ճկէ, ճկը. չքով (Instr. sg.) Mr B մժբ. չքուց (Gen. pl.) Rb լե, ճծբ, ճկէ, ճկը, ճհէ, չքօք resp. չքաւք (Instr. pl.) Mr A 267, 290; Mr B ճղզ, ճղէ, ճղը, մժդ. b) Kasusformen von ժամ: ժմուն (Gen. sg.) »stündlich, jede Stunde« Mr A 39, 117, 134, 139; Mr B իա, իդ, իէ, լզ, մծը, մկ, մկդ. ի ժմէ (Abl. sg.) belegt in der Phrase ի ժմէ ժամ »von Stunde zu Stunde« Mr B մծա. ժմով (Instr. sg.) Rb լդ etc. Ferner auch kl. ժմնել *žmnel* (= cl. *žamanel*) »erreichen, gelangen zu«, ժմնէ 3. P. sg. Präs. Rb ճժդ. Übrigens zeigt bereits das Classisch-Altarmenische die abgeschliffene Form ժմ für ժամ in den Kompositen: այժմ »jetzt«, այժմեան »jetzig«, ferner այժմէն, այժմիկ, այժմու, այժմուս, յայժմուս, զայժմուս (= այս ժամ, այս ժամեան etc.).

Zu § 37. 2. Weitere Belege des Lautgesetzes sind: յեմէ (= cl. յամէ) »er weilt, bleibt, zögert« Mr B ճխդ, մլզ, մծզ, մծե; Mr A 16, 34, 110, 148, 184, 187, 190, 195, 271, 280, 289. յեմեցին (3. P. pl. Aor.) Mr A 199. յեմել լինի (3. P. sg. Prät.) Mr B ժէ. ի յեմելն Mr A 176; ի շատ յեմելն Mr A 16. յեմեցնէ (= cl. յամեցուցանէ) »er schiebt auf, verschiebt« Mr A 187, 198. մի յեմեցներ (neg. Imp.) Mr A 154. յերդ (= cl. յարդ) »Stroh« Mr B միզ. Gen. յերդի Mr A 19. յեվելնա, resp. յեւելնա (= cl. *յաւելանայ) »wächst, nimmt zu« Mr B մլը, Mr A 151, 225. յեվելցել է »hat zugenommen« Mr B մծէ. Inf. յեւելնալ Mr A 223, 225. Gen. Gerund. յեւելնալո Mr A 226. p. p. յեւելցած Mr A 101. Dazu Kaus. յեվելցնես (2. p. sg. präs.) »fügest hinzu« Mr B մլզ; Mr A 198. յեւելցնէ (3. p. sg. präs.) Mr A 107. յեւելցո (imp.) Mr A 188, 213, 279. Verbalnomen յեւելված (= cl. յաւելուած) »Überschuss, Überfluss« pl. »Excremente« Mr A 258. յեւելվծոյ (Gen.) Mr B մլէ. ի յեվելվծէ resp. յեվելվածէ (Abl.) Mr B մկզ. յեւելվածք (Nom. pl.) Mr A 180. յեվելվածոց (Gen. pl.) Mr B մլը. յեւելվծերոյ (Gen. pl.) Mr B մժզ. յերցնես (= cl. յարուցանես) »erhebest, steigerst, erregest« Mr B մժգ; յերցնէ (3. p. sg. präs.) Mr A 194. յերոյ, resp. յերո (imp.) Mr B մծբ, մկթ; Mr A 137, 239, 247, 248, 250, 258 etc.[1]).

Zu § 38. 3. Belege für այնեմ und die andern Beispiele siehe im Gloss. — Weitere Beispiele sind: ժայժէ *žaižẹ* (= cl. շարժէ) »rüttelt, bewegt« Mr A 266. ժայժի *žaiži* (= cl. շարժի) »bewegt sich« Mr A 29, 257. քայշէ *k̄aišẹ* (= cl. քարշէ) »zieht« Rb ճկգ. բայժին *paižin* (aus älterem բարժին) »Antheil« Rb գ. Auch այլոյր *ailuir* (= cl. ալիւր) »Mehl« Mr B ճիզ, Rb ճհգ. գգայլ *tk̄ail* »Löffel« (= cl. դրգալ) Mr B մկա. համայնք *hamaink̄* »Befehl« Sisv. 475 neben համանք (= cl. հրամանք). հայհընդցնէ *haihəndçənẹ* »stillt« Mr B մհ neben հահընդցնէ, vermuthlich auf *հարհընդցնէ zurückgehend. Danach ist Lautgesetz § 38 allgemeiner zu formulieren[2]).

Zu § 41. Anm. Mr B schreibt für älteres auslautendes -եռ, sei dasselbe ursprünglich oder sekundär, regelmäßig -էռ. Z. B. էռ (= cl. եռ) »Aufwallen, Sieden« Mr B ճիե, ճիթ, ճղգ, ճղէ, մծբ; դէռ (= cl. դեռ) »noch« Mr B մի, միգ, միդ; ձմէռն (= cl. ձմեռն) Mr B ճղ, մծ, մծա; սխէռ (= cl. սխեռն) Mr B մկղ, մկ; կշէռ (für կշեռ = cl. կշիռ) Mr B լէ, խ, խէ, ձզ, ձը, ղ, ղբ, ճ, ճժա, ճլգ, մխա, մկղ etc. Dagegen in vorletzter Silbe stets mit ե die Schreibungen ի կշեռէ, կշեռով. — Nun finden wir, dass in verschiedenen neuarmenischen Dialekten, so im Pol. (n. Han. WZKM 1, 284) für diesen Fall, d. i. vor *ṙ* der alte *e*-Laut unjotiert bleibt, und indem man denselben Lautstand bereits für die mittelarmenische Zeit annimmt, erklärt sich obige Schreibweise. Dieselbe ist von Mr B nicht etwa willkürlich eingeführt — schon die große Sorgfalt und Güte

1) Nur noch ganz vereinzelt erscheint die classische Form յարո *yaro* (imp.) Mr A 249, 250. Dagegen gebraucht Smbad in Ass. Ant. und Rb noch stets die Formen յաւերժնալ, յաւելցնել, die als die älteren in der Litteratur noch künstlich fortleben: z. B. 47 20, 55 7, 45 19. 20, Rb ժա, ղզ etc.

2) Dass in diesen Fällen die hier angewandte Transskription *ai* nicht etwa eine phonetische, der wirklichen Aussprache adäquate ist, sondern lediglich eine besondere Nüance des *a*-Lautes vor Liquida darstellen soll, ist nach dem oben zu § 8 c) Gesagten selbstverständlich. Für die ältere frühkilikische Zeit mag hier allerdings, wie allgemein, das այ diphthongisch gelautet haben.

dieser Handschrift lässt eine solche Annahme nicht zu — vielmehr ist diese Neuerung hervorgegangen unter dem Streben nach Klarheit und nach möglichst adäquaten Lautbildern: das Zeichen des jotierten *e*-Lauts ward in diesem Falle, da Jotierung nicht stattfindet, verdrängt und ersetzt durch է, das Zeichen des gewöhnlichen *e*-Lautes; natürlich aber nur in auslautender Silbe, da ja in inlautender Silbe (in den Formen կշեռէ, կշեռով) ե stets unjotiert ist. Andere weniger sorgfältige Manuskripte behalten allenthalben die historische, für das Kilikische ungenaue Schreibung mit ե bei. — Dem Lautgesetze § 41 ist also folgende Beschränkung beizufügen: vor dem harten *r*-Laute erscheint stets hartes *e*, nie der weiche (jotierte) *e*-Laut.

Zu § 43. a) իրիթ »Keil« (= cl. *erit́*) Geop. մլա, մխզ. իրիկամն »Niere« (= cl. *erikamn*) Mr A 93, 110; իրիկմնցմի Mr A 88, 101; իրիկմանց Mr B ճր. Auch das für երակ einmal in Mr B միե stehende իրակ »Ader« wird schwerlich als bloßer Schreibfehler zu fassen sein. — b) ածիլէ (= cl. ածելէ) »rasiert« Mr B մլր, մխ, մխր. զինէ (= cl. զենու) »schlachtet« Mr B մկ.

Zu § 43 c). Außer յիմեցնեմ finden sich in Rb noch folgende Formen belegt: յիմէ »wartet, zögert« (für յեմէ) հր, ճէ, ճհէ; յիմելոյ (Gen. Gerund.) ճէ, ճխ; յիմեցնէ (für յեմեցնէ) »schiebt auf« ճա; յիմեցնեն լզ; յիմեցուցել լինայ und լինայ յիմեցուցել ճա; յիմեցնաւղին ճա.

Zu § 44. Unter dasselbe Lautgesetz gehören noch folgende kilikische Lautformen: աղջոյր *aγčuir* (= cl. եղջիւր) »Horn« Mr A 48, Mr B ճր; աղջոյրի »Hornes« Mr A 47, 258; եղնաղջոյրի »Hirschhornes« Mr B մկզ. աղջոյրու *aγčuiru* (= cl. եղջերու) »Hirsch« mit Gen. աղջոյրուլի, resp. աղջուրուլի Mr A 135, 267, 258. աղջոյրուլի աղջոյր »Hirschhorn« Mr A 257, 300, 302, 303; Mr B մխդ, մկթ. աղջոյրուլի աղջոյրի »Hirschhornes« Mr A 258, 259 (bis). աղջոյրենի *aγčuireni* (= cl. եղջերենի) »Johannisbrodbaum« mit Gen. աղջոյրենոյն belegt Mr A 48. Dass ferner աղբայր *aγpair* echtkilikisch, եղբայր dagegen Classicism ist, beweisen die Formen: աղբայր »Bruder« Rb ղե, ղղ; աղբաւր (Gen.) Rb ղե, ճհէ; Lied Lev. Dul. 539; auch ist die *a*-Form աղբայր mehrfach belegt in einem kilikischen Aktenstück vom J. 1358

(Sis. 413), in Dipl. Sarv. etc. Ferner աղբրաց resp. աղբրանց in der Verbindung աղբրաց (աղբրանց) արոյն in med. Schriften häufiges Korrelat von arab. دَمُ الأَخَوَيْن »*Andemon, nomen lacrymae*, vulgo *sanguis Draconis*«. Vgl. Mr A med. Gloss. Աղբրաց արուն: արպ" տըմմըլըխուայն: լատին՝ սանկիս տրայգօնիս.

Zu § 45 a). Weitere Belege: գ-ըղունկն (= cl. գեղունգն) Mr B մհ. Acc. plur. զըղընգնին »die Fingernägel« Mr B մհ.

Zu § 45 b). Weitere Beispiele von *e*-Schwund sind: ի վրայ (neben und für älteres վերայ) Mr B մլը, մկզ, մկէ, մկթ. ձմռան (= cl. ձմեռան) Mr A 210, 218, 227, 288. սիսռան (= cl. սիսեռան) Mr A 40, 255, 262; Mr B իէ, իթ, լ, լզ, մլթ, մծը, մկ, մկզ. շաքրռաց (= älterem շաքրեռաց) Mr B ճի; շաքռաց Mr B ծղ, ճի. պղպղի (= cl. պղպեղի) Mr B ժթ, իդ; Mr A 236, 240, 257, 305 etc. պղպղհատ (= cl. պղպեղհատ) Mr A 212 etc. Demnach ist das betr. Lautgesetz folgendermaßen zu formulieren: cl. ե *e* schwindet im Inlaut unter dem Einflusse einer benachbarten Liquida, analog wie cl. ո *o*.

Zu § 46. Auslautendes է, sowohl ursprüngliches als sekundäres, schwindet vor vokalischem Flexionssuffix. Z. B. պախրէ »Rind«, Gen. պախրի Mr A 220, 310, L 155 28; ֆնդպէ »Endivie«, Gen. ֆնդպի Mr A 85, 104, 203; մաստաքէ »Mastix«, Instr. մաստաքով Mr A 187, 219. So entsteht auch das չի *çi* der III p. sg. des negativen Präsens aus ursprünglichem չէ ի *çe i*.

Zu § 50. Satz 2. ist folgendermaßen zu formulieren: »cl. ի *i* = kl. ե *ʲe* resp. *e* vor Liquida«. Statt *angiš'eṙ* Z. 6 soll *angišeṙ* stehen.

Zu § 57. 4. Gegen die Annahme, dass -ուրդի in գնուրդի, սղալուրդի auf das aa. Suffix *-ord* zurückgehe, sprechen die kilikischen Formen *əyort*, *yort* (cl. ուղղորդ), պաֆնորդ (cl. պահանորդ) etc., welche dasselbe alte Suffix unversehrt erhalten. Ich erkläre jetzt das -ուրդի jener Komposita für identisch mit kl. ուրդի »accidit, evenit«, welches etymologisch mit dem altarmenischen *yordem*, *yordim* zusammenzustellen [1]), bei der Bedeutungsdifferenz und dem Mangel an lautgesetzlichen Analoga sehr gewagt erscheint. Weitere Beispiele jener Lautvertretung

1) Wie dies Wb. II 560 thut.

sind: *մուծիր mujir* Mr B մկզ »Kohlenstaub« (= cl. *mocir*); *փուշի*[1]) *puši* Mr B մծէ, մկզ, մհ, ճծը, »Staub« (= cl. *poši*).

Zu § 58. 5. Weitere Belege: *ժողվէ* (= cl. *ժողովէ*) Rb իդ, ճժե; Mr B խ, խզ; Mr A 253. *ժողվի* Mr A 190. *ժողվեն* Rb ճիզ. *ժողվին* Mr A 169. *ժողվել* (Inf.) 13 7, Mr A 225. *ժողվել* (Part.) 15 15, 35 15. *խորվես* (= cl. *խորովես*) Mr A 110, 136; *խորվէ* Mr B կէ, մկէ; *խորված* Mr A 111, 165; Mr B խե, ճլթ, ճկզ. *խորվնայ* (= cl. **խորովանայ*) Mr B միա. *խոշրնա* (= cl. *խոշորանայ*) »wird dick« Mr A 210; *խոշրութիւն* (= cl. *խոշորութիւն*) »Dicke, Härte« Mr B միզ, մլբ, մլը. *ծոծրակ* (= cl. *ծոծորակ*) »Nacken« Mr B մխ, մխզ. *կոտրել* (= cl. *կոտորել*) »niederschlagen« Rb ճհ. *մոլրած* Part. von *մոլրիլ* (= cl. *մոլորիլ*) »irren« Rb ճհէ. *յորդրէ* (= cl. *յորդորէ*) »treibt an, befördert« Mr A 49, 190. *սովրի* (= cl. *սովորի*) »ist gewohnt« Mr A 128. *սովրեցո* (= cl. *սովորեցո*) Mr A 296, Mr B մկզ. Das Gesetz ist demnach bereits für das Kilikische allgemein und durchgreifend.

In dem kl. *կոյզ* (= cl. *ողկոյզ*) »Weintraube« hat, nach dem regelrechten Schwund des anlautenden *ո* vor *ղ*, sich außerdem noch die folgende Doppelkonsonanz vereinfacht: aus älterem *oγguis* ward *guis*, wie analog aus älterem *uγγort* das kilikische *γort* hervorgegangen ist (vgl. oben § 61, sowie S. 16 Rdn. 1). Belege: *կոյզ* »Traube« Geop. մժզ, մժդ; *կուզեր* (pl.) Geop. մժզ. *կոյզկապ* »Traubenstiel«, Acc. pl. *զկոյզկապերն* Geop. մժզ[2]).

Zu § 66. Im Inlaute entspricht älterem *ai* kilikisches *e* vereinzelt in folgendem Falle: *ձենել cenel* (= cl. *ձայնել*) »ausrufen« Rb ա; *ձենել լինին* »haben ausgerufen« Rb ճհէ[3]). Zu Anm. 1 sei auch erwähnt die zwar nichtkilikische, jedoch

1) Statt *փուշի* schreibt Mr A auch *փոյշի*, so z. B. Mr A 259.

2) Bezeichnenderweise haben dieselben Geoponica auch stets die Formen *ղորդ*, *ղորդել* für älteres *ըղորդ*, *-ել*. Letztere, nebst *ղուղ* resp. *ղեղ* »Mark, Gehirn«, *ղրկել* resp. *ղարկել* »schicken« sind auch häufig in der Medicinal-Litteratur der Kilikier.

3) Vgl. pol. *cenełu* »rufen« neben *can* »Stimme« WZKM 1, 285. Als polnischarmenisch steht die Form *ձեններք* »wir berufen« bereits in einer Lemberger Urkunde vom J. 1467 (Min. Leh. 110).

mittelarmenische Partikel *յենում* resp. *յենումն* »da, dann, darauf« als auf aa. **յայնում* zurückgehend. Dieselbe ist häufig belegt in dem dreiteiligen Medicinalcodex No. 106 der Nationalbibliothek zu Paris. Vgl. H 437.

Zu § 70 Zusatz. In den Fällen, wo sich graphisch altes *ոյ* in auslautender Silbe noch hält, bleibt dieses *ոյ* meist auch bestehen, wenn jene Silbe durch Worterweiterung inlautend wird, während man nach der classisch-armenischen Grammatik dafür *ու* erwarten sollte. Z. B. *բոյնին* »des Nestes« Mr B *մկղ*; *բոյնով* »mit einem Nest« Mr B *մկղ*; *գոյնով* »mit Farbe« Mr B *միգ*; *բոյթանտ* »deines Daumens« Mr B *մխղ*; *գոյներոյս* »dieser Farben« Mr B *միգ*; *պատրոյգնի* »Dochte« Mr B *ճէ*; *քոյրվտի* (neben *քուրվտի*) »Schwestern« 21 20, 49 28 etc. Diese Abweichung vom Classischen beruht schwerlich auf rein graphischer Willkür, wonach nach Monophtongisierung des alten Diphthongs *ոյ* beide Zeichen für *u* mit einander verwechselt und willkürlich für einander angewandt worden wären. Vielmehr ist hier, in Anbetracht der Häufigkeit und Konstanz dieser Schreibung, sowie unter Rückschluss aus dem Neuarmenischen, wirkliche lautliche Abweichung von der alten Sprache anzunehmen.

Zu § 72. 1). Zur Stütze des Satzes seien noch folgende Belege angeführt: *արոյն* »Blut« Mr B *ղ*, *խ*, *ծ*, *ճղ*, *ճխա*; Mr A 19, 22, 47, 48, 107, 109, 166, 167, 168, 179, 180, 235, 282. *արոյնի* (Gen.) Mr A 259. *յարոյնէ* (Abl.) Mr B *հէ*, *ճկ*, *միգ*; Mr A 179, 239. *արոյնով* (Instr.) Mr B *մծգ*; Mr A 163. *հարոյր* »hundert« 93 7, Rb *հգ*. *ալոյր* »Mehl« Mr B *ճժ*, *ճծ*, *ճծգ*, *ճծե*, *մկե*, *ճկէ*, *ճկը*, *մժղ*, *միղ*, *մծէ*, *մծթ*, *մկղ*; Mr A 138, 162, 175, 176, 179, 182, 234, 253, 306. *ալոյրի* (Gen.) Mr A 259. *առոյծ* »Löwe« Mr A 88. *առուծու* (Gen.) Mr B *մկղ*. *հերքոյն* »Geschwür« Mr B *ճձգ*. *դոյր* »eben, glatt, leicht« Mr B *մլթ*; Rb *կգ*; Mr A 239. *դոյրութիւն* »Erleichterung« Mr A 223, 225, 226. *դոյրել* (= cl. *դիւրել*) »abtrennen, entfernen« Mr B *մժգ*. — Weitere Beispiele für dasselbe Lautgesetz sind: *աղբոյր* *aγpuir* (= cl. *աղբիւր*) »Quelle«, Gen. *աղբոյրի* Mr A 245, 246, 247. *թոյր* *ťuir* (= cl. *թիւր*) »krumm, schief« Mr A 224. *ծարոյր* *jaruir* (= cl. *ծարիր*, *ծարիւր*) »Antimonium« Mr A 181, 182, 245; Mr B *մծթ*. *հոյթ huiť* (= cl. Հիւթ) »Materie« Mr B ծհդ bis. Հոյս *huis* (= cl. Հիւսն) »Schreiner« Rb ա. Հոյրակլեն *huiraglen* (= cl. Հիւրընկալեն) »sie sollen gastlich aufnehmen« Rb լ. Ձոյն *cuin* (= cl. Ձիւն) »Schnee« in ի ձոյնաջրէ »von Schneewasser« Mr A 281. Ձոյնին (Gen.) Mr B մկզ. Ձոյնով (Instr.) Mr A 46, 128. Հերոյն, in Geop. Հերուն *heruin*, *herun* (= cl. Հերիւն) »Pfrieme«, Instr. Հերոյնով Čar̄ənt., Leb. d. Vät., Erznkaçi. Ձոյթ *cuiť* (= cl. Ձիւթ) »Pech« Mr A 257, 299; Mr B ծժ, ծձա, ծձդ, ծղ, ծղա, ծղդ, ծղե, մբ, մդ, մկզ; Rb գ. մորմջոյն *marmčuin* (= cl. մարմաջիւն) »Jucken der Haut« Mr A 260. — Ferner auch: աղջոյր *ayčuir* »Horn«, աղջոյրու »Hirsch«, աղջոյրենի »Johannisbrodbaum« (= cl. եղջիւր, *եղջիւրու, *եղջիւրենի[1]). Vgl. oben zu § 44.

Anm. S. 66 1 ist statt »er sah« zu lesen »er wurde gesehen«.

Zu § 72 Rdn. 2. In Rdn. 2) zu § 72 ist der folgende Satz zu streichen: »kl. Հարուն *harun* Schlag, Ausschlagen der Pferde, aus älterem *Հարիւն *hariun* (vgl. բախիւն Schlag)«.

Zu § 80, 2. Weitere Beispiele von auslautendem -է für älteres -եայ sind: աւրհնէք »Weihe, Segen« Rb իգ. խոտչէք »Weidegeld, Weidezins« Rb ա. փաւշամնչէք »Reuegeld« Rb ձբ. չէքուչէք und չէքչէք (= չէք—ու—չէք resp. չէք—չէք) »Abgaben, Gefälle« zumal ungesetzliche und durch Erpressung eingetriebene, Rb ա, Mch. Goš II 316; Instr. չէքուչեօք bei Georg Banibun Erkl. d. Jesaia (um 1292)[2]. — Sehr beliebt ist das Adjektiv auf -է als Entsprechung von älterem -եայ. So finden sich: ապիկէ »gläsern« Mr A 46, 64, 69, 115, 116, 255; Mr B կգ, կդ, ծժթ. ապրիշմէ »seiden« Mr A 236, 246, 248; Mr B մծզ, մծե. բամբկէ »baumwollen« Mr B մժե. երկթէ »eisern« Rb կ; կաւէ »thönern« Mr A 253. պղնձէ resp. պղնծէ »kupfern« Mr A 250, 274; Mr B մա, մկե, ծղ, ծղե. պրիսմէ »seiden« Rb ա; Mr B ծը, մխե. պրտուէ resp. պրտովէ »aus Papyrus gefertigt« Mr A 47, Mr B ծլթ, ծխդ, մծթ. փայտէ »hölzern« Mr B ծդ. քարէ »steinern« Mr B ծդ, ծժէ, ծհդ, ծհե, ծղէ, մծդ etc.

---

1) Inschriftlich zeigen sich: զատաւն խաչգոյտին (= cl. -գիւտին) »das Fest der Kreuzerfindung« in einer Inschr. des Jahres 1253 (Šir. 26); զիմ գանձագին գեղն զՆորաղբոյրիկ (= cl. -աղբիւրիկ) »mein durch Kauf erworbenes Dorf Noraγpuirik« (»Neubrünnchen«) in einer Inschrift des Jahres 1262 (Šir. 119) u. s. w.

2) Näheres s. in Gloss.

Zu § 83. Zusatz. Kilikische Fälle wie: խմելեստան »Getränke«, հայրենեստան »Erbgut, Vermögen« gehen zurück auf *xmeli-a-stan, *haireni-a-stan durch die Mittelformen *xmele-a-stan, *hairene-a-stan, ganz wie altarmenisches *barekam* »Freund« auf *bari-a-kam*; *ordegir* »Adoptivsohn« auf **ordi-a-gir*; *baregoin* »besser« auf **bari-a-goin* etc.

Zu § 84. Wie իրար aus իրեար so sind die Aoristformen կորան, հանգաւ hervorgegangen aus կորեան (= *կորիան), հանգեաւ (= *հանգիաւ) mittels Vokalschwund, so dass auch in letzterm Falle wirklich phonetischer, nicht morphologischer Wandel vorliegt.

Zu § 99, Zusatz 3. Zur Stütze des Lautgesetzes seien noch folgende Belege gebracht: կարք (= cl. կարգ) Rb ժգ, ժը, խը, ծե, կդ, հա, հբ, ղը, ղէ, ճլա, ճլբ, ճկէ, ճկթ. ավաք (= cl. աւագ) Mr B ծզ, միդ, մծա, մկդ; Rb կթ etc. պոռյք (= cl. պոռյգ) Rb հե, հբ (bis). — Neue Beispiele von Aspiration sind: պատրոյք (= cl. պատրոյգ oder պատրոյկ) »Docht« Mr B մժդ, մժե. զարք (= cl. զարկ) »Hieb, Wunde« Mr B ճզզ, ճզէ, մկզ, մկթ. որթն (= cl. որդն) »Wurm« Mr B մի, մկէ (bis). որց (= cl. որձ) »Männchen« Mr B ճիդ. վարց (= cl. վարձ) »Lohn« Rb ճկա, ճկը. քարց (= cl. քարձ) »kurz, kurzbärtig« Geop. Auch die Schreibung աղգք in այս աղգք »diese Art« Mr B մխե, այլ մօտեւոր աղգք լինի »ist näher verwandt« Ass. Ant. 71 3. 4 wird auf diesen Lautvorgang zurückzuführen sein[1].

Auffallender ist, dass sich auch für aa. շոգի »Dampf« regelmäßig die aspirierte Form շոքի findet. Belege: շոքի *šoḱi* Mr B մժէ, մխէ, մկէ, մկզ, Mr A 200. շոքոյ (Gen.) Mr B մկր, մկզ.

Zu § 108. յիշվել hat außer der Bedeutung »gelten, rechtskräftig sein« in Rb auch diejenige von »einen Einfall machen, Beutezug oder Razzia machen«. Belege aus Rb: յիշվէ ա, լգ, ղդ (bis), ճխ, ճխզ, ճծզ; յիշուի ճժդ; յիշուելոյն ա.

---

1) Analoge Fälle von Aspiration sind nach Wb.: խորթ für խորդ »Kranich«; մորչ für մորճ »Ast, Zweig«. Vgl. auch die von Wb. angeführten Dubletten: ցետ und ձետ »Schwanz«; քդակ und գդակ, գտակ »Mütze«; քուց und գուց = գուղձ »Scholle«.

Zu § 109. An weiteren Belegen führe ich an: սղալ Rb ճհե, Geop. 259. անսղալ Rb կա, կզ, հր, ճհե, ճհզ; Mr B մկթ. սղալանք Rb իա. սղալանաց Rb լզ, հա. սղալէ Rb ճժ.

Zu § 111 a). Man vergleiche mit ատտալ (= cl. հաստատալ) das kilikische ատակ *adag* (= cl. յատակ *yatak*, resp. *hatak*) »Grund, Boden« Geop. մժզ, Mr B միզ mehrfach belegt. Auch անդերձ *and'erc* (= cl. հանդերձ) Mr A 214, sowie ուզել *uzel* (= cl. յուզել). Vgl. unten zu § 117.

Zu § 117. Schwund von anlautendem յ *y* nebst starker Bedeutungsdifferenz zeigt kl. ուզել »begehren, wollen, wünschen« 11 19, 13 23. 28, ուզենալ it. 13 7, 17 24 = cl. *yuzel* »suchen, nachforschen«.

Zu § 119. Dass auch in den Kasus obliquis der Nomina auf -այ das letztere, wenn nicht schon allgemein geschwunden, so doch im Schwinden begriffen war, lehren Formen wie: տղին *dγin* (= cl. տղային) »des Kindes« Mr B մի; բակլի *pagli* (= cl. բակլայի) »der Bohne« Mr A 162; մուխատրի *muxadri* (Gen. v. մուխատրայ »Gefahr, Risiko«) Mr B միզ, միդ.

Zu § 132. Als weitere Belege sind zu nennen: ընդ ներքսէ Mr A 183, 190, 194, 203, 205, 208; ցներքսէ Mr A 228. խամձեկ Mr A 259. սպկիկ Mr A 156, 275; Rb հր, ճխե, ճկէ. — Nach § 132 ist als § 132* noch folgendes nachzutragen: h) Cl. ջր *ǰr* = kl. *ǰ* ջ : ջաղացք (= cl. ջրաղացք) »Wassermühle« Rb ճէ, ճժ. ջաղցաց (Gen. sg.) Rb ճհզ. ջաղցնոյ resp. ջաղացնոյ (Gen. pl.) Rb դ, ճժ. զ-ջաղցպներն »die Müller« Rb ճհզ.

Zu § 137. Weitere Beispiele dieser Lautassimilation sind: ջախցաց (aus älterem ջաղցաց, Gen. v. ջաղացք »Mühle« Mr B մկզ. ախչքնմաւր (aus älterem աղջկնմաւր, Gen. v. աղջկնմայր Mr B մկզ. ընդ ախփրթութենէ (neben յաղփրթութենէ) Rb ճկը. գխթոր (= cl. գղթոր) Mr B մկզ. թուխթ (= älter թուղթ) ein Gewicht Mr B մկզ. Belegt findet sich ferner թախթ (= cl. թաղթ) in Mr B միե, միզ, մլը, մխը. թուխթ (= cl. թուղթ) »Brief, Urkunde« Rb ձ, ձա, ճթ, ճժ, ճլզ. Dagegen ist das spätmittelarmenische (auch neuarmenische) քախնել (= cl. քաղհանել »gäten« aus älterem քաղհնել Geop. ը durch Lautverschmelzung entstanden. Vgl. den analogen Vorgang in § 124. Von unmittelbar folgendem խ wird der Laut ղ schon in vorkilikischer Zeit verschlungen: *բղխել* wird zu *բխել*, *աղխ* zu *ախ*, *աղխել* zu *ախել*, *ջաղխել* zu *ջախել*, *ջաղխումն* zu *ջախումն* u. s. w.[1]). Der Lautvorgang kann erst eingetreten sein, nachdem ղ seinen ursprünglichen Lautwert aufgegeben hatte und zu *γ* geworden war, also auf der Neige der altarmen. Periode, darf mithin als späte Erscheinung für mittelarmenisch und speziell auch für kilikisch gelten.

Zu § 143. Mehr Belege für *ինչուի* s. in Gloss. Belegstellen für *յեղմ* resp. *յեղմն*: Mr A 29, 30, 55, 63, 64, 68, 69, 139, 156, 235, 257, 277. Mr B խա, խզ, ծզ, ձէ, ղբ, ծժբ, ծժզ, ժիե, ծլե, ծխզ, ծձա, ծղզ, մա, մխա, մծզ, մծթ, մկա, մկե, մկզ etc. Wurzelhaft ist in beiden Formen nur *եղմ*[2]): *յեղմն* = *ի* + *եղմ* + *ն*, welch letzteres *n* Pronominalsuffix ist. Auch hier, wie bei *ինչուի*, zeigt das Kilikische die ursprünglichere Form.

§ 144 ff. Zwischen § 147 und § 148 ist Folgendes nachzutragen: 2*. Assimilation. Vokalassimilation liegt möglicherweise vor in kl. *ոսկոր* *oskor* (= cl. *oskr* resp. *oskər*) »Knochen« Mr B ծլթ, մկզ, Geop. 221 19; allerdings ließe sich hier auch an bereits altarmenisch existierende Dialektverschiedenheit denken. Kl. *ցորեկ* *çor'eg* »tagsüber, am hellen Tage« Rb ծիզ, Mr B միզ, Mr A 112, 213, 219 ist hervorgegangen aus aa. *ցերեակ* *çereak*, indem der Laut *e* durch die dunkle Klangfarbe des benachbarten *ç* influenziert sich zu *o* verdunkelte.

Fälle von konsonantischer Assimilation sind bereits im Vorigen inbegriffen, namentlich in § 124, 137, 142. Es erübrigen noch folgende Fälle: a) *ժաժուն* *žažun* »beweglich« Rb խա, aus älterem *šaržun* hervorgegangen. *ժաժելն* *žaželn* »das Herzklopfen« Mr B ծա (= cl. *šaržel*). *ժաժի* *žaži* 3 p. sg. präs. pass. Mr B մժե (= cl. *šarži*). *ժաժէ* *žažē* imp. Mr B մխէ (= cl. *šaržea*). *կու ժաժեն* 3. pl. ind. präs. Mr B մժզ. Dazu noch die schon oben angeführten *այ*-Formen: *ժայժէ* Mr A 266, *ժայժի* Mr A 29, 257. b) Angleichung des dentalen Nasals

---

1) So zeigt Patm. Alex. die Beispiele: *ախեցին* »verrammelten« S. 64 4, *բխեն* »fließen« S. 69 2, *ջախեաց* »zerschmetterte, zermalmte« S. 91 16. Vgl. auch *գուց* und *քուց* für älteres *գուղձ* »Scholle«.

2) Das aa. Glossar des Wiener Mskr. No. 337 zeigt Bl. 180[a] die Deminutivform *եղմիկ*, die es mit *մեղմիկ* zusammenstellt.

an den auf ihn folgenden Palatal zeigen folgende Beispiele: ամպակ *ambag* (= cl. *anapak*) »rein, ungemischt« belegt in der Verbindung ամպակ գինի Geop. 240, Mr B ձղ, ճի, մխա, մծք, մկղ, մկթ etc. կամփի *gampi* aus կանփի Gen. sg. v. կանափ »Hanf« Mr B մկթ. Vgl. na. ճամբայ aus ma. ճանբահ »Weg«. c) ախչքնմայր *axčḱnmair* mit Gen. ախչքնմաւր Mr B մկղ. Weniger genau steht dafür die Schreibung աղչքնմաւր Mr B ճկէ, ճղղ, մկղ, մկէ.

Zu § 144. 1. Weitere Belege sind: ծանտր Rb ճիթ; ծանդրնա Mr A 233; մանտր Rb ճլէ, ճխ, ճհզ, Mr B ժդ, ժէ, իթ, խ, կղ, ղա, ճժա, ճկա, ճհե, միե; մանդր Mr A 156; մանդրեն Mr A 215; մանտրես Mr B կը; մանտրէ Mr B ծա, կդ, կը, ծղ, ծէ, խէ, ծդ, խդ; ի պանդրէ (Abl. von պանիր) Mr A 233; պան-դրջուր »Käsewasser« Mr A 158.

Zu § 145. 2. Weitere Belege: ամբրավ resp. ամբրաւ Mr A 85, 103, Mr B մժզ, մժը. ամբրվի (Gen.) Mr A 261, Mr B մծթ. ամբրաւենի Mr B ճձ. ամբրաւենոյ resp. ամբրավենոյ Mr B ճձ.

Zu § 146. Neben եղինճ darf auch genannt werden das nachclassische պանդանդ *bandand* »Geisel« = cl. *patand*[1]).

Zu § 147 a). խոզրարծ *xozrarj* (= cl. խոզարած) »Schweinehirt« Rb ճհ. բոզրարծ *pozrarj* (aus älterem *բոզարած)[2]) »Schwelger« Rb հբ (bis). բոզրծութիւն *pozrjutün* (aus *բոզարածութիւն)[2]) »Unzucht, Hurerei«: Gen. բոզրծութեան Rb հբ (bis); Abl. ի բոզրծութենէ Rb հբ. Mittelarmenisch ist auch bereits կարմունջ *garmunǰ* für cl. կամուրջ »Brücke«: կարմունջ in Inschriften vom J. 1215 und 1266 aus Shirak (Šir. p. 26, resp. 77); ferner bei Stepan. Orb. p. 277, im Liparitlied (Kost. Joh. Tʿlk. p. 55) u. s. w.

Zu § 151. Vorschlag von *h*-Laut zeigen auch folgende Beispiele: հագնելիք »Kleidung« Rb կ, հբ. հավրել լինի »hat verwüstet« Rb կդ. հարաւր »Pflug« Rb ճը, Geop., Joh. Kath. հերքոյն (neben երքոյն) »Flechte« Mr B ճձզ, Mr A 109. հունդ

---

1) Ein Produkt desselben Lautprozesses ist auch das neuarmenische (tr.) *ilinḱ* »voll, ganz«, entstanden aus ma. *iliḱ*, *iliḱn* Mr B ձղ. Zu *iliḱ* vgl. die gleichbedeutenden: *i li*, *i lman*.

2) Im Classischen fehlend. Näheres über die Kompositionsglieder siehe im Gloss.

(= cl. ունդ) »Samen« Mr B ձխդ, մժե, մծը, մծթ, մկգ, մկե, մկթ. հնդրել, resp. հնտրել (= cl. ընտրել) »auslesen, wählen« Mr B հզ, հէ; Geop. լը.

Zu § 154. Beispiele aus Rb: զինչ ցեղ ու մ՛է »welcher Art es auch sei« հը. ու մ՛որդիք »und Söhne« ճժե.

Zu § 156. դիր մի բան տար »setze und wende an« Mr B ճձէ. ի հետ մի հետ »nach und nach, allmählig« Rb ճժբ, Mr B մկե. Auch beim Indikativpräfix findet Hiatustilgung mittels Auflösung des *u*-Lautes in den entsprechenden Halbvokal statt, wie folgende Fälle zeigen: կվընգնի resp. կվ̈նգնի *gvəngni* (= կու ընգնի) »er fällt« Mr A 240, 242. կվարգիլէ *gvarkile* (= կու արգիլէ) »er verhindert« Mr A 242. Überhaupt wird im Wortinnern vor vokalischem Suffix ursprüngliches *u* zu *v*; z. B. ինչվի *inçvi* »bis« aus ինչու + ի; առվ̈նի *aŕvəni* »Gräben, Kanäle« aus առու + անի; այվ̈նի *ajvəni* »Gärten« aus այու + անի. S. unter *ni*-Plural.

Endlich sind noch folgende wichtige Gleichungen nachzutragen:

a) cl. ո *o* = kl. *a* ա in մախիր *maxir* »Asche« = cl. մոխիր *moxir*. Belege: մախիր Mr B ճհզ, մծթ, մկ, մկզ, մկը (bis). մախրի (Gen.) Mr B մկզ. ի մախրէն (Abl.) Mr B մկզ. մախրով Mr B մկզ, Mr A 156. մախրրջուր (= cl. մոխրաջուր) Mx. Her. 148 9. Vgl. im Ak. *maxir* (= մոխիր), *t̔anir* (= թոնիր), *xanairh* (= խոնարհ) nach S. 57 Rdn. 2.

b) cl. ե *e* = kl. *o* ո in kl. լոսել *losel* »zerstoßen, zermalmen« = cl. լեսուլ *lesul*. Belege: լոսէ Mr B ճհ, ճհա, ճհբ, ճհդ, ճհե, ճհզ, ճհթ, ճղդ, մդ, մե, մժզ, մծթ, մկզ, մկը, մկթ, մհ. լոսեն Mr B ճիա, ճկա, ճհե, մկզ. լոսվի Mr B մկզ, լոսելոյն Mr B ճիե. լոսած Mr B ճլդ, ճձ. ճձե, ճձզ etc.

c) cl. ն *n* = kl. *l* լ in folgenden Fällen: լափստակ *lapstak* (= cl. նապաստակ *napastak*) Mr A 109, 136. Dazu die Formen: լափ̊ստակի (Gen.) Mr A 135; լապստկի Mr A 251; լապստկու (Gen.) Mr B ճլթ, մկզ, մկը (bis), մկթ (bis)[1]. Danach ist S. 101 Rdn. 1) zu berichtigen. — Ferner ավզալ *avzal* (= cl. աւազան) »Wasserbecken«, Instr. ավզլով Mr A 246.

---

1) Auf einer Inschrift aus Ani vom 11. Jahrhundert lesen wir entsprechend: Գրեգոր Լապաստակի որդին »Gregor, der Sohn des Labastak (= ‚Hase‘)« Šir. pg. 70 2 infr.

d) kl. *զարթ* resp. *զարդ*, *zart́*, *zart* »außer, ausgenommen« = cl. *զատ* *zat*. Belege: *զարթ ի* 47 37, 65 8. 9, Rb *ճթ*; *զարդ ի* L. 157 9, 158 29, 155 15. Entsprechend ist *զարթէլ* *zartel* resp. *զարդել* *zartel* »ausgenommen« = cl. *զատեալ* *zateal*. Belege: 45 11, L 154 24, Geop. 139 etc.

e) kl. *պատրոյս* *badruis* »Pfropfreis« = cl. *պատուաստ* *pat-vast*; kl. *պատրուսել* *badrusel* »pfropfen« = cl. *պատուաստել* *patvastel*. Belege: *պատրոյս* Geop. *խղ*, *մթ*, *միդ*. Gen. *պատրուսի* Geop. *խղ*, *միդ*. *պատրուսել* Geop. *խե*, *խղ*, *միդ*. *պատրուսելոյ* Geop. *մթ*. *պատրուսեն* Geop. *մթ*. *պատրուսացու* »Pfropfreis« Geop. *միդ*.

f) kl. *սպրկիկ*, *սպկիկ* *sprgig* resp. *spgig*[1]) »rein, sauber« = cl. *սրբիկ* *srbik* (*սուրբ* + *իկ*)[2]). Belege: 59 23, Geop. 9, 57, 183, Rb *ճհե*, Mr B *իէ*, *խե*, *խթ*. *ղբ*. *ճի*, *ճիբ*, *ճիզ*, *ճիդ*, *ճձա*, *ճղ*, *ճղե*, *մ*, *մժզ*, *մխբ*, *մծա*, *մկ*, *մհ*. Vgl. § 132.

g) kl. *հահանդ* *hahand* »sanft, gelinde, schwach« = cl. *հանդարտ* *handart*. Belege: *հահանդ* Mr A 205, Mr B *խէ*, *խբ*, *խժ*, *ծ*, *ծա*, *ծդ*, *ծզ*, *ղբ*, *ճժբ*, *ճիե*, *ճձ*, *ճձբ*, *ճձդ*, *ճձզ*, *ճձէ*, *ճղզ*, *ճղէ*, *մա*, *մլբ*, *մլե*. *հահընտութիւն* »Ruhe, Frieden«, Instr. *հահընտութեամբ* Rb *լդ*. *հահնդէ* »beruhigt« Mr A 101, 107, 159, Mr B *մխզ*. *հահնդեն* 3. p. plur. präs. Mr A 180, 196. *հահնդի* 3. p. sg. präs. med. Mr A 180. *հահնդելո* Gen. Inf. Mr A 66. *հահանդցնէ* Kaus. »lindert« Mr B *ճկէ*, *ճձբ*. *հահընդցնէ* »lindert, beschwichtigt, stillt« Mr B *խբ*, *ծզ*, *ճժե*, *մլբ*, *մծէ*, *մկթ*, *մհ*. *հահընդցնաւղ* »beschwichtigend, lindernd« Mr B *ծէ*. Die Mr B *մհ* belegte Form *հայհընդցնէ* (vgl. oben zu § 38, 3) scheint auf ein älteres *հարհանդ* *harhand* (= cl. *handart*) zu deuten.

h) kl. *յերջեւ* *herč'ev* »hinten, nachher, zuletzt« = cl. **վերջեաւ* *verǰeav*, dessen Stamm *վերջ* vorliegt in *վերջին* »letzter«, *վերջ* »Ende«. Belege: Rb *ա*: *ու թէ յերջեւ գտվի առ որ՝ է պատիկ տուգնվի* »und wenn nachher welches bei Jemanden sich vorfindet, so soll er siebenfach bestraft werden (es sieben-

1) Über letztere Form vgl. § 132 sowie Nachtrag zu § 132.

2) Näheres siehe im Gloss.

fach bezahlen«)[1]. Mr A 222: զմէկն առջեւ հիւանդին դիր եւ զմէկն յերջեւն »lege das eine vor den Kranken und das andere hinter ihn«. Als gemeinsame Wurzel von kl. յերջեւ und von cl. վերջ, վերջին setze ich √երջ an, die in ihrer reinen Form höchst wahrscheinlich vorliegt in cl. երջանիկ (= երջ-ան-իկ) »glückselig«. Vgl. als analoge Lautentsprechungen: kl. յեղմ = cl. մեղմ; kl. ինչուի = cl. մինչեւի.

---

Die soeben angeführten Gleichungen zeigen in ihren beiden Gliedern so wesentliche Abweichung, dass letztere unmöglich im Verhältnis von Mutter- und Tochterformen zu einander stehen können: kilikische Formen wie լապստակ, հահանդ, ինչուի, յեղմն, յերջեւ können keineswegs aus den uns überlieferten entsprechenden classischen նապաստակ, հանդարտ, մինչեւի, մեղմ, վերջեւ hervorgegangen sein und daraus lautphysiologisch erklärt werden. Dasselbe gilt, um nur die augenfälligsten aufzuführen, von Formen wie մախիր und մոխիր, պացխուն und պատասխանի, պոման und պայման, յիշվել und իշխել, պատրոյս und պատուաստ, ղարթ und ղատ, ստածել und տածել, չաք und չափ, տաք und տապ, վանց und վասն. Auch die Kopula ու ist keine Tochterform des classischen եւ, noch ist es մէկ zu միակ, noch ղէտ zu ղիարդ, noch մենակ zu միայնակ; wohl aber sind es Schwesterformen, die einer gemeinsamen urarmenischen Grundform entstammen müssen. Diese kilikischen Formen waren mir bei Abfassung der Lautlehre zum Teil noch unbekannt, zum Teil wurde auf dieselben, als nicht genügend belegte, kein großes Gewicht gelegt. Erst das eingehende Studium der eingangs zitierten Manuskripte führte zu ihrer richtigen Würdigung und damit zu einem von dem früheren, S. 5 f. verzeichneten, abweichenden Resultate.

Ferner drängen sich noch folgende Thatsachen der Beachtung auf:

1) Der Wortschatz des Kilikischen weist eine Menge von echtarmenischen Termini auf, von denen im Classischen keine

---

1) kl. յերջեւ entspricht hier genau dem altarmenischen յետոյ des korrespondierenden Passus bei M. Goš. Letzterer lautet: զի թէ յետոյ առ ոք գտցի՝ ընդ միոյ եօթն տուգանեսցի »dass, wenn nachher welches bei Jemanden sich vorfindet, derselbe siebenfach bestraft werden soll« M. Goš 312 1.

Spur vorhanden ist. So die kilikischen *ակռայ* »Zahn«, *աղէկ* »gut«, *ղահ* »gedörrt«, *ըռովկիլ* »sich beschränken, sich begnügen mit etw.«, *խէչ* »bei«, *կորիճ* »Knabe«, *հայնց* »so«, *հաւնաւորել* oder *համնորել* »zwingen, vergewaltigen«, *ճիճն* »oft«, *ճորտ* »Knecht«, *ցըղբեղ* und *ցըղբեղութիւն* »unachtsam, Unachtsamkeit«, *փնտռել* »suchen« u. s. w.

2) Das Kilikische besitzt ein dem Classischen unbekanntes Pronomen: *ինա*, *իսա*, *իտա* sowie die neuen Pronominaladverbia: *հոն*, *հոս*, *հոտ*. Auch die dem Kilikischen so charakteristische Konsekutivpartikel *նա*, die regelmäßige Einleiterin der Nachsätze in Konditionalperioden, geht dem Classischen ab.

3) Grundverschiedenheit in der Stammbildung liegt vor in Fällen wie: kl. *մտեմ* = cl. *մտանեմ*; kl. *գտնում* = cl. *գտանեմ*; kl. *իջնում* = cl. *իջանեմ*; kl. *տեսնում* = cl. *տեսանեմ*. In diesen Fällen ist die kilikische Form weder lautgesetzlich aus der entspr. classischen hervorgegangen, noch auch ist sie auf dem Wege der Analogie und Formenangleichung aus der classischen Form heraus umgestaltet worden. Es liegt hier ein Fall von bereits altarmenischer Verschiedenheit in der Stammbildung vor.

4) Die meisten Abweichungen vom Classischen zeigt das Kilikische auf dem Gebiete der Morphologie. Hier ist zunächst neu und auffällig der Instrumental sg. auf *-աւմ* (*օմ*) *-ǫm* für class. *-ամբ*. Aus der classischen Form heraus kann derselbe nach armenischen Lautgesetzen nicht erklärt werden, und andrerseits ist Analogiebildung hier ausgeschlossen. Nur eine Möglichkeit bleibt: beide, die kilikische und die classische Form, gehen als von einander unabhängige Schwesterformen auf eine gemeinsame Urform zurück. Vgl. Forml. § 216. Grundaus verschieden von der classischen ist ferner die Pluralbildung des Kilikischen. Die regelmäßigen Pluralsuffixe sind *-եր* für die Einsilbler (seltener für die Mehrsilbler) und *-նի* für die Mehrsilbler. Nun liegen allerdings die altarmenischen Vorläufer beider Suffixe als *-եար* und *-անի* bereits in der classischen Litteratur vor: sie sind jedoch äußerst selten belegt, und nur bei unreinen Classikern und müssen entschieden als ein der classischen Sprache fremdes Element betrachtet werden: denn wäre sie wirklich der classischen Vulgärsprache eigen gewesen, so müssten sie in ganz anderem Maße in die Litteratur eingedrungen sein, nicht blos in einigen spärlichen

Fällen[1]), wenn nicht als Plural- so doch als Kollektivsuffixe, als welche sie im Altarmenischen fungieren; zumal stünde dies zu erwarten für die spätere Zeit und für nicht reine Classiker, bei denen doch bekanntermaßen[2]) sämtliche Eigentümlichkeiten der classischen Vulgärsprache als litteraturfähig gelten und auch reichlich in die classische Litteratur einströmen. Demnach deuten diese kilikischen Pluralsuffixe auf einen von dem classischen Idiome unabhängigen altarmenischen Dialekt. Dasselbe gilt für die kleineren kilikischen Pluralformationen: auf -վի, -տի, -վտի. — Die Verbalflexion des Kilikischen weicht von der classischen wesentlich ab in der Indikativbildung mit Präf. կու *gu*; Präfix կու wird von Cirbied Gramm. XV als Idiotismus des altgordischen Dialekts angeführt: diese Angabe vermag ich nun zwar nicht zu kontrolieren, schließe mich ihr jedoch insofern an, als jenes Präfix — bei der Unmöglichkeit dasselbe, sei es als fremden Eindringling, sei es als Tochter einer etwaigen classisch-armenischen Urform zu erklären — notwendigerweise bereits in irgend einem außerclassischen Dialekte des Altarmenischen als Adverb existiert haben muss, wenn es auch erst in mittelarmenischer Zeit in die Funktion eines Indikativbildenden Suffixes eingetreten ist.

Nach alledem lässt sich der auf S. 5 f. vertretene Standpunkt nicht mehr länger halten, und ergiebt sich mit zwingender Notwendigkeit folgendes Resultat: das Kilikische kann, wenigstens in seinem Hauptkerne und Grundstocke, nicht die historische Fortsetzung und Tochtersprache des uns überlieferten sog. Classischarmenischen sein. Folglich muss es auf ein außerhalb des classischen stehendes altarmenisches Idiom zurückgehen. Die dialektische Spaltung des Altarmenischen wird hiermit durch innere sachliche Gründe peremptorisch postuliert: es darf an derselben als an einer feststehenden und außerdem durch die Zeugnisse der alten Grammatiker gesicherten und verbürgten Thatsache fürder nicht mehr gezweifelt werden[3]).

---

1) Die verschieden belegten Fälle siehe unten in Formenlehre.

2) Nach Aidynians Ausführungen in Kr. Gramm.

3) Ich behalte mir vor, auf dieses Thema zurückzukommen in einer später gesondert erscheinenden Abhandlung über die Gliederung des armenischen Sprachstammes. Nur folgendes mag hier schon festgestellt sein: die armenische Grammatik des Dionysius Thrax zeigt unter andern folgende nichtclassische Formen: մոնք *monḱ* »wir« S. 52 8; դոնք *donḱ*

Obschon nun über die einzelnen altarmenischen Dialekte die Nachrichten sehr spärlich sind, so lässt sich doch die Frage nach der näheren Abstammung des Kilikisch-Mittelarmenischen

---

»ihr« 52 8, նոնք *nonkʿ* »sie« 52 8, nach Dion. angeblich Duale, in Wirklichkeit aber wohl als Plurale zu fassen. Dieselben Formen finden wir wieder im Neuarmenischen als մոնք 1. p. pl. v. ես; դոնք 1. p. pl. v. դու; նոնք 1 p. pl. v. նա, nach Črb. 753 1. 12, 755; մունք »wir« im Kr. nach Patk. dial. p. 69. — Ferner kennt Dion. Thr. zu Pron. dem. նա oder նայ die Genitivform նոյր *noir* S. 52 20; letztere ist nebst դոյր, սոյր ungemein häufig auch in den Schriften von David Anyałtʿ und auch das alte Glossar »dichterischer und bäuerischer Wörter« (Mr No. 337 der Wiener armen. Bibliothek) erklärt den Genitiv սոյր durch սորա, դոյր durch դորա. Dieselben finden sich wieder im NA als նոյր, նուր, նաւր, նըւոր, դոյր, դուր, դաւր, դըւոր, սոյր, սուր, սաւր, սըւոր nach Črb. 755 und Aid. II 43. Für Instr. sg. նովլ v. նա Dion. Thr. 52 hat das Neuarmenische gleichfalls noch նովլ, նուովլ, սովլ, սուովլ, դովլ, դուովլ nach Črb. 755 und Aid. II 43. — Endlich entsprechen den von Dion. Thr. verzeichneten Formen: ունչ (= cl. ինչ) 55, մու, մոյն 40 29 nach § 50 im NA ebenfalls die Formen ունչ und մոյն und մուն. Daraus folgt, dass jene bei Dion. Thr. verzeichneten Formen keine grammatischen Erfindungen sind, wie dies für Anderes in demselben Werke der Fall sein mag, sondern vielmehr die altarmenischen Vorläufer von entsprechenden neuarmenischen Formen. Da sie aber der classischen Sprache fremd sind, müssen sie notwendigerweise aus einem außerclassischen altarmenischen Idiome (Dialekte) stammen, wie denn jener alte Grammatiker noch sicher außerdem manches andere altdialektische Material herangezogen hat, um dem Formenreichtum des griechischen Originals eine möglichst ebenbürtige Fülle im Armenischen gegenüberzustellen. — Übrigens verrät schon die classische Sprache an sich die Thatsache der dialektischen Spaltung des Altarmenischen. Das Classische hat unter anderm folgende Dubletten:

իբրեւ *ibrev* »wie« und իբրու *ibru* »wie«; եւթնեւտասն *eutʿnevtasn* und եւթնուտասն *eutʿnutasn* »siebzehn«;

ողող *ołoł* »Überschwemmung« und հեղեղ *hełeł* »Überschwemmung«; ողողել *ołołel* »überschwemmen« und հեղեղել *hełełel* »überschwemmen«; լող *loł* »Schwimmen« und լեղ *leł* »Schwimmen«;

ողորկ *ołork* »glatt« und լերկ *lerk* resp. ղերկ *łerk* »glatt, unbehaart«.

Bei völliger Übereinstimmung der Bedeutung je beider Dubletten ist hier an idg. Vokalablaut nicht zu denken; noch weniger lassen diese Doppelformen die Hypothese von armenischer Vokalassimilation zu: denn, läge hier wirklich ein classisches Assimilationsgesetz vor, so müsste dasselbe doch alle analogen Fälle umfassen, d. i. es müsste wenigstens

mit ziemlicher Sicherheit beantworten: es kann nämlich von den sechs von Črbied aufgezählten und besprochenen altarmenischen Hauptdialekten[1]) hier nur derjenige von West- oder Kleinarmenien in Betracht kommen. In diesem, dem altarmenischen Dialekt von Kleinarmenien, der wahrscheinlich Elemente des gordischen Dialekts (»Dialecte gordien« bei Črb. XVJ) in sich aufgenommen hatte[2]), haben wir den Mutterdialekt des Kilikisch-Mittelarmenischen zu suchen. Der Dialekt von Kleinarmenien war unter den altarmenischen Dialekten nach dem gordischen der von dem classischen im Lautstande am wenigsten abweichende[3]). Daraus erklärt sich, dass die mittelarmenische Fortsetzung desselben, das Kilikische in vielen ja vielleicht der Mehrzahl der Fälle hinsichtlich des Lautstandes nur mäßig von der classisch-armenischen Lautlehre sich entfernt, dergestalt, dass häufig die kilikischen Formen aus den älteren classischen sich entwickelt zu haben scheinen. Letzteres mag ja zuweilen wirklich stattgefunden haben — es wäre wunderbar, wenn unter dem gewaltigen Einflusse der classischen Hochsprache die Dialekte von Mischung mit derselben sich rein gehalten hätten — in der Regel jedoch beruht dies auf bloßem Scheine: denn da in der altarmenischen Periode beide Dialekte lautlich relativ wenig von einander verschieden waren, so konnte auch nach jahrhundertlanger historischer Entwickelung des Kilikischen die beiderseitige Differenz keine so klaffende geworden sein, dass man nicht versucht wäre, dieselbe als Produkt rein historischer Umgestaltung eines und desselben alten Idioms zu erklären.

---

jedes auslautende եւ, sowie jedes ո vor ղ zu ու resp. ե geworden sein. Da nun aber in Wirklichkeit die Erscheinung sich auf einige Einzelfälle beschränkt, ist hier Lautwandel innerhalb der class. Sprache ausgeschlossen. Vielmehr erklären sich diese Dubletten als parallele, von einander unabhängige und auf eine gemeinsame Urform zurückgehende Formen, von denen blos die eine ursprünglich classisch ist, während die andere aus einem außerclassischen altarmen. Dialekte in den classischen Dialekt eingedrungen sein muss. Es gelten die Gleichungen: cl. իբրեւ : իբրու = cl. եւ : kl. ու; cl. ողողել : հեղեղել = cl. որքին : kl. հերքոյն. Danach dürfen jene altdialektischen Eindringlinge (wie իբրու, հեղեղել) als ursprünglich kilikisch-altarmenisch gelten.

1) Vgl. Črb. Préface XJ ff.

2) Näheres hierüber s. bei Črb. XVJ.

3) Vgl. Črb. XJV ff.

Obschon ungenau und dem wirklichen historischen Sachverhalte nicht entsprechend ist dennoch letztere Methode in vorliegendem Werke angewandt, da notgedrungen bei dem gänzlichen Mangel von Nachrichten über das Kilikisch-Altarmenische das Classisch-Altarmenische, als der uns allein bekannte altarm. Dialekt, zum Maßstab bei der historischen Darstellung genommen werden, und das Kilikisch-Mittelarmenische aus dem Classisch-Altarmenischen erklärt werden musste.

Hinsichtlich der Stellung des Kilikischen innerhalb des nach S. 3f. dialektisch vielfach gespaltenen Mittelarmenischen[1]), sowie zum Neuarmenischen, sei noch folgendes bemerkt: das Kilikisch-Mittelarmenische bildet den südlichen Zweig der westlichen oder kleinarmenischen Dialektgruppe und darf als südwestliches Mittelarmenisch bezeichnet werden. Mit dem nördlichen Zweige derselben Gruppe teilt es die allgemeinen Merkmale des Westarmenischen, unterscheidet sich jedoch von demselben durch verschiedene Eigentümlichkeiten, von denen die hauptsächlichsten folgende sind:

a) spezifisch kilikisch ist der Instrumental auf *-աւմ* (*օմ*): die nördliche Gruppe hat dafür regelmäßig die Form *-ով*[2]).

b) die dem Kilikischen eigenen Pronomina *ինա*, *իսա*, *իտա*, sowie die Pronominalformen *նարա* (= cl. *նորա*), *նաքա* (= cl. *նոքա*) kommen in der nördlichen Gruppe nicht zum Vorschein.

c) verschiedene Stammbildung zeigen beide Gruppen in folgenden Fällen:

| Südl. Zweig (Kilikisch): | Nördl. Zweig: |
|---|---|
| *մտել* (cl. *մտանել*) | *մտնուլ*, *մտնել*. |
| *գտնուլ* (cl. *գտանել*) | *գտնել*. |
| *իջնուլ* (cl. *իջանիմ*) | *իջնել*, *իջնիլ*. |
| *տեսնուլ* (cl. *տեսանել*) | *տեսնել* etc. |

d) In der Pronominalflexion kennt die südliche Gruppe nur einen Nom. Plur. auf *-ոք*, Gen. *ոց* etc.: die nördliche dagegen zeigt Nom. Plur. auf *-ոնք*, Gen. *-ոնց*; z. B. *ասոնք*, *ասոնց* v. *աս*;

1) »A la fin du XIVe. siècle, on comptait environ une trentaine de dialectes, qui portaient chacun le nom du canton ou de la province où on le parlait; mais tous étaient appelés généralement *գաւառականք*, *cantonaux*, ou *ռամկականք* *rustiques* ou *populaires*« — Črb. Préface XJ.

2) Von *կաթ* »Milch« der Instr. *կաթով* im Achrabadin (Wiener Msr. p. 273).

*որո՛նք*, *որո՛նց* v. *որ*. Auch Adv. *ո՛նց* (eigentl. Gen. pl. v. *ո՞*, *ո՞վ*) »als, sobald als, wann« wird statt des kilikischen *եփ* *yep̔* gebraucht.

Solange das Kilikische seinen Rang als mittelarmenische Schriftsprache behauptete, gelangte die nördliche Mundart kaum zu litterarischer Geltung. Immerhin sehen wir sie vom 14. Jahrh. ab[1]) in vereinzelten litterarischen Erscheinungen zutage treten, so in den medizinischen Schriften des übrigens noch ziemlich unter dem Banne des Kilikischen stehenden Amir Dovlat̔ aus Amasia, des Asar aus Sebaste, ferner des Puniat̔ aus Sebaste und des Abusaid, sämtlich Schriftsteller des nordwestlichen Kleinarmeniens. Vgl. hierüber Hun. II 505 ff. Auch bei Erznkaçi und in der Fabellitteratur sowie in manchen Volksliedern zeigen sich Spuren der nördlichen Mundart, ohne dass dieselbe sich jedoch zur Schriftsprache aufzuschwingen vermochte.

Den Untergang des kilikisch-armenischen Königreichs vermochte auch das Kilikische als Litteratursprache nicht lange zu überleben: allmählig verstummt die Litteratur der Kilikier und mit derselben entschwindet die über vier Jahrhunderte hindurch mächtig gewesene kilikisch-armenische Sprache unserm Gesichtskreise.

Nachdem während des nun folgenden, an Litteraturerzeugnissen wenig fruchtbaren Zeitraumes des 16. und 17. Jahrhunderts bald dieser bald jener Unterdialekt der nördlichen Gruppe in die Litteratur einzudringen versucht hatte, erlangte endlich in der zweiten Hälfte des 18. Jahrhunderts der türk-armenische Dialekt von Konstantinopel das Übergewicht: seine Träger die occidentalen oder Türk-Armenier waren, da zugleich mit der osmanisch-arabischen und der abendländischen Kultur in Berührung, ihren orientalischen Stammesgenossen an Bildung überlegen, ihre

1) Allerdings zeigt auch schon Mchitar Heraçis med. Werk verschiedene Eigentümlichkeiten dieser Mundart. Es scheinen jedoch die Ungleichmäßigkeiten in der Sprache dieses Textes auf eine spätere Überarbeitung des ursprünglichen Werkes hinzudeuten. — Übrigens ließen sich jene nichtkilikischen Eigentümlichkeiten vielleicht doch als echt und ursprünglich halten und begründen mit Hinweis auf die großarmenische Heimat des Autors, zumal da der bei Mch. Her. auftretende Plural auf *-s* offenbar auf einen großarmenischen Dialekt zurückgeht.

Sprache hatte unter dem Einfluss des Osmanisch-Arabischen eine große Geschmeidigkeit erlangt und verfügte über einen gewaltigen Wort- und Formenreichtum. Als nun vollends die ersten armenischen Zeitungen in dieser Mundart erschienen, da war dieselbe eo ipso zur Schrift- und Verkehrssprache gestempelt und emporgehoben, die bis auf heute bereits eine stattliche und vielseitige Litteratur aufzuweisen hat.

Damit hat, wie einst in der mittelarmenischen Periode der südliche Zweig der westarmenischen Sprachgruppe, so in der neuarmenischen Periode der nördliche Zweig die Vorherrschaft als Hoch- und Schriftsprache erlangt[1]; ist doch das Türk-Armenische eben die neuarmenische Fortsetzung und Weiterentwickelung jenes dem Kilikischen verwandten nördlichen Zweiges der westmittelarmenischen Dialektgruppe.

Das Kilikische aber scheint fast spurlos untergegangen zu sein oder sich mit anderen Mundarten gemengt und so verloren zu haben: zwar zeigt der moderne Dialekt von Ulnia oder Zeitun in seinem Wortschatze Ähnlichkeit mit der alten kilikischen Sprache[2]; zwar findet sich noch heute im wa. Dialekt von Nachiǰevan a. Don die ehemalige kilikische Pronominalflexion: նարա, նաքա, նացա sowie auch ein Pronomen ինա,

---

1) Allerdings nur für die occidentalen Armenier.

2) So sind nach Allahw. diesem Dialekte eigen: ածուք 177 (= kl. ածուք) »Garten«; աղջկին, աղջկէն (= kl. աղջկին) »Mädchen«; արկոյ, առկոյ 179 (= kl. արի եկ) »komm!«; աւչել 179 (= kl. ալչել) »singen«; աւտոց 179 (= kl. աւատաց) »er glaubte«; բանըլ 180 (= kl. բանիլ) »arbeiten«; բաղնըք 179 (= kl. բաղնիք) »Bad«; գանկտըլ 181 (= kl. գանգատիլ) »klagen«; գեղ, կեղջ 181 (= kl. գեղ) »Dorf«; դըհ, դըհը 183 (= kl. դիհ) »Seite«; դոգոլ 183 (= kl. դգալ) »Löffel«; ալըկ 177 (= kl. ալիկ) »Futter«; էչուէ 184 (= kl. աչուի) »Augen«; էրդ 184 (= kl. յերդ) »Stroh«; էրին 185 (kl. այրոյն) »Blut«; ըտվըլըն 185 und իտուէ 188 (= kl. ոտվի) »Füße«; իրից 188 (= kl. իրէց) »Priester«; խեչ, խեչը 190 (= kl. խէչ) »bei«; խընց 190 (= kl. հայնց) »so«; կընըկ, կոնըկ 193 (= kl. կնիկ) »Frau«; հընտոռել 195 (= kl. հնտրել) »wählen«; նիքսէ 198 (= kl. ներքսէ) »innen«; ջաղցըպոն 202 (= kl. ջաղցպան) »Müller«; չոք մը 201 (= kl. չաք մի) »etwas, einiges«; պախրէ 201 (= kl. պախրէ) »Rind«; պատըրըսիլ 201 (= kl. պատրուսել) »pfropfen«; տղիկ, տղիկոն 204 (vgl. kl. տղայկութիւն sowie կնիկ, այրիկ) »Kind«; տոկ 204 (= kl. տակ) »Wurzel«; ֆոլոն 207 (= kl. ֆուլան) »der und der«.

*խսա*, *խոսա*. Im übrigen jedoch sind diese modernen Dialekte so eigenartig und von jenem mittelarmenischen abweichend, dass obige Ähnlichkeitspunkte eher wie versprengte Reste und Trümmer des Kilikischen inmitten fremden Sprachgutes dastehen, als dass sie auf eine direkte Abstammung jener Dialekte vom Kilikischen zu schließen gestatteten.

# I. Abschnitt: Deklination.

## Kap. I. Nomen.

§ 157. Unter Deklination der Nomina ist begriffen die Deklination der Substantiva, und zwar sowohl der eigentlichen Substantiva als der substantivierten Adjektiva.

Die kilikische Deklination, auch der Numeralia und Pronomina, hat in Bezug auf Kasus und Numerus den altsprachlichen, im Classischen überlieferten Charakter bewahrt: sie besitzt wie im Classischen Singular und Plural, keinen Dual. Die Kasus sind genau diejenigen der classischen Sprache[1]). Auch hat das Kilikische den älteren Sprachstand bewahrt in der Beibehaltung der Kasuspräfixe: զ *z* für den bestimmten Akkusativ, ի *i* für den Ablativ, während dieselben in den modernen Dialekten aufgegeben sind. Der Unterschied vom Classischen macht sich kund in der eigentlichen Flexion, d. i. der Kasusbildung; und zwar zunächst und besonders in der Singularflexion.

### A. Singular-Deklination.

§ 158. Das in der Deklination des Neuwestarmenischen, welches für das Kilikische in erster Linie in Betracht kommt, so stark ausgeprägte Prinzip der Ausgleichung und Uniformierung, wonach der alte Deklinationsunterschied möglichst verwischt und reduziert wird, macht sich, wenn auch weniger durchgreifend, schon im Kilikischen geltend. Zwar ist die

---

1) In der folgenden Darstellung des Nomens wird der Dativ als mit dem Genitiv zusammenfallend nicht besonders berücksichtigt. Dasselbe gilt zum Teil für den Akkusativ.

*o*-Deklination noch nicht wie im Neuarmenischen in derjenigen der *u*-Stämme aufgegangen; dagegen ist in der Uniformierung des singularen Instrumentals die Sprache bereits sehr weit vorgeschritten: der ursprünglich auf die *o*-Stämme beschränkt gewesene Kasus auf *-ov* findet sich schon, wie im NA, auf die übrigen vokalischen Deklinationen ausgedehnt. Aber auch die Schranken der alten konsonantischen Flexion sind durchbrochen und haben der vokalischen Deklination Eintritt gewährt. — Überhaupt erklären sich aus jenem Uniformierungsprinzipe die meisten Neuerungen und Umgestaltungen, die das Kilikische aufweist in der Singularflexion, deren verschiedene Formen nun zur Darstellung kommen sollen.

## I. Vokalische Deklination.

### I. *i*-Deklination.

§ 159. Im Altarmenischen zerfällt diese Deklination bekanntlich in eine reine mit Flexionsvokal *i* in sämtlichen Kasus, und in eine gemischte mit Flexionsvokal *i* im Gen.-Dat., Abl. des Singular und Flexionsvokal *a* in den übrigen Kasus. Da die Mehrzahl der Kasus des Singular in der Flexion übereinstimmte, musste im Laufe der Zeit auch der Flexionsunterschied des einzigen Kasus singularis, worin beide Unterdeklinationen auseinandergingen, ausgeglichen werden: und so finden wir wirklich im Kilikischen nur mehr einen uniformierten Instrumental singularis und somit eine einheitliche *i*-Deklination, allerdings keine reine sondern eine gemischte mit Instr. *-ov*.

§ 160. Andrerseits ist hinsichtlich des Umfanges der alten *i*-Deklination eine bedeutende Umwälzung vor sich gegangen. Da nämlich die altarmenische *i*-Deklination, zumal in Genitiv-Dativ und Ablativ sing. die bei weitem überwiegende Mehrzahl der Nomina, wohl an drei Viertel derselben umfasste, war es naturgemäß, dass unter der Wirkung des allenthalben in der Sprachgeschichte waltenden Ausgleichs- und Uniformierungsgesetzes diese Deklination allmählig weiter um sich griff, indem Stämme aus weniger gebräuchlichen Deklinationen sich an diese gewissermaßen als Norm, als Deklination κατ' ἐξοχήν geltende Flexionsart anlehnten und anschlossen. So finden wir die kilikische *i*-Deklination nicht nur auf eine Menge von Nominen erweitert, die im Classischen noch nach der *o*- resp. *u*-Deklination gehen: es ist dieselbe auch in das Gebiet der konsonantischen Stämme vorgedrungen und hat die urspr. Flexion der *r*-Stämme sowie diejenige vieler *n*-Stämme verdrängt und ersetzt.

Wir unterscheiden demnach eine ursprüngliche und eine sekundäre *i*-Deklination.

### 1. Ursprüngliche *i*-Deklination.

§ 161. Genitiv. Den Genitiv auf *-i* bilden:

a) sämtliche Nomina, die ihn bereits im Altarmenischen aufweisen. Belege: *ակնջ-ի* (cl. *ականջ-ի*) B *ժա*, *աղջոյրվ-ի* (cl. *եղջերու-ի*) B *մխզ*, *մկթ*, *ամէն-ի* 41 9, *բան-ի* 3 20, *բերդ-ի* 21 7, *բերն-ի* (cl. *բերան-ի*) B *մկթ*, *գրաւկն-ի* (cl. *գրաւական-ի*) 75 2. 4, *երկ-ի* (cl. *երակ-ի*) B *մկը*, *երկր-ի* 39 8, *խոզ-ի* Rb *ճհ*, *հայս-ի* B *մխէ*, *հաց-ի* B *ճժբ*, *հիւնդ-ի* (cl. *հիւանդ-ի*) B *է*, *մանուշկ-ի* (cl. *մանուշակ-ի*) B *ժզ*, *պոմնի* (cl. *պայման-ի*) 15 21, 77 25, 85 2, *վկայ-ի* 59 26, *տախտըկ-ի* (cl. *տախտակ-ի*) 79 7, *փայտ-ի* L 155 13, *քաղք-ի* (cl. *քաղաք-ի*) 83 25. Namentlich flektieren so auch die Derivata auf *-vor* und auf *-ǫγ*. Z. B. *զանկտվոր-ի* 23 24, *թագ-վոր-ի* L 179 2, 185 25, 186 3, *կապըլվոր-ի* 41 15, *ձիաւոր-ի* 31 9, *գնօղ-ի* 73 13, *գրօղ-ի* Rb *հբ*, *ծախօղ-ի* 83 9, *հեծնաւղ-ի* Rb *ճկը*, *տանաւղ-ի* Rb *ձզ* etc.

b) spezif. kilikische Nomina, wie: *ակռայ-ի* (N. *ակռայ*) A 59, *աղջկն-ի* (N. *աղջկին*) Rb *հզ*, *մէկայլ-ի* (N. *մէկայլ*) B *մի*, *մէկմէկ-ի* (N. *մէկմէկ*) 31 2, *պացխն-ի* (N. *պացխուն*) 13 20. Auch die Partizipia pr. auf *-ած* haben diesen Genitiv, wie folgende Beispiele zeigen: *կարգծ-ի* (N. *կարգած*) Rb *հզ*, *կշտած-ի* (N. *կշտած*) Rb *ճլէ*, *կոտրծ-ի* (N. *կոտրած*) B *մժզ*, *սպանծ-ի* (N. *սպանած*) Rb *ճիբ*, *ճիզ*.

c) regelmäßig die kilikischen Fremdwörter. Belege: *աֆ-թիմուն-ի* (v. *աֆթիմուն*) B *ի*, *խզ*; *ղաֆրն-ի* (v. *ղաֆրան*) B *մժբ*; *ըոզխան-ի* (v. *ըոզխան*) B *ը*, *ժթ*, *իը*; *թտպր-ի* (v. *թտպիր*) 27 10; *խալապայ-ի* (v. *խալապայ*) 61 11; *խիար-ի* (v. *խիար*) B *ա*, *գ*, *ժդ*; *խուպայզ-ի* (v. *խուպայզ*) B *ղը*, *մկզ*; *խուլս-ի* (v. *խուլս*) B *ժ*; *խսմ-ի* (v. *խիսմ*) 23 2, 25 12, 29 19, 65 23, 81 9, 59 7;

կաւդայ-ի (v. կաւդայ) B ժգ; կումշ-ի (v. կումաշ, կումայշ) 19 8, 81 2, 83 1; հաւաս-ի (v. հաւաս) 3 13; հլէլիճ-ի (v. հլէլիճ) B ձբ; ղաֆեթ-ի (v. ղաֆէթ) B ժբ, ժգ, ժե; ճուլապ-ի (v. ճուլապ) B խզ, ծը; ճուլինար-ի (v. ճուլինար) B ժ; մարուֆ-ի (v. մարուֆ) B ճիբ; մորհմ-ի (v. մորհամ) B ճձ; մուխթասպ-ի (v. մուխթասիպ) Rb ճժբ; մունետկ-ի (v. մունետիկ) 79 12; մուֆառեխ-ի (v. մուֆառեխ) B ծթ; մսր-ի (v. միսր) B ճժա; յարախայ-ի (v. յարախայ) B ժե; չաւուշ-ի (v. չաւուշ) 9 15. 18; պզրղատուն-ի (v. պզրղատուն) B դ; պլղամ-ի (v. պլղամ) B ը, ծը; պրճ-ի (v. պուրճ) Dipl. Sarv; ռէվանդ-ի (v. ռէվանդ) B ժգ; սապռ-ի (v. սապռ) B իը, իէ; սավլ-տայ-ի (v. սավլտայ) B թ; տաճկ-ի (v. տաճիկ) L 155 11. 12; տա-պաշր-ի (v. տապաշիր) B է; տարպայ-ի (v. տարպայ) Rb ճժբ; տինար-ի (v. տինար) B կբ; քաֆուր-ի (v. քաֆուր) B դ, լզ; քրէֆս-ի (v. քրէֆս) B ը, ժգ; ֆալէճ-ի (v. ֆալէճ) B մկզ etc.

Ferner: անլճ-ի (v. անլիճ) 27 5; անսիզ-ի (v. անսիզ) 41 3. 15. 23; աւդրէ-ի (v. աւդրէ) Rb ճժբ; գումն-ի (v. գումին) L 154 14, 158 7; լճ-ի (v. լիճ) 11 1, 21 24, 23 4; հառնէզ-ի (v. հառնէզ) 19 8; ճընվլիզ-ի, ճընուվլիզի (v. ճընվլէզ resp. ճընուվլէզ) L 156 19. 20. 22; պարոն-ի (v. պարոն) 9 4. 9. 23, 21 27; ջանգլեր-ի (v. ջանգլեր) L 158 21; տուայր-ի (v. տուայր) 21 12. 20; տուկ-ի (v. տուկ) 39 11. 12, 65 25, 73 11; մայստռ-ի (v. մայստռ) Dipl. Sarv; գաւնց-ի (v. գաւնց) L 156 25; տիաթկ-ի (v. տիաթիկ) 47 36; Պըմընդ-ի (v. Պըմունդ) 3 9; Սիմուն-ի (v. Սիմուն) 3 13 etc. Nur ausnahmsweise und äußerst selten geht ein Fremdwort nach einer anderen Deklination[1]): ein Beweis dafür, dass allein die *i*-Deklination für die normale und regelmäßige im Kilikischen galt.

d) ein beträchtlicher Teil der Nomina, die im Classischen nach der *o*- oder nach der *u*-Deklination gehen, oder auch eine doppelte Flexion aufweisen. Hierher gehören:

*α*) Genitive, denen im Altarmenischen solche auf -ոյ entsprechen: մեռել-ի zu մեռել »Toter« Rb խզ; ափ-ի (v. ափ) Mr A und B; բոյն-ի (v. բոյն) B մկզ; գնձ-ի (v. գինձ) B ճկ; ղեղ-ի (v. ղեղ) B մծէ; եղ-ի (v. եղ) Rb լե; խոտ-ի (v. խոտ) B մկզ, մկթ;

1) S. unten § 176.

*ծառ-ի* (v. *ծառ*) B *ճլա*; *կերակր-ի* (v. *կերակուր*) A 184; *հաղր-ի* (v. *հաղար* »Lattich«) A 104; *ձիթ-ի* (v. *ձէթ*) B *ճժզ*, *ճժէ*, *ճժդ*, *ճժը*, *ճժթ*; *ձու-ի*, *ձվ-ի* (v. *ձու*) B *ճիթ*, *մլբ*, *մկե*, A 70, 157, 251; *մախր-ի* (v. *մախիր*) B *մկզ*; *պղնձ-ի* (v. *պղինձ*) B *մծէ*; *ջր-ի* (v. *ջուր*) B *խթ*, *ծը*, *ղէ*, *ղը*, *ճլէ*, *ճխդ*, *ճհզ*, *մժբ*, *մխե*, *մխթ*, *մկզ*, A 19, 299; *գարէջր-ի* (v. *-ջուր*) B *մխը*; *վարդջր-ի* (v. *-ջուր*) B *խզ*; *տղտ-ի* (v. *տուղտ*) B *մկե*, *մկզ*; *ցավլ-ի* (v. *ցավլ*); *ակնջցվլ-ի* (v. *-ցավլ*) B *մժէ*; *ակռացվլ-ի* (v. *-ցավլ*) A 259; *երիկմնցվլ-ի* (v. *-ցավլ*) A 101; *փայծաղնացվլ-ի* (v. *-ցավլ*) B *ճլբ*; *ցորեն-ի* (v. *ցորեն*) B *ճծ*.

*β*) Genitive von Nomina, die im Classischen zwischen *o*- und *u*-Genitiv schwanken: *ամբրվլ-ի* (v. *ամբրաւ* = cl. *արմաւ*) B *մծթ*, A 261; *կաքվլ-ի* (v. *կաքաւ*) A 255, 287; *կտավլ-ի* (v. *կտաւ*) B *ճլդ*, *ճլե*, *ճխը*, *ճծզ*, *ճծդ*, *մխթ*, *մծզ*, *մծէ*, *մկզ*; *ուլ-ի* (v. *ուլ*) B *մխա*, *մխբ*, *մկե*, A 165, 241.

*γ*) Genitive von Nomina, die im Classischen zwischen *i*-Genitiv einerseits und *o*- resp. *u*-Genitiv andrerseits schwanken: *ճակտ-ի* (v. *ճակատ*) B *մլը*, *մկզ*; *բերն-ի* (v. *բերան*) B *մկզ*; *ընգուզ-ի* (v. *ընգոյզ*) A 117; *թխթ-ի* (v. *թուխթ*) L 156 28; *թու-ի* (v. *թիւ*) Rb, Mr A, B; *խնծոր-ի* (v. *խնծոր*) B *զ*; *նշ-ի* v. *նուշ*) B *մծզ*, *մկե*, A 95; *ուժ-ի* (v. *ուժ*) *մլզ*, *մլը*, *մծդ*, *մծզ*; *տղայ-ի* und *տղ-ի* (v. *տղայ*) B *մի*. — In der classischen Sprache ist in diesem Falle entschieden der *o*- (resp. *u*-) Genitiv der urspüngliche: die *i*-Formen erscheinen erst in der spätclassischen Litteratur und deuten darauf hin, dass das Umsichgreifen des *i*-Genitivs bereits in vorkilikischer Zeit begonnen hatte.

§ 162. Ablativ. Die Nomina mit Genitiv *-i* bilden den Ablativ auf *-ẹ*. Belege:

a) *ի բան-է* Rb *ճլ*; *ի գնօղ-է* 69 17; *ի գրաւկըն-է* 73 19; *յ-երկ-է* B *մկը*; *յ-երկր-է* 13 6, 15 11, 75 4; *յ-իշխան-է* 3 8; *ի հարկ-է* 25 21; *ի սպաննաւղ-է* Rb *ժա*; *ի քաղք-է* 25 5, 39 20.

b) *ի մէկ-է* B *ժը*, *ճծզ*, *մծը*; *յ-աղջկն-է*(*ն*) Rb *ղե*.

c) *յ-ալթ-է* v. *ալաթ* 47 32; *ի զընջպլ-է* v. *զընջպիլ* L 157 15; *յ-ըռահ-է* v. *ըռահ* 45 11; *ի խամ-է* v. *խիամ* 23 6. 14; *ի մահր-է* v. *մահր* 45 20; *ի պաղղամ-է* v. *պաղղամ* L 157 10; *ի պլղամ-է* v. *պլղամ* B *ճիե*; *ի սապռ-է* v. *սապռ* B *իէ*; *ի սֆուֆ-է* v. *սֆուֆ*

B ճթ; *ի տրիֆիլ-է* v. *տրիֆիլ* B ձթ; *ի թեմ-է* v. *թէմ* Rb իէ; *ի գունդուստապլ-է* v. *գունդուստապլ* 3 9; *ի պարոն-է* v. *պարոն* 13 4.

d) α) *յ-արծթ-է* (cl. *-ոյ*) 59 34; *ի խոտ-է* (cl. *-ոյ*) B մկթ; *ի ծառ-է* (cl. *-ոյ*) Rb կէ; *ի ձիթ-է* (cl. *-ոյ*) Mr B; *ի մախր-է* (cl. *-ոյ*) B մկզ; *ի մատղ-է* (cl. *-ոյ*) Rb լդ, կզ; *ի ջր-է* (cl. *-ոյ*) B իէ, խբ, խէ, ծբ, հզ, ճժթ, ճլբ, ճխ, մ, մժգ, մլգ, մկ, մկզ; *ի ցորեն-է* (cl. *-ոյ*) Rb կզ.

β) und γ) *ի բամն-է* (cl. *-ոյ* und *-է*) 47 8. 12. 13; *ի բանջր-է* (cl. *-ոյ* und *-է*) Mx. Her. 147; *ի բերն-է* (cl. *-ոյ* und *-է*) B մխդ, մկզ; *յ-ընգողն-է* (cl. *-ոյ* und *-է*) 47 32; *ի գոյն-է* (cl. *ոյ* und *-է*) Mx. Her. 16; *ի տղայ-է* (cl. *-ոյ* und *-է*) 47 2.

§ 163. **Instrumental.** Dem Genitiv auf *-i* entspricht nach dem oben gesagten der Instrumental auf *-ov*. Belege:

*աղ-ով* (cl. *-իւ*) A 156, B մծէ; *երկիղ-ով* (cl. *-իւ*) Rb ա; *խաչ-ով* (cl. *-իւ*) 39 24; *ծայր-ով* (cl. *-իւ*) 59 11; *կերպ-ով* (cl. *-իւ*) 9 12, 17 4, L 178 13; *հայս-ով* (cl. *-իւ*) B մխէ, մծ, ճհդ, ճհե; *սրտ-ով* (cl. *-իւ*) Mx. Her. 16 90; *փայտ-ով* (cl. *-իւ*) A 111, B ճիդ, մժգ, Rb ժա.

*աւետարան-ով* (cl. *-աւ*) 39 24; *բամբկ-ով* (cl. *-աւ*) Mr B; *դանկ-ով* (cl. *-աւ*) B ճիդ; *լեզու-ով* (cl. *-աւ*) 9 15, 15 7; *կարգ-ով* (cl. *-աւ*) Rb լդ; *ճանփ-ով*, *ճամբ-ով* (cl. *-աւ*) Rb ճլբ; *նշան-ով* (cl. *-աւ*) 9 16, 27 20, 29 3; B միզ; *պոռն-ով* (cl. *-աւ*) 71 6, 77 16, Rb ճժբ; *պսակ-ով* (cl. *-աւ*) 37 13, 47 10, Rb ձզ; *կրակ-ով* (cl. *-աւ*) B ճխդ.

*գոյն-ով* (cl. *-ով* und *-իւ*) B միզ; *թխթ-ով* (cl. *-ով* und *-իւ*) Rb ծդ; *խնծոր-ով* (cl. *-ով* und *-իւ*) B մկզ; *ուժ-ով* (cl. *-ով* und *-իւ*) B մլա; *բերն-ով* (cl. *-ով* und *-աւ*) B մկզ; *պատրոյգ-ով* (cl. *-ով* und *-աւ*) B ճա; *կտավ-ով* (cl. *-ով* und *-ու*) B մծզ. *բոյն-ով* (cl. *-ով*) B մկզ; *եղ-ով* (cl. *-ով*) A 61; *ձիթ-ով* (cl. *-ով*) B ճիզ; *մախր-ով* (cl. *-ով*) A 156, B մկզ; *ջր-ով* (cl. *-ով*) B ա, զ, հբ, ճզ etc.

Von Fremdwörtern seien noch erwähnt die Formen: *անսիզ-ով* v. *անսիզ* 3 14, 11 28, 15 23, 23 10, 29 20; *բրիլլճ-ով* v. *բրիլլիճ* 67 21; *թտպր-ով* v. *թտպիր* 27 11; *լղապ-ով* v. *լղապ* B ղ, մծ; *խուպայզ-ով* v. *խուպայզ* B միզ; *կապլ-ով* v. *կապալ*

Rb ճխ; ճառա-ով v. ճառայ L 155 4; ճուլապ-ով v. ճուլապ B ղթ; մորհմ-ով v. մորհամ B ճղէ; մտպխ-ով v. մտպուխ B խա, հբ, հգ; նոմոս-ով v. նոմոս Rb կզ; շարպ-ով v. շարապ B դ; չաւուշ-ով v. չաւուշ 25 4; պարշ-ով v. պարշ L 155 3; պըտթէ-ով v. պըտթէ L 155 3; սամսր-ով v. սամսար L 154 26; սիգեղ-ով v. սիգեղ 21 15, 41 23; տիաթկ-ով v. տիաթիկ 21 1, 51 3, Rb ժ, կբ[1]).

§ 164. Bereits oben in § 159 wurde bemerkt, dass unter der Wirkung des Uniformierungsprinzipes der alte zwiefach gegliederte Instrumental der *i*-Deklination im Kilikischen auf einen einheitlichen reduziert ward. Ich nehme hier folgenden geschichtlichen Hergang an: zunächst ward der Instrumental der *u*-Stämme umgestaltet. Der Gen.-Dat. dieser Stämme klingt bereits im Kl. sehr stark an die entsprechenden Kasusformen der *o*-Stämme an; die Folge davon war, dass auch die Instrumentalformen beider Flexionsarten sich einander anglichen; und zwar trat an die Stelle der unbequemen, mit Gen.-Dat. zusammenfallenden und vielleicht nicht mehr als Instrumental im Sprachbewusstsein lebendigen Instrumentalform auf *-u* der entspr. Kasus der *o*-Stämme auf *-ov*. Nachdem so der Kasus auf *-ov* von der *o*-Deklination aus, wozu auch die des Demonstrativs und der Pluralbildungen gehörte, sich auf die *u*-Stämme ausgebreitet hatte, war es natürlich, dass nach dem Ausgleichungsprinzipe derselbe zuletzt auch auf die einer einheitlichen Instrumentalform entbehrende *i*-Flexion überging, umsomehr als letztere Deklination mit der Erweiterung des *i*-Genitivs auf ursprüngliche *o*-Stämme zugleich schon eine Anzahl von *ov*-Instrumentalen in sich aufgenommen hatte.

Anm. Bei den Nomina auf *-է* schwindet *է* vor dem Flexionssuffix; ebenso fällt bei denen auf *-այ* dieses letztere vor den vokalischen Endungen aus. Allerdings auch noch

---

1) Auch inschriftlich thut sich dieselbe Erscheinung kund. In einer Inschrift vom J. 1262 (Šir. 116) erscheint Instr. սիկելով »durch Urkunde«; in einer Inschr. vom J. 1215 (Šir. 75 f.) die Instrumentale ամէնով (cl. -իւ), գանձով (cl. -ու oder -իւ); in einer Inschr. vom J. 1348 (Šir. 63) der Instr. խաչով (cl. -իւ). Außerdem finden sich nach Aid. I 143 ff. bereits vom 8. Jahrhundert ab inschriftlich belegt Instrumentale wie: դաշտով (cl. -իւ); սալքարով (cl. -իւ); մարգով (cl. -աւ); ձորակով (cl. -աւ); ճանապարհով (cl. -աւ) u. s. w.

տղայ-ի neben տղ-ի; Հնդպէ-ի neben Հնդպ-ի, s. oben. Ausnahmsweise erscheint von քրիստոնէ »Christ« für zu erwartendes քրիստոն-ի der Genitiv քրիստոն-ոյ Rb ՂՐ, ՃԺԲ, analog wie auch schon von Կիլիկիայ der Gen. Կիլիկ-ոյ aus *Կիլիկիայ-ոյ, von պախրէ der Gen. պախրե-ոյ, = na. պախր-ու [1]).

### 2. Sekundäre *i*-Deklination.

§ 165. Verdrängt ist die altarmenische konsonantische Flexion und durch die *i*-Deklination ersetzt a) bei den konkreten Nomina auf -ոյն (cl. -իւն); b) bei den *r*-Stämmen und zwar: *α*) den Stämmen auf Doppelkonsonanz; *β*) den Stämmen auf -ոյր (cl. -իւր).

#### a) Stämme auf -ոյն *-uin* (Konkreta).

§ 166. Genitiv auf *-uini*, gegen cl. *-ean*. Belege: արոյն *aruin* »Blut«, Gen. արոյն-ի *aruin-i* A 258, B ՄԻԷ, ՄԻԹ, ՄԼԲ, ՄԿԲ (bis). Հերքոյն *herkuin* »Flechte, Schwinde«, Gen. Հերքոյն-ի *herkuin-i* A 109. ձոյն *cuin* »Schnee«, Gen. ձոյն-ի *cuin-i* B ՄԿԴ (bis).

§ 167. Ablativ auf *-uinẹ*, gegen cl. *-enẹ*. Belege: յ-արոյն-է *y-aruin-ẹ* B ՀԵ, ՃԿ, ՄԻԴ, ՄԻԲ, ՄԻԹ, ՄԼԲ, ՄԿԴ, ՄԿԹ, A 167, 179, 183, 239.

§ 168. Instrumental auf *-uinov*, gegen cl. *-eamb*. Belege: արոյն-ով *aruin-ov* B ՄԺԴ, ՄԿԴ, A 163. ձոյն-ով *cuin-ov* A 46, 128.

Anm. Vereinzelt erscheint auch die Genitivform -են *-ⁱen*, z. B. արեն *arⁱen* (v. *aruin*) A 38, 66, 69, B ԻԴ [2]). Dieselbe ist, als rein phonetische Differenzierung des alten Genitivs auf *-ean* [3]), wohl mehr auf höhere und Litteratursprache beschränkt, während die eigentliche Volkssprache die vokalische Flexion anwendet. Vgl. unten § 200.

#### b) *r*-Stämme.

##### *α*. Stämme auf Doppelkonsonanz.

§ 169. Genitiv. ոսկոր *oskor* »Knochen«: Gen. ոսկր-ի *oskr-i* B ՃԽԲ, A 110. մեղր *mⁱeγr* »Honig«: Gen. մեղր-ի *meγr-i*

1) Vgl. Črb. und Aid. II 281.

2) Genitiv արեն erscheint auch in einer Inschrift vom J. 1215 (Šir. 75 f.) sowie in einer Inschrift vom J. 1284 (Šir. 140).

3) Lautlehre S. 70 e).

B ը, ձէ, ղը, ճխզ, մծ, մկդ etc. — Das Classische hingegen flektiert Gen. ոսկեր, մեղեր, statt des letzten auch մեղու.

§ 170. Ablativ. յ-ոսկր-է *y-oskr-ẹ* B ճձը, blos lautlich differenziert von cl. յ-ոսկեր-է.

§ 171. Instrumental. մեղր-ով *meyr-ov* A 29, 52, 53, 54, 55, 89, 93, 115, 135, 248, 249, 251, 260, B կդ, ձբ, ձե, ղբ, ղդ, ճծթ, մծզ, մծբ, մծը, մծթ, մկ, մկդ, մծը, Rb ճծ[1]). — Classisch dagegen Instr. sg. մեղերբ oder մեղու.

§ 172. Dieselbe vokalische Flexion darf zuversichtlich angesetzt werden für die Stämme auf -ղ mit voraufgehendem Konsonanten, wie աստղ, welche rein zufälliger Weise sich nicht belegt finden.

### β. Stämme auf -ույր *-uir*.

§ 173. Genitiv. աղբույր *aγpuir* »Quelle«: Gen. աղբույր-ի *aγpuir-i*[2]) (cl. *ałber*) A 245, 246 dreimal, 247. ալույր *aluir* »Mehl«: Gen. ալույր-ի *aluir-i* (cl. *aler*) A 259. աղչույր *aγčuir* »Horn«: Gen. աղչույր-ի *aγčuir-i* (cl. *ełjer*) A 47, 258 zweimal, 259 zweimal; Gen. եղնաղչույր-ի *eγnaγčuir-i* »Hirschhornes« B մկդ.

§ 174. Ablativ. Belege zufällig nicht vorhanden. Natürlich geht der Kasus auf *ույր-է *uir-ẹ* aus.

§ 175. Instrumental. ալուր-ով *alur-ov* (cl. *alerb* »mit Mehl« Mx. Her. 26; գարէալույր-ով *karẹaluir-ov* »mit Gerstenmehl« A 107 zweimal belegt[3]).

Anm. Schon in der (spät-)classischen Litteratursprache findet sich ein Ansatz zur vokalischen Flexion in den Instrumentalformen աղբեր-աւ neben աղբերբ v. աղբիւր; կոճեղ-աւ neben կոճեղբ v. կոճղ. Ich schließe hieraus, dass die alte Konsonant-Flexion dieser Stämme zuerst aus dem Instrumental sg.

1) Vgl. auch Instr. sg. ծովեզեր-ով (für cl. -եզերբ) v. ծովեզր in »Geschichte der Kupferstadt« (Wiener Mr. No. 88, Bl. 265).

2) In classischarmenischer Lautform der Genitiv աղբիւրի Geop. 126 16 in der Verbindung Ջուր ած աղբիւրի »bringe Quellwasser«.

3) Mit anderer Stammform zeigt eine Inschrift des Jahres 1201 (Šir. 161) den Instrumental Արենաղբերով zu Nom. pr. Արենաղբույր »Blutquell«.

verdrängt wurde; von letzterem dehnte sich dann die vokalische Flexion allmählig auch auf den Genitiv-Dativ und somit auf den ganzen Singular aus.

Anm. Als vereinzelter Fall von anormaler sekundärer *i*-Deklination sei hier erwähnt von գեղ »Dorf« der Genitiv գեղջ-ի *keyč-i* Rb ճժզ, wo an die bereits vorliegende, nicht mehr als solche vom Sprachgeist erkannte Genitivform գեղջ noch obendrein Suffix -*i* antritt.

## II. *o*-Deklination.

### 1. Einfache *o*-Deklination.

§ 176. Die vokalische *o*-Deklination hat den ursprünglichen Flexionscharakter in allen Kasus bewahrt. Wie im Classischen so lautet noch hier der Instrumental auf -ով, die übrigen Kasus obliqui auf -ոյ. Gleichwohl hat sich auch hier, wenn nicht in morphologischer so doch in phonetischer Hinsicht ein Wandel geschaffen: denn das kilikische Suff. -ոյ fällt blos äußerlich und graphisch mit dem entsprechenden classischen zusammen; thatsächlich ist nach Lautl. § 68 altes -*oy* zu kl. *o*, d. i. zu geschlossenem nach *u* hinneigendem *o*-Laute geworden. Diesem Lautwerte des kilikischen Suffixes -ոյ ist es zuzuschreiben, dass als Genitiv-Ablativsuffix dieser Deklination mit -ոյ öfter geradezu -ու abwechselt. So findet sich neben Gen. պայլ-ոյ 41 6. 21 auch պայլ-ու 73 11; neben Gen. Այաս-ոյ L 178 20, 185 15. 16, 186 2 auch Այաս-ու L 154 23; neben regelmäßigem ճորտեր-ոյ 43 12 auch ճորտեր-ու 3 4; neben ուղեր-ոյ auch ուղեր-ու Geop. 59; neben ցաներոյ auch ցաներ-ու Geop. 208.

§ 177. So liegt bereits im Mittelarmenischen der Ansatz zu der im Neuarmenischen vollendeten Thatsache des Zusammenfallens der altarmenischen *o*-Deklination mit der *u*-Deklination. Völlig zu -*u* geworden war das ältere Suff. -ոյ sicher schon in frühneuarmenischer Zeit, wie aus der damaligen Vulgärlitteratur hervorgeht. Damit waren Genitiv-Dativ und Instrumental der alten *o*-Deklination den entsprechenden Fällen der *u*-Flexion gleich geworden. Das völlige Ineinandergehen und Verschmelzen beider Deklinationen trat dadurch ein, dass zuletzt auch der einzige von der eigentlichen *u*-Deklination noch abweichende Kasus der *o*-Stämme, nämlich der Ablativ auf -*u* (= kl. -*ոյ*) nach dem Analogiegesetze von dem Ablativ auf -*ẹ* der *u*-Stämme verdrängt und ersetzt wurde[1]).

Von der bedeutenden Gebietsschmälerung, die diese Deklination durch Übergang einer Anzahl von Stämmen zur *i*-Flexion erlitten hat, ist bereits oben gesprochen. Einigermaßen Ersatz bietet jedoch die *o*-Flexion der mittelarmenischen Plurale auf -*եր*, -*նի* etc. S. unten § 270.

§ 178. Genitiv. Nach dieser Deklination gehen

a) die Infinitive. Z. B. *անցնել-ոյ* 71 8 v. *անցնիլ*; *արժել-ոյ* Rb *հբ* v. *արժել*; *գալ-ոյ* 9 19 v. *գալ*; *ելնել-ոյ* A 127, 128 v. *ելնել*; *թտպրել-ոյ* 23 29 v. *թտպրիլ*; *հեծնել-ոյ* 77 21 v. *հեծնիլ*; *հիլայել-ոյ* 33 21 v. *հիլայել*; *մտել-ոյ* Rb *զ* v. *մտել*; *յիշուել-ոյ* Rb *ա* v. *յիշուել*; *ուտել-ոյ* Rb *ճհ* v. *ուտել*; *ջալընջել-ոյ* 23 15 v. *ջալընջել*; *սիրել-ոյ* L 154 19 v. *սիրել*; *վարձել-ոյ* 71 5 v. *վարձել*; *վճարել-ոյ* 41 2 v. *վճարել*.

b) Folgende Nomina: *անսն-ոյ* Rb *ճհ* v. *անսուն*; *աստուծ-ոյ* 3 3. 6 v. *աստուած*; *գլխ-ոյ* 73 9, 83 15 v. *գլուխ*; *կիս-ոյ* 19 10 v. *կէս*; *մարդ-ոյ* 9 8, 37 2, 51 16 v. *մարդ*; *սիր-ոյ* 3 13, 41 19 v. *սէր*; *տես-ոյ* 13 27 v. *տես*; *առուտր-ոյ* 79 17 v. *առուտուր*; *գիշեր-ոյ* Mr B, Geop. v. *գիշեր*; *ցորեկ-ոյ* Mx. Her. 117, 118, 128 v. *ցորեկ*; *քն-ոյ* B *մխա* v. *քուն* etc.

c) wenige Fremdwörter und Eigennamen, wie: *անսիզ-ոյ* 41 2 v. *անսիզ* »Gesetz, Assise«; in der Bedeutung »Assignat« hat *անսիզ* den Genitiv -*ի*; *պայլ-ոյ* und *պայլ-ու* 41 6. 21, 73 11 v. *պայլ*; *Այաս-ոյ* L 185 15 v. *Այաս*; *Անտաք-ոյ* 3 9. 11. 19, 49 6 v. *Անտաք*; *Հեթմ-ոյ* 3 7 v. *Հեթում*.

d) sämtliche Plurale mit Ausnahme des auf -*k*. Belege siehe unter Pluralbildung.

e) die Stämme auf -*i*, worüber das Nähere unten § 181.

1) Wenn schon in mittelarmenischer Zeit nach Aidynians Gewähr (Kr. Gramm. 143 und 144) namentlich inschriftlich Ablativformen erscheinen, wie *յառաջին մարդէն* (cl. -*ոյն*), *յայդ ջրէդ* (cl. -*ոյդ*), *յիւր հաւատէն* (cl. -*ոյն*), *յաստուծոյ բերանէն* (cl. -*ոյն*), *ի գետերէն* (kl. -*ոյն*), *ի նաւերէն* (kl. -*ոյն*), so kann dies, vorausgesetzt, dass die Fälle echt sind, nur eine außerkilikische dialektische Eigentümlichkeit sein. Höchstens dürfte man aus dem vereinzelt im Kilikischen vorkommenden Ablativ *ի մարդուէ* (zu *մարդ*) vermuten, dass auch im Kilikisch-Mittelarmenischen schon eine schwache Neigung zur Umformung des Ablativs auf -*ոյ* bestand.

Anm. Die im Classischen diese Flexion befolgenden Partizipia auf *-eal* sind nach § 161 d) *α*. zur *i*-Deklination übergegangen.

§ 179. Ablativ. ի զրաստ-ոյ 65 9; ի սրբ-ոյ Rb լց; ի քն-ոյ Geop.; ի յ-արգիլել-ոյ Mx. Her. 13; ի բացուել-ոյ Rb ճծա; ի հոգեալ-ոյ B մծթ; ի ժողվել-ոյ B ճկէ; ի յ-ուտել-ոյ Rb ճծա; ի պառկել-ոյ Mx. Her. 108 etc.

§ 180. Instrumental. գլխ-ով Rb ղր; տես-ով Rb ա; սիր-ով Rb ճհգ; աղալ-ով B ճղթ; քշտել-ով B ճկէ etc.

---

## Stämme auf *-i*.

§ 181. Die einsilbigen Stämme auf *-i* flektieren, wie in der alten Sprache, regelmäßig nach der *o*-Deklination. So von ձի »Pferd« der Gen. ձի-ոյ *ci-o* B մկղ; von գի »Wachholder« der Gen. գի-ոյ *ki-o* B ճժբ, ճծ, մծը. Abl. ի ձի-ոյ *i ci-o* B մկգ. Instr. ձի-ով *ci-ov* Rb ճկղ.

§ 182. Die mehrsilbigen Stämme dagegen sind in zweifacher Beziehung von dem Zustande, wie ihn die classische Sprache wiederspiegelt, abgewichen:

a) in lautlicher Hinsicht lässt die alte Sprache das auslautende *-i* vor dem *o* der Endung zu *v* werden; von *hogi* z. B. bildet sie den Gen. *hogv-oy* aus **hogy-oy*. Nur ausnahmsweise und mehr in nachclassischer Litteratur erscheint dafür die Form *hog-oy* mit *i*-Schwund. Letztere für die classische Sprache anormale Form, die vielleicht auf altdialektischen Ursprung zurückgeht, ist im Kilikischen die normale und ausschließliche.

b) in morphologischer Hinsicht war die classische Flexion dieser Stämme gekennzeichnet durch den doppelten Flexionscharakter: *-o* in den obliquen Kasus singularis mit Ausschluss des Instrumentals, und *-a* im Instr. singularis und in den obliquen Kasus des Plurals. Nur bei ein paar Stämmen, wie *ordi* war der Flexionsvokal *-o* für alle obliquen Kasus durchgehend. An letztere Ausnahmefälle mit Instrumental auf *-ov* anlehnend dehnte sich in nachclassischer Zeit, als der Instrumental auf *-ov* die entschiedene Vorherrschaft in den übrigen Flexionen erlangte, und unter der Wirkung des Ausgleichungs- und Analogie-Prinzips der in sämtlichen übrigen obliquen Kasus singularis herrschende Flexionsvokal *o* auch allgemein auf den Instrumental aus.

Belege für die Flexion der mehrsilbigen Stämme auf *-i*:

§ 183. Genitiv. *աղխ-ոյ* (N. *աղխի*) B *ճծթ*, *մկզ*; *ամ-բրաւեն-ոյ* (N. *ամբրաւենի*) B *ճձ*; *այգ-ոյ* (N. *այգի*) B *մկզ*; *բեւ-կեն-ոյ* (N. *բեւկենի*) B *ճձա*, *ճձը*; *գին-ոյ* (N. *գինի*) Rb *ճժբ*; *գար-ոյ* (N. *գարի*) B *ճլթ*, *մծէ*; *եկեղեց-ոյ* (N. *եկեղեցի*) Rb *ժա*, *ճժե*; *թթեն-ոյ* (N. *թթենի*) B *մժգ*; *մաք-ոյ* (N. *մաքի*) B *ճիգ*; *մրտեն-ոյ* (N. *մրտենի*) B *ճժբ*; *շոք-ոյ* (N. *շոքի*) B *մկբ*; *ոսկ-ոյ* (N. *ոսկի*) B *մե*; *սնթեր-ոյ* (N. *սնթերի*) B *լբ*; *տար-ոյ* (N. *տարի*) 11 4. 6, 13 1. 27, 23 12. 16, 51 2, 67 14, 69 14, Rb *ճժբ*; *փիճ-ոյ* (N. *փիճի*) B *ճծդ*, *ճձը*; *քամ-ոյ* (N. *քամի*) B *ճիե*.

§ 184. Ablativ. *ի գին-ոյ* Rb *կզ*, *ճժ*, B *ճի*, *մծա*; *ի տար--ոյ* Rb *ճժ*.

§ 185. Instrumental. *գար-ով* B *միզ*; Mx. Her. 46, 130; *գին-ով* A 115, B *լդ*, *ղբ*, *ճի*, *ճլա*, *ճկա*, *մծզ*; *եկեղեց-ով* Rb *ձ*; *ոսկ-ով* Rb *ա*; *տար-ով* Rb *լդ*.

Spezifisch moderne Neubildungen sind folgende Fälle im NA: a) Abl. auf *i-ẹ* und Instr. auf *i-ov*, wie z. B. tr. *hoki-ẹ* v. *hoki*; tr. *orti-ẹ* v. *orti*; tr. *kini-ẹ* v. *kini* (Aid. II 11). ach. *kini-ẹ* v. *kini* (Tom. Dial. v. Ach. 52). nch. *tari-ẹ* und *tari-y-ẹ* v. *tari* (Patk. Mat. 3, 88). b) Gen. mit *i*-Suffix, wie z. B. tr. *haili-i* v. *haili*; *t̔ivoli-i* v. *t̔ivoli*; *ṙimini-i* v. *ṙimini*; auch mit euphonischem *y* als *tivoli-y-i*, *ṙimini-y-i* (Aid. II 11). Vgl. auch Črb. 746.

### 2. Erweiterte *o*-Deklination.

§ 186. Bereits in der classischen Sprache steht neben dem einfachen Flexionssuffix *-oy* ein erweitertes auf *-oj*, und zwar bei den Nominen *kin* »Frau« und *mi* »eins«: Gen.-Dat. *kn-oj* resp. *mi-oj* (neben *mi-oy*), Abl. *i kn-oj-ẹ* resp. *i mi-oj-ẹ* (neben *i mi-oy*). Außerdem zeigt das Classische vereinzelt den Kasus mit *-oj* als Lokativ der Stämme auf *-i*, wie z. B. *y-ekeleçv-oj* v. *ekeleçi*, *i telv-oj* v. *teli*, *i tarv-oj* v. *tari*. Der Häufigkeit der beiden letzteren Lokative ist es zuzuschreiben, daß Suff. *-oj* auch auf die betr. Ablative überging: *i telv-oj-ẹ*, *i tarv-oj-ẹ*. Das hier an den Flexionsvokal *-o* angetretene Erweiterungselement *j*, das als ursprüngliches Lokativsuffix aufzufassen ist, liegt außerdem noch vor in folgenden altarmenischen

Einzelfällen: Gen. *geł-ǰ*, Abl. *i geł-ǰ-ẹ* v. *giuł*; Gen. *tv-ən-ǰ-ean*, Abl. *i tv-ən-ǰ-enẹ*, Instr. *tv-ən-ǰ-eamb* v. *tiv* und adj. *mšt-ən-ǰ-ean*[1]) v. *mišt*.

Hier kommt nur in Betracht die Flexion von *kin* und *mi*. An diese zwei vereinzelte classischen Fälle von erweiterter *o*-Deklination, und zwar vor allem an das Nomen *kin* anlehnend, gestaltete sich in der Folge eine Gruppe von analog flektierenden Nominen. So finden sich im Kilikischen folgende Belege dieser Deklination:

187. Genitiv. *գն-ոչ* *kn-oč* (N. *գին* »Preis«) 85 5, Rb ա. *ընկեր-ոչ* *ənger-oč* (N. *ընկեր* »Gefährte«) 31 4, Rb լ, իթ, ծդ, ճխդ, ճկ. *կն-ոչ* *gn-oč* (N. *կին* »Frau«) Rb հր, ճժդ. *այրակն-ոչ* *airagn-oč* (N. *այրակին* »Ehefrau«) Rb հր. *իրիցկն-ոչ* *iricgn-oč* (N. *իրիցկին* »Priestergattin«) Rb լդ, խէ. *տիկն-ոչ* *dign-oč* (N. *տիկին* »Dame«) 19 11, 37 17. 18. 19. *տիր-ոչ* *dir-oč* (N. *տէր* »Herr«) 71 13, 73 15, 83 16. 21, Mx. Her. 44, 51, Rb գ dreimal, դ, ճէ, ճխա, ճծէ, ճհ, մլը, մխե. *ունէտիր-ոչ* *unẹdir-oč* (N. *ունէտէր* »Eigentümer«) Rb ճխա. *քուր-ոչ* *k̄ur-oč* (N. *քոյր* »Schwester«) Rb ղդ.

§ 188. Ablativ. *ի գն-ոչ-է(ն)* *i kn-oč-ẹ(n)* »von dem Preise« Rb ճը, ճթ, ճժ, Ass. Ant. 45 20. *ի տիր-ոչ-է* *i dir-oč-ẹ* »von einem Herrn« n. Aid. I 153.

§ 189. Instrumental. *տիր-ոչ-ով(ն)* *dir-oč-ov(n)* »mit dem Herrn« Rb լ.

Anm. Schon in spätclassischer Litteratur tritt von *կին* »Frau« die erweiterte Instrumentalform *կն-ոչ-աւ* auf bei Osk. Joh. I 20, Mašk., Jaismavurkʿ Mai 22. Letztere Form auf *-ոչ-աւ* ist die Vorläuferin der kilikischen auf *-ոչ-ով*.

---

1) In *mšt-ən-ǰẹan* ebenso wie bei *tv-ən-ǰ-ean* tritt das Element *-ǰ* an die erweiterten Themata **mšt$_u^i$n-*, **tv$_u^i$n-*, die entweder als ursprüngliche Adjektiv- und Adverbialbildungen, oder aber als Genitivformen aufzufassen sind, wie denn auch in der Form *geł-ǰ* das *-ǰ* an einen bereits vorliegenden älteren Genitiv *geł* (v. *giuł*) antritt. Der ursprüngliche Lokativ *gełǰ* übernahm die Funktion des Genitivs erst dann, als durch lautlichen Wandel der Nominativ *giuł* zu *geł* geworden, also mit Genitiv *geł* zusammengefallen war. Das an letzter Stelle noch hinzugetretene Suff. *-ean* hat in *mšt-ənǰ-ean* »ewig« seine ursprünglich adjektivische Natur bewahrt.

Dieselbe Flexion setzt sich im NA fort. So flektiert der Dial. v. Achalzich n. Tom. Dial. v. Ach. folgendermaßen: *k'ur* »Schwester«, Gen. *k'ur-"eč*; *gesur* »Schwiegermutter«, Gen. *gesər-"eč*; *der* »Herr«, Gen. *dir-"eč*. Der Dial. v. Agulis n. S. Sarg. 101: *tayr* »Herr«, Gen. *ter-uć*[1]. — Die östliche Litteratursprache sowohl als die westliche beugen außerdem nach dieser Norm noch die Verwandschaftswörter աներ und տալ. Vgl. Aid. II 15, Palas. 28.

§ 190. Als Kern und Grundstock dieser kilikischen Deklinationsklasse, um den sich allmählig die übrigen Nomina ansetzten und gruppierten, ist das Nomen կին »Weib« zu betrachten: an dieses schloss sich einerseits nach lautlicher Analogie das an կին stark anklingende գին an; andererseits zog ein Kompositum von կին, nämlich տիկին das nach Formation und Bedeutung ganz analoge տէր mit in diese Deklinationsklasse hinein. Schließlich mögen auch ընկեր und քոյր als der Bedeutung nach verwandt in diese Gruppe hineingekommen sein. Für ընկեր und namentlich für քոյր ist jedoch diese Hypothese nicht einwandsfrei. Denn haben wirklich hier blos formale und Bedeutungsgründe entschieden, warum ist alsdann das kilikische Nomen դուստր nicht auch in diese Klasse aufgenommen worden, da es doch sowohl begrifflich, weil ein Verwandtschaftsname, als auch formal, da wie տէր, ընկեր und քոյր auf *-r* ausgehend, mit jenen Nominen verwandt erscheint? Ich vermute deshalb, dass, abgesehen von der historischen Entwickelung, hier noch eine altdialektische Besonderheit mit im Spiele ist, und dass der altarmenische Mutterdialekt des Kilikischen bereits einen stärkeren Ansatz zu dieser Deklinationsformation besaß, als das classisch-altarmenische Idiom.

## III. *u*-Deklination.

§ 191. Von der entsprechenden der alten Sprache ist diese Deklination abgewichen im Instrumental auf *-ov*, über dessen Entstehungsweise bereits oben § 164 gehandelt ist. Belege:

---

1) Relativ jung und spezifisch neuarmenisch ist die Kasusbildung des Ablativs und Instrumentals dieser Nomina im NA, wo durch Verallgemeinerung aus der Pronominalflexion sich folgende Formen bildeten: Abl. *k'roč-m-e* und Instr. *kroč-m-ov* zu *k'ur* »Schwester«; *gnoč-m-e* und Instr. *gnoč-m-ov* zu *gin* »Weib«, im Tr. n. Aid. II 15. — Im Ach.: Abl. *k'uroč-m-e* und Instr. *k'uroč-m-ov* von *k'ur* »Schwester«. Tom. 55.

§ 192. Genitiv. *ագռով-ու* (v. *ագռաւ* »Rabe«) A 254; *այծ-ու* (v. *այծ* »Ziege«) A 261; *առուծ-ու* (v. *առոյծ* »Löwe«) B *մկզ*; *արեւ-ու* (v. *արեւ* »Sonne«) A 264; *ժմ-ու* (v. *ժամ* »Stunde«) 37 9, A 134, 135, 139; *իշ-ու* (v. *էշ* »Esel«) B *մկե*; *իրից-ու* (v. *իրէց* »Priester«) Rb *լա*, *խզ*; *խրատ-ու* (v. *խրատ* »Rat«) Rb *ճ*; *ծով-ու* (v. *ծով* »Meer«) L 154 17, B *մի*; *հաւ-ու* (v. *հաւ* »Huhn«) L 156 1; *ճորտ-ու* (v. *ճորտ* »Höriger«) 11 14, 19 2; *մահ-ու* (v. *մահ* »Tod«) 19 26, 35 27, 37 19, 45 24; *անընգմահ-ու* (v. *անընգմահ* »Selbstmord«) Rb *ղր*; *մատղ-ու* (v. *մատաղ* »Totenmahl, Leichenschmaus«) Rb *լդ*; *շաբթ-ու* (v. *շաբաթ* »Woche«) 65 18; *շահ-ու* (v. *շահ* »Gewinn«) 83 17; *պահ-ու* (v. *պահ* »Stunde, Weile«) A 159; *չք-ու* (v. *չաք* »Maß«) B *ղզ*, *ճի*, *ճկէ*, *ճկր* etc.

Vom Classischen abweichend flektieren: *բայժ-ու* (v. *բայժ* »Zoll«) Dipl. Sarv. statt cl. *բաժ-ի*; *վաճռկն-ու* (v. *վաճռկան* »Kaufmann«) 83 25, 85 1 statt cl. *վաճառականի*; *վաշխ-ու* (v. *վաշխ* »Zins«) 73 6. 7. 8. 20 statt cl. *վաշխ-ի*.

§ 193. Ablativ. *ի ժմ-է* (v. *ժամ*) B *մծա*.

§ 194. Instrumental. *ծով-ով* (v. *ծով*) L 155 19; *ժմ-ով* (v. *ժամ*) Rb *լդ*; *չք-ով* (v. *չաք*) B *մժր*[1]).

Anm. Schwanken zwischen der *u*-Deklination und der *i*-Deklination lässt sich beobachten bei: *գրաւկան* »Pfand« mit Gen. *գրաւկն-ու* 73 8 und *գրաւկն-ի* 75 2. 4. 14. 16; *լապստակ* »Hase« mit Gen. *լապստկ-ու* B *ճլթ*, *մկզ*, *մկր*, *մկթ* und *լապստկ-ի* A 135, 251 etc. Namentlich ist dies der Fall bei den auf *-av* auslautenden Substantiven; so *կաքաւ* »Rebhuhn«: Gen. *կաքով-ու* A 245, B *մկր*; *կտաւ* »Leinwand«: Gen. *կտավ-ու* B *ճլա*, *ճծէ*; *ցաւ* »Krankheit«: Gen. *ցավ-ու* B *ճիե*; von diesen kommen nach § 161. d) wenigstens ebenso häufig die Formen auf *-i* vor, welch letztere entschieden für die jüngeren und wohl auch gebräuchlicheren gelten müssen.

---

1) Auch inschriftlich begegnen uns schon früh Instrumentalformen wie *մահով* v. *մահ* (cl. *-ու*) in Inschriften vom J. 1228 und vom J. 1246 Širak 23, *գրաստով* v. *գրաստ* (cl. *-ու*) in einer Inschrift des 11. Jhd.'s, Širak 72 etc.

## IV. *a*-Deklination.

§ 195. Die vokalische *a*-Flexion im weiteren Sinne, insofern sie sich auch über die alte gemischte *i*- und *o*-Deklination erstreckte, hat nach dem im Vorhergehenden Gesagten eine gewaltige Schmälerung dadurch erlitten, dass der Flexionsvokal *a* aus beiden, sowohl der gemischten *i*-Deklination als der gemischten *o*-Deklination der auf *-i* auslautenden Stämme, verdrängt worden ist.

§ 196. Aber auch im engeren Sinne als reine *a*-Flexion erscheint dieselbe im Kilikischen im Rückgange begriffen, indem noch häufiger und allgemeiner als in der alten Sprache, Nomina propria nach einer anderen als der *a*-Deklination flektieren. Gleichwohl ist die Flexion noch nicht abgestorben, wie dies später im Modernwestarmenischen geschehen ist. Dass sie, wenn auch in engeren Schranken, noch thätig war, beweist schon der Umstand, dass das arabische Lehnwort *ֆուլան fulan* »der und der«, »N. N.«, welches seiner Natur nach Nomina propria vertritt, diese Flexion befolgt. Belegt ist z. B. Genitiv *ֆուլան-այ fulan-a* 41 22 in der Verbindung *ես կու դատըստընեմ ի ֆուլանայ վերայ* »ich stelle Klage an gegen N. N.«

§ 197. In gewissen modernen zentralen und östlichen Dialekten hat sich im Besonderen bei einer bestimmten Klasse von Nomina die *a*-Flexion erhalten, nämlich bei den Eigennamen auf *-uhi*, welchen auch die Appellativa auf *-uhi* in der Flexion gefolgt sind. So nach Črb. 748 von *tiruhi* »Herrin« der Genitiv *tiruhẹ*, Abl. *tiruhẹ* aus **tiruhi-ay*. Dass dieselbe Flexion für dieselbe Wortgruppe auch im Kilikischen gegolten hat, das verrät die Rb գ̅ belegte Genitivform *թագուհէ ṫakuhẹ* aus **ṫakuhi-ay*, **ṫakuhe-ay* (nach Lautl. § 80) von N. *ṫakuhi* »Königin«[1]).

---

1) Die Stelle lautet im Zusammenhange: *եթէ իշխան ի գաւառ կամ յերկիր ո[ր] ընդ թագաւորի հնազանդութեամբ լինի՝ ոսկէհանք գտնու՝ նա թագվորին է: եւ թէ արծաթահանք՝ նա թագուհէ է:* »Wenn ein Gaufürst in einem Distrikt oder Gebiete, das unter Königs Botmäßigkeit steht, ein Goldlager findet, so gehört es dem Könige; und wenn ein Silberlager, so gehört es der Königin.« Vgl. die pol. Genitivform *երանուհէ* von *-ուհի* in einer Inschrift vom J. 1472 bei Min. Leh. 353.

•Vgl. die bereits in dem nichtclassischen Alexanderroman von Appelativen auf *-ուհի* und *-անոյշ* auftretenden Genitivformen auf *-այ*: *աստուածուհե-այ* Gen. v. *աստուածուհի* »Göttin« S. 74 7. 15, 84; *չաստուածուհե-այ* Gen. v. *չաստուածուհի* »Heidengöttin« 74 4; *քրմուհե-այ* Gen. v. *քրմուհի* »Priesterin« 75 3; *քրմանուշ-այ* Gen. v. *քրմանոյշ* »Priesterin« 74 11. In der älteren reinclassischen Litteratur dagegen flektieren diese Nomina noch stets nach der *o*-Deklination.

---

Von den eben skizzierten vokalischen Deklinationen ist die *o*-Deklination die einzige, welche die Flexion nach dem Genitivcharakter in allen Kasus streng durchführt. Die drei übrigen — auch für die *a*-Deklination nehme ich durch Analogieschluss Instrumental auf *-ov* an — sind gemischte Deklinationen, die außer dem im Genitiv hervortretenden eigentlichen Deklinationsvokale noch das für den Instrumental charakteristische Element *-o* aufweisen. Von den vier reinen Deklinationen der classischen Sprache hat sich demnach blos die der *o*-Stämme erhalten. Die übrigen sind dem Gebiete der gemischten Flexionsweise zugefallen: und zwar treten an Stelle der untergegangenen *i-a-* und *o-a-*Deklination im Kilikischen drei neue gemischte Deklinationen, sämtlich mit Instrumental *-ov*. Das Gebiet der gemischten Flexion hat hiermit bei weitem das Übergewicht erlangt. Im Neuwestarmenischen ist mit dem Zusammenfallen von *o-* und *u*-Deklination vollends der letzte Rest der alten reinen Flexion geschwunden.

## II. Konsonantische Deklination.

### I. *n*-Stämme.

§ 198. Verdrängt ist die ursprüngliche konsonantische Flexion, nach dem oben Gesagten, aus der Gruppe der konkreten Stämme auf *-ոյն -uin*. Erhalten hat sie sich dagegen bei folgenden Klassen von *n*-Stämmen:

1. Nomina auf *-ութիւն -utün* (Abstrakta).
2. Nomina auf *-իկ -ig* (*-ik*).
3. Nomina auf *-ուն -un*.
4. *n*-Stämme auf Doppelkonsonanz.

### 1. Nomina auf *-ութիւն -uťün.*

§ 199. Im Neuarmenischen kommt bei diesen Abstrakta teilweise noch die konsonantische Flexion zur Geltung und zwar im allgemeinen nach folgendem Schema:

| | | |
|---|---|---|
| N. | *deruťen* | (= *տէրութիւն*), |
| Gen. | *deruťan* | (= *տէրութեան*), |
| Abl. | *deruťen-e* | (= *ի տէրութենէ*), |
| Instr. | *deruťen-ov* | (< *տէրութեամբ*). |

So im Dial. v. Ach. nach Tom. 56. Dieselbe Flexion zeigt bereits das Kilikische, woselbst der ältere konsonantische Instrumental durch den vokalischen verdrängt ist. Im Neuarmenischen findet sich jedoch neben jener konsonantischen Flexion als jüngere, echtneuarmenische Form häufig der vokalische Genitiv auf *-i* [1]), und dass überhaupt jener konsonantische Genitiv sich noch zu halten vermag und nicht bereits im Kilikischen dem vokalischen gewichen ist, wie bei den Stämmen auf *-ոյն -uin*, beruht lediglich auf dem Einflusse der classischen Litteratursprache, in welcher diese Abstrakta gebräuchlicher sind als in der lebenden Volkssprache.

§ 200. Genitiv. Die Litteratur zeigt immer noch, offenbar unter dem Banne der classischen Hochsprache, die Form *-եան*. So die Genitive: *ծառութեան* Rb ճ̅, *հայրենէթփութեան* 35 27, *հիֆ̃նդութեան* Mr B, *պարոնութեան* 3 3, 21 9 u. s. w. Nach kilikischen Lautgesetzen (Lautl. § 79) ist dieses *-եան* in *-են -ʿen* umzusetzen. Dass letzteres wirklich die Genitivendung der auf *-ութիւն* gewesen, lehren Formen wie *արեն* für cl. *արեան* (s. oben § 168 Anm.) und *ամսեն* für cl. *ամսեան* (Gen. v. *ամիս*) Dipl. Sarv.

§ 201. Ablativ. *յ-իրիկնցվլութեն-է* A 105; *ի ծառութեն-է* 25 7; *ընդ ծոյլութեն-է* Rb ճ̅հ̅ե̅; *ի հայրենէտրութեն-է* Rb ճ̅խ̅զ̅; *ի նաւսրութեն-է* B ի̅զ̅; *ի պարոնութեն-է* Rb բ̅; *ի սարութեն-է* 45 11; *ի վատուժութեն-է* B ժ̅ա̅; *ի փորցվլութեն-է* B ճ̅է̅.

§ 202. Instrumental. *ծառութեն-ով jaruťen-ov* Ass. Ant. 19 18. 26, 21 24, 23 4.

1) Vgl. Patk. Mat. sowie Črb. 747.

Anm. Im Altarmenischen flektieren hiernach noch vereinzelte Nomina, wie *ծնունդ*, *ժողովուրդ*, *ամիս*[1]). Fürs Kilikische ist, wie oben bemerkt, belegt die Lokativform: *յ-ամսենն* zu *ամիս*; ferner Genitiv *ծննդեան* für echtkilikisch **-են* v. *ծնունդ* 19 22.

### 2. Nomina auf *-իկ* *-ig* (*-ik*).

§ 203. Im Altarmenischen flektieren diese Nomina ihrer ursprünglichen Natur gemäß nach dem Schema: N. *մարդիկ*, Gen. *մարդկան*, Abl. *ի մարդկան-է*, Instr. *մարդկամբ*. Im Kilikischen tritt zunächst an Stelle des urspr. Instrumentals auf *-amb* der vokalische auf *-ov*. Außerdem wird im Instrumental und meist auch im Ablativ das Nomen auf *-իկ* unter Verkennung seiner eigentlichen konsonantischen Natur geradezu als vokalischer Stamm behandelt, so dass die betreffenden Kasussuffixe direkt an die Nominativform antreten.

§ 204. Genitiv. Von N. *այրիկ* *airig*(*-k*) »Mann, Gatte«: *այրկան* *airgan* 19 8, 37 20. 21. 23, 39 3, 45 14. 17, 47 3, Rb Հբ, Հզ, Հը, Ճ, Ճթ, Ղա, Ղդ, Ղը, Ճժգ. Von N. *կնիկ* *gnig*(*-k*) »Frau, Gattin«: *կնկան* *gngan* (*gəngan*) 19 13, 21 12, L 158 26, Rb Հբ, Հդ, Հե, Հզ, Ճէ, Ղա, Ղե, Ճդ, Ճժգ.

§ 205. Ablativ. a) gebildet vom Genitive aus: *յ-այրկն-է* *y-airgn-e̱* (aus **յ-այրկան-է*) Rb Հբ. *ի կնկն-է* *i gəngn-e̱* (aus **ի կնկան-է*) Rb Հբ, Հե, Հզ. b) gebildet vom Nominative aus: *յ-այրկ-է* *y-airg-e̱* 19 16, 37 18. 25, Rb Հա, Հբ, Ղ. *ի կնկ-է* *i gəng-e̱* Rb ա zweimal, Հբ dreimal. Dass letztere direkt vom Nominativ gebildeten Formen die jüngeren sind, bedarf kaum der Erwähnung.

§ 206. Instrumental. *կնկ-ով* *gəng-ov* (v. N. *gin*) Rb Ղդ zweimal, Rb Ճժե. Auch hier ist als ältere kilikische Form *yəngn-ov* = **gəngan-ov* zu supponieren.

### 3. Nomina auf *-ուն* *-un*.

§ 207. Genitiv. *շուն* »Hund«: Gen. *շան* *šan* B մկզ; *տուն* »Haus«: Gen. *տան* *dan* 71 11, L 179 11, Rb Ճ, Dipl. Sarv.

---

1) Über die altarmenische Lokativform *յամսեան* vgl. A. Meillet im ԲԱՆԱՍԷՐ Paris 1899 pag. 144 ff.

§ 208. Ablativ. ի տան-է *i dan-e̱* »von Hause« 25 27, Rb ղզ; ի բաժտան-է *i paždan-e̱* »von einem Zollhause« L 156 28.

§ 209. Instrumental. Dieser zufällig nicht belegte Kasus lässt sich nach Analogieschluss mit Sicherheit konstruieren, und zwar als eine ältere, vom starken Stamme gebildete Form *տան-ով *dan-ov* und eine jüngere, vom schwachen Stamm (= Nominativ) gebildete *տըն-ով *dən-ov*. Letztere Form hat sich erhalten im Neuarmenischen, so im Ach., Tr. u. s. w.

### 4. *n*-Stämme auf Doppelkonsonanz.

#### a. Stämme mit Themavokal *a*.

§ 210. Genitiv. ամռան *amṙan* v. ամառ »Sommer« Geop. 10; դրան *tran* v. դուռ »Thor« 13 12; ձկան *cgan* (*cəgan*) v. ձուկ »Fisch« B ճլա, մժգ; աւձձկան *o̱ccəgan* v. աւձձուկ »Aal« B մկէ; ձմռան *cmṙan* (*cəməṙan*) v. ձմեռ, ձմէռ »Winter» A 210, 218; մկան *mgan* (*məgan*) v. մուկ »Maus« B մի; նռան *nṙan* (*nəṙan*) v. նուռ »Granate« B լդ, ճհ; ոսպան *ospan* v. ոսպ »Linse« B ճժ, մժգ, A 175; սիսռան *sisṙan* v. սիսեռ, սիսէռ »Kichererbse« A 40, B իէ, իթ, լ, մլթ, մկ; սնկան *sngan* (*səngan*) v. սունկ »Schwamm« B մկա; փայծղան *ṕaiǰγan* v. փայծաղ »Milz« B ճծգ, մծե. Auch Gen. գորտան *kordan* v. գորտ »Frosch« B մկգ, welch letzteres in der classischen Litteratur vokalisch flektiert.

§ 211. Ablativ. ի ձկն-է *i cgn-e̱* (*cəgn-e̱*) v. ձուկ »Fisch« B մժգ.

§ 212. Instrumental. Belege: ձկօմ *cəgo̱m* v. ձուկ »Fisch« A 107 zweimal, A 158. ոսպօմ, ոսպաւմ, ոսրօմ *ospo̱m* v. ոսպ »Linse« B խ, միթ, A 181. սիսռօմ *sisṙo̱m* v. սիսէռ »Kichererbse« A 53. Ferner: արճասպօմ *arčaspo̱m* v. արճասպ (Gen. -ան) »Vitriol« A 250. եղեգօմ *eγeko̱m* v. եղէգ (Gen. -ան) »Schilfrohr« B մկգ zweimal. պտղօմ *bədγo̱m* v. պտեղ (Gen. պտղան) »eine Fingerspitze voll, Prise« A 253.

#### b. Stämme mit Themavokal *i*.

§ 213. Genitiv. աղուէշբանկին *aγve̱špangin* von աղուէշբանկ »Bilsenkraut« B մժե; անձին *anǰin* von անձ »Person« 9 18, 47 27; գառին *kaṙin* von գառ »Lamm« A 271, B մխա;

թոռին *t̔orin* von թոռ »Enkel« Rb ղ̅ե̅; մատին *madin* von մատ »Finger« B մ̅ի̅ etc.

§ 214. **Ablativ.** յ-անձն-է *y-anjn-e̱* von անձ »Person« Rb հ̅զ̅, ձ̅բ̅; ի կաթն-է *i gat̔n-e̱* von կաթ »Milch« B մ̅ի̅ե̅, մ̅ղ̅զ̅ etc.

§ 215. **Instrumental.** աղուէշբանկաւմ *aγve̱špango̱m* von աղուէշբանկ »Bilsenkraut« B մ̅ծ̅ե̅. անձօմ *anjo̱m* von անձ »Person« 33 6, 57 22. բոյթաւմ (բոյթօմ, բութօմ) *puit̔o̱m* von բոյթ »Daumen« B ձ̅զ̅, ճ̅ղ̅զ̅, մ̅խ̅զ̅, A 265. կաթաւմ und կաթօմ *gat̔o̱m* von կաթ »Milch« B ճ̅զ̅, ճ̅ծ̅ա̅, մ̅կ̅զ̅, A 95, 96, 165, 250, 251, 253, 254, 256 (bis), 259, 261, 269, 291, Geop. 221 21. ձեռօմ *ceṙo̱m* von ձեռ »Hand« 27 18; հաւանձեռաւմ (-ձեռօմ) *havǝnceṙo̱m* von հաւանձեռ »Mörserstößel« B ճ̅ծ̅զ̅, ճ̅ձ̅, ճ̅ձ̅բ̅, ճ̅ձ̅զ̅, ճ̅ձ̅է̅, ճ̅ղ̅դ̅, ճ̅ղ̅է̅, մ̅ը̅, մ̅ծ̅ե̅, մ̅հ̅ sechsmal. մատաւմ, մատօմ *mado̱m* von մատ »Finger« B ճ̅ղ̅թ̅, մ̅խ̅զ̅, մ̅ծ̅ե̅, մ̅կ̅ը̅, A 258. Belegt ist auch in der med. Litteratur Instr. ոտաւմ *odo̱m* von ոտ »Fuß« u. dergl. mehr.

## Instrumental auf *-o̱m*.

§ 216. Durch den Instrumental auf *-o̱m* unterscheidet sich die kilikische Flexion der auf Doppelkonsonanz ausgehenden *n*-Stämme von der entsprechenden Deklination der classischen Sprache. Der letzteren fremd, taucht diese Form erst in der mittelarmenischen Litteratur auf als Vertreterin des Kasus auf *-amb* mit vorhergehendem Konsonanten. Die Form auf *-o̱m* kann, wie bereits oben S. 133 betont, unmöglich aus der auf *-amb* lautgesetzlich hervorgegangen sein. Man müsste nämlich etweder Schwund des auslautenden *b* von *-amb* und Wandel von *a* zu *o* annehmen, oder aber Assimilation von *-amb* zu **-amm*, welch letzteres zu *-aum*, *-o̱m* geworden wäre, zwei Hypothesen, die bei dem Fehlen von lautlichen Analoga gleich unhaltbar sind[1]). Vielmehr gehen beide Formen, die classische auf *-amb* und die kilikische auf *-o̱m*, zurück auf eine urarm. Grundform **-an-v*, gebildet durch Antreten des Instrumentalcharakters *-v* an den starken Stamm oder die Genitivform,

1) Die Lautgruppe *mb* bleibt im Kilikischen erhalten, wie die echtkilikischen համբերել »Frist gewähren« (cl. »gedulden«); համբերութիւն »Frist« (cl. »Geduld«), ամբ »Wolke« zeigen. Älteres *mb* wird weder verkürzt noch assimiliert.

ganz wie bei der vokalischen Flexion. Dieses **-an-v* nun gestaltete sich im Classischen durch Assimilation zu **-am-v*, woraus *-am-b* wurde. Im Kilikischen hingegen entwickelte sich nach andern Lautgesetzen jenes urarm. **-an-v* mittels **am-v* zunächst zu **-am-m* infolge Assimilation von *v* an *m*; aus **-amm* aber entstand durch die Mittelformen **-avm*, *-aum* das kilikische *-ǫm* analog wie պաշտօն *paštǫn*, *paštaun* aus älterem **paštamn* (*paštaman*) hervorgegangen ist.

Halten ließe sich wohl auch folgende Entstehungshypothese des Instrumentals auf *-ǫm*: kl. *-ǫm* gehe zurück auf **-avn* (*-a-v-n*), d. i. der Instrumental dieser *n*-Stämme wäre im Kl. gebildet worden dadurch, dass der Instrumentalcharakter *v* zwischen Themavokal *a* und das Schluss-*n* getreten wäre, analog wie von Pron. *noin* der Instrumental *no-v-in*. Der Übergang von **-avn* zu **avm* und von diesem zu **aum*, kl. *-ǫm* ist ein leichter und natürlicher.

## II. *r*-Stämme.

§ 217. Verdrängt ward die alte konsonantische Flexion bei zwei Gruppen von *r*-Stämmen: a) bei der Klasse von *r*-Stämmen auf Doppelkonsonanz, b) bei der Klasse der Nomina auf -ոյր. Vgl. oben § 169—175.

Erhalten hat sich dieselbe, allerdings teilweise umgestaltet, bei derjenigen Klasse von Nomina die im Altarmenischen die konsonantische *u*-Deklination bilden, nämlich 1. bei den Verwandtschaftswörtern auf -այր; 2. bei dem vereinzelten Nomen օր »Tag«.

### 1. Verwandtschaftswörter auf -այր.

§ 218. Genitiv. աղբաւր *aγpǫr* (v. աղբայր »Bruder«) Rb ղե, ճՀէ. Հաւր, Հօր *hǫr* (v. Հայր »Vater«) 37 22, 47 8. 13, 49 24, Rb բ, ղե. մաւր, մօր *mǫr* (v. մայր »Mutter«) 37 24, Rb լդ, ճկբ, ղե. աղջքնմաւր *aγčḱənmǫr* (v. Komp. աղջքնմայր »Mädchenmutter«) B ճզ, ճկէ, ճղզ, մկզ, մկէ. կտրճմաւր *gədrəjmǫr* (v. Komp. կտրճմայր »Knabenmutter«) B ճիդ, մկէ. Das classische zeigt dieselbe Form, nur auf älterer Lautstufe: cl. *ełbaur* Gen. v. *ełbair*, *haur* Gen. v. *hair*, *maur* Gen. v. *mair*.

§ 219. Ablativ. ի Հաւրէ(ն) *i hǫrę(n)* »von dem Vater« Rb լդ, ճՀէ. ի մաւրէ(ն) *i mōrę(n)* »von der Mutter« Rb լդ, ճՀէ:

Im Classischen mit altarmenischem Lautstande: Abl. *i haure̱*, *i maure̱*.

§ 220. Instrumental. In diesem Kasus ist, wie gewöhnlich, die altarmenische konsonantische Beugung aufgegeben und durch eine neue, vokalische ersetzt. An Stelle des veralteten Kasus auf *-arb* tritt der auf *-o̱r-ov*. Z. B. Instr. եղբաւր-ով *eγpo̱r-ov* (v. եղբայր für echtkilikisch աղբայր) belegt Rb ղզ̅. Die vokalische Instrumentalbildung reicht bis ins heutige Neuarmenisch hinab, jedoch tritt hier das Suff. *-ov* teils an den schwachen Stamm (= Nominativ), teils haben sich als allerjüngste Formen nach Analogie der pronominalen Flexion gebildet die auf *m-ov* (Abl. *m-e̱*) wie tr. *ho̱r-m-ov* v. *har*, *mo̱r-m-ov* v. *mar*, *aχpo̱r-m-ov* v. *aχpar*.

Anm. Äußerlich befolgt die Flexion der Verwandtschaftswörter auch das außerdem nach der erweiterten *o*-Deklination gehende Nomen քոյր *k̄uir* »Schwester«. Von demselben erscheint neben քուրոջ *k̄uroč*[1]) noch ein Genitiv քաւր *k̄o̱r* Rb ղե̅ zweimal, Rb ճհէ̅; Komp. քաւր-որդի *k̄o̱r-orti* »Schwestersohn« Rb ղզ̅ für cl. քեռ-որդի *k̄eṙ-ordi*. In Wirklichkeit jedoch ist die Form քաւր *k̄o̱r*, unter Anlehnung an die lautlich und begrifflich nahestehenden Genitive աղբաւր *aγpo̱r*, հաւր *ho̱r*, մաւր *mo̱r*, verderbt aus ursprünglichem քոր *k̄or*, wie die bei Vardan Histor. auftauchende ältere kilikische Form քոր-որդի[2]) lehrt. Dieses քոր *k̄or*, eigentlich starke Stammform von քոյր, die im classischen Dialekte nur in den Kasus recti pluralis, N. *k̄or-k*, Acc. *k̄or-s* vorliegt, hat also im altarmenischen Mutterdialekte des Kilikischen Genitivfunktion, während dieselbe Funktion im classischen Idiome von Stamm *k̄eṙ-* versehen wird. Gegenüber der spezifisch mittelarmenischen Neubildung քուրոջ ist քոր resp. քաւր die ältere kilikische Genitivform dieses Nomens.

### 2. Nomen օր *o̱r* »Tag«[3]).

§ 221. օր *o̱r* (= cl. *aur*) »Tag« hat bis auf heute in der westlichen Litteratursprache, allerdings als ältere Flexionsweise

1) S. oben § 187.

2) Vardan Hist. pg. 117 11.

3) Das mit օր verwandte classisch-altarmenische աւր »Tag« fehlt im Kilikischen. Ferner ist das alte Simplex այր »Mann« kilikisch ersetzt

neben der jüngeren spez. neuarmenischen (vgl. weiter unten), folgende Kasusformen bewahrt: Gen. *avur*, Abl. *o̱re̱*, Instr. *o̱rov*. Fürs Kilikische finden sich belegt:

Genitiv. աւուր *avur* (= *av-u-r*) 11 5, 13 1. 15. 16. 22. 27, 15 18, 23 10 etc.

Ablativ. յ-որ-է *y-o̱r-e̱* 17 17, A 187 etc.

Instrumental. Der zufällig nicht belegte Kasus ist mit Sicherheit nach Analogie der übrigen *r*-Stämme und durch Rückschluss aus dem Neuarmenischen, dessen ältere Formen fast übereinstimmend *o̱rov* lauten, zu erschließen als *որ-ով *o̱r-ov*.

§ 222. Neben dieser aus der alten Sprache überkommenen Flexion von որ zeigen sich bereits die Anfänge einer neuen mittelarmenischen in folgendem Ablativ: յ-որ-վն-է resp. յ-աւր-վրն-է *y-o̱r-vən-e̱* Ass. Ant. 13 15, 15 18. Dies führt uns zur näheren Betrachtung dieser Bildungsweise im Anschluss an die konsonantische Deklination.

## Die mittelarmenischen Anfänge der neuarmenischen *van*-Deklination.

§ 223. Wie aus der obigen Darstellung der Deklinationen hervorgeht, hat die konsonantische Flexion selbst innerhalb des beschränkten Gebietes, auf welchem sie sich behauptet hat, einen Kasus eingebüßt, den Instrumental, welcher, abgesehen von der Form auf *-o̱m*, allgemein unter der Wirkung des Analogie- und Ausgleichungsprinzips von der vokalischen Form auf *-ov* eingenommen ward. Es ist dies der erste bedeutsame Akt der in der Folge im Neuarmenischen sich fortsetzenden und vollziehenden Umwälzung, wodurch die alte konsonantische Flexion aus sämtlichen Kasus, auch dem Genitiv-Dativ verdrängt und von der vokalischen ersetzt wird[1]). Insofern das

---

durch das Kompositum այրիկ. Desgleichen kommt die Klasse der Abstrakta auf -ութն als nichtkilikisch für die Flexion nicht in Betracht.

1) So flektiert der Dial v. Achalz.: N. *anun* »Name« Gen. *anən-i*; N. *gat'* »Milch«, Gen. *gat'-i* (Tom. 54); N. *hars* »Braut«, Gen. *hars-i*; N. *kaṙ* »Lamm«, Gen. *kaṙ-i* (Tom. 57) etc. Ganz ebenso im Tr. und den übrigen westlichen Dialekten. Auch auf sämtliche *r*-Stämme, sowie auf die Abstrakta auf -ութիւն hat sich die vokalische Deklination verallgemeinert. Vgl. Črb. Gramm. 747 ff., Patk. Mat. Hat auch hie und da

gesamte Gebiet der altarmenischen konsonantischen Deklination von der vokalischen eingenommen und überflutet wird, kann man von einem Untergange der alten konsonantischen Flexion im Neuarmenischen reden.

§ 224. Andererseits jedoch ist dem Neuarmenischen für jene geschwundene Deklinationsweise ein Ersatz erwachsen in einer neuen, der alten Sprache fremden konsonantischen Deklination, die sich auf meist ursprünglich vokalische Stämme erstreckt und das gesamte Gebiet der zeitbegrifflichen Nomina umfasst. Danach flektiert z. B. *ọr* »Tag«, Gen. *ọr-van*, Abl. *ọr-vən-ẹ*; *kišer* »Nacht«, Gen. *kišer-van*, Abl. *kišer-vən-ẹ*; *cəmẹṙ* »Winter«, Gen. *cəmeṙ-van* oder *cəmṙə-van*, Abl. *cəmeṙ-vən-ẹ* oder *cəmṙe-vən-ẹ*; *çorẹg* »Tageslicht«, Gen. *coreg-van*, Abl. *coreg-vən-ẹ* etc. So im Ach. (n. Tom. 56), Tr. (Aid. II 8 f.) und überhaupt im Westarmenischen[1]). Die Wurzeln dieser neuarmeni-

---

noch eine vereinzelte konsonantische Form überlebt, so steht daneben doch stets schon die jüngere, nach der vokalischen Deklination gebildete. So z. B. bildet im Dial. v. Ach. *cug* »Fisch« noch den älteren konsonantischen Genitiv *cəgan* nebst dem jüngeren vokalischen *cəg-i* (n. Tom. Dial. v. Ach. 56). Als veraltete, in der Literatursprache jedoch noch gültigen Formen halten sich z. B. auch noch die konsonantischen Genitive *họr*, *mọr*, *aγpọr* der Verwandtschaftswörter, während in der lebenden Volkssprache längst die vokalisch flektierenden Genitive *họr-i* resp. *họr-u*, *mọr-i* resp. *mọr-u* etc. eingetreten sind.

1) Ausnahmsweise zeigt der westliche Dialekt von Nachiǰevan statt *-van* das Suffix *-va*. So nch. այսօր-վա (Pat. Mat. 37, 56) »heute« zu այսօր; իրիկ-վա »abends« (Patk. Mat. 60) zu իրիկ; կէս-վա (Patk. Mat. 101) zu կէս; տարվա »des Jahres« (Patk. Mat. 36) statt տարվան im Tr. Hierin, wie noch in andern Stücken, zeigt dieser Dialekt den Einfluss des Ostarmenischen, welches allgemein diese Flexion aufweist. So flektiert der Dial. v. Tiflis (n. Abhdl. d. Ak. d. Wiss. zu Berl. 1866, S. 68 ff.): *ọr* »Tag«, Gen. *ọr-va*; *kišer* »Nacht«, Gen. *kišer-va*; *cmeṙ* »Winter«, Gen. *cmeṙ-va*; *amaṙ* »Sommer«, Gen. *amaṙ-va*; der Dial. v. Agulis (Sarg. 87 f.) *ọr* Gen. *ọr-va* etc.; die östliche Litteratursprache շաբաթ Gen. շաբաթ-ուայ, ամիս Gen. ամս-ուայ, տարի Gen. տար-ուայ (woneben auch die Formen auf -ուան, wohl als westarmenische Eindringlinge, stehen); vgl. Palas. S. 32. Ob die Form auf *-va* wirklich als jüngere, aus *-van* entstandene zu gelten habe, wofür der agulische Genitiv աղջկ-այ (Sarg. 87, 88) für classisch աղջկ-ան zu sprechen scheint, ist hier gleichgültig, da für uns blos die Form *-van* in Betracht kommt. Ich erwähne noch aus mittelarmenischen Schriften die Dubletten: ինչուայ *inç̌va* und ինչվային *inç̌vain*, ինչվան *inčvan* »bis« für kl. ինչուի »bis«.

schen *van*-Deklination[1]) reichen bis ins Mittelarmenische hinab. Sie liegen vor in folgenden kilikischen Formen:

§ 225. Abl. յ-օր-վն-է, յ-աւր-վըն-է[2]) *y-orvən-ē* v. օր »Tag« (s. oben § 222) 13 15, 15 18. Abl. յ-եգուց-վըն-է[2]) *y-ekuç-vən-ē* v. եգուց »Morgen, morgender Tag« 15 18. Adv. վաղ-վն-է (urspr. Ablativ) »des Morgens, am Morgen« Geop. 63, 123, 128 zu վաղ »früh«.

§ 226. Dieser in der Bildung ganz mit dem entsprechenden neuarmenischen der *van*-Deklination identische Ablativ auf *-vən-ē* = **-van-ē* setzt notwendigerweise für das Kilikische eine Genitivform auf *-van* voraus. Es stellt sich die Frage nach dem Ursprung dieses kilikischen Genitivs auf *-van* und des daraus gebildeten Ablativs auf *-vən-ē*.

§ 227. Äußerlich fallen die fraglichen kilikischen Kasusformen auf *-van*, *-vən-ē* zusammen mit dem classischen Genitiv *-van*, Abl. *-van-ē* der Nomina auf *-un*, wie *anun* Gen. *anvan*, Ablativ *y-anvanē*. Nun sind bereits in der alten Sprache die Nomina von zeitbegrifflicher Bedeutung nicht nur großenteils Stämme auf *-u* (so *žam* Gen. *žamu*, *dar* Gen. *daru*, *aṙavaut* Gen. *aṙavautu*), sondern es finden sich neben den einfachen Stämmen häufig auch derivate auf *-un* wie *erek* und *erekun*, *aṙavaut* und *aṙavautun*, *aig* und *aigun*, *vał* und *vałun* (in *vał-vałun*). Diese altarmenischen temporalen Adverbia (oder Adjektiva) auf *-un* wurden nun im Kilikischen zu Substantiven, gleichwie das altarm. Adverb այգուց im kilikischen եգուց substantivische Funktion erlangt. Dass diese mittelarmenischen temporalen Substantiva auf *-un* entsprechend den altarmenischen Nomina *-un* Gen. *-van* flektierten, zeigen folgende Beispiele: Lok. յ-իրիկվան *y-irigvan* »am Abend« Mr A 284; Abl. յ-իրիկվնէ(ն) »vom Abend an« Mr A 275, 276, beide Kasus von Nom. իրիկուն »Abend«. Da nun aber neben dem Derivatum իրիկուն noch das Simplex իրեկ (cl. երեկ) stand, so mochte es den Anschein

1) In Aidynians Krit. Gramm. als dritte Deklination der westlichen Litteratursprache erscheinend (Aid. II 8 f.).

2) Belegt in den Phrasen: յայս օրվնէս մինչև ժե օր 13 15 »von diesem Tage ab bis zu 15 Tagen«; ferner S. 15 18: յայս աւրվընէ ի ժե օր, եւ յեգուցվընէ ի ժե օր »vom heutigen Tage ab auf 15 Tage und vom morgenden Tage ab auf 15 Tage«.

gewinnen, als seien Gen. *irigvan*, Abl. *y-irigvənẹ* direkt vom Simplex gebildet, mittels Antreten von Suffix *-van*, etwa wie von cl. *mah* »Tod« der Genitiv *mah-van* kommt. Jenes scheinbare Suffix *-van* dehnte sich nun unter der Wirkung des Analogiegesetzes von Fällen wie իրեկ, Deriv. իրիկուն, wo es etymologisch berechtigt war, auch auf andere temporalen Nomina aus, zunächst auf spez. kilikische Substantiva wie եգուց, ցորեկ, für die, als ursprüngliche Indeklinabilia erst eine neue Flexion geschaffen werden musste, dann auch überhaupt auf jedwede Nomina temporis, wie օր »Tag«. Allerdings muss die Zahl der hiernach flektierenden temporalen Nomina noch eine recht beschränkte gewesen sein, wie aus dem Fehlen von weiteren Belegen hervorgeht.

Dass überhaupt diese Flexionsweise in kilikischer Zeit noch gleichsam flüssig und in der Bildung begriffen war, zeigt das Schwanken in der Kasusbildung. Es erscheinen nämlich neben den oben zitierten Formen յ-եգուց-վըն-է, վաղ-վն-է auch die Ablativformen: յ-եգց-են-է *y-ekç-en-ẹ* »von Morgen ab« 13 15; վաղու-են-է *vayv-en-ẹ* »morgens« 27 15, Mr A und Mr B passim. Letztere Formen gehen zurück auf entsprechende Adjektivformen auf -եան[1]).

1) Altarmenische temporale Adjektivbildungen auf -եան mögen immerhin auf die Entstehung und Erstarkung der *van*-Flexion von Einfluss gewesen sein. Ich erinnere an die classischen: վաղու-եան, Հին-գամ-եան, երիկ-եան, առաւօտ-եան, այժմ-եան, ամս-եան, տըւընջ-եան, մշտնջ-եան letztere von ursprünglichen Adjektiven zu Genitiven geworden.

Geradezu aus ursprünglichem temporalem Adjektiv hervorgegangen zu sein scheinen im Dial. v. Agulis Genitive wie *kšär-ün* von *kšär* »Nacht«, *asar-an* = tr. *asor-van* »heutigen Tags«; dazu stimmt, dass die östliche Literatursprache wirklich Genitive aufweist, wie երեկ-եան v. երեկ »Abend«, այսօր-եան v. այսօր »heute« (Palas. 33). Auch der ostarmenische Genitiv auf *-va* der Temporalnomina erklärt sich am natürlichsten als ursprüngliches temporales Adjektiv oder Adverb, wie denn diese Bildungen noch häufig adjektivische, resp. adverbiale Kraft zeigen. Jedenfalls ist Petermanns Erklärung des Genitivsuffixes *-va* des Ostarmenischen (in Abhdlg. d. Ak. d. Wiss. zu Berl. 1866, 69) als »doppelte Bezeichnung des Genitivs«, indem an die Endung *-u* noch obendrein Suffix *-a* angehängt sei, unzulässig. Flexionssuffix *-a* ist schon in der alten Sprache auf die Eigennamen beschränkt und der ostarmenische pronominale Genitiv *ira* »sein« ist nachträgliche Analogiebildung zu Gen. *nəra* (cl. նորա) »sein«, beweist also ebensowenig. Wohl aber mag an das auslautende *-u*

## B. Pluralbildung.

§ 228. Dadurch dass einerseits der alte Plural auf *-k̔* auf beschränktem Gebiete fortexistiert, andererseits eine Reihe neuer Pluralendungen eingetreten ist, gestaltet sich die Pluralbildung des Kilikischen im Gegensatze sowohl zu derjenigen der classischen Sprache mit einheitlichem *k̔*-Plurale als zum Neuarmenischen, wo der *er*-Plural die überwiegende Vorherrschaft erlangt, zu einer mehrfach gegliederten. Die folgende Darstellung der einzelnen Pluralbildungen zerfällt in zwei Gruppen:

A. Spezifisch kilikische Pluralbildungen.
- I. Plural auf *-եր* *-ⁱer*.
- II. Plural auf *-նի* *-ni*.
- III. Plural auf *-վի* *-vi*.
- IV. Plural auf *-տի* *-di* und *-վտի* *-vdi*.
- V. Plural auf *-ան* *-an*.
- VI. Plural auf *-ստան* *-stan*.

B. Pluralbildungen auf *-ք* *-k̔*.
1. Einfacher Plural auf *-ք* *-k̔*.
2. Erweiterter Plural auf *-ք* *-k̔*.
3. Pluralia composita auf *-ք* *-k̔*.

## A. Spezifisch kilikische Pluralbildungen.

### I. Plural auf *-եր* *-ⁱer*.

a) Plurale von Einsilbigen:

§ 229. *ազգ-եր* v. *ազգ* »Art, Volk«: B ճժգ, ճիգ, ճկա, Rb իժ, ղը, ծլգ, ծխը, Geop. 50, 57, Dul. 667; *ազգ-երոյ* Gen. Rb լգ.

*ակն-եր* v. *ակ* »Knospe«: Geop. 55.

*աղբ-եր* v. *աղբ* »Dünger«: Geop. 27.

*աչ-եր* v. *աչք* »Auge«: Nerses Shnorh.

*զ-արտ-եր* Acc. v. *արտ* »Feld«: Geop. 83, Rb ծհ.

---

von *Հերու*, *վաղու*, *առաւօտու* das Adjektivsuffix *-եայ* angetreten sein, so ein scheinbares Genitivsuffix *-va* sich ausgebildet und durch Analogie verallgemeinert haben.

աւր-եր (օր-եր) v. աւր »Tag«: 23 26, 25 7, 27 10, A 210, 218, 235, Dul. 618, 633, 647, 654, B միգ, մծա, մծգ, մծէ, մծը; յ-աւր-եր Lok. Rb ճիը; աւր-երոյ Gen. 25 7, Rb ժա.

բաժ-եր v. բաժ »Zoll«: L. 154 23.

բան-եր v. բան »Sache«: Rb ժ, ժէ, իա, լգ; բան-երոյ Gen. Rb ը.

բերդ-եր v. բերդ »Burg«: Dul. 643, 646, 670; բերդ-երոյ Gen. Rb ճհբ.

բճ-եր v. բիճ »Bastard«: Rb ձգ.

բոյն-երոյ Gen. v. բոյն »Nest«: Rb ճկբ.

բր-եր v. բիր »Ruthe«: Geop.

գեղ-եր v. գեղ »Dorf«: Rb ճհ, Geop. 74, Dul. 640; գեղ-երոյ Gen. 39 8, Rb լդ, ճհ.

գետ-եր v. գետ »Fluss«: Lied Lev., Dul. 540, 671.

գող-երոյ Gen. v. գող »Dieb«: Rb ճժբ, ճխ.

գոյն-եր v. գոյն »Farbe«: A 20, B միգ; ի գոյն-երոյ Abl. B միգ.

գործ-եր v. գործ »Werk«: Rb լդ, ճխբ.

գորտն-եր v. գորտ »Frosch«: B մկը.

գր-եր v. գիր »Buchstabe«: L 185 22; գրերով Instr. Rb կ.

դաս-եր v. դաս »Klasse«: Rb հա.

դեղ-եր v. դեղ »Arznei, Drogue«: A 17, 112, 188, B ժը, իբ, լէ, լթ, խ, խա, խբ, խդ, ծը, կե, ձգ, ձդ, ձը, ձթ, ղ, ճձը, մլգ, մհ; դեղ-երոյ Gen. B խբ, ծղ, ծը, կե, հա, ձը, ձթ, ղ, ճլէ, ճխէ, ճծ, ճձը, մ, միթ, մլա, մլգ, մծե, մծը, մծթ, մկթ, մհ, Rb ճծբ, A 46, 55, 115, 188, 206; դեղ-երով Instr. B ճա, ճդ, միե, միթ, մլր, մխե, մխղ, մխը, մծե, մծէ, մծը, մծթ, մկբ, Geop. 57, 60, 207.

զ-զարկ-եր Akk. v. զարկ, զարք, զարկք »Schlag«: Geop. 194 12; ի զարկ-երոյ Abl. Geop. 194 15.

թաթ-եր v. թաթ »Wagschale«: L 179 3. 4, 186 6.

թամբ-եր v. թամբ »Sattel«: Rb կ.

թառ-եր v. թառ »Hühnerstange«: Geop.

թոռն-եր v. թոռ »Enkel«: Rb ղդ.

թր-եր v. թուր »Säbel«: Rb կ.

ժամ-եր v. ժամ »Stunde«: Geop. 97.

լեռն-եր v. լեռ »Berg«: Geop. 195.

խիժ-եր, խժ-եր v. խէժ, խիժ »Harz«: B ճղա, ճղե, մկզ, A 116; խիժ-երոյ Gen. B ճղ; ի խիժ-երոյ Abl. B ճղ.

խլրդն-եր v. խլուրդ »Maulwurf«: B ճիա; խլրդն-երոյ Gen. B ճիա.

խոտ-եր v. խոտ »Kraut«: B մթ, մկղ; խոտ-երով Instr. A 158.

խորթ-եր v. խորթ »Stiefkind«: Rb հր; խորթ-երոյ Gen. Rb հր.

խոց-եր v. խոց »Wunde«: B ճժթ, ճձ, ճձզ, ճձե, մղ; խոց-երոյ Gen. B ճիզ, ճխե, մր, մհ.

զ-ծայր-եր Akk. v. ծայր »Spitze«: 59 14.

ծառ-եր v. ծառ »Baum«: Geop. 40.

ծեծ-եր v. ծեծ »Schlag, Hieb«: Rb ճլէ.

ծղ-եր v. ծիղ »Halm«: B մժզ; ծղ-երոյ Gen. B մժզ.

ծխ-եր v. ծուխ »Pfarrgenossenschaft, Pfarre«: Rb խէ zweimal; զ-ծխ-եր(ն) Akk. Rb խէ; ծխ-երոյ Gen. Rb խա, խէ; ծխ-երով Instr. Rb խէ.

զ-կաթն-եր(ն) Akk. v. կաթ »Milch«: A 175; ի կաթն-երոյ(ն) A 155.

կայծ-երոյ Gen. v. կայծ »glühende Kohle«: B ճկղ, ճղղ, մկէ.

կարգ-եր v. կարգ »Ordnung, Weihe«: Rb կր.

կշտ-եր v. կուշտ »Seite, Weiche«: B մլզ, մխա, մխթ, A 198.

կոթ-եր v. կոթ »Stengel, Stiel«: B կզ; կոթ-երով Instr. Geop. 187, 188.

կող-եր v. կող »Rippe, Seite, Abhang«: A 156, Geop.

կոյզ-եր v. կոյզ »Weintraube«: Geop. 49, 129, կուզ-երով Instr. Geop. 73.

զ-կտ-եր Akk. v. կուտ »Körnchen«: Geop. 50.

հազ-եր v. հազ »Husten«: B ղէ.

հայ-եր v. հայ »Armenier«: Dul. 182, 662, 663.

հատ-եր v. հատ »Korn«: B ժթ, A 37, Geop. 70.

հաւ-երոյ Gen. v. հաւ »Huhn«: Geop. 222.

հող-եր v. հող »Grundstück«: Rb ճխր.

հոտ-եր v. հոտ »Geruch«: B միզ; A 20.

ձագ-եր v. ձագ »Küchlein, Vogeljunges«: Rb ճկր; ձագ-երոյ Gen. Rb ճկր; ձագ-երով Instr. Rb ճկր.

ձիթ-եր v. ձէթ »Öl«: A 158; ձիթ-երոյ Gen. A 175, B ճժր; ձիթ-երով Instr. A 177, B միե.

*ձկն-երոյ* Gen. v. *ձուկ* »Fisch«: A 240 zweimal.

*ձու-եր* v. *ձու* »Ei«: Rb *ճկբ*; *ձվ-երոյ* Gen. B *մկգ*.

*ճանկ-երոյ* Gen. v. *ճանկ* »Klaue, Kralle«: A 165.

*ճղ-եր* v. *ճուղ* »Ast, Zweig«: Geop. 185; *ճղ-երով* Instr. Geop. 187.

*ճորտ-եր* v. *ճորտ* »Knecht, Lehnsmann«: 9 21, 13 11, 25 19, 27 4, Rb *ա*, *բ*, *հ*; *ճորտ-երոյ* Gen. 3 4, 9 2. 4, 43 12; *ճորտ-երով* Instr. Rb *հ*.

*մաղձ-եր* v. *մաղձ* »Galle«: A 50.

*մաշկ-եր* v. *մաշկ* »Häutchen«: Geop. 198.

*մասն-եր* v. *մաս* »Teil«: A 234.

*մատն-երոյ* Gen. v. *մատ* »Finger«: B *մի*; *մատն-երով* Instr. B *մի*.

*մեծ-երոյ* Gen. v. *մեծ* »groß«: Rb *կ*.

*մորթ-եր* v. *մորթ* »Haut, Fell«: Rb *լե*.

*ի մրգ-երոյ* Abl. v. *միրգ* »Obst«: Rb *լե*.

*մս-երոյ* Gen. v. *միս* »Fleisch«: A 109.

*մտ-երոյ* Gen. v. *մուտ* »Einkommen«: Rb *լգ*.

*նաւ-երոյ* Gen. v. *նաւ* »Schiff«: L 156 8; *նաւ-երով* Instr. Dul. 647, 668.

*նիւթ-եր* v. *նիւթ* »Materie«: B *մլբ*, A 167, 194; *նիւթ-երոյ* Gen. A 167, 168, 170, 172.

*նոր-եր* v. *նոր* »neu«: Rb *լ*.

*շահ-երոյ* Gen. v. *շահ* »Gewinn«: Rb *ա*.

*շտ-եր* v. *շուտ* »Abcess, Geschwür«: B *միէ*, *մկգ* dreimal; *շտ-երոյ* Gen. B *ճիգ*, *ճձա*, *մա*.

*ոստ-եր* v. *ոստ* »Zweig«: A 256.

*ոտն-եր* v. *ոտ* »Fuß«: Geop. 55, A 24, 162, 165, 241; *ոտն-երոյ* Gen. A 115.

*որբ-եր* v. *որբ* »Waise«: 51 11, Rb *ճլե*.

*զ-ուժ-եր* Akk. v. *ուժ* »Gewalt«: Rb *լդ*; *ուժ-երոյ* Gen. 27 16, Dul. 644.

*ուխտ-եր* v. *ուխտ* »Wallfahrtsstätte«: Rb *հբ*.

*ուռ-եր* v. *ուռ* »Rebholz«: Geop. 51, 130; *ուռ-երու* Gen. Geop. 59.

*չափ-երոյ* v. *չափ* (echtkl. *չափ*) »Maß«: 76 10.

*պահ-եր* v. *պահ* »Wache«: Dul. 644.

*պան-երոյ* Gen. v. *պան* »Honigwabe«: Geop. 193 17.

*պատ-եր* v. *պատ* »Zaun, Mauer«: Geop. 39, Rb *ճհբ*.

*պնչ-եր* v. *պինչ* »Nasenloch«: A 180, 182.

*ջերմ-եր* v. *ջերմ* »Fieber«: A 148, B *ժդ*, *մլգ*; *ջերմ-երոյ* Gen. A 150, 168, 221, B *ժգ*, *միէ*.

*ջղ-եր* v. *ջիղ* »Nerv«: B *ճիա*, *ճժդ*, *մժգ*; *ջղ-երոյ* Gen. *լա*, *հթ*, *ճժդ*, *ճիա*, *ճիբ*, *մկե*.

*ջր-եր* v. *ջուր* »Wasser, Saft«: A 111, 157, B *ճիե*, *մժբ*, *մկէ*; *ջր-երոյ* Gen. A 111, B *ծթ*; *ջր-երով* Instr. B *միբ*.

*վանս-եր* v. *վանք* »Kloster«: Rb *խգ*, *լդ*; *վանս-երոյ* Gen. Rb *լդ*, *ճլե*, Dul. 680.

*վարձ-եր* v. *վարձ* »Lohn«: Rb *ճհգ*, *ճհե*.

*վզ-եր* v. *վիզ* »Hals, Nacken«: Rb *կ*.

*տակ-եր* v. *տակ* »Wurzel«: Geop. 180, B *ծդ*; *տակ-երոյ* Gen. A 188, B *մկա*; *տակ-երով* Instr. B *մլգ*.

*տաւն-եր* v. *տաւն* »Fest«: Rb *ա*, *լդ*, *լդ*; *տաւն-երոյ* Gen. Rb *իե*.

*տեղ-եր* v. *տեղ* »Ort«: Rb *ճհբ*.

*տնկ-եր* v. *տունկ* »Pflanze«: Geop. 41, 42, 67, 130.

*ցած-եր* v. *ցած* »niedrig«: Rb *կ*.

*ցաւ-եր*, *ցաւլ-եր* v. *ցաւ*, *ցաւլ* »Krankheit«: Rb *ճծա*, B *իէ*, *ծդ*, *ճլէ*, *ճխա*, *միա*, *միգ*; *ցաւ-երոյ*, *ցաւլ-երոյ* Gen. 20, B *մժգ*, *մկգ*, *մհ*; *ցաւ-երու* Gen. Geop. 208.

*փոս-եր* v. *խոս* »Grube, Loch«: B *մժդ*, Geop. 40, 62; *փոս-երոյ* Gen. Geop. 178 2; *փոս-երով* Instr. Geop. 178 3.

*քթ-եր* v. *քիթ* »Nasenloch«: Geop.

*քն-երոյ* Gen. v. *քուն* »Schlaf am Kopfe«: B *խ*, *միա*, A 173, 234.

*օձ-եր* v. *օձ* »Schlange«: A 115; *օձ-երոյ* Gen. A 115.

§ 230. Fremdwörter:

*ի թեմ-երոյ* Abl. v. *թեմ* »Diöcese«: Rb *իգ*.

*լճ-եր* v. *լիճ* »Lehnsmann«: 11 27; *լճ-երոյ* Gen. 11 24, 33 21.

*ի խսմ-երոյ* Abl. v. *խիսմ* »Feind, Gegner«: 39 15.

*խուռս-եր* (*ղուրս-եր*, *կուրս-եր* b. Mch. Her.) v. *խուռս* (*ղուրս*, *կուրս*) »Paste, Pastille«: B *ա*, *դ*, *ղ*, *է*, *ը*, *ժ*, *ժա*, *ժգ*, *ժե*, *ժդ*, *ժէ*, *ժը*, *թ*, *ծը*, *մկդ*, Mx. Her. 43, 105; *խուռս-երոյ* Gen. B *ա*, *միե*, *մյա*, *մխը*, A 206.

հապ-եր v. հապ »Pille«: A 38, 239, Mx. Her. 51, 118, 146, B իա, իբ, իգ, իդ, իե, իզ, լ, լա, լբ, լգ, լդ, լե, լզ, մզ, մլթ, մխա, մծէ, մկզ, մկդ; հապ-երոյ Gen. ժթ, մլբ, մլթ, մծէ.

պայլ-եր v. պայլ »Amtmann«: L 186 5.

տուկ-երոյ Gen. v. տուկ »Obmann, Präsident«: Rb ճժբ.

b) Plurale von Mehrsilbigen:

§ 231. աղջկն-եր v. աղջկին aγčgin »Mädchen«: 37 20. 23, Rb ա; աղջկն-երոյ Gen. 47 28, 51 1, Rb ղե.

ամանն-եր v. աման aman »Gefäß«: Geop. 185.

զ-ան[illegible]-եր Akk. v. անուն anun »Name«: 59 4.

ապրն-եր v. ապրանք abrank̄ »Gut, Besitztum«: 21 9.

բժշկ-եր v. բժիշկ pəžišk »Arzt«: Rb ա.

դրացն-երոյ Gen. v. դրացին traçin »Nachbar«: 39 23; ի դրացն-երոյ(ն) Abl. Rb ճիա.

դրօշկ-երոյ Gen. v. դրօշակ trọšak »Fähnlein«: 59 14.

եղեգն-եր v. եղէգ eγẹk »Rohr«: Geop. 127.

երմկ-երոյ Gen. v. երմակ ermak »Heerde«: Rb ճհ.

ծաղկն-եր v. ծաղիկ jaγik »Blume«: Mx. Her. 32.

կապճկ-եր v. կապճիկ gabǰik »Malter«: Rb ճհզ.

կտրճ-եր v. կտրիճ gədriǰ »Knabe«: Rb ա; կտրճ-երոյ Gen. 51 22, A 246.

մրջմն-եր v. մրջիմն mərčimn »Ameise«: B մժզ.

ածպատ-եր v. ածպատ aǰbad »Gartenzaun, Palissade«: Geop. 168.

արտպն-երոյ Gen. v. արտպան ardban »Feldarbeiter«: Rb ճհե.

բանհոգ-եր v. բանհոգ panhok »Geschäftsführer, Verwalter«: Rb ծզ.

լեռնոտն-եր v. լեռնոտ leṙnod »Bergfuß«: Geop. 48.

ծառտկ-եր v. ծառատակ jaṙdak »Baumwurzel«: Geop. 58.

հայրպետ-եր v. հայրպետ hairbʽed »Abt«: Rb ճլե.

հացպն-եր v. հացպան haçban »Bäcker«: Rb կ.

ձեռնգր-երով Instr. v. ձեռնգիր ceṙnkir »Handschrift«: 3 19.

պահնորդ-եր v. պահնորդ bahnort »Wächter«: Rb կ.

ջաղացպն-եր v. ջաղացպան čaγçban »Müller«: Rb ճհգ; ջաղացպն-երոյ Gen. Rb. Inhaltstabelle.

սպասցու-երու Gen. v. սպասցու spasçu »Hülsenfrucht«: Geop. 60.

*տնկմիջ-եր* v. *տնկմէջ* *dəngmeč* »Stammmitte«: Geop. 57.

*դատըստն-երոյ* Gen. v. *դատըստան* *tadəstan* »Gericht«: Rb ժէ.

*իրաւն-եր* v. *իրաւունք* *iravunḱ* »Recht«: 3 5, 43 12, L 154 23, 155 29, Rb լե, ճժ; *իրաւն-երոյ* Gen. 57 6, 59 29; *իրաւն-երով* Instr. 85 7.

*կերակր-եր* v. *կերակուր* *geragur* »Speise«: B մի, միե.

*զ-ճրագվ-եր* Akk. v. *ճրագու* *ǰəraku* »Fett«; B մկա.

*յեվելվծ-երոյ* Gen. v. *յեվելված* *hevelvaj* »Überschuss, Hefe«: B մժզ.

*նշանկ-եր* v. *նշանակ* *nəšanak* »Abzeichen«: Rb կ.

*վաճըռկն-երոյ* Gen. v. *վաճըռկան* *vaǰəṙgan* »Kaufmann«: 45 7, L 154 20, 156 13. 18. 19. 26; *ի վաճռկն-երոյ(ն)* Abl. 85 7, Rb ճժբ.

*զ-գրագր-եր* Akk. v. *գրագիր* *kərakir* »Schreiber«: Rb ա.

*կարգակց-երոյ* Gen. v. *կարգակից* *garkagiç* »Ordensgenosse«: Rb ծբ.

*հաւուկթ-երոյ* Gen. v. *հաւուկիթ* *havugit́* »Hühnerei«: Rb ճկբ.

*հոգէբարձ-եր* v. *հոգէբարձ* *hokeparc* »Testamentsvollstrecker«: Rb ճժզ.

*մարդասպն-երոյ* Gen. v. *մարդասպան* *martaspan* »Mörder«: Rb ճկզ.

*սինաւոկց-երոյ* Gen. v. *սինաւոկից* *sinōrgiç* »Grenznachbar«: Rb ճխդ.

*սինաւոպհ-երոյ* Gen. v. *սինաւոպահ* *sinorbah* »Grenzhüter«: Rb ա.

*վարդապետ-եր* v. *վարդապետ* *vartabʿed* »Doktor«: Rb ճլե, ճկէ.

*բժշկարն-եր* v. *բժշկարան* *pəžəšgaran* »Arzneibuch«: B ծզ, ճժթ.

*բժշկապետ-եր* v. *բժշկապետ* *pəžəšgabʿed* »Hauptarzt«: B մծթ.

*եկեղեցպն-երոյ* Gen. v. *եկեղեցպան* *egeγeçban* »Sakristan«: Rb լբ.

*հիւանդանոց-երոյ* Gen. v. *հիւանդանոց* *hivandanoç* »Spital«: Rb խդ.

§ 232. Fremdwörter:

*մունետկ-երոյ* Gen. v. *մունետիկ* *munedik* »Herold, Ausrufer«: 79 10.

*պռիստիմոն-երոյ* Gen. v. *պռիստիմոն* *bristimon* »praestimonium«[?]: Rb ղթ.

*սերեֆկ-երոյ* Gen. v. *սերեֆիկ* *serefik* »Wechsler«: 81 2.

*տիաթկ-երոյ* Gen. v. *տիաթիկ* *diat̔ik* »Testament«: Rb.

*քումանտր-եր* v. *քումանտուր* *k̆umandur* »Komtur«: Dipl. Sarv.

*եպիսկոպոս-եր* v. *եպիսկոպոս* *ebiskobos* »Bischof«: Dul. 673.

*մետրապօլտ-եր* v. *մետրապօլիտ* *medrabolid* »Metropolit«: Dul. 673, 674.

*փիրիսկոպոս-եր* v. *փիրիսկոպոս* *p̔iriskobos* *περισκοπός*: Rb լգ.

§ 233. **Abstrakta auf** *-ութիւն*:

*աչցվութեն-եր* v. *աչցվութիւն* »Augenleiden«: B մհ.

*ի գիճութեն-երոյ* Abl. v. *գիճութիւն* »Feuchtigkeit«: A 160, 163, Mx. Her. 3, 5, 50.

*զօրութեն-եր* v. *զօրութիւն* »Kraft«: A 194, Mx. Her. 93.

*իշխանութեն-եր* v. *իշխանութիւն* »Fürstentum«: Rb ծբ.

*խնամութեն-եր* v. *խնամութիւն* »Verschwägerung, Verwandtschaft«: 45 6; *խնամութեն-երոյ* Gen. 45 3.

*համբերութեն-եր* v. *համբերութիւն* »Aufschub, Frist«: 23 7. 26.

*հիվնդութեն-եր* v. *հիվնդութիւն* »Krankheit«: B միգ, մլգ.

*սպաննութեն-եր* v. *սպաննութիւն* »Tötung, Mord«: Rb իթ, ճծա; *միջասպաննութեն-եր* »Halbmorde«: Rb ճկէ.

*վկայութեն-եր* v. *վկայութիւն* »Zeugnis, Zeugenaussage«: 29 1.

*տաքութեն-եր* v. *տաքութիւն* »Fieberhitze, Hitze«: B ժր, ծգ, ճա, ճր, ճխր, միգ; *տաքութեն-երոյ* Gen. B ժր, ճ, միե.

§ 234. Aus den vorstehenden Belegen ergiebt sich:

1) Bildungsweise: Gebildet wird der Plural auf *-եր -ⁱer* von der starken Stammform. Daher von *լեռ* »Berg« der Plural *լեռն-եր* aus **լեռին-եր*; von *ձուկ* »Fisch« der Plural *ձկն-եր* aus **ձկան-եր*; von *եղէգ* »Rohr« der Plural *եղեգն-եր* aus **եղեգան--եր*; v. *ծաղիկ* »Blume« der Plural *ծաղկն-եր* aus **ծաղկան-եր*; von *անուն* »Name« der Plural *անվն-եր* aus **անուան-եր*; entsprechend bilden die auf *-ութիւն* den Plural vom starken Stamme auf *-եան*: Nom. plur. *զօրութեն-եր* = **զօրութեան-եր*, *հիվնդութեն-եր* = **հիւանդութեան-եր*.

2) Gebietsausdehnung: Den Plural auf *-եր -ⁱer* bilden sowohl eigentliche Singulare als auch Pluralia tantum wie *վանք* »Kloster«, und zwar a) die einsilbigen; b) die drei- und

mehrsilbigen; c) von Zweisilblern regelmäßig nur die zweisilbigen Komposita und konsonantischen *n*-Stämme, da solche ursprünglich dreisilbig sind (z. B. *եղէգ*, Stamm *եղեգան-*).

Nie wird dieser Plural gebildet von vokalischen Stämmen auf *-i* und *-e*, wie *ձի*, *քրիստոնէ*; siehe unten § 250 und § 256.

Als Plural der Einsilbigen hat sich derselbe auch auf das Demonstrativum *ais*, *aid*, *ain* ausgedehnt, und so erstehen, ohne die eigentlich pronominale Flexion (s. unten § 294) zu verdrängen, von diesem Pronomen folgende *'er*-Plurale:

*զ-այս-եր* *z-ais-'er* Akk. v. *ais*: A 257, B *մծգ*, *մծե*, *մծղ*, *մծը*, *մծթ*; *զ-այտ-եր* *z-aid-'er* Akk. v. *aid*: A 32, 233, B *ճլթ*, *ճհդ*, *մխթ*, *մծթ*.

## Vorgeschichte des Plurals auf *-'er*.

§ 235. Die ersten Spuren des Plurals auf *-'er* reichen in die frühclassische Zeit zurück, wo statt *-եր* noch die ältere Lautform *-եար* erscheint (Lautl. § 79 d). Die in der alten Litteratur vereinzelt auftretenden Plurale auf *-եար* sind:

*բան-եար* »Geschäfte, Streitigkeiten« v. *բան* »Wort, Sache«[1]); *վան-եար* »Klöster« v. *վան-ք* »Kloster«[2]); *վարժ-եար* »Schulen« v. *վարժ* »Schule«[3]); *որ-եար* »Männer, Leute« mit den Kompositen: *ազատ-որեար* »Adelige«, *աւագ-որեար* »Magnaten«, *Հայ-որեար* »Armenier«, *քաջ-որեար* »Helden«[4]).

---

1) Bei Vardan, Erklärung des Pentateuchs: *Մնացեալ իցէ դարձեալ Հարկաւոր բանեար.* Faust. Byz. 12: *ազատեալ լինէր Յուսիկ ի բանեիցն.*

2) Leb. d. Väter: *որ չորքն գնացին վանեարն էին.* Faust. Byz. 221: *հոյր գերկիրն Աղձնեաց վանեօրով.* ibid. 272: *հոյր գամենայն չէնս վանեօրաւ.*

3) Faust. Byz. 221: *Եւ գնէր վարժեար ընդ ամենայն երկիրն Ծոփաց.*

4) Bibelversion Gen. 34, 21: *որեար.* Laz. P'arp: *որեար* 417, 418, 478, 484, 485, 486, 487, 515; Gen. *որերոյ* 27, 221, 505, 506, 522, 528, 529, 533; Instr. *որեարով* 486; *որերով* 505, 527; *ազատորեար* 385, 295; *յազատորերոյ* 138; *աւագորեար* 484, 502; *աւագորերոյ* 63, 192, 470, 477, 489; *Հայորերոյ* 490; *քաջորերոյ* 415.

Von Deminutivnominen auf *-ik*, Gen. *-kan* begegnen uns folgende Plurale: *բարձկն-եար*[1]) Plur. v. *բարձիկ* »Kopfkissen«; *խցկն-եար*[2]) Plur. v. *խցիկ* »Häuschen«; *նաւկն-եար*[3]) Plur. v. *նաւիկ* »Kahn, Nachen«; *քաղաքկն-եար*[4]) Plur. v. *քաղաքիկ* »Städtchen, Flecken«.

Überliefert sind endlich von Lazar Pʻarpeçi aus dem 5. Jahrhundert und zwar auffallenderweise in der mittelarmenischen Lautform *-եր* die Plurale: *բան-եր*[5]) von *բան* »Sache«; *հարկ-եր*[6]) von *հարկ* »Tribut«; *հայ-եր*[7]) von *հայ* »Armenier«, *ձեռն-եր*[8]) von *ձեռն* »Hand«. Wie auch immer diese *եր*-Formen zu erklären sind, jedenfalls wäre es sehr gewagt, dieselben mit Petermann (Gramm. ling. Arm. p. 94) für die ursprünglichen, unter dem Einflusse des Accentes zu denen auf *-եար* entwickelten zu betrachten, wie denn auch jene andere Hypothese Petermanns, die den *եր*-Plural aus dem *ներ*-Plural mittels *n*-Ausfall entstehen lässt, unhaltbar ist.

§ 236. Hervorgegangen ist der Plural auf *-ear*, wie schon die bis ins Neuarmenische fortdauernde Singularflexion desselben andeutet, aus älterem Kollektivnomen auf *-ear*. Die ursprüngliche Singularnatur verrät sich auch dadurch, dass zuweilen an Suffix *-ear* noch obendrein das Pluralelement *-k̔* antritt. So findet sich Akk. Plur. *բանեարս* bei Ephrem; Nom. Plur. *իշեարք* bei Misayel, Rede auf d. Kreuz; Nom. Plur. *որեարք* Patm. Alex. 124. Zu *եր-այ-ք* erweitert erscheint das Suffix

1) Ezek. 18, 20: *կարեն կարկատեն զբարձկնեարդ*; ibid. *ահաւասիկ ես ի վերայ բարձկներոյդ ձերոյ.*

2) Nach Aid. I 79.

3) Patm. Alex. 138 23. 24: *զիւրեանց նաւկնեարն բարձին թողին*; ibid. 139 9. 10: *զնաւկնեարն մալխօք իբր ի կղզւոջ կապեալ հանգուցանէին*; ibid. 140 30: *եւ նաւկնեար էին ի գետն.*

4) Patm. Alex. 144 27. 28: *որք միանգամ են ի քաղաքկնեարդ մարդիկ, գան առ քեզ*; ibid. 145 2: *եւ ոմանք եկեալ ի քաղաքկներոյն ասէին.*

5) Laz. Pʻarp. 363 1: *թողէք ի բաց զբաներդ.*

6) Laz. Pʻarp. 252 16: *զհարկեր զիմոյ աշխարհին հայոց.*

7) Laz. Pʻarp. 466 6: *ես ընդ Վահանայ եւ այլ Հայերդ*; ibid. 495 24: *եւ տեսեալ Նիխորայ զՀայերն.*

8) Laz. Pʻarp. 603 10. 11: *շարժեալ զձեռներն ի գալութիւն այլոց.*

-եար in դեղերայք »Medikamente« Mr A und B, վաներայք »Klöster« Faust. Byz. Kap. 6, 15, welch letztere von den entsprechenden Pluralformen վանորայ, վանորայք, վանորեայք, դեղորայք kaum getrennt werden können.

Als nichtclassisch kennzeichnet sich der Plural auf -եար durch seine Seltenheit und den Umstand, dass er fast ausschließlich von nicht reinclassischen Schriftstellern wie Faustus von Byzanz und Lazar P'arpeçi zugelassen wird. In dem außerclassischen Altarmenischen und speziell im altarmenischen Mutterdialekte des Kilikischen muss der *ear*-Plural eine weit größere Ausdehnung und Geltung gehabt haben: nur unter dieser Voraussetzung erklärt sich die gewaltige Ausbreitung die der Plural auf -*'er* im Kilikischen erlangt hat. — Über die Fortsetzung und Weiterentwickelung dieses Plurals im Neuarmenischen s. unten § 244. 2).

## II. Plural auf -նի -*ni*.

### a) Plurale von eigentlich Zweisilbigen.

§ 237. ակռայ-նի v. ակռայ *agra* »Zahn«: B մժգ.

ածվլ-նի v. ածու *aju* oder ածուք *ajuḱ* »Garten«: B ճկթ.

ամն-նի resp. ամըն-նի v. աման *aman* »Gefäß«: B մլր, Rb ճծգ.

այտուց-նի v. այտոյց *aiduiç* »Geschwulst«: A 228.

ասպր-նի v. ասպար *aspar* »Schild«: Rb կ.

արոյն-նի v. արոյն *aruin* »Blut, Blutbad«: 93 5.

զ-բաբնի (aus *բաբն-նի) Akk. v. բաբան *papan* »Wurfmaschine, Wurfgeschütz«: Chron. Smp. Dul. 644.

բանջր-նոյ Gen. v. բանջար *panǰar* Kraut, Gemüse«: B միե.

գոմշ-նոյ Gen. v. գոմէշ *komeś* »Büffel«: Rb ճհ.

ելնդ-նի v. ելունդ *elund* »Geschwür«: A 148, B ճձր; ելնդ-նոյ Gen. B ճձր.

յ-երդվծ-նոյ Abl. v. երդուած *ertvaj* »Geschworener«: 51 13.

երից-նի, իրից-նի v. երէց resp. իրէց *ireç* »Priester«: Rb լգ, լէ, խր, խէ, ծզ, կ; երից-նոյ Gen. Rb լե, խզ, ծ; յ-երից-նոյ Abl. Rb խր, հա.

երկ-նի v. երակ *erak* »Ader«: A 156, 240, B մի, միէ, մլդ; երկ-նոյ Gen. A 102, B ժե, միէ; ի յ-երկ-նոյ Abl. A 199, B մլզ.

զաւդվծ-նի v. զաւդված *zotvaj* »Gelenk«: B ճձդ, մկզ; զաւդվըծ-նոյ Gen. B մկզ.

ըղընգ-նի v. ըղունգ *əγung* »Fingernagel«: B մհ; զ-ըղընգ-նի Akk. ibid.

խելաւք-նի v. խելաւք *xelok̄* »verständig, klug«: Rb կ.

կախծ-նոյ(ն) Gen. v. կախած *gaxaj* »gehängt«: Rb ճլթ.

կաղպր-նի v. կաղպար *gaγbar* »Form«: B ճղ.

կոծծ-նի v. կոծիծ *gojij* »Warze«: B մծզ.

հալվ-նի v. հալաւ *halav* »Kleid«: Rb հբ.

համեմ-նոյ Gen. v. համեմ *ham'em* »Gewürz«: A 107, 108; համեմ-նով Instr. A 287.

հայրպետ-նոյ Gen. v. հայրպետ *hairb'ed* »Abt«: Rb կր Inh. Tab.

հաշվ-նով Instr. v. հաշիւ *hašiv* »Rechnung«: Rb լդ.

հօքցօղ-նի v. հօքցօղ *hok̄çoγ* »Verwalter«: 39 23; հօգցօղ-նոյ, հաւքցաւղ-նոյ Gen. 41 16, Rb ճհ.

ճանփ-նի aus *ճանփահ-նի v. ճանփահ *janṕah* »Weg«: A 48, 108; զ-ճանփ-նի Akk. A 76, B կզ.

մատղ-նով Instr. v. մատաղ *madaγ* »Leichenschmaus, Totenmahl«: Rb լդ.

ոլոք-նի v. ոլոք *olok̄* »Wadenbein, Schenkel«: B մխ; յ-ոլոք-նի(ն) Lok. A 240; յ-ոլոք-նոյ(ն) Abl. A 240.

զ-ոջլ-նի(ն) Akk. v. ոջիլ *očil* »Laus«: A 246.

պատճռ-նի v. պատճառ *badjar̄* »Ursache, Grund«: Rb հր, ճր, ճծա, A 148 zweimal, A 152, 229; ferner mit Konsonantenvereinfachung die Formen: պաճռ-նի[1]) A 118, 148, 169 zweimal, 220; պաճըռ-նոյ Gen. A 148, 168, 194; պաճռ-նօք Instr. A 183.

պատրոյկ-նի (պատրուկ-նի) v. պատրոյկ *badruik* »Docht«: B ճա, ճզ, ճէ, մծթ; պատրուկ-նոյ Gen. B ճա.

պարկճ-նի v. պարկուճ *barguj* »Hülse, Kapsel«: B մկզ.

պոմըն-նի und պոմնի v. պոման *boman* »Termin, Vertrag«: 77 3, 83 26.

ջաղց-նոյ und ջաղաց-նոյ Gen. v. ջաղաց-ք *čaγaç-k̄* »Mühle«: Rb զ, ճժ.

սպիտկուց-նի v. սպիտկուց *spidguç* »(Ei-)Weiß«: A 70.

---

1) Auch Plur. պատճառ-նի bei Mech. Her. 35, 56, 60, 93.

*վաճառ-նի* v. *վաճառ* *vajaṙ* »Handelskontrakt«: 83 6.

*վիճակ-նի* v. *վիճակ* *vijak* »Diöcese«: Chron. Smp. Dul. 673.

*տերեւ-նոյ* Gen. v. *տերեւ* *der'ev* »Blatt«: B *մլը*.

*քաղք-նոյ* Gen. v. *քաղաք* *kayak* »Stadt«: L 154 22, Rb *իզ*, *ճհը*.

*օժտ-նի* v. *օժիտ* *ožid* »Geschenk«: Chron. Smp. Dul. 646.

*գետ-բերրնի* (= *-բերրն-նի*) v. *գետ-բերան* *ked-peran* »Flussmündung«: L 156 3.

§ 238. Fremdwörter:

*անսիզ-նի* v. *անսիզ* *ansiz* »Gesetz, Assise, Assignat«: 43 12; *անսիզ-նոյ* Gen. 57 5.

*ըռուպ-նի* v. *ըռուպ* *ərub* »Sirup«: Mx. Her. 32.

*թաթար-նի* v. *թաթար* *tatar* »Tatare«: Chron. Smp. Dul. 660; *թաթար-նոյ* Gen. ibid. 658.

*կապլ-նի* v. *կապալ* *gabal* »Zoll, Abgabe«: Rb *ճժբ*.

*հավլիճ-նով* Instr. v. *հավլէճ* *havej* »Zusammensetzung von duftenden Droguen und Gewürzen«: A 221, B *մժ*.

*հիլայ-նի* v. *հիլայ-ք* *hilai-k* »Klage, Beschuldigung«: Rb *իզ*.

*ճառահ-նի* v. *ճառահ* *jarah* »Wundarzt, Chirurg«: B *մժզ*.

*ճուարիչ-նի* v. *ճուարիչ* *jvariš* np. *gucäriš* »Latwerge«: B *ղզ*; *ճուարիչ-նոյ* Gen. B *ղա*.

*մայճուն-նի* (*մաճուն-նի*) v. *մայճուն* (*մաճուն*) arab. *maʿjūn* »conditum subigendo confectum, Electuarium«: B *մխա*; *մայճուն-նոյ* (*մաճուն-նոյ*) Gen. B *ճա*, *մծա*, A 83, 219.

*զ-մարիաճ-նի* Akk. v. *մարիաճ* *mariaj* »Heirat, Heiratsgut«: 45 6; *մարիաճ-նոյ* Gen. 45 3.

*մորհմ-նի* v. *մորհամ* *morham* »Pflaster«: B *ճձ*, *ճղր*; *մորհմ-նոյ* Gen. B *ճձա*, *ճղ*; *մորհամ-նոյ* Gen. B *ճձ*.

*նուտար-նի* v. *նուտար* *nodar* »Notar«: Rb *կ*; *նոտար-նոյ* Gen. 39 12.

*նուպայ-նի*, *նոպայ-նի* v. *նուպայ* *nuba* resp. *նոպայ* *noba* »Periode«: A 195, Mx. Her. 94; *նուպայ-նոյ* Gen. A 168, 170; *նոպայ-նոյ* Gen. Mx. Her. 61; *նոպայ-նով* Instr. Mx. Her. 61.

*շարպ-նի* v. *շարապ* *šarab* »Trank«: A 189, 198, B *խժ*, *ձժ*, *մխզ*, *մլր*, *մխր*; *զ-շարպ-նի* Akk. B *մծզ*; *շարպ-նոյ* Gen. B *խզ*, *ծզ*; *ի շարպ-նոյ* Abl. B *մլր*, *մծզ*; *շարպ-նով* Instr. B *մլզ*, *մծժ*.

շիաֆ-նի v. շիաֆ *šiaf* »Augenmedizin«: B մհ fünfmal; շիաֆ-նոյ Gen. B մհ.

պազըր-նոյ Gen. v. պազար *bazar* »Markt«: Rb ճժը.

ջանուն-նի v. ջանուն *čanun* »Kanonikus«: Rb ժա.

սանտըլ-նի, սանդլ-նի v. սանտալ *sandal* »Sandel«: B ծղ, կ; սանտըլ-նով Instr. B կ.

սիգեղ-նի v. սիգեղ *sikʿey* »Urkunde, Schein«: 41 10.

սինաւռ-նի v. սինաւռ *sinoṙ* »Grenze, Grenzgebiet«: Rb ճխղ, ճհ; սինօռ-նոյ Gen. 39 7. 8.

տարպայ-նի v. տարպայ *darba* »Wiederkehr, Mal«: B ճղթ, մժը, մխղ, մխէ; Rb ճհ.

տեմէտ-նոյ, տիմէտ-նոյ Gen. v. տեմէտ *demed*, *dimed* »Wundverband«: B ճիէ, մլը, A 81.

տիպաւն-նոյ, տիպօն-նոյ Gen. v. տիպաւն, տիպօն *dibon* »Statut«: 39 7, 83 6; տիպաւն-նով Instr. 15 23.

տրիֆիլ-նոյ Gen. v. տրիֆիլ *drifil* arab. *ḍarī fīl* oder np. *atrīfel*(?): B ծը.

b) Plurale von graphisch Einsilbigen, phonetisch Zweisilbigen:

§ 239. Von բժիշկ *pəžišk* »Arzt« der Plur. բժշկ-նի A 242, B ճխ, մխթ.

Von բլիթ *pəlit* »Kuchen« der Plur. բլթ-նի B ր, մծ, մծզ, մծե, մծղ, մկը, մղը; Abl. ի բլթ-նոյ B մծ, մծգ, Mr A 249, 251, 253, 276.

Von գլուխ *kəlux* »Kopf« der Plur. գլխ-նի Rb կ zweimal, B մկթ; Kompos. դեղ-գլխ-նի v. դեղ-գլուխ B մխա.

Von գնդուկ (-իկ) *kənduk* (-*ik*) »Kügelchen« der Plur. գնդկ-նի B մա.

Von գրաստ *kərast* »Lasttier« der Plur. Gen. գրաստ-նոյ 77 21, 79 8, Rb ճը; Abl. ի գրաստ-նոյ L 155 23.

Von թրջոց *tərčoc̣* »Waschung, Klystier« der Plur. Instr. թրջոց-նով B մծա.

Von կշեռ *gəšeṙ* »Gewicht« der Plur. Gen. կշեռ-նոյ 79 10.

Von կտաւ *gədav* »Tuch« der Plur. Akk. զ-կտաւ-նի 85 6.

Von կտոր *gədor* »Stück« der Plur. կտոր-նի B մ.

1) — neuarm. *ǰəǰu* = cl. *čči* »Wurm«.

Von ճճու *jəju*[1]) »Wurm« der Plur. ճճվ-նի A 245, 277, Mx. Her. 146.

Von մշակ *məšak* »Bauer« der Plur. Gen. մշակ-նոյ(ն) Rb ճհգ.

Von նշան *nəšan* »Zeichen, Symptom« der Plur. նշան-նի B միա, միր zweimal, միգ, միե, միէ, միթ, մլգ, մլր, մխէ; Mr A 150 zweimal, 151, 159, 191, 192 zweimal, 194, 195, 203, 206, 209, 217, 225, 229, 272; Mx. Her. 14, 38, 40, 47, 76, 80, 91, 114, 133; mit Vereinfachung des Doppel-*n* die Form նշանի Plur. 33 4; Gen. նշան-նոյ Mx. Her. 81, 94.

Von պտուղ *bəduγ* »Frucht« der Plur. պտղ-նի B ծ; Akk. զ-պտղ-նի(ն) A 64.

Von ջրեզր *čərezr* »Flussufer« der Plur. Lok. ի ջրեզր-նի B ճկթ.

Von սնդուկ *sənduk* »Kiste« der Plur. սնդկ-նի L 156 15.

Von վկայ *vəga* »Zeuge« der Plur. վկայ-նի 27 18, 33 13, 35 17. 19, 53 4, 59 3. 22, 61 13; Gen. վկայ-նոյ 53 7, 59 8. 25, 61 15; Instr. վկայ-նով 27 17, 29 3, 35 15, 59 2, 75 22, 83 16, Rb հգ, ճբ, ճգ; Instr. վկայ-նօք 59 9, 75 11.

Von տկճոր *dəgjor* »Klystier« der Plur. տկճոր-նի A 198.

§ 240. Fremdwörter:

Von բլայթ *pəlaiť* »gesetzliche Bestimmung, Reglement, Prozess« der Plur. բլայթ-նի 55 12; Gen. բլայթ-նոյ 57 5.

Von մտպուխ *mədbux* »Arzneitrank, Tisane, Thee« der Plur. մտպուխ-նի A 163; մտպուխ-նու Gen. Mr B Inhaltstabelle.

Von նկրիս *nəgris* »Arthritis, Podagra« der Plur. նկրիս-նի B մծէ.

Von պզուր *bəzur* »Samen« der Plur. պզուր-նի B մխբ und պզր-նի B միդ; Instr. պզր-նով B միդ.

Von պլաւր, պլօր *bəlo̱r* »Beryll, Krystall« der Plur. պլաւր-նի B ի, լէ, մծա, A 139, resp. պլօր-նի A 37, 117, 246, 247, 257, 267, 311.

Von սֆուֆ *səfuf* arab. *safūf* »aqua non subactum« der Plur. Gen. սֆուֆ-նոյ B ճթ.

Von ֆռանկ *fəṙang* »Franke, Abendländer« der Plur. ֆռանկ-նի B ճղբ; Gen. ֆռանկ-նոյ Chron. Smp. Dul. 616; Abl. ի ֆռանկ-նոյ Chron. Smp. Dul. 652, Heť. Kor. Dul. 486[1]).

---

1) Erwähnt seien noch aus einer Inschrift aus Ani vom J. 1215 (Šir. 75 f.) die Plurale: ախոռ-նի, մարագ-նի, կուղպակ-նով Instr. Plur.; aus einer Inschr. vom J. 1262 (Šir. 116) der Instr. Plur. ընձա-նովք von

§ 241. Ergebnis:

1) Bildungsweise: der *ni*-Plural entsteht mittels Antreten von Suffix *-ni* an die Stammform, wobei die auf *-n* auslautenden das dadurch erzeugte Doppel-*n* vereinfachen können.

2) Gebietsausdehnung: während der Plural auf *-ᶦer* sich wesentlich auf die ein-, die drei- und mehrsilbigen erstreckt, umfasst der *ni*-Plural das gesamte Gebiet der zweisilbigen Stämme und Nomina, sie seien eigentliche Singularia oder Pluralia tantum, selbständige Nomina oder als letztes Glied in Kompositen auftretend, wie letzteres z. B. bei *դեղ-գլուխ* und *գետ-բերան* der Fall ist.

Ausgenommen sind nur: a) konsonantische *n*-Stämme wie *եղէգ*, Plur. *եղեգն-եր* aus **եղեգան-եար*, sowie die zweisilbigen Komposita, nach § 234, 2); b) die Zweisilbigen auf *-i*, wie *orti* »Sohn«, nach § 256 unten. Entschieden für anormal müssen die vereinzelten Fälle gelten, wo von rein-zweisilbigen der *ᶦer*-Plural gebildet wird[1]).

---

*ընձայ*. Ferner aus einer ma. astrologischen Schrift im Wiener Mr. No. 88 Bl. 24 ff. die Plurale: *տովլ-նի* v. sg. *տոու*, *գուսընի* (= *գուսըն-նի*) v. sg. *գուսան*, *դրաստ-նու* Gen. plur. v. sg. *դրաստ*, *դեսպան-նի* v. sg. *դեսպան*, *ծովեզր-նի* v. sg. *ծովեզր*, *ըռամ-նի* v. sg. *ըռամ*, *բոլօճ-նի* v. sg. *բոլօճ*, *նախաշ-նի* v. sg. *նախաշ*, *էլում-նի* v. sg. *էլում* (arab. عَلیم), *խոճա-նի* v. sg. *խոճա* (np. خَواجه), *հաքիմ-նի* v. sg. *հաքիմ* (arab. حَاکم), *մունէճիմ-նի* v. sg. *մունէճիմ* (arab. مُنَجِّم), *վազիր-նի* v. sg. *վազիր* (arab. وَزیر), *տապախ-նի* v. sg. *տապախ* (arab. دَبّاغ), *տոռառ-նի* v. sg. *տոռառ* (arab. ضِرار). Aus der ma. Poesie: Gen. Plur. *աղէկ-նու* v. *աղէկ* Kost. Joh. T'lk. 29; Nom. plur. *գարպաս-նի* v. *գարպաս* Kost. Joh. T'lk. 56; Gen. plur. *խելօք-նու* v. *խելօք* Kost. Samml. III 36; *պարտիզ-նուն* Gen. plur. v. *պարտէզ* Kost. Samml. III 18; *բաղչա-նի* Nom. plur. v. *պաղչայ* Joh. T'lk. 35; *խիլա-նի* Nom. plur. v. *խիլայ* Joh. T'lk. 35; *սատափ-նու* Gen. plur. v. *սատափ* Kost. Samml. III 19 etc. Noch weitere Beispiele ließen sich häufen aus der spätmittelarmenischen und frühneuarmenischen Litteratur.

1) So erscheint vereinzelt statt des normalen *ni*-Plurals von *բժիշկ* auch der Plural *բժշկ-եր* Rb ա̅; von *մտպուխ* auch der Plur. Gen. *մտպուխ-երոյ* Mr B լ̅ը̅.

### Entwickelungsgeschichte des *ni*-Plurals.

§ 242. Als Vorläufer des kilikischen *ni*-Plurals begegnen uns in der altarmenischen Litteratur folgende Plurale auf *-ani*: *ազատանի*[1]) »die Adligen« v. *ազատ* Faust. Byz., Laz. P'arp.; *աւագանի*[2]) »die Vornehmen« v. *աւագ* Maccab., Agathang., Laz. P'arp.; *գահոյանի*[3]) »die Ruhepolster, Sitzbette« v. *գահոյ* Patm. Alex.; *երիցանի*[4]) »die Priester« v. *երէց* Laz. P'arp.; *նամականի*[5]) »Briefe« v. *նամակ* Laz. P'arp.; *գլխանի*[6]) »Köpfe« v. *գլուխ* Faust. Byz.; *կրականի*[7]) »Feuer, Feuerstätten« v. *կրակ* Laz. P'arp.; *վնասանի*[8]) »Schädigungen« v. *վնաս* Laz. P'arp.

1) *ազատանւոյ* Laz. P'arp. 64, 138, 140, 153. *Հայոց ազատանւոյն ախոյեցան* Faust. Byz. V Kap. 5.

2) *աւագանին որ թշնամուր ոխս պահէին յուդայ* 2 Maccab. 14, 11; *մեծամեծ աւագանւով* 3 Maccab. 5, 2; *զմեծամեծս յաւագանւոյն* 3 Maccab. 5, 16. *մեծամեծ աւագանւոյն* Agathang.; *հանդերձ մեծամեծ աւագանւովն* Agathang. *Թագաւորն հանդերձ աւագանւովն* Faust. Byz. V Kap. 1 und 44. Bei Laz. P'arp. sind belegt: Nom. *աւագանի* 55, 62, 121, 126, 131, 135, 184, 185, 194, 228, 490, 507, 508, 527; Gen. *աւագանւոյ* 56, 64, 120, 121, 123, 131, 134, 136, 155, 156, 158, 186, 201, 207, 224, 229, 234, 239, 245, 250, 262, 317, 325, 357, 426, 428, 475, 480, 482, 487, 488, 490, 504, 522, 527, 530, 533, 536, 537, 543, 545, 546; *աւագանւոյ* 102; Instr. *աւագանեաւ* 130, 141, 148; *աւագանւով* 69, 215, 222.

3) *ընդ գահոյանովն մտանէին* Patm. Alex. 28 21.

4) *Թէ գիտէին երիցանիս զմահն զոր պատրաստեալ է նոցա* Laz. P'arp. 281 12.

5) *Եւ տուեալ ցնոսա իշխանին Սիւնեաց Վասակայ զամենայն նամականին* Laz. P'arp. 167 21. 22. 23; *հրամայէր նամականի առնել* Laz. P'arp. 167 7; *եւ կնքեալ զնամականին իւրաքանչիւր ուրուք մատանեաւ* Laz. P'arp. 167 9. 10; *եւ զնամականին կարդացեալ* Laz. P'arp. 169 17. 18; *եւ վաղվաղակի նամականի արարեալ առ կայսրն* Laz. P'arp. 184; *յորոց ձեռն տուեալ զնամականին* Laz. P'arp. 185; *ոչ երբեք դադարէր գրել նամականի* Laz. P'arp. 197; *նամականի արարեալ առ կայսր* Laz. P'arp. 249; *զնամականին զամենայն զոր գրեալ եւ կնքեալ է առ կայսր* Laz. P'arp. 250; *նամականի բազում* Laz. P'arp. 470; *եւ կնքեալ Շապհոյ զնամականին* Laz. P'arp. 471.

6) *ոչ գոյր չափ գլխանոյն ախոյենիցն զոր բերեալ էր առաջի թագաւորին* Faust. Byz. 198.

7) *սպանեցէք զայնպիսի ճոխ կրականի* Laz. P'arp. 233 4. 5; *այն կրականոյն անվնաս պահեալ էր զմեզ եւ պահէին* Laz. P'arp. 233 10. 11.

8) *մեծամեծ զայդպիսի վնասանի առնելով* Laz. P'arp.

Als antiquisierende Formen erscheinen in spät- resp. nachclassischer und mittelarmenischer Zeit, als aa. *-ani* in der lebenden Sprache längst zu *-ni* geworden war, noch folgende Plurale auf *-ani*: in Gregor Magistros' poetischem Werke: աթոռ-անի V. 579, անդարձ-անի V. 627, անուան-անի V. 447, առած-անի V.352, առակ-անի V. 582, աստեղ-անի V. 858, զանգակ-անի V. 242, խորհրդ-անի V. 350, 546, կամար-անի V. 344, 920, հիւանդ-անի V. 453, մատեն-անի V. 893, մեհեն-անի V. 848, նշան-անի V. 511, պատգամ-անի V. 216, պատուիր-անի V. 590, 632, ստուեր-անի V. 468, վաճառ-անի V 585, վըտակ-անի V. 238, 957; ferner: աղքատ-անի Ganjaran; ամրոց-անի Greg. Tłay, Chron. Smp. Dul. 616; կուշպակ-անի Jišatak. und Mech. Aparançi; հանդերձ-անի Ners. Shnorh. El. Edess.; հոռոմ-անի Greg. Ereç Dul. 168; մուղալ-անի Chron. Smp. Dul. 658; ներբող-անի Ners. Lampr.; ջալայ-անի Jišatak; սալար-անի Greg. Ereç Dul. 172; քաղաք-անի Ephr.; ֆռանկ-անի Greg. Ereç Dul. 192[1]).

§ 243. Ganz abgesehen von diesen in archaistischem Gewande auftretenden mittelarmenischen Pluralen, die, da sie auch Nichtkilikiern wie Gregor Magistros geläufig sind, die allgemeine Ausbreitung des *ni*-Plurals auch auf Großarmenien bezeugen, beschränkt sich in der echtclassischen Litteratur der *ani*-Plural so gut wie ausschließlich auf die Fälle ազատանի, աւագանի, welche beide in der Bedeutung »die Adeligen« = »der Adel« (konkr.), »die Vornehmen« = »die Notabilität« (konkr.) noch die ursprüngliche Natur von Kollektivsingularen durchblicken lassen[2]). Nur bei nichtreinen Klassikern, wie Faustus von Byzanz, Lazar Pʻarpeçi, Alexanderroman, die überhaupt vielfach nichtclassisches Sprachgut aufweisen[3]), hat der Plural auf *-ani* eine freiere und ausgedehntere Verwendung erlangt, offenbar unter altdialektischem Einflusse, wie denn auch der kilikisch-mittelarmenische *ni*-Plural aus nichtclassischer Wurzel entsprungen und emporgewachsen ist.

---

1) Das korrupte ֆռանկագոյն des Textes ist zu emendieren in ֆռանկանոյն (Gen. Plur. von ֆռանկ).

2) Da ursprünglich Kollektivsingular, tritt zuweilen noch Pluralcharakter *-kʻ* an; so bei Agathang. Instr. Plur. աւագանօք; bei Laz. Pʻarp. 68 աւաղանեօք.

3) Vgl. Aid. Gramm. Einleitung.

§ 244. Während im Mittelarmenischen der *ni*-Plural dem Plural auf -*ʻer* beinahe gewachsen ist, ist er im Neuarmenischen unter dem unaufhaltsamen Vordringen des letzteren, gänzlich zurückgedrängt worden und als Plural untergegangen. Erhalten hat er sich blos formal und äußerlich in erstarrter Form und veränderter Funktion in den folgenden zwei Fällen:

1) In Verbindung mit den Possessivsuffixen. Es wird nämlich in der westlichen Schriftsprache, im Türkarmenischen und anderen Dialekten das Possessivverhältnis derart ausgedrückt, dass an die einsilbigen Nomina die einfachen Pronominalsuffixe -*s*, -*d*, -*n*, an die mehrsilbigen aber die Suffixe -*nis*, -*nid*, -*nin* antreten (Aid. II 47). Z. B.: *տուն-ս* »mein Haus«, *տուն-դ* »dein Haus«, *տուն-ն* »sein Haus«; dagegen: *պարտէզ-նիս* »mein Garten«, *պարտէզ-նիդ* »dein Garten«, *պարտէզ-նին* »sein Garten«; *պարտէզներ-նիս* »meine Gärten«, *պարտէզներ-նիդ* »deine Gärten«, *պարտէզներ-նին* »seine Gärten«. Auch an Einsilbler, die mittels des Pluralsuffixes *-եր* zweisilbig geworden sind, treten die komponierten Suffixe: *Հայրեր-նիս* »unsere Väter« oder »unser Vater«, *տներ-նիս* »unsere Häuser« oder »unser Haus«. Dagegen ist die Form **Հայր-նիս*, **տն-իս* unmöglich, da die komponierten Suffixe nie an Einsilbler treten. Wie aus der Deklination dieser Possessivsubstantiva hervorgeht[1]), gehört das Element *ni* der Suffixe *ni-s*, *ni-d*, *ni-n*, ursprünglich zum Nomen. Auch darin stimmen diese Possessivbildungen mit dem mittelarmenischen *ni*-Plurale überein, dass beide ausschließlich auf die Zwei- und Mehrsilbigen beschränkt sind. Die Identität beider *ni*-Bildungen leuchtet ein[2]). Die mittelarmenische Pluralendung -*ni* verlor im Neuarmenischen, analog wie Pluralsuffix-*k̒*, den Pluralcharakter; in dieser erstarrten Form verwuchs sie mit den Pronominalsuffixen *s*, *d*, *n* zu einem neuen Possessivsuffixe, welches schließlich in den

1) Nom. *պարտէզ-նիս* »mein Garten«,
Gen. *պարտէզ-նուս* »meines Gartens«,
Abl. *պարտէզ-նէս* »aus meinem Garten« (Aid. II 47).
Nur im Instrumental *պարտէզով-նիս* ist an Stelle der ursprünglichen mittelarmenischen Flexion *պարտէզ-նովս* eine jüngere getreten.

2) Schon Aidynian Kr. Gram. II 48 hat auf diese Identität hingewiesen.

jüngeren Gebilden հայրեր-նիս, պարտէզներ-նիս auch an Plurale antrat.

Erhalten hat sich der *ni*-Plural in erstarrter Form überhaupt vor allen an den Nominativ angefügten Suffixen, und so auch

2) im neuarmenischen Plural auf *-nʻer*. Bekanntlich gilt für das Neuarmenische, wo allenthalben der alte Plural auf *-ʻer*[1]) die Vorherrschaft erlangt hat, folgendes Gesetz: Die Einsilbler bilden den Plural mittels Suff. -եր, die Mehrsilbler dagegen mittels Suff. -ներ[2]). Der neuarmenische Plural auf -ներ wurde bisher zu erklären versucht aus Fällen wie: անձներ Plur. v. անձ, ձեռներ Plur. v. ձեռն, ոտներ Plur. v. ոտ, եղէգներ Plur. v. եղէգ. Da in diesen, bereits mittelarmenischen Fällen von եր-Plural das stammauslautende *n*, als im Inlaute stehend, erhalten blieb, während dasselbe im Nom. singularis lautgesetzlich geschwunden war, mochte es den Anschein gewinnen, als bildeten die *n*-Stämme անձ, ոտ, ձեռ u. s. w. ihren Plural durch Suffix -ներ. Danach wäre dieses Pseudosuffix -ներ von jenen *n*-Stämmen aus auf alle übrigen Fälle ausgedehnt worden; das heißt: von den paar *n*-Stämmen mit abgeworfenem *n*, die übrigens zum Teil neuarmenisch in anderer Gestalt auftreten[3]), sei dieses scheinbare Pluralsuffix auf die mehrsilbigen Stämme sämtlicher modernen Dialekte übergegangen, von fast ausschließlich Einsilbigen, was die *n*-Stämme sind[4]), auf ausschließlich mehrsilbige Nomina. Die Unmöglichkeit dieser Erklärung leuchtet ein.

1) Dialektweise wird *-ʻer* verschiedentlich phonetisch differenziert. So z. B. zeigt der Dial. v. Agulis die dem Gesetze der Vokalharmonie sich fügenden Differenzierungen *-ar* und *-är*, S. Sargs. 77; der Dial. v. Tiflis zeigt *-ir*, Tom. Dial. v. Tifl. 48 f.

2) So z. B. ծառ-եր »Bäume«, փայտ-եր »Holzscheite«, aber պարտէզ-ներ *bardez-nʻer* »Gärten«, ոսկր-ներ *oskər-nʻer* »Knochen«, աստղ-ներ *astəγ-nʻer* »Sterne«, տղա-ներ *dəγa-nʻer* »Kinder«.

3) So kennt das Tr. nur Sg. *odḱ* »Fuß«, Gen. *odḱ-i*, *ceṙḱ* »Hand«, Gen. *ceṙḱ-i*; plur. *odḱ-ʻer* »Füße«, *ceṙḱ-ʻer* »Hände«.

4) Die altarmenischen von mehrsilbigen *n*-Stämmen gebildeten եար-Plurale բարձկնեար (v. բարձիկ), նաւկնեար (v. նաւիկ oder նաւակ), քաղքկնեար (v. քաղաքիկ) konnten in ihrer beschränkten Anzahl zur Bildung des *nʻer*-Plurals höchstens ganz sekundär mitwirken, nicht aber den Anstoß dazu geben.

Hier drängt sich von selbst der Vergleich auf mit dem possessiven *-nis*, *-nid*, *-nin*. Gleichwie alle Einsilbigen die einfachen Possessivsuffixe annehmen, die Mehrsilbigen dagegen die Bildung mit *ni-s*, *ni-d*, *ni-n* zeigen, ebenso bilden die einsilbigen Stämme den einfachen Plural auf *-ʻer*, die mehrsilbigen dagegen den auf *-nʻer*. In jenen Possessivbildungen haben wir den alten erstarrten *ni*-Plural erkannt: dieser selbe mittelarmenische *ni*-Plural liegt auch in gegenwärtigem Falle vor, und zwar ist Pluralsuffix *-nʻer* hervorgegangen aus **-ni-ʻer*, d. i. der neuarmenische *nʻer*-Plural der mehrsilbigen Stämme ist ein zusammengesetzter Plural, bestehend aus dem mittelarmenischen *ni*-Plural + regelmäßigem neuarm. Pluralsuffix *-ʻer*. Dass ausschließlich bei den Zwei- und Mehrsilbigen der *nʻer*-Plural erscheint, hat mit der Beschränkung des komponierten Possessivsuffixes auf die Mehrsilbigen den gemeinsamen Grund darin, dass der *ni*-Plural, nicht erst im Mittelarmenischen, sondern schon in seiner altarmenischen Gestalt *-ani* und soweit derselbe sich überhaupt zurückverfolgen lässt, nur von Mehrsilbigen gebildet wird. Der mittelarmenische *ni*-Plural hat sich naturgemäß zum neuarmenischen *nʻer*-Plural weiterentwickelt[1]): aus ma.

1) Der Plural auf *-ներ* erscheint — abgesehen von dem Chron. Smp. Dul. 646 stehenden korrupten *քաղաք-ներ*, sowie von den ebenfalls aus ursprünglichen einfachen Pluralen auf *-նի* korrupten Pluralformen: *տու-ներ* Geop. 180, *պուտուկ-ներ* Geop. 135, *սնտուկ-ներ* Geop. 52 — zuerst in der medizinischen, poetischen und Fabellitteratur des ausgehenden 16. Jahrhunderts. Im »Fuchsbuche« ist derselbe schon ganz geläufig. Am längsten erhält sich der *ni*-Plural im Pol. Eine Raškover Urkunde des Jahres 1751 (b. Min. Leh. S. 165 ff.) zeigt noch allgemein den *ni*-Plural in den obliquen Kasus; so die folgenden meist mit Artikel verbundenen Formen: *աղքատ-նուն*, *աղքըտ-նուն*, *անճարակ-նուն*, *անպէտ-նուն*, *թագւմանուն* aus **թագւման-նուն*, *թափուր-նուն*, *թափօր-նուն*, *կարիճ-նուն*, *մատղ-ընուն*, *որբուհար-նուն*, *պատարագ-նուն*, *պատճառ-նուն*, *պուակ-նու*, *տաղաւար-նուն*, *քաղաք-նուն*, *քաղք-նուն*, *հարսնիք-նուն*, *նշանտուք-նուն*, *գեղջանք-նուն*: von Fremdwörtern die Genitive Pluralis: *արբէլլացիա-նուն*, *աղա-նու*, *աղա-նուն*, *արդիքուլ-նուն*, *աքթա-նու*, *աքթա-նուն*, *բանէհեր-նուն*, *բրօվիզոր-նուն*, *խօլան-նուն*, *շարիաթ-նուն*, *սանիաթ-նու*, *սպրօնա-նուն*, *փախիր-նուն*, *փունտուշ-նուն*. Erst der Nominativ (Akk.) Plur. auf *-ni* ist zur *nʻer*-Form erweitert; so schreibt dieselbe Urkunde zu Gen. plur. *աղա-նու* nur noch den Nominativ plur. *աղա-ներ* 169, 170, 173; zu Gen. plur. *աքթա-նու* den

*բանջր-նի* entstand na. *բանջր-ներ* (= **բանջր-նի-եր*), aus ma. *գրաստ-նի* na. *գրաստ-ներ* (= **գրաստ-նի-եր*), aus ma. *վկայ-նի* na. *վկայ-ներ* (= **վկայ-նի-եր*), aus ma. *քաղք-նի* na. *քաղք-ներ* (= **քաղաք-նի-եր*) etc.

Diese Pluralbildung mittels doppelter Suffixe ist nur ein Glied in der Kette morphologischer Umwälzungen, wodurch in der neuarmenischen Periode, abgesehen von dem *'er*-Plurale, die mannigfachen älteren Pluralbildungen, teils weil veraltet und zu Singularen erstarrt, teils weil von dem *'er*-Plurale zurückgedrängt und überflügelt, mittels Annahme des regelmäßigen neuarmenischen Pluralsuffixes -*'er*, seltener von anderen Suffixen, zu Pluralia composita sich weiterentwickeln [1]).

## III. Plural auf *-վի* *-vi*.

§ 245. Belegt sind folgende Plurale auf *-vi* *-վի*, *-ուի*, *-ւի*: *աչվի* *ac̍-vi* »Augen« (sg. *աչք* »Auge«) B *լէ*, *մլր*; Instr. *աչվով* B *մժգ* [2]).

---

Nominativ plur. *աքթա-ներ* 174, 182; zu Gen. plur. *արդիքուլ-նու* den Nom. plur. *արդիքուլ-ներ* 182; zu Gen. pl. *պատճառ-նու* den Nom. plur. *պատձառ-ներ* 173; von sg. *սընտուկ* nur Nom. plur. *սընտկ-ըներ* 182, von sg. *տափթար* nur Nom. plur. *տափթար-ներ* 182 etc.

Infolge dieser im Pol. ausnahmsweise lang anhaltenden Lebenskraft des *ni*-Plurals konnte es hier zur Entwickelung des *ni*-Possessivs nicht kommen: wie denn auch in jener Urkunde vom J. 1751 mit der Festsetzung von Suffix -*'er* auf den Nominativ das Nomen auf *-ni* völlig geschwunden ist. Das Possessivverhältnis wird demnach im Pol. durch die einfachen Suffixe *s*, *d*, *n* ausgedrückt. Zu letzterem vgl. Aid. I 185. Das Pol. zeigt hierin Ähnlichkeit mit dem Ostarmenischen, wo ebenfalls der einfache Possessivausdruck sich erhalten hat n. Aid. I 196; wie jedoch im Allgemeinen das OA. in der Scheidung der Suffixe *-եր* und *-ներ* das Silbengesetz nicht streng befolgt, so ist namentlich beim Possessivausdruck das Suff. *-ներ* oder *-ըներ* auch auf die Einsilbler verallgemeinert; Beispiele s. bei Aidynian I 196.

1) So im Tr. (Aid. II 13 ff.): *cer̄vən'er* »Hände« aus **cer̄-vi-n'er*; *ciank'* »Pferde« = *cian* + *k'*; *oskərdank'* »Knochen« aus **oskr-di-ank'* etc.; ferner im Pol. (nach Hanusz): *ac̆vən'er*, *madvən'er*, *odvən'er* aus **ac̍-vi-n'er*, **mad-vi-n'er* etc. Letztere Fälle zeigen deutlich die Erstarrung der mittelarmenischen Pluralendung und deren Verschmelzung mit dem Stamme, der nun als mehrsilbiger das Suff. *-n'er* der Mehrsilbigen annimmt.

2) Außerdem findet sich *աչվի* sowie die Plurale *ձեռվի*, *ոտվի* mehrfach belegt in der mittelarmenischen Liederpoesie (vgl. Hayerg, Kost. Samml., Kost. Joh. T'lk.).

ձեռվի *cer̂-vi* »Hände« (Sg. ձեռ oder ձեռք »Hand«) Rb կ, կզ, B միա.

ոտվի *od-vi* »Füße« (sg. ոտ oder ոտք »Fuß«) Rb կ, B միա, միզ, մխա, A 156, 160, 217, 237, 253, 271, 301.

միջուի *mič-vi* »Lenden« (sg. մէջք »Seite, Lende«) Rb կ.

դռվի *tər̂-vi* »Thüren, Thor« (sg. դուռ »Thüre«) Kost. Samml. I 64, Amirdovlat Hun. II 347.

իրվի *ir-vi* »Sachen, Dinge« (sg. իրք »Sache«) Rb ճ, B մի, մկզ zweimal, մկէ, L 157 20, A 20, 23, 184, 191 zweimal, 192, 193 achtmal, 194, 197, 225 zweimal, 227, 265; Gen. իրվոյ B ճհզ; Abl. յ-իրվոյ A 292[1]).

մտվի *məd-vi* »Gedanken, Pläne« (sg. միտ oder միտք »Gedanken«) Kost. Samml. I 52.

տնվի *dən-vi* »Häuser« (sg. տուն »Haus»)[2]), Gen. տնվոյ Ass. Ant. 71 5, Dipl. Sarv. Hun. I 258.

շնվի *šən-vi* »Hunde« (sg. շուն »Hund«), Gen. շնվոյ Rb ճհէ[3]).

§ 246. Letzterer *vi*-Plural von շուն findet sich bereits in der alten Spracке bei Euseb. IX 8 einmal belegt. Gleichwohl folgt hieraus noch keineswegs, dass die Pluralbildung auf *-vi* ursprünglich auf die beiden Nomina շուն und տուն beschränkt gewesen sei; denn weder formale noch begriffliche Analogie lag vor, um von letzteren Einzelfällen aus die Verallgemeinerung dieser Bildung bewirken zu können. Weit wahrscheinlicher ist der Ausgangspunkt des *vi*-Plurals bei den körperteilbezeichnenden Nomina zu suchen; da nämlich die hierhergehörigen Gliednamen ausschließlich solche sind, die doppelt vorhandene Körperteile bezeichnen, lässt sich in dem Element *u* des Suf-

1) Bei Mx. Her. ed. Ven. steht Plur. իրվի S. 11, 14, 19, 30, 80; իրուի 71, 90, 91, 92, 93, 98, 132, 133; իրւի 80. Außerdem S. 131 ibid. die durch -ք verstärkte Pluralform իրուիք »Dinge«; vgl. pol. *təstrəvik̓* »Schwestern« Han. 118.

2) Plural սլեհանվի »Waffenhäuser« (v. sg. սլեհտուն) belegt in der ma. astrol. Schrift des Mr.'s No. 88 zu Wien. — Daneben zeigt sich Plural տներ »Häuser« in einer Inschrift aus Ani vom J. 1215 (Šir. 77) und in einer Inschrift vom J. 1221 (Šir. 128).

3) Bei dem Nichtkilikier Amir Dovlatʿ erscheint auch der Plural երեսուի v. երես, երեսք »Gesicht«; so Hun. II 370: եւ յորժամ հանեն եւ յերեսուին քսեն՝ զերեսն կարմրցնէ եւ զպուտն աղէկցնէ.

fixes *-vi* ein Überrest des noch im Numerale *երկու* erscheinenden alten Duals vermuten, der bei diesen dualbegrifflichen Nomina überlebte — analog wie im Neuslavischen [1]) — und durch nachträgliche Verbindung mit Suffix *-i* sich zum Kollektivsingular umgestaltete, welcher schließlich als neue Pluralform auch auf andere, meist einsilbige Nomina überging.

Im NA. beschränkt sich dieser meist durch Suff. *-nʿer* erweiterte Plural fast ausschließlich auf Substantiva, welche Körperteile bezeichnen. So im Tr. (Aid. II 14): *ձեռուըներ* (**ձեռուի-ներ*) v. *ձեռք* »Hand«, *ոտուըներ* (**ոտուի-ներ*) v. *ոտք* »Fuß«, *աչուըներ* (**աչուի-ներ*) v. *աչք* »Auge«, *յօնքուըներ*, *ընքուի-ներ* v. *յօնք* resp. *ունք* »Augenbraue«, *ծնկուըներ* (**ծնկուի-ներ*) v. *ծունկ* »Knie«, *մատուըներ* (**մատուի-ներ*) eine junge dem Mittelarmenischen noch fremde Analogiebildung v. *մատ* »Finger« [2]); im Pol.: *ačvənʿer* »Augen« Han. 20, *madvənʿer* »Finger« Han. 88, *odvənʿer* »Füße« Han. 124, *ohungvənʿer* [3]) »Nägel« Han. 98; daneben jedoch noch die älteren Formen *ačvi* »Augen« Han. 20, *onkvi* »Brauen« Han. 98, *jungvi* »Kniee« Han. 48 [4]); im Ach.: *vuedḱ* »Fuß«, pl. *odvənʿer*; *cʿeṙḱ* »Hand«, pl. *ceṙvənʿer*; *tuṙ* »Thüre«, pl. *təṙvənʿer*, woneben noch die mittelarm. Formen *odvi*, *ceṙvi*, *təṙvi* [5]) sich halten (Tom. Dial. v. Ach. S. 58).

In den Beginn der neuarmenischen und Ausgang der mittelarmenischen Periode, als der *nʿer*-Plural sich noch nicht formiert hatte, fallen die komponierten Pluralbildungen: *աչուեր* »Augen« b. Joh. Tʿulkuranci, aus **աչուի-եր*; *ոտվնի* »Füße« Hayerg S. 135, aus **ոտ-վի-նի*, woraus später zur Formationszeit des *nʿer*-Plurals das moderne *ոտվըներ* *od-və-n-ʿer* hervorging.

## IV. Plural auf *-տի* *-di* und auf *-վտի* *-vədi*.

§ 247. Von ursprünglichen Kollektivis auf *-տի* (aus **uti* oder **iti*) haben schon im Altarmenischen pluralische Geltung

---

1) Vgl. im Čechischen: *oči* »die Augen«, *uši* »die Ohren«, *ruce* »die Hände«, gegenüber den eigentlichen Pluralen: *oka* »die Augen auf der Suppe, Schlingen«, *ucha* »die Henkel, Nadelöhre«, *ruky* »die Meilenzeiger, Uhrzeiger«; vgl. auch russ. очи »die Augen« zu око, уши »die Ohren« zu ухо.

2) Erhalten hat sich im Tr. der einfache *vi*-Plural nur in den Possessivkomposita: *sevačvi* »schwarzäugig, *joṙodvi* »krummbeinig« n. Aid. II 14.

3) *ohungvənʿer* ist jüngere Analogiebildung.

4) Außerdem die aus *vi*-Pluralen weitergebildeten Pluralia composita *təstrəvi-ḱ* »Schwestern« Han. 118; *gədərvanḱ* »Stücke« Han. 59 aus **gədər-vi-an-ḱ*.

5) In *təṙvi*, erweiterte Form *təṙvənʿer* hat sich ausnahmsweise diese Pluralbildung bei einem Nomen gehalten, das keinen Körperteil bezeichnet.

մանկտի »Kinder« von մանուկ »Kind«, ծակտի »Löcher« von ծակ »Loch«[1]), երկտի »zwei«[2]) zum Numeralstamm երկ-. Entsprechend bilden im Kilikischen die *k*-Stämme, namentlich die mit Suffix -իկ abgeleiteten den Plural auf -տի. So von ծակ »Loch« der Plural ծակ-տի *jag-di* Mr B ճղղ zweimal; von այրիկ »Mann, Gatte« der Plural այրկ-տի *airəg-di* Rb լդ; Gen. այրկ-տոյ *airəg-do* Rb լդ[3]); also auch von dem parallelen կնիկ »Frau« der Plur. *կնկ-տի *gəng-di* etc. Vgl. die aus ma. *gəng-di* umgeformte und erweiterte Pluralform *gən-di-k̄* »Frauen« im Pol. Han. 60, Tr. Aid. II 13; ferner na. կնկ-տի-ք »Frauen« Črb. 750.

§ 248. Dasselbe Suffix *-di* erscheint als zweites Formationselement beim Plural auf *-vədi*. Als kilikisch sind belegt: von քոյր »Schwester« der Nom. Plur. քուր-վտի *k̄ur-vədi* »Schwestern« Ass. Ant. 21 8, Rb ղե; Akk. Plur. զ-քուր-վտի »die Schwestern« Ass. Ant. 19 27; Gen. Plur. քոյր-վտոյ Ass. Ant. 21 10, 49 28, Rb ճժը zweimal, Inhaltstabelle ղդ. Aus den neuarmenischen durch *-k̄* erweiterten Fortsetzungen dieses Plurals, nämlich *kər-vədi-k̄* »Schwestern« im Tr. (Aid. II 13), *k̄ur-vədi-k̄* id. im Ach. (Tom. 58), *dir-vədi-k̄* »Herren« im Tr. (Aid. II 13), im Ach. (Tom. 55) u. s. w. schließe ich: auch von տէր »Herr« lautete im Kilikischen der Plural *տիր-վտի, d. i. den Plural auf *-vədi* bilden im Kilikischen die einsilbigen *r*-Stämme mit Gen. singularis *-oč*.

§ 249. Der kilikische Plural auf *-vədi* erscheint als Fortsetzung der altarmenischen gleichfalls von einsilbigen *r*-Stämmen gebildeten Kollektivplurale: ոսկր-ոտի[4]) »das Gebein, die Knochen« zu ոսկր »Knochen«; փոր-ոտի »die Eingeweide« zu փոր »Bauch«. Damit soll nicht gesagt sein, dass kl. *-vədi* aus aa. *-oti* lautgesetzlich hervorgegangen sei, ein nach kilikischen Lautgesetzen unmöglicher Lautwandel; vielmehr ist Suffix *-vədi*

1) Bei Vardan. Vgl. Wb.

2) Belegt ist երկտի »zwei« bei Joh. Chrysostomus sowie in dem alten Glossar »dichterischer und bäuerlicher Wörter« enthalten in Mr. No. 337 der Wiener Mechitharistenbibliothek. Wb. ändert mit Unrecht die gut gesicherte Form in երկտիւ (Wb. I 699).

3) Հայնց որ զիրենց ամէն պէտք յայնկի ունենային, այրկտին յայրկտոյ վանքն — »so dass sie all ihren Bedarf von dort erhielten, die Männer im Männerkloster —«.

4) Bei Agathang. und Laz. P'arp.

zu zerlegen in **-vi + di*, und scheint dies eine unter dem Einflusse des *vi*-Plurals erzeugte morphologische Umbildung des aa. Suffixes *-oti* zu sein[1]).

Als wirkliche Lautentsprechung des aa. *-oti* zeigt sich Pluralsuffix *-ati* in folgenden Pluralen des Dialekts von Agulis (Sarg. 80): *əskər-ati* nebst *əskər-ati-k̔* »die Knochen«; *kəyk̔ər-ati* und *kəyk̔ər-ati-k̔* »die Rippen«. In den westlichen Dialekten dagegen bilden übereinstimmend die mehrsilbigen *r*-Stämme dieser Klasse den Plural mit Suff. *-di*; so im Pol.: *oskər-di-k̔* zu sg. *oskər* Han. 99; *aγpər-di-k̔* zu sg. *aγpar* Han. 22; im Tr. (Aid. II 13): *polər-di-k̔* zu sg. *polor*; *eγpər-di-k̔*, *axpər-di-k̔* zu sg. *axpar*, *eγpar*; im Ach.: *axbər-di-k* zu sg. *axbar* (Tom. 58); *gesər-di-k* zu sg. *gesur* (Tom. 55) etc. Bei der Allgemeinheit dieser Erscheinung im Neuarmenischen ist hier ein Rückschluss auf das Mittelarmenische wohl gestattet, und darf mit Wahrscheinlichkeit bereits für das Kilikische der Plural *աղբայր-տի *aγpair-di* zu աղբայր angesetzt werden. In der Litteratur erscheint allerdings noch der alte Plural auf *-k̔*, wie denn auch noch in der heutigen Schriftsprache die Form եղբարք[2]) als Archaismus weiterexistiert.

## V. Plural auf -ան *-an*.

§ 250. Der Plural auf -ան *-an* wird vereinzelt gebildet von Thiergattungsnamen. Belegt sind: ձիան *ci-an* »die Pferde« Rb ճհ von ձի *ci* »Pferd«; իշան *iš-an* »die Esel« Hun. II 284 von էշ *ēš* »Esel«; ջորեան *čore-an* (aus *ջորի-ան) »die Maulesel« b. Matth. Urrh. von ջորի *čori* »Maulesel«. Während ջորեան offenbar eine jüngere Analogiebildung nach ձիան und իշան ist, lassen sich die Formen ձիան und իշան in die altarmenische Zeit hinein zurückverfolgen, wo sie ausschließlich in nicht reinclassischer Litteratur auftreten: ձիան in Patm. Alex., bei Laz. P̔arp. und Ners. Šnorh.; իշան bei Laz. P̔arp., Shirak. und Oskip̔. Die ursprüngliche Singularnatur der *an*-Bildung verrät sich darin, dass in ebenderselben alten Litteratur neben ձիան und իշան zuweilen die durch Pluralsuffix erweiterten Formen ձիանք und իշանք erscheinen.

---

1) In dem spezifisch neuarmenischen Plural *šən-vədik̔* »Hunde« (Aid. II 13) ist das Pluralsuffix *-di*, erweitert *-di-k̔*, an einen wirklichen mittelarmenischen *vi*-Plural, *šən-vi* n. § 245, angetreten. — Das Pluralsuffix *-vədi* erinnert an denselben Lautkomplex im tr. Infinitiv pass. *bahvədil* für regelmäßiges *bahvil* vom Aktivum *bahel* »wachen« (Aid. II 207). Zu vergleichen auch die neuarmenischen Verbalderivativsuffixe *-od*, *-ud* (Aid. II § 823).

2) Aid. II 15.

§ 251. Mit der Pluralform իշան wechselt in der alten Litteratur öfter der Plural իշեան[1]), gebildet mit Suffix -եան, welches außerdem in folgenden altarmenischen Kollektivpluralen, zum Teil durch -ք verstärkt, vorliegt: բերդեան[2] »die Burgen« resp. »Besatzung« zu sg. բերդ; գիւղեան[3]) »die Dörfer« zu sg. գիւղ; գործեան[4]) »die Thaten« zu sg. գործ; գրեան[5]) »die Bücher« zu sg. գիրք; թղթեան[6]) »die Briefe« zu sg. թուղթ; մոգեան[7]) »die Magier« zu sg. մոգ; մորթեան-ք[8]) »die Häute« zu sg. մորթ; գրահեան-ք[9]) und գրահան-ք »Hügel« zu sg. գրահ. Ferner: աբեղեան[10]) »die Mönche« zu sg. աբեղայ; բերդակալեան[11]) »Besatzung, Garnison« zu sg. բերդակալ; եպիսկոպոսեան[12]) »die Bischöfe« zu sg. եպիսկոպոս; զօրագլխեան[13]) »die Heerführer« zu sg. զօրագլուխ; հացկատակեան[14]) »die Schmarotzer« zu sg. հացկատակ; հիւպատեան[15]) »die Konsuln« zu sg. հիւպատ. Von Tiergattungsnamen: խոզեան[16]) »die Schweine« eigentlich »Schweineheerde« zu sg. խոզ; խորդեան[17]) »die Kraniche« zu sg. խորդ; ճանճեան[18]) »die Fliegen« zu sg. ճանճ; նոխազեան[19]) »die Böcke« zu sg. նոխազ; խոյեան-ք[20]) und խոյան-ք »die Widder« zu sg. խոյ. Wie nun in letzterem Falle die Form խոյանք unzweifelhaft aus älterem խոյեանք lautgesetzlich hervorgegangen ist, so erklärt sich analog auch die Pluralform ձիան als entstanden aus ursprünglichem *ձի-եան; letztere Lautverbindung ist nach armenischen Lautgesetzen unmöglich: es musste *ձի-եան notwendigerweise zu ձիան kontrahiert werden. Von dem Einzelfalle ձիան ging nun das scheinbare Suffix -ան auch auf das begrifflich nächstverwandte und nächststehende էշ (sowie auf ջորի) über, ohne jedoch die ursprüngliche եան-Form իշեան ganz verdrängen zu können. Da bei dem zu großen lautlichen und begrifflichen Abstande der übrigen Nomina mit եան-Plural das Analogiegesetz nicht weiter zu wirken vermochte, blieb die ան-Formation auf jene Einzelfälle beschränkt. Eben durch diesen seinen Ursprung und nur auf

1) Bei Agathang. und Ners. Shnorh. 2) Laz. P'arp. 195, Faust. Byz. 177, 178. 3) Nach Aid. I 80. 4) Laz. P'arp. 488. 5) Mos. Chor. III 53, Laz. P'arp. 42. 6) Laz. P'arp. 185. 7) Laz. P'arp. 233. 8) Patm. Alex. 9) Jak. v. Nisib. 13, IV Könige 10, 9. 10) Nach Aid. I 80. 11) Faust. Byz. 178. 12) Nach Aid. I 80. 13) Nach Aid. I 80. 14) Laz. P'arp. 15) Mos. Chor. II 47. 16) Luc. 8, 33. 17) Nach Aid. I 80. 18) Leb. d. Vät. 19) Ephrem. 20) Bei Mech. Aparanči.

diese Weise erklärt sich die geringe Ausdehnung des alt- und mittelarmenischen Plurals auf *-an*.

Erst im Neuarmenischen hat derselbe dialektweise ein größeres Gebiet eingenommen, derart dass er sich überhaupt auf die einsilbigen *i*- und *u*-Stämme erstreckt. So finden sich von *ci* (*ji*) »Pferd« der Plural *cian* im Pol. (Han. 38), *ciyan* und *ciyan-n'er* im Ach. (Tom. 59), *jian-k̔* im Ag., *cian-k̔* im Zəγna-Dial. (Sarg. 81); von *ēš* »Esel« der Plur. *išan* und *išan-n'er* im Ach. (Tom. 59), *ešn'er* aus **ešan-n'er* im Pol. (Han. 53); außerdem nach Črb. 746 von թի, թիան »Ruder« der Plur. թիան-ք nebst թիան-ներ; von դի, դիան »Seite« der Plur. դիան-ք nebst դիան-ներ; von լու, լուան »Floh« der Plur. լուան-ք nebst լուան-ներ; nach Sarg. 81 im Ag. von ձո́ւլ »Ei« der Plur. ձւլա́ն-ք, im Zəγna-Dial. von ծո́ւլ »Ei« der Plur. ծւլա́ն-ք. Die Beispiele zeigen, dass auch hier, wie im allgemeinen, komponierte Plurale auf *-k̔* resp. *-'er* eingetreten sind, in welchen die *an*-Form schließlich als Stammform betrachtet ward und zum Singular herabsank, allerdings nur dialektweise. Die Vorstufe zu der modernen Form *išan-n'er* liegt vor in dem anfangs der neuarmenischen Periode auftauchenden komponierten *ni*-Plurale իշանի (aus *իշան-նի) Hun. 284, wie denn auch die ebendort erscheinende Pluralform իշուան (aus *իշուի-ան?) sich in der Folge im Tr. zu իշուան-ներ erweitert.

## VI. Plural auf -ստան -*stan*.

§ 252. Im Altarmenischen bildet das Suffix *-stan* Lokalkomposita, welche den Sammel- oder Aufenthaltsort von Objekten bezeichnen; so z. B. *hay-a-stan* »Armenierland«, *hndk-a-stan* »Inderland«, *parsk-a-stan* »Perserland«, *bur-a-stan*[1]) »Garten«, *car̄-a-stan* »mit Bäumen besetzter Ort, Baumpflanzung, Wald«, *jit-a-stan* »Ölgarten, Ölpflanzung d. i. Ölbäume«, *aige-stan* (aus **aigi-a-stan*) »Weinberg« und »Reben«. Wie die letzteren Beispiele zeigen, geht die lokale Bedeutung leicht über in die kollektive, zur Bezeichnung der Gesamtheit von Objekten die an dem Orte versammelt sind. Aus dieser Kollektivbedeutung hat sich, wie denn auch derselbe Vorgang bei den übrigen spez. mittelarmenischen Pluralbildungen wiederkehrt, im Mittelarmenischen die eigentliche Pluralbedeutung ausgebildet. Das neue Pluralsuffix *-stan* tritt an Stelle des alten pluralischen *-k̔* in folgenden kilikischen Fällen:

§ 253. Հայրենեստան *hairenestan* (aus *Հայրենի-ա-ստան) für älteres Հայրենի-ք »Erbgut, Vermögen«: Ass. Ant. 19 17,

1) = np. *bōstān*.

21 10, 45 21, 47 8. 10, Rb խա; Gen. հայրենեստան-ոյ Ass. Ant. 19 9, 45 15. 17, 65 12, 77 17; Abl. ի հայրենեստան-ոյ Ass. Ant. 47 13. շլնեստան *šəlnestan* (aus *շլնի-ա-ստան) für älteres շլնի-ք[1]) »Nacken«: Rb կ, Geop. In diesem Falle haben wir Plural mit Singularbedeutung, weshalb zur eigentlichen Pluralbildung an die *stan*-Form noch das Pluralsuffix -*'er* antritt: հայրենեստան--երոյ Gen. »der Erbgüter« 47 29, Rb հր; ի հայրենեստան-երոյ Abl. »von den Erbgütern« L 158 29. Wirkliche Pluralbildung auf -*stan* liegt dagegen vor in:

տեղեստան *deyestan* (aus *տեղի-ա-ստան) »Ortschaften, Örter, Plätze« von sg. տեղի »Ort«: A 149, 183, Mx. Her. 36, 38, 80, 120, B ճծթ, մկթ[2]); ի տեղեստան A 149, 150, B խղ; Gen. տեղեստան-ոյ, տեղեստրն-ոյ L 154 24, Rb Inhaltstab. կր. խմելե-ստան *xmelestan* (aus *խմելի-ա-ստան) »Getränke, Arzneitränke« zu sg. խմելիք (խմելի) »Getränk, Arzneitrank«: A 235, 288; Instr. plur. խմելեստան-ով B մլր. ըմբելեստան *əmbelestan* (aus *ըմբելի--ա-ստան) »Getränke, Tränke« zu sg. ըմբելիք (ըմբելի) »Trank«: A 289; Gen. plur. ըմբելեստան-ոյ A 83, 270; Instr. plur. ըմբելե-ստան-ով A 270[3]).

§ 254. Zur näheren Charakterisierung des kilikischen Plurals auf -*stan* und zur festen Abgrenzung des ihm im Mittelarmenischen zugewiesenen Gebietes wollen wir seine Ausläufer im Neuarmenischen verfolgen.

Im NA. weist der Dial. v. Achalzich folgende *stan*-Plurale auf: *hokesdan*[4]) (neben *hokin'er*) von *hoki* »Geist, Seele«; *pesesdan*[4]) und erweitert *pesesdən-n'er* (neben *pesan'er*) von *pesa* »Bräutigam« Tom. Dial. v. Ach. S. 59. Am ausgeprägtesten jedoch tritt uns diese Pluralbildung entgegen im polnisch-armenischen Dialekte von Kuty. Derselbe besitzt folgende *stan*-Plurale:

---

1) In Geop.

2) Die betreffenden Formen տեղիստան B ճծթ und տեղաստան B մկթ sind zu emendieren in տեղեստան, welch letzteres in B խղ wirklich richtig vorkommt.

3) Mr No. 88 der Mechitaristenbibliothek zu Wien zeigt außer häufigem տեղեստան auch den Plural մայրեստան »Wälder« zu sg. մայրի »Wald«.

4) Richtiger: *hokestan*, *pesestan*!

| Singular: | Plural: | |
|---|---|---|
| a) *aki* »Schwanz« | *akə-stan* | Han. 23. |
| *dari* »Jahr« | *darə-stan* | Han. 43. |
| *eki* »Weintraube« | *ekə-stan* | Han. 51. |
| *hajli* »Spiegel« | *hajlə-stan* | Han. 61. |
| *kodi* »Gürtel» | *kodə-stan* | Han. 79. |
| *kini* »Wein« | *kinə-stan* | Han. 79. |
| *k'eri* »mütterlicher Oheim« | *k'erə-stan* | Han. 84. |
| *k'ami* »Wind« | *k'amə-stan* | Han. 83. |
| *madni* »Ring« | *madnə-stan* | Han. 88. |
| *mori* »Wald« | *morə-stan* | Han. 91. |
| *oski* »Gold« | *oskə-stan* | Han. 99. |
| *raxi* »Branntwein« | *raxə-stan* | Han. 108. |
| *sili* »Ohrfeige« | *silə-stan* | Han. 109. |
| *uskuli* »Lein, Flachs« | *uskulə-stan* | Han. 121. |
| *xamǰi* »Peitsche« | *xamǰə-stan* | Han. 68. |
| *harsnik'* (*harsni* + *k'*) »Hochzeit« | *harsnə-stan* | Han. 63. |
| *palink'* (aus **banali-n-k*) »Schlüssel« | *palə-stan* | Han. 100. |
| *p̔oši* »Staub« | *p̔oše-stan* | Han. 107. |
| *gałaǰi* »Wort« | *gałaǰe-stan* | Han. 55. |
| b) *lizu* »Zunge, Sprache« | *lizu-stan* | Han. 86. |
| *udelu* »Speise« | *udelə-stan* | Han. 129. |
| Dagegen: *orti* »Sohn« | plur. *orti-k'*. | |
| *ərzi* »Ruthene« | plur. *ərzə-n'er*. | |
| *tadəstanji* »officier civil« | plur. *tadəstanji-k'*. | |

Aus dieser Zusammenstellung geht hervor: Der Plural auf *-stan* wird im Neuarmenischen nur von vokalischen, d. i. auf Vokal auslautenden Stämmen gebildet und zwar im Dialekt von Achalzich von Stämmen auf *-i* und *-a*, im Dialekt von Kuty von Stämmen auf *-i* und *-u*. Ebenso muss diese Pluralbildung auf ausschließlich vokalische Stämme beschränkt gewesen sein im Mittelarmenischen, worauf jene Dialekte zurückgehen. Bei andern als *i*-Stämmen, d. i. bei *u*- Stämmen und *a*-Stämmen, ist diese Pluralbildung nicht ursprünglich und nicht kilikisch, wie denn auch das Neuarmenische nur einige Fälle hiervon aufzuweisen hat, und die überlieferten kilikischen *stan*-Plurale sämtlich nur von *i*-Stämmen gebildet sind. So bleibt für den kilikisch-mittelarmenischen Plural auf *-stan* blos die Klasse der auf *-i* ausgehenden Stämme, und zwar dürfen wir, von der Häufigkeit dieser Bildung im Poln.-armenischen auf das Mittelarmenische rückschließend, dem kilikischen *stan*-Plural die ganze Klasse der *i*-Stämme als sein Gebiet zuweisen: ausgenommen jedoch die Einsilbler wie *ձի* »Pferd«, und von den Mehrsilbigen diejenigen, welche lebende Wesen bezeichnen, wie *որդի* »Sohn«, ganz wie im Pol. diese Pluralbildung (mit einziger Ausnahme von *ḱeri*, pl. *ḱerəstan*) nur bei Nominen die leblose Wesen bezeichnen, stattfindet[1]).

§ 255. Während die Substantiva, die den Plural auf *-vi* resp. auf *-di* und auf *-vədi* bilden, zugleich auch prinzipiell je nach der Silbenzahl den Plural auf *-եր* resp. auf *-նի* zulassen — obschon dies in Wirklichkeit seltener vorkommt — haben in das Gebiet dieser *i*-Stämme jene regelmäßigen und normalen kilikischen Pluralbildungen auf *-եր* und auf *-նի* überhaupt keinen Einlass gefunden. Der Plural auf *-stan* resp. auf *-an* (bei *ci-an*) ist bei diesen Nominen neben dem hier noch fortbestehenden *ḱ*-Plurale (S. unten § 256, a.) der ausschließliche.

## B. Pluralbildungen auf *-ք ḱ*.

### I. Einfacher Plural auf *-ք -ḱ*.

256. Gehalten hat sich der altarmenische Plural auf Suffix *-ḱ* als ausschließliche Pluralbildung in zwei Fällen:

1) bei den mehrsilbigen Nomina auf *-i*, welche lebende Wesen bezeichnen, sowie bei den Substantiven auf *-ẹ*. Belege: zu sg. *որդի orti* »Sohn« der Plur. *որդի-ք orti-ḱ* 19 25, **23** 16, 47 14. 15, 53 11, 55 14, Rb ա̄, բ̄, դ̄, լ̄գ̄, ղ̄գ̄, ղ̄բ̄, ճ̄ժ̄բ̄; zu sg. *տանեցի daneçi* »Hausgenosse« der Plur. *տանեցի-ք daneçi-ḱ* 13 11; zu sg. *տիւընցի divənçi* »Gerichtsbeamter« der Gen. Plur. *տիւընցեց divənç'eç* 39 13; zu sg. *քրիստոնէ ḱristonẹ* »Christ« der Plur. *քրիստոնէ-ք ḱristonẹ-ḱ* Het. Kor. 478, 485, 486, 488; zu sg. *պախրէ baxrẹ* »Rind« der Plur. *պախրէ-ք baxrẹ-ḱ* Mr A

1) Während das Kilikische die an den *i*-Stamm mittels Bindevokals *a* antretende Endung *-stan* lautgesetzlich zu *estan* werden lässt, findet dies in den angeführten polnisch-armenischen Beispielen nur mehr ausnahmsweise statt in den Pluralen *ṗoše-stan* und *galaǰe-stan*, da sonst allgemein die Endung *-stan* ohne Kompositionsvokal *a* an das auslautende *i* antritt, welches nun regelrecht zu *ə* geschwächt wird, eine morphologische Neubildung, bedingt dadurch, dass *stan* seinen ursprünglichen Charakter längst aufgegeben hatte und als eigentliches Pluralsuffix erschien. Im Dial. v. Ach. wiederum verwächst das durch Kontraktion von *i-a* entstandene *e* mit *-stan* zu einem neuen Pluralsuffix *-estan*, das in *ṗẹs-ẹsdan* aus **ṗẹsa-ẹsdan* zum Vorschein kommt.

und B etc. Nie findet sich von den vokalischen Nomina dieser Klasse eine andere Pluralbildung.

Entsprechend bildet noch heute im Pol. *orti* »Sohn« ausschließlich den Plural *orti-k̔* (Han. 49), *tadəstanji* »Gerichtsbeamter«, den Plural *tadəstanji-k̔* (Han. 115); ebenso kennt die westliche Schriftsprache von derselben Klasse vokalisch auslautender Stämme noch immer nur den *k̔*-Plural: von *t̔əšnami* »Feind« Plural *t̔əšnami-k̔*, von *orti* »Sohn« Plural *orti-k̔* (Aid. II 14). In andern Dialekten ist allerdings auch hier der alte Plural verdrängt. Vgl. Črb. 746.

Auf das Gebiet der übrigen vokalisch auslautenden Stämme hat nach dem im Vorhergehenden Gesagten der Plural auf -եր resp. auf -նի Eingang gefunden.

2) beim Pronomen, worüber Näheres unten § 281 ff. Nur auf die Demonstrativa այս, այդ, այն versucht bereits der եր-Plural sich auszudehnen (vgl. oben § 234. 2)), eine Erscheinung, die sich im NA. fortsetzt[1]).

Aber auch außerhalb des soeben bezeichneten Gebietes behauptet sich noch der *k̔*-Plural, allerdings nicht unumschränkt sondern neben den neuen kilikischen Pluralen auf -եր und auf -նի, welche ersterem die Herrschaft streitig machen. Dies gilt:

a) für die gesamte Klasse der vokalisch auslautenden Nomina. So erscheint neben dem *ni*-Plurale վկայ-նի von վկայ »Zeuge« noch als ebenbürtig der ältere Plural վկայ-ք 29 3. 10, 31 5. 10, 35 7, 39 19, 51 2, 57 25, 59 18, 63 16, 81 10; neben Plural ակռայ-նի von ակռայ »Zahn« noch ակռայ-ք B ճհդ, A 24, 256, 259; ferner von ծառայ »Sklave« Plural ծառայ-ք L 155 7; von քահանայ »Priester« Plural քահանայ-ք Rb կը; von տղայ »Kind« Plural տղայ-ք 17 7. 9, 37 20, 39 2, 47 16. 18, 49 17. 29, 52 1. 10. 17, 53 9. 15, Rb կը, հբ, ճժե. Die neuarmenische Fortsetzung letzterer Form liegt vor in pol. *dəya-k̔* »Kinder« Han. 46, wie denn auch z. B. im Tr. und in der westlichen Schriftsprache (Aid. II 11 § 42) dieselben alten Formen in demselben Falle weiter existieren. Zeigt sich demnach bei den Stämmen auf -այ der *k̔*-Plural noch als der geläufigere, so ist derselbe auch bei denen auf *-u* und *-i* noch lebenskräftig: neben Plural ածվ-նի von ածու »Garten« steht die *k̔*-Form ածու-ք Rb ճհ, und dass die auf *-i*, obwohl den neuen *stan*-Plural bevorzugend,

---

1) Vgl. nach Črb. 754 die pronominalen Plurale իրաններ neben իրանք und իրենք von իր »sein«; սուրիկանկներ ibid. 755 von սուրիկան »dieser«.

dennoch die ältere *k‘*-Bildung noch nicht aufgegeben haben, geht hervor aus Beispielen wie: ապիկի-ք »Schröpfköpfe« von sg. ապիկի B միէ, մլը, A 161, 259; տարի-ք »Jahre« von sg. տարի B մժթ; աղի-ք »Eingeweide« von sg. աղի B ճխղ, մծթ, A 28; ferner լսելիք »Ohr« und »Ohren« B մժէ, մկէ; կշտելիք und ուտելիք »Speise« und »Speisen« A 284, B միե, մլը; սպեղնլիք, ցանելիք u. a. m. sowohl singularisch als pluralisch in Mr A und B. Noch im NA. ist, abgesehen von Dialekten wie Pol., wo der *stan*-Plural, oder wie Nach., wo der *n‘er*-Plural ausschließlich Platz genommen hat, in diesem Falle Pluralsuffix -*k‘* lebendig. Vgl. Črb. 746, Sarg. 77 und 96.

Dass der *k‘*-Plural sich bei den vokalisch auslautenden Stämmen noch halten konnte zu einer Zeit, als fast das Gesamtgebiet aller übrigen Nomina von den normalkilikischen Pluralen auf -եր und auf -նի eingenommen war, beruht nicht so sehr auf der Abneigung jener Suffixe -եր und -նի (= անի) gegen vokalische Verbindung — den aus der alten Sprache überlieferten Kollektivgebilden auf -եար und -անի liegen freilich ausschließlich konsonantisch auslautende Nomina zu Grunde — als vielmehr auf der entschiedenen Vorliebe des Suffixes -ք für die Lautverbindungen իք, ուք, այք, insofern aus diesem Streben eine Reihe erweiterter Plurale auf -իք, -այք im Kilikischen erzeugt worden war. An letztere jüngere Neubildungen sich anlehnend gewann der *k‘*-Plural der vokalischen Nomina eine feste Stütze und Halt gegen das Vordringen des եր- und նի-Plurals. Die äußerliche, formale Übereinstimmung mit den jüngeren erweiterten Pluralen rettete nach dem Analogieprinzip noch einstweilen den einfachen *k‘*-Plural innerhalb jenes beschränkten Gebietes[1].

b) für die Klasse der Familien- und Verwandtschaftsnamen. Wenn letztere noch teilweise bis in die moderne Sprache den *k‘*-Plural zeigen[2], so ist dies nicht willkürlicher Klassizismus,

1) Bezeichnend ist dabei, dass im NA. eben jene Dialekte, in denen die erweiterten Plurale auf -*ik‘*, -*uk‘*, -*ak‘* am meisten entwickelt sind, auch den einfachen *k‘*-Plur. bei vokalischen Nominen in größerem Maßstabe beibehalten haben; so der Dialekt v. Agulis n. S. Sarg. 77 und 96.

2) So pol. *jenoxk‘* »Eltern« Han. 47. In der modernen Litteratursprache neben Plur. Հայրեր, մայրեր, եղբայրներ auch noch Հարք, մարք, եղբարք Aid. II 15; ebenso noch Plural տեարք zu տէր neben regelmäßigem տէրեր.

sondern historische Fortsetzung des entsprechenden mittelarmenischen Plurals; denn das Kilikische bildet noch ganz gewöhnlich die Plurale: *եղբարք* »Brüder« Rb ա, 49 28, 93 22; *քվերք* »Schwestern« 39 1, 37 25, Rb ա, ղգ; *ծնօղք*, *ծնաւղք* »Eltern« 45 10, 49 26, 53 16, Rb հր, ձր; *այրուկինք* »Eheleute« Rb լգ, հր, ճժգ; *հարք* »Väter« Gen. *հարց* 39 17; auch *տէրք* (= cl. *տեարք*) »Herren« 17 14, Rb ճխր, ճլե; vgl. Nom. plur. *աղբարք* in einer Inschrift aus Ani vom J. 1264 b. Aid. I 173. Erst vereinzelt erscheinen neue Plurale: wie von *քոյր* der auf *-vədi*, von *մայր* der auf *-ʿer* in der Form *մայրեր* *mairʿer* [1]) etc. Sämtliche fraglichen Nomina endigen auf Liquida; dies mag zur Erhaltung des Suffixes *-ḱ* beigetragen haben, wobei zugleich Einfluss der altclassischen Sprache mitgewirkt haben wird.

In allen übrigen Fällen ist der altarmenische *ḱ*-Plural als solcher geschwunden; wo er noch trotzdem vereinzelt in der Litteratur erscheint, ist dies Klassizismus. — Nur als uneigentlicher Plural hat er sich außerdem noch erhalten in dem

**Plural auf -*ḱ* mit Singularbedeutung.**

§ 257. In demselben Maße als im Laufe der Geschichte das Gebiet des *ḱ*-Plurals sich verengt, greift andererseits die Klasse jener Nomina um sich, die mit der Pluralform Singularbedeutung verbinden. Mit dem Zurückgehen und Schwinden des *ḱ*-Plurals aus der Reihe der wirklichen Plurale geht Hand in Hand sein Herabsinken zu singularischer Funktion und Verwendung.

§ 258. Als uneigentliche Plurale haben sich im allgemeinen sämtliche altsprachlichen Singulargebilde auf *-ḱ* bis ins Neuarmenische hinein erhalten. So auch im Kilikischen: *ապրանք* »Gut, Lehnsgut« (= cl. *ապարանք*) 11 4. 5. 14. 16. 17. 18. 25. 28, 13 2. 25. 28, 15 3. 27, 17 2. 16, 19 18, Rb հր; *զրեհք* (= cl. *զրահք*, *զրեահք*) »Harnisch« 31 9; *զրկանք* »ungesetzlich erworbenes Gut« 29 11, Rb ճկ; *իրաւունք* Recht« 3 21, 9 23, 13 7. 14, 15 8. 9. 16, 23 5, Rb ճժա; *խելք* »Gehirn, Verstand« Rb ղր, ճժկ, B ճխր; *խօսք* »Rede« 15 11, 29 2, 57 14; *կամք* »Wille« 29 5, 35 19; *հազոյցք* (= cl. *ազոյցք* und *ազոյց*) »Rüstung« 31 9; *հունձք*

1) Als spätmittelarmenisch belegt bei Hun. II 285. Als ältere kilikische Form darf *morʿer* angesetzt werden, nach der entsprechenden neuarmenischen Form bei Črb. 749.

»Ernte« Rb ճլե; մեղք »Sünde« und մեղանք it. 15 24, 29 18, 31 7, 35 1. 3. 30, Rb լա, խե; պարտք »Schuld« 71 17; պէտք »Notwendigkeit, Bedürfnis« 13 8, 17 9, 27 17, 35 6, 53 23, 59 3; վանք »Kloster« Rb խե; տուգանք »Geldbuße« 13 14, 61 20, 73 15, 79 14; քաշանք »Misshandlung« 61 6. 9. 11; օրէնք »Gesetz« Rb ղը, ճխը, ճլ; բաղնիք »Bad« (= cl. բաղանիք) B խե, ճի, մի, միե, մկը; կարծիք »Meinung, Verdacht« Rb ժա, ժգ; կարիք »Not« Rb ժա, ճ; հայրենիք »Erbgut« 19 7, 39 4, 47 4, 49 4, 55 23, Rb ճժը. Bei den *i*-Stämmen wie հայրենիք tritt jedoch nach § 253 auch die Form *-estan* ein.

§ 259. Zu kilikischen Singularen herabgesunken sind folgende in der classischen Sprache noch als Plural geltenden *k*-Formen: աշխարհք und աշխարք (cl. աշխարհ) »Land« L 178 11, Rb ճժը; առուգնայք (cl. առեւգնայ) »Entführung« Rb ձգ; բերանք (cl. բերան) »Maul« B ճհգ; գանկատք und գանկտանք (cl. գանգատ) »Klage« 29, 13 20, 15 10; գինք (cl. գին) »Preis« Rb ճլ; դեհք (cl. դեհ) »Seite« 37 14. 24, 51 14; զարկք (cl. զարկ) »Schlag«, Wunde, Verwundung« 31 11, 59 36, 61 2. 8; իրք (cl. իր) »Sache, Ding«, als pron. indef. »etwas« 9 24, 13 30, 15 7, 19 13. 18. 25, 23 30, 35 2, L 156 6; խլոցք (cl. խլոց) »usurpiertes Objekt« 27 6. 19, 57 25; ծեծք und ծեծանք (cl. ծեծ) »Schlag, Wunde« 61 23. 5; համանք (cl. հրաման) »Befehl, Erlaubnis« 19 10. 21, 31 21, 33 3. 10, 35 2, 49 17. 53 3. 20. 25, L 178 16, 185 9. 20, Rb կ, հը, ճծա; համարք (cl. համար) »Zählung« 93 6; հաւէրք (cl. հրաւէր) »Einladung, Vorladung« 9 14. 15. 19; անհաւէրք adj. »unaufgefordert« 15 1; ձեռք (cl. ձեռն) »Hand« B մծե[1]); ջաղացք (cl. ջրաղաց) »Mühle« B ճծը, մկգ, Rb ճհգ; չաքք (cl. չափ) »Verhältnis, Proportion« im Gen. und Instr. Rb լե, B ճղգ. Daneben gilt freilich zum Teil noch der ursprüngliche Singular wie չաք, ձեռ, դեհ resp. դիհ, զարկ, գին Gen. գնոջ als gutkilikisch. Spezifisch kilikisch sind endlich Singulare wie: հիլայք »Klage« (plur. հիլայ-նի) 31 20, 33 5. 25, 35 27; հիլայանք Gen. հիլայնաց 57 14; աժէք »Wert« Rb ա; սամսրչէք »Maklergebühr« L 155 2. 6. 21. 22. 23; սարեչէք »Schiffszoll« L 156 2; արծվիք Name einer best. Krankheit[2]) B ժը, մկգ; հարկիք »Ehre, Ansehen« 9 12; շլնիք »Nacken«

1) ձախու ձեռացն »der linken Hand«.

2) Vgl. Wb. unter արծուի.

B մժգ; այնելիք »Handlung« Rb ճ, im Instr. 15 7; խմելիք »Trank« B մլբ, մխթ; ծխանելիք »Weihrauch, Räucherwerk«; հովցնելիք »Kühltrank« B մկգ; հագնելիք »Kleid« Rb հբ; ուտելիք »Speise« B մլբ; պառկելիք »Bett« 45 11, Rb խգ, հբ; ցանելիք »Pulver« B մխգ; օծնելիք, աւծնելիք »Salbe« B ճխա, մկգ etc.[1]). Zuweilen kommt die ursprüngliche Pluralnatur noch zur Geltung, wie bei լսելիք »Ohr« und »Ohren«.

Noch weiter geht in dieser Beziehung das NA. Während im Kl. noch der eigentliche Singular ձեռ, ոտ fortbesteht, kennt z. B. das Tr. und Ach. nur noch einen Singular *c'eṙk'* »Hand«, *vodk'* resp. *v^u^edk'* »Fuß«[2]). Während ferner im MA. die ursprüngliche pluralische Flexion dieser *k'*-Bildungen noch fortlebt[3]), ist im NA. das Suffix *k'* erstarrt und mit dem Stamme verwachsen: an den so entstandenen neuen Singularstamm auf *-k'* treten in der Flexion die Suffixe sowohl des Singulars als des Plurals wie an einen gewöhnlichen Nominalstamm an. So im Ach. (Tom. 58) zu *v^u^edk'* »Fuß« der Genitiv *vodk-i*, zu *c'eṙk'* »Hand« Gen. *ceṙk-i*. Analog flektiert Tr. und überhaupt die westlichen Dialekte nach folgendem Schema:

| | Singular: | Plural: |
|---|---|---|
| Nom. Akk. | ձեռք »Buch« | ձեռք-եր »Bücher« |
| Gen. | ձեռք-ի | ձեռք-երու |
| Abl. | ձեռք-է | ձեռք-երէ |
| Instr. | ձեռք-ով | ձեռք-երով |

Im Kl. dagegen noch immer von գիրք »Buch« der Gen. գր-ոց, Plur. գր-եր; von ձեռք »Hand« der Gen. ձեռ-աց, Plur. ձեռն-եր und ձեռ-ովի. Doch tritt schon bei Johannes T'ulkurançi (1489—1525) die neue Flexionsweise hervor in der Form ունքեր »Augenbrauen« Joh. T'lk. 39.

## II. Erweiterter Plural auf -ք *-k'*.

§ 260. Die in Obigem beobachtete Vorliebe des Suffixes *-k'* für vokalische Verbindung führte zur Bildung von Pluralen mit Suffix *-aik'* und *-ik'* von konsonantisch ausgehenden Nominen. Hierher gehören folgende kilikische Plurale: իշխան-այք *išxan-aik'* zu իշխան »Fürst« 3 11; Akk. plur. զ-իշխան-այք Rb հ, bei Kirakos v. Ganj. (13—14. Jahrh.); Gen. Plur. իշխան-աց 3 8,

1) Über die daneben z. B. in շլնեստան erscheinende Form auf *-stan* vgl. oben § 253.

2) Aid. II 14, Tom. Dial. v. Ach. 33, 58.

3) Beispiele siehe unter Pluralflexion.

35 10; պարոն-այք *baron-aik̄* zu պարոն »Lehnsherr, Baron« 59 12, 63 12, 75 26; Rb ա, բ, խզ, Gen. Plur. պարոն-աց 3 4, 9 2, Rb ճհ; սուլտն-այք *suldn-aik̄* zu սուլտան »Fürst, Sultan« nach Aid. II 16. Damit sind zusammenzustellen die aa. Plurale: աղախն-այք zu աղախին »Magd«; տիկն-այք zu տիկին »Dame, Fürstin«; կան--այք zu կին »Frau«.

Als Ansatz zu einem erweiterten Plurale auf *-ik̄* erscheint ժանօթ-իք *jano̱t̔-ik̄*, Plural zu ժանօթ »bekannt« Rb ճժզ. In letzterem Falle ist augenscheinlich der in den Kasus obliqui Pluralis (Gen. ժանօթ-ից) auftretende Flexionsvokal *i* auf die Kasus recti verallgemeinert. Dagegen beruht das Pluralsuffix *-aik̄* in պարոն-այք und den analogen Fällen auf direkter Anlehnung an die oben erwähnten altarmenischen Plurale auf *-aik̄*. Die geschichtliche Entwickelung der Pluralgruppe auf -այք ist folgende: ursprünglich auf den Einzelfall կանայք nebst տիկնայք beschränkt ging bereits in altarmenischer Zeit von տիկին »Herrin, Fürstin« das Suffix -այք als Pluralsuffix auch auf das formal gleich auslautende, begrifflich entgegengesetzte աղախին »Magd« über[1]). Erst in mittelarmenischer Zeit gab das Streben des Suffixes *k̄* nach vokalischer Verbindung den Anstoß zur weiteren Ausdehnung dieser Pluralgruppe, indem es dazu führte, dass von dem älteren Falle տիկին »Herrin, Fürstin« der Plural auf *-aik̄* überhaupt auf sämtliche begrifflich verwandten Nomina sich ausdehnte: von dem Ausdrucke für »Herrin, Fürstin« ging so die fragliche Pluralbildung über auf die Ausdrücke für »Herr, Fürst« իշխան, պարոն, սուլտան, sämtliche ebenfalls auf *-n* auslautend.

Zu vergleichen ist pol. Plural *odəmvər-ak̄*[2]) (Han. 97) zu *odəmvər* (= cl. *otanavor*) »garçon de noces«, Gen. plur. *odəmvər-aç̣*; ferner im Pol. (nach Aid. I 184) die Plurale: բարեկըմ-աք »Freunde« v. բարեկամ; մեղաւոր-աք »Sünder« v. մեղաւոր; փոխանորդ-աք »Vertreter, Nachfolger« v. փոխանորդ; geradezu mit den kilikischen in der Endung übereinstimmend sind die Plurale: տանուտր-այք[3]) »die Dorfschulzen« v.

1) Auf den ursprünglichen einfachen Plural *աղախին-ք deutet noch der aa. Instrumental Plur. աղախն-ովք, welcher nicht zu Nominativ աղախն--այք, Gen. -այց, -աց, sondern zu Nominativ *աղախին-ք Gen. *աղախն--ոց (Gen. sg. աղախն-ոյ) gehört.

2) Die ältere Lautform ոտըմվոր-աք bei Min. Leh. 179; auch Plur. կորիճվոր-աք Min. Leh. 178, 182.

3) In einer Lemberger Urkunde vom J. 1450 (bei Min. Leh. 116).

*տանուտէր*, Gen. *տանուտր-աց*; *ընկեր-տ-այք*[1]) »die Genossen« v. *ընկեր*, belegt in polnisch-armen. Akten vom 14.—17. Jahrh. Analog bilden im Ag. (S. Sarg. 78) die Personennamen und Patronymica den erweiterten Plural auf *-այք* resp. auf *-ուք*, je nachdem der Gen. singularis auf *-այ*, pluralis *-աց*, oder aber Gen. singularis auf *-օյ*, pluralis auf *-ուց* ausgeht. So von *բաղդասար* mit Gen. sg. *-այ* und Gen. pl. *-աց* der Nominativ pluralis *բաղդասար-աք*; von *վարդան* mit Gen. sg. *-այ* und Gen. plur. *-աց* der Nom. plur. *վարդան-աք*; von *խաչատուր* mit Gen. sg. *-օյ* und Gen. plur. *-ուց* der Nom. plur. *խաչատր-ուք* etc.

§ 261. **Plurale auf *-անք* und *-ունք*.** Auch die aus der alten Sprache überkommene Pluralbildung auf *-անք* und *-ունք*, meist uneigentliche Plurale mit Singularbedeutung, hat an Ausdehnung gewonnen. Außer Formen wie *աշխատ-ան-ք* »Mühe«, *ապր-ան-ք* »Gut«, *զրկ-ան-ք* »Schädigung«, *հալծ-ան-ք* »Bemühung«, *մեղ-ան-ք* »Sünde«, *քաշ-ան-ք* »Misshandlung« erscheinen als dem Altarmenischen noch fremd: *գանկտ-ան-ք* »Klage« zu *գանկատ*; *ծեծ-ան-ք* «Verwundung« zu *ծեծ*; *հիւայ-ան-ք* »Anklage« zu *հիւայ-ք*; *հրաւիր-ան-ք* »Einladung« zu *հրաւէր* etc. Belege siehe unter »Plural auf *-k̓* mit Singularbedeutung«. Wie aus aa. *տուգան* neben *տուգան-ք*, aus *մեղ-ան-ամ*, *մեղ-ան-չեմ* neben *մեղան-ք* hervorgeht, ist diese Bildung ursprünglich entstanden durch Antreten des Pluralsuffixes *-k̓* an den mit Suffix *-an* erweiterten Stamm. Dasselbe gilt von dem Plurale auf *-ունք*. Belegt ist außer *իրաւ-ուն-ք* »Recht« die mittelarmenische Neubildung *արց-ուն-ք*[2]) »Thränen« B մհ. Als besondere Spezies des uneigentlichen *k̓*-Plurals mit Singularbedeutung mussten naturgemäß die Pluralbildungen auf *-ank̓* und *-unk̓* an Ausdehnung gewinnen, um so mehr als bei Fällen wie *արցունք* wohl auch Anlehnung an die äußerlich identischen Plurale auf *-unk̓*- und *-ank̓* der konsonantischen *n*-Stämme, wie *հիմուն-ք*, *սերման-ք* stattgefunden haben mag.

## III. Pluralia composita auf *-ք* *-k̓*.

§ 262. Pluralsuffix *-k̓* erscheint als letztes Bildungselement zusammengesetzter Plurale in folgenden Fällen:

---

1) In einer Urkunde vom J. 1604 (Min. Leh. 157); Gen. Plur. *ընկեր-տաց* Min. Leh. 149.

2) kl. *արցունք* = pol. *ardusunk̓*, tf. *artasunk̓*, tr. und nch. *arçunk̓* (Han. 27).

1) *դեղ-երայ-ք* Plural zu *դեղ* »Heilmittel« Mx. Her. 131; dazu die Varianten *դեղ-րան-ք* aus **դեղ-երան-ք* B *լէ*, *մկզ*; *դեղ-րուն-ք* aus **դեղ-երուն-ք* B *ճլր*; zu *դեղ-երայ-ք* stellt sich auch das schon bei Faustus belegte *վան-երայ-ք* »Klöster« sowie das entfernt verwandte *գեղ-օրէ-ք* aus **գեղ-օրեայ-ք* »Dörfer« (Aid. II 16). Es sind dies die mittelarmenischen Ausläufer älterer entsprechender Bildungen. Vgl. als analoge altarmenische Fälle: zu *արտ-որայ*, *արտ-որեայ* (*-օրեայ*) das erweiterte *արտ-որայ-ք*, *արտ-որեայ-ք* »Saaten« v. *արտ* »Grundstück«; zu *վան-որայ*, *վան-որեայ* (*-օրեայ*) das erweiterte *վան-որայ-ք*, *վան-որեայ-ք* »Klöster« v. *վան-ք* »Kloster«. Vgl. auch oben § 236.

2) *վկայ-նօք* Instr. plur. von *վկայ* »Zeuge« 59 9, 75 11; *պաճռ-նօք* Instr. pl. von *պաճառ* A 183; diese neben gewöhnlichem Instrumental auf *-նով* erscheinende Form setzt einen Plural **վկայ-նի-ք*, *պաճռ-նի-ք*, voraus. Aus dem Fehlen weiterer Belege folgt nicht etwa, dass diese Bildung erst im Entstehen begriffen war, vielmehr stellt sie sich, wie auch die Formen auf *-երայք*, *-րանք*, *-րունք*, sowie auch die von Aid. II 16 als altvulgär d. i. kilikisch angeführten Plurale *գեղ-եր-ք* »Dörfer«, *ճիտ-եր-ք* »Hälse«, als die im Absterben begriffene Fortsetzung von entsprechenden älteren Bildungen dar[1]), welch letztere entstanden waren zu einer Zeit als von den Kollektiva auf *-անի* bez. *-երայ*, *-որայ*, *-եար* der Pluralcharakter noch nicht recht ausgeprägt und entwickelt war. Dagegen teilt bereits den Charakter der neuarmenischen Pluralia composita

3) der Plural compos. *մարդ-իկ-ք* oder mit Konsonantenvereinfachung *մարդ-իք* »Menschen«: Nom. plur. 39 23, Rb *ճիզ*; Akk. plur. *զ-մարդ-իքն* ibid.; Gen. plur. *մարդ-կ-աց* 39 12, 73 12, B *ճդ*; Instr. plur. *մարդ-կ-աւք* L 156 21. Analog wie die neuarmenischen Pluralia composita (vgl. oben S. 190) aus älteren zu Singularen verblassten einfachen Pluralen hervorgingen, ebenso ward mittelarmenisch aus dem nicht mehr als Plural gefühlten älteren *մարդիկ* durch Suffix *-ք* der komponierte Plural *մարդ-իկ-ք*, *մարդ-իք*, der noch heute im NA. fortlebt als

---

1) So bei Agathang. der Instrumental *աւազ-անօք*, bei Laz. P'arp. *աւազ-աննօք* neben *աւազանով* resp. *աւազաննեաւ*. Zu *գեղ-եր-ք* für echtkilikisches *գեղ-եր*, *ճիտ-եր-ք* für echtkilikisches *ճիտ-եր*, vgl. die aa. Formen *բան-եար-ք*, *որ-եար-ք* § 236.

*mart-iḱ* im Pol. (Han. 90), Ach. (Tom. 58)[1], woneben auch der Plur. compos. auf *-n'er*, *martig-n'er* im Pol., ja sogar *martiḱ-n'er* und *martiḱ-n'er-ḱ* (Črb. 744) getreten ist.

## C. Pluralflexion.

### I. Flexion der *ḱ*-Plurale.

#### 1. Kasus recti.

§ 263. Charakteristisch für die Flexion der *ḱ*-Plurale ist das Zusammenfallen von Nominativ und Akkusativ, welch letzterer mit Aufgabe des altarmenischen Suffixes *-s* wie der Nominativ auf *-ḱ* ausgeht. Allerdings tauchen vereinzelte Akkusative pluralis mit Suffix *-ḱ* schon in der älteren Litteratur auf, aus welcher Aidynian Kr. Gramm. I 78 folgende einschlägigen Fälle anführt: *ի մէջք*, *զմէջք*, *զիւր զօրքն*, *ի ձայնարկուանքն*, *ի վանք մի*, *ի վանքն*, *ընդ խորհուրդքն*, *ի չորք*, *զաղօթքն*, *ընդ տիեզերք*, *զիրքն*, *զջուրքն*, *զքահանայքն*, *զկարգք*, Akkus. *այլեոիք*, Akk. *բազմութիւնք*, Akk. *գայթագղանք*. Dadurch, dass sie nur vereinzelt und bei schlechten Klassikern erscheint, kennzeichnet sich diese Kasusform als nichtclassisch, als ein Produkt der altarmenischen Volkssprache, die, wie in andern Fällen, so auch hier, längst vor der kilikischen Zeit von der im Classischen überlieferten älteren Sprachform abgewichen war und eine jüngere morphologische Neubildung geschaffen hatte. Und zwar ging, wie schon aus der Natur der oben zitierten altarmenischen Formen hervorgeht, diese Neuerung aus von uneigentlichen Pluralen wie *վանք*, *տիեզերք*, welche, da ein ungeteiltes Ganzes oder eine Einheit bezeichnend, sich zuletzt geradezu den eigentlichen Singularen in der Flexion anschlossen, insofern sie den Beugungsunterschied der beiden Kasus recti beseitigten. Unter der Wirkung des Uniformierungsprinzipes verallgemeinerte sich sodann diese Erscheinung, die schon in spätclassischer Periode derart vollendet und abgeschlossen war, dass auch in die Werke classisch schreibender oder schreiben wollender Autoren wie Matthäus v. Urrha, Michael der Syrer u. a. m. der Akkusativ auf *-ḱ* ganz gewöhnlich zugelassen

---

1) Hier allerdings mit veränderter Flexion Gen. *mart-uc‘*, indem sich Plur. *martiḱ* in der Flexion dem einfachen *ḱ*-Plurale der Nomina auf *-i* anschloss.

wird[1]). — Aus der Masse kilikischer Belege seien nur folgende herausgegriffen: *զ-շլնիքն* B *մժգ*, *զայս ցանելիքս* B *մխէ*, *զ-լսելիքն* B *մկէ*, *զ-պառիկելիքն* Rb *խզ*, *զ-հիլայք* 23 5; *զ-իշխանայքն* Rb *հ*, *զ-բերանքն* B *ճհդ*, *զ-գինք* Rb, *զ-իրաւունք* 3 21, 23 5, *զ-մեղանք* 29 18, *զ-քրտինք* B *ճժթ*, *զ-դեղրանքդ* B *լէ*; *յ-արծուիք* B *ժը*, *ի թաղնիք* B *խե*, *ճի*, *միե*, *մկբ*, *ի կարիք* Rb *ժա*, *ի կարծիք* Rb *ժա*, *ժզ*; *ընդ որդիքն* 47 14; unbestimmte Akkusative als Objekt: *առուգնայք* Rb *ճզ*, *այնելիք* Rb *ճ*, *արծվլիք* B *մկդ*, *հայրենիք* Rb *ճժբ*, *համանք* Rb *կ*, *ճծա*, *մարդիք* Rb *ճիզ*.

§ 264. Neben dieser kilikisch-mittelarmenischen Unifizierung der Kasus recti pluralis hat sich eine zweite, nichtkilikische, mehr als ostmittelarmenische[2]) aufzufassende, namentlich bei Mechithar Heraçi überlieferte, ausgebildet, und zwar nach entgegengesetzter Richtung, indem hier der Kasus auf *-s* zur Norm genommen ward, so dass die Akkusativendung *-s* auch auf den Nominativ überging und das ursprüngliche Suff. *-k̄* verdrängte. Dass auch zu dieser Bildung der Anstoß gegeben ward von Pluralen mit Singular- oder Kollektivbedeutung, zeigen die in der altarmen. Litteratur vereinzelt überlieferten Fälle. So bei nichtreinen Klassikern die Nominative pluralis: *վանս*[3]) »Kloster« (cl. *վանք*), *կասկածս*[4]) »Verdacht« (cl. *կասկածք*, *կասկածանք*), *պէտս*[5]) »Bedürfnis« (cl. *պէտք*), *ծախս*[6]) »Aufwand, Kosten« (cl. *ծախք*), *իրս*[7]) »Geschäfte, Geschäft« (cl. *իրք*), *արտասուս*[8]) »Thränen« (cl. *արտա-*

---

1) So bei Stepannos Orbelean im 14. Jahrhundert die Akkusative Pluralis: *ի Բաղք* I 116 2. 15, 261 4; *ի զաւառն Քաշունիք* I 122; *զ-մի-մարդեանք* I 125 19; *ի վանքն* I 126 15, 128 11, 129 20; *զտեղիքս* I 209 3 infr.; *զԱստուածածնի քահանայքն* I 222 9, 225 8; *զիւր կեանքն* I 261 12; *զգիրքն* I 272 17; *զվանք* I 281 11, 282 4; *զսուրբ եկեղեցիքն* I 282 10. 11; ferner unbestimmte Akkusative wie: *հայրենիք* I 260 19; *վանք* I 281 5; *կառք* I 112 5; *ամբոխք* I 112 3; *հայրենիք* I 260 etc.

2) Als neuostarmenisch werden Aid. I 197 folgende Nominative angeführt: *մէկ քանիսը*, *երկուսը*, *զինքս*, *բաղնիս*, *հոգս*.

3) *յառաջագոյն էր վանս մի* Aid. I 78. 4) *միշտք հաստանելոց էին եւ կասկածս* I Aid. 78. 5) *ոչ է ինձ պէտս* Aid. I 78. 6) *չէ սակաւ ծախսն* Laz. P'arp. 545. 7) *իրս նորոգս ցուցաւ; խոր է իրս* Aid. I 78. 8) *ինձ արտասուս զան* Aid. I 78.

սուք), երկուս[1]) »zwei« (cl. երկուք), հարկս[2]) »Steuern« (cl. հարկք, vgl. հարկիք), ժողովուրդս[3]) »Volksmenge« (cl. ժողովուրդք), also überwiegend solche Fälle, denen im Classischen ein Plurale tantum auf *-k̄* entspricht. Häufiger zeigt sich der nominativische Kasus auf *-s* bei spät- und nachclassischen Autoren, d. i. in der vom Mittelarmenischen beeinflussten Litteratursprache; so bei Gregor Magistros, Gregor Skevraçi, in Čaṙəntirḱ, woraus Wb II 682 unter andern folgende Beispiele bringt: սքանչելիս[4]) (cl. սքանչելիք), հնարս[5]) (cl. հնարք), պահս[6]) (cl. պահք, vgl. np. *pās*, phl. *pās* »Wache«), պանս[7]) (cl. պանք), սպանդս (cl. սպանդ-ք), հայրենիս[8]) (cl. հայրենիք), ծառայս[9]) (cl. ծառայք), աղախնայս[9]) (cl. աղախնայք).

Im XII. Jahrhundert erscheinen bei Mechithar Heraçi folgende mittelarmenischen Nominative pluralis auf *-s*: երակս(ն) »die Adern« S. 66, 90, 91, 93, 114, 115, 116 für cl. երակք; ձեռս(ն) »die Hände« S. 81 für cl. ձեռք; ոտս(ն) »die Füße« S. 80 für cl. ոտք; պինչս(ն) »die Nasenhöhlen« S. 76 für cl. պինչք. Ferner folgende *s*-Nominative mit Singularbedeutung: դէմս (kl. դէմք) »Gestalt, Art, Spezies« S. 65 dreimal, 90, 92, 93, 116; զարկս (kl. զարկք, զարք) »Schlag, Wunde« S. 74; հոգս (kl. հոգք, հոք) »Sorge, Besorgnis« S. 18, 35, 40, 91; որովայնս (kl. որովայնք) »Bauch« S. 147; չափս (kl. չափք) »Maß, Verhältnis«: S. 42, 59, 60, 63, 69, 99, 101, 129, 131, 141; Instrumental չափօքս (sic) S. 96; adv. այնչափս (kl. այնչափք oder այնչափ) »so sehr, so lange« S. 58; չորս »vier« S. 42, 63, 71, 91, 97, 105. Nur letztere Form ist auch kilikisch. Sonst ist diese Bildung dem Kilikischen und im allgemeinen dem Westarmenischen fremd[10]).

---

1) մի եւ մի երկուս են Aid. I 78. 2) հարկս ամենայն աշխարհիս առ իս են Aid. I 78. 3) ժողովուրդսն եւ աղայքն յայթռեն Laz. P'arp. 603. 4) Նոր է սքանչելիսդ. 5) չիք ինչ հնարս. 6) պահս՝ համարձակութիւն առ աստուած. 7) խորանն եւ սեղանն, պանսն. 8) որոյ ոչ տուն ոչ հայրենիս. 9) եւ ոչ ժառանգութիւն, ոչ ծառայս, ոչ աղախնայս. Vgl. auch: Մասիս »Masis, Ararat« mit Gen. Մասեաց bei Lazar P'arp. (V. Jhd.) S. 376; Տփխիս »Tiflis« mit Gen. Տփխեց bei Vardan (XIII. Jhd.) S. 156; Կարս »Kars« mit Gen. Կարուց bei Vardan 102, 119, in welchen Fällen das schließende *s* als Suffix des Nominativ pluralis behandelt wird. 10) Ausgenommen das auch westarmenische Numerale *ergus* »zwei«. Die von Aidynian

## 2. Kasus obliqui.

§ 265. In den obliquen Kasus des *k*-Plurals macht sich, wie beim Singular, als Folge davon, dass der *k*-Plural vorzugsweise bei **vokalisch** auslautenden Stämmen erhalten bleibt und wohl auch nach Analogie der Singularflexion ein **Rückweichen der konsonantischen Flexion vor der vokalischen** bemerkbar. Letztere hat sich ausgedehnt auf Fälle wie: Gen. pl. *աղբր-աց* »der Brüder« (für cl. *եղբարց*) in *աղբր-աց արդյն* (arab. دَمُ الأَخَوَيْنِ) A 47, 282, B ճզ, ճր, ճխա, մկզ, մծթ; Gen. pl. *իրաւն-աց* »des Rechtes« (für cl. *իրաւանց*) in Rb; Gen. pl. *այրուկն-աց*[1]) »der Eheleute« (gegen cl. Gen. pl. *կանանց*) Rb հբ; Gen. pl. *դստեր-աց* »der Töchter« Rb ղդ, nie mehr das konsonantische *դստերց*)[2]). Im Instrumental erscheint: statt des cl. *մարդկամբ* oder *մարդկամբք* von *մարդիկք* die Form *մարդկ-աւք* L 156 21; statt cl. *իրաւամբք* von *իրաւունք* die Form *իրաւն-աւք* (-օք) 17 15, 21 13, Rb իզ, իէ, հթ, ձբ, ղր, ճհդ; statt cl. *բրտամբք* von *բրտունք* die Form *բրտն-աւք* B միր.

§ 266. Bei den vokalischen Stämmen zeigt sich die alte Flexionsweise noch allgemein im Genitiv-Dativ und Ablativ: Nom. *ծնաւղք*, Gen. *ծնաւղ-աց* Rb խդ, հր, ձզ; *դեհք*, Gen. *դեհ-աց* 37 14. 24, 51 14; *ջաղացք*, Gen. *ջաղց-աց* B ճծր, ճհզ, մկզ; *ապրանք*, Gen. *ապրն-աց* 17 5. 9, 19 9, 21 2. 9, 23 17, 37 3, 65 14, Rb ճ; *գանկտանք*, Gen. *գանկտն-աց* 13 20, 15 10; *ծեծանք*, Abl. *ի ծեծն-աց* 61 5; *հալծանք*, Abl. *ի հայծն-աց* Rb լղ, ղզ, ճհզ; *համանք*, Gen. *համն-աց* 13 6, 71 18, L 185 18, Rb ծր, ճկր; *հիլայանք*, Gen. *հիլայն-աց* 57 14; *տուզանք*, Gen. *տուզն-աց* 29 12; *քաշանք*, Gen. *քաշն-աց* 61 6. 11, Rb հզ; auch *իշխանայք*, Gen. *իշխան-աց* 35 10; *պարոնայք*, Gen. *պարոն-աց* 3 4, 9 2. Gen. *վկայ-ից* »der Zeugen« 29 2, 59 4. 10, 61 11, L 156 26; Gen. *ընչ-ից* »der Habe«

---

I 78 außerdem als westarmenisch angeführten Nominative *պաս* »Fasten«, *աւետիս* »Freudenbotschaft«, *ծախս* »Kosten« beruhen wohl auf ostarmenischem Einflusse und sind den äußeren Dialekten von Konstantinopel, Polen und Ungarn nicht eigen.

1) Vgl. auch Gen. Plur. *մարդկ-աց* »der Menschen« B ճզ gegen cl. Gen. *մարդկան*.

2) Analog der Gen. plur. *Հէրէնէտիրաց* zu *-տէր* in einer Inschr. aus Ani vom J. 1215 (Šir. S. 76 und 77).

21 2, 47 30, 51 21. Gen. գր-ոց »des Buches« Rb ճլե; Gen. արցվ-ոց »der Thränen« B մհ. Von վարկք »Verwundung« der Abl. ի վարկ-ուց 61 5. 18, Rb ճլ; v. չարք »Verhältnis« der Gen. չք-ուց Rb լե; v. պարտք »Schuld« der Gen. պարտ-ուց 9 24, 73 3, 81 26; v. պէտք »Bedürfnis« der Gen. պիտ-ուց 59 4.

§ 267. Die Instrumentalform ist bei den *a*- und *o*-Stämmen die alte geblieben: Zu Gen. այրն-աց der Instr. այրն-օք 21 7; zu Gen. խել-աց der Instr. խել-աւք Rb կղ; zu Gen. ծեծն-աց der Instr. ծեծն-աւք Rb ճլէ, ճծե, ճժբ, ճհ; zu Gen. կամ-աց der Instr. կամ-աւք 21 12, 53 3; zu Gen. համն-աց der Instr. համն-աւք Rb ա, կ, ճա; zu Gen. հալծն-աց der Instr. հալծն-օք 47 19; zu Gen. որդ-ոց der Instr. որդ-ովք Rb խբ, ճժե etc. Dagegen ist im Instrumental der *i*- und der *u*-Stämme, analog wie im entsprechenden Kasus des Singulars, das ursprüngliche Suffix *-ivk̄* resp. *-uk̄* verdrängt und ersetzt durch Suffix *-ok̄*. Z. B.: zu Gen. խօս-ից der Instr. խօս-օք 9 15 (gegen cl. խօս-իւք); zu Gen. հաւոյթ-ից der Instr. հաւոյթ-օք 21 7 (gegen cl. հաւութ-իւք); zu Gen. պիտ-ուց der Instr. պիտ-օք 33 14, 35 18; zu Gen. չք-ուց der Instr. չք-օք, չք-աւք 55 8, B ճղղ, ճղբ u. s. w.[1]).

§ 268. Nähere Betrachtung erheischt hinsichtlich der Flexion der Kasus obliqui der Plural auf *-ik̄*. Die kleine Gruppe derjenigen Nomina auf *-i*, die den Flexionsvokal durch sämtliche Kasus singularis und pluralis durchführten — հողի, որդի, die auf -այի und -եցի — konnten auf die Dauer diese Flexion im Plural nicht mehr behaupten: unter der Wirkung des Uniformirungs- und Ausgleichungsgesetzes mussten sie schließlich sich der normalen von der überwiegenden Mehrheit dieser Nomina befolgten Flexion mit Genitiv plur. -եաց anschließen; Flexionsvokal *o* der Minderheit ward durch Flexionsvokal *a* der Mehrheit verdrängt. So tritt in spätclassischer Zeit an Stelle des aa. Gen. plur. որդւոց v. որդի die Form որդեաց bei Klimachos, Stepannos Orbelean, Mechithar Heraçi; an Stelle des aa. Gen. plur. հոգւոց die Form հոգեաց. Diese jüngere Pluralflexion jener lebende Wesen bezeichnenden Stämme setzt sich nun im Kilikischen fort, wie folgende Kasus-

1) Auch in den Inschriften spiegelt sich dieselbe Erscheinung wieder: eine Inschr. vom J. 1215 (Šir. 75 ff.) hat Instr. plur. ընձայաւք (cl. -իւք); Instr. plur. վարդաւք (cl. -ուք und -իւք).

formen auf *-եց* (= nachcl. *-եաց*) zeigen: Gen. plur. *որդեց* (v. *որդի* »Sohn«) 31 21, 49 34, 55 13, Rb *խբ*, *ղդ*, *ղե*; Abl. plur. *ի յ-որդեց* 49 24; Gen. plur. *տիւընցեց* (v. *տիւընցի* »Gerichtsbeamter«) 39 13; Gen. plur. *չորքոտնեց* (v. *չորքոտնի* »vierfüßiges Thier«)[1]). Nur noch vereinzelte archaistische Formen wie Gen. plur. *որդոց* Rb *ա*, Instr. plur. *որդովք* Rb *խբ*, *ճժե* unterscheiden die Flexion dieser Stämme von der normalen Flexion des Plurals auf *-iḱ*, wie sie folgendes Paradigma darstellt.

| | | | |
|---|---|---|---|
| Nom. | *հայրենիք* | *haireniḱ* | (= cl. *haireni-ḱ*) |
| Akk. | *զ-հայրենիք* | *z-haireniḱ* | (= cl. *z-haireni-s*) |
| Gen.-Dat. | *հայրենեց* | *hairen'eç* | (= cl. *hairene-aç*) |
| Abl. | *ի հայրենեց* | *i hairen'eç* | (= cl. *i hairene-aç*) |
| Instr. | *հայրենեօք* | *haireneo̱k* | (= cl. *hairene-auḱ*). |
| | *հայրենօք* | *haireno̱k* | |

§ 269. Belege. Gen.-Dat.: *այնելեց* (Nom. *այնելիք*) Rb *հթ*; *ապիկեց* (Nom. *ապիկիք*) A 161; *արծըլեց* (Nom. *արծըլիք*) B *մկդ*, Geop. 119, Mx. Her. 145; *աւծնելեց* (Nom. *աւծնելիք*) B *ճիա*; *բաղնեց* (Nom. *բաղնիք*) 45 11, 47 32, B *միե*; *լեզելեց* (Nom. *լեզելիք*) B *ղէ*; *ծխանելեց* (Nom. *ծխանելիք*) B *ղզ*; *կարեց* (Nom. *կարիք*) A 54, 55, 61, 62, 63, 91, 116, 177, 189, 216, 277, Mx. Her. 71, 149, B *լե*, *ծթ*; *կշտելեց* (Nom. *կշտելիք*) A 184; *հայրենեց* (Nom. *հայրենիք*) 19 21. 22, 23 11. 26. 30, 45 22, 47 22, 51 3, 65 26, 67 24, 69 14. 25, 75 27, Rb *խա*, *ծզ*; *հարկեց* (Nom. *հարկիք* 9 12, L 187 16; *հարսնեց* (Nom. *հարսնիք*) Rb *ղե*, *ճժդ*; *պտոիկելեց* (Nom. *պտոիկելիք*) 45 11; *ցանելեց* (Nom. *ցանելիք*) B *ճժա*, *ճիա*, *ճկթ*; *ցըլեց* (Nom. *ցըլիք*) Rb *ճծդ*. Ablativ: zu *աղիք* Abl. *յ-աղեց*, *ի յ-աղեց* A 28, 38, 104, Mx. Her. 96, 149, B *իզ*, *հը*, *ճ*, *ճժը*, *ճխդ*, *մծթ*; zu *անօթիք* Abl. *յ-անօթեց*[2]) A 189, 234; zu *բաղնիք* Abl. *ի բաղնեց* B *լթ*, *միե*; zu *խմելիք* Abl. *ի խմելեց* B *մխթ*; zu *կշտելիք* Abl. *ի կշտելեց* A 190, 284, Mx. Her. 80; zu *հայրենիք* Abl. *ի հայրենեց* 45 20, 47 37, 49 18, 53 13, 69 9; zu *չընիք* Abl. *ի չընեց* A 156; zu *չլիք* Abl. *ի չլեց* Mx. Her. 44; zu *ուտելիք*

1) Vgl. zu *նախնիք* den Plural *նախնեց* in einer Inschr. aus Ani vom J. 1342 (Šir. S. 86); vgl. *որդեց* Gen. plur. in einer Inschr. aus Ani vom J. 1273 (Šir. S. 139).

2) Vgl. *անօթեց* bei Mx. Her. und Geop. 50, sowie *տարեց* Geop. 59.

Abl. *ի յ-ուտելեց* B *միե*; zu *սպեղնլիք* Abl. *ի սպեղնլեց* B *ճկր*. Instrumental: zu *այնելիք* Instr. *այնելեաւք* 15 7; zu *հայրենիք* Instr. *հայրենեօք* 21 11; zu *ապիկիք* Instr. *ապիկօք* A 259; zu *ծխանելիք* Instr. *ծխանելօք* A 219 etc. In letzteren jüngeren Formen ist vor der Endung *-o̱k* das auslautende *-i* des Stammes geschwunden, analog wie vor den Kasussuffixen des Singulars.

Im NA. hat sich (n. Črb. 747) das obige Paradigma folgendermaßen umgestaltet:

| | |
|---|---|
| Nom.-Akk. | *բաղնիք* |
| Gen.-Dat. | *բաղնեց* |
| Abl. | *բաղնեց-է* / *բաղնեց-մէ* |
| Instr. | *բաղնեց-մով.* |

Daneben auch die westarmenische Flexion: Nom. *բաղնիք*, Gen.-Dat. *բաղնիք-ի*, Abl. *բաղնիք-է*, Instr. *բաղնիք-ով*.

## II. Flexion der spezifisch kilikischen Plurale.

§ 270. Eine Differenzierung nach Flexionsvokalen, wie beim *k̄*- Plurale, findet in der Pluralflexion der übrigen kilikischen Plurale nicht statt. Gemäß ihrer Entstehung aus ursprünglichen Kollektivsingularen, haben die spezifisch kilikischen Plurale die ursprüngliche Singularflexion beibehalten und zwar flektieren sie sämtlich nach der einfachen *o*-Deklination. Beispiele sind bereits unter ›Pluralbildung‹ gegeben. Es folgen die Paradigmen.

1. Plural auf *-եր*: Paradigma *դեղ-եր* ›Arzneien‹.

| | | |
|---|---|---|
| Nom. | *դեղ-եր* | *teγ-ʻer* |
| Akk. | *զ-դեղ-եր* | *z-teγ-ʻer* |
| Gen.-Dat. | *դեղ-եր-ոյ* | *teγ-er-o* |
| Abl. | *ի դեղ-եր-ոյ* | *i teγ-er-o* |
| Instr. | *դեղ-եր-ով* | *teγ-er-ov.* |

2. Plural auf *-նի*: Paradigma *տերեւ-նի* ›Blätter‹.

| | | |
|---|---|---|
| Nom. | *տերեւ-նի* | *derev-ni* |
| Akk. | *զ-տերեւ-նի* | *z-derev-ni* |
| Gen.-Dat. | *տերեւ-նոյ* | *derev-no* |
| Abl. | *ի տերեւ-նոյ* | *i derev-no* |
| Instr. | *տերեւ-նով* | *derev-nov.* |

3. Plural auf -վի: Paradigma ձեռ-վի »Hände«.

| | | |
|---|---|---|
| Nom. | ձեռ-վի | *ceṙ-vi* |
| Akk. | զ-ձեռ-վի | *z-ceṙ-vi* |
| Gen.-Dat. | ձեռ-վոյ | *ceṙ-vo* |
| Abl. | ի ձեռ-վոյ | *i ceṙ-vo* |
| Instr. | ձեռ-վով | *ceṙ-vov.* |

4. Plural auf -տի und -վտի: Paradigma քուր-վտի »Schwestern«.

| | | |
|---|---|---|
| Nom. | քուր-վտի | *k̄ur-vədi* |
| Akk. | զ-քուր-վտի | *z-k̄ur-vədi* |
| Gen.-Dat. | քուր-վտոյ | *k̄ur-vədo* |
| Abl. | ի քուր-վտոյ | *i k̄ur-vədo* |
| Instr. | քուր-վտով | *k̄ur-vədov.* |

5. Plural auf -ան: Paradigma ձի-ան »Pferde«.

| | | |
|---|---|---|
| Nom. | ձի-ան | *ci-an* |
| Akk. | զ-ձի-ան | *z-ci-an* |
| Gen.-Dat. | ձի-ան-ոյ | *ci-an-o* |
| Abl. | ի ձի-ան-ոյ | *i ci-an-o* |
| Instr. | ձի-ան-ով | *ci-an-ov.* |

6. Plural auf -ստան: Paradigma տեղե-ստան »Örter«.

| | | |
|---|---|---|
| Nom. | տեղե-ստան | *deγe-stan* |
| Akk. | զ-տեղե-ստան | *z-deγe-stan* |
| Gen.-Dat. | տեղե-ստն-ոյ | *deγe-stən-o* |
| Abl. | ի տեղե-ստն-ոյ | *i deγe-stən-o* |
| Instr. | տեղե-ստն-ով | *deγe-stən-ov.* |

---

## Die Zahlwörter.

Als Anhang zu der Abhandlung des Nomens folgt hier die Darstellung des Zahlwortes hinsichtlich seiner Bildung und seiner Flexion. Anwendung und Konstruktion des Zahlworts ist unter »Syntaktische Eigentümlichkeiten« besprochen.

## Kardinalzahlen.

§ 271.

| | | | |
|---|---|---|---|
| 1 | մէկ (մեկ) | *m̱eg* (*meg*) | (cl. *mi*) |
| 2 | { երկու<br>երկուք | *ergu*<br>*erguk̄* | } (cl. *erku*) |
| 3 | իրեք | *ir$^i$ek̄* | (cl. *erek̄*) |
| 4 | չորս | *ç̌ors* | (cl. *ç̌ork̄*) |
| 5 | հինկ (հինգ) | *hing* | (cl. *hing*) |
| 6 | վեց | *v$^i$eç* | (cl. *veç*) |
| 7 | իաւթն | *io̱t̔n* | (cl. *evt̔n*) |
| 8 | ութ | *ut̔* | (cl. *ut̔*) |
| 9 | ինն | *inn* | (cl. *inn*) |
| 10 | տասն | *dasn* | (cl. *tasn*) |
| 11 | տասն-ու-մէկ | *dasn-u-m̱eg* | (cl. *metasan*) |
| 12 | տասն-ու(վ)- { երկու<br>երկուք | *dasn-v-ergu*<br>*dasn-v-erguk̄* | } (cl. *erkotasan*) |
| 13 | *տասն-ու(վ)-իրեք | *dasn-v-ir$^i$ek̄* | (cl. *erek̄tasan*) |
| 14 | *տասն-ու-չորս | *dasn-u-ç̌ors* | (cl. *ç̌orek̄tasan*) |
| 15 | տասն-ու-հինկ | *dasn-u-hing* | (cl. *hngetasan*) |
| 16 | տասն-ու-վեց | *dasn-u-v$^i$eç* | (cl. *veštasan*) |
| 17 | { տասն-ու(վ)-իաւթն<br>տասն-իաւթն | *dasn-v-io̱t̔n*<br>*dasn-io̱t̔n* | } (cl. *evt̔nevtasn*) |
| 18 | { *տասն-ու(վ)-ութ<br>տասն-ութ | *dasn-v-ut̔*<br>*dasn-ut̔* | } (cl. { *ut̔evtasn*)<br>*ut̔utasn*) |
| 19 | { տասն-ու(վ)-ինն<br>տասն-ինն | *dasn-v-inn*<br>*dasn-inn* | } (cl. *innevtasn*) |
| 20 | քսան | *k̄san* | (cl. *k̄san*) |
| 21 | *քսան-ու-մէկ | *k̄san-u-m̱eg* | (cl. *k̄san-ev-mi*) |
| 22 | *քսան-ու(վ)- { երկու<br>երկուք | *k̄san-v-ergu*<br>*k̄san-v-erguk̄* | } (cl. *k̄san-ev-erku*) |
| 23 | *քսան-ու(վ)-իրեք | *k̄san-v-ir$^i$ek̄* | (cl. *k̄san-ev-erek̄*) |
| 24 | *քսան-ու-չորս | *k̄san-u-ç̌ors* | (cl. *k̄san-ev-ç̌ork̄*) |
| 25 | քսան-ու-հինկ | *k̄san-u-hing* | (cl. *k̄san-ev-hing*) |

etc.

| | | | |
|---|---|---|---|
| 30 | երեսուն | *eresun* | (cl. *eresun*) |
| 40 | *քառսուն | *k̄aṙsun* | (cl. *k̄aṙasun*) |
| 50 | յիսուն | *hisun* | (cl. *yisun*) |
| 60 | վաթսուն | *vat̔sun* | (cl. *vat̔sun*) |
| 70 | *իաւթնասուն (?) | *io̱t̔nasun* (?) | (cl. *evt̔anasun*) |
| 80 | *ութսուն | *ut̔sun* | (cl. *ut̔sun*) |

| | | | |
|---|---|---|---|
| 90 | *իննսուն | *innsun* | (cl. *innsun*) |
| 100 | հարույր | *haruir* | (cl. *hariur*) |
| 200 | երկու հարույր | *ergu haruir* | (cl. *erkeriur*) |
| 300 | իրեք հարույր | *ir'ek haruir* | (cl. *ereḱhariur*) |
| 400 | չորս հարույր | *c̣ors haruir* | (cl. *c̣oreḱhariur*) |
| | | etc. | |
| 1000 | հազար | *hazar* | (cl. *hazar*) |

§ 272. Belege: մէկ *mẹg* 29 2, 35 17, 49 5, 59 35, 83 12, 93 17; մեկ *meg* L 155 7. 16. 17. 27; երկու *ergu* 25 13, 35 15, 39 26, 47 14, 49 19, 59 10. 39, 65 18. 19. 27; երկուք *erguḱ* L 178 15, 185 17, Rb ճհզ, ճհե etc.; իրեք *ir'eḱ* Geop. 124 4, Mx. Her. 146 27; չորս *c̣ors* 17 23, 47 13, 77 8, L 155 25. 27, Geop. 64, 116, Smp. Chron. 630, 647, Rb դդ; հինկ *hing* 17 22. 23. 24, 51 1; հինգ *hing* L 157 22. 27, L 155 26, Rb լզ, կ; վեց *v'eç* 47 12, L 155 18, Rb կ, հէ; իաւթն *iot́n* 15 2, 23 29. 30. 31, 93 7; ութ *ut́* L 158 1, Rb հթ, միդ; ինն *inn* L 157 13. 19; տասն *dasn* 17 22, 51 1, L 157 14. 22. 28; տասնումէկ *dasnumẹg* »elf« B ճիզ; տասնուերկու *dasnvergu* Rb ճիզ; տասն ու երկուք *dasn v erguḱ* L 157 22. 23; տասն ու հինկ (հինգ) *dasn u hing* L 157 22; տասնուհինկ *dasnuhing* 17 22, 51 1, L 157 27, Rb ճր; տասն ու վեց *dasn u v'eç* L 157 14; տասնվիաւթն *dasnviot́n* 15 2, 23 29, տասնվիաւթն-ի Gen. 23 30. 31, 93 7; տասն եւ ինն (für echtkilik. տասն ու ինն) *dasn yev inn* L 157 13. 19; քսան *ḱsan* 157 16. 19. 20. 21; քսան ու հինգ *ḱsan u hing* 157 7. 12; քսանուհինգ *ḱsanuhing* 157 8, Abl. ի քսանուհինգէ(ն) Geop. 23; քսանուվեց *ḱasanuv'eç* Mr B 154; երեսուն *eresun* Rb ճհզ; յիսուն *hisun* Rb ա; վաթսուն *vat́sun* 11 6, Rb ճհէ; հարույր *haruir* 93 7, L 178 14, 185 16; հազար *hazar* 31 7, 71 3. Die übrigen mit * bezeichneten Formen sind erschlossen nach Analogie der belegten sowie der entsprechenden in betracht kommenden neuarmenischen Formen. Zweifelhaft bleibt jedoch der kilikische Ausdruck der Zahl 70.

§ 273. Bildung: Hinsichtlich der Bildung der Kardinalzahlen und ihres Verhältnisses zu den altarmenischen ergiebt sich aus obiger Tabelle folgendes: An Stelle des classischen մի *mi* ist als Zahlwort der Einheit kilikisch մէկ (մեկ) *mẹg* (*meg*) getreten, identisch mit dem alten Zahlsubstantiv միակ (= մի + ակ) ἑνάς, μονάς »Unitas« und »unicus« (Lautl. § 83). Das classische մի *mi* ist zum unbestimmten Artikel herabgesunken und verblasst.

Vgl. darüber unten Synt. Der ursprüngliche Dual **երկու** hat unter der Analogiewirkung der Termini für die Drei- und Vierzahl, nachdem seine Dualnatur verblasst war, sich auch äuß erlich zum Plural erweitert in der Form **երկուք** *erguḱ*. Die nunmehrigen Dubletten teilen sich, da formal im Verhältnis von Singular zu Plural stehend, derart in die Funktion der Zweizahl, dass **երկու** analog wie ein gewöhnliches singulares Adjektiv die attributive Bestimmung des Substantivs übernimmt, die Pluralform **երկուք** dagegen auf ausschließlich selbständiges Auftreten sich beschränkt. Vgl. Synt. So z. B. **երկու այրիկ** »zwei Männer« Rb Հգ̄; **երկու տարի** »zwei Jahre« Rb ՃՀգ̄; **երկու քոյր** »zwei Schwestern« Rb Ղէ̄; **երկու կոյր** »zwei Blinde« Rb Ղզ̄; **երկու դանկ** »zwei Dang« Rb Ղե̄; dagegen: **աւր մի կամ երկուք** »ein Tag oder zwei« Rb ՃՀե̄; **Ե̄ տարի ի դուրք կենայ ի յեկեղեցւոյն եւ ապաշխարէ եւ երկուք ի ներք** »fünf Jahre stehe er außerhalb der Kirche und büße, und zwei drinnen« Rb ՃՀգ̄; **երկուք ընդ իրար** »zwei gegen einander« Rb ՃՀէ̄. Aus älterem **երեք** ist **իրեք** geworden (Lautl. § 43 a). **չորք** mit Pluralzeichen **ք** ist verdrängt durch **չորս** mit Pluralzeichen **ս** (cf. oben § 264). **Հինկ** ist blos graphisch, **տասն** lautlich differenziert von dem entspr. class. Zahlwort. Über **իաւթն** *ioṯn* vgl. Lautl. § 77. Hinsichtlich der Zehnerzahlen sind merkliche Veränderungen nicht eingetreten. Altes **Հարիւր**, **Հարեւր** muss nach Lautl. § 72 zu **Հարոյր** *haruir* werden. Letztere Abweichungen von der alten Sprache sind rein lautliche; nach rein lautlichem Prozess ist auch für altes kopulatives **եւ** *ev* in den zusammengesetzten Zwischenzahlen im Kilikischen **ու** *u* (*v*) eingetreten. Während jedoch im Classischen bei der Bildung der Zwischenzahlen von 10—20 die Einerzahl der Zehnerzahl vorangeht, hat sich im Kilikischen das Verhältnis umgekehrt: die Zehnzahl geht hier voran, die Einerzahl aber folgt ihr, mit **ու** (**ւ**) *u* (*v*) verbunden. Augenscheinlich ging diese Umgestaltung derart vor sich, dass die in der alten Sprache für die Zwischenzehnerzahlen von 20—100, also für die Mehrzahl der Fälle, geltende Bildungsweise, wonach die Zehnerzahl der Einerzahl vorangeht (**քսան եւ մի**, **քսան եւ երկու**, **երեսուն եւ երեք**, **երեսուն եւ հինգ** etc.), sich auch auf die Zahlen von 10—20 ausdehnte und verallgemeinerte, und hier die ursprünglichen, nach entgegengesetztem Prinzip gebildeten Zahlformen verdrängte. Infolge dieser

Umgestaltungen ist das kilikische Kardinalzahlwort bereits auf der Stufe der neuarmenischen Dialekte angelangt[1]).

§ 274. Flexion: Die Numeralia Kardinalia flektieren sämtlich als Singulare nach der vokalischen *i*-Deklination; auch երկուք, երեք und չորս werden als Singulare behandelt. Z. B. մէկի Gen. 23 7, Rb հղ; երկուքի(ն) Gen. 23 22, Rb ճժբ; յերկուքէ(ն) Abl. Rb ճիա; յերեքէ(ն) Abl. 13 12 etc. Im Classischen hingegen flektierten die drei Zahlen երկու, երեք, չորք stets pluralisch mit Gen. երկուց, երից, չորից, während die Zahlen von »fünf« aufwärts nur vereinzelt und ausnahmsweise pluralisch, dagegen regelmäßig und normal singularisch flektierten. Diese singularische Flexion nun der Zahlen von fünf aufwärts dehnte sich unter der Wirkung des Ausgleichungs-Prinzips auch auf jene drei vereinzelten Fälle mit ausschließlich pluralischer Flexion aus, so dass im Kilikischen wie auch noch in den modernen Dialekten (cf. Aid. II 32) sämtliche

1) Im Polnisch-Armenischen, mit dem die übrigen westlichen Mundarten wesentlich übereinstimmen, gestalten sich die Grundzahlen folgendermaßen (nach Hanusz's O Języku Ormian Polskich, Krakau 1886):

| | | | | | |
|---|---|---|---|---|---|
| 1 | *meg* | 14 | *dasnə-c̔hərs* | 28 | *ksanə-uthə* |
| 2 | *ergu* | 15 | *dasnə-hing* | 29 | *ksanvin* |
| 3 | *irjekh* | 16 | *dasnə-vjec* | 30 | *ersun* |
| 4 | *c̔hors* / *c̔hərs* | 17 | *dasnə-oχtə* | 40 | *kharsun* |
| | | 18 | *dasnə-uthə* | 50 | *isun* |
| 5 | *hing* | 19 | *dasnəvinə* | 60 | *vathsun* |
| 6 | *vjec* | 20 | *ksan* | 70 | *oχtanasun* |
| 7 | *oχtə* | 21 | *ksanə-meg* | 80 | *uthsun* |
| 8 | *uthə* | 22 | *ksanvergu* | 90 | *nusun* |
| 9 | *inə* | 23 | *ksanvirjekh* | 100 | *harur* |
| 10 | *dasə* | 24 | *ksanə-c̔hərs* | 200 | *ergu harur* |
| 11 | *dasnə-meg* | 25 | *ksanə-hing* | 300 | *irjekh harur* |
| 12 | *dasvergu* | 26 | *ksanə-vjec* | | etc. |
| 13 | *dasvirjekh* | 27 | *ksanə-oχtə* | 1000 | *hazar*. |

Spezifisch neuarmenisch ist nur *oχtə* (und *oχtanasun*) für kilikisch-mittelarmenisch *iotn* (*iotən*) sowie *nusun* für kilikisch *innsun*. Zu pol. *nusun* = *nu* + *sun* (*-ginta*, *-κοντα*) cf. np. نُوِه, نُه *nuh*, *nūh* = »neun«. Das Binde-*u* der Zwischenzahlen, wie es im Kilikischen erscheint, ist pol. zu *ə* vor Konsonanten abgeschwächt worden: So *dasnə-meg* aus mittelarmenisch *dasn-u-meg*, *dasnə-hing* aus mittelarm. *dasn-u-hing* etc. Im Übrigen ist, abgesehen von mehreren lautlichen Differenzierungen, wie *chərs* für kilikisch *chors*, das Grundzahlwort wesentlich das kilikische geblieben.

Kardinalzahlen singularisch flektieren. — Über Konstruktion und Anwendung der Grundzahlen in ihrer flektierten und unflektierten Form siehe »Syntaktische Eigentümlichkeiten«.

## Andere Zahlarten.

### A. Bestimmte Zahlen.

§ 275. Das alte bestimmte Zahlwort auf -եան *-ean* oder -ին *-in* ist, wie im Neuarmenischen, so bereits im Kilikisch-Mittelarmenischen geschwunden und ersetzt durch die mittels des Pronominalsuffixes determinierte Grundzahl. So kilikisch երկուքն *erguḱn* »beide, die zwei« für cl. երկոքեան, երկոքին; երեքն, իրեքն *ir'eḱn* »die drei« statt cl. երեքեան, երեքին; չորսն *čorsn* »die vier« statt cl. չորեքեան, չորեքին u. s. w.

Belege: իրկուքն »beide« 15 14. 15, 47 8, 49 22, 67 7, 77 1, Rb գ, կը, հր, ճիր, ճհէ, ճլգ, մդ, մկզ; Gen. երկուքին »beider« 23 22, Rb հր, ճժր, ճժդ, ճհր; Abl. յերկուքէն »von beiden« Rb ճկէ, ճիա; Gen. երկուքիս »dieser beiden, dieser zweie« Rb հե; Akk. զերեքն »die dreie« B ճհզ; Abl. յերեքէն »von den dreien« 13 12. Erwähnt sei als hierher gehörig noch մէկն »der eine« 13 12, 23 23, 27 6, 35 28, 49 33 u. s. w. Vereinzelt wird das so gebildete bestimmte Zahlwort noch durch այլ verstärkt: երկուքն այլ 13 12 »die beiden« oder »alle beide«[1]).

### B. Distributivzahlen.

§ 276. Die altarmenischen Distributiva auf -եան und -ին, identisch mit den bestimmten Zahlen auf -եան und -ին, sind natürlich nicht mehr vorhanden. Im Neuarmenischen sind zwei Bildungsweisen an deren Stelle getreten: für die Einer wird das Distributiv meist durch Verdoppelung der Grundzahl erzielt;

1) Diese Verstärkung ist im Neuarmenischen Regel (Aid. II 32, 441). So in der westl. Schriftsprache:

| | |
|---|---|
| երկուքն | ալ |
| երեքն | ալ |
| չորսն | ալ |
| եօթն | ալ |
| տասն | ալ |
| տասուերկուքն | ալ etc. |

bei den höheren Zahlen dagegen ist die dem Neupersischen entlehnte Distributivbildung auf Suff. *-կան gan* (*kan*) eingetreten (nps. گان *gān* in یگان *yagān*, دوگان *dōgān* etc.). Erstere Bildung durch Verdoppelung, übrigens auch altarmenisch, ist sicher auch kilikisch; auch letztere mit *-կան -gan* wird, obschon Belege zufällig fehlen, bereits kilikisch gegolten haben, ist sie doch allgemein neuarmenisch[1]) und auch im Polnisch-Armenischen durchgeführt, also schon in mittelarmenischer Zeit entlehnt, als die Pol-Armenier noch in ihrer alten Heimat, in Ani, saßen[2]).

## C. Bruchzahlen.

§ 277. Dem Neupersischen entlehnt sind die Formen: *չարեկ çaryeg* (oder *-yek*) »ein Viertel« 79 15, 83 14, *չարեէկ*, blos graphisch von dem vorigen geschieden, in Geop. p. 104, p. 108, p. 109; *չարեկ*, *չարեէկ* = np. *čahāryak* oder *čāryak* 1/4. Außerdem finden sich die echtarmenischen Formen auf *-ակ*: *երեքակ erekak* »das Drittel, der Dritt« L 156 12; *հնգակ hngak* (*həngak*) »das Fünftel, der Fünft« Rb ճհ (vgl. Gloss.); *տասնակ dasnak* »das Zehntel, der Zehent« Rb ա dreimal, գ, դ, կգ; *կէս gẹs* »Hälfte« und »halb« 21 4 etc.

Übrigens werden Bruchzahlen meist umschrieben, wie folgende Beispiele zeigen: *յերեք բաժնէն մէկն* = »der dritte Teil, das Drittel« (eigentlich = »von drei Teilen einer«) 49 18, 53 14. 25. 26, Rb ա, հբ; *յերեք բաժնէն զերկուքն* = »zwei Drittel« (eigentlich = »von drei Teilen zwei«) 47 8; *ի չորս բաժնէն մէկն* = »das Viertel, ein Viertel« p. 47 13, Rb ճհ, ղե; *ի վեց բաժնէն մէկ բաժին* »ein Sechstel« p. 47 12. Ferner ohne *բաժին*: *յերե-քէն մէկն* 1/3 Rb ճծբ; ferner: *ի հինկն մէկ* (= »auf fünf eins«) 1/5 Rb ա zweimal, գ zweimal; *ի տասն մէկ* 1/10 Rb ա zweimal etc.

1) Cf. Aid. II 31 ff.

2) Z. B. (nach Hanusz):

| | | | | |
|---|---|---|---|---|
| *erguskan* (*ergus-kan*) | »deux à deux« | neben | *me-meg* | »un à un« |
| *irjekh-kan* | »trois à trois« | | *chərs-chərs* | »quatre à quatre« |
| *dasnə-meg-kan* | »par onze | | *hing-hing* | »cinq à cinq« |
| *ksanagan* | »par vingt« | | *vjec-vjec* | »six à six« |
| *haruragan* | »par cent« | | *oχtə-n-oχtə* | »sept à sept« |
| *hazargan* | »par mille« etc. | | *uthnə-uthə* | »huit à huit« |
| | | | *inə-inə* | »neuf à neuf« |
| | | | *dasə-dasə* | »dix à dix« |

## D. Ordinalzahlen.

§ 278. Mit Ausnahme von *առջի*, der Ordinalzahl der Einheit, findet sich nur spärlich das alte Ordinalzahlwort belegt[1]), was, ungeachtet der mehr eingeschränkten Verwendung der Ordinalform (cf. »Synt. Eigentümlichkeiten«), doch darauf hinzuweisen scheint, dass diese Bildung nicht mehr ganz volkstümlich war. Nun hat das Neupolarmenische ein neues Ordinalzahlwort auf *-um*[2]), welches auf das neupers. Ordinale auf *-um* ـُم seiner Entstehung nach zurückgeht und in mittelarmenischer Zeit bereits der Mundart von Ani familiär gewesen sein muss[3]): denken ließe sich deshalb, dass auch dem gleichzeitigen kilikischen Dialekt diese neue Zahlbildung nicht fremd

---

1) Z. B. *երրորդ* p. 25 17.

2) So im Pol. folgende Ordinalia (n. Han. Lang. d. Ar. Pol.):

| | | | |
|---|---|---|---|
| *ergusùm* (= *ergus* + *um*) | »deuxième« | *innùm* | »neuvième« |
| *ir'ek'ùm* | »troisième« | *dasnùm* | »dixième« |
| *čərsùm* | »quatrième« | *dasnəmegùm* | »onzième« |
| *hingùm* | »cinquième« | *dasnəvergùm* | »douzième« etc. |
| *v'ecùm* | »sixième« | *ksanùm* | »vingtième« etc. |
| *oxtnùm* | »septième« | *harurùm* | »centième« etc. |
| *ut'nùm* | »huitième« | | |

3) Das Ordinale auf *-um* begegnet zuerst in einer mittelarmenischen astrologischen Schrift, enthalten in der Wiener Mechitharisten-Hdschr. No. 88; daselbst Bl. 31 f. die Beispiele: *առաջին տունն*, *բ.ում տունն*, *գ.ում տունն*, *դ.ում տունն*, *ե.ում տունն*, *զ.ում տունն*, *է.ում տունն*, *ը.ում տունն*, *թ.ում տունն*, *ժգ.ում տունն*, *ժգ.ում տունն*, *ժդ.ում տունն*, *ժե.ում տունն*. Für die nächstfolgende Zeit erscheinen in pol. Urkunden die Formen: *երկուսում* »zweiter« Min. Leh. 178; *իրեքում* »dritter« S. 179; *չորսում* »vierter« S. 170, 178. Die außerdem im Frühpolarmenischen erscheinenden Formen auf *-որդում* wie *երկրորդում* »zweiter, zweitens« vom J. 1601 (Min. Leh. 146), *երրորդում* »dritter, drittens« vom J. 1591 und 1601 (Min. Leh. 146, 150), die aus urspr. Lokativ *յ-երկրորդում*, *յ-երրորդում* hervorgingen, mögen den Anstoß zu jener armenisch-persischen Ordinalbildung mit Suffix *-um* gegeben haben. So ist es denn auch ganz natürlich, dass das einerseits persischem Einflusse ausgesetzte, andererseits durch den Lokativ auf *-um* charakterisierte Ostarmenisch eben auch das Ordinale auf *um*(*n*) aufweist*).

---

*) So bemerkt schon Schröder's Thesaurus p. 309 für das Ostarmenische: Ordinalia heic formantur adjectione Syllabae *ում* ad Cardinalia, ut: *մնում* primus, *երկոքում* secundus, *տասնմնում* undecimus etc.

gewesen sein wird. Über das als Ordinalzahl der Einheit geltende *առջի arči* siehe unten § 307.

## E. Adverbialzahlen und Multiplikativa.

§ 279. Die altarmenischen Adverbialzahlen, sowohl die mit *անգամ angam* zusammengesetzten, wie: *միանգամ*, *միւսան-գամ*, *երրորդ անգամ* etc., als auch die einfachen adverbialen Ausdrücke auf *իցս* (*ից*, *իս*) *içs* (*iç*, *is*), wie: *երիցս* (*երից*, *երիս*), *երկիցս*, *հնգիցս*, *վեցիցս* etc., sind spurlos geschwunden, wie auch im Neuarmenischen, und durch neue Bildungen ersetzt.

1) Die adverbiale Wiederholungszahl wird im Kilikischen ausgedrückt durch die Grundzahl + *հետ h'ed* = »mal«: *հետ մի այլ* »ein anderes mal, noch ein mal« 25 12; *երկու ու երեք հետ* »zwei und drei mal« Rb ժդ; *երեք հետ* »drei mal« Rb ա, լբ, լգ; *մէկ հետ* »einmal« Geop. 211; *երեք հետ* »dreimal« Geop. 211; *երեք չորս հետ* »drei oder viermal« Geop. 116.

2) Die adverbiale Wiederholungszahl wird im Kilikischen ausgedrückt durch die Grundzahl + *տարպայ darba* = »mal«: auch die Ordinalzahl und der unbest. Artikel *մի mi* stehen in dieser Verbindung mit *տարպայ darba*. So: *տարպայ մի* »ein-mal« 79 3; *առջի տարպային* »das erste mal« 25 11; *երկու կամ երեք տարպայ* »zwei oder drei mal« Mx. Her. 150 8; *հետ երեք տարպային* »nach drei malen, nach dem dritten male« Rb ճժբ.

*տարպայ darba*, noch heute z. B. im Polnisch-Armenischen in dieser Verwendung vorkommend[1]), ward in mittelarmenischer Zeit entlehnt aus arab. ضَرْب *ḍarb* »Schlag, Streich«[2]).

§ 280. An Stelle der alten Multiplikativa auf *-կին* tritt die Bildung mit *-տակ*: *միատակ* »einfach« Rb ճի, ճիդ, ճհգ; *չորստակ* »vierfach« Rb ճիէ, ճհդ, ճհգ. Dagegen scheint für die höheren Zahlen die mit *-պատիկ* gebildete Vervielfältigungsform sich gehalten zu haben[3]) nach folgenden Beispielen: *հինգ պատիկ* »fünffach« Rb կդ; *է պատիկ* »siebenfach« Rb ա. Altarm.

1 Im Nachǰevan-Dialekt erscheint das Wort zu *ṭapra* umgestaltet.

2) Das im Neuarmenischen dialektweise in der Funktion von *h'ed* und *darba* erscheinende *h'ey* (*հեղ*) = cl. *հաղ hał* (selten), fehlt in den kilikischen Denkmälern; in anderen mittelarmenischen Dialekten dagegen wird es existiert haben.

3) Wie denn dieselbe Bildung noch im NA. fortlebt nach Vrtʻ Ċaləxean Gramm. S. 36.

կրկին ist verdrängt durch das fränkische Lehnwort դուպլ *dubl* (afr. *double*) 83 10. 11, L 155 15, Rb ճծե, ճհզ; auch հինգ տուպլ »fünfdoppelt, fünffach« findet sich Rb ժզ. Außerdem wird die Vervielfältigungszahl nach folgender Norm umschrieben: չորք ընդ մէկէ »vierfach« (eigentlich »vier statt eins«) Rb ճհէ; հինգ ընդ մէկէ »fünffach« (eigentlich »fünf statt eins«) Rb ձհէ.

Der Begriff »ein bestimmtes mal so viel« wird ausgedrückt durch die Grundzahl + հանչաք: բ հանչաք շաքար »zweimal soviel Zucker« Mr B խէ, կզ; յերկու հայնչաք յիստկած մեղր խառնէ »mische es in zweimal soviel geläuterten Honig« Mr A 266; հանչաք մի այլ »noch einmal soviel« Rb ճլբ etc.; հանչաք չորս ի դարպասն տուգանք առնուլ յիրմէ »viermal soviel Geldbuße gerichtlich ihm auferlegen« Rb ճր.

---

# Kap. II. Pronomen.

## Pronomina personalia.

### 1. Pronomen der ersten und zweiten Person.

§ 281.

Singular.

| | | | | |
|---|---|---|---|---|
| Nom. | ես | *yes* | դու / դուն | *tu* / *tun* |
| Akk. | զ-իս | *z-is* | զ-քեզ | *z-k̑ʻez* |
| Gen. | իմ | *im* | քո | *k̑o* |
| Dat. | ինձ | *inj* | քեզ | *k̑ʻez* |
| Abl. | յ-իսնէ / յ-իսմէ | *y-isnę* / *y-ismę* | ի քենէ / ի քեզնէ | *i k̑enę* / *i k̑eznę* |
| Instr. | *իսնով / *իսմով | *isnov* / *ismov* | քենով / *քեզնով | *k̑enov* / *k̑eznov* |

Plural.

| | | | | |
|---|---|---|---|---|
| Nom. | մենք | *mʻenk̑* | դուք | *tuk̑* |
| Akk. | զ-մեզ | *z-mʻez* | զ-ձեզ | *z-cʻez* |
| Gen. | մեր | *mʻer* | ձեր | *cʻer* |
| Dat. | մեզ | *mʻez* | ձեզ | *cʻez* |
| Abl. | ի մեզնէ | *i meznę* | *ի ձեզնէ | *i ceznę* |
| Instr. | *մեզնով | *meznov* | *ձեզնով | *ceznov.* |

§ 282. Belege: Nominativ *ես*: 3 6. 13. 17, 21 25, 23 8. 10, 27 11, 39 16, 41 8, 75 9. 18. Akkusativ *զ-իս*: 9 22, 11 25, 41 5. 8, 57 18, 75 9. 17. 18. 27. Genitiv *իմ*: 3 13, 21 26, 33 1. 23, 39 17, 41 22, 57 19. Dativ *ինձ*: 3 13. 22. 25, 27 12. 14, 75 8, Rb *լզ*; Abl. *յ-իսնէ*: 3 23, Kost. Samml. III 60; *յ-իսմէ* 57 19. 20, Dul. 612, Rb *հե*. Nom. plur. *մենք*: 13 13, 53 22. 23, 59 12. 15, 63 18, L 185 23, Mx. Her. 119, 126, Rb *լզ*, *հր*, *հղ*, B *կե*, *միա*. Akk. plur. *զ-մեզ*: L 185 9, Rb *լէ*, *խ*. Gen. plur. *մեր*: 3 15, 53 23, L 154 22. Dat. plur. *մեզ*: 3 15. Abl. plur. *ի մեզնէ*: Step̔annos Orbel. I 158 9. — Nom. sg. *դու*: 23 9, 25 24, 67 10. 28, 75 17; *դուն* 13 12. 13, Dul. 540, B *ճղ*, *մկր*. Akk. sg. *զ-քեզ*: 13 13, 15 17, 25 25, 53 22. 23, 67 9. Gen. sg. *քո*: 15 15. 19, 23 9, 25 12. 24, 43 8, 53 23, 67 10. 17. Dat. sg. *քեզ*: 13 14, 15 17, 21 26, 23 10, 25 24, 67 9, L 178 15, 185 18, Rb *հր*. Abl. sg. *ի քենէ*: Rb *ճիր*; *ի քեզնէ* Kost. Samml. II 39, 40, 62, III 23. Instr. sg. *քենով*: bei Kostandin (Sisv. 413). Nom. plur. *դուք*: 3 23, 59 14. Akk. plur. *զ-ձեզ*: 11 18, 41 9. Gen. plur. *ձեր*: 41 8. 10, 59 13. 17. Dat. plur. *ձեզ*: 15 20[1]).

§ 283. Die erschlossenen Formen des Paradigmas sind gesichert einerseits durch die wirklich belegten, andererseits durch Rückschluss aus dem Neuarmenischen. Für den Ablativ und Instrumental dürfen außerdem, neben den Formen auf *-նէ*, bez. *-նով* allgemein die Formen auf *-մէ*, bez. *-մով* sowohl im Singular als im Plural angesetzt werden. Letztere Formen auf *-մէ* und *-մով* sind jüngere Neugebilde und entstanden durch Übertragung der Pronominalendungen *-մէ* und *-մով* vom Pronomen der 3. Person (siehe unten §§ 284, 286) auf die Pronomina der 1. und 2. Person, wo sie schließlich die älteren Formen auf Suff. *-նէ* und *-նով* verdrängten[2]). Von letzteren geht der Ablativ auf *-նէ* zurück auf die vom VII. Jahrhundert

1) Vgl. aus Kost. Samml.: *ի մեզնէ* »von uns« I 11 23; *ի մենէ* »von uns« I 15 1; *քէնով* »mit dir« I 11 25; *ձեզնէ* »von euch« I 11 27, 15 13 u. s. w.

2) Die neuwestarmenische Flexion kennt für beide Pronomina nur mehr den Ablativ auf *-mẹ(n)* und Instrumental auf *-mov*. So im Tr. (Aid. II 39), Nch. (Patk. Mat.), Ach. (Tom. Dial. v. Ach.) etc. Im Ostarmenischen dagegen behauptet sich das Element *an*; so im Ag. (Sarg. 102) vom Pron. 1. pers. Abl. sg. *մնձ-ան-ից*, Abl. plur. *միզ-ան-ից*; vom Pron. 2. pers. Abl. sg. *քիզ-ան-ից*, Abl. plur. *ձիզ-ան-ից*.

ab (Aid. II 40) erscheinende nichtclassische Form auf *-anē(n)*: ի մեզ-անէ-ն, ի ձեզ-անէ-ն [1]), Formen, deren Bildungssuffix im Classischen nur vorliegt in den Demonstrativablativen ի նմ-անէ, ի նոց-անէ zu նա, յ-այնմ-անէ, յ-այնց-անէ zu այն. Vom Ablativ aus geht in mittelarmen. Zeit das Element -ան- auf den Instrumental über und gestaltet sich, verbunden mit der allgemein kilikischen Instrumentalendung -ով, zu -նով (aus *-ան-ով).

Im NA. wird zunächst unter Angleichung an մեզմէ, քեզմէ, ձեզմէ die Form իսմէ zu իզմէ (so noch in der wa. Schriftsprache, Aid. II 39), welch letzteres, wohl nach der Volksetymologie, die in den Stämmen von մեզմէ, քեզմէ, ձեզմէ den Dativ zu erkennen glaubte, wiederum zu ինձմէ umgestaltet ward (so im Dial. v. Ach.). Noch jünger ist jene nwa. Bildung, wonach die Suffixe des Ablativs und Instrumentals an den Dativ auf *-i* treten. So flektiert z. B. Nch.:

| | | | | |
|---|---|---|---|---|
| Sg.: | Dat. | ինծի | Plur.: Dat. | մեզի |
| | Abl. | ինծի-մէն | Abl. | մեզի-մէն |
| | Instr. | ինծի-մով | Instr. | մեզի-մով |

Ebenso Dat. քեզի, Abl. քեզի-մէն, Instr. քեզի-մով etc. (vgl. Patk. Mat. S. 22, 24, 34, 52, 53, 69, 99). Die modernen Dative ինծի, մեզի, քեզի, ձեզի sind entstanden, nachdem durch Schwund des Akkusativpräfixes *z* die älteren Dativformen մեզ, քեզ, ձեզ zugleich akkusativische Funktion erlangt hatten: das Deutlichkeitsbestreben der Sprache führte nun mittels des normalen Genitiv-Dativ-Suffixes *i* zur Bildung einer neuen Dativform, die gemäß der Natur des Suffixes *i* teilweise auch genitivische Kraft gewinnt. Die Dativ(Genitiv-)form auf *-i* begegnet zuerst im XVI. Jahrhundert; bei Minas T'oxaçi um 1563 (Kost. Samml. I 50 ff.) erscheinen: Dat. ինձի »mir« S. 53, քեզի »dir« S. 51, 53.

## 2. Pronomen der dritten Person. Reflexivum und Possessivum.

§ 284. Paradigma: ինք »er, sie, es«.

Singular.

| | | |
|---|---|---|
| Nom. | ինք | *ink'* |
| Akk. | զ-ինք | *z-ink'* |
| Gen.-Dat. | իր, իրեն | *ir, ir'en* |
| Abl. | յ-իրմէ | *y-irmē* |
| Instr. | *իրմով | *irmov* |

1) ի ձեզանէ Vard. hist. 157.

Plural.

| | | |
|---|---|---|
| Nom. | իրենք | *ir'enk̄* |
| Akk. | զ-իրենք | *z-ir'enk̄* |
| Gen.-Dat. | իրենց | *ir'enç* |
| Abl. | { յ-իրմանցնէ | *y-irmənçne̱* |
| | { յ-իրենցմէ | *y-irençme̱* |
| Instr. | { իրմանցնով | *irmənçnov* |
| | { *իրենցմով | *irençmov.* |

§ 285. Belege: Nom. sg. ինք: 3 13, 13 10. 11, 19 27, 27 12, 29 14. 18, 33 18, 35 13. 25, 39 2, 41 21, 43 3, 47 11, 49 15, 55 18, 59 30, 61 21, 69 3. 24, 71 13, 75 9, 77 10, 81 17, 83 2, Rb խէ, B կէ, ճկե. Akk. sg. զ-ինք: 9 10. 20. 21. 24, 13 10, 15 14. 24. 25, 17 25, 21 19, 25 4. 10. 16. 17. 19. 21. 22. 23, 29 4, 31 20, 41 20, 43 5, 47 3. 21, 51 6, 53 4. 24, 55 3. 18, 57 1, 57 7. 8, 59 18. 21, 63 11. 13. 21. 23, 65 17, 67 10. 13, 71 19, 73 10, 75 10, 77 10. 13. 15, 85 6, L 156 24, Rb իը, լբ, խդ, կդ, կէ, հբ, B ճծդ. Gen.-Dat. իր: 3 4. 12, 9 8. 9. 11. 16. 18. 23, 11 5. 7, 13 7. 8. 11. 25. 26. 31, 15 6. 8. 19, 17 2. 7. 19, 19 8. 9. 10. 29, 23 2. 6. 28. 29, 25 7. 11. 15. 29 9. 14. 19, 31 19, 45 16, 47 19, 61 23, 63 23, 73 14, 77 1. 7, 79 1, Rb իը, հբ, Mr A, B etc. Gen.-Dat. իրեն: Mr A 69, 72, 75, 96, B մժդ. Abl. յ-իրմէ: 13 9. 30, 15 8, 37 12, 45 9, 55 16, 61 14, 63 21. 22, 67 3, Mx. Her. 22, A 116, 219, 233, B լթ, ճը, ճխա, ճխդ, մկ, մկա, մկդ, մկէ, մկը, մհ, Rb ժդ, ղէ, ճբ, ճհդ. Nom. plur. իրենք: 41 8, 49 27, 51 16, 57 14, L 185 11, Rb խա, լդ, ծ, կը, հ, ղդ, ճժբ. Akk. plur. զ-իրենք: 17 16. 17. 21, 39 1, L 178 12, A 115, Rb լգ, հ, հբ, ձթ, ճժբ, ճհ, B իգ, լթ, ծբ, ճիգ, ճծա, ճծդ, ճծէ, ճկ, մկգ, մկը, մկթ. Gen.-Dat. իրենց: 3 19, 17 9. 15. 16. 17. 21, 19 6. 7. 17. 22, 23 20, 25 15. 16. 20, 29 1, 33 7, 35 19, 39 24, 41 10, 49 11. 23. 25. 27. 32, 51 8. 10. 11. 14, 53 16. 17, 57 13. 14, 61 10. 15, 77 17, 83 26, L 154 21, 156 14. 15. 16. 18, 185 11. 20, A 167, Mx. Her. 129, B ծբ, միգ, մլը, Rb ա, բ, իե, լդ, ծ, կ, կբ, կը, հ, հա, հբ, հթ, ղդ, ղգ, ձթ, ճհա. Abl. plur. յ-իրմանցնէ: 61 16, Rb լգ, A 209, 225; Abl. plur. յ-իրենցմէ: Rb լգ, ղդ, ճժբ, B մկէ, A 206[1]). Instr. plur. իրմանցնով: Rb հ. Die übrigen Formen konnten erschlossen werden.

---

1) Mx. Her. 115 zeigt die antiquisirende Form: իւրեանցմէ.

§ 286. Das Pronomen der 3. Person ist eine mittelarmenische Neuschöpfung. Das Altarmenisehe kennt erst ein Pronomen reflexivum *iur*, mit folgenden Formen:

| | Singular. | Plural. |
|---|---|---|
| Gen.-Dat. | իւր | իւրեանց |
| Abl. | յ-իւրմէ | յ-իւրեանց |
| Instr. | զ-{իւրեաւ / իւրեամբ} | իւրեամբք |
| Lokat. | —— | յ-իւրեանս. |

In der spätclassischen Zeit erlangte das Reflexivum *iur* zugleich auch demonstrative Bedeutung. Die Folge war, dass zu den vorhandenen Kasus des Plurals nun auch durch Abstraktion ein Nominativ իւրեանք gebildet wurde, welcher als Pronomen der 3. Person pluralis bei Nerses Lampr. und andern Späteren auftritt. Die Funktion der Kasus recti singularis übernahm das alte Pronomen definitum ինքն (= kilikisch ինք). Nun erscheint auch zum erstenmale die Genitivform իւրեան neben dem älteren Genitiv իւր: das neue, bis in die moderne Sprache hinein fortlebende Personalpronomen der 3. Person war somit schon ausgangs der altarmen. Periode wesentlich geschaffen. Beim Übergang ins Mittelarmenische erlitt das Pronomen teils lautliche (s. Lautlehre § 74), teils morphologische Umgestaltungen. Letztere sind folgende: a) das Instrumentalsuffix -եաւ (-եւ), -եամբ ward verdrängt durch das nach Analogie der Ablativendung neugeschaffene -մով. Diese charakteristischen Pronominalendungen -մէ und -մով verallgemeinerten sich sodann vom Singular aus auch auf den Plural: Abl. յ-իւրեանց ward zu յ-իւրեանց-մէ = kl. յ-իրենց-մէ, wonach der Instrumental sich zu իրենց-մով gestaltete[1]. b) die Dubletten յ-իրմենցնէ

1) Vgl. auch unten § 290 den Ablativ plur. ի նաց-մէ gegenüber cl. Abl. ի նոց-անէ. Diese vom Ablativ auf -մէ (= *ում-է) der alten Possessiva, Interrogativa und des Relativums ausgegangene Pronominalflexion mit Ablativsuffix *-mẹ*, Instrumentalsuffix *-mov* in beiden Numeri hat im NA. noch mehr an Bedeutung gewonnen. So erscheint sie im Tr. regelmäßig namentlich in der Pluralflexion der Pronomina (Aid. II 34—51). Unter der Wirkung des Analogiegesetzes ging sodann von dem pronominalen *k*ʻ-Plurale diese Flexionsweise auf die kleine Gruppe der noch überlebenden nominalen *k*ʻ-Plurale über, zumal nach dem Schwund des Ablativpräfixes *i* der pronominale Ablativ auf *-mẹ* einen trefflichen, dem Deutlichkeitsbestreben zweckdienlichen Ersatz bot für

und *իրմնցնով* sind, nach der Thatsache zu schließen, dass dieselben im Neuarmenischen nicht mehr vorhanden sind, wohl älter als die Formen auf *-mẹ* bez. *-mov*. Abl. *յ-իրմնցնէ*, nach welchem der Instrumental gebildet ist, weist zurück auf **յ-իւր-ում-ան-ց-անէ*; den Ausgangspunkt zu dieser Bildung lieferte offenbar der Ablativ *յ-իրմ-է* des Singulars; die Endung *-ան-ց-անէ* wird mit Anlehnung an die begrifflich nahestehenden aa. Ablativformen *ի նոցանէ*, *յ-այնցանէ* entstanden sein. Die L 189 überlieferte Form *իրմէնցնէ* nebst *յ-իրմնցէ* L 155 20. 30, 156 3. 5. 13 sind doch wohl nur als Verderbnisse von *յ-իրմնցնէ* aufzufassen.

§ 287. Das Pronomen personale der 3. Person hat zugleich — mit Ausnahme des Nominativs — die Funktion des Reflexivs[1]. Zum Ausdrucke des Possessivs dienen die Genitive *իր* und *իրենց*, selten *իրեն*, welches im Kl. noch selten und fast nur als Personale bez. Reflexivum erscheint[2]. Belege sind: Nom. *իր-ն* »das Seinige« Rb *ճիա*; Akk. *զ-իր-ն* »das Seinige« Rb *հր*, *ճիա*, *ճի*, *զ-իրենց-ն* »das Ihrige« Rb *ա*; Abl. *ի յ-իր-ոյ-ն* »von dem Seinigen« Rb *ծմպ*, *ճմբ*. Dieselbe Verwendung und Flexion haben die Genitive der Pronomina personalia 1. und

---

den eingebüßten Ablativcharakter. So flektieren denn die nominalen *k̒*-Plurale im WA. regelmäßig nach folgendem Schema:

| | |
|---|---|
| Nom.-Akk. | *տղայք* »Kinder« |
| Gen.-Dat. | *տղոց* |
| Abl. | *տղոց-մէ* |
| Instr. | *տղոց-մով*. |

Vom Plural aber erweitert sich zuletzt dieselbe Flexion mit *-mẹ*, *-mov* auch auf die entsprechenden Kasus des Singulars: So im Ach. (n. Tom. Dial. v. Ach.) neben Plural: Nom. *k̒urvədik̒*, Gen.-Dat. *k̒urvəduec̣*, Abl. *k̒urvədoc̣-mẹ*, Instr. *k̒urvədoc̣-mov* auch Singular: Nom. *k̒ur*, Gen.-Dat. *k̒uruec̆*, Abl. *k̒uroc̆-mẹ*, Instr. *k̒uroc̆-mov*. Formen wie *harc̣-mẹ*, *harc̣-mov* veranlassten wiederum in einigen Dialekten die Ausdehnung dieser pron. Suffixe auf die entsprechenden *er*-Plurale, so im Ach.: Nom. plur. *har'er* »Väter«, Gen. *hoṛeru*, Abl. *hoṛer-mẹ*, Instr. *hoṛer-mov*, statt der älteren Abl. *hoṛer-ẹ*, Instr. *hoṛer-ov*.

1) Im NA. wird der jeweilige Reflexivkasus noch durch den Nominativ verstärkt zu *ink̒ ir'en*, *ink̒ zink̒*, *ink̒ irmẹ*, *ink̒ irmov* etc.; Aid. II 40 § 151.

2) Im NA. wird genau geschieden zwischen *իրեն*, dem Genitive des Personalpronomens 3. Person, und dem Possessivum *իր*. Aid. II 40.

2. Person[1]). Die altarmenischen Possessiva auf *-oyin* und *-ayin* sind geschwunden[2]). Den Flexionsunterschied des classischen und des kilikischen Possessivs veranschaulicht folgende Zusammenstellung:

| | cl. իւր(ն) »der, die, das Seinige«. | | kl. իր(ն) »der, die, das Seinige«. | |
|---|---|---|---|---|
| Nom. | իւր | *iur* | իր | *ir* |
| Akk. | զ-իւր | *z-iur* | զ-իր | *z-ir* |
| Gen. | իւրոյ | *iuroy* | իրոյ | *iro* |
| Dat. | իւրում | *iurum* | իրոյ | *iro* |
| Abl. | յ-իւրմէ | *y-iurmē* | յ-իրոյ | *y-iro* |
| Instr. | իւրով | *iurov* | իրով | *irov*. |

Zu der kilikischen Flexionsvereinfachung gaben den Anstoß die Formen des Genitivs und Ablativs, իրոյ und իրով; letztere flektieren nach der einfachen *o*-Deklination: folglich wurden auch die übrigen Kasus in dieselbe Deklination hineingezogen, so dass der Flexionsunterschied von Genitiv, Dativ und Ablativ ausgeglichen wurde. Vgl. unten §§ 292, 296[3]).

## Pronomina reciproca.

§ 288. Als Pronomen reciprocum erscheint in der alten Sprache: 1) Gen.-Dat. միմեանց, Akk. զմիմեանս, Abl. ի միմեանց, Instr. միմեամբք; 2) Gen.-Dat. իրերաց, Akk. զիրեարս, Abl. յ-իրերաց, Instr. իրերաւք. Ersteres, in der ältesten Litteratur fast das ausschließliche im Gebrauch, verliert sich in der Folgezeit allmählig, während andererseits das Pronomen իրերաց,

1) So steht իմ als Possessivum S. 21 26, 33 1. 12, 57 19; քո als Possessivum S. 15 19, 25 24, 43 8 u. s. w.

2) Überreste der alten derivativen Possessiva finden sich in der Flexion der neuarmenischen Possessiva. So im Tr. (Aid. II 49):

| | Singular. | Plural. |
|---|---|---|
| Nom.-Akk. | իմ-ս »der Meinige« | իմին-ներ-ս |
| Gen.-Dat. | իմին-ի-ս | իմին-ներ-ու-ս |
| Abl. | իմին-է-ս | իմին-ներ-է-ս |
| Instr. | իմին-ով-ս | իմին-ներ-ով-ս |

Im Stamme իմին- hat sich hier das altarmenische Possessiv իմային erhalten.

3) Vgl. das na. Pronomen relativum, das für Genitiv und Dativ die gemeinsame Form որու aufweist, gegenüber der alten Flexionsabstufung որոյ (Gen.), որում (Dat.).

welches ursprünglich mehr vereinzelt und in volkstümlicher Litteratur vorkommt, immer mehr hervortritt. Vgl. hierüber Aidynian Kr. Gramm. I 86 und II 37. Im Kilikischen ist մի-մեանց spurlos geschwunden und durch das zweite Pronomen ersetzt.

Schon in vorkilikischer Zeit begegnet statt des ursprünglichen Plurals զ-իրեարս — entstanden aus dem reduplizierten Reflexiv իւր, ganz wie auch զմիմեանս aus dem reduplizierten Numerale մի — die Singularform զ-իրեար, die in nachclassischer Zeit um so leichter Eingang finden musste, als sie scheinbar einen Plural mit Suffix -եար darstellte. Schließlich tritt bei späten Schriftstellern[1] die aus իրեար hervorgegangene Form իրար (vgl. oben p.p. 74, 126) auf. In dieser Gestalt ging das Pronomen in das Kilikischmittelarmenische über, wo es folgende Flexion zeigt:

| | | |
|---|---|---|
| Akk. | զ-իրար | z-irar |
| Gen.-Dat. | իրաց | iraç |
| Abl. | յ-իրացմէ | y-iraçmē |
| Instr. | իրով | irov. |

Belege: Akk. զ-իրար »einander«: 33 21, Rb ղգ, ճժը, ճիը, ճհգ, ճհե; առ իրար »zu einander«: 3 5, 17 4, 19 4, Rb լգ; ընդ իրար »durcheinander«: 49 21, 73 6, Mx. Her. 18, 149, Rb լ, ճժդ, ճհէ, B ձգ, ձէ, ճծգ, ճկը, ճկէ, ճհը, ճձ, ճձէ, ճղգ, մկգ, մհ; յ-իրար »ineinander«: B ժդ, իդ, հգ, ճթ, ճժա, ճծգ, ճհդ, ճհէ, մժգ, մծը, մծթ, Ass. Ant. 27 20, Mr A 82, Mx. Her. 8, 9, 24, 52, 73, 97, 104. Gen.-Dat. իրաց »einander«: 19 6. 7, 23 6. 7, 27 4, 29 2, 61 11, 65 18, 67 30, 75 14, A 21, 208, 278, Rb հը, B իէ, լէ, ձգ, ճիե, ճկ, մ, մդ, մթ, մժգ, միգ, մխը, մծա, մծգ, մծե, մծը. Abl. յ-իրացմէ »von einander«: Rb լդ, հը, ղգ. Instr. իրով »mit einander«: B ե, ժը. In der Instrumentalform իրով aus *իրար-ով liegt der erste Ansatz zu der im NA. vollendeten Singularflexion dieses Pronomens[2]. Dass gerade mit dem Instrumental diese Umwälzung begann, liegt wohl zunächst darin begründet, dass die alte Kasusform auf -աւք infolge ihrer seltenen Anwen-

1) Shirak., Ners. Lampr., Plat. Tim., Theop. etc.

2) Tr. flektiert (Aid. II 35): Akk. *irar*, Gen.-Dat. *irar-u*, Abl. *irar-me*, Instr. *irar-mov*.

dung[1]) schon früh ungebräuchlich wurde; so bildete sich im Mittelarmenischen an Stelle jener abgestorbenen Form zu dem Singular *իրար* eine neue Instrumentalform, natürlich ebenfalls im Singular, mittels des allgemeinen Instrumentalsuffixes singularis *-ով*. In den übrigen Kasus dagegen hielt sich die Pluralflexion und blieb bestehen, da diese häufig angewandten Formen eo ipso noch lebenskräftig waren. Lautlich umgestaltet ist der Genitiv-Dativ *իրաց* aus aa. *իրերաց*; morphologisch erweitert ist der Ablativ *յ-իրացմէ* aus der aa. Form durch das pronominale Ablativsuffix *-mẹ*, analog wie der entspr. Kasus der Pronomina personalia und des Demonstrativs *sa*, *da*, *na*.

Außer diesem Pronomen hat die neue Sprache gleichsam zum Ersatz für das verloren gegangene *միմեանց* einen zweiten Reziprokausdruck entwickelt, analog wie *միմեանց* hervorgegangen aus dem reduplizierten Numerale der Einheit. Derselbe lautet im Tr. (Aid. II 35): Akk. *մէկը զմէկ*, Gen.-Dat. *մէկը մէկու* oder *մէկմէկու*, Abl. *մէկը մէկէ* oder *մէկմէկէ*[2]), Instr. ungebräuchlich. Schon im Kilikischen finden sich die Anfänge dieses Reziprokpronomens in Fällen wie: *որ քշտել լինան մէկմէկի* 31 2; *մէկզմէկի ուտեն* Rb *ճհ*. Die Beugung dieses jüngeren Pronomens war mitbestimmend für die spätere Verallgemeinerung der Singularflexion vom Ablativ *իրով* aus auf die übrigen Kasus von *իրար*.

## Pronomina demonstrativa.

### 1. Pronomina suffixa (enklitisches Pronomen).

§ 289. Bekanntlich unterscheidet sich das Neuarmenische in dieser Beziehung von der alten Sprache durch das pronominale Suffix der 3. Person. Dasselbe bleibt bewahrt nur bei vokalisch auslautenden Nomina; bei konsonantisch auslautenden erscheint statt dessen das Suffix *ə* mit pronominaler Bedeutung. Nach Lautl. § 140 Anm. ist dieses *ə* nichts weiter als der sekundäre Halbvokal, der sich vor dem Nasal entwickelt, nach dem Abfall des Nasals zum Vorschein kommt und als Vertreter des pronominalen *n* pronominale Funktion erlangt.

1) Bekanntlich wird der Instrumental im AA. meist umschrieben, wie denn auch im Kl. statt der Instrumentalform meist *հետ իրաց* »mit einander« gebraucht wird.

2) Daneben die jüngere, weniger richtige Flexion: Akk. *մէկզմէկ*, Gen.-Dat. *մէկզմէկու*, Abl. *մէկզմէկէ*.

Das Kilikische ist von dieser Neuerung noch unberührt: hier stehen noch die alten unveränderten Suffixe *s*, *d*, *n*, von welchen das letztere häufiger und regelmäßiger wie in der alten Sprache als Artikel gilt[1]. Darüber zu vergleichen unten »Synt. Eigentümlichkeiten« § 432. Beispiele sind allenthalben vorhanden.

## 2. Pronomen սա, դա, նա.

§ 290. Paradigma նա »Jener, Jene, Jenes«:

| | Singular. | | Plural. | |
|---|---|---|---|---|
| Nom. | նա | *na* | նաքա | *naḱa* |
| Akk. | զ-նա | *z-na* | զ-նաքա | *z-naḱa* |
| Gen.-Dat. | նարա | *nara* | նացա | *naça* |
| Abl. | —— | —— | ի նացմէ | *i naçmẹ* |
| Instr. | —— | —— | —— | —— |

§ 291. Belege. Nom. sg. նա und Akk. sg. զ-նա passim. Gen. sg. նարա oder նարայ: 15 10. 22, 57 21, 67 3, 83 11, Rb ե, կր, հր, ձբ, ճղ, ճիզ, ճձզ. Dat. sg. նարա oder նարայ: որ նարա փող մի չտան »dass sie ihm nicht einen Heller geben« Ass. Ant. 43 10; մասն մի բաժին նարա տան »sie geben ihr teilweisen Anteil« Rb լա. Nom. plur. նաքա und նաքայ: 39 18, Rb լա, լդ, կ, հր, ճհէ. Akk. plur. զ-նաքա: Rb ճլբ, ճկզ. Gen.-Dat. plur. նացա: 51 15, Rb իա, ճձզ. Abl. plur. ի նացմէ: 3 12, 51 15, Rb լդ, ձբ zweimal. Zu Pron. դա der Nom. plur. դաքայ: Rb ձթ. Die Formen des Ablativs singularis und des Instrumentals finden sich zufällig nicht belegt.

Von Dialektformen dieses Pronomens haben in Vardans Geschichtswerk (13. Jhd.) die folgenden Eingang gefunden: նաքա »jene« Vard. 158 11; նաքան (= նաքա + ն) »diese« Vard. 157; Gen. plur. նացա »derselben, jener« Vard. 158 12. Weiter setzt sich dieses Pronomen fort im älteren Polnischarmenischen: eine Lemberger Urkunde vom J. 1450 zeigt die Genitivform նարայ[2]; eine Lemberger Urkunde vom J. 1464 schreibt

---

1) Über die ursprüngliche Natur und Verwendung des enklitischen Pronomens vgl. M. A. Meillet, »Recherches sur la Syntaxe comparée de l'Arménien« p. 20 ff.

2) Min. Leh. S. 116: եւ այլ մարդ յետ նարայ հայուչէ չու-նենայ.

Akk.-Plur. զնաքայ, Gen.-Dat. նացայ[1]). Im na. Dialekt von Nachijevan a. Don zeigt das Pronomen folgende Gestalt[2]):

| | Singular. | | Plural. | |
|---|---|---|---|---|
| Nom.-Akk. | նա | *na* | նաքա | *naḱa* |
| Gen.-Dat. | նարա | *nara* | նացա | *naça* |
| Abl. | նարամէն | *naramen* | նացամէն | *naçamen*. |

1) Min. Leh. S. 117: ես կուզեմ զան ի սմ ոպ նացայ տամ. Ibid.: նացայ հալաւ շինեմ, ու զնաքայ կերակրեմ »Ich will denselben Kleidung verschaffen und sie ernähren«.

2) So enthalten die von Patkanean mitgeteilten Sprachproben aus dem Nch. folgende Formen: Genitiv նարա pg. 3, 7, 8, 10, 13, 20, 23, 32, 41, 50, 58, 59, 65, 66, 77, 79, 81, 86 etc.; Genitiv նարան zu Nom. նայն pg. 3, 29, 47, 55, 56, 77 etc.; Dativ նարա pg. 22; Ablativ նարամէն pg. 16, 49 etc.; Plural Nom.-Akk. նաքա pg. 16, 25, 37, 50, 58, 64, 70, 72, 89, 90, 112 etc.; Gen.-Dat. նացա pg. 21, 23, 35, 36, 43, 55, 56, 61, 65, 69, 70, 71, 74, 79, 85, 88, 90 etc.; Abl. նացամէն pg. 89, 99 etc. Ferner von Pron. տա: Gen.-Dat. տարա pg. 73, 87 etc.; Nom.-Akk. plur. տաքա pg. 86, 90; Gen.-Dat. plur. տացա p. 29, 41, 42, 62, 70, 71, 77, 86 etc. Ebenso zeigt der verwandte Dialekt der Krim noch die Formen նարա, տարա, նացա u. s. w. nach Bazmavep 1844 S. 176. Auch die Siebenbürgener Armenier kennen nur die *a*-Formen նարա, տարա etc. nach Mserianç' Gewähr (Mser. S. 142).

Sonst ist im NA. das einfache Pronomen *sa*, *da*, *na* meist geschwunden oder veraltet. Im Tr. z. B. sind dafür folgende Derivativpronomina entstanden (n. Aid. II 42):

1. Pers. սու-ի, սու-իկ-ա, սու-իկ-ակ.
2. Pers. դու-ի, դու-իկ-ա, դու-իկ-ակ.
3. Pers. նու-ի, նու-իկ-ա, նու-իկ-ակ.

Genitiv: սու-որ, Ablativ: սէ-կ-է, Instrumental: սու-ով. Dagegen bewahrt der oa. Dialekt von Agulis (Sarg. 103) dieses Pronomen in der Form: Nom. սօ, դօ, նօ *so*, *do*, *no*, in welcher der reine Stamm vorliegt, wie er in class. Genitiv սո-րա *so-ra*, դո-րա *do-ra*, նո-րա *no-ra* erscheint. Dem Kilikisch-Mittelarmenischen völlig fremd, gehen die agulischen Formen auf einen altostarmenischen Dialekt zurück. Daneben erscheint jenes einfache Pronomen im Ag. mit dem pronominalen Element կ *k**) erweitert zu den Formen հօկ, դօկ, նօկ *hok*, *dok*, *nok*; Pron. դօկ und նօկ sind sicher komponiert aus դօ + կ, նօ + կ: für die parallele Bildung հօկ wird ebenfalls Komponierung aus հօ + կ postuliert, welches doch wohl nur aus սօ + կ *so* + *k* entstanden sein kann (cf. S. Sarg. 103 f.) und von Sargseanç mit Recht zu griech. ὁ, lat. *hic*, *hoc* gestellt wird.

*) Vgl. das կ in այնոր-իկ, այնոք-իկ, mit welchem jenes identisch ist.

§ 292. Es hat sich hier im NA. wesentlich die kilikische Flexion erhalten. Als mittelarmenisch kennzeichnet sich letztere zunächst durch die eingetretene Kasusreduktion: 1) der Unterschied der Kasus recti pluralis ward, wie überhaupt beim *k*-Plurale, so auch hier dahin reduziert, dass das -*k* des Nominativs auch auf den Akkusativ überging; daher kilikisch Nom. plur. *նա-ք-ա* und Akk. plur. *զ-նա-ք-ա* gegenüber dem classischen Nom. plur. *նո-ք-ա* und Akk. plur. *զ-նո-ս-ա*; 2) Genitiv und Dativ des Singulars sind zusammengefallen, d. h. es hat sich die Genitivform auch auf den Dativ ausgedehnt und die besondere Dativform auf *-մա* verdrängt, analog wie dies beim Possessivum (s. oben § 287) und bei den übrigen Demonstrativa (s. unten § 296) der Fall ist. Den altarmenischen differenzierten Formen Gen. *նո-ր-ա*, Dat. *ն-մ-ա* (aus **նոսմ-ա*) entspricht für beide Kasus nur mehr das gemeinsame *նա-ր-ա*[1]). Ein mittelarmenisches Produkt ist auch die Ablativbildung auf *-mẹ*, *ի նացմէ*, welche die ursprüngliche auf *-nẹ* verdrängt hat: Suffix *-anẹ* ward verdrängt durch **-umẹ* = kl. *-mẹ*.

§ 293. Das Charakteristicum dieses Demonstrativs liegt in der Stammform *նա-* gegenüber dem classischen *նո-*. Dieses *նա-* sich so entstanden zu denken, als wäre älteres *նո-* dem Laute *a* der folgenden Silbe assimiliert worden, ist bei dem gänzlichen Fehlen lautlicher Analoga höchst willkürlich und unberechtigt. Ebensowenig lässt sich annehmen, daß so ohne Weiteres nach Norm der Nominativform *նա* die sämtlichen übrigen Kasus des Singulars und Plurals umgebildet worden seien. Folgende Hypothese halte ich für die wahrscheinlichste: Im Altarmenischen zeigen sich vereinzelt von diesem Demonstrativ Pluralformen auf *-այք*[2]), wie Nom. plur. *սայք* für *սոքա*, Gen. plur. *սայց*, *նայց* für *սոցա*, *նոցա*, gebildet durch direktes Antreten des Pluralzeichens an den Nominativ singularis, analog

1) Vgl. auch die unter classischem Einflusse entstandenen hybriden Bildungen: *նորա* Dativ in *նորա հանչաք մի պացխուն այնէ* 67 16, *զ-նոքա* Akk. Rb *ճլբ*, Formen, die als künstliche, nicht wirklich existierende blos in der Büchersprache Geltung hatten.

2) So in einem aa. Glossar »dichterischer und bäuerischer« Wörter (Wiener Mr. No. 337) die Pluralformen: *սայք*, erklärt als gleichbedeutend mit *սոքա* oder *այսոք*, Gen. plur. *նայց*, erklärt als gleichbedeutend mit *նոցա*.

wie auch vom Demonstrativ նայն der Plural Nom. նայնք (neben նոքայն), Gen. նայնց (neben նոցայն); beide Pluralbildungen, die auf -այք und die auf -որա konnten doch wohl kaum von gegenseitiger Influenzierung frei bleiben: es scheint die jüngere Bildung auf -այք nach falscher Analogie von der Form auf -որա das finale Element *a* herübergenommen zu haben, so dass sich eine Form *նայքա bildete, die, da der Diphthong in -այք blos durch den Auslaut bedingt war, zu նաքա werden musste. Vom Plural verpflanzte sich der so gewonnene Stamm նա- auch allgemein auf den Singular. Oder aber, die Pluralform նայք beeinflusste derart die Form նորա, dass letztere nach Analogie der ersteren das Element *a* als Stammvokal annahm, was weniger wahrscheinlich ist. — Immerhin muss diese Bildung schon früh stattgefunden haben; es werden nämlich bereits im Altarmenischen zu den angeblichen Femininpronominen սէ, դէ, նէ Kasus obliqui gestellt wie սարա Gen. singularis, սացա Gen. pluralis u. a. m. Die Identität dieser *a*-Formen mit den kilikischen ist unmöglich zufällig; und da sie gewiss nicht von jenen fingierten Formen auf -ē abgeleitet sind, müssen sie bereits damals in der lebenden Volkssprache dialektisch existiert haben, als dialektische Korrelata der entsprechenden classischen Formen und als Urformen der späteren kilikischen. Nur deshalb wurden sie von bestimmten grammatischen und philosophischen Schriftstellern mit սէ, դէ, նէ zusammengestellt, um die Flexion zu vervollständigen und für das Femininum selbständige, vom Maskulinum differenzierte Ausdrucksformen zu gewinnen.

### 3. Pronomen այս, այդ, այն.

§ 294. Paradigma այն »Jener, Jene, Jenes«.

| | Singular. | | Plural. | |
|---|---|---|---|---|
| Nom. | այն | *ain* | այն-ոք | *ain-oḱ* |
| Akk. | զ-այն | *z-ain* | զ-այն-ոք | *z-ain-oḱ* |
| Gen.-Dat. | այն-որ | *ain-or* | այն-ոց | *ain-oç* |
| Abl. | յ-այն-որ | *y-ain-or* | յ-այն-ոց | *y-ain-oç* |
| Instr. | այն-ով | *ain-ov* | *այն-ով-ք | **ain-ov-ḱ.* |

§ 295. Belege. Nominativ sg.: այս 3 21, 13 15. 20. 21, 15 17, 17 3. 4. 7, 35 2, 47 29 etc. այդ 11 2, 23 22, 33 7, 39 17, 45 11, 77 26 etc. այն 3 14, 9 17. 23, 11 20, 13 8. 11, 15 21, 17 14,

21 2, 27 14, 29 5, 57 12, 69 4 etc. Akkusativ sg.: *զայս*, *զայդ*, *զայն* 29 9, Rb ճլա etc. Genitiv sg.: *այսոր* 29 13, 65 16, 67 13, 71 22, L 185 29, Rb ա, ժ, լգ, լդ, լզ, խզ, ծբ, ղը, ճժ, ճի, B խե, մի, միգ, մկզ. *այտոր* 11 2, 39 17, 81 25, A 15, 215, Rb կգ, հբ, B խա, մծթ, մկե. *այնոր* 11 4, 13 21. 25, 17 20, 19 22, 23 19. 23, 29 7. 25, 35 12. 20. 23, 39 18, 41 6, 45 20, 47 12. 21. 22, 57 3. 28, 63 15. 23, 67 26. 29, 71 2, 79 18, 81 23, 83 11. 17, Dul. 625, 646, A 16, 150, 215, Rb ե, է, ժա, ժդ, իբ, իը, իթ, լգ, խ, խբ, ծ, կբ, կը, ձէ, հբ, ճզ, ճժա, ճժդ, ճիե, ճլզ, ճլթ, ճխթ, ճծե, ճծէ, ճծթ, B ծզ, հը, ճիգ, ճկթ, մի, միգ, մկզ. Dativ sg. = Genitiv sg.: *այսոր*, *այտոր*, *այնոր*: z. B. *Համանք տայ դարպասն այնոր* 77 6 »der Gerichtshof gebe ihm die Ermächtigung«. Ablativ sg.: *յ-այսոր* Rb լգ [1]), B ճժա [2]), մկզ. *յ-այնոր* 47 18 [3]), 83 4 [4]), A 156, 174, B միգ, Rb ա, իա [5]), հբ, ճլ [6]). Instrumental sg.: *այսուվ* 55 15, Rb ճժբ. *այտուվ* Rb ճլգ, B մժգ, մխգ. *այնուվ* 79 16. 17, A 183, Rb լգ, լդ, հբ, ձ, ճկ, B կ, ճձ, մծթ, մկգ. Nominativ plur.: *այսոք* 67 29. 30, A 148, Rb լե, կ, ղդ, ղե, հլգ, ճկէ, B միա, մլգ, մխթ. *այտոք* A 154, 199. *այնոք* Rb կգ, հ, ղը, ղդ. Akkusativ plur.: *զ-այսոք* B մկզ. *յ-այսոք* Lok. A 209. *զ-այտոք* B խբ. *յ-այտոք* Lok. A 195. *զ-այնոք* Rb ա, լդ, խզ, կ, ղզ, ճժբ; *ի յ-այնոք* Rb կ. Genitiv-Dativ plur.: *այսոց* Rb կ, *այտոց* B մկա, *այնոց* B ճէ, Rb լ, լդ, ղը, ճլթ, ճժբ, ճլե, ճծդ. Ablativ plur.: *յ-այսոց* Rb ա, կ, մծը. *յ-այնոց* 27 9, Rb ա, հ. Instrumental plur.: **այնուվ-ք* nicht belegt, jedoch gesichert durch den Singular *այնուվ* [7]).

§ 296. Die Formen *այնոր*, *այնոք*, *այնոց* liegen im classischen Idiom nur in Komposition mit Suff. *-իկ* vor in *այնոր-իկ*,

---

1) *յայսոր իրք պակսեցնէ* »er ziehe etwas von Diesem ab«.

2) *յայսոր առ* »nimm von diesem«.

3) *որ ոչ այն յայնոր առնու իրք եւ ոչ այն յայնոր* »dass weder der von dem etwas nehme, noch jener von jenem«.

4) *վճարվի ի յայնոր* »er lasse sich bezahlen von jenem«.

5) *ի յայնոր կու գայ* »es kommt davon«.

6) *թէ հայնց որ յայնոր է պատճառն* »falls die Ursache von jenem herrührt«.

7) Die außerdem erscheinenden Formen mit *-իկ* wie *այսոքիկ* 23 27. 25 1, *այնոցիկ* 57 13 geben sich schon durch ihre Seltenheit als Klassizismen zu erkennen.

այնոք-իկ, այնոց-իկ (neben այնր, այնք, այնց). Das Kilikische hat hier die einfache, ursprüngliche Flexion bewahrt: jene einfachen Formen ohne pron. Suffix -իկ sind altarmenische und aus dem aa. Mutterdialekte des Kilikischen hervorgegangen, als Korrelata der classischen Formen այնր, այնք, այնց etc. Die ursprüngliche altwestarmenische Flexion kann nur folgende gewesen sein:

| | Singular. | Plural. |
|---|---|---|
| Nom. | այն | այն-ոք |
| Akk. | զ-այն | զ-այն-ոս |
| Gen. | այն-որ | այն-ոց |
| Dat. | այն-ում | այն-ոց |
| Abl. | յ-այն-մ-անէ | յ-այն-ոց |
| Instr. | այն-ու | այն-ոքիւք. |

Also wesentlich dieselbe pronominale Flexion wie beim aa. Interrogativ ո՞, ո՞վ (Gen. ո՞յր etc.)[1]); vgl. A. Meillet's Recherches

1) Dass altdialektisch sich auch die Genitivform նոյր (դոյր, սոյր) zu Pronom. սա (Stamm *so-*) findet, ist oben in Einleitung S. 135 erwähnt. Überhaupt muss die Flexion mit Genitivsuffix *-r*, Dativsuffix *-m* ursprünglich einen weit größeren Umfang gehabt haben. Nur so erklären sich die in philosophischen Schriften, namentlich bei David Anyałtʿ auftretenden Genitive auf -ոյր *-oir*. So zeigt die Version von Porphyrs Isagoge die Genitive: ձիոյր S. 229 von ձի »Pferd«, մարդոյր S. 229 von մարդ »Mensch«; կենդանոյր S. 230 von կենդանի »Tier«; այլոյր 235 von այլ »anderer«; միոյր 229, 234 von մի »eins«; եզոյր 235 von եզ »eins«; միայնոյր 229, 230 von միայն »allein«; այսպիսոյր 227 von այսպէս »derartig«; իւրաքանչիւրոյր ibid. von իւրաքանչիւր »jeder«; երկաքանչիւրոյր 230 von երկաքանչիւր »jeder von Beiden«; սեռոյր 228, 229, 333 von սեռ »Geschlecht, Gattung«; յատկոյր 229 von յատուկ »eigentümlich«; տեսակոյր 229 von տեսակ »Art«; ferner von Verbalnominen die Genitive: ելոյր 230, 233, այրացելոյր 235, դադարելոյր 235, կոչեցելոյր 228, ներգործելոյր 235 u. s. w. Dass in so großem Maßstabe der Genitiv auf -ոյր sich nicht etwa erst nach Analogie des classischen Interrogativgenitivs ո՞յր gebildet haben, geschweige denn eine grammatische Fiktion sein kann, leuchtet ein. Zugegeben auch, dass diese Formen in der zeitgenössischen lebenden Sprache nicht mehr wirklich existierten, so müssen wenigstens archaistische Reminiszenzen nachgewirkt haben: nur weil der Kasus auf *-r* als wirklich ursprünglicher, den *o*-Stämmen eigener in der Sprache begründet war, durften die oben zitierten Genitive auf -ոյր bei Schriftstellern wie David noch erscheinen.

sur la Syntaxe comparée de l'Arménien pg. 14, sowie Notes sur quelques faits de morphologie pg. 12. Wie sich beim Übergang in das Mittelarmenische jenes altdialektische Paradigma umgestaltete ist klar: Nominativ und Akkusativ fielen zusammen. Ebenso ward die Dativform auf *-ում*, wie allgemein, so auch hier durch die entsprechende Genitivform verdrängt. Schließlich wurden auch die übrigen Kasus dieser *o*-Stämme mit in die Analogie der einfachen nominalen *o*-Deklination gerissen: Ablativ ward = Gen.-Dativ + Ablativpräfix, Instrumental nahm das Suffix *-ov* an.

---

Bezeichnend ist, dass in derselben Litteraturklasse der dem Genitiv auf *-ոյր* entsprechende Dativ auf *-ում* auch beim Nomen ganz gewöhnlich ist. So entspricht bei David Phil. dem Genitiv *մարդոյր* der Dativ *մարդում*; dem Genitiv *սեռոյր* der Dativ *սեռում* S. 121. Namentlich häufig erscheint diese Form in Verbindung mit Lokativpräfix *i* oder *n*: *ն-ամանում* (v. *աման*) 457; *ի ընթակայում* und *ն-ընթակայում* (v. *ընթակայ*) 129 bez. 360; *յ-առաջիկայում* (v. *առաջիկայ*) 136; *ի սահմանում* (v. *սահման*) 136; *յ-իւրում յորդորականում* (v. *յորդորական*) 132; *ի կաթնում* (v. *կաթն*) 129; *ի բռում* (v. *բիռ*) 129; *ի Սոկրատում* (v. *Սոկրատէս*) 129, 323; *ի Պղատոնում* (v. *Պղատոն*) 129, 323 etc. etc. Hier liegt bereits der ostarmenische Lokativ auf *-um* vor, wie er später bei Vardan (11. Jhd.) erscheint in Lokativ *ի սրտումն* 157, *ըն տանում* 158, und allen neuostarmenischen Dialekten eigentümlich ist*). Das in dieser Litteratur offenkundige Streben nach möglichst scharfer Deutlichkeit und adäquater Wiedergabe des griechischen Originals führte, da wo die streng classische Sprache im Ausdruck versagte, notgedrungen zur Aufnahme solcher altdialektischen Eigentümlichkeiten in die betreffende Litteratursprache.

---

*) Der Lokativ auf *-um* (*-əm*, *-am*, *-üm*) ist eines der Hauptcharakteristica des Neu-Ostarmenischen: oa. *k'ayak'um* entspricht wa. *k'ayak'i meč* oder *k'ayak'ə*; oa. *k'ayak'nerum* = wa. *k'ayak'neru meč*. Vgl. auch Aid. I 195, S. Sarg. 96 f. Ausnahmsweise erscheint jedoch auch im älteren Polarmenisch der Lokativ in dieser dem Westarmenischen sonst fremden Ausdehnung. Eine alte Raškover Urkunde (Min. Leh. 162 f.) schreibt: *ի կամենից քաղքում* »in der Stadt Kameneç«; *Քութերում* »in Kuty«; *մայրաքաղաքում* »in der Metropole«; auch *կամեց-ում* und *Ժվանչ-ում*. Damit hängt zusammen, dass (n. § 278) das Polarmenische mit der östlichen Sprachgruppe auch die Ordinalbildung auf *-um* teilt. Das Pol. scheint bereits als Dialekt von Ani von dem benachbarten Ostarmenischen nach dieser Richtung hin influenziert worden zu sein.

§ 297. Anders jedoch bei dem Nordarmenier Məxit̔ar Heraçi, welcher folgendermaßen flektiert[1]):

| | Singular. | Plural. |
|---|---|---|
| Nom. | այն | այնոնք |
| Akk. | զ-այն | զ-այնոնք |
| Gen.-Dat. | այնոր | այնոց |
| Abl. | յ-այնորէ | յ-այնոցէ |
| Instr. | այնով | —— |

Die Flexion unterscheidet sich, abgesehen von dem durch Suffix -ę erweiterten Ablativ, von der kilikischen namentlich durch die Kasus recti pluralis auf *-onk̄*, die den nordwestlichen Mittelarmeniern charakteristisch sind, und in ihrer Entstehung der Analogie der nominalen Plurale auf -նք sowie des pronominalen Plurals մենք gefolgt sind. Vgl. oben Einleitung S. 137—138.

Im heutigen Nordwestarmenisch setzt sich letztere Flexion fort: so im Tr. (Aid. II 43) Nom. plur. ասոնք, Gen. ասոնց, Abl. ասոնցմէ, Instr. ասոնցմով; ebenso im Pol. *asonk̔*, *adonk̔*, *anonk̔*, im Ach. *asuenk̔*, *aduenk̔*, *anuenk̔*, Gen. *asuenç*, Abl. *asonçmęn*, Instr. *asonçmov*; ferner auch իրոնք (neben իրենք) »sie«, որոնք »welche«, մերոնք »unsere«, շատոնք »viele« (Aid. II 40), սըւոնք, սոնք, սունք, սոքանք »diese« von սա (Črb. 755). Der Singular flektiert im allgemeinen nach folgender Norm des Dialekts von Achalzich: Nom.-Akk. *an*, Gen.-Dat. *an-uer* (kl. այն-որ), Abl. *an-or-męn*, Instr. *an-or-mov*. In der nwa. Litteratursprache erhält sich der ältere Instrumental in der Form անով, während der Ablativ sg. sowohl ասորմէ als ասկէ und ասկից (Aid. II 43) lautet. Letztere Formen sind abgeleitet von dem erweiterten Demonstrativ auf -իկա: ասիկա, ատիկա, անիկա[2]).

1) Belege aus Mechithar Her.: Gen.-Dat. այսոր 24, 56; այտոր 42, 47, 104, 115, 132; այնոր 4, 11, 12, 26, 40, 75, 113 u. s. w. Abl. յ-այնորէ 67. Instr. այսով 87; այտով 28, 52, 67, 117; այնով 79. Akk. plur. զ-այսոնք 68, 69, 100, 146, 147. Gen.-Dat. plur. այսոց 8, 114, 119; այտոց 85, 92, 93, 94, 95, 117; այնոց 40, 65, 70, 79, 104, 108. Abl. plur. յ-այսոցէ 91. Nur einmal steht die Form զ-այտոք S. 44. Vgl. auch Aid. II § 163 Anm.

2) Neuarm. (Aid. II 41, 43)

ասիկա = աս + իկ + ա;
ատիկա = ատ + իկ + ա;
անիկա = ան + իկ + ա.

In diesen Formen ist das Kompositionselement իկ identisch mit իկ in cl. այնոր-իկ; das Element ա ist dasselbe, welches auch in cl. նա, Gen.

§ 298. Vom erweiterten Stamme auf *-իկ* werden bereits im Mittelarmenischen folgende Ablativformen gebildet: 1) *յ-այսկի* »hiervon, von hier ab« 43 7, L 178 9[1]), Mx. Her. 38; *յ-այտկի* »davon« B մծթ, մկդ, z. B. *տուր յայտկի որ խմէ* »gieb davon zu trinken«; *յ-այնկի* »von dort« Rb լդ. Vgl. die mit demselben Ablativsuffixe *i* gebildeten aa. adverbialen Ablative *asti*, *anti* »hieraus, von dort« (zu *ast*, *and* »hier, dort«). 2) *յ-այսկից* »hiervon« B մկղ; *յ-այտկից* »davon« B իը, մծղ, մկգ, մկդ, A 46; *յ-այնկից* »dort her« B մխա, Mx. Her. 38; *հայնկից* id. A 167; *այնկից* id. Rb խբ; *անկից* id. Geop. 182 23. Analog werden die altarmenischen adverbialen Ablative *asti*, *anti* weitergebildet zu Formen auf *-ից*: *աստից* »von hier« Geop. 74, 130; *անտից* »von dort« Geop. 98, 130, Chron. Smp. 633, Rb խդ. Das hier vereinzelt auftretende ablativische *ç* fungiert im Ostarmenischen als regelmäßiges und ausschließliches Ablativsuffix in beiden Numeri[2]).

### 4. Pronomen *իսա*, *իտա*, *ինա*.

§ 299. Als Belege dieses Pronomens finden sich:

Ass. Ant. 13 31. 32: *բայց թէ համել լինայ պարոնն թէ՝ գնա յինա բանն, եւ նա յայլ բան երթայ* — wenn aber der Lehnsherr befohlen hat: »geh' an das und das Werk«, und jener geht an ein anderes Werk —; Ass. Ant. 33 22: *եթէ ոք լին ճորտ հիլայէ զլինն ի մարդասպանութիւն թէ՝ ինայ մարդն սպաննել է զիմ ոք* — wenn ein Lehnsmann einen Lehnsmann des Mordes beschuldigt, mit den Worten: »der und der Mann hat einen der Meinigen getötet« —; Ass. Ant. 43 7: *փուլան լին ճորտ երեկ ի դարպասն ու դատըստնեցաւ ի քո վերայ զիսայ իւքս* — »der

---

*նոր-ա*, kl. Gen. *նար-ա* erscheint. Vgl. Arm. Stud. v. Hübschmann 91 f. — Das im NA. außerdem noch erscheinende erweiterte Pronomen *ասի*, *ատի*, *անի* (Aid. II 42) lässt sich für das Kilikische nicht bestimmt nachweisen. Das bei Hunanian 219 6 stehende *այտի* ist falsche Lesung des handschriftlichen *այս ի*. Ebenfalls scheint mir das bei Langlois Cart. L 185 22 erscheinende *անի(ս)*, für welches Dulaurier 757 *այնի(ս)* schreibt, sehr verdächtig.

1) So zu emendieren das sinnlose *յայսդի* (*ի հետ*) der Überlieferung.

2) So im Dial. v. Agulis (S. Sarg. 97) zu *ուրման* »Mauer« der Ablativ sg. *ուրման-ից*, Abl. plur. *ուրման-ներ-ից*; zu *թօր* »Säbel« der Abl. sg. *թր-ից*, Abl. plur. *թր-եր-ից* etc.

und der Lehnsmann ist vor Gericht erschienen und hat gegen dich Klage erhoben, dies und dies« —; Ass. Ant. 63 12. 13: *պարոնայք, իսայ գրաստ իմ է, ու կորուսի ու հիմայ գտայ զինքս հետ իսա մարդոյս* — »Meine Herren! dies und dies Zugtier gehört mir, und ich habe es verloren, und nun habe ich es gefunden bei dem und dem Manne« —; Ass. Ant. 75 8. 9: *Ֆուլան մարդ պարտի ինձ զիսայ իրքս, եւ գրել է առ իս գրաւկան զիսայ* »der und der Mann schuldet mir das und das (die und die Sache) und hat bei mir als Pfand dies und dies hinterlegt«; Ass. Ant. 75 18: *ամ վճարէ զիս՝ զիսայ չաքս այլ* »nun zahle mir noch die und die Summe (so und soviel)«; Rb *լա*: *ինա իրէցն լաւ է քան զիսայ* »jener Priester N. N. ist besser als dieser N. N.«; Rb *իթ*: *եւ թէ իրէց ի հեծման մարդ յուղարկէ՝ թէ սուր գնա ի յինա բանն* — und wenn ein Priester an einen Reitersmann die Botschaft schickt: »gehe eilends an die und die Verrichtung!« —; Rb *ճդ*: *արայ զինա բանն* »thue das und das!« —; Rb *հե*: *ես ֆուլանս՝ որ վասն իսայ պատճառանացս անճարկեցայ* »ich N. N., der ich aus diesem und diesem Grunde in schwierige Lage geraten bin« —; Rb *ճժբ*: *կալ զիսայ հայրենիքս ու տուր ինձ զիսայ չաք դեկանս ինչուի հանչաք մի ժամ* — »nimm den und den Besitz und gieb mir so und so viel Geld dafür auf einen so und so langen Termin« —; Ass. Ant. 15 16: *ֆուլան, քո պարոն ժողվել է զդարպասն վասն քո՝ որ ասցել ես ու այրել ես զիսայ ու զիսայ* — »N. N.! dein Lehnsherr hat deinetwegen den Gerichtshof versammelt, da du dies und dies gesagt und gethan habest«. Nach diesen Beispielen ist das nicht belegte *իտա* mit Sicherheit erschlossen.

§ 300. In all diesen Fällen steht *իսա*, *իսայ* und *ինա*, *ինայ* in direkter Rede mit der Bedeutung: »dieser und dieser«, »der und der«, »dies und dies«, »jener und jener«, »jenes und jenes« sowohl substantivisch als adjektivisch. Die ursprüngliche einfache Demonstrativbedeutung dieses Pronomens liegt vor im letzten Beispiele, wo *զիսայ ու զիսայ* »dies und dies« bedeutet.

Einfache Demonstrativbedeutung haben auch die neuarmenischen Ausläufer dieses mittelarmenischen Pronomens: so hat der Dialekt von Achalzich (Tom. Dial. v. Ach. S. 30 und 60) die Pronominalformen: *isi* Gen. *isuer*, *iti* Gen. *ituer*, *ini* Gen. *inuer*, adv. *isteyic* (**isi-teyiç* »hierorts«) »hier«. Letztere Formen sind im Nch. (Patk. Mat. 127) erweitert zu *իսիվլիկ*, *իտիվլիկ*, *ինիվլիկ*; einfaches *իտի* liegt vor in adv. *իտիպէս* »so«.

Daneben erhalten sich in Nch. die unveränderten mittelarmenischen Formen իսա, իտա, ինա [1]).

§ 301. Pronomen իսա, իտա, ինա, der classischen Sprache fremd, ist ein zusammengesetztes Pronomen und zu zerlegen in ի + սա, ի + տա, ի + նա. In dem zweiten Gliede erkennen wir das einfache Demonstrativ *sa*, *da*, *na*. Der erste Bestandteil ist etymologisch zusammenzustellen mit np. *ē* »dieser« (in *īder* »hier«, *īsā* »jetzt« etc.) = tät. *i* »dieser« = oss. *ay*, kurd. *ai* »dieser« = phlv. *ē* in *ēčand* = ap. *ai* in *ai-ta-* »dieser« = aw. *aę* in pron. *aę-ša-* und *aę-tad* = ai. *ē* in pron. *ē-šá-*, *ē-tád* [2]). Aus der Natur dieses Pronomens lässt sich unter Berücksichtigung des Neuarmenischen vielleicht ein Schluss ziehen auf die nichtbelegten Kasus obliqui. Da das zweite Kompositionsglied das Pronomen *sa*, *da*, *na* ist, kann die Flexion von derjenigen dieses einfachen Pronomens nicht wesentlich verschieden gewesen sein. Nun werden, wie oben erwähnt, im Ach. zu den Nominativen *isi*, *iti*, *ini* als Genitive gebildet *isuer*, *ituer*, *inuer* [3]),

---

1) In den von Patkanean [Materialien z. Stud. der arm. Dialekte St. Petbg. 1875] mitgeteilten Textstücken aus dem Nachiǰevan-Dialekte erscheint z. B., teils in adjektivischer teils in substantivischer Verwendung:

Pronomen իսա: 5 6 infr., 6 6 infr., 19 13, 24 4, 34 5 infr., 35 10, 37 6, 48 15, 52 3, 70 25, 72 16, 78 16. 29, 79 4. 5, 91 1 infr., 99 10, 103 8 u. s. w.

Pronomen իտա: 1 6 infr., 6 3, 7 26, 11 19, 16 17, 17 22, 19 10, 20 20. 28, 23 5, 24 14, 26 3, 30 2, 33 7, 35 2 infr., 46 1, 55 7, 56 10, 58 11, 59 7, 69 5, 70 8. 24. 28, 71 22, 72 3, 73 4, 77 1, 79 19, 93 14, 100 18, 101 6, 102 1 u. s. w.

Pronomen ինա: 6 3, 11 2, 13 1, 14 25, 16 3 infr., 20 12, 40 27, 41 11, 48 33, 52 9, 57 12, 61 17, 65 3, 69 4, 72 12, 78 2 infr., 92 3 u. s. w.

2) Vgl. Horn, Grdr. S. 32.

3) Analog flektiert Nch.:

| | Singular. | Plural. |
|---|---|---|
| Nom.-Akk. | իտա | իտվօնք |
| | իտիվլիկ | իտիվօնք |
| Gen.-Dat. | իտվօր | իտվօնց |
| | իտիվօր | իտիվօնց |
| Abl. | իտվօրմէն | իտվօնցմէն |
| | իտիվօրմէն | իտիվօնցմէն |
| Instr. | իտվօրմօվ | իտվօնցմօվ |
| | իտիվօրմօվ | իտիվօնցմօվ. |

Vgl. auch folgende Pronominalformen aus Hayerg (Tiflis 1882): Gen. sg. ինոր p. 204; Instr. sg. ինով p. 199; Gen.-Dat. pl. ինոնց p. 197, 198, 200, 203, 205 u. s. w.

die in kilikischer Lautform (Lautl. § 7 Anm.) **իսոր*, *իտոր*, *ինոր* ergeben: d. h. die Formen *suer*, *tuer*, *nuer* in *i-suer*, *i-tuer*, *i-nuer* sind identisch mit den entsprechenden altarmenischen *սոր-*, *դոր-*, *նոր-* in *սոր-ա*, *դոր-ա*, *նոր-ա*; jene Genitivformen *isuer*, *ituer*, *inuer* tragen mithin den Charakter der Ursprünglichkeit an sich und dürfen in der entsprechenden westarmenischen Lautform *իսոր*, *իտոր*, *ինոր* zuversichtlich auch als kilikisch gelten.

Anm. An Stelle der veralteten Indefinita *այս ոք*, *այդ ոք*, *այն ոք* sowie *այս անուն* (*նիշ*), *այդ անուն* (*նիշ*), *այն անուն* (*նիշ*) tritt das arabisch-persische *ֆուլան fulan* (= arab.-np. فلان, türk. *filān*, ägypt. *fəlān* n. Spitta p. 83) »der und der«: *ֆուլան* »Du N. N.!« 15 15; *ֆուլան մարդ* »der und der Mann« 39 10, 75 8; *իմ ֆուլան լիճ ճորտ* »mein Lehnsmann der und der« 11 24; *ֆուլան լիճ ճորտ* »der und der Lehnsmann« 43 6; *ֆուլան կապլւոր* »der und der Pächter« 41 7; *ես ֆուլանս* »ich der und der« Rb $\overline{\text{ՀԵ}}$; *ի ֆուլանայ վերայ* »gegen den und den« 41 22; *առջեւ ֆուլան լճերոյ* »vor die und die Lehnsleute, vor die Lehnsleute N. N.« 11 24. Im modernen Tr. findet sich dasselbe Wort in den Formen *ֆիլան* und *ֆալան*.

## Relativa und Interrogativa.

### Relativa.

§ 302. In relativischer Funktion erscheint das Interrogativum *ո՞վ vov*, von dem folgende Formen sich belegt finden: Dativ *յում* 19 29, 21 18, 49 19. 36, 59 27, Rb $\overline{\text{ԺԷ}}$, $\overline{\text{ԽԷ}}$, $\overline{\text{ՃԼԹ}}$; Ablativ *յումմէ* Rb $\overline{\text{ՃԼ}}$, $\overline{\text{ՃԺԲ}}$. Zu dem vorgeschlagenen *յ* vergleiche Lautl. § 151 sowie die in der alten Sprache vom Interrogativ *z-i* gebildeten Derivatformen: Dat. *him* neben *im*, adv. *hibar*, *hizan*, *hiken* u. s. w., letztere als nicht echtclassisch namentlich in der philosophischen und grammatischen Litteratur häufig. Im Ablativ tritt statt der älteren Form *յումէ* und des falsch gebildeten *յումմէ* die dem entsprechenden Kasus der Personalia analoge Bildung mit Suffix *-նէ -nē* ein.

§ 303. Das regelmäßige Relativum aber ist *որ vor* (= cl. *որ or*), und zwar hat *որ* seinen ursprünglichen pronominalen Charakter aufgegeben und ist zur flexionslosen Relativpartikel (Relativadverb) herabgesunken, analog wie im Neupersischen Rel. كه *ki*[1])

1) Vgl. auch neugriech. Relativadverb *ποῦ* (= »wo«), deutschdialektisch »wo« für schriftdeutsch »welcher, welche, welches«, plur. »welche«. etc.

(كجا *kujā* = »wo«). Belege: որ ու լինի »wer es auch sei« 23 15, 33 8; զայն համանքն որ է պարգեւել »jenes Privileg, welches er geschenkt hat« 185 10. 11; այն համմացն որ է պարգեւել »jenes Privilegs, welches er geschenkt hat« 185 18. 19; որ լինին »welche sind« 47 17; որ կան »welche sich befinden« L 154 22; որ գան »welche gehen« 67 24; որ տան »welche geben« 57 23; որ չունենան »welche nicht haben« 51 8; որ լսեցին »welche gehört haben« 47 2; որ տովլին »welche gegeben werden« 25 2.

1. Anm. Das Nähere über Relativkonstruktion siehe unter »Syntaktische Eigentümlichkeiten«.

2. Anm. Vereinzelt erscheinen freilich noch in der kilikischen Schriftsprache die flektierten Relativformen, offenbar als nicht volkstümlich und ausschließlich der höheren Sprache eigen. Z. B. in Smp. Chron. ed. Dul. p. 667: որոյ սմա »welchem«; p. 668, 671: որոց նոցա »welchen«. Die Dativform որոյ für cl. որում ist natürlich die auf den Dativ verallgemeinerte alte Genitivform. Als nicht mehr im Sprachgefühl lebendige kennzeichnen sich die Formen dadurch, dass ihnen, gleichsam zur Bezeichnung des Kasusverhältnisses, die entsprechenden Demonstrativformen nachgesetzt sind.

§ 304. Neben որ *vor*, welches vorzüglich für lebende Wesen gilt, steht das ausschließlich auf Sachen (leblose Gegenstände) bezügliche Relat. զինչ *zinč̣* = »was, was auch immer«. Belege: զինչ ու լինի 19 7, 23 24, 27 5, 79 1; զինչ իսկի լինի L 157 26; զինչ ու լինայ 65 8; զինչ հասնի 21 7; զինչ իր պիտի 21 14, 49 19; զինչ կտու ելնէ L 157 16. 17; զինչ ցեղ ու է 11 22; զինչ ցեղ ու լինի 17 11; զինչ ցեղ դարպասն պատեհ տեսնու 33 3. 11; զինչ ացին 29 8; զինչ կորսնէ մարդ 65 7; զինչ այրել լինայ 15 12 etc.

Nach Analogie von զինչ *zinč̣* gebildet erscheint Rel. զոր *zor*: զոր կան »welche sind« L 178 8, 185 12; զոր գան »welche kommen« L 178 9; զոր անուանած լինի իր »was ihm zuerkannt ist« 57 2; զոր գրած է »was geschrieben ist« Mx. Her. 23.

## Interrogativa.

§ 305. Als Interrogativum findet sich belegt: ո՞վ *vov* (= cl. ո՞վ *ov*) in der Verbindung: ո՞վ գիտէ »gegebenenfalls, eventuell, etwa« (eigentlich = »wer weiss?«) pg. 39 3, 83 14. 15, Geop. 84 4. 5, 104 u. s. w. Über Dativ յում und Abl. յումմէ s. oben § 302.

Daraus, dass die ursprüngliche Form *ո՞* (Lautl. § 154) sich in der Litteratur nicht mehr nachweisen lässt, ergiebt sich, dass schon in mittelarmenischer Zeit jene ältere Form von der jüngeren erweiterten Dublette *ո՞վ* völlig zurückgedrängt war. Umsomehr kennt NA. nur noch die erweiterte Interrogativform: *vov* im Tr., Pol., Nch., *ov* im Tf., *hov* im Karab., etc.

Für Sachen erscheint *ի՞նչ inč* »was?, welch?«, z. B. *ինչ կապակցութիւն* »welche Verbindung« 9 5. Die Form *ի՞նչ* als Interrogativum ist bekanntlich dem Classischen noch fremd[1]): das Classische kennt nur die mit Präfix versehenen Interrogativformen: *զի՞նչ zinč* für Nominativ und Akkusativ, und *յի՞նչ yinč* für Lokativ. In der Form *ի՞նչ inč* stimmt das Kilikische mit dem Neuarmenischen überein.

## Indefinita.

§ 306. Die altarmenischen Indefinita, welche aus den modernen Dialekten so gut wie ganz geschwunden sind, sind auch bereits im Mittelarmenisch-Kilikischen großenteils veraltet und abgestorben. Classisch *ումն omn*, *իմն imn*, *իք ik* kommen überhaupt nicht mehr vor[2]). Altes *ինչ inč* und *ոք ok* sind allerdings noch mehrfach belegt und noch nicht außer Gebrauch[3]). Dass jedoch auch letztere beiden nicht mehr recht lebenskräftig waren, ergiebt sich aus dem Umstande, dass neben ihnen und an ihre Stelle bereits neue Indefinita eingetreten sind. Für leblose Wesen hat sich an Stelle von *ինչ inč* (*իմն imn*, *իք ik*) als

1) Erst vom 8. Jhd. ab findet sich die Form *ի՞նչ inč* als Interrogativpronomen. Cf. Aid. II 37.

2) Von Indef. *իք ik* erscheint allerdings noch mehrfach der Instrumental, und zwar stets als *իւաւք ivok*, z. B. Rb *խր*, *հր* etc. Es scheint der ältere Instrumental *իւիք* mit den Instrumentalen auf *-իւք* zusammengeworfen worden zu sein, und analog wie jene (s. oben § 267) die Endung *աւք* angenommen zu haben, zumal hier die gleichbedeutende Instrumentalform *իրաւք irok* (zu *իրք* »etwas«) sicher auch von Einfluss gewesen ist.

3) *ոք* z. B. belegt 25 10, 33 15, 37 4, 41 4, 45 9, 55 2. 3, 73 10, 77 23, 79 4. 5, 81 3. 17, 83 8. Gen. *ուրուք* 83 8. Dat. *ումեք* 21 16. *ոք մի*, entschieden mehr kilikisch als einfaches *ոք*: 23 4, 79 12. *ինչ* nur selten belegt, so z. B. *ի յայլ ինչ բան* »an ein anderes Geschäft« 15 1. Echtkilikisch dagegen ist das auch neuarmenisch noch fortlebende *ոչինչ voçinč* »kein«: 9 12, 13 1, 19 19, 23 14, 55 10, 79 4. 7, 81 23 etc.; ebenso: *ընչիկ ənčig*, eine Weiterbildung von *ինչ*: *յընչիկ բանն* »an irgend eine Verrichtung« 9 14.

regelrechtes Indefinitum իրք *irḱ* (eigentlich = »Gegenstand, Sache«) »etwas, irgend ein, irgend welch« geschoben. Die ersten Spuren dieses neuentstehenden Indefinitpronomens gehen bis in die frühclassische Zeit zurück[1]. Im Kilikischen ist es bereits fest eingewurzelt und belegt z. B.: չխնի խօսել իրք »hat nichts (nicht etwas) gesprochen« 23 23; դու ոչ ասցել ես իրք »du hast nichts (nicht etwas) gesagt« 23 9; չկորսնէ վասն այնոր իրք »verliert deswegen nichts (nicht etwas)« Rb ժդ; այլ չպարտի իրք »schuldet weiter nichts« 61 3, Rb ճդ, ճհե; իրք պարտենայ »schuldet etwas« 81 18; ի յայլ իրք »an sonst etwas« 73 1; այլ իրք չհասնի »sonst etwas gelangt nicht« 83 23; այլ իրք չտան »sonst etwas geben sie nicht« L 155 2, 156 6; իրք տայ »gebe etwas« Rb կա; իրք առնուլ »etwas nehmen« Rb իէ; իրք ցաւ »irgend eine Krankheit« 25 16. 22; այլ իրք յոյզ կամ տուռեւառ »sonst irgend ein Streit oder Rechtshandel« 13 30; իրք համանք »irgend eine Verordnung, irgend ein Erlass« 79 11; իրք բաժին »irgend ein Teil« Rb դ; իրք պատճառ »irgend ein Grund« Rb բ etc.

Für lebende Wesen dagegen tritt neben dem noch zugelassenen որք als gleichwertiges Indefinitum մարդ *mart* ein (cf. deutsch »man«), dessen Genesis ebenfalls in die vorkilikische Zeit zurückreicht[2]. Belege z. B.: մարդ դատըստնի »jemand klagt« 37 4; գտվլի մարդ «es findet sich jemand« 79 16; մարդ ընդ մարդ »einer mit dem andern« Rb ճժբ; ի մարդ իրք տայ »giebt jemanden etwas« Rb ճիա; սպաննէ մարդ »tötet jemand« Rb իը; Թէ մարդ սպաննէ »wenn jemand tötet« Rb իը; եթէ որք ի մարդ իրք տայ »wenn einer einem etwas giebt« Rb ճիա.

մարդ und իրք sind jedoch mehr substantivisch und selbständig auftretende Indefinita. In adjektivischer Funktion werden die alten Indefinita sowohl für lebende als für leblose Wesen abgelöst durch das Zahlwort մի *mi* »ein, irgend ein«, welches unflektiert dem zu determinierenden Worte nachgesetzt wird[3]. Das Zahlwort մի *mi* ist hiermit zum unbestimmten Artikel gestempelt; vereinzelte Spuren dieser Verwendung von մի reichen bis in die ältere Zeit hinauf[4]. Näheres siehe unter »Syntaktische Eigentümlichkeiten«.

---

1) Bereits bei Laz. P'arp. und Zgōn findet sich: իրք մի պատմեաց նա — ամենայն իրք etc. Näheres darüber Aid. I 84 f.

2) Cf. Aid. I 84 f. und II 188.

3) Im Ostarmenischen dagegen geht *mi* dem determinierten Nomen voran.

4) Cf. Aid. I 84.

Erwähnt seien noch die folgenden indefiniten Ausdrücke mit *մի*: *բազմին մի* »mehrere, einige« 39 13, 41 7; *չափ մի* eigentlich »ein gewisses Quantum«; so z. B. *չափ մի օրեր* 25 7; *չափ մի իրք* 53 5, 75 3, ebenfalls Geop. 152, Rb *ճժղ*, *ճծբ* etc.; *մէկ մի* »einer«, als substantivischer Ausdruck der bestimmten Einheit, in *մէկ մի յերդվմնոյն* »einer von den Geschworenen« 51 13; *մէկ մի յիրմընցնէ* «einer aus ihnen« 61 16 etc.

## Kollektiva. Korrelativa.

§ 307. Aus der alten Sprache hat sich im Kilikischen erhalten: *այլ* *ail* »ander« (lat. *alius*). Belege: *ի յայլ բան* »an ein anderes Geschäft« 25 5; *յայլ տեղի* 71 8; *ի յայլ այրկէ* 37 18; *այլ անսիզվորք* 41 7. 10; *զայլ քուրվտին* 21 8; *այլ քոյրվտոյն* 21 10; *զայլն* 59 7; *յայլն* L 157 11; *այլքն* Nom. pl. Rb *Հ*, *ճլբ*; *զայլոցն* 39 21; *զայլոց իրք* 65 1. 3; *յայլոց ձեռք* 77 16. Neben den alten eigentlichen Plural tritt die mit Pronominalsuffix *ն* *n* erweiterte Singularform in pluralischer Funktion; so z. B.: *այլն* »die übrigen, die andern« 35 28, 41 12; *զայլն* »die übrigen, andern« L 155 18; *այլն* eigentlich = »das Übrige, der Rest« = »die Übrigen«.

Mit dem Zahlwort der Einheit *մէկ* verwächst *այլ* zu einem neuen Pronomen *մէկայլ(ն)* *megail(n)*[1]) = »der andere« (lat. *alter*), vor welchem das aa. Pronomen *միւս* (*մեւս*) spurlos geschwunden ist. Belege: *մէկայլն* »der andere« 21 25, 27 6. 7, 29 19, 31 5, 41 20, 57 17; *զմէկայլն* »den andern« 31 16, 69 3, 77 9; *ի մէկայլն* »zu dem andern« Rb *լա*; *մէկայլին* »dem andern« 41 19; *մէկայլին բանն* »die Sache des andern« 69 6; *զմէկայլին իրաւունքն* »das Recht des andern« 69 1. In adjektivischer Verwendung: *մէկայլն դեհն* »die andere Partei« 39 16; *ի մէկայլն դեհն* »auf der anderen Seite« L 179 5, 186 5. 7. 8; *մէկայլ կէսն* »die andere Hälfte« 55 22; *զմէկայլ կէսն* (Akk.) 19 11. 12, 21 4. 20, 49 4; *մէկայլ կնկանն* »der anderen Gattin« 47 15[2]). Entsprechend ist cl. *այլ ումն*, *այլ ոք* im Kl. ersetzt durch *մէկ մի այլ* *meg mi ail* »ein anderer« 57 8.

Die Stelle des classischen *ամենայն* (= **ամեան-այն*)[3]), welches sowohl dem Kilikischen als den neuarm. Dialekten

1) = Neuarmenisch *megal* in derselben Bedeutung.

2) Auch in Geop. 211: *զմէկայլն* »den andern«; bei Mx. Her.: *մէկայլ հոգսն* p. 18; *մէկայլն օրն* p. 103; *զմէկայլ ցեղ ջերմանս* p. 13; *ի մէկայլ նոպային* p. 81; *մէկայլ ջերմանն* p. 89; *մէկայլին* p. 61.

3) Hübschmann, Armenische Grammatik p. 416.

fremd ist, hat im Kilikischen [1]) das Simplex *ամէն amen* (= *ամեան) »all, jeder, ganz« eingenommen; *ամէն* ist als selbständiges Wort ungebräuchlich im Classischen, woselbst es nur in Kompositis steht; als selbständiges Wort erscheint es jedoch bereits in der älteren Zeit bei nicht reinen Klassikern, wie Faust. Byz.[2]). Belege für das Kilikische sind: *յիր ամէն կենդանութիւնն* »sein ganzes Leben« 39 2, 45 23; *զիր ամէն ժամանակն* »seine ganze Lebenszeit« 23 13; *ամէն ծռութիւնն* »die ganze Schuld« 67 7; *զամէն վզէնն* »den ganzen Schaden« 73 16; *զամէն վարձն* »die ganze Miete« 71 10; *ամէն դստերացն* »aller Schwestern« 37 25; *ամէն իրաւնե-րոյն* »aller Rechte« 59 29; Gen. *ամենի* (*ամէնի*) in: *զամէնին կէսն* »die Hälfte des Ganzen« 45 15, 55 22; *վասն ամենին* »wegen des Ganzen« 21 21; ferner *ամենին* 41 9, 49 26, 53 19, 65 9 etc. Abl. *ի յ-այլ ամենէն* »von der übrigen Gesamtheit« 55 9; *ամէնն* substantivisch = »Alles« (eigentlich »das Ganze«): 47 14, 49 16 etc.; *զամէնն* Akk. zum vorigen 19 14, 45 14, 47 22. — An Stelle der veralteten classischen Plurale *ամենայնք*, *ամենեքեան*, *ամենեքին* hat das substantivische *ամէնն amenn* (eigentlich »das Ganze, die Gesamtheit«) im Kilikischen [3]) Pluralfunktion erlangt: z. B. 21 5, L 193 4, Rb լ, կբ [4]). — Ferner ist cl. *իւրաքանչիւր*, *անձնիւր*, *անցնիւր* »ein jeder« (lat. *unusquisque*) aus dem Kilikischen verdrängt und ersetzt durch das neue: *ամէն մէկ amen meg* [5]) = »ein Jeder« 39 21, 47 19, Rb հ; Akk. *զամէնն մէկ* »einen Jeden« Rb լա; Gen.-Dat. *ամէն մէկի* »eines (einem) Jeden« Rb լա; Abl. *յամէն մէկէ* »von Jedem« B ծբ.

Untergegangen sind auch die alten Korrelativa auf *-պէս*, *-պիսի*; an Stelle des cl. Modalkorrelativs *այսպէս*, *այսպիսի*, *այնպէս* etc. ist *հայնց hainç*, urspr. Adverb, in nominaler Verwendung getreten: z. B. *հայնց ցաւ* »eine derartige Krankheit« 25 24; *ի հայնց տեղի* »an einem solchen Orte« 15 25; *հայնց մարդոյ* »einem solchen Menschen L 155 11. 12. Außerdem hat das Kilikische zum Ersatz des verloren gegangenen alten Modalkorrelativs Zusammensetzungen mit *ցեղ*, wie *այս ցեղ*, *այտ ցեղ*, *այն ցեղ*; näheres im Glossar.

Dem quantitativen Korrelativ auf *չափ čap* des Classischen

---

1) Sowie auch in den neuarmenischen Dialekten.

2) Cf. Aid. I 64.

3) Ebenso auch im NA. (cf. Aid. II 35).

4) Z. B. *կարեն ամէնն ելնել* »alle können herausgehen« Rb կբ.

5) Im NA. *amen megə*.

entspricht im Kilikischen ein mit jenem identisches, in der mittelarmenischen Lautform չաք *çaḱ*:

kl. այսչաք (ս) [= cl. այս-չափ (ս)] »so groß, so viel«
այտչաք (տ) [= cl. այդ-չափ (դ)] » » » »
այնչաք (ն) [= cl. այն-չափ (ն)] » » » »

Belege: այսչաքս է ուժերոյն համբերութիւնն 27 16 »so groß ist die Frist bei Rechtsverletzungen«; զայնչաքն (Akk.) »so viel« 53 6. Daneben mit monophtongisiertem այ die jüngere Lautform զ-անչաքն (Akk.) »soviel« 55 6, und mit vorgeschlagenem հ *h* die Form հանչաք in հանչաք իշխանութիւն »so große Vollmacht« 53 4; auch 77 10, Rb ճժե, ճժգ; mit postponiertem մի *mi*: հանչաք մի ժամանակ »so lange Zeit« 67 28; հանչաք մի պացխուն այնե »er stehe so lang Rede« 67 16; հանչաք մի որ »dermaßen, dass« Rb ճբ; հանչաք մի ժամ »so lange Zeit« Rb ճժբ. Als erstes Kompositionsglied wechselt mit այս das Demonstrativum խսայ in խսայ չաք(ս); Belege: զխսայ չաքս (Akk.) »so und so viel« 75 18. 19; զխսայ չաք դեկանս »so und so viel Geld« Rb ճժբ.

Anm. Bei Mx. Her. ist, wie gewöhnlich, so auch in dieser Verbindung statt des kilikischen չաք *çaḱ* das durch Pluralsuffix ս *s* erweiterte չաքս *çaḱs* eingetreten: so findet sich z. B. bei Mx. pg. 58 die Form այնչաքս(ն).

Das Korrelativ auf չաք *çaḱ* (= չափ) ersetzt zugleich das aus der Sprache ebenfalls geschwundene alte Korrelativ auf -քան *-ḱan* (»quantitas«). Erhalten hat sich nur քանի *ḱani* = »wie viel, wie viele«, auch adverbial, z. B. p. 17 24.

Schließlich seien noch erwähnt die dem Kilikischen — sowie den neueren Dialekten — dem Classischen gegenüber eigentümlichen pronominalen Adjektiva auf -ի *-i*, die eine Stufe im Raum oder in der Zeit bezeichnen: im Classischen entsprechen pron. Adjektiva auf -ին *-in*.

առջի *ar̈či* »erst« (= cl. առաջին).
վերջի *verči* »letzt« (= cl. վերջին).
յետի / հետի } *hedi* »letzt« (= cl. յետին).
ներքի *nerḱi* »unter« (= cl. ներքին).
վերի *veri* »ober« (= cl. վերին)[1].

---

1) Aid. II 51 zählt als altvulgäre Formen noch auf: ներքսի, դիմացի. Schon in einer Inschrift vom J. 839 erscheint der Ausdruck ի վերի կատարն »auf dem höchsten Gipfel« (Aid. I 143).

Belege: *յառջի օրն* 25 27; *առջի տարպայն* 25 11; *առջի կնկանն* 47 11. 16; *առջի այրկանն* 37 20. 23. 26, 39 4; *առջի այրն* Rb *հե*; *առջի այրիկն* Rb *հբ*; *առջի պսակն* Rb *խ*; *զառջի գողն* B *միգ*; *զառջի երեսն* B *ճհդ*; *յառջի օրէն* A 187; *յառջի նուպաէն* A 167; *յառջի այրկէն* 37 25; *վերջի այրիկն* 39 4. 5; *յետի աւրն* Rb *ճհէ*; *յետի սահմանն* B *մլբ*; *յետի ազգ արծվիքս* B *մկդ*; *յետի փողն* Rb *ճլե*; *զ յետի պսակն* Rb *խ*; *զ հետի աւրհնութիւնն* Rb *լբ*; *յետի այրկանն* 39 3; *յետի կնկանն* 47 11. 17; *յետի դստերացն* 39 1; *հետի այրկանն* 37 20. 21; *ներքի դեհն* B *մծէ*, A 202; *վերի դեհն* A 160, 241.

Ihrem Ursprunge nach sind es Genitive der entsprechenden Adverbia, in adjektivischer Verwendung[1]): *առջի* Gen. zu *առաջ*, *վերջի* Gen. zu *վերջ*, *յետի* Gen. zu *յետ* u. s. w.

In substantivischer, selbständiger Funktion dagegen haben sich die alten Formen mit *n* erhalten, so z. B.: *առջինն* »der Erste« 41 12; *յառջնոյն* »von der Ersten« 47 17; *վերջնոյն* »des Letzten« 37 23; *ի վերջնոյն* »vom Letzten« 37 26; *ի յետինն* »zum Letzten« 41 13; *յետնոյն* 47 18.

Ganz gleichartige Formen sind folgende dem Neuwestarmenischen angehörige Pronominaladjektiva:

| | | | | | |
|---|---|---|---|---|---|
| *առջի* | zu adv. | *առաջ* | *տակի* | zu adv. | *տակ* |
| *վերջի* | » » | *վերջ* | *վրայի* | » » | *վրայ* |
| *ետի*, *հետի* | » » | *ետ*, *հետ* | *ետքի* | » » | *ետք* |
| *ներսի* | » » | *ներս* | *առաջքի* | » » | *առաջք* |
| *դուրսի* | » » | *դուրս* | *առջեւի* | » » | *առջեւ* |
| *քովի* | » » | *քով* | *ետեւի* | » » | *ետեւ* etc. |

Cf. Aid. II 50, 51.

---

# Anhang:

## Partikeln.

### Adverbia.

§ 308. Als neu und der classischen Sprache fremd treten folgende meist pronominale Adverbia auf, für deren Belege auf das Glossar verwiesen sei:

---

1) Vgl. Aid. II 50.

*հայնց hainç* »so« (Lautl. § 148) nebst den mittelarmenischen Varianten: *այնց ainç*, *հանց hanç* und *հէնց hẹnç* (ostarm.)[1]). Vgl. im NA.: tf. *esenç* [= *այս-այնց] »so«, *ehenç* »so«, *etenç* [*այդ-այնց] »so«, *enenç* [*այն-այնց] »so« nach Tom. p. 216; ferner auch die neuarmenischen Analogiebildungen: *sanç*, *nanç*, *esanç*, *enanç*, sämtliche in der Bedeutung »so« nach Aid. II 129.

*հանչաք hanč̣ak̄* »so viel, so groß, so lang« (Lautl. § 151), sowie die gleichbedeutenden: *այնչաք ainč̣ak̄* = cl. *ainč̣ap̄*; *այդչաք aidč̣ak̄* = cl. *aidč̣ap̄*; *այսչաք aisč̣ak̄* = cl. *aisč̣ap̄* (Lautl. § 102). Zusammensetzungen mit *-չաք* sind ferner: *միաչաք miač̣ak̄* »gleichmäßig« = cl. *miač̣ap̄*; *որչաք orč̣ak̄* »wie groß, wie viel« = cl. *orč̣ap̄*.

*հայնցեղ hainç'eg* »derart, so« (Lautl. § 151).

*հիմա hima* [auch *յիմայ* geschrieben] »jetzt«. Für die entsprechenden neuarm. Formen siehe Gloss. *հիմայ hima* = *h* + *ima* (mit Vorschlag *-h*!) = np. *īmc* »jetzt«.

*հօս hos* »hier«, *հօտ hod* »da«, *հօն hon* »dort«, meist mit Präfix *ի i* als *i hon*, *i hos*, *i hod*; daneben auch die etymologisch richtigere Schreibung: *հոն hon*, *հոս hos*, *հոտ hod*; noch heute fortlebend als *hos*, *hod*, *hon* im Tr., Pol., Nch. etc. Hinsichtlich des Ursprungs dieser Adverbia lässt sich vermutungsweise sagen: *hos*, *hod*, *hon* = *h-o-s*, *h-o-d*, *h-o-n*: das letzte Element ist sicher das Pronominalsuffix *-s*, *-d*, *-n*; das anlautende *h-* ließe sich allenfalls als Vorschlaghauch erklären. Jedenfalls liegt hier ein pronominales Adverb vor, dessen mittleres Element *o* sich identifizieren lässt mit Element *o* in den cl. Bildungen: *so-r-a*, *do-r-a*, *no-r-a*, *no-k̄-a*, *no-in*. Dass wir es hier mit einem urspünglichen Demonstrativpronomen zu thun haben, wird dadurch wahrscheinlich gemacht, dass den Formen *hos*, *hod*, *hon* regelmäßig das Präfix *i* vorangeht. Übrigens stehen sich in der neuarm. Schriftsprache (Aid. II 115) als gleichwertig gegenüber: *hoske* »von hier« und *aske* »von hier«, *hodge* »von da« und *adge* »von da«, *honge* »von dort« und *ange* »von dort«; auch (Aid. II 111) *aisd'eys* neben *hos d'eys* = »hier«, *ain d'ey* neben *hon d'ey* = »dort« etc. Aus arab. *hōnā* »hier« kann unser Pronomen, gegen Aidynians Vermutung in Kr. Gramm. II 129, aus mehreren Gründen nicht

1) *հէնց* »so« findet sich z. B. bei dem überhaupt manche ostarmenische Eigentümlichkeit zeigenden Vardan (Hist. 157 21. 24 und 160 4).

entlehnt sein: a) das Kilikische unterscheidet deutlich zwischen *hon* = »dort«, *hos* = »hier«, *hod* = »da, hier«: arab. *hōnā* bedeutet aber »hier«. b) Außer dieser vorauszusetzenden Bedeutungsverschiebung müsste man noch annehmen, dass zu dem entlehnten *hon* sich ganz frei und selbständig die Formen *hos* und *hod* gebildet hätten. c) Bei der großen Treue, mit der Fremdwörter widergegeben werden und nach Analogie anderer Fälle hätte im Falle einer Entlehnung das arab. *hōnā* ins Armenische ebenfalls als *hona* übergehen müssen, unmöglich aber als *hon*, welche Form wirklich die einzig kilikisch vorhandene. Dagegen mag das nach Aid. II 129 im NA. strichweise erscheinende *huna* »da«, *husa* »hier« mit Anlehnung an jenes arabische Adverb sich entwickelt haben aus echtarmenischem *hon* und *hos*. — Schließlich sei noch die Frage aufgeworfen: wie verhält sich das mittel- und neuarmenische adv. *hon* »da« zu der altarmenischen Partikel օն *o̱n* (*aun*)? Die pronominale demonstrative Natur der letzteren ist deutlich in Fällen wie: օն եւ օն τάδε τάδε »so und so, ganz so, so oder so«; օն անդր, օն իսկ »dort auf der Stelle, da auf der Stelle, da, hier«.

այլ վայր *ail vair*, richtiger այլվայր, այլուայր *ailvair* »wieder«, worüber zu vgl. Gloss.; verwandt damit das gleichbedeutende այլուի *ailvi* »wieder«, pol. *àlvə* »de nouveau« Han. 23.

առջեւ *ar̃čʿev* »vor, vorher, voran«, cl. *ar̃aǰeav*; յետեւ, հետեւ *hedʿev* »nachher, später«, cl. **yeteav*; վերեւ *verʿev* »oben, oberhalb«, cl. **vereav*; ներքեւ *nerǩʿev* »unten, unterhalb«, cl. **nerǩeav*; դրուցեւ *truçʿev* »außen, außerhalb«, cl. **druçeav*; վերջեւ *verčʿev* »hinten, hinter«, cl. **verǰeav*; յերջեւ *herčʿev* »hinten, hinter«, cl. **verǰeav*; ստորեւ *storʿev* »unten, unterhalb«, cl. **storeav* nach Lautl. § 82. Letztere Lokaladverbia auf -*ʿev* werden auch präpositional gebraucht, wie auch die folgenden: հետէ (յետէ) *hede̱* »später, darauf, hinter«; ընդ ներքսէ *ənd nerǩse̱* »innerhalb«, jüngere Form *ənd neǩse̱* ընդ նեքսէ; ընդ դրացէ *ənd traçe̱* und ընդ դրուցէ *ənd truçe̱* »außerhalb, außen, draußen«; ի դրացէ *i traçe̱* »außerhalb, draußen«; ի դուրք *i turǩ* »außerhalb, außer«; ի ներք *i nʿerǩ* »drinnen, innerhalb«. Analoge mittelarmenische Adverbialausdrücke sind folgende, von Aid. II 127 erwähnte, meist bei Mx. Her. vorkommende: ցներքս *çnerǩs*, ցներքսեւ *çnerǩsʿev*, ցներքեւ *çnerǩʿev*, ցներքսէ *çnerǩse̱*, ցդրուց *çtruç*, ցդրուցէ *çtruçe̱* etc.

Die adverbialen Ablative անդից *andiç* »von dort«, աստից *astiç* »von hier«, յ-այսկի *y-aiski* »von da ab, von nun an«, յ-այնկից *y-aingiç* »von da, daher«, wurden bereits oben § 298 berührt. — Über die dem Altarmenischen fremde adverbiale Verbindung einer Partikel [Präposition, Adverb] mit Pronominalsuffix siehe »Synt. Eigentümlichkeiten«.

§ 309. Nicht sowohl lautlich als hinsichtlich der Bedeutung unterscheiden sich von der alten Sprache: ի հետ, յետ *i h'ed* und *h'ed* a) »mit, zugleich, dazu«, b) »nachher, darauf«; ի հետ ու ի հետ *i h'ed u i h'ed*, *i h'ed v'i h'ed* und *i h'ed i h'ed* »nach und nach, allmählig«; հետ մի այլ *h'ed mi ail* »ein andermal«; վաղ *vaγ* »morgen« (cl. »alt, ehedem, früh«); ի վաղէ *i vaγe* »von alters her, seit langem«; auch lautlich differenziert ist: (յ-)եգուց *(y-)ekuç* »morgen« und »Morgen« = cl. *aiguç* »mane«.

այլ *ail* »auch, dazu, mehr, weiter«, als Komparativformativ besprochen unter »Synt. Eigentümlichkeiten«; այլ չ- *ail č-* »nicht mehr« sowohl zeitlich als quantitativ, vgl. Gloss.; մենակ *menag* »sofort, sogleich«, jüngere Form մինակ *minag* = cl. *miainak* միայնակ »allein, einzig«; vgl. Lautl. § 83.

§ 310. An nichtpronominalen Adverbien zeigt die Sprache folgende neue Formen: իսկի *iski* und *iskik* »wirklich« = cl. *isk*; վստահի *vstahi* »gewiss, zuverlässiger Weise« = cl. *vstah*; ամենս *am'ens* »insgesamt«, eine *s*-Bildung[1]); լուկ *lug* »blos, allein« = cl. *lok*; բահրակ *pahrag* »zumal«; ի լման *i lman* »vollständig, ganz, im ganzen«; ճիճն *jijn* und *i jijn* »häufig, oft«; քիչ *kič* »wenig« = nps. کیچ *kīč*. Namentlich ist cl. adv. ոչ *oč* »nein« durch չէ *če* »nein« ersetzt, wie allgemein auch im Neuarmenischen. An Stelle von cl. ոչ *oč* »nicht« tritt regelmäßig kl. չ- *č*-, falls das Verbum, also der ganze Satz negiert wird. Wird dagegen blos ein einzelner Begriff oder Satzteil verneint, so gilt kilikisch wie neuarmenisch die volle Negativform ոչ *voč*. Über ոչ—ոչ in kopulativer Korresponsion siehe unter »Konjunktionen«.

An eigentümlichen adverbialen Verbindungen und Redensarten begegnen: զինչ ցեղ *zinč ç'eγ* »was auch immer, wie auch

1) Ganz wie z. B. cl. adv. հանդարտս *handarts* zu adj. *handart* »ruhig«; cl. adv. արագս *arags* »schnell« zu adj. *arag*; cl. adv. թեթեւս *t'et'evs* »leicht« zu adj. *t'et'ev*; cl. adv. ստահակս *stahaks* »unfolgsam« zu adj. *stahak* etc. etc.

immer«; ո՛վ գիտէ *vov kide̱* »etwa, eventuell, möglicherweise«; ոտին մի *odin mi* »einmal« etc.

§ 311. Gemeinsam sind endlich dem Kilikischen mit der classischen Sprache folgende Adverbia: ուր *ur* »wo« 39 13, Dipl. Sarv.; էր *e̱r* »warum« 9 21, 47 26, 81 15; քանի *ǩani* »wie viel« 37 5; աւելի *aveli* »mehr« 37 5; verstärkt այլ աւելի »mehr, noch mehr« L 158 9, 11 23, 27 16, 29 7. 24, 67 26; մէն *me̱n* »nur, blos« 29 24, 53 7, 79 5; շատ *śad* »viel«, regelmäßig mit dem Singular verbunden, wofern es attributiv steht: 47 27. 28, 21 4. Überhaupt kann, wie in der alten Sprache, so im Kilikischen jedes Adjektiv zugleich adverbial gebraucht werden.

## Präpositionen.

§ 312. Die Präfixe der alten Sprache: զ- *z-*, ի *i*, ց *ç*, die im Neuarmenischen fast allgemein untergegangen sind, haben sich zwar im Kilikischen erhalten als mitwirkender Faktor der Nominalflexion, wie oben bei der Deklination gesehen wurde, ebenso wie auch die alten Präpositionen ընդ *ənd*, ըստ *əst*, առ *aṙ* u. a. noch fortexistieren. Die ursprüngliche, dominierende Stellung dieser Partikeln ist jedoch bereits im Kilikischen sehr eingeschränkt: eigentliche Präpositionen treten im Verhältnis zur alten Sprache, nur selten mehr auf; um so mehr erscheint das Gebiet der uneigentlichen Präpositionen, meist ursprüngliche Adverbia, ausgedehnt und erweitert. So ist z. B. im Kilikischen:

cl. ընդ *ənd* c. dat. »mit« verdrängt durch kl. հետ, ի հետ *i h'ed* »mit«; cl. ընդ *ənd* c. instr. »unter« verdrängt durch kl. ներքեւ *nerǩ'ev* »unter«; cl. առ *aṙ* c. dat., instr. »bei«, verdrängt durch kl. ի խէչ *i xe̱č̣* »bei«; cl. առաջի *aṙaji* c. Gen. »vor« ersetzt durch kl. առջեւ *aṙč'ev*, յառջեւ *haṙč'ev* »vor«; cl. զկնի *zkni*, զհետ *zh'et* »nach« ersetzt durch kl. հետ *h'ed*, ի հետ *i h'ed* »nach«; cl. յետոյ *yetoy* »hinter«, ersetzt durch kl. յետեւ *hed'ev* »hinter«; cl. ներքոյ *nerǩoy* »innerhalb, unter«, ersetzt durch kl. ներքեւ *nerǩ'ev*, ընդ ներքսէ *ənd nerǩse̱* »innerhalb, unter«; cl. վերոյ *veroy*, ի-վերոյ *i-veroy* »über, auf« ersetzt durch kl. վերեւ *ver'ev* »über, auf«; cl. արտաքս *artaǩs* »außer, außerhalb«, ersetzt durch kl. ի դուրք *i turǩ*, ընդ դրացէ *ənd traçe̱*, ընդ դրուցէ *ənd truçe̱*; cl. բաց ի *baç i*, բայց ի *baiç i* »außer, ausgenommen«, ersetzt durch kl. զարթ, զարդ *zart́* und զարթէլ *zart́e̱l* »außer, ausgenommen«, konstr. c. ի *i* c. Abl.; cl. ի — հետէ *i — hete̱* »seit, von — an«, ersetzt durch kil. *ի — վեր i — v'er* »seit, von — ab, von — an«.

Anm. Über den Schwund des alten Narrativus [զ + Abl.] und Circumlativus [զ + Instr.] vgl. »Synt. Eigentümlichkeiten«.

§ 313. Von den genannten kilikischen Präpositionen werden die mit Präfix versehenen dem regierten Nomen meist nachgesetzt, sind demnach auf dem Wege sich zu Postpositionen umzugestalten: das Neuarmenische kennt wesentlich nur Postpositionen, zum großen Teil neusprachliche Erzeugnisse ursprünglich substantivischer Natur, die dem Mittelarmenischen noch fremd sind[1]).

§ 314. An eigentlichen, aus der alten Sprache überkommenen Präpositionen weist das Kilikische noch folgende auf: *վանց vanç* »wegen«, cl. *vasn վասն* (Lautl. § 148); *քանց k̄anç* »als« beim Komparativ, cl. *k̄an քան* (Lautl. § 148); *ինչու inçu* »bis«, cl. *minčev մինչեւ* »bis«; *ինչվի, ինչֆի inçvi, inçfi* »bis«, cl. *minčev i մինչեւ ի* (Lautl. § 143); endlich das in altarmenischer Lautform überlebende *առանց aṙanç* »ohne« 13 6, 17 22 = tf. *aranç*[2]), pol. *aranç*[3]), ag. *əṙənç*[4]), zəγn. *əṙunç, uṙunç*[4]) »ohne«.

## Konjunktionen.

### I. Koordinierende Konjunktionen.

| § 315. Kilikische: | Classische: |
|---|---|
| *ու u* »und«; auch *ու վ- u v-, վ v* »und« vor Vokalen, Lautl. §§ 76, 156. Neuarm.: *u, ə, hu* »und«. | *եւ ev* »und«. |

---

1) So zeigt z. B. Tr. die Postpositionen: *k'ov* »bei«; *hamar* (auch pol.) »für«; *meč* »in«; *bes* (*պէս*) »wie«; *ad'en* »während«; *megd'ey* (*մէկտեղ*) »mit« etc.; Ag. z. B. *kešt* »nahe, bei« (= *կուշտ kušt* »Seite), *tok* »unter« (= *տակ tak* »Grund«) etc. Doch findet sich auch schon vereinzelt im Spätkilikischen die Postposition *համար* »für«; z. B. Mr B *մկզ գլխացաւլի համար* »für Kopfweh«; auch Rb *զե* hat einmal *այս ամէնս անճարկութեան համար է գրած* »dies alles ist für einen Notfall geschrieben«.

2) Tom. Dial. v. Tifl. p. 213.

3) Han. p. 27.

4) S. Sarg. p. 127.

| Kilikische: | Classische: |
|---|---|
| ու — ու *u — u* »sowohl — als auch«. | եւ — եւ *ev—ev* »sowohl — als auch«. |
| նա [նայ] *na* »da, so« namentlich als Einleitungspartikel von Folgesätzen. Vgl. Gloss. und »Synt. Eigentümlichkeiten«. Neuarm. *na*, *nan* etc. | եւ *ev* »da, so« fakultativ in Folgesätzen. |
| ամ *am* »nun, also, folglich« (= np. هم *hem* »auch, zugleich«). | ուրեմն *uremn*, ապա ուրեմն *apa uremn* »also, so nun«. |
| հապա *haba*, ապա *aba* »also«. | ապա *apa* »also«. |
| այլ *ail* »sondern, aber«; »auch«. Neuarm. *al*, *el* »sondern»; »auch«. | այլ *ail*, բայց *baiç* »sondern, aber«; նոյնպէս *noinpęs*, նաեւ *naev* »auch«. |
| կամ *gam* »oder« 9 17. 18. | կամ *kam* »oder«. |
| կամ — կամ *gam—gam* »entweder — oder« 27 5, 59 38. | կամ — կամ *kam — kam* »entweder—oder«. |
| ոչ — ու ոչ *voč — u voč* »weder — noch« 23 9. 10; ու ոչ — ու ոչ »weder — noch« 75 13, L 156 17. 18. | ոչ — ոչ *oč — oč* »weder — noch«. |

## II. Subordinierende Konjunktionen.

| § 316. Kilikische: | Classische: |
|---|---|
| որ *vor*: | |
| a) aussagend: »dass«, | թէ *tę*, եթէ *etę* »dass«, |
| b) konsekutiv: »so dass«, | զի *zi*, որպէս զի *orpęs zi* »so dass«. |
| c) final: »damit, auf dass«. Vgl. *vor* »dass« im Tr., Nch., *vur* »dass« im Tf. (Tom. 219); vgl. »Synt. Eigentümlichkeiten«. | զի *zi*, որպէս զի *orpęs zi* »damit, aufdass«. |
| եփ (եբ) *yeṕ* »wann, als, nachdem«. Vgl. pol. *yep* »lorsque, quand«, nch. *yeṕ* »wann«, ag. *ib*, *ibor* (id). | յորժամ *yoržam* »als, wann, nachdem«, մինչ *minč* »als, wann, nachdem«. |
| զէդ, զէտ *zet*: | |
| a) einen Einzelbegriff regierend = »wie«, | իբր *ibr*, իբրեւ *ibrev* = wie«, |

Kilikische:

b) einen Satz regierend = »sobald, sobald als«.

*ինչուր inčur* »bis dass, so lange als«. Als Konjunktion in dieser Verwendung erscheint auch das eigentlich präpositionale *ինչվի inčvi*. Vgl. pol. *inčvan* »jusqu'à«, ebenso im Tr. und Nch.

Im Modernarmenischen ist, soweit ich dasselbe überblicken kann, keine Spur mehr vorhanden von der altarm. Konditionalpartikel *եթէ etē*. So kennt Pol., Tr., Nch., Tf. nur die Partikel *tē* als Bedingungskonjunktion. In unsern kilikischen Quellen ist nun zwar altarm. *եթէ etē* »wenn« noch vorhanden: sein Gebiet ist jedoch dahin beschränkt, dass es nur am Anfange des Satzes zu stehen kommt. Geht dagegen der Konditionalpartikel noch eine andere Partikel vorauf, so steht immer *թէ tē* »wenn«. Beispiele: *եթէ հիւայէ* 31 18; *եթէ կենայ* 37 4; *եթէ առնու* 37 13; *եթէ լինի* 41 17; *եթէ մեռնի* 49 8 etc. Dagegen steht regelmäßig die kürzere Form in Verbindungen wie: *նա թէ* »und wenn, wenn nun« 11 18, 13 17, 15 26, 43 2. 9, 61 7, 63 14, 77 13, 79 11 etc.; *ապա թէ* »wenn aber« 11 21, 19 23, 23 14, 81 11 etc.; *որ թէ* »wenn, nun, falls« 17 7, 23 15, 67 30; *ամ թէ* »wenn nun« 59 6; *եւ թէ* »und wenn« 47 10. 33, 49 11. 29 etc.; *բայց թէ* »wenn aber« 49 21 etc. Nie findet sich im Kilikischen z. B. *եւ եթէ ev etē*, wie im Classischen ganz gewöhnlich. Dagegen ist z. B. echtkilikisch: *թէ չի* Rb ճհէ, *թի չի* 13 22,

Classische:

*մինչ minč*, *որովհետեւ orovhetev* »sobald als«.

*մինչեւ minčev* »bis dass, so lange als«.

*թէ tē*, *եթէ etē* »wenn«.

| Kilikische: | Classische: |
| --- | --- |
| Rb ճհէ »wenn nicht, sonst«[1]). Es macht sich mithin schon im Mittelarmenischen ein starkes Zurückweichen der altarmenisch häufigeren vollen Form եթէ *et‘ē* bemerkbar. | |
| Erwähnt sei auch noch das meist in Verbindung mit թէ *t‘ē* auftretende քաւել *k‘avēl*, — թէ »außer wenn, ausgenommen wenn«. | բայց եթէ *baiç et‘ē* »außer wenn«. |

## Interjektionen.

§ 317. հա՛յ »ja!, ja doch!« 57 18; ահա, ահայ »hier!, hier ist, hier sind«: ահայ վկայքս »hier sind meine Zeugen« 81 21; ահա որ այլ վայր մէկ կու գայ »da kommt es wieder auf die Einheit zurück« 83 11.

---

1) թի չի ist aus älterem թէ չի durch Assimilation hervorgegangen; die Lautform չի in թէ չի, թի չի ist ihrerseits aus älterem չէ entstanden mittels Anlehnung an չիք (»ist nicht«) sowie namentlich an das չի der 3. Pers. sg. des negativen Präsens.

# II. Abschnitt: Konjugation.

## Vorbemerkungen.

§ 318. Hinsichtlich Numerus und Person hat das Kilikische den alten Stand bewahrt.

Genus: Das transitive Verb hat, wie im Classischen ein Aktiv und ein Passiv, letzteres in neuer, dem Classischen fremder Form. Außerdem ist im Mittelarmenischen, im Unterschied von der alten Sprache ein Genus neutrum oder medium vom Aktiv und Passiv unterschieden:

| Aktiv. | Neutrum (Medium). | Passiv. |
|---|---|---|
| *բաժնեմ* »teile« | *բաժնիմ* »teile mich« | *բաժնուիմ* »werde geteilt« |
| *եփեմ* »koche« | *եփիմ* »koche« | *եփուիմ* »werde gekocht« |
| *այրեմ* »brenne« | *այրիմ* »brenne« | *այրուիմ* »werde gebrannt«. |

Dieselbe Genusabstufung zeigt das Neuarmenische. So im Tr. nach Aid. II 89:

| Aktiv. | Neutrum. | Passiv. |
|---|---|---|
| *կտրեմ* | *կտրիմ* | *կտրուիմ* |
| *այրեմ* | *այրիմ* | *այրուիմ* |
| *ազատեմ* | *ազատիմ* | *ազատուիմ* |
| *մարեմ* | *մարիմ* | *մարուիմ*. |

In der classischen Sprache fallen Neutrum und Passiv zusammen, indem der neutrale *i*-Stamm zugleich passive Funktion hat. Eine Scheidung beider Genera ward erst im Mittelarmenischen ermöglicht, indem nach Entstehung eines besonderen Passivstamms der alte *i*-Stamm den passiven Charakter verlor und lediglich noch die neutrale Funktion bewahrte, so dass nun beide Genera auch formell von einander durch je eine besondere Ausdrucksform geschieden waren.

## Kap. I. Der Präsensstamm und die Konjugationen.

§ 319. Die in der alten Sprache herrschende Konjugationsdifferenz, bestehend in den vier Konjugationsarten mit den Präsensvokalen *e*, *i*, *a*, *u*, ist im Neuarmenischen großenteils ausgeglichen: so haben z. B. die beiden modernen Schriftsprachen, sowie der Dialekt von Achalzich (Tom. p. 63) nur eine *e*-Konjugation, eine *i*-Konjugation und eine *a*-Konjugation. Dagegen fehlt die alte *e*-Konjugation und ist in der *i*-Konjugation aufgegangen im Dialekt von Kuty und im verwandten Dialekt von Nachiǰevan. Von den östlichen Dialekten kennt der von Tiflis nur zwei Konjugationen, eine mit Inf. *-il* und eine mit Inf. *-al*, von denen erstere die erste, dritte und vierte Konjugation des Altarmenischen umfasst, letztere der zweiten alten Konjugation entspricht[1]. Ebenso haben nur eine *i*- und eine *a*-Konjugation die östlichen Dialekte von Cəγna und von Agulis, in welch letzterem der Stammcharakter *a* zu *o* lautlich differenziert ist; zudem ist diese Konjugation nur bei einigen Einsilblern vorhanden, die alten *a*-Stämme sind sonst zu *i*-Stämmen geworden. Vgl. S. Sarg. p. 108 ff.

Das Mittelarmenische dagegen zeigt im kilikischen Dialekte noch die alte Konjugationsabstufung in den vier kilikisch-mittelarmenischen Konjugationsarten mit den Präsensvokalen *e*, *i*, *a* und *u*. Innerhalb der einzelnen Konjugationen haben sich jedoch die Verhältnisse nicht unmerklich verschoben und umgestaltet, indem einerseits das Gebiet der erweiterten oder derivierten Präsensstämme sich vergrößert hat, andrerseits manche einfache Stämme einen vom classischen abweichenden Themavokal zeigen.

1) Vgl. Petermann Abhdlg. d. Akad. d. Wiss. z. Berl. 1866 p. 75.

### I. Präsensstamm auf *-e*.

#### 1. Einfache Stämme.

§ 320. a) Bereits classisch vorhandene *e*-Stämme sind: այրեմ[1]) *airem* »brenne«; ասեմ[2]) *asem* »sage«; բերեմ[3]) *perem*

Belege: 1) այրէ II s. imp. B մկզ. 2) ասէ III s. pr. 27 7, 33 12, 39 16, 63 14, 47 26. 3) բերէ III s. pr. 9 20, 61 13; բերեն III p. pr. 11 9. 10.

»bringe«; բռնեմ[4]) přnem (pəřnem) »greife, fasse«; գիտեմ[5]) kidem »weiss«; գնեմ[6]) knem (kənem) »kaufe«; գրեմ[7]) krem (kərem) »schreibe»; եմ[8]) em »bin«; եփեմ[9]) epem »koche«; լռեմ[10]) lřem (ləřem) »schweige«; լսեմ[11]) lsem (ləsem) »höre«; խառնեմ[12]) xařnem »mische«; խլեմ[13]) xlem (xəlem) »entreisse, raube«; խմեմ[14]) xmem (xəmem) »trinke«; ծախեմ[15]) jaxem »verkaufe«; ծեծեմ[16]) jejem »schlage«; կարգեմ[17]) garkem »verheirate«; կարեմ[18]) garem »kann«; կարծեմ[19]) garjem »meine, glaube«; կոչեմ[20]) gočem »rufe«; կտրեմ[21]) gdrem (gədrem) »schneide, trenne ab«; համբերեմ[22]) hamperem »schiebe auf«; հանեմ[23]) hanem »nehme weg«; ճգեմ[24]) ckem (cəkem) »entlasse«; մեկնեմ[25]) megnem »strecke aus, reiche«; մսխեմ[26] msxem (məsxem) »verschleudere«; նեղեմ[27]) neγem »dränge«; շինեմ[28]) šinem »baue, bereite«; ուտեմ[29]) udem »esse«; պահեմ[30]) bahem »bewache, bewahre«; պսակեմ[31]) psagem (pəsagem) »verheirate, traue«; սղալեմ[32]) sγalem (səγalem) »fehle«; վախեմ[33]) vaxem »fürchte«; վարձեմ[34]) varcem »vermiete«; վկայեմ[35]) vgayem (vəgayem) »be-

4) բռնէ II s. imp. Rb ճիր. 5) գիտել Inf. 9 5. 6, 19 5, 29 20 6) գնէ III s. pr. 71 1, 79 1; գնեն III p. pr. L 155 10; գնել Inf. L 178 11, 185 15. 7) գրէ III s. pr. 35 7, 75 10; գրել Inf. 21 1. 8) եմ I s. pr. 25 11, 63 13, 65 17; են III pl. pr. 3 5, 11 25, 17 3. 9) եփէ II s. imp. B խ. 10) լռեն III p. pr. 57 14, 59 18. 11) լսէ III s. pr. 27 6, 59 6; լսեն III p. pr. 13 20, 15 10. 20, 57 13. 12) խառնէ II s. pr. B իր, մգ. 13) կու խլէ III s. ind. pr. 39 10; խլելով Instr. inf. 71 20; խլէր III s. impf. Smp. Chron. Dul. 624. 14) խմէ III s. pr. 33 18; խմէր III s. impf. 33 19. 15) ծախէ III s. pr. 45 19. 21, 69 16, 85 6; ծախեն III p. pr. 49 23, L 154 20, L 155 1. 3; ծախել Inf. 47 23. 16) ծեծէ III s. pr. MrB; ծեծեց III s. Aor. Smp. Chron. 642. 17) կարգէ III s. pr. 19 27, 21 8, 39 1; կարգել Inf. 21 21. 18) կարէ III s. pr. 9 7, 17 4, 17 23, 21 13. 16, 23 8; կարեն III p. pr. 19 15, 23 17. 20, 49 23. 19) կու կարծէր III s. impf. Smp. Chron. Dul. p. 647. 20) կոչէ III s. pr. 25 10. 21) կտրէ III s. pr. 51 18; կտրեն III p. pr. 39 26. 22) համբերէ III s. pr. 15 26, 33 16; կու համբերեն III p. ind. pr. Rb խգ. 23) կու հանեն III p. ind. pr. L 155 24; հանել L 155 23. 24) ճգէ III s. pr. 17 5, 33 9. 25) մեկնէ III s. pr. 41 18. 26) մսխել Inf. 17 12. 27) նեղել Inf. 25 21. 28) շինել Inf. B խգ, խբ. 29) ուտեն III p. pr. Rb ճհ. 30) պահէ III s. pr. 17 8, 49 3. 31) պսակէ III s. pr. Rb ձբ. 32) սղալէ III s. pr. 65 27, 67 2. 33) կու վախէին III p. pr. Smp. Chron. Dul. 648. 34) վարձէ III s. pr. 45 16, 71 6. 35) վկայէ III s. pr. 47 1; վկայեն

zeuge«; *վճարեմ*[36]) *vjarem* (*vəjarem*) »bezahle«; *քակեմ*[37]) *ḱagem* »zerstöre«; *քշտեմ*[38]) *ḱštem* (*ḱəštem*) »schlage«. — Ferner folgende von den entspr. classischen Stämmen nur lautlich differenzierte: *այժեմ*, *աժեմ*[39]) *ažem* »bin wert, koste« = cl. *արժեմ*; *անվնեմ*[40]) *anvnem* (*anvənem*) »nenne« = cl. *անուանեմ*; *արծեմ*[41]) *arjem* »weide« = cl. *արածեմ*; *աւիրեմ*[42]) *avirem* »zerstöre« = cl. *աւերեմ*; *բաժնեմ*[43]) *pažnem* »trenne, teile« = cl. *բաժանեմ*; *գրաւկնեմ*[44]) *kravgnem* »pfände« = cl. *գրաւականեմ*; *ժաժեմ*[45]) *žažem* »bewege, erschüttere« = cl. *շարժեմ*; *ժողվեմ*[46]) *žoγvem* »versammle« = cl. *ժողովեմ*; *խորվեմ*[47]) *xorvem* »brate« = cl. *խորովեմ*; *համեմ*[48]) *hamem* »befehle, verordne« = cl. *հրամայեմ*; *ղրկեմ*[49]) *γrgem* (*γərgem*) »schicke« nebst *յըղարկեմ*, *յղարկեմ*[50]) *həγargem*, als älterer und gelehrter Form, = cl. *յուղարկեմ*; *մանտրեմ*[51]) *mandrem* »verkleinere« = cl. *մանրեմ*; *մատնէհրեմ*[52]) *madnehrem* »besiegele« = cl. *մատնեհարեմ*; *մեծրեմ*[53]) *mejrem* »ehre, bevorzuge« = cl. *մեծարեմ*; *յայրենեթփեմ*, *հայրենեթփեմ*[54]) *hairenetṗem* »verbanne« = cl. **հայրենեթափեմ*; *շալկեմ*[55]) *šalgem* »trage« = cl. *շալակեմ*; *շաղղեմ*[56]) *šaγγem* »knete« = cl. *շաղեմ*; *շանցնեմ*[57]) *šançnem* (*šançənem*) »verschleudere, verschwende« = cl. **շանացանեմ*;

---

III p. pr. 11 27, 13 12, 15 15, 19 15, 25 15, 29 2, 35 17. 36) *վճարէ* 29 12, 45 21, 57 27, 59 24, 63 25, 71 8. 10, 75 18, 79 12; *վճարել* Inf. 77 11, 81 18. 37) *կու քակէ* III s. pr. 77 26. 38) *քշտէ* III s. pr. 31 4. 39) *աժէ* III s. pr. 11 22. 26; *այժէ* III s. pr. 11 22. 26; *այժէր* III s. impf. 73 16. 40) *անվնէ* III s. pr. 35 7. 41) *արծող* Verbalnomen Rb ճհ. 42) *աւիրէ* III sg. pr. Mx. Her. pg. 25. 43) *բաժնէ* III s. pr. 37 24, 49 34; *բաժնեն* III p. pr. 21 10; *բաժնել* Inf. 53 17. 44) *գրաւկնէ* III s. pr. 53 20, 71 17. 19, 75 23, 77 16; *գրաւկնել* Inf. 71 11, 77 18. 45) *ժաժէ* II s. imp. Mr B մխէ; *ժաժեն* III p. pr. Mr B մժգ. 46) *ժողվէ* III s. pr. Rb ճժե, B խ, ճկզ; *ժողվել* Inf. 13 7. 47) *խորվես* II s. pr. A 136; *խորվէ* III s. pr. B մկէ. 48) *համէ* III s. pr. 11 21, Rb ա, իգ. 49) *ղրկէ* III s. pr. 25 17. 50) *յըղարկէ* III s. pr. L 156 23; *յղարկեց* III s. Aor. Smp. Chron. 642 und 649. 51) *մանտրես* II s. pr. B կր; *մանտրէ* II s. imp. B խզ, Mx. Her. p. 71. 52) *մատնէհրեն* III p. pr. L 156 17. 53) *մեծրէ* III s. pr. Rb խզ. 54) *հայրենէթփել* inf. Rb հ. 55) *շալկէ* III s. pr. 33 15; *շալկեն* III p. pr. 31 6, 63 5, Rb կ. 56) *շաղղէ* II s. imp. B ժ, ժա, ժբ. 57) *շանցնել լինի* III s. prät. 45 18.

վայլէ [58] *vaile* »es geziemt sich« = cl. վայելէ; տուգնեմ [59] *dugnem* »strafe, lasse büßen« = cl. տուգանեմ; քաշեմ [60] *kašem* »ziehe, schleife« = cl. քարշեմ; աւղղեմ [61] *oγγem* »weise an« = cl. ուղղեմ; յեմեմ [62] *hemem* »zögere« = cl. յամեմ; յոր-դրեմ [63] *hortrem* »ermuntere« = cl. յորդորեմ; ուզեմ [64] *uzem* »wünsche, fordere« = cl. յուզեմ »untersuche«.

58) վայլէ III s. pr. 19 28, 39 21. 59) տուգնել Inf. Rb հ. 60) քաշէ III s. pr. Rb ճլբ; քաշեն III p. pr. Mx. Her. 139. 61) աւղղէ III s. pr. 27 8, 81 19. 23; աւղղելոյ Gen. Infin. 83 1. 62) յեմէ III s. pr. 15 2, 23 11, A 16, 34, 271, 280; յեմել Inf. 25 26, A 176. 63) յորդրէ III s. pr. A 190. 64) ուզեմ I s. pr. 41 23; ուզես II s. pr. Rb ճ, Matth. Urrh. 6, Geop. 33, 41, 51, 52, 89, 90, 91, 94, 95, 107, 130, 132, 148, 173, 187; ուզէ III s. pr. 11 19, 13 22. 28. 30, 15 8. 16, 23 27. 28, 27 8, 39 10, 35 4, 59 3, 61 14, 65 24. 25, 67 3, Geop. 77, 61; ուզեն III p. pr. 17 15, 27 10, 49 23, Mx. Her. 131, Geop. 92; ուզէր III s. impf. Smp. Chron. 622; ուզէին III p. impf. 17 16; ուզել Inf. 19 16, 23 5, S.-R. Rb § 138.

§ 321. b) Im Classischen fehlende Stämme: ածռեմ [1] *ajřem* (*ajəřem*) »zerstoße«; առջնտրեմ, առջընտրեմ [2] *ařčəndrem* »komme zuvor«; դատաստնեմ, դատըստնեմ, դատըստընեմ [3] *tadə-stənem* »klage«; ըղորդեմ [4] *əγortem* »bessere, berichtige«; ծախվորեմ [5] *jaxvorem* »ausgebe«; պատճռվորեմ [6] *badjřvorem* (*badjəřvorem*) »entschuldige«; սարեմ [7] *sarem* »rüste«; յիշվեմ [8] *hisvem* »gelte, plündere«; փնտռեմ [9] *pndřem* (*pəndřem*) »suche«. — Hierher gehören auch die fremdsprachlichen, entlehnten Verben, die im Mittelarmenischen mit wenigen Ausnahmen zu *e*-Stämmen geworden sind: ալկեմ [10] *algem* »füttere«; զընդա-նեմ [11] *zəndanem* »kerkere ein«; խալսեմ, խալըսեմ [12] *xaləsem* »befreie, lasse durch«; հիլայեմ [13] *hilayem* »klage an«; մունետ-

Belege: 1) ածռէ II s. imp. B կդ. 2) կու առջնտրեն III p. Ind. pr. 41 7. 8; առջընդրեց III s. Aor. Rb ճլբ. 3) կու դատըստը-նեմ I s. pr. 41 21; դատըստընել Inf. 15 13, 27 4, 61 11. 4) ըղորդէ III s. pr. Rb լգ; ըղորդեն III s. pr. 39 25. 5) ծախվորէր III s. impf. Smp. Chr. 648; ծախվորեն III p. pr. Rb հր. 6) պատճռվորէ III s. pr. 65 16. 7) սարել Inf. 35 16. 8) յիշվէ 23 22, 29 25, 39 17, Rb լզ, ղդ. 9) փնդռեն III p. pr. Rb ճիա; փնտռել Inf. Rb ճժա; փնդռէ III s. pr. 13 7. — An fremdsprachlichen Verbalformen finden sich: 10) ալկէ III s. pr. 79 1. 11) զընդանել Inf. Rb հ. 12) խալըսեն L 156 24; խալսել Inf. L 178 13. 13) հիլայէ III s. pr. 31 16. 18,

կեմ[14]) *munedgem* »rufe aus«; տահրկեմ[15]) *dahrgem* (*dahərgem*) »besiege«; աւդրեմ[16]) *otrem* »bewillige«; բլայթեմ[17]) *plaiṫem* »prozessiere«; պրուգեմ[18]) *brukem* »dotiere«; ճալընճեմ[19]) *čalənǰem* »reklamiere«; ճաստեմ[20]) *častem* »züchtige«; սայզեմ, սազեմ[21]) *sazem* »belehne, setze in Besitz«; տըպլեմ[22]) *dəblem* »verdoppele«; տֆընդեմ, տըֆընդեմ[23]) *dəfəndem* »verteidige«; ֆայլեմ[24]) *failem* »fehle«.

33 15. 17. 22, 59 31; հիլայելոյ Gen. Infin. 33 21; հիլայօղ Verbalnomen 33 16, 35 5. 25. 30; հիլայած part. prät. 29 9, 31 19, 33 10. 15. 24, 35 25. 17. 18. 29, 61 2. 8, 63 4. 5. 14) մունետկէ III s. pr. 79 11; մունետկեն III p. pr. 77 7; մունետկել Inf. 75 14. 15) տահրկէ III s. pr. 67 20; տահրկած part. prät. 59 27. 16) աւդրելով Instr. inf. Rb ճժր; աւդրել լինի III s. prät. 21 17; լինի աւդրել 83 17; աւդրած part. prät. 37 6. 17) բլայթէ III s. pr. 51 9; բլայթել inf. 19 21; բլայթելոյ Gen. inf. 19 21. 18) պրուգած part. prät. S.-R. Rb 139. 19) ճալընճէ III s. pr. 23 24, 51 4; ճալընճեն III p. pr. 69 14. 17. 22; ճալընճօղի Gen. des Verbalnomens 69 4; ճալընճել Inf. 19 21, 23 15. 17. 18. 24. 55 25, 69 18. 20) ճաստէ III s. pr. 65 3. 21) սայզէ, սազէ III s. pr. 17 16. 21. 25; սայզեն III p. pr. 71 3; սայզած part. prät. 23 4, 57 7. 22) տըպլեմ Rb ծ. 23) տֆընդէ III s. pr. 27 7, 31 6, 57 16; տֆընդել Inf. 23 12; տըֆընդելով Instr. inf. 53 21; տըֆընդել part. prät. 23 9. 10. 24) ֆայլէ III s. pr. 61 16, 63 6.

§ 322. c) Stämme, deren classische Korrelata keine einfachen *e*-Stämme sind: an Stelle der classischen *u*-Stämme արգելում »hindere«, լեսում »zermalme«, զենում »schlachte« treten die kilikischen *e*-Stämme: արգիլեմ[1]) *arkilem* (aus älterem արգելեմ, worüber zu vergl. Aid. I 93), լոսեմ[2]) *losem* (nebst der seltenen Variante լեսեմ *lesem*) und զինեմ[3]) *zinem*. Neben dem noch lebendigen թողում erscheint schon թողեմ[4]) *ṫoγem*

Belege: 1) արգիլէ III s. pr. 25 25, A 107, Rb ճհ; արգիլեն III p. pr. 41 9, Rb ծզ; կու արգիլէին III p. impf. L 156 26; արգիլել Inf. 11 20, A 19, Rb ճժե, ճհ, ճհբ; bei Mx. Her. die Formen: արգիլէ III s. pr. 20, 45, 48, 92; արգիլի III s. pr. med. 12; արգիլելոյ Gen. Infin. 13; արգիլեցաւ III s. Aor. med. 13. 2) լոսես II s. pr. B մզ; լոսէ II s. imp. B մ, ճհ, ճհզ, ճհթ, ճծթ, ճզզ, ճզթ, մզ, մե, մհ; լոսեն III p. pr. ճկա, ճհե, մկզ; լեսեն III p. pr. Geop. 30, Mx. Her. 150. 3) զինէ II s. imp. B մկ. 4) թողէին III p. impf. Smp. Chron. Dul. 650.

›lasse‹. Ebenso dürfen die in nachclass. Zeit für älteres յեղում, աւելում auftretenden յեղեմ *heyem* ›ändere‹, աւելեմ *avelem* und աւիլեմ *avilem* ›fege‹ auch als kilikisch angesetzt werden.

Classischen *i*-Stämmen entsprechen im Kl. Themata auf *-e*: kl. թարխեմ[5]) *t̔arxem* = cl. թարախիմ ›eitere‹; kl. կարմրեմ[6]) *garmrem* = cl. կարմրիմ ›röte mich‹; kl. սպիտկեմ[7]) *spidgem* = cl. սպիտակիմ ›werde weiß‹; auch kl. համրեմ *hamrem* = cl. համարիմ ›erachte‹.

Anm. Als ältere Form von համրեմ begegnet schon in vorkilikischer Zeit das von Wb. als vulgär bezeichnete համարեմ.

Alten Derivatstämmen mit *n* entsprechen im Kilikischen einfache, ohne *n*: kl. մտեմ[8]) *mədem* ›gehe ein‹ = cl. մտանեմ; kl. լուծեմ[9]) *lujem* ›löse‹ = cl. լուծանեմ; kl. խստեմ[10] *xstem* ›erhärte‹ = cl. խստանամ. Vielleicht entspricht auch kl. համեմ[11]) *hamem* ›befehle‹ einem älteren *հրամանեմ [?].

Anm. 1. մտեմ für մտանեմ erscheint bereits in nachclassischer Zeit bei Greg. Nar., Ners. Lampr., Greg. Mag., Oskip̔. u. a. m.; ebenso լուծեմ schon bei Ners. Lampr., Klimachos und Leb. d. Väter. Die classische Litteratur kennt die einfache Themaform մտեմ nur im Kompositum հետամտել ›verfolgen‹ bei Laz. P̔arp., Joh. Katholikos; letzteres natürlich Denominativ von հետամուտ.

Anm. 2. Schon in classischer Zeit, und zwar teilweise vom 5. Jahrhundert ab, finden sich die Dubletten: զատանեմ und զատեմ; յատանեմ und յատեմ; զանգանեմ und զանգեմ; աղանձնեմ und աղանձեմ; շականջանեմ, սկանջանեմ und սկան-

---

5) թարխէ III s. pr. Mr B 154. 6) կարմրէ III s. pr. Mr B 155. 7) սպիտկէ III s. pr. Mr B 145. 8) մտես II s. pr. Rb ճկդ, B միա, միե; մտէ III s. pr. 17 6. 10, 31 10, 59 25, 61 1. 2, A 280, Rb ծգ, կ, հթ, ճժբ, ճլգ, ճհգ, ճհէ, B ժը, խե, մխը, մկէ; մի մտեր neg. Imp. in Rb; մտեն III p. pr. 35 19, Rb ձէ, ճհ; մտել Inf. 29 1, 17 7, Rb ժը, հգ. Auch bei Mx. Her. մտէ p. 17, 19, 25, 26, 47, 136; nur S. 55 steht die erweiterte Form մտանէ. 9) լուծէ II s. imp. Mr B; լուծեց III s. Aor. Smp. Chron. Dul. 646. 10) խստեց III s. Aor. Smp. Chron. Dul. 611. 11) համէ III s. pr. 39 11, 43 7. 10; համենք I p. pr. L 185 17, L 178 7; համէք II p. pr. 41 9, 59 14; համել Inf. 51 21.

չեմ; տորփչանեմ und տորփչեմ; ներկանեմ und ներկեմ; խցանեմ und խցեմ; խփանեմ und խփեմ; տարածանեմ und տարածեմ; բեկանեմ und բեկեմ; vgl. auch Aid. I 92. Hiervon dürfen nur die erweiterten Formen als echtclassisch gelten: die kürzeren Themata, von Wb. meist als vulgär bezeichnet, sind höchstwahrscheinlich auch ins Kilikisch-Mittelarmenische übergegangen.

### 2. Erweiterte Stämme.

§ 323. Die alten erweiterten Stämme auf -չ -č̣ hat das Kilikische bewahrt: so kl. ճանչեմ[1]) *jančem* = kl. ճանաչեմ. — Die classischen erweiterten *e*-Stämme mit *n* finden sich nur zum teil im Kilikischen wieder: kl. այնեմ[2]) *ainem* »mache« = cl. առնեմ (Stamm առ- *ar-*); դնեմ[3]) *tnem* (*tənem*) »lege« = cl.

Belege: 1) ճանչեմ I s. pr. 67 9; ճանչես II s. pr. Mr B bei H. 157; ճանչէ III s. pr. 41 19, 65 2, Rb ճժա; ճանչեն III p. pr. 63 17; ճանչել Inf. 25 22, 81 15. 2) այնեմ I s. pr. 21 26; այնես II s. pr. 15 19, 43 7. 9; այնէ III s. pr. 9 15, 13 10. 19. 21. 29. 31, 15 9. 20. 27, 17 19. 25, 23 24, 29 15. 16, 31 8. 21, 33 25, 35 3. 14, 37 5. 8, 43 9, 45 16, 49 4. 13, 51 21, 55 14, 57 22, 59 5, 63 2. 21. 24, 77 24, 81 3, L 156 21, 157 3, B ճ, Rb մ, ի, իզ, իթ, ին, ձր; այնենք I p. pr. 68 18; այնեն III p. pr. 33 4, 41 12, 45 2, 49 21. 22, 51 11, 53 10, 81 2, Rb իժ, լզ, ծէ, կ, ծզ; այնէր III s. impf. 35 12; այնել Inf. 19 20, 21 1. 13, 23 11, 47 24, 49 14. 17. 23, 26, 51 20, 53 2, 3 12, 57 21, Rb իզ, իը, լզ, ճՀէ.

Anm. Die ältere, frühmittelarm. Form von այնեմ mit noch erhaltenem *r* liegt vor im 12. Jhd. bei Mx. Her. Belegt sind daselbst: այրնես *airnes* II sg. pr. 84, 99, 107; այրնէ *airnē* III sg. pr. 88, 94, 101, 102, 106, 108, 111, 112, 113, 115, 116, 120, 128, 136, 140; այրնեն *airnen* III pl. pr. 12, 101; այրնել *airnel* Inf. 13, 66, 86, 87, 100, 101, 125. Auch առնես *arnes* II sg. pr. 95; առնէ *arnē* III sg. pr. 108; cf. առնելոյ Gen. Inf. in Geop. 106. Bei demselben Schriftsteller erscheint jedoch auch schon die eigentlich kilikische, jüngere Form ohne *r* in folgenden Fällen: այնես *aines* II sg. pr. 95; այնէ *ainē* III sg. pr. 25, 30, 37, 75, 84, 96, 115, 117, 131; այնել *ainel* Inf. 25, 89, 101. Dagegen findet sich die spätkilikische Form անեմ *anem* z. B. in Geop., bei Amirdovlat und überhaupt in spätmittelarmenischer Zeit: Z. B. անես II sg. pr. Geop. 21, 192; im Diplom des Königs Leo V. vom J. 1331: անէ III sg. pr. L 188 10. 18, անող, անաւղ *anoγ* L 188 33, 189 3, արել act. part. prät. L 189 5, 188 26, արած pass. part. prät. L 188 22. 33. 34. 36. Vgl. hierüber die Lautlehre.

3) դնէ III s. pr. 13 12. 26, 15 17, 73 4. 5, 75 3; դնեն III p. pr. 39 26, Rb իթ.

դնեմ; ելնեմ[4]) *elnem* »gehe heraus« = cl. ելանեմ; զարկնեմ[5]) *zargnem* »schlage« = cl. զարկանեմ; հարցնեմ[6]) *harçnem* »frage« = cl. հարցանեմ; սպաննեմ[7]) *spannem* »töte« = cl. սպանանեմ; ցուցնեմ[8]) *çuçnem* »zeige« = cl. ցուցանեմ; օծնեմ[9]) *ọjnem* »salbe, schmiere« = cl. աւծանեմ. Auch տեսնեմ[10] (= cl. տեսանեմ) in Mr A, diese Form ist jedoch nicht echtkilikisch: in den kilikischen Schriften erscheint sonst vielmehr stets der *u*-Stamm տեսնում *desnum*, wie denn noch eine Reihe anderer classischer erweiterter *e*-Stämme im Kilikischen zu erweiterten *u*-Stämmen geworden ist. Cf. unten »Präsensstamm auf *u*«.

Umgekehrt findet sich vereinzelt, als Vorläufer des entsprechenden neuarmenischen *e*-Stammes (vgl. Han. 28 und Aid. §§ 216, 217), im Kilikischen das Imperfekt առնէին[11]) für cl. առնուին: dem alten *nu*-Thema entspricht in diesem Falle kilikisch-mittelarmenisches *ne*-Thema.

4) ելնէ III s. pr. 13 6, 25 27, 51 13, 53 20, 55 10, 59 6, 71 7, 75 4, L 157 17. 18, Rb ԻԹ, ԽԵ, B ԼԹ, ԾԺԹ, ԾԼԸ, ՄԻԴ; ելնեն III p. pr. Rb ԽԵ; կու ելնենք I p. pr. ind. Smp. Chron. Dul. 648; ելնին III p. pr. 53 26, 57 14; ելնէին III p. impf. Smp. Chron. 649; ելնել inf. Rb ԾԺԲ; auch bereits bei Mx. Her.: ելնէ III sg. pr. 76; ելնել Inf. 6, 14; ելնելոյ Gen. Inf. 16. 5) զարկնես II s. pr. Mx. Her. 70; զարկնէ III s. pr. Mr A und B. 6) հարցնեմ I s. pr. 9 21; հարցնեն III p. pr. Rb ՀԲ; հարցնել Inf. Rb Ի. 7) սպաննէ III s. pr. Rb Ա, ԻԹ, ՀԲ; սպաննեն III p. pr. Rb ԾԺԱ; սպաննել Inf. Rb ՀԲ. 8) կու ցուցընեմ I s. pr. ind. 27 11; ցուցնէ, ցուցընէ 9 16. 17, 13 8, 63 25, 65 4. 5, 67 6, 77 2, 83 21. 9) օծնես II s. pr. Mr B bei L 150; օծնէ III s. pr. Mr B bei L 153, 154. 10) տեսնես II s. pr. Mr A bei L 145, 146. 11) կու առնէին III p. impf. L 156 2. 3.

### 3. Kausativstämme.

§ 324. Der altarmenische Kausativstamm, bestehend aus dem Aoriststamm + ուցանեմ, hat sich im Mittelarmenischen erhalten, jedoch in veränderter Lautform, indem, nach Lautl. S. 42 das classische ուցանեմ *uçanem* zu kilikisch ցնեմ (ցընեմ) *çənem* geworden ist durch Ausfall von ու *u* und Schwächung von ա *a* zu ը *ə*.

§ 325. Beispiele: անցցընեմ[1]) *ançççənem*, *ançənem* = cl. անց-ուցանեմ zu անցանիմ, Aor. անց-այ; իջցնեմ[2]) *ičçənem*

Belege: 1) անցցընէ III s. pr. 79 12; անցնէ III s. pr. B ԼԹ, Ծ. 2) իջցնէ III s. pr. L 185 22; իջցնել inf. L 186 6; իջու II s. imp. Aor. L 179 3.

= cl. իջ-ուցանեմ zu իջանեմ, Aor. իջ-ի; հասցնեմ[3]) *hasçənem* = cl. հաս-ուցանեմ zu հասանեմ, Aor. հաս-ի; հատցնեմ[4]) *hadçənem* = cl. հատ-ուցանեմ zu հատանեմ, Aor. հատ-ի; մեռցնեմ[5]) *meṙçənem* = cl. մեռ-ուցանեմ zu մեռանիմ, Aor. մեռ-այ; յերցնեմ[6]) *herçənem* = cl. յար-ուցանեմ zu յառնեմ, Aor. յարե-այ; ուսցնեմ[7]) *usçənem* = cl. ուս-ուցանեմ zu ուսանիմ, Aor. ուս-այ; սնցնեմ[8]) *sənçənem* = cl. սն-ուցանեմ zu սնանիմ, Aor. սն-այ; փախցնեմ[9]) *ṗaxçənem* = cl. փախուցանեմ zu փախչիմ, Aor. փախե-այ; փակցնեմ[10]) *ṗagçənem* = cl. փակ-ուցանեմ zu փակ-ում, փակնում, Aor. փակ-ի resp. փակե-այ; փլցնեմ[11]) *ṗəlçənem* = cl. փլ-ուցանեմ zu փլանիմ, Aor. փլայ; փրթցնեմ[12]) *ṗəṙṫçənem* = cl. փրթ-ուցանեմ zu փրթանիմ, Aor. փրթ-այ; կորսնեմ[13]) *gorsənem* = cl. կոր-ուսանեմ aus *կոր-ուցանեմ zu կորնչիմ, Aor. կորե-այ; դարձնեմ[14]) *tarcənem* nach Lautl. § 150 = cl. դարձ-ուցանեմ zu դառնամ, Aor. դարձ-այ. Zu մտեմ, Aor. մտ-այ wird regelmäßig gebildet das Kausativ մտցնեմ[15]) *mədçənem* aus *մտ-ուցանեմ, gegenüber dem aa. մուծանեմ zu մտանեմ.

3) հասցնես II s. pr. B ճձգ; հասցնէ III s. pr. Rb ա, B ճծթ, ճկբ, ճկզ. 4) հատցնէ III s. pr. Mr A. 5) մեռցնել Inf. Rb հ, ճժբ. 6) յերցնես II s. pr. B մծգ; յերցնէ III s. pr. A 194. 7) ուսցնել Inf. Rb ճլե; ուսցնող Verbalnomen Rb ճլե. 8) սնցնէ III s. pr. Rb ղէ. 9) փախցնեն III p. pr. B ճհէ. 10) փակցնեն III p. pr. B ճղ. 11) փլցնես II s. pr. B մլզ. 12) փրթուցած Rb ճհ. 13) կորսնէ III s. pr. 13 32, 11 4, 15 3. 27, 23 24, 63 10, 65 7, 73 19. 14) դարձրնէ III s. pr. 59 26, 71 21; դարձնէ III s. pr. 63 25, Rb հբ, ճզ, ճխ, ճխդ; դարձնեն III p. pr. 47 22, 57 26, Rb ճզ; դարձրնել Inf. 79 3. 4, 81 16; դարձնել Inf. Rb ճթ, ճիե, ճկ, Smp. Chron. 620. 15) մըտցընեն III p. pr. L 187; մտոյ II s. imp. B ճժթ.

Vom Aoriststamm auf *-ç* gebildete Kausativstämme.

§ 326. a) Kausativa von einfachen *e*- und *i*-Stämmen. Vgl. Lautl. § 149. — աճեցնեմ[1]) *ajeçənem* = cl. աճեցուցանեմ; դադրեցնեմ[2]) *tatreçənem* = cl. դադարեցուցանեմ; ժառանգեցնեմ[3]) *jaṙangeçənem* = cl. ժառանգեցուցանեմ; լռեցնեմ[4]) *ləṙe-*

Belege: 1) աճեցնէ III s. pr. B ճձգ. 2) դադրեցնէ III s. pr. A 136. 3) ժառանգեցնել Inf. Rb ճժե. 4) լռեցնեն III p. pr. Rb լգ.

*çənem* = cl. լռեցուցանեմ; խաղղեցնեմ[5]) *xaγγeçənem* = cl. խաղաղեցուցանեմ; խափնեցնեմ[6]) *xap̂neçənem* = cl. խափանեցուցանեմ; կաթեցնեմ[7]) *gaṫeçənem* = cl. կաթեցուցանեմ; հաճեցնեմ[8]) *haǰeçənem* = cl. հաճեցուցանեմ; հաշտեցնեմ[9]) *hašteçənem* = cl. հաշտեցուցանեմ; հաւնեցնեմ[10]) *havneçənem* = cl. հաւանեցուցանեմ; յեմեցնեմ, յիմեցնեմ[11]) *hemeçənem*, *himeçənem* = cl. յամեցուցանեմ; յորդորեցնեմ[12]) *hortoreçənem* = cl. յորդորեցուցանեմ; պակսեցնեմ[13]) *bagseçənem* = cl. պակասեցուցանեմ; պատրաստեցնեմ[14]) *badrasteçənem* = cl. պատրաստեցուցանեմ; վզենկեցնեմ[15]) *vəzengeçənem* = cl. վզենկեցուցանեմ; սովրեցնեմ[16]) *sovreçənem* = cl. սովորեցուցանեմ; ցամքեցնեմ[17]) *çamḱeçənem* = cl. ցամաքեցուցանեմ; օգտեցնեմ[18]) *o̱gdeçənem* = cl. աւգտեցուցանեմ u. s. w.

5) խաղղեցնէ III s. pr. B ծ, ծա, հե, ճժը. 6) խափնեցնեն III p. pr. Rb ղզ; խափնեցնել Inf. Rb լթ. 7) կաթեցնես II s. pr. B ճի, ճղե, ճղը, միթ. 8) հաճեյնէ III s. pr. Rb ճխ, ճհզ; հաճեցնեն Rb կբ. 9) հաշտեցնել Inf. Rb հբ, ձթ. 10) հաւնեցնէ III s. pr. Rb ձթ. 11) յեմեցնէ III s. pr. A 198; մի յեմեցներ II s. neg. imp. A 154; յիմեցնէ III s. pr. 81 24, Rb ճա, լզ. 12) յորդորեցնէ III s. pr. B մծը. 13) պակսեցնէ III s. pr. Rb լզ, ճդ; պակսեցնել Rb ժ, ժա, ղդ, ճժզ. 14) պատրաստեցո II s. imp. B մխա. 15) վզենկեցնել Inf. S.-R. Rb § 122. 16) սովրեցոյ II s. imp. B մկզ. 17) ցամքեցնաւղ adj. verb. B ճհ; ցամքեցոյ II s. imp. B ճժը, ճժթ. 18) չօգտեցուցին III p. neg. Aor. Rb ճլե.

§ 327. b) Kausativa von einfachen *a*-Stämmen. Vgl. Lautl. § 149. — ամրցնեմ[1]) *amərçənem* = cl. ամրացուցանեմ; անհոգցնեմ[2]) *anhokçənem* = անհոգացուցանեմ; անուշցնեմ[3]) *anušçənem* = cl. անուշացուցանեմ; գիճցնեմ[4]) *kÿçənem* = cl. գիջացուցանեմ; դալարցնեմ[5]) *talarçənem* = cl. դալարացուցանեմ; եղկցնեմ[6]) *eγgçənem* = cl. եղկացուցանեմ; եոցնեմ[7]) *ciçənem*

Belege: 1) ամրցնէ III s. pr. B լէ, ճհբ, ճղ, մժե; ամրցնել Inf. Rb ճհր. 2) անհոգցնէ III s. pr. Rb ճխբ. 3) անուշցնէ III s. pr. Rb լզ; անուշցնել Inf. Rb ճլե. 4) գիճցնէ III s. pr. B ճխա. 5) դալարցնէ III s. pr. A 234. 6) եղկցոյ II s. Imp. B ճիդ. 7) եոցնեն III p. pr. B ճիզ.

= cl. *եռացուցանեմ*; *թանձրցնեմ*[8] *ťanjrçənem* = cl. *թանձրացուցանեմ*; *թուլցնեմ*[9] *ťulçənem* = cl. *թուլացուցանեմ*; *իրաւցնեմ*[10] *iravçənem* = cl. *իրաւացուցանեմ*; *լաւցնեմ*[11] *lavçənem* = cl. *լաւացուցանեմ*; *կակղցնեմ*[12] *gagəγçənem* = cl. *կակղացուցանեմ*; *կարողցնեմ*[13] *garoγçənem* = cl. *կարողացուցանեմ*; *կուրցնեմ*[14] *gurçənem* = cl. *կուրացուցանեմ*; *հովցնեմ*[15] *hovçənem* = cl. *հովացուցանեմ*; *յաւելցնեմ*, *յեւելցնեմ*[16] *ħavelçənem*, *ħevelçənem* = cl. *առաւելացուցանեմ*; *նաւսրցնեմ*[17] *nosrçənem* = cl. *անաւսրացուցանեմ*; *նեղցնեմ*[18] *neγçənem* = cl. *նեղացուցանեմ*; *շողցնեմ*[19] *šoγçənem* = cl. *շողացուցանեմ*; *ողջցնեմ*[20] *oγčçənem* = cl. *ողջացուցանեմ*; *չորցնեմ*[21] *çorçənem* = cl. *չորացուցանեմ*; *պատեհցնեմ*[22] *badehçənem* = cl. *պատեհացուցանեմ*; *սեւցնեմ*[23] *sevçənem* = cl. *սեւացուցանեմ*; *վերցնեմ*[24] *verçənem* = cl. *վերացուցանեմ*.

8) *թանձրցոյ* II s. imp. B *խէ*, *ծա*, *ճզ*. 9) *թուլցնէ* III s. pr. Bb *ձզ*; *թուլցնել* inf. Rb *հր*. 10) *իրաւցընէ* III s. pr. 59 s. 11) *լաւցնէ* III s. pr. Rb *ժթ*. 12) *կակղցնէ* III s. pr. B *խ*, *խզ*, *խթ*, *հէ*, *ճծա*, *մժզ*. 13) *կարողցնէ* III s. pr. B *ծ*. 14) *կուրցնէ* III s. pr. B *ճհ*. 15) *հովցնէ* III s. pr. B *խէ*, *մը*; *հովցնել* inf. B *ճձբ*, *մլբ*. 16) *յաւելցնել* inf. Rb *լզ*, *ղզ*; *յեւելցնես* A 198, B *մլզ*. 17) *նաւսրցնէ* III s. pr. B *ծզ*. 18) *նեղցնեն* III p. pr. Rb *ճխը*; *նեղցնել* inf. Rb *ճհ*. 19) *շողցնեն* III p. pr. B *մկզ*. 20) *ողջցնէ* III s. pr. B *ճժե*, *ճձթ*, *մկա*. 21) *չորցնես* II s. pr. B *կզ*. 22) *պատեհցնես* II s. pr. B *մլը*. 23) *սեւցնէ* III s. pr. B *միզ*. 24) *վերցնէ* III s. pr. B *ձթ*, *ճիզ*; *վերցնեն* III p. pr. Rb *ճիթ*; *վերցնել* inf. Rb *հ*.

Daneben auch noch die älteren volleren Formen mit *a*: *աղքատացնեմ*[1] »mache arm«, *առողջացնեմ*[2] »mache genesen«, *դողացնեմ*[3] »schüttele«, *գիճացնեմ*[4] »befeuchte«, *զայրացնեմ*[5] »erbittere«, *զաւրացնեմ*[6] »stärke«, *թուլացնեմ*[7] »gestatte«, *խնդացնեմ*[8] »erfreue«, *կենդանացնեմ*[9] »belebe, lasse leben«,

Belege: 1) *աղքատացնեմ* I s. pr. Rb *ճհէ*. 2) *առողջացնէ* III s. pr. B *ղբ*. 3) *դողացնեն* III p. pr. A 204. 4) *գիջացնէ* III s. pr. A 49; *գիջացնեն* III p. pr. A 204; *գիճացնաւղ* adj. verb. B *խը*. 5) *զայրացնէ* III s. pr. A 122. 6) *զաւրացնէ* III s. pr. B *ճձբ*. 7) *չթուլացնէ* III s. neg. pr. Rb *ճհա*. 8) *խնդացնէ* III s. pr. B *ձա*. 9) *կենդանացնել* inf. Rb *ճլզ*.

*կուրացնեմ* [10]) »blende«, *մերկացնեմ* [11]) »entblöße«, *ողջացնեմ* [12]) »heile« u. s. w.

10) *կուրացնել* inf. Rb *ճիե*. 11) *մերկացնէին* III p. impf. Smp. Chron. 619. 12) *ողջացնէր* III s. impf. Rb *լղ*.

Sämtliche Intransitiva auf *-nam* (cl. *-anam*) bilden so den Kausativstamm, auch wo im Classischen ein solcher nicht vorhanden ist. Z. B. *աղեկցնեմ* [1]) »heile« zu *աղեկնամ* »bin gesund«, *ուժովցնեմ* [2]) »stärke« zu *ուժովնամ* »bin stark«; *լմնցնեմ* [3]) »fülle« zu *լմնամ* »bin voll«. Auch da, wo zu dem Nomen ein Derivatstamm auf *-na* in Wirklichkeit nicht existiert, wird ein solcher vorausgesetzt und davon das Kausativ gebildet: *կշտացնեմ* [4]) »sättige« zu **կշտանամ* »bin satt« v. *կուշտ*; *պարոնացնեմ* [5]) »mache zum Herrscher« zu **պարոննամ* »herrsche« v. *պարոն*; *ցաւցնեմ* [6]) »mache krank« zu **ցաւնամ* »bin krank« v. *ցաւ*; *հահանդցնեմ*, *հահընդցնեմ* [7]) »stille, beruhige« zu **հահընդնամ* »bin ruhig« v. *հահանդ*; *մատղշցնեմ* [8]) »verjünge« zu **մատղշնամ* »bin jung« v. *մատղաշ*; *ուժվորցնեմ* [9]) »stärke« zu **ուժվորնամ* »bin stark« v. *ուժվոր*; *սպրկցնեմ* [10]) »reinige« zu **սպրկնամ* »bin rein« v. *սպրկիկ*; *վատուժցնեմ* [11]) »schwäche« zu **վատուժնամ* »bin schwach« v. *վատուժ*; *տաքցնեմ* [12]) »erhitze« zu **տաքնալ* »bin heiß« v. *տաք*.

Belege: 1) *աղէկցնէ* III s. pr. B *մկզ*, *մկէ*, A 108. 2) *ուժովցնէ* III s. pr. A 76, 113, B *իէ*, *իը*, *խա*, *կզ*; *ուժովցնել* inf. B *ճլը*. 3) *լմնցնէ* III s. pr. Rb *ճհէ*; *լմնցնեն* III p. pr. Rb *ձբ*. 4) *կշտացնէ* III s. pr. 69 5, 77 5, Rb *լզ*. 5) *պարոնացնել* Het'. Kor. Dul. 485. 6) *ցաւցնէ* III s. pr. B *կը*. 7) *հահանդցնէ* III s. pr. B *ճկէ*, *ճձբ*; *հահընդցնէ* A 95, B *խը*, *ճժե*, *մյը*, *մծէ*, *մկթ*, *մհ*. 8) *մատղշցնել* inf. 17 25. 9) *ուժվորցնէ* III s. pr. B *ծէ*, *հբ*, *ձա*, *ճղ*, *մհ*. 10) *սպրկցոյ* II sp. imp. B *մծա*. 11) *վատուժցնես* II s. pr. A 198; *վատուժցնէ* III s. pr. A 154; *վատուժցնեն* III p. pr. A 17. 12) *տաքցնէ* III s. pr. B *ճմզ*; *տաքցնել* inf. A 198.

§ 328. Als Folge davon, dass die überwiegende Mehrzahl der Kausativa von *a*-Stämmen abgeleitet werden, macht sich die Neigung bemerkbar, dieselbe Bildungsart als Norm für sämtliche Kausativa auch auf die übrigen Stämme zu übertragen. So werden von *e*-Stämmen durch Suff. *-ցնեմ* (= **-ացուցանեմ*) statt -եցնեմ (= *-եցուցանեմ) abgeleitet: խմցնեմ[1]) *xəmçənem* »gebe zu trinken, tränke« statt *խմեցնեմ von խմեմ; արծկցնեմ[2]) *arjəgçənem* gegen cl. արձակեցուցանեմ von արձակեմ; երդմնցնեմ[3]) *ertmənçənem* gegen cl. երդմնեցուցանեմ von երդմնեմ; երեւցնեմ[4]) *erevçənem* gegen cl. երեւեցուցանեմ von երեւիմ; կաննուխցնեմ[5]) *gannuxçənem* gegen cl. կանխեցուցանեմ von կանխեմ; վազցնեմ[6]) *vazçənem* gegen cl. վազեցուցանեմ von վազեմ; ցամքցնեմ[7]) *çamkçənem* gegen cl. ցամաքեցուցանեմ von ցամաքեմ; պատրաստցնեմ[8]) *badrəstçənem* gegen cl. պատրաստեցուցանեմ von պատրաստեմ u. s. w.

Belege: 1) խմցնես II s. pr. B մլր, ճղթ, ճձգ; խմցնեն III p. pr. B մխէ; խմցնել, Gen. խմցնելոյ B մխդ, մխե; խմցոյց III s. Aor. Rb ճկ; խմցոյ II s. imp. B ժէ, ծ, ձէ, ճր, ճղթ, մխզ, մլա, մլր. 2) արծկցնէ III s. pr. B ճձր; արծկցնել inf. B մժգ. 3) երդմնցնէ III s. pr. 57 24. 4) երեւցնէ III s. pr. Rb ր. 5) կաննուխցնել inf. 17 23. 6) վազցնէ III s. pr. Rb ճկր. 7) ցամքցնէ III s. pr. B ճհգ, ճձե, ճձէ, ճղթ, մկէ. 8) պատրաստցնել A 155.

§ 329. Bereits bei Mx. Her., fast ein Jahrhundert vor Smbad, sowie in den jüngeren Geoponica findet sich das Kausativ auf *-çənem*. Hier zeigt jedoch das Kausativ insofern einen älteren Lautstand als vor *-çənem* der jeweilige Präsensvokal des entsprechenden einfachen Verbs noch fast regelmäßig erhalten ist. Daneben finden sich allerdings auch schon Formen ohne *a*, *e*; letztere mögen zum Teil aus späterer, neuarmenischer Redaktion der beiden Schriften hervorgegangen sein. An Kausativen auf -ցնեմ *-çənem* finden sich bei Mx. Her.: անցնեմ[1]) *ançənem* = cl. անց-ուցանեմ; բլցնեմ[2]) *pəlçənem* = cl. փլ-ուցանեմ (փլ-ուզանեմ); կերցնեմ[3]) *gerçənem* = cl. կեր-ուցանեմ; հասցնեմ[4]) *hasçənem* = cl. հաս-ուցանեմ; հատցնեմ[5]) *hadçənem* = cl. հատ-ուցանեմ; մտցնեմ[6]) *mədçənem* = cl. *մտ-ուցանեմ, wirklich nur մուցանեմ; յարցնեմ[7]) *harçənem* = cl. յար-ուցանեմ. — Zu einfachen Verben mit Präsenscharakter *-a* gebildete: գիջացնեմ[8]) = cl. գիճացուցանեմ, գիջացուցանեմ von գիճանամ, գիջանամ; գիժարցնեմ[9]) = cl. *գժուարացուցանեմ

Belege: 1) անցնէ 22, 23, 67. 2) չբլցնես 99. 3) կերցուր 41, 46. 4) հասցնել 78. 5) հատցնէ 40, 35. 6) մտո 17. 7) յարցնէ 94. — 8) գիճացնեն 42. 9) գիժարցնէ 95.

v. դժուարանամ; դողացնեմ [10]) = cl. դողացուցանեմ v. դողամ; եղկացնեմ [11]) = cl. եղկացուցանեմ (späte Form) v. *եղկանամ; եռացնեմ [12]) = cl. եռացուցանեմ v. եռամ; թուլացնեմ [13]) = cl. թուլացուցանեմ v. թուլանամ; խոցացնեմ [14]) = cl. *խոցացուցանեմ v. խոցանամ; կակղացընեմ [15]) = cl. կակղացուցանեմ v. կակղանամ; հաստացնեմ [16]) = cl. *հաստացուցանեմ v. հաստանամ; հովացնեմ [17]) = cl. հովացուցանեմ v. հովանամ; հոտացնեմ [18]) = cl. *հոտացուցանեմ v. հոտանամ; յերկարացնեմ [19]) = cl. յերկարացուցանեմ v. յերկարանամ; չորացնեմ [20]) = cl. չորացուցանեմ v. չորանամ; տկարացնեմ [21]) = cl. տկարացուցանեմ v. տկարանամ; ցրտացնեմ [22]) = cl. ցրտացուցանեմ v. ցրտանամ. Ohne ա *a* vor -ցնեմ *-çənem* sind gebildet folgende Formen: եռցնեմ [23]) = եռացնեմ, խոցցընեմ [24]) = խոցացնեմ, կակղցնեմ [25]) = կակղացնեմ, հաստցընեմ [26]) = հաստացնեմ, հովցնեմ [27]) = հովացնեմ, վատուժցնեմ [28]) = վատուժացնեմ. Ferner: յաւելցնեմ [29]), շատցնեմ [30]) (= cl. շատացուցանեմ), ուժովցնեմ [31]), վերցնեմ [32]), տաքցնեմ [33]), քրտընցընեմ [34]) (= cl. քրտնացուցանեմ). — Ferner zu einfachen Verben mit Präsenscharakter *-e* bezw. *-i* gebildete: ընծայեցնեմ [35]) = cl. ընծայեցուցանեմ v. ընծայեմ; խաղաղեցնեմ [36]) = cl. խաղաղեցուցանեմ v. խաղաղիմ (häufiger jedoch: cl. խաղաղացուցանեմ v. խաղաղանամ); ծորեցնեմ [37]) = cl. ծորեցուցանեմ v. ծորիմ; կաթեցնեմ [38]) = cl. կաթեցուցանեմ v. կաթեմ; յամեցնեմ [39]) = cl. յամեցուցանեմ v. յամեմ; յերկարեցնեմ [40]) = cl. *յերկարեցուցանեմ v. յերկարեմ, -իմ; յորդորեցնեմ [41]) = cl. յորդորեցուցանեմ v. յորդորեմ; նստեցնեմ [42])

---

10) դողացնէ 80, 107, 131. 11) եղկացնելով 11. 12) եռացնէ 92. 13) թուլացնէ 92. 14) խոցացնէ 48. 15) կակղացընես 95, կակղացընէ 92. 16) հաստացնէ 83. 17) հովացնէ 9. 18) հոտացնեն 29. 19) յերկարացնէ 83. 20) չորացնէ 18, 35, 10, չորացնեն 40, 91, չորացնել 53. 21) տկարացնէ 18. 22) ցրտացնէ 80. — 23) եռցո 44. 24) խոցցընէ 53. 25) կակղցնեն 111, կակղցնէ 71, 122, կակղցնել 52. 26) հաստցընէ 85, հաստցնէ 120, հաստցընես 95. 27) հովցնես 95, հովցնել 107, հովցնէ 91, 73. 28) վատուժցնէ 46, վատուժցնես 99. — 29) յաւելցնէ 29, 93, չի-յաւելցնես 99. 30) շատցնէ 39. 31) ուժովցընէ 39. 32) վերցնել 101. 33) տաքցընեն 91, տաքցնեն 4, 35, 40, տաքցնէ 22, 63. 34) քրտընցընել 130. — 35) ընծայեցնէ 35, 80. 36) խաղաղեցնէ 22, խաղաղեցնես 16. 37) ծորեցնէ 92. 38) կաթեցնես 41. 39) յամեցնէ 23, 83, 99, յամեցնես 95. 40) յերկարեցնես 95. 41) յորդո-

= cl. *նստեցուցանեմ v. նստիմ (wirklich vorkommend: cl. նստուցանեմ); պակասեցնեմ, պակսեցնեմ[43] = cl. պակասեցուցանեմ v. պակասեմ, -իմ; պատրաստեցնեմ[44] = cl. պատրաստեցուցանեմ v. պատրաստեմ; պարկեշտեցնեմ[45] = cl. *պարկեշտեցուցանեմ (wirklich nur cl. -տացուցանեմ v. -տանամ); ցամաքեցնեմ[46] = cl. ցամաքեցուցանեմ v. ցամաքեմ. Daneben ohne ե *e* vor ց *ç* folgende: պարկեշտցնեմ[47] für պարկեշտեցնեմ, վախցնեմ[48] für վախեցնեմ = cl. վախեցուցանեմ.

---

րեցնեն 100. 42) նստեցնեն 71. 43) պակասեցնէ 65, պակսեցնէ 32. 44) պատրաստեցնես 127. 45) պարկեշտեցնէ 83. 46) ցամաքեցնէ 10, 50. 47) պարկեշտցնէ 101, 139. 48) վախցնեն 136.

In den Geoponica erscheinen folgende Kausativa auf -ցնեմ: անուշացնեմ[1] *anušaçənem* = cl. անուշացուցանեմ; լաւացընեմ[2] *lavaçənem* = cl. լաւացուցանեմ; կակղացընեմ[3] *gagγaçənem* = cl. կակղացուցանեմ; կշտացնեմ[4] *gəšdaçənem* = cl. *կշտացուցանեմ; նօսրացընեմ[5] *nǫsraçənem* = cl. նօսրացուցանեմ; պարարտացընեմ[6] *barardaçənem* = cl. պարարտացուցանեմ; վատուժացնեմ[7] *vadužaçənem* = cl. *վատուժացուցանեմ; քաղցրացնեմ[8] *k̄ayçraçənem* = cl. քաղցրացուցանեմ; լըմընցընեմ[9] *ləmənçənem* = cl. *լմանացուցանեմ; սիրցընեմ[10] *sirçənem* = cl. *սրացուցանեմ v. սրանամ; բանեցընեմ[11] *paneçənem* = *բանեցուցանեմ; բռնեցնեմ[12] *pərneçənem* = cl. *բռնեցուցանեմ; յիստակեցընեմ[13] *histageçənem* = cl. յստակեցուցանեմ; վազեցընեմ[14] *vazeçənem* = cl. վազեցուցանեմ; քաղցեցընեմ[15] *k̄ayçeçənem* = cl. քաղցեցուցանեմ; վազցընեմ[16] *vazçənem* = վազեցընեմ (ohne ե vor ց!); ուժովցընեմ[17] *užovçənem* (cf. oben pg. 272). Vom Stamm des 2. Aorist ist gebildet: փակցընեմ[18] *p̓agçənem* = cl. փակ-ուցանեմ.

---

Aus Geoponica: 1) անուշացնել 16. 2) լաւացընէ 220. 3) կակղացընեն 17. 4) կշտացնել 180. 5) նօսրացնել 21, նօսրացընես 185. 6) պարարտացընէ 17. 7) վատուժացնեմ 16. 8) քաղցրացընէ 17. 9) լըմընցընեն 225, լըմընցընել 67. 10) սիրցընես 204. 11) բանեցընեն 92, բանեցընել 17. 12) բռնեցընեն 178. 13) յիստակեցընես 185. 14) վազեցընես 210. 15) քաղցեցընես 225. 16) վազցընել und Gen. վազցընելոյ 204. 17) ուժովցընէ 119. 18) փակցընէ 221.

Das mittelarmenische Kausativ auf *-ցնեմ -çənem* hat sich bis ins Neuarmenische erhalten: so z. B. im Tr. und in der westlichen Schriftsprache (Aid.) II 89 ff.), in der östlichen Schriftsprache (Palas. p. 78 f.), im Ach. (Tom. Dial. v. Ach. p. 72); im Tf. erscheint das kausative *-ցնեմ* modifiziert zu *-ցնիմ*.

Dagegen ist dem Nordwestarmenischen (Dialekte von Polen, Nachijevan a. Don etc.) eigentümlich das Kausativum auf *-num*, wobei älteres dem Nasal *n* vorausgehendes *ə* ebenfalls zu *u* differenziert erscheint. So im Pol. die Formen: *g-avelçunum* Han. 31, *gi čorçunum* Han. 42, *gi-gorsunum* Han. 58, *gi-gəpçunum* Han. 60, *gi-mejçunum* Han. 90, *gi-megdəxçunum* Han. 90, *gi-tarçunum* Han. 116, *gi-verçunum* Han. 123, *gi-tarçunum* Han. 116[1]) u. s. w; hingegen ohne *u* in vorletzter Silbe z. B. *g-arjeçnum* Han. 27, *g-imaçnum* Han. 73, *gi-keraçnum* Han. 78, *gi-sorveçnum* Han. 111, *gi-səreçnum* Han. 113, *gi-šareçnum* Han. 114, weil hier zwischen einfachem *ç* und *n* das sekundäre *ə* nicht zur Entwickelung gekommen war. Analog im Nch. aus Patk. Mat. die Formen: *վերցունում* 34 18; *քը-խեվցունուս* 35 16; *չ-էրկընցնունք* 39 4, 45 3; ferner ebenso von nichtkausativen *n*-Stämmen: *քը-հարցնում* 111 24, *հարցունուս* 37 14, 47 12, *կուտնուս* 45 2, 47 13, *քու-ցուցնուն* 110 17 u. s. w. Nur die 3. Person des Singular hat im Nch. die Endung *է e* bewahrt, offenbar unter Anlehnung an dieselbe Personalform der *e*- und zumal der *i*-Stämme (s. weiter unten): *կու-լուսնուցնէ* 27 11, *կը-վերցունէ* 5 22, *կ-անցունէր* 33 19, *կ-անցունէ* 34 12, *կը-վերցունէ* 48 9, *կու-ցունէ* 110 8, *քը-հարցունէ* 28 8 u. s. w. Erhalten hat sich natürlich auch das *e* des Infinitivs, da die Kasus obliqui kein *u* duldeten; so im Nch.: Gen. *ցավցունելու* 6 17, Abl. *հարցունելէն* 29 20; im Pol.: *avelçənelu*, *čorçənelu*, *gorsənelu*, *tarjənelu* u. s. w. — Wie bereits Aidynian Kr. Gramm. I 188 richtig eingesehen hat, liegt hier eine morphologische Gebietserweiterung der *u*-Stämme vor, indem von den mittelarmenischen Themata aus, wie *desnum* (pol. *desnum* Han. 45), *kədnum* (pol. *kədnum* Han. 82, ach. *kudnum*), *ičnum* (pol. *unčnum* Han. 125) der Themavokal *u* sich im Nordwestarmenischen auf sämtliche derivierten *n*-Stämme erweiterte, worauf sich nach einem in dieser Dialektgruppe herrschenden[2]) Gesetze das dem *n* vorangehende *ə* an den Themavokal *u* assimilieren musste; das so durch Assimilation entstandene *u* ging von den übrigen Formen durch Analogie auch auf die 3. Pers. sg. *վերցունէ*, *անցունէր*, obgleich etymologisch unberechtigt, über.

Die übrigen, d. i. die einfachen *e*-Stämme, sind in der nordwestlichen Dialektgruppe sowie auch in dem itacisierenden Tf. lautgesetzlich nach Lautl. § 43 Anm. 2 zu *i*-Thematen geworden. Z. B. im Pol.: *perim* (= kl.

1) In einer pol. Urkunde vom J. 1751 bei Min. Leh.: *կու հաշտեցնուն* 128 28, *փուճացնուն* 180 15 etc.

2) Beispiele dieses Assimilationsgesetzes sind für Nch.: *կուլուխ* 28 5 »Kopf«; *փունութինը* 82 14. 17 »die Natur«; *խունձոր* 50 »Apfel«, *խունթում* 50 aus **խընթում*, *կուտնուս* aus **կըտնուս* 45 u. s. w. Für Pol. vgl. Lautl. S. 56.

բերեմ) Han. 102, *pərnim* (= kl. բռնեմ) Han. 106, *pəndrim* (= kl. փնտռեմ) Han. 106. Die 3. Person sg. blieb selbstverständlich als nicht unter das Gesetz fallend von diesem Lautwandel unberührt. — Im Kilikischen kann höchstens ein schwacher Anfang dieser Umgestaltung vorhanden gewesen sein: hierher würden, vorausgesetzt dass sie richtig überliefert sind, Formen gehören wie: ինք I pl. präs. für ենք Ass. Ant. 29 24; ին III pl. präs. für են L 189 5. Die *e*-Stämme sind im Kilikischen noch die zahlreichsten von allen, die *e*-Konjugation ist die normale Konjugation für die Verba transitiva, was auch daraus hervorgeht, dass nach ihr so gut wie alle fremdsprachlichen, entlehnten Verben gehen.

## II. Präsensstamm auf *-i*.

§ 330. Die *i*-Stämme der classischen Sprache zerfallen bekanntlich in drei Gruppen: 1) transitive Stämme, wie առնիմ, տանիմ und wenige andere; 2) intransitive Stämme, wie խօսիմ, սովորիմ; 3) Stämme mit passiver Bedeutung (NB. keine eigentlichen Passivstämme, welche im Classischen fehlen), indem den Transitiven der ersten Konjugation, seltener auch solchen der übrigen Konjugationen je ein uneigentlicher Passivstamm auf *-i* entspricht.

Im Kilikisch-Mittelarmenischen hat sich das alte Thema auf *-i* erhalten in der Funktion von 1) und 2), d. i. als Transitivum oder Intransitivum. Dagegen kann von einem Passivstamm auf *-i* im Kilikischen nicht mehr die Rede sein: derselbe ist als solcher weggefallen und hat einem neuen mittelarmenischen Passivthema Platz gemacht[1]), wie in § 350 ff. näher erörtert werden soll. Nur findet sich, wie bereits oben § 318 erwähnt, in bestimmten Fällen neben dem aktiven Stamm auf *-e* auch ein Stamm auf *-i* mit medialer oder neutraler Bedeutung. — Die kilikischen *i*-Stämme sind demnach, abgesehen von den wenigen Transitiven, ausschließlich intransitiver oder neutraler Natur. Einen uneigentlichen Passivstamm auf *-i* dagegen, wie im Altarmenischen, giebt es nicht mehr. — Im Einzelnen seien von kilikischen *i*-Stämmen angeführt:

1) Die in den kilikisch-mittelarm. Schriften noch vorkommenden alten Passivformen sind lediglich Klassizismen.

§ 331. 1) **Transitiva**: *ունիմ* [1]) *unim* »habe«; *ընդունիմ* [2]) *əndunim* »empfange«; *տանիմ* [3]) *danim* »führe« = cl. *tanim*.

Belege: 1) *ունիմ* I s. pr. 23 10, 67 8; *ունիս* II s. pr. 43 8; *ունի* III s. pr. 9 11, 13 25, 25 16, 39 5, 49 33. 36, L 158 2. 3; *ունին* III p. pr. 3 5, 19 24, 51 1, 61 15. 2) *ընդունի* III s. pr. 51 5, 77 3. 3) *տանիս* II s. pr. Lied Lev. Dul. 540; *տանի* III s. pr. 51 14, 79 1; *տանին* III p. pr. 25 18.

§ 332. 2) **Intransitiva**: a) einfache Stämme: *ապրիմ* [1]) *abrim* »lebe« = cl. *aprim*; *խօսիմ* [2]) *xosim* »spreche« = cl. *xausim*; *կամիմ* [3]) *gamim* »will« = cl. *kamim*; *կռվիմ* [4]) *gṙvim* (*gəṙvim*) »kämpfe« = cl. *kṙvim*; *հաշտիմ* [5]) *haštim* »komme überein«, cl. it.; *հաւնիմ* [6]) *havnim* »willige ein« = cl. *havanim*; *նստիմ* [7]) *nstim* (*nəstim*) »sitze« = cl. *nstim*; *պարտիմ* [8]) *bardim* »schulde« = cl. *partim*; *պիտի* [9]) *bidi* 1) »es muss, ist nötig«, 2) »es beliebt, gefällt« = cl. *piti* in Bedeutung 1); *պաղիմ* [10]) *bayim* »friere« = cl. *palim*; *շահիմ* [11]) *šahim* »gewinne«, cl. it. Ferner *դատըստնիմ* [12]) *tadəstnim* »klage, prozessiere«, *ուրդիմ* [13]) *urtim* »entstehe«, *վզենկիմ* [14]) *vzengim* (*vəzengim*) »leide Schaden«, *սնկի* oder *սնգի* [15]) *sngi* (*səngi*) «es ist notwendig«, *փոշամընիմ* [16])

Belege: 1) *ապրի* III s. pr. 45 16, 47 7, 59 27; *ապրին* III p. pr. 55 14, Rb *ծհ*; *ապրիլ* Inf. Rb *ղէ*. 2) *խօսի* III s. pr. 35 4, 51 13. 3) *կամի* III s. pr. 3 20, 27 7, 31 20, 47 24, 49 36. 4) *կռվի* III s. pr. 35 29, 59 17, 61 16; *կռվին* III p. pr. 33 8, 35 23. 5) *հաշտի* III s. pr. Rb *ծժբ*, 226 13; *հաշտին* III p. pr. 49 21. 22, Rb *ծժբ*, *ծհ*; *հաշտիլ* Inf. Rb *ծհ*. 6) *հաւնին* III p. pr. 49 22. 7) *նստի* III s. pr. 11 7. 8) *պարտիմ* I s. pr. 21 26; *պարտի* III s. pr. 9 9. 10. 17. 23, 11 6, 15 21, 75 8; *պարտին* III p. pr. 51 11, Rb *ծժբ*. 9) *պիտի* III s. pr. 15 13, 19 29, 21 12. 14. 18, 25 24, 45 16, 47 27. 29, 49 26, 53 17. 10) *պաղիմ* I s. pr. MrB bei H. 153. 11) *շահի* III s. pr. Rb *խե*; *շահիք* II p. pr. 3 22; *շահին* III p. pr. 51 17. 12) *դատըստնի* III s. pr. 21 24, 25 10, 27 2. 6, 29 14, 37 4, 51 9, 57 9, 59 31, 65 14, 67 8, 69 1, 73 1; *դատըստնին* III p. pr. 57 14, Rb *ծլե*; *դատըստնիլ* Inf. 25 27, 23 5, 59 1. 13) *ուրդի* III s. pr. 13 6, 15 7, 39 8; ferner in Geop. folgende Stellen: *գինչ ուրդի* 93, 158; *թէ ուրդի* 206; *շատ ուրդի* 219; *քիչ ուրդի* 152; bei Mx. Her.: *ուրդի* 52, 88, 96, 108, 110; *թէ ուրդի* 69, 77; *կայ եւ ուրդի* 59; *ուրդին* III p. pr. Mx. Her. 139, 143; *ուրդեցաւ* III s. Aor. Mx. Her. 132. 14) *վզենկիք* II p. pr. 3 23, 51 17; *վզենկին* III p. pr. 51 17. 15) *սնգի* s. pr. 93 20; *սնկի* III s. pr. 95 21, Mx. Her. 148. 16) *փօշամընի* III s. pr. 83 6; *փօշամնիլ* Inf. 83 26, Rb *ծժ*.

*pošamənim* »bereue« u. a. m., letztere sämtlich dem Classischen fremde Stämme.

b) Erweiterte Stämme auf *-ni.* անցնիմ[17]) *ançnim* »überschreite« = cl. *ançanem*, *ançanim*; ընկնիմ[18]) *əngnim* »falle« = cl. *ankanim*; լինիմ[19]) *linim* »werde, bin« = cl. it.; հագնիմ[20]) *haknim* »kleide mich« = cl. *aganim*; հասնիմ[21]) *hasnim* »komme an, gelange« = cl. *hasanim*; մեռնիմ[22]) *meṙnim* »sterbe« = cl. *meṙanim*; ուսնիմ[23]) *usnim* »lerne« = cl. *usanim.*

c) Erweiterte Stämme auf *-č̣i*. Die alten erweiterten Stämme auf *-č̣i* haben sich, wie im Neuarmenischen, so auch im Kilikischen erhalten; belegt sind z. B.: զարթչիմ[24]) *zart̓č̣im* »erwache«; փախչիմ[25]) *paxč̣im* »fliehe«; փրչիմ[26]) *prč̣im* (*pərč̣im*) »werde frei.

17) անցնի III s. pr. Mr B, Mx. Her. 28, 100; կու անցնին III p. Ind. pr. L 156 9. 18) ընկնի III s. pr. 39 19, Rb ճբ, ճժա, ճկ, լգ, Mr B մխա, Mx. Her. 54; ընկնին III p. pr. 35 3, Rb ժէ. 19) լինի III s. pr. 9 15, 11 8. 11, 13 10. 16, 15 6. 7. 8. 10. 21, 17 8. 9, 19 5. 7. 14. 18, 21 11. 16. 25, 23 15, 25 1, 29 16, 45 18, 47 31. 38, 49 35, 55 12. 26, 57 25, 61 7, 63 4, 67 5; լինին III p. pr. 21 5. 11. 16. 25, 23 6. 15. 21, 37 20, 53 15, 65 15. 20) հագնիլ Inf. 73 17. 21) հասնի III s. pr. 19 8, 21 8, 55 5, 71 13, 77 14, 83 23, Mr B ծզ, Mx. Her. 2, 23, 33, 82, 128; հասնիլ Inf. Mr B ճձը. 22) մեռնի III s. pr. 17 7, 19 12, 21 3, 23 15. 18, 37 15, 45 9. 12, 45 16, 47 5. 6. 13. 21. 31, 49 8, 55 21, L 156 30, 158 27; մեռնին III p. pr. 19 20, 39 3, 49 9, 55 14, Rb ղը. 23) ուսնի III s. pr. Rb լգ. 24) զարթչի III s. pr. Mr A bei H. 144. 25) փախչի III s. pr. 29 22. 26) փրչի III s. pr. 81 25.

§ 333. 3) **Neutra** (**Media**): բաժնիմ[1]) *pažnim* »trenne mich« zu Akt. բաժանեմ »trenne«, Pass. բաժանուիմ »werde geteilt«; հատնիմ[2]) *hadnim* »trenne mich, entferne mich« zu Akt. հատանեմ »trenne«, Pass. հատանուիմ »werde getrennt«; լուծիմ[3]) *lujim* »löse mich« zu Akt. լուծեմ »löse«, Pass. լուծուիմ »werde gelöst«; ժողվիմ[4]) *žoγvim* »sammle mich, komme zusammen« zu Akt. ժողվեմ »sammle«, Pass. ժողվուիմ »werde gesammelt«; շտապիմ[5]) *štabim* »eile« zu Akt. շտապեմ »beschleunige«, Pass. շտապուիմ »werde beschleunigt«; յիստկիմ[6]) *histgim* (*histəgim*)

Belege: 1) բաժնի III s. pr. 13 4. 6; բաժնին III p. pr. Rb ճկ. 2) հատնի III s. pr. Mr B bei H. 150, 156. 3) լուծի III s. pr. Mx. Her. 44. 4) ժողվի III s. pr. Mr B bei H. 152. 5) շտապի III s. pr. Mx. Her. 33. 6) յիստկի III s. pr. Mr A bei H. 148, Mx. Her. 25.

»werde rein, sauber« zu Akt. յիստակեմ »reinige«, Pass. յիստակուիմ »werde gereinigt«; աւիրիմ [7]) *avirim* »verderbe, gehe zu grunde« zu Akt. աւիրեմ »vernichte, verderbe«, Pass. աւիրուիմ »werde verdorben«; այրիմ [8]) *airim* »brenne« zu Akt. այրեմ »brenne«, Pass. այրուիմ »werde gebrannt«; եփիմ [9]) *epim* »koche« zu Akt. եփեմ »koche«, Pass. եփուիմ »werde gekocht«; հալիմ [10]) *halim* »schmilze« zu Akt. հալեմ »schmelze«, Pass. հալուիմ »werde geschmolzen«. Ebenso: թրջիմ [11]) *trǰim* »weiche«, խորվիմ [12]) *xorvim* »brate«, ըղորդիմ [13]) *əγortim* »bessere mich«, կարաւղվորիմ [14]) *garǫγvorim* »erstarke« u. s. w.

In der neuen Sprache hat sich der mittelarmenische *i*-Stamm so ziemlich erhalten. In manchen Dialekten, so in dem von Kuty, von Nachiǰevan und teilweise im OA. sind außerdem durch Vokalwandel sämtliche *e*-Stämme dem Gebiet der *i*-Konjugation zugefallen. Vgl. oben p. 276—277.

7) աւիրի III s. pr. Mx. Her. 63; աւիրին III p. pr. Mx. Her. 36. 8) այրիլ Inf. Mx. Her. 119. 9) եփի III s. pr. A 187. 10) հալի III s. pr. B ճհբ, ճզ; հալին III p. pr. B ճզե, ճզզ. 11) թրջին III p. pr. B ծզ. 12) խորվի III s. pr. B ճկզ. 13) չըղորդի III s. pr. neg. Rb հբ. 14) կարաւղվորիլ inf. B միզ.

## III. Präsensstamm auf *-a*.

§ 334. Die *a*-Themata der alten Sprache, die im Gegensatz zu den Präsensstämmen auf *-e*, *-i*, *-u* sich in sämtlichen modernen Dialekten erhalten haben, finden sich auch im Kilikischen wieder, zum Teil in modifizierter, mittelarmenischer Lautform.

### 1. Einfache *a*-Stämme.

§ 335. գամ [1]) *kam* »komme«, լամ [2]) *lam* »weine«, կամ [3]) *gam* »stehe, bin vorhanden«, տամ [4]) *dam* »gebe«, գնամ [5]) *knam*

Belege: 1) գաս II s. pr. 13 13. 16, 15 18; գայ III s. pr. 11 5. 17, 13 1. 10. 17. 22. 27, 15 2. 23, 25 7. 20, 77 8; գան III p. pr. 11 26, 15 12, 25 14, 27 10, 51 1, 53 20, 67 24, L 156 14, L 178 11; կու գայր III s. impf. Ind. 3 15; գալ Inf. 23 8. 17. 20. 2) կու լաս II s. pr. ind. Smp. Chron. Dul. 669; կու լար III s. impf. ind. Lied Lev. Dul. 540. 3) կայ III s. pr. 9 5, 11 2, 17 23, 25 25, 67 26, 81 6, Rb խզ; կան III p. pr. L 154 22, 178 8, 185 12. 4) կու տամ I s. pr. ind. 11 17. 23. 26, 33 2; կու տայ III s. pr. ind. 15 17, 19 10, 23 13, 69 18, L 157 21; տանք I p. pr. 53 23; տան III p. pr. 27 9, 39 24. 26, 49 23. 27, 65 24, 77 24, L 155 2. 6; կու տան III p. Ind. pr. 155 9. 24; կու տային III p. impf. ind. L 155 13. 16. 17. 22;

(*kənam*) »gehe«, մնամ[6]) *mnam* (*mənam*) »bleibe«, աղամ[7]) *ayam* »mahle«, աւտամ, ավտամ[8]) *avdam* »glaube« (= cl. հաւատամ), երթամ[9]) *ertam* »gehe«, խաղամ[10]) *xayam* »spiele«, խղճամ[11]) *xyǰam* (*xəyǰam*) »nehme mir zu Herzen«, կարդամ[12]) *gartam* »lese«, հոգամ[13]) *hokam* »sorge«, յեռամ[14]) *heṙam* »siede« (= cl. եռամ), ջանամ[15]) *čanam* »strebe«.

Anm. Gänzlich geschwunden ist im Kilikischen das auch dem Neuarmenischen abgehende Verb կեամ »lebe«, welches durch ապրիմ oder auch durch կենամ ersetzt wird.

---

տալ Inf. 9 9, 11 17, 49 37. 5) կու գնայր III s. impf. ind. 3 15 կու գնայ III s. pr. Ind. 43 1. 6) մնայ III s. pr. 49 31, 77 26; մնան III p. pr. 49 29. 7) աղա II s. imp. Mr B bei H 147. 8) ավտայ III s. pr. 25 11; ավտան III p. pr. 25 15; աւտան III p. pr. 81 7. 9) երթայ III s. pr. 9 17, 11 7, 13 32, 15 1. 14. 24, 25 4, 29 9, 43 3; երթան III p. pr. 25 14. 18, 39 25, Rb ճհ. 10) կու խաղայ III s. pr. ind. Lied Lev. b. Dul. 539. 11) խղճայ III s. pr. Rb ճլ. 12) կարդաց III s. Aor. 75 12. 13. 13) հոգայ III s. pr. 21 8. 14) յեռալ Inf. Mr B bei G 152. 15) ջանայ III s. pr. 29 3, 81 22.

### 2. Erweiterte *a*-Stämme.

§ 336. In das Gebiet der erweiterten Stämme fällt zunächst das vereinzelt Ass. Ant. 47 2 überlieferte փռընքտալ *ṗrənḱdal* »niesen«, wofür im Classischen nur die einfache Form ohne տ als փռնգալ (փռնկալ, փռնքալ) existiert. Kilikisch փռընքտալ gehört zu der Klasse der mit -տ erweiterten oder derivierten Stämme, die namentlich im Neuarmenischen zahlreich sind und eigentlich Frequentativ- oder Iterativ-Stämme, zum Teil mit Abschwächung der durch das Simplex ausgedrückten Handlung, sind. Cf. Aid. II p. 303.

So stehen im Neuwestarmenischen, speziell im Tr. nebeneinander: թռչիլ »fliegen« und Frequentativ թռչ-տ-իլ »flattern«; կտրել »schneiden« und Frequentativ կտր-տ-ել »zerschneiden, zerstückeln«; խոցել »durchbohren« und Frequentativ խոց-ոտ-ել »durchlöchern«; կռուիլ »kämpfen« und Frequentativ կռու-ըտ-իլ »zanken« u. s. w. — Die ältere Form dieser Stämme ist -ատ, -ոտ, -ուտ, wie bereits Adynian Kr. Gramm. II p. 303 bemerkt, und zwar erscheinen zuerst in spätclassischer Zeit կտր-ատ-ել zu կտրել, խոց-ոտ-ել zu խոցել, կոտոր-ոտ-ել und կոտոր-ատ-ել zu կոտորել, պատառ-ոտ-ել zu պատառել, հերձ-ոտ-ել und հերձ-ատ-ել zu հերձանել, հերձ-ել, հերձ-ուլ, ցաւ-ատ-ել

(= neuarm. *ծու-ատ-ել*, cf. cl. *ծուէնք* »scissura«) scheinbar zu *ցաւէ* »dolet« und andere mehr.

§ 337. Die übrigen erweiterten *a*-Stämme entsprechen den altarmenischen auf *na-* und *ana-*. So finden sich als altererbtes Sprachgut die Stämme: *բանամ* 1) *panam* »öffne« = cl. *banam*; *դառնամ* 2) *taṙnam* »kehre zurück« = cl. *daṙnam*; *ամրնամ* 3) *amərnam* »festige mich« = cl. *ամրանամ*; *աչողնամ* 4) *ačoγnam* »gedeihe« = cl. *յաչողանամ*; *գիրնամ* 5) *kirnam* »werde feist« = cl. *գիրանամ*; *գողնամ* 6) *koγnam* »stehle« = cl. *գողանամ*; *թանամ* 7) *ṫanam* »netze« = cl. *թանամ*; *թանձրնամ* 8) *ṫancrnam* »verdichte mich« = cl. *թանձրանամ*; *թուլնամ* 9) *ṫulnam* »erschlaffe« = cl. *թուլանամ*; *լոկնամ* 10) *lognam* »bade mich« = cl. *լոգանամ*; *լուսնամ* 11) *lusnam* »leuchte« = cl. *լուսանամ*; *խոշրնամ* 12) *xošrnam* »werde dick« = cl. *խոշորանամ*; *ծանդրնամ* 13) *ǰandrnam* »werde schwer« = cl. *ծանրանամ*; *հասկնամ* 14) *hasknam* »begreife« = cl. *հասկանամ*; *հարըստնամ* 15) *harəstnam* »erstarke« = cl. *հարստանամ*; *հովնամ* 16) *hovnam* »werde kalt« = cl. *հովանամ*; *մոռնամ* 17) *moṙnam* »vergesse« = cl. *մոռանամ*; *յեւելնամ* 18) *hevelnam* »nehme zu« = cl. *առաւելանամ*; *յիմնամ* 19) *himnam* »erfahre« = cl. *իմանամ*; *յօժըրնամ* 20) *ho̲žərnam* »bin willfährig« = cl. *յօժարանամ*; *նօսրնամ* 21) *no̲srnam* »verdünne mich« = cl. *անօսրանամ*; *շողնամ* 22) *šoγnam* »glühe« = cl. *շողանամ*; *ողջնամ* 23) *oγčnam* »genese« = cl.

---

Belege: 1) *բանայ* III s. pr. 85 6; *կու բանան* III p. pr. ind. L 156 15. 2) *դառնայ* III s. pr. 13 22, 25 7, 29 11, 37 9, 39 4, 45 10, 47 5. 35, 55 22, 57 1, 75 16, L 158 29; *դառնան* III p. pr. 13 18. 3) *ամրնալ* Inf. 23 20; *ամրցաւ* III s. Aor. 59 24, 69 6. 4) *աչողնայ* III s. pr. 65 23. 5) *գիրնան* III p. pr. Rb ճհ. 6) *գողնան* III p. pr. 65 8; *գողնայր* III s. impf. Smp. Chron. 629. 7) *թանան* III p. pr. B ճհե. 8) *թանձրնայ* III s. pr. B ճձթ, ծե, ճղ, A 233. 9) *թուլնա* III s. pr. B ճիգ. 10) *լոկնալ* Inf. Rb ճիե. 11) *լուսնա* III s. pr. B ճհդ. 12) *խոշրնա* III s. pr. A 210. 13) *ծանդրնայ* III s. pr. Mr A und B. 14) *հասկնայ* III s. pr. 13 18, 51 15; *հասկնան* III p. pr. 39 14. 15) *հարըստնայ* III s. pr. 35 10. 16) *հովնայ* III s. pr. B ճձե. 17) *մոռնալ* Inf. Rb ճկ. 18) *յեւելնա* III s. pr. A 151, 225; *յեւելնալ* Inf. 223. 19) *յիմնան* III s. pr. Rb ճլ. 20) *յօժրնայ* III s. pr. Mr B bei H. 146. 21) *նօսրնա* III s. pr. A 186. 22) *շողնայ* III s. pr. Mr B bei H. 156. 23) *ողջնալ* Inf. Rb ճհ.

ողջանամ; չորնամ[24]) *çornam* »trockne, dörre« = cl. չորանամ; սեւնամ[25]) *sevnam* »schwärze mich« = cl. սեւանամ; փոքրնամ[26]) *p̄okrnam*, *p̄okərnam* »verkleinre mich« = cl. փոքրանամ. Daneben die kilikisch-mittelarmenischen Neubildungen: աղեկնամ[27]) *ayegnam* »sich bessern« zu աղէկ; լմննամ[28]) *lmnnam* (*ləmənnam*) »sich füllen« zu լման; կշտանամ[29]) *gštanam* (*gəštanam*) »gesättigt, befriedigt werden« zu կուշտ; ճանչնամ[30]) *jančnam* »erkennen« zu cl. ճանաչեմ; ուժովնամ[31]) *užovnam* »erstarken« zu ուժով; սուլտաննամ[32]) (klassizisierte Form սուլտանանամ) *sultannam* »herrschen« zu սուլտան; տառպելնամ[33]) *darbelnam* »darben« zu cl. տառապել.

24) չորնայ III s. pr. B խ, ճիե. 25) սեւնայ III s. pr. B մա. 26) փոքրնայ Mr A bei H. 144. 27) աղեկնա III s. pr. A 257, B մկզ, մե, միզ, մժզ, մծթ. 28) լմնայ und լմննայ III s. pr. Rb խ, լգ. 29) կշտանայ III s. pr. 67 16. 30) ճանչնան III p. pr. Rb ժ. 31) ուժովնա III s. pr. A 17. 32) սուլտանացաւ III s. Aor. Mich. Syr. 318. 33) տառպելնայ III s. pr. Rb ճհէ.

Die bisher angeführten *a*-Stämme sind entweder bereits im Altarmenisch-Classischen vorhanden, oder doch nach classischem Muster gebildet. Als spezifisch mittelarmenisch dagegen tritt uns eine Gruppe von erweiterten *a*-Stämmen entgegen, die, der alten Sprache noch fremd, erst in der mittelarmenischen Litteratur auftauchen und bis ins heutige Neuarmenisch hineinreichen. Es ist dies

### die Gruppe der kilikisch-mittelarmenischen Stämme auf -ենա *-ena*.

§ 338. Die Stämme dieser Gruppe sind sämtlich von einfachen Stämmen auf -ե *e* oder -ի *i* abgeleitet[1]), durch Antreten von Suffix -անա *-ana* an den Auslaut des einfachen Themas: *ե-անա *e-ana*, *ի-անա *i-ana* wird nach Lautl. §§ 79, 83 zu ենա *ena*. Der so entstandene erweiterte Stamm auf -ենա *-ena* wird jedoch zuweilen, namentlich wenn dem -ենա *-ena* der

1) Eine scheinbare Ausnahme macht nur կենամ *genam* neben dem einfachen *a*-Stamm կամ *gam*. Scheinbar ist die Ausnahme deshalb, weil կենամ (= *կե-անամ) eigentlich nicht von կամ, sondern von dem Simplex կեամ deriviert ist, wie denn auch կենամ noch teilweise die ursprüngliche Bedeutung »leben« zeigt.

Nasal ն *n* unmittelbar vorangeht, zu einem Stamm auf -նա *-na* gekürzt: լինամ, լիննամ aus լինենամ, ուննամ aus ունենամ.

Bezeichnend für die kilikischen Themata auf -ենա *-ena* im Gegensatz zu den gewöhnlichen erweiterten *n*-Stämmen ist, dass neben ihnen durchgehends das je entsprechende einfache Thema als Doppelform existiert.

§ 339. Tabelle der kilikischen Themata auf -ենա *-ena* mit ihren entsprechenden einfachen Stämmen:

| | | |
|---|---|---|
| լինամ *linam* | aus լինենամ | լինիմ *linim* »werde, bin«, |
| լիննամ *linnam* | | |
| ուննամ *unnam* | aus ունենամ | ունիմ *unim* »habe«, |
| ունամ *unam* | | |
| կենամ *genam* | | կամ *gam* »stehe, bin vorhanden«, |
| գիտենամ *kidenam* | | գիտեմ *kidem* »weiß«, |
| կամենամ *gamenam* | | կամիմ *gamim* »will«, |
| կարենամ *garenam* | | կարեմ *garem* »kann«, |
| ուզենամ *uzenam* | | ուզեմ *uzem* »verlange«, |
| պարտենամ *bardenam* | | պարտիմ *bardim* »schulde«, |
| պիտենամ *bidenam* | | պիտիմ *bidim* »muss«, |
| թվենամ *t̔venam* | | թվիմ *t̔vim* »scheine«, |
| այժենամ *aiženam* | | այժեմ *aižem* »koste, bin wert«, |
| աժենամ *aženam* | | աժեմ *ažem* |
| ծարվենամ *jarvenam* | | ծարվիմ *jarvim* »dürste«, |
| ճանչենամ *jančenam* | | ճանչեմ *jančem* »erkenne«, |
| ուռենամ *uřenam* | | ուռիմ *uřim* »schwelle«, |
| ամաչենամ *amačenam* | | ամաչեմ *amačem* »schäme mich«, |
| մօտենամ *modenam* | | մօտիմ *modim* »nähere mich«, |
| վախենամ *vaxenam* | | վախեմ *vaxem* »fürchte mich«. |

§ 340. Die Formen լիննամ und ունամ erscheinen nur vereinzelt statt der gewöhnlichen լինամ resp. ուննամ. Für ճանչենամ steht häufiger ճանչնամ. Vgl. auch hierüber Aid. II 72.

Abgesehen von den alleinstehenden արբենամ, քաղցենամ, ընտանենամ hat die classische Sprache nur spärliche Analoga aufzuweisen: յամենամ zu յամեմ, յագենամ zu յագիմ, մերձենամ zu մերձիմ, կատաղենամ zu կատաղիմ. Dagegen sind die oben angeführten Themata auf -ենա dem Classischen noch fremd.

Erst in frühmittelarmenischer Zeit erscheinen zum erstenmale, wenn auch erst vereinzelt, die vulgärsprachlichen drei

Themata: *գիտենամ*, *կամենամ* und *ճանաչենամ* (cf. Wb.), bis dann in der kilikisch-mittelarm. Litteratur sämtliche oben zitierten *ena*-Stämme allgemein werden. Belegt sind:

§ 341. *լինայ* III s. pr. 21 15, 25 6, 27 14, 29 7, 33 6, 35 10, 37 8, 61 6, 65 8, 73 6; *լիննայ* III s. pr. L 157 5; *լինան* III p. pr. 19 17. 18. 23. 24, 27 4. 5, 31 2, 35 8, 37 23; *լինայր* III s. impf. 35 31; *լինալ* Inf. 59 33; *ուննայ* III s. pr. 13 23. 24. 30, 17 14, 19 11. 26, 21 7. 20. 27, 23 3. 13. 19, 25 16, 29 19, 31 5. 10, 37 11. 12. 13. 14. 15. 16, 39 15, 41 2. 10. 11, 45 23, 47 10, 49 1. 5. 30, 55 14, 59 21, 59 39, 61 2. 8. 13; *ուննան* III p. pr. 19 16, 25 19, 47 15, 51 8. 10, 51 12, 53 9. 11; *ունան* III p. pr. 59 13; *ուննալ* Inf. 17 2. 4, 47 23, 51 21; *կենայ* III s. pr. 15 1. 25, 19 11. 13. 19, 21 11. 12, 23 13, 27 19, 29 4, 33 16. 23, 37 4. 5. 15. 18. 25, 39 3. 22, 41 20, 43 2, 45 13. 14, 49 35, 55 23, 59 2. 36. 38, 61 1. 18, 71 8, 79 17, 81 4. 8. 11, 83 13; *կենան* III p. pr. 9 20, 27 9, 33 5, 39 19, 59 39; *կեցաւ* III s. Aor., Smp. Chron. Dul. 678; *կենալ* Inf. L 158 25; *գիտենայ* III s. pr. 59 12; *կամենայ* III s. pr. 11 16, 23 5, 29 4, 31 13, 33 7, 53 2, 55 2, 59 16. 17, 61 10, 75 5, 81 18, L 155 12; *կամենան* III p. pr. 35 21, 53 12, 59 18. 22, 69 17; *կարենայ* III s. pr. 21 19, 73 9; *կարենան* III p. pr. 15 14. 25, 19 20; *ուզենայ* III s. pr. 13 7, 17 24, 25 8, 29 5. 9. 13, 33 9, 35 5. 6. 8. 16. 28, 43 3, 49 16, 71 7. 13. 14, 75 5; *ուզենան* III p. pr. 35 19, 53 9; *պարտենայ* III s. pr. 13 29, 71 17. 19, 81 18. 24; *պիտենայ* III s. pr. 25 26, 61 15; *թվլենայ* III s. pr. 79 3; *այժենայ* III s. pr. 73 20, H. 213 17, 225 8; *աժենայ* III s. pr. 29 6, 59 34. 35.

§ 342. Aus Mr A:

*թվլենա* III s. pr. 239, 240, 242; *կենալ* Inf. 219; *թէ ուննա* III s. pr. und *թէ չուննա* III s. pr. neg. 157; *ուռենա* III s. pr. 160; *պիտենա* III s. pr. 51, 117, 118, 137, 155, 186, 199, 218, 251, 292 u. s. w.

§ 343. Mr B zeigt:

*գիտենաս* II s. pr. *ձգ*, *միգ*; *գիտենա* III s. pr. *մխա*. *թվլենա*, *թվլենայ* III s. pr. *ձդ*, *ճղգ*, *մժգ*, *մի*, *մլր*, *մլթ*, *մխ*, *մխէ*. *լինա*, *լինայ* III s. pr. *ժր*, *խ*, *կգ*, *ճժր*, *ճիդ*, *մլր*, *մլթ*, *մհ*; *լինան* III p. pr. *մի*; *լինալ* Inf. *մխա*. *ծարվենա* III s. pr. *ճժա*, *մծգ*. *կամենաս* II s. pr. *ժէ*, *ծ*, *կթ*, *հ*, *հդ*, *ղբ*, *ճժա*, *ճհգ*, *ճձբ*, *ճղբ*, *ճղէ*, *ճղր*, *ճղթ*, *մ*, *մա*, *մխր*, *մծգ*, *մծր*; *կամենա*, *կամենայ* III s. pr. *գ*, *խղ*, *խթ*, *ծէ*, *ձգ*, *ձր*, *ղ*, *մժթ*, *մխդ*, *մկթ*. *կարենաս* II s. pr.

մխե, մկէ; կարենան III p. pr. մկդ. կու կենա III s. pr. ind. մթ, մկզ, մկէ, մկթ; կենա, կենայ III s. pr. conj. զ, հդ, հե, հթ, ղե, ճ, ճի, ճիա, ճիդ, ճիե, ճհդ, ճհզ, ճձը, ճղ, ճղէ, մժգ, մժդ, մժը, միա, միդ, միե, միզ, մլգ, մլը, մլթ, մխէ, մծա, մծգ, մծդ, մծզ, մծէ, մկա, մկզ, մկէ, մկը, մկթ, մհ; կենալ Inf. մլէ. ճանաչենաս II s. pr. ճկա. ուղենաս II s. pr. մկզ; ուղենա III s. pr. մժգ, մժդ, մկթ; ուղենան III p. pr. մկգ. ունենա, ունենայ III s. pr. ժգ, ժզ, ժէ, իզ, ձզ, ղը, հը, ճլդ, ճլթ, ճխդ, ճկէ, ճհէ, ճղը, մժգ, մի, միգ, միզ, մլդ, մլը, մխա, մծ, մծա, մծգ, մծզ, մծէ, մծը, մկզ, մկթ; ունենալ Inf. մկբ. ուռենա, ուռենայ III s. pr. մկզ, ճծե, ճծէ, մխա, մկդ. պիտենա, պիտենայ III s. pr. ա, է, ը, ժզ, ժը, ի, իբ, իգ, իդ, իե, իզ, լ, ձա, ձբ, ձգ, ձդ, ձե, ղբ, ճա, ճզ, ճը, ճիթ, ճհգ, ճձթ, ճղթ, միէ, մխէ, մծա, մծգ, մծե, մծէ, մծթ, մկ, մկգ, մկդ, մհ.

§ 344. Rb zeigt:

աժենայ III s. pr. ծ, հբ, ճլ, ճծզ; չայժենայ III s. pr. neg. հբ. գիտենայ III s. pr. խէ, կզ, ճէ; գիտենայք II p. pr. խբ; գիտենան III p. pr. ա, խզ, իթ, հդ, ճհէ. լինաս II s. pr. ճհէ; լինա, լինայ III s. pr. դ, ծզ, ծէ, ծը, կա, կգ, հ, հբ, հգ, ձբ, ղե, ճա, ճզ, ճթ, ճժդ, ճի, ճիբ, ճխ, ճխբ, ճծ, ճկ, ճկը, ճհ, ճհէ; լինան III p. pr. կ, հա, հզ, ճժդ, ճժե, ճիա, ճխ; լինալ Inf. ծէ, հբ. կամենա, կամենայ III s. pr. ա, լ, խէ, հբ, հգ, հե, ղբ, ճժզ, ճհէ; կամենան III p. pr. իը, կբ, հ, ճկզ. կարենայ III s. pr. ճժզ; կարե-նան III p. pr. գ. կենա, կենայ III s. pr. ա, դ, ժ, իա, իթ, խդ, խե, խէ, ծ, ծէ, կ, հ, հբ, հէ, ղդ, ճլզ, ճհ, ճհբ, ճհէ. կենան III p. pr. իա, իդ, լգ, խե, կ, հբ, ղդ; կենալ Inf. ճհէ. ուղենայ III s. p. խ, հբ, ղը. ունենա, ունենայ III s. pr. ա, խէ, խթ, ծ, կ, հբ, ձ, ղբ, ճժ, ճհդ; ունենան III p. pr. ա, ղգ, կ, կը, հը, ճլգ; ունայր III s. pr. ճծէ; ունենային III p. impf. ժ; ունենալ Inf. իզ, լդ, խէ, հբ, ղբ. պարտենայ III s. pr. ճ. պիտենայ III s. pr. գ, ճթ.

§ 345. Dieselben Stämme finden sich fast sämtlich wieder in den mittelarmenischen **Geoponica**: auffallenderweise fehlt hier jedoch der Stamm լինամ *linam*; statt ուննամ *unnam* erscheint die ursprüngliche Form ունենամ *unenam*. Bemerken lässt sich nebenbei, dass, wie auch in Mr A und Mr B, so in den Geoponica diese Stämme nicht so streng vom Indikativ ausgeschlossen sind (vgl. unten §347 u. §424 ff.), wie in Sempads Schriften. Im einzelnen zeigen die Geoponica folgende Fälle: *ունենաս* II s. pr.: *որ ունենաս* 95, *թէ չունենաս* 160, *ունենաս* 171, *որ ունենաս* 173, *թէ ունենաս* 202, *ունենաս* 203, *որ ունենաս* 216; *ունենայ* III s. pr.: *թէ ունենայ* 11, *որ ունենայ* 30, *երբ ունենայ* 33, *թէ ունենայ* 39, *թող ունենայ* 51, 60, *որ ունենայ* 68, *չունենայ* 130 24, *չունենայ* 130 25, *չունենայ* 131, 147, *որ չունենայ* 148, *երբ ունենայ* 156, *որ ունենայ* 159, *ունենայ* 165, *թէ ունենայ* 170, *նա ունենայ* 177, *որ ունենայ* 191, 194, *չունենայ* 207, *թէ ունենայ* 212, *ունենայ* 213; *ունենան* III p. pr.: *որ ունենան* 138; *ունենալ* Inf. 14, 96, 100, 215; *կենաս* II s. pr.: *նա դու կենաս* 65; *կենայ* III s. pr.: *եթէ կենայ* 12, *թէ կենայ* 27, *երբ չկենայ* 27, *որ չկենայ* 34, *թէ սնկութիւն կենայ* 39, *որ կենայ* 40, *երբ չկենայ* 44, *թէ կենայ* 52, 60, *մինչդեռ կենայ* 60, *որ կենայ* 60, *եթէ կենայ* 61, *թէ կենայ* 62, *որ չկենայ* 68, *կենայ* 78, 79, *թէ կենայ* 78, *որ կենայ եւ եփի* 80, *թէ կենայ* 84, *որ կենայ* 86, *կենայ* 97, *որ չկենայ* 100, *թող կենայ* 114, *որ չկենայ* 129, *որ կենայ* 129, *զերթ կենայ* 129, *թէ չկենայ* 132, *որ կենայ* 132, *զերդ կենայ* 135, *թէ կենայ* 162, *կենայ* 178, *զերդ կենայ* 184, *որ կենայ* 190, *թէ կենայ* 192, *զինչ կենայ* 192, 194, *զերդ կենայ* 194, *որ կենայ* 203, *թէ կենայ* 206, 214, 217, 220, *որ կենայ*, *թէ կենայ* 223; *կենան* III. p. pr.: *որ կենան* 67, 70, *կենան* 104, *որ կենան* 130, *որք կենան* 158, *կու կենան* 193, *որ կենան* 216; *կենալ* Inf.: 23, 62, 64, 67, 107, 129; *գիտենաս* II s. pr. *որ գիտենաս* 7, *զոր գիտենաս* 117, 130, *երբ գիտենաս* 184, *դիտենաս* 184, *որ գիտենաս* 184; *գիտենայ* III s. pr.: *երբ գիտենայ* 25, *որ գիտենայ* 141, *որ չգիտենայ* 163; *գիտենան* III p. pr.: *որ գիտենան* 200; *գիտենալոյ* Gen. Inf.: *վասն գիտենալոյ* 48; *կամենաս* II s. pr.: *թէ կամենաս* 9, *մինչ կամենաս* 21, *թէ կամենաս* 22, 33, *թէ կամենաս* 37, *զոր կամենաս* 40, *ուր կամենաս* 40, 52, *թէ կամենաս* 52, *երբ կամենաս* 53, *մինչ կամենաս* 59, *թէ կամենաս* 61, *կամենաս* 118, *թէ կամենաս* 129, *երբ կամենաս* 137, *թէ կամենաս* 138, *երբ կամենաս* 141, 158, *թէ կամենաս* 161, *երբ կամենաս* 162, *քանի կամենաս* 163, *կամենաս* 165, *երբ կամենաս* 171, 179, *թէ որ կամենաս* 185, *երբ կամենաս* 187, 191, 192, *ուր կամենաս* 195, *երբ կամենաս* 201, *թէ կամենաս* 210, *երբ կամենաս* 222; *կամենայ* III s. pr.: *զոր կամենայ* 34, *եթէ կամենայ* 44, *քանի կամենայ* 129, *երբ կամենայ* 155, *ուր կամենայ* 179, *որ չկամենայ* 190, *որ կամենայ* 217; *կամենան* III p. pr.: *երբ կամենան* 18, *յորժամ կամենան* 97, *որ կամենան* 97, 134, *երբ կամենան* 135, 145, *որ կամենան* 154, *երբ կամենան* 204; *կարենաս* II s. pr.: *որով կարենաս* 33, *կարենաս* 130, *թէ կարենաս* 184; *ուզենաս* II s. pr.: *թէ ուզենաս* 20, *երբ ուզենաս* 102, *որ թէ ուզենաս* 132, *որ ուզե-նաս* 132, *երբ ուզենաս* 136, *յորժամ ուզենաս* 137, *երբ ուզենաս* 179, *թէ ուզենաս* 216; *ուզենայ* III s. pr.: *թէ ուզենայ* 37; *պիտե-նայ* III s. pr.: *որ չպիտենայ* 162, *երբ պիտենայ* 224; *թուենայ* III s. pr.: *որ թուենայ* 51, 196; *ածենայ* III s. pr.: 182 13; ältere Form *արժենայ* S. 39.

§ 346. In dem etwas älteren medizinischen Werke von Məchiṫar Heraçi finden sich ebenfalls schon folgende Formen: *լինայ* III s. pr.: *թէ լինայ* 87; *կենաս* II s. pr.: 120; *կենայ* III s. pr.: *որ կենայ* 5, *թէ կենայ* 9, *պատրաստ կենայ* 11, 21, *կենայ* 19, 25, 32, *թէ կենայ* 37, *կենայ* 46, 47, *չիկենայ* 48, *թէ կենայ* 69, *կենայ* 78, *թէ կենայ* 104, *կենայ* 117, 122, 128, 131, 137; *կենան* III p. pr.: 38; *կեցել* part. prät.: 91; *կենալ* Inf.: 35, 43, 93, 117, 128; *գիտենաս* II s. pr.: *եթէ գիտենաս* 5, *թէ գիտենաս* 14, *որ գիտենաս* 49, 80, 81, 82, 85, 94, *թէ գիտենաս* 106, *որ գիտենաս* 106, *երբ գիտենաս* 116; *գիտենայ* III s. pr.: *որ գիտենայ* 39, 61, *գիտենայ* 134, 135, 137; *գիտենան* III p. pr.: *որ գիտենան* 37; *գիտենալ* Inf.: 15, 18, 57, 62, 135; *ծարավենայ* III s. pr.; *կամե-նաս* II s. pr.: *թէ կամենաս* 100; *կամենայ* III s. pr.: *որ կամենայ* 147; *յարենայ* III s. pr.: 9; *ունենայ* III s. pr.: 44, 101; *ուռենայ* III s. pr.: 67.

§ 347. Die kilikisch-mittelarmenischen Stämme auf *-ենա* *-ena* repräsentieren mit ihren zugehörigen einfachen Stämmen Doppelformen ein und desselben Verbums. Gleichwohl stehen hinsichtlich ihrer Funktion und Verwendung beide Stämme keineswegs gleichberechtigt neben einander; es gilt nämlich für den erweiterten Stamm auf *-ենա* *-ena* die Beschränkung dass er in der Regel niemals dem Indikativ Präsentis und Imperfekti zu Grunde liegt: dagegen erscheint dieser erweiterte Stamm im Infinitiv und Präteritum, namentlich aber als Konjunktiv, wie unten § 424 durch Belege erhärtet wird. Diese für das Kilikische feststehende Erscheinung ist nicht auf die mittelarmenische Sprachstufe beschränkt, sondern hat sich zugleich mit den fraglichen Stämmen auf das Neuarmenische fortgepflanzt: So findet sich im Tr. und in der westlichen Schriftsprache dás Verbum des Besitzes in folgender Gestalt:

| Präsens | | Imperfekt | |
|---|---|---|---|
| Indikativ | Konjunktiv | Indikativ | Konjunktiv |
| ունիմ | ունենամ | ունէի | ունենայի |
| ունիս | ունենաս etc. | ունէիր | ունենայիր etc. |

| Futur | Infinitiv |
|---|---|
| պիտի ունենամ | ունենալ. |
| պիտի ունենաս etc. | |

Ebenso z. B. Ind. pr. գիտեմ, Ind. impf. գիտէի neben Konj. pr. գիտնամ, Konj. impf. գիտնայի, Inf. գիտնալ; vgl. Aid. II 79. Analog im Pol. nach Han. p. 57, 78, 121: Ind. pr. *gam* neben Futur *bi-genam* (= tr. պիտի կենամ) und Inf. *genału* (= tr. կենալ); Ind. pr. *unim* neben Futur *b-unenam* (= tr. պիտի ունենամ) und Inf. *unenału* (= tr. ունենալ); Ind. pr. *kidim* neben Futur *bi-kidnam* (= tr. պիտի գիտնամ), Inf. *kidnału* (= tr. գիտնալ) u. s. w. Entsprechend rettet auch OA., unregelmäßig und nach anormaler Konjugationsweise, die Indikativformen եմ, կամ, ունիմ, գիտեմ, während der jeweilige derivierte Stamm auf *-ena* die Funktion der übrigen Tempora (Konj. und Fut.) übernimmt. Vgl. Palas. Kʿerakanutʿiun maireni lezvi, Tifl. 1894, § 60.

Diese dem Mittel- und Neuarmenischen gemeinsame Verwendung der beiden Stämme ist unmöglich eine willkürliche, auf bloßer Konvenienz beruhende, sondern es muss notwendigerweise die verschiedene Funktion der beiden parallelen Stämme in der verschiedenen Natur eben dieser Stämme begründet sein. Mit anderen Worten, es drängt sich die Vermutung auf, dass der formal vom einfachen Stamm verschiedene Stamm auf *-ena* auch hinsichtlich der Bedeutung vom einfachen Stamm abweiche und den in letzterem liegenden reinen Verbalbegriff modifiziert darstelle.

Nun findet sich in neuarmenischen Dialekten die erweiterte Stammform auch als Indikativ verwendet; sie hat aber nicht Präsens- sondern Futurbedeutung; so z. B. im Ach. nach Tom. Dial. v. Ach. S. 61 f.: *unẹnam-gə* = »ich werde haben«, *kidnam-gə*, *kidẹnam-gə* = »ich werde wissen«; ebenso im Tr., woraus Aidynian II 80 folgende Beispiele bringt: Հիմայ չորս ունիս, վաղը քսան կ'ունենաս: »heute hast du vier, morgen wirst du zwanzig haben«; Թէեւ քիչ գիտէ, ջանալով շատ կը գիտնայ: »wenn er auch jetzt erst wenig weiß, so wird er doch durch Strebsamkeit viel wissen (wird viele Kenntnisse erlangen)«. Hier bezeichnet offenbar, nach Aidynian II 80, der reine Stamm die Verbalhandlung als eine »nahe, gegenwärtige und wirklich stattfindende«, der erweiterte Stamm dagegen als eine »entfernte und gleichsam bedingte«. Hierin also wird man die ursprüngliche und Grundbedeutung der erweiterten Stämme auf *-ena* zu suchen haben. Wir haben es hier mit zwei verschiedenen Aktionsarten ein und derselben Verbalhandlung zu thun, analog wie in den slavischen Sprachen — man denke an die »Aspekte« oder »Aktionsarten« des kirchenslavischen und des russischen Verbs —, indem die im einfachen Stamm als rein und wirklich ausgedrückt liegende Verbalhandlung in dem derivierten Stamm auf *-ena* von anderem Gesichtspunkte aus als eine entfernte und bedingte hingestellt wird.

Hieraus, aus der Natur der Derivatstämme auf *-ենա -ena*, erklärt sich auch ihre eigentümliche Verwendung: als Indikativ in Präsensbedeutung können sie nicht fungieren, da sie ihrem Wesen nach futurischen oder konjunktiven Charakters sind: deshalb finden wir sie im Neuarmenischen verwendet zum Ausdruck des Futurs auch in der Form des Indikativ-Präsens sowie zur Darstellung des Konjunktivs, und deshalb auch ihre besondere, unten § 423 f. näher erörterte Funktion in der Konjugation des Kilikisch-Mittelarmenischen.

## IV. Präsensstamm auf *-u -ու*.

§ 348. Den classischen Stämmen *գտանեմ*, *իջանեմ*, *տեսանեմ* entsprechen im Kilikischen Stämme auf *-nu*: *գտնում kdnum* (*kədnum*) »finde«, *իջնում ičnum* »steige ab«, *տեսնում desnum* »sehe«[1]). Ferner findet sich für cl. *կլանեմ* nur mehr *կլնում*

Belege: 1) *գտնուս* II s. pr. Geop. 62, Rb ճկթ, B խ, ճղղ, մծե; *չգտնուս* II s. pr. neg. Rb խե, ճլթ, B մկղ, A 135; *գտնու* III s. pr. 63 11. 23, 65 9, 85 6, Rb գ, դ, հբ, հգ, ճծղ; *չգտնու* III s. pr. neg. Rb ճծէ; *գտնոյք* II p. pr. Rb կբ; *գտնուք* II p. pr. A 151; *գտնուն* III p. pr. 13 10, 65 6, Geop. 195, A 151, B ճիա, Rb ը, խը; *գտնուլ* inf. 15 14, Rb լգ, B ճիգ; *գտնաւղ* adj. verb. Rb դ. *իջնու* III s. pr. Rb խե, B իղ, ծե, ճղէ, մհ, A 19, 187; *չիջնու* III s. pr. neg. B իղ, Rb խե; *իջնուն* III p. pr. Rb խե. *տեսնուս* II s. pr. B խղ, ճղե, միա, միգ, մլը, մկղ; *տեսնու* III s. pr. 11 27, 29 1. 17, 25 20, 27 13, 33 2. 3, 39 2, 51 17, 59 22. 23, 63 18, 65 21, B մլթ, Rb լը, հբ, ճժ, ճկա, ճհէ; *տեսնոյք* II p. pr. 59 15;

*glnum* (*gəlnum*) »verschlucke« [2]), für cl. կալում nur mehr կալնում *galnum* »verstopfe« [3]). Eine weitere Gruppe von Derivatstämmen auf *-nu* steht entsprechenden classischen Stämmen auf *-ni* gegenüber: սկսնում *sksnum* (*skəsnum*) »beginne« [4]) = cl. սկսանիմ; հեծնում *hejnum* »reite« [5]) = cl. հեծանիմ; ուսնում *usnum* »lerne« [6]) = cl. ուսանիմ; պրծնում *brjnum* (*bərjnum*) »entwische« [7]) = cl. պրծանիմ. Letztere Fälle sind namentlich dem nordwestlichen Mittelarmenisch eigen, welches außerdem noch aufweist: մտնում *mədnum* »gehe ein« [8]) für kl. մտեմ; ելնում *elnum* »gehe aus« [9]) für kl. ելեմ; ստեղծնում *steγjnum* »bilde« [10]) für kl. ստեղծեմ u. s. w. Im Modernpolarmenischen ist dieser Stammwechsel vollständig durchgeführt, indem hier sämtliche altarmenische Derivatstämme auf *-anem* und teilweise auch die auf *-anim* zu Themata auf *-num* geworden sind; so hat Pol. außer *desnum*, *kədnum*, *unčnum* die ganze Klasse der Kausativa auf *-num* als Entsprechung des alten Stammes auf *-anem*. Vgl. oben § 329.

Die altarmenischen Derivatstämme auf *-nu* haben sich im allgemeinen gehalten; so sind noch lebendig die Stämme: առնում *aṙnum* »nehme« [11]), երդնում *ertnum* »schwöre« [12]), ընկենում *əngenum* »werfe« [13]), լնում *lnum* (*lənum*) »fülle« [14]) u. s. w.

տեսնուն III p. pr. 15 26, 25 14. 15. 19, 29 6, 39 11. 15, Geop. 225, Rb ժա, ի, իթ, լգ, ծգ, ձթ, ճժ, ճժդ, ճի, ճլէ, ճհէ; տեսնուլ inf. 15 25, Smp. Chron. Dul. 648, B մկգ, Rb հր, ճժա, ճխթ, ճծե, ճհ, ճհգ; տեսնաւղ adj. verb. Rb գ. 2) կլնու III s. pr. B մծա, մկգ. 3) կալնուս II s. pr. Geop. 137, 138, B մա; կալնուն III p. pr. B մկգ; կալնուլ Inf. Geop. 117. 4) սկսնու III s. pr. B խգ, մծէ. 5) հեծնուլ Inf. Geop. 203. 6) Nach Aidynian I 93, II 73. 7) Nach Aid. I 93, II 73. 8) մտնուն III p. pr. Am. Dovl. H. II 367. 9) ելնուն III p. pr. Kost. Samml. II 43. 10) Im Achrabadin und bei Am. Dovl. 11) առնուս II s. pr. 13 14, L 179 1; առնու III s. pr. 11. 5. 19. 20. 28, 13 2. 24. 28, 15 9, 17 10. 12. 24, 19 8, 21 4. 20, 23 6, 29 13. 15, 37 13. 18, 45 9. 13. 14, 47 10. 18. 23, 49 4, 51 19, 55 3. 6. 15, 57 8, 63 11. 22. 23, 69 1, 75 2, 77 10, 85 2, Rb ճը; չառնու III s. pr. neg. Rb ծէ; առնունք I p. pr. 53 22; առնոյք II p. pr. L 186 3; առնուն III p. pr. 17 21, 47 12, 51 11, L 155 30, 156 4, Rb լա; առնոյր III s. impf. Rb լդ; առնուլ inf. Rb իէ, Ass. Ant. 11 14. 16. 21, 23 17. 20, 29 4, 47 38, 55 2, 69 17. 12) երդնու III s. pr. 9 23, 11 3. 8. 9. 12, 25 26. 28, 29 8, 31 12, 35 29, 59 20, 61 8, 63 19, 73 8, 81 10; երդնուն III p. pr. 63 18, L 155 10; երդնուլ inf. 11 2, 73 9. 13) ընկենու III s. pr. Geop. 67; ընկենուն III p. pr. Geop. 198. 14) լնուս II s. pr. B խ, ճղդ; լնու III s. pr. Rb կթ; լնուն III p. pr. B ճհե.

§ 349. Ist somit das Gebiet der alten *nu*-Stämme bedeutend erweitert worden, so zeigt sich andrerseits dasjenige der einfachen *u*-Stämme sehr geschmälert, da, wie bereits oben § 322 dargethan ist, die meisten einfachen *u*-Stämme wie *արգելում*, *յեղում*, *աւելում*, *լեսում*, *զենում* zu *e*-Stämmen geworden sind. Nur wenige haben sich erhalten; so erscheinen noch: *թողու* III s. pr. 17 5, 49 14, 81 17, Rb *իղ*; *թողուն* III p. pr. 65 22, Rb *լա*; *թողուին* III p. impf. Rb *խգ*; *թողուլ* inf. 41 18, B *մկե*. Allerdings zeigt die Smp. Chron. Dul. 650 belegte Form *թողէին* dass auch dieses einfache *u*-Thema im Schwinden begriffen ist. Im Spätkilikischen ist auch der erweiterte Stamm *առնում* verdrängt durch *առնեմ*; so in MrB: *առնել* »nehmen« *մխը*, *առնելոյն* »des Nehmens« *հժ*, *մխը*; schon das Diplom Leos III. vom J. 1288 zeigt die Form *կու առնէին* »sie nahmen« L. 156 2. 3. Hierin liegt ein starker Ansatz zur völligen Verdrängung des *u*-Themas durch das *e*-Thema, wie dieselbe in mehreren modernen Dialekten — so im Tr. und im Ach. — durchgesetzt ist.

## V. Passivstamm auf *-vi* *-վի*, *-ուի*, *-ւի*.

§ 350. Das classisch-altarmenische Verbum besitzt keine eigentliche Passivkonjugation: das passive Genus der *a*- und *u*-Stämme ist in den Temporen des Präsenssystems vom Aktiv nicht unterschieden; die *e*-Stämme bilden zwar einen Passivstamm auf *-i*, wie denn auch die *i*-Konjugation als eigentliche Passivkonjugation galt; sie kann jedoch nur uneigentlich als Passivkonjugation bezeichnet werden, da sie keineswegs ausschließlich an das passive Verbum gebunden ist, vielmehr sich auch auf die Mehrzahl der Intransitiva, und selbst auf Aktiva, wie *ունիմ*, *տանիմ* erstreckt. Ebensowenig ist der sog. alte passive Aorist mit Charakter *a* auf die Passiva beschränkt. Der classischen Sprache fehlt sowohl eine eigentliche Passivflexion als ein besonderer Passivstamm.

Das große sprachgeschichtliche Moment des Mittelarmenischen liegt nun in der Entstehung eines besonderen, der alten Sprache völlig abgehenden Passivstammes, der, allein und ausschließlich dem passiven Verb eigen, auf *-vi* (*-վի*, *-ուի*, *-ւի*) ausgeht: derselbe Stamm ist bis in die neuarmenische Sprache hinein der ausschließliche Passivstamm geblieben. Von diesem neuen Passivthema auf *-vi* gebildet erscheinen in den vorliegenden kilikischen Quellen folgende Präsensformen:

§ 351. 1. Von aktiven *e*-Stämmen.

a) Von einfachen aktiven *e*-Stämmen: ասվի *asvi* »wird gesagt« 27 14; ասուին *asvin* »werden genannt« B կե; այրուին *airvin* »werden verbrannt« Rb ճհէ; արձկվի *arjgvi* (*arjəgvi*) »wird befreit« 77 4; բաժնվի *pažnvi** (*pažənvi*) »wird geteilt« 21 5, 47 14, Rb հբ; բաժնվին *pažnvin* (*pažənvin*) »werden geteilt« Rb ղղ; բռնվի *pṙnvi* (*pəṙnvi*) »wird ertappt, wird gefangen« Rb ա, ժգ, հբ, ձգ, ղր, ճժե, ճհէ; բռնվին *pṙnvin* (*pəṙnvin*( »werden ergriffen« Rb ղր; գրվի *krvi* (*kərvi*) »wird geschrieben« 39 27, 47 28, 59 5, 83 25; դատվին *tadvin* »werden gerichtet« Rb հա; զուգվի *zukvi* »wird verbunden« Rb ժա; թտպրվի *ṫdbrvi* (*ṫədbərvi*) »wird beraten« 23 29; լոսվի *losvi* »wird zerstoßen« B մկղ; խաբվի *xapvi* »wird irregeführt« Rb հբ; խրատվի *xradvi* »wird gezüchtigt« Rb ա, հգ, ճլէ; խրատուին *xradvin* »werden gezüchtigt« Rb ճժա; ծախվի *jaxvi* »wird verkauft« 45 22, 79 6, L 155 5, Rb ճժ, ճխ; կախվի *gaxvi* »wird gehängt« 35 24. 25, 63 6. 7, B մխղ; կտրվի *gdrvi* (*gədərvi*) »wird abgeschnitten« Rb բ, հղ, ճկ, ճհէ; ձգուի, ձգվի *ckvi* (*cəkvi*) »wird entlassen, abgesetzt« Rb ժղ, ժթ, լգ, լղ, ծգ, կր, ձղ; մաղվի *mayvi* »wird gesiebt« B մկղ; նեղուի *neyvi* »wird beengt« B ղր; շինվի *šinvi* »wird gebaut, verfertigt« Rb ճխր, ճհդ, B մհ; ուզվի *uzvi* »wird verlangt« 17 20; պահուի *bahvi* »wird gehütet« Rb ճհ; պահվէին *bahvein* »wurden bewacht« Rb ծբ; պսակվիմ *psagvim* »werde verheiratet« Rb հբ; պսակվի *psagvi* »wird verheiratet« Rb հբ, հգ, ղբ, ճգ, ճհ, 55 3; ջալընջըվի *čalənǰəvi* »wird reklamiert« 23 30; սայզվի *saizvi* »wird in Besitz gesetzt, belehnt« und »setzt sich in Besitz von etwas«, fr. »se saisir de q. chose« 71 2, 29 13; վարվի *varvi* »wird vertrieben« Rb ժթ, ճհղ; վճարվիմ *vjarvim* (*vəjarvim*) »werde bezahlt, mache mich bezahlt« 41 23; վճարվի *vjarvi* (*vəjarvi*) »wird bezahlt, macht sich bezahlt« 41 12, 43 1. 10, 45 19. 22, 77 7, 83 4, Rb լգ, հբ; վճարվին *vjarvin* (*vəjarvin*) »werden bezahlt« 41 8; տահրկվի *dahrgvi* (*dahərgvi*) »wird besiegt« 35 24. 25. 29, 59 26. 29, 61 23, 63 6; տուժվի *dužvi* »wird bestraft« Rb ժբ, ժղ, ճխդ, ճհէ; տուգնվի *dugnvi* (*dugənvi*) »wird bestraft« 61 17, 71 21, Rb ա, իղ, ճծբ; փետվի *ṗedvi* »wird gerupft« B մժգ; քակվի *ḱagvi* »wird zerstört« Rb ծա; քաշվի *ḱašvi* »wird gezogen, geschleppt« A 152, B ճլգ, ճծղ, մժգ, մկե, մկէ; քարկոծվի *ḱargojvi* »wird gesteinigt« Rb ճհէ; լոսվիլ *losvil* »zerstoßen werden«

B ՄԿԴ; պահվիլ *bahvil* »bewahrt werden« Rb ԾՀ; պսակուիլ *psagvil* »sich heiraten« Rb ՂՐ; վճարվիլ *vjarvil* (*vəǰarvil*) »sich bezahlt machen« 71 12, 81 21, Rb ԾԺԵ; քաշվիլ *k̆ašvil* »geschleppt werden« B ՄԿԷ.

b) Von erweiterten aktiven *e*-Stämmen: օծնվիլ *ǫjnvil* (*ǫjənvil*) »gesalbt werden« B ՄԵ zu օծնել »salben«; դնվի *tnvi* (*tənvi*) »wird gelegt« 47 28, B ԾԱ, ԾԴ, ԾԷ, ԾԺՐ, ՄԿԴ, ՄՀ, Rb ԾՐ, ԾՀ zu դնել »legen«; կորսնվի *gorsnvi* (*gorsənvi*) »wird verloren« Rb ԾԽ zu կորսնել »verlieren«; կեցցվի *geççnvi* (*geççənvi*) »wird bewiesen« Rb ԾԺԱ zu կեցցնել »beweisen«; սպանվի *spanvi* (aus *սպաննվի) »wird getötet« Rb ՀՐ, ԾԻԴ, ԾԽԹ, ԾԿԷ zu սպաննել »töten«; ճանչվի *ǰančvi* »wird erkannt« A 118, 183, 282, Rb Դ zu ճանչել »erkennen«.

§ 352. 2. Von aktiven *i*-Stämmen:

ընդունվի *əndunvi* »wird angenommen« 11 8. 10, 59 27. 28. 30, 61 22. 24, 73 9, 83 20 zu ընդունիլ »annehmen«.

§ 353. 3. Von aktiven *a*-Stämmen:

Zu գողնամ »stehle« das pass. գողընվի *koyənvi* »wird gestohlen« L 156 11, Rb ԾԺ, ԾԻԱ, ԾԺԷ; zu յիմանալ »bemerken« das pass. յիմընվի *himənvi* »wird bemerkt« Rb ԾՀԷ; zu բանալ »öffnen« das pass. բանվի *panvi* »wird geöffnet« A 157; zu լվանալ »waschen« das pass. լվանվի *lvanvi* (*ləvanvi*) »wird gewaschen« A 304. In dem jüngeren Mr B dagegen bilden diese Verba das Passiv vom Aoriststamme: թացվի *ťaçvi* »wird genetzt« Mr B ՄԻԴ zu թանալ »netzen«; լվացվի *lvaçvi* (*ləvaçvi*) »wird gewaschen« Mr B ՄԿԴ zu լվանալ »waschen«; ի բացուելոյ *i paçvelo* »von dem Entblößtsein« Rb ԾԺԱ. Vom Aoriststamm gebildet ist auch pass. տվվի *dvvi* (*dəvvi*) »wird gegeben« 23 3, Mr B ԽԱ; տվվին *dvvin* (*dəvvin*) »werden gegeben« 25 2 zu տալ »geben«.

§ 354. 4. Von aktiven *u*-Stämmen:

a) Von einfachen aktiven Stämmen: թողվի *ťoγvi* »wird gelassen« Rb ԽԴ zu թողուլ »lassen«; b) von erweiterten aktiven Stämmen: կալվի *galvi* »wird verstopft« B ՄԺԴ zu կալնուլ »verstopfen«; գտվի *kdvi* (*kədvi*) »wird gefunden« 79 12. 16, L 156 12, B ՄԺԴ, Rb Ա, Դ, ՀՐ, ԾՐ, ԾԻԱ, ԾԼԴ, ԾՀԷ, A 134, 157 zu գտնուլ »finden«; գտվին *kdvin* (*kədvin*) »werden gefunden« 39 12.

Dagegen vereinzelt գտնուի *kdnvi* (*kədnəvi*) »wird gefunden« Rb ծէ. Zu լնուլ »füllen« das pass. լցվի *lçvi* (*ləçvi*) »wird gefüllt« Rb ճլա, ճխը, B մա; լցվին *ləçvin* »werden gefüllt« A 236. Daneben zeigt Mr A jedoch auch die Form լնվի *lənvi* »wird gefüllt« A 17. Vom Aoriststamme gebildet sind auch: տարվի *darvi* »wird geführt« Rb ղ zu տանիլ »führen«; կերվի *gervi* »wird gegessen« B ճհէ, մկթ zu ուտել »essen«. Daneben jedoch auch vom Präsensstamm aus gebildet die Form ուտվի *udvi* »wird gegessen« Rb կէ, A 260.

§ 355. Schon im 11. Jhd. zeigt sich bei Mch. Her. das neue Passivum in folgenden Formen: խաշուի *xašvi* »wird aufgezehrt« p. 18, Akt. խաշեմ; քաշուի *ḱašvi* »wird gezogen« p. 39, Akt. քաշեմ; արկնուի *argnvi* (*argənvi*) »wird geworfen« pp. 48, 63, Akt. արկնեմ; լուանվիլ *lvanvil* (*ləvanvil*) »gewaschen werden« p. 12, Akt. լուանամ; լուացվի, լվացվի, լւացվի *lvaçvi* (*ləvaçvi*) »wird gewaschen« pp. 26, 27, 28; բացւի *paçvi* »wird geöffnet« p. 12, Akt. բանամ; գտուի, գտվի, գտւի *kdvi* (*kədvi*) »wird gefunden« pp. 22, 38, 44, 45, Akt. գտնում.

§ 356. Die Geoponica haben folgende *vi*-Passiva: ձիթվի *ciťvi* III s. pr. »wird mit Öl begossen« p. 92, Akt. ձիթեմ; շինվի *šinvi* III s. pr. »wird gebaut« p. 92, Akt. շինեմ; ուտվի *udvi* III s. pr. »wird gegessen« pp. 19, 24, Akt. ուտեմ; ուտվիլ *udvil* Inf. »gegessen werden« p. 120; պահուի *bahvi* III s. pr. »wird bewahrt« p. 136, Akt. պահեմ; տնկուի *dngni* (*dəngvi*) III s. pr. »wird gepflanzt« p. 142, Akt. տնկեմ; ցանուի *çanvi* III s. pr. »wird gesät« pp. 20, 22, 24, 156, Akt. ցանեմ; ցանուիլ Inf. »gesät werden« p. 66; փորուի *ṕorvi* III s. pr. »wird gegraben« p. 40, Akt. փորեմ; խառնուին *xaṙnvin* III p. pr. »werden gemischt« p. 101, Akt. խառնեմ. Vom erweiterten Präsensstamm դնեմ *tnem*: չ-դնուին *č-tnvin* (*čə-tənvin*) »werden nicht gesetzt« p. 143; dagegen p. 86: դրուի III sg. vom Aoriststamm. Vom *a*-Stamm բանամ »öffne«: բանուի *panvi* »wird geöffnet« p. 37 3, neben բացուի, բացվի *paçvi* »wird geöffnet« pp. 40, 138 vom Aoriststamm. Vom *a*-Stamm թանամ »netze«: թանուի *ťanvi* »wird genetzt« pp. 20, 129; dagegen թացուին *ťaçvin* »werden genetzt« p. 147 vom Aoriststamm. Vom *u*-Stamm լնում »fülle«: լնուի *lnvi* (*lənvi*) III s. pr. »wird gefüllt« pp. 37, 157, 189; daneben լցուի *lçvi* (*ləçvi*) vom Aoriststamm pp. 29, 128, 163, 187.

§ 357. Im Präteritum Passivi, welches hier vorweggenommen und zugleich an dieser Stelle im Anschluss an das Präsens besprochen sein soll, erscheinen noch öfter die alten Formen, was jedoch nicht zu dem Schlusse berechtigt, dass das neue Passiv des Präteritums noch nicht allgemein gebräuchlich war: daraus, dass die alten Präteritalformen sich in der kilikischen Schriftsprache noch zuweilen vorfinden, folgt keineswegs, dass sie wirklich in der lebenden Volkssprache noch existierten: im Präteritum eben genügte der classische passive Aorist zum Ausdruck des Genus passivum, und so begreift es sich, dass, obschon veraltet, er in der Büchersprache neben der neuen Präteritalform noch zugelassen wurde. Von letzterer finden sich als Kilikisch belegt: III sg. Aor. pass. *ծախուեցաւ jaxveçav* »wurde verkauft« 73 17; *ծեծուեցաւ jejveçav* »wurde geschlagen« Rb հղ; *կախուեցաւ gaxveçav* »wurde gehängt« Smp. Chron. Dul. 631; *յուղարկվեցաւ huyargveçav* »wurde geschickt« Rb ճխթ; *պսակուեցաւ psagveçav* »wurde verheiratet« Smp. Chron. Dul. 666, Rb ղբ; *աւղղուվեցաւ o̱γγuveçav* (Lautl. § 154) »wurde angewiesen« 81 26; III pl. Aor. pass. *պսակուեցան psagveçan* »wurden verheiratet« 19 6; *թէտպիրվեցան ṭe̱dbirveçan* »berieten sich« Smp. Chron. Dul. 647; I pl. Fut. pass. *թէտպիրվեցուք ṭe̱dbirveçuk̄*[1]) »werden uns beraten« Smp. Chron. Dul. 647; III sg. Aor. pass. *բացուաւ paçvav* »wurde geöffnet« 23 15; *սպանվաւ spanvav* »wurde getötet« Rb ճլ; *թողվաւ ṭoγvav* »wurde gelassen« Rb ծէ; *զարկուաւ zargvav* »wurde geschlagen« Rb ճհէ; *կերվաւ gervav* »ward gefressen« Rb ճծէ; *առուաւ ar̊vav* »ward genommen«, *դրուան trvan* (*tərvan*) »wurden gelegt« letztere nach Aid. II 73. Partizipia präterita: *կապվել է* »ist gebunden« 9 7; *լինի լսուել* »ist gehört worden« 19 15; *գնվել է* »ist gekauft worden« Rb ճժե; *քաշվել է* »ist verzogen worden« B ճծզ; *է բացվել* »ist geöffnet worden« B միզ; *լինի լցվել* »ist gefüllt worden« A 245; *կերվել լինի* »ist gefressen worden« B մժզ.

§ 358. Dieses mittelarmenische Passivum, das sich, wie schon bemerkt, auch im Neuarmenischen wieder findet[2]), und zwar in sämtlichen Mundarten, den östlichen sowohl wie den westlichen, hat als charakteristisches Zeichen das Element *ու u* resp. *v*, welches jedoch ursprünglich und seinem Wesen

---

1) Hybride Form für cl. **թէտպիրեսցուք*.
2) Wenn auch teilweise mit unwesentlicher Umgestaltung.

nach keineswegs rein passiver Natur sein kann, wie aus den oben angeführten Fällen mit reflexiver oder intransitiver Bedeutung, wie *թէատպիրվեցան* »sie berieten sich«, *սայգվիմ* »bemächtige mich«, hervorgeht. Das Element *ու* des Passivstamms ist vielmehr ursprünglich identisch mit dem Präsenscharakter *u* der *u*-Stämme, vorausgesetzt, dass folgende bereits von Petermann in »Abhandlungen d. Ak. d. Wiss. zu Berlin« 1866 pp. 75, 76 aufgestellte Entstehungstheorie für das mittelarmenische Passiv richtig ist. In der alten Sprache machte sich besonders bei den Stämmen auf *-a* und bei denen auf *-u* der Mangel eines eigentlichen, bestimmten Ausdrucks für das Passiv fühlbar. Diesem Mangel abzuhelfen, ward in mittelarmenischer Zeit von den Präsensstämmen auf *-u* nach Analogie der Präsensstämme auf *-e* ein neuer passiver Präsensstamm derart gebildet, dass an den charakteristischen Stammvokal *-u* des *u*-Stammes noch der charakteristische Stammvokal *-i* der sog. passiven Konjugation angefügt wurde: so entstanden Formen wie *զենուիլ* »geopfert werden«, *լնուիլ* »gefüllt werden« etc.; wie denn auch schon (cf. Aid. Kr. Gramm. II 73) in vorkilikischer Zeit zu *տամ* »gebe« von Stamm *տու-* des Aorists die Passivformen *տուիմ*, *տուիս*, *տուի*, *տուին* gebildet werden. Dieses Passiv nahm allmählig so überhand, dass man irriger Weise den Vokal *u* bezw. den ihm entsprechenden Konsonant *v* für den eigentlichen Charakter des Passivs ansah und daher den Verbis aller Konjugationen einfügte. Der so entstandene neue Passivstamm des Präsens ist demnach eigentlich ein durch das infigierte Element *-u* erweiterter passiver *i*-Stamm, wie er denn auch gleich den gewöhnlichen *i*-Stämmen flektiert wird. — Der Petermannschen Theorie füge ich noch bei: Das mittelarmenische, mit Charakter *ու* (*u*, *v*) gebildete Passiv des Aorists ist, obschon bereits kilikisch vorhanden, doch erst nachträglich und später als das Passiv des Präsens entstanden: und zwar bilden die einfachen *e*-Stämme den Passivstamm des Aorists vom Passivstamm des Präsens durch Anfügung des Aoristcharakters *-ց* *-ç* an das *-վի* *-vi* des Präsensstammes, der somit wie ein gewöhnlicher einfacher *i*-Stamm behandelt wird. Dagegen lehnt sich der passive Aorist der übrigen Verba, wie die oben angeführten Formen *բացուաւ* (= cl. *բացաւ*), *սպանվաւ* (= cl. *սպանաւ*), *առուաւ* (= cl. *առաւ*) etc. lehren, nicht an den passiven Präsensstamm, sondern an die entsprechenden alten (classischen) passiven Aoristformen an, indem blos vor dem *-ա -a* der Endung der classischen Aoristform das Element *-ու -u (-v)* eingeschaltet wird. Der Passivstamm des Aorist ward hinwiederum auf das Präsens verallgemeinert, und so erklärt sich das aus obigen Belegen ersichtliche Schwanken in der Präsensstammbildung des Passivs. In jenen schwankenden Fällen gewinnt zusehends die jüngere vom Aoriststamme gebildete Form die Oberhand. Im Neuarmenischen ist sie zur ausschließlichen geworden; so kennt die nwa. Litteratursprache nur mehr die Passiva *լուաց-ուիլ*, *իմաց-ուիլ*, *գողց-ուիլ*, *դր-ուիլ* n. Aidynian II 62. Die älteren mittelarmenischen vom Präsensstamm gebildeten *լուան-ուիլ*, *յիմըն-ուիլ*, *գողըն-ուիլ*, *դն-ուիլ* sind geschwunden.

Immerhin wird, mag auch obige, nach Petermann gegebene, an sich nicht unwahrscheinliche Entstehungserklärung wirklich zutreffen, bei der Genesis des kilikisch-mittelarmenischen Passivs noch irgend ein anderer Faktor mitgewirkt haben. Ich erinnere an die altarm. Verbalnomina auf *-ուած* wie: *գործուած*, *դարձուած*, *յօրինուած*, *ծնացուած*, *սպառուած*, die mit dem *u* der *u*-Stämme sicher nichts zu thun haben, und in denen Aidynian (Kr. Gramm. II p. 73) die ersten Spuren des mittelarmenischen Passivs erblickt. Ich erinnere noch an folgende Fälle: cl. *ցրուեմ çrvem* »zerstreue« = cl. *ցրեմ çrem*; cl. *կծուեմ kcvem* »rado, vellico« neben *կծեմ kcem* »pungo, mordeo«; cl. *կտուեմ ktvem* »interluco, interputo« neben *կտեմ ktem* »pungo, signo«. Hier erscheint neben dem einfachen *e*-Stamm ein mit infigiertem *վ*, *ու u*, *v* erweiterter *e*-Stamm, analog wie neben dem altarmenischen, als passiv geltenden einfachen *i*-Stamm der kilikisch-mittelarmenische mit Element *u*, *v* erweiterte *i*-Stamm steht.

# Kap. II. Das Präsenssystem.

## I. Tempora und Modi.

§ 359. Vom Präsensstamm sind gebildet die Tempora des Präsenssystems: Präsens, Imperfekt und Futur mit ihren Modis.

Wie nun bei allen jüngeren Sprachentwickelungen in den Flexionsformen des Verbums sich Vereinfachung und Verarmung gegenüber dem Formenreichtum des älteren Sprachzustandes offenbart, so auch im Kilikisch-Mittelarmenischen, und zwar speziell im Präsenssystem. Schon in den letzten Jahrhunderten der altarmenischen Sprachperiode hatte sich der Indikativ allmählig an Stelle des Konjunktivs und des Futurs zu drängen gestrebt, wie dies sich namentlich an nichtreinen Classikern beobachten lässt[1]. Im Mittelarmenischen ist dieser Evolutionsprozess zum Abschluss gelangt: die altarmenische Konjunktivform des Präsens und Imperfekts mit Charakter *ց ç* ist vollends untergegangen und damit zugleich auch das formal den Konjunktiv des Aorists darstellende Futur mit Charakter *ց ç*. Nur noch ganz vereinzelte Trümmer des alten Konjunktivs und Futurs erscheinen in erstarrten Formeln und als Archaismen[2].

§ 360. **Präsens und Imperfekt.** — Nach dem Untergange des alten Konjunktiv Präsentis und Imperfekti übernahm nach einer in der Sprachgeschichte mehrfach wiederkehrenden Funktionserweiterung die Indikativform zugleich die Bedeutung und Funktion des Konjunktivs, so dass für die beiden Modi Indikativ und Konjunktiv des Präsens nur mehr eine einzige sprachliche Ausdrucksform vorhanden war, nämlich der Indikativ.

Allerdings hatte zunächst, bevor noch der Indikativ allgemein konjunktivische Funktion erlangt hatte, in frühmittelarmenischer Zeit für den abgestorbenen Konjunktiv sich ein neuer Ausdruck festzusetzen gesucht in der Form eines tempus compositum, bestehend aus der mittelarm. Konjunktivform von *կամ gam* + konj. *ու u* + altem Indikativ; war doch die Konjunktivform von *կամ gam* wie geschaffen zum umschreibenden

---

1) Vgl. hierüber Aid. I 114 Rdn. 109.

2) So z. B. noch *զինչ եւ իցէ* Ass. Ant. 77 22 neben *զինչ ու լինի* »was es auch sei« 23 4, 85 1, *որ ու լինի* »wer es auch sei« 53 11.

Ausdruck des Konjunktivtempus. Beispiele dieser Tempusform sind: *որ յերկրէն ի դուրք կենայ ու երթայ ի վաճառ* »damit er außer Landes auf Handel gehe« p. 83 13; *որ խալապայն կենայ ու լինի* »dass Streit herrsche« 81 8; *որ առջեւ կենայ ու վճարվի* »dass eher bezahlt werde« 41 20; *որ այնով առու-տուր կենայ ու այնէ* »welcher damit Handel treibe« 79 17; *որ կենայ ու գանկտի* »welcher klagt« 27 19; *որ դեռ կենայ եւ* (= *ու*) *եփի* »was noch kocht, im kochen begriffen ist« Geop. p. 80; *եթէ կենայ ու գայ* »wenn kommt« 33 23; *եւ* (scl. *թէ*) *կենայ ու ուրանայ ծեծօղն* »und falls der Schläger leugnet« 61 1; *թէ ոք կենայ ու երթայ իր ճանփուն* »wenn einer gerade seines Weges dahin schreitet« Rb *ճլբ*; *թէ կենան ու պահեն զճանպահն* »wenn den Weg bewachen« Rb *ճլբ*; *ապա զէդ ի վանք կենան ու հանգչին* »vielmehr sollen sie, wie in einem Kloster es sich gebührt, ausruhen« Rb *խե*; *եթէ կենաս ու հնձես* »wenn du erntest« Rb *ճկգ*; *երբ գտնուն որ զքահանայական գործ կենայ ու այնէ* »wenn sie finden, dass er das Priesteramt ausübe« Rb *բ*; *երբ կենայ ու լինի եպիսկոպոսին ընտրաւղութիւնն* »wenn die Bischofswahl stattfindet« Rb *ծբ*; *թէ կենայ ու կոտրէ* »wenn tötet« Rb *ճկզ*; *քաւել թէ կենայ ու մեռնի* »außer wenn stirbt« Rb *իբ*; *որ կենա ու ուտէ* »welcher seinen Lebensunterhalt genießt« Rb *ճզ*; *թէ կենան ու կռվին* »wenn kämpfen« Rb *ճհե*; *թէ կենան ու պահեն* »wenn bewachen« Rb *ճլբ*; *յորժամ եղբարքն կենան ի յիրացմէ-բաժնվին* »wenn die Brüder sich von einander trennen« Rb *ղզ*. — Ebenso aus Mr B: *թէ կենա ու ելնէ* »wenn austritt« B *ճղբ*; *թէ կենայ ու երթայ* »wenn geht« B *մծզ*, *մկէ*, *մկբ* dreimal; *եթէ կենա ու ի վայր գա* »wenn ausfällt, wenn abfällt« B *մծզ*; *որ կենա ու կալվի* »falls verstopft wird« B *մծզ*; *որ կենա ու աղրայնա* B *մկզ*; *եւ թէ մարդոյն լինդքն ու կամ խամծեկն կենայ ու ուտվի՝ ու կամ թէ դաշտիկ լինի ի միսքն ու կենայ ու ուտվի* B *մծզ* u. s. w.

Immerhin konnte diese zusammengesetzte Tempusform, die, nach obigen Beispielen mutmaßlich zu schließen, eigentlich blos eine besondere Aktionsart des Konjunktiv Präsentis zum Ausdruck bringt, indem sie eine e i n m a l i g e, k o n k r e t e Handlung als in der Gegenwart d a u e r n d oder a n h a l t e n d darstellt, keineswegs die einmal begonnene und in Entwickelung begriffene Ausbreitung der alten Indikativform in Konjunktivfunktion hemmen. Je mehr aber die Indikativform in dieser ihrer neuen Funktion erstarkte, bis sie schließlich zur allgemeinen und ausschließlichen Konjunktivform wurde[1]), desto mehr musste dieselbe, einem allgemein sprachlichen Gesetze zufolge, in ihrer ursprünglichen Funktion als Indikativ veralten und absterben. Nun trat an die Stelle des als Indikativ verblassten, zum Konjunktiv gewordenen altarmenischen Indikativs im Mittelarmenischen eine neuerstandene Tempusform, bestehend aus der durch Präfix կու *gu* erweiterten alten Indikativform[2]). Dieser zuerst im XII. Jahrhundert bei Mechithar Heraçi auftretende komponierte Indikativ präs.-impf. lebt noch heute als der ausschließliche regelmäßige Typus des Indikativs in sämtlichen westarmenischen Dialekten fort, nur erscheint das kilikisch-mittelarm. Präfix կու *gu*[3]) im Neuarmenischen meist abgeschwächt zu *gə*, *gi*, *g*, *kə*, *ki*, *k*[4]) u. s. w.

1) Das daneben existierende soeben besprochene konjunktivische tempus compositum konnte sich nicht behaupten und ward allmählig verdrängt. Es war eine blos ephemäre mittelarmenische Erscheinung gewesen.

2) Nur spärlich findet sich in den Quellen ein dem oben besprochenen konjunktivischen paralleler zusammengesetzter Ausdruck für den Indikativ, welcher seiner Entstehung nach wohl älter ist als der eigentlich kilikische Indikativ mit կու *gu*. So: կայ եւ դիպի »es ereignet sich« p. 39, կայ եւ շարժի »es rührt sich« p. 49 bei Mx. Her. Diese indikativische Formel scheint jedoch erst nachträglich nach Analogie der entsprechenden konjunktivischen gebildet zu sein, und hat, wenigstens im Kilikischen, nie allgemeine Geltung erlangt.

3) Auch bereits in kilikisch-mittelarmenischen Schriften steht vereinzelt vor vokalisch anlautender Verbalform statt des vollen Präfixes կու *gu* das apokopierte կ- *g*-; es sind dies: կ-երթաս Lied Lev. Dul. p. 540; կ-ուտեն »essen« Geop. 193 5; կ-ելնեն »gehen aus« Geop. 195; կ-ուզէր »suchte« in Mr C von Chron. Smp. Dul. 622; կ-առնոյր »nahm« in Mr C von Chron. Smp. Dul. 646. In beiden letzten Fällen jedoch haben die andern Lesarten die einfache Form ohne Präfix, und da die übrigen kilikischen Schriften nur die volle Form կու *gu* kennen, darf diese als die im Kilikischen ausschließliche gelten: die angeführten Formen mit կ *g* sind wohl nicht ursprünglich, sondern wahrscheinlich, vielleicht mit Ausnahme des in einem Volkslied stehenden կերթաս, erst durch spätere Kopisten in den Text gekommen.

4) So z. B. im Tr. regelmäßig *gə* vor konsonantischem Anlaut, und *g*- vor vokalischem; im Pol. regelmäßig *gi* vor konsonant. Anlaut, und und *g*- vor vokalischem; im Ach. *gə* vor konsonant. Anlaut und *g* vor vokalischem; außerdem hat letzterer Dialekt das Eigentümliche, dass in ihm die Partikel *gə* in bestimmten Fällen der Präsensform nachgesetzt

§ 361. Dass bereits im Kilikisch-Mittelarmenischen die Bildung mit Präfix *կու gu* die ausschließliche und regelmäßige **Indikativform** ist, geht aus der großen Zahl von einschlägigen Beispielen hervor. Es sind: *կու աղչեմ gu aγçem* 41 9 I s. pr.; *կու աղաչենք gu aγačenḱ* 53 22 I p. pr.; *կու այլայլեն gu ailailen* Rb լդ III p. pr.; *կու այնես gu aines* 43 7 II s. pr.; *կու այնէ gu ainē* 31 8, Rb լդ, ճդ III s. pr.; *կու այնեն gu ainen* Rb լդ III p. pr.; *կու այնէր gu ainēr* Rb ճլդ III s. Impf.; *կու անարգէ gu anarkē* Rb թ III s. pr.; *կու անհանգըստէ gu anhangəstē* 43 2 III s. pr.; *կու անհանգստեն gu anhangsten* Rb ճլե III p. pr.; *կու առնէին gu ar̃nēin* L 156 2. 3 III p. impf.; *կու առջնտրեն gu ar̃čəndren* 41 7. 8 III p. pr.; *կու ասեմ gu asem* 63 14 I s. pr.; *կու ասէ gu asē* 33 12, 67 11, B մկզ III s. pr.; *կու ասենք gu asenḱ* 59 13 I p. pr.; *կու ասեն gu asen* Rb լդ, B մի III p. pr.; *կու արգիլէ gu arkilē* 25 25 III s. pr.; *կվարգիլէ gvarkilē* A 242 III s. pr; *կու արգիլէին gu arkilēin* L 156 26 III p. impf.; *կու բաժնեն gu pažnen* Rb լդ III p. pr.; *կու բերեն gu peren* L 155 19 III p. pr.; *կու գնեն gu knen* (*kənen*) L 155 7 III p. pr.; *կու գրեմ gu krem* (*kərem*) Rb խա I s. pr.; *կու գրեմք gu kremḱ* Rb կզ I p. pr.; *կու դատես gu tades* Smp. Chron. Dul. 613 II s. pr.; *կու դատըստնեմ gu tadəstnem* 41 21 I s. pr.; *կու դնէ gu tnē* (*tənē*) 15 17 III s. pr.; *կու զրպարտէ gu zrbardē* (*zərbardē*) Rb III s. pr.; *կու թվլէր gu tʻvēr* A 242 III s. impf.; *կու ժաժեն gu žažen* B մժզ III s. pr.; *կու իրաւցընէ gu iravçəne* 59 8 III s. pr.; *կու խլէ gu xlē* 39 10 III s. pr.; *կու խմէր gu xmēr* (*xəmēr*) Smp. Chron. 650 III s. pr.; *կու խոցտէ xoçdē* B մկզ III s. pr.; *կու խրատէ gu xradē* B մլր III s. pr.; *կու ծախէ gu jaxē* Rb ժ III s. pr.; *կու ծախեն gu jaxen* Rb խզ, ճթ III p. pr.; *կու ծախվորէր gu jaxvorēr* Smp. Chron. Dul. 648 III s. impf.; *կու կապէ gu gabē* Rb կր III s. pr.; *կու կարծէր gu garjēr* Smp. Chron. Dul. 647 III s. impf.; *կու կարծեն gu garjen* Rb լդ III p. pr.; *կու կեցնէ gu geçnē* Rb ճժբ III s. pr.;

---

wird resp. nachgesetzt werden kann: *desnim-gə* (kl. *կու տեսնում*), *marem-gə* (kl. *կու մարեմ*); impf. *marēyi-gə*, *dēsnēyi-gə*; ferner sowohl *g-ayam* als *ayam-gə* (kl. *կու աղամ*). Vgl. Tom. Dial. v. Ach. p. 62 f. — Die urspüngliche volle Fom *կու gu* hat sich jedoch aus euphonischen Gründen erhalten bei den Einsilblern *kam* (*գամ*) »gebe«, *dam* (*տամ*) »gebe«, *lam* (*լամ*) »weine«: so sind tr.-pol-nch.-armenisch *gu-kam*, *gu-dam*, *gu-lam* gleich den ursprünglichen mittelarmenischen Indikativformen geblieben. Pol. hat außerdem noch *gu-tvi* »es scheint« Han. p. 118.

կու կողոպտէ *gu goγobdē* Rb խդ III s. pr.; կու կրկնաբանէ *gu grgnapanē* Rb ղէ III s. pr.; կու ճանչեմ *gu jančem* 67 9 I s. pr.; կու համբերեն *gu hamperen* Rb խգ III p. pr.; կու համէ *gu hamē* 43 7, Rb լզ, ճկ III s. pr.; կու համենք *gu hamenḱ* L 185 17, 178 7 I p. pr.; կու հանէ *gu hanē* B մլէ, A 15 III s. pr.; կու հանեն *gu hanen* L 155 24 III p. pr.; կու հրամայէ *gu hramayē* Rb ժ, իդ, իե, իթ, լա, լդ, խբ, խգ, ծզ, կբ, հբ, հդ, հզ, հը, հթ, ղդ, ղէ, ճզ, ճէ, ճը, ճժա, ճժբ, ճխ, ճխբ, ճխզ, ճխե, ճծթ, ճկ III s. pr.; կու հրաւիրէ *gu hravirē* 15 17 III s. pr.; կու հրաւիրենք *gu hravirenḱ* 13 13 I p. pr.; կու հրէ *gu hrē* B մի III s. pr.; կու ծգեն *gu cken* (*cəken*) Rb լդ III p. pr.; կու յանդիմանէ *gu handimanē* Rb ճհա III s. pr.; կու մանդրեն *gu mandren* A 215 III p. pr.; կու ներենք *gu nerenḱ* Rb ճհզ I p. pr.; կու նմանէ *gu nmanē* (*nəmanē*) B ճկթ III s. pr.; կու շինէ *gu šinē* Rb ա III s. pr.; կու ուզէ *gu uzē* 15 16, 73 7, Rb հբ III s. pr.; կու պնդէ *gu bndē* (*bəndē*) Rb խե, խը, ղէ III s. pr.; կու սպաննէ *gu spannē* Rb ճկէ III s. pr.; կու ստաձեն *gu stajen* Rb ա III p. pr.; կու ստէ *gu sdē* (*sədē*) 59 18 III s. pr.; կու վախէին *gu vaxēin* Smp. Chron. Dul. 648 III p. pr.; կու վատնէր *gu vadnēr* Rb հբ III s. impf.; կու վատուժէ *gu vadujē* B մի III s. pr.; կու ցայթէ *gu çaiťē* Rb ճծզ III s. pr.; կու քակէ *gu ḱagē* 77 26, Rb լդ III s. pr.; կու քակդեն *gu ḱagden* Rb լդ III p. pr.; կու օկտէ *gu ōgdē* B մկթ III s. pr. — կու բանան *gu panan* L 156 15 III p. pr.; կու բոզնայր *gu poznair* Rb հբ III s. impf.; կու երթային *gu erťayin* L 156 27 III p. impf.; կու գայ *gu ka* Rb իա, B մխ, A 240 III s. pr.; կու գան *gu kan* L 156 14 III p. pr.; կու գայր *gu kair* 3 15, B մժզ III s. impf.; կու գնայ *gu kna* (*kəna*) 43 1 III s. pr.; կու գնան *gu gnan* (*kənan*) Rb լդ, ղե III p. pr.; կու գնայր *gu knair* (*kənair*) 3 15 III s. impf.; կու եռայ *gu eŕa* B խգ III s. pr.; կու լաս *gu las* Smp. Chron. Dul. 669 II s. pr.; կու լար *gu lar* Lied Lev. Dul. 540 III s. impf.; կու խաղայ *gu xaya* Lied Lev. Dul. 539 III s. pr.; կու տայ *gu da* 13 14, 15 17, 23 13, 69 18, L 157 21, Rb խ, կ, հբ, ճդ, Mr B ա, մժգ III s. pr.; կու տայր *gu dair* Rb ճծթ III s. impf.; կու տան *gu dan* L 155 9. 24 III p. pr.; կու տային *gu dayin* L 155 13. 16. 17. 22. — կու առնու *gu aŕnu* B մկթ III s. pr.; կու առնուն *gu aŕnun* L 155 19, 156 16, Rb խբ III p. pr. — կու անցնին *gu ançnin*

L 156 9 III p. pr.; կու աբիզրիմ *gu abizrim* Rb հե I s. pr.; կու աբրիմ *gu abrim* Rb ճհ I s. pr.; կու աբրին *gu abrin* Rb ճհ III p. pr.; կու աւարտի *gu avardi* 35 26 III s. pr.; կու բանի *gu pani* Rb խա III s. pr.; կու բուսնի *gu pusni* B ճկթ III s. pr.; կու դատըստնի *gu tadəstni* 67 8 III s. pr.; կու դիպի *gu tibi* A 149 III s. pr.; կու ընկնին *gu əngnin* 35 3 III p. pr.; կվընգնի *gvəngni* (= *gu əngni*) A 240, 242 III s. pr.; կու լինի *gu lini* 13 16, 25 1, A 166, 241, B մժգ, մխ, մհ, Rb ճա, ճժա, ճհ III s. pr.; կու լինին *gu linin* Rb ճլդ III p. pr.; կու հային *gu hayin* Rb լդ III p. pr.; կու հանդիպի *gu handibi* B մկզ III s. pr.; կու հաշտին *gu haštin* Rb ճհ III p. pr.; կու հասնի *gu hasni* B մժգ III s. pr.; կու մեռնին *gu meṙnin* Rb ղը III p. pr.; կու ցավի *gu çavi* B մժէ, մկզ III s. pr.; կու փլչի *gu p̔lči* (*p̔əlči*) A 242 III s. pr.; կու քակդինք *gu k̔agtink̔* Rb լդ I p. pr. — Außerdem haben auch bereits die Geoponica folgende Indikative mit կու *gu*: կու աւերէ *gu averē* p. 57 III s. pr.; կու գործէ *gu korjē* 193 III s. pr.; կու խառնեն *gu xaṙnen* 57 III p. pr.; կու ծրտեն *gu jrden* (*jərden*) 195 (Variante) III p. pr.; կու գայ *gu ka* 74, 127 III s. pr.; կու գան *gu kan* 195 III p. pr.; կու կենան *gu genan* 193 III p. pr.; կու տայ *gu da* 50, 91 III s. pr.; կու դիպի *gu tibi* 86 III s. pr.; կու լինի *gu lini* 28, 41, 86, 165, 198, 218 III s. pr.; կու ծառաւին *gu jaṙavin* 193 III p. pr. — Selbst schon bei Mx. Her. tauchen als vereinzelte *gu*-Formen auf: կու գայ *gu ka* p. 48 III s. pr.; կու լինի *gu lini* 60, 91[1]).

§ 362. Wenn so bei Mx. Her. die Formen mit կու *gu* erst vereinzelt und im Entstehen begriffen erscheinen, sind sie im eigentlichen Kilikischen ganz allgemein und haben die Rolle des alten Indikativs übernommen. Es haben nämlich sämtliche zusammengesetzte Formen mit կու *gu* rein indikativische Bedeutung, und bezeichnen die reine Wirklichkeit der Handlung, während die Formen ohne կու den Konjunktiv bezeichnen. So z. B.: Ass. Ant. p. 13 13 ff.: դուն ֆուլան լիճ ճորտ, մենք եկել ենք ու կու հրաւիրենք զքեզ որ գաս սուր ի դարպասն, պացխուն եւ իրաւունք առնուս. ու կու տայ քեզ դարպասն օր եւ պոմանն յայս օրինէս ինչվի ԺԵ օր, եւ յեգցենէ ի ԺԵ օր, եւ յեգուցն մէկայլն աւուրն ի ԺԵ օր, որ կու լինի ամէնն

1) In der Venediger Ausgabe vom J. 1832 ist կու mit der Verbalform zu einem einzigen Wort, կուգայ, կուլինի zusammengeschrieben, was natürlich unwesentlich ist.

*ԺԷ օր, որ ի դարպասն գաս.* »Lehnsmann NN.! wir sind gekommen und laden dich vor, dass du sofort vor dem Gerichtshof erscheinest, um dich zu verantworten und Gerechtigkeit zu empfangen; und es stellt dir der Gerichtshof Tag und Termin, von heute ab auf fünfzehn Tage und von Morgen auf fünfzehn Tage, und von übermorgen auf fünfzehn Tage, was im ganzen siebzehn Tage macht, um vor dem Gerichtshof zu erscheinen«. Ass. Ant. p. 15 15 ff.: *կու ուզէ իրաւունք ի դարպսէն. եւ դարպասն կու հրաւիրէ զքեզ եւ կու տայ քեզ օր ու կու դնէ քեզ պոյման — որ գաս լսես զքո պարոնին գանգատն եւ իր պացխուն այնես:* »er verlangt sein Recht vom Gerichtshofe; und der Gerichtshof ladet dich vor und gewährt dir Tag und stellt dir Termin — damit du erscheinest und vernehmest die Klage deines Lehnsherrn und dich vor ihm verantwortest«. Ass. Ant. p. 31 7: *եւ տայ ի դարպասն հազար դեկան անտաքցի, որ կու այնէ ԵՃ կարմիր սուրի:* »und er giebt (d. i. ‚er muss geben‘) vor Gericht tausend antiochenische Goldstücke, was 500 rote Suris ausmacht«. Ass. Ant. p. 41 6 ff.: *»իմ պարոն, ես աւղղած եմ ի Փուլան կապլլոր ու բաժլին մի այլ անոսիգլորք կան եւ կու առջնտրեն զիս, ու իրենք կու վճարվին. ու ես ձեր հին լին ծառա եմ, ու չէ պատեհ. կու աղչեմ զձեզ որ համէք որ արգիլեն զամէնին տալն. ու թող բերեն այլ անոսիգլորքն զիրենց սիգեղնին առջեւ ձեր. ու թող ամէն մարդ հայնոց ունենայ զիր վճարն հետ ու ի հետ«:* »mein Lehnsherr! ich bin an den Pächter N. N. angewiesen, und es giebt eine gewisse Anzahl von Assignatbesitzern, die sich mir vordrängen, und sie werden wirklich bezahlt[1]; und ich bin Euer alter Lehnsmann und es ist nicht recht; ich bitte Euch, dass Ihr befehlet, dass man verhindere, dass jeglicher ausbezahlt werde; und es mögen die andern Assignatbesitzer ihre Scheine vor Euch bringen; und so möge Jeglicher seine Bezahlung nach und nach erhalten«. Lied auf den Prinz Levon Dul. p. 540: *»քէրվանու, որ ի Սիս կ'երթաս, Դուն խապար տանիս պապային«:* »Karavane, die du ziehst nach Sis, Bringe Kund' von mir dem Vater mein!«

§ 363. **Futur.** — An Stelle der abgestorbenen Futurform ist ein scharf ausgeprägter Ausdruck für das Futurverhältnis

1) Oder auch »sie lassen sich bezahlen«.

noch nicht zur Entwickelung gelangt. Teils übernimmt das Präsens, meist mit präfigiertem *կու*, zugleich die Funktion des Tempus der Zukunft, z. B. *կու տամ* »ich werde geben« 11 17. 23. 26, 33 2, *ես կու ասեմ ու կու ցուցընեմ ալանի ու յերեւան* — »Je parlerai dans la cour et montrerai clairement et évidemment —« Ass. Ant. 27 11; teils wird das Futur mittels *կամիմ* umschrieben: *գնալ կամի* »wird gehen« A 18; *կամի ելնել* »wird hervorkommen« A 181; *կամի ընծայիլ* »wird entstehen« B *միգ*; *կամի մեռնիլ* »wird sterben« B *մխա*; *յերկարել կամի* »wird lange dauern« B *միզ*, A 22. Beliebt ist letztere Ausdrucksweise namentlich beim Nichtkilikier Məchitar Heraçi: *յիշել կամիմ* »ich werde erwähnen« p. 31, 58, 59; *կամիմ յիշել* »ich werde erwähnen« p. 36; *յիշել կամիմք* »wir werden erinnern« p. 15; *կամինք յիշել* »wir werden erinnern« p. 76; *կամի լինել* »wird werden« p. 39; *բորբոսել կամի* »wird schimmelig werden« p. 59; *բորբոսել կամին* »werden schimmelig werden« p. 59; *կամի ըն-ծայել* »wird hervorbringen« p. 43; *կամի հանել* »wird vertreiben« p. 76; *կամի սկսանիլ* »wird beginnen« p. 147, 148; *կամի քաշել* »wird ziehen« p. 137. Zu vergleichen mit diesem komponierten Tempus wäre die neugriechische Futurkonstruktion mit *θέλω* (Thumb, Neugr. Volksspr. § 178), ferner auf germanischem Gebiete z. B. mhd. *wellen* + Inf. als Futurausdruck, sowie das englische Futur mit *will* für die II und III Person beider Numeri.

Ein festausgebildetes Futurtempus bringt erst das Neuarmenische zur Entwickelung. Und zwar bildet das Ostarmenische[1]) das Futur mittels der dem Konjunktiv vorgesetzten Partikel *կու*; im Neuwestarmenischen dagegen setzt sich die bereits mittelarmenisch vorhandene Verbindung *պիտի* + Konjunktiv präs. zur alleingültigen festen Norm für den Futurausdruck fest[2]). Zur Gleichhaltung der Ver-

1) Mit Ausnahme des Dialekts von Agulis (Zok), der abweichend vom Normalostarmenischen die futurbildende Partikel *ku* (*kə*) verschmäht und das Futur durch ein Tempus compositum ausdrückt, bestehend aus Präsensform des Verbum substantivum + Infinitiv, worüber zu vergleichen unten § 417 ff..

2) Der Ansatz zum westarm. Futur mit *bidi* darf bereits im Mittelarmenischen gesucht werden, insofern die komponierte Tempusformel schon vorhanden war; jedoch bedeuten *պիտի լսէ*, *պիտի այնէ* im MA. stets noch »er muss hören, muss machen«; die futurische Funktion ist neuarmenisch. Zum nwa. Futur mit *պիտի* [phonetisch differenziert zu *bid*, *di* und *bi*, letzteres mit offenbarer Anlehnung an die np. Futurpartikel بی *bi*] vgl. die ahd. Futurumschreibung durch *sculan* + Inf. (Grimm, Deutsche Gramm. 4, 176 ff.), mhd. *suln* + Inf., engl. *I* und *we shall* + Inf.

hältnisse fehlt jedoch im Neuostarmenischen der Indikativ mit *կու* und ist durch die mit dem Hilfsverb verbundene Lokativform auf *-um* (*-am*, *-əm* u. s. w.) resp. das mit dem Hilfsverb verbundene Verbalnomen auf *-is* ersetzt, während als Konjunktiv präsentis und imperfecti, übereinstimmend mit dem Westarmenischen, die altarmenische Indikativform sich erhalten hat.

§ 364. In dem Schwunde des alten Konjunktiv Präsentis und Aoristi (= Futur) und der dadurch bedingten Entstehung eines Tempus compositum mit *կու* liegt ein wichtiges Moment in dem Entwickelungsgang des armenischen Verbums und zugleich einer der Haupttrennungspunkte zwischen alter Sprache einerseits und mittlerer nebst neuer Sprache andrerseits.

Was ist nun ihrem Wesen und Ursprunge nach die im mittelarmenischen Indikativ präs. impf. fut. zuerst auftretende und noch im heutigen Armenisch so hochwichtige Partikel *կու*? — Schon Petermann hat (in Abh. der Ak. der Wiss. zu Berl. 1866 p. 79) mehrere Erklärungshypothesen für die Partikel *կու* aufgestellt. Unglücklich und völlig verfehlt ist seine Erklärung von *կու* aus Subst. *կամ* »Wille«, von welchem der Vokal ausgeworfen und das *մ* in den ihm entsprechenden Vokal *ու* verwandelt worden wäre; so erkläre sich nicht nur die Form sondern auch die Bedeutung auf die einfachste Weise, denn *կամ* (*կամք*) heiße »Wille«, also *կու աղօթեմ* »ich will, ich werde beten«. Unmöglich: denn 1) ist der Lautwandel von *կամ* zu *կու* unmöglich; 2) bezeichnet Präfix *կու* keineswegs, wie Petermann vom Neuostarmenischen irregeleitet voraussetzt, ursprünglich und seinem Wesen nach die Zukunft: ist doch *կու* nach §§ 361, 362 nicht sowohl ein Tempus- als ein Modus-Zeichen, das vor allem als Indikativformativ die reine Wirklichkeit und bestimmte Modalität der Handlung ausdrückt, ohne damit irgend einen Zeitbegriff zu verbinden, da ja nach dem Vorhergehenden das Präfix *կու* sich ursprünglich im MA. sowohl auf das Präsens und Imperfekt als auf das Futur gemeinsam erstreckt, und erst im NA. sich nach Dialektgruppen aus dieser gemeinsamen Geltung in Einzelfunktionen gespalten hat. Ferner ist eine Zusammenstellung mit Verb. subst. *գոմ* »bin, existiere« aus formalen Gründen ausgeschlossen. Ebensowenig lässt sich die Identität mit dem talmudischen ק oder קא prostheticum, welches dem Partizipium vorgesetzt ein Präsens bildet, nachweisen, wie denn auch die Übereinstimmung mit dem Präsenspräfix *ka* des Marokkanischen[1]) keineswegs den Schluss auf arabische Entlehnung gestattet. Dagegen ist eine andere, von Petermann (ibid.) »als nicht gehörig begründete Hypothese« zurückgewiesene Entstehungserklärung von *կու*, nämlich die aus dem Stamm des Verbs *կամ* »stehe, bin vorhanden«, von Aidynian in Kr. Gr. II p. 76 f. weiter ausgeführt und der Wahrscheinlichkeit näher gebracht worden. Und zwar ist Aidynians Ausführung im Wesentlichen folgende: die Formen des Verbums *կամ* »stehe, bin vorhanden« erscheinen von der ältesten Zeit ab in Verbindung mit andern Verbalformen, scheinbar ohne Bedeutung und überflüssig, in Wirklichkeit zur stärkern Hervorhebung der in jenen Verbalformen ausgedrückten Handlung; z. B. *կայր ցուցանէր* »zeigte«, *կայ մնայ* »bleibt«, *կալ ակն ունել* »aufmerken«, *լային եւ կային* »weinten«; so besonders nach dem Absterben des alten Konjunktiv präs. die durch die Kopulativpartikel mit dem folgenden Verbum finitum zu einer indikativischen Ausdrucksformel verbundenen Formen von *կամ*, namentlich *կայ ու* für die 3. Person des Singulars (vgl. oben p. 301 Rdn. 2). Aus diesem indikativischen *կայ ու* wäre durch Kontraktion die Partikel *կու* (= *կ' ու*) hervorgegangen, die, anfangs (als aus *կայ ու* entstanden) auf die 3. pers. sing. beschränkt, sich nachträglich auf sämtliche übrigen Personen des Singulars und des Plurals erweitert und ausgedehnt hätte. Nicht unrichtig fügt Aidynian noch hinzu, dass das Verb *կամ* sich ganz besonders eignete zur Kennzeichnung des Indikativs und zu dessen Sonderung vom Konjunktiv. Da nämlich dieser Verbalstamm, wie noch heutzutage, ebenso schon im Mittelarmenischen ausschließlich als Indikativ verwendet wurde, nie als Konjunktiv (cf. unten: Unregelmäßige Konjugation § 423 ff.), so musste dadurch, dass man die Indikativformen *կամ*, *կաս*, *կայ* etc. der Präsensform als Zusatz beifügte, letztere offenbar auch als Indikativ charakterisiert werden. So konnte z. B. in *կայ ու նայի* die Form *նայի*, als der indikativischen Form *կայ* koordiniert und mit ihr auf gleicher Stufe stehend, ebenfalls nur ein Indikativ sein[2]).

1) Vgl. WZKM. vom J. 1899.

2) Als Stütze dieser Entstehungstheorie des Indikativpräfixes ließe sich allenfalls auch folgende moderndialektische Indikativformel heranziehen: *տեսանէ կայ* »sieht«, *հայի կայ* »erblickt«, *խոսայ կայ* »spricht« (Aid. II 76, 77).

— Als sicher könnte diese Erklärung gelten, wenn sich beweisen ließe, dass 1) *կայ ու* als Urform von *կու* einst allgemein und regelmäßig, oder wenigstens häufig in der angegebenen indikativischen Funktion vorkam, und nicht blos in einzelnen Fällen, welch letzteres allerdings aus der geringen Anzahl von Belegen hervorzugehen scheint; 2) überhaupt aus *կայ ու* die Form *կու* lautlich hervorgehen konnte. Nach kilikischen Lautgesetzen ist letzteres nicht möglich, da die Laute *ա* und *այ* zwar in den mittleren, nicht aber in den äußeren Silben schwinden. Ich halte deshalb auch diese Erklärung für unzulänglich. Ich stelle Präfix *կու* zwar auch mit Verbum *կալ* etymologisch zusammen, erblicke jedoch darin eine altdialektische Partikel, die im Mittelarmenischen die Geltung eines Indikativformativs erlangte.

## II. Flexion.

### a. Personalendungen des Präsens und Futurs.

§ 365. Präsens Indikativ, Konjunktiv und Futur haben, da ihnen gleichmäßig die alte Indikativform des Präsens zu grunde liegt, folgende gemeinsame Personalendungen:

| Singular | | | Plural | | |
|---|---|---|---|---|---|
| I | *մ* | *m* | I | *նք* | *nk̕* |
| II | *ս* | *s* | II | *ք* | *k̕* |
| III | — | | III | *ն* | *n* |

Dass die noch ganz vereinzelt vorkommenden Fälle von 1. Pers. pl. auf *-մք* *-mk̕* lediglich Klassizismen sind, folgt mit Sicherheit daraus, dass in der direkten Rede, worin sich am reinsten und getreuesten die echte kilikische Volkssprache abspiegelt, nur mehr die neue Form auf *-նք* *-nk̕* erscheint. Letztere liegt bereits im 11. Jhd. bei Mx. Her. vor als *ենք* p. 65, *կանք* p. 120, *կարենք* p. 66, *կամինք* p. 76, *յիշենք* p. 62, 113, *տանք* p. 50, *տեսանենք* p. 120. Weitere Belege sind: *աղաչենք* 53 22, *ասենք* 59 13, *առնունք* 53 23, *գրենք* Rb *ա*, B *մժ*, *կե*, *ձա*, *ղա*, *ղէ*, *ճիե*, *մի*, *մլը*, *մծա*, A 235, *ծառայենք* 53 23, *տանք* 53 23, *կարենք* A 174, *կեցցընենք* 59 15, *հրաւիրենք* 13 13, 53 22, *յիշենք* A 170, *ենք* 59 13[1]. Belege für die übrige Flexion sind unter

1) Selbst in die classische Litteratur jenes Zeitraumes schleicht sich mehrfach die neue Form auf *-nk̕* ein; so zeigt z. B. Vardans Geschichte (13. Jhd.) folgende dialektischen Eindringlinge: *ենք* pp. 157, 161; *չենք* pp. 157, 158; *չգիտենք* p. 160; *յիշենք* p. 160; *ուզենք* p. 158.

den im Vorhergehenden zitierten Verbalformen bereits mitenthalten.

Von diesen Personalendungen sind die I, II sing. und III pl. unverändert die alten geblieben und erstrecken sich bis ins moderne Armenisch hinein. In der III pers. sing. ist das in der Schrift noch fast regelmäßig beibehaltene altarmenische յ ein totes Zeichen und bloßes graphisches Überbleibsel, das längst seinen Lautwert *y* aufgegeben hat. Ebendasselbe ist von dem vor dem ք der II pers. plur. stehenden յ der *a*-Stämme zu sagen, das in sämtlichen neuarmen. Dialekten geschwunden ist. Wesentlich verändert zeigt sich nur die Endung der I pers. plur. auf -նք für cl. -մք[1]), welche in dieser Gestalt auch ins Neuarmenische übergeht. Über deren Entstehung vgl. Lautl. § 142.

### b. Personalendungen des Imperfekts.

§ 366.

| | Singular | | Plural | |
|---|---|---|---|---|
| I | ի | *i* | աք | *ak'* |
| II | իր | *ir* | իք | *ik'* |
| III | ր | *r* | ին | *in.* |

Belege sind unter den im Vorhergehenden angeführten Verbalformen vorhanden. — Die Personalendungen des kilikischen Imperfekts sind demnach die altarmenischen geblieben. Nur die III p. sing. macht teilweise eine Ausnahme. Zunächst ist in derselben das bei der Konjugation der *a*- und der *u*-Stämme vor dem Personalsuffix ր erscheinende յ von ursprünglichem Lautwert *i* zu einem bloßen graphischen Zeichen herabgesunken; wie denn auch im Neuarmenischen von diesem alten Laut keine Spur mehr vorhanden ist; zuweilen, wie im Lied auf Levon Dul. p. 540 in der Form կու լար *gu lar* (= cl. *lair*) ist dieses rein graphische Zeichen schon in der Schrift weggefallen. Den alten Formen der III p. sing. wie *ałair*, *łołoir* entsprechen demnach die kilikischen *ayar*, *łoyur*. — Ferner gilt für die III p. sing. der *i*-Stämme folgendes: in der alten Sprache flektiert bekanntlich das Imperfekt der *i*-Stämme nach dem Schema: Sing. խօսէի, խօսէիր, խօսէր nebst խօսիւր,

1) Die altarmenische I Person plur. des Präsens auf -մք *-mk'* ist nichts weiter als die mit Pluralsuffix ք *k'* der Nominalflexion versehene I Person des Singular auf -մ *-m*; so ist eigentlich hier das ք nicht Personal- sondern Numeral-Suffix.

Plur. խօսէաք, խօսէիք, խօսէին. Die Formen խօսէի, խօսէիր, խօսէաք u. s. w. mit Ausnahme der III Pers. sg. gehen lautgesetzlich zurück auf *$xausiyi$, *$xausiyir$, *$xausiyak$ u. s. w. Dagegen ist die III Pers. sg. auf *ẹr*, *xausẹr*, ein Analogiegebilde, hervorgegangen unter Anlehnung an die übrigen, äußerlich und scheinbar zur *e*-Konjugation gehörigen Formen; die ältere ursprüngliche Form der III Pers. sg. ist nämlich die auf *-iur*, *xausiur*, entstanden aus *$xausi\text{-}y\text{-}r$[1]; vgl. III s. impf. *ała-y-r* v. *ałam*, *ťoło-y-r* (= *ťołu-y-r*) v. *ťołum*, *sirẹ-r* (= *sire-y-r*) v. *sirem*. Während nun die Form *-iur* von der altarmenischen Hochsprache schon früh aufgegeben und durch die jüngere Analogiebildung auf *-ẹr* ersetzt ward — Aidynian bezeichnet die Form *-iur* in Altarm. Gramm. p. 67 geradezu als nichtclassisch — erhielt sie sich in der vulgärsprachlichen Unterströmung lebendig, so dass sie bei nichtreinen Klassikern noch mehrfach zu litterarischem Ausdrucke gelangte, bei Faust. Byz. in der jüngeren Lautform -ոյր[2]. In letzterem Lautgewande ging die Form auch in das Kilikische über. Daraus, dass daneben in den kilikischen Quellen ebenso häufig die Form auf -էր steht, muss gefolgert werden, dass beide Formen im Kilikischen noch nahezu gleichwertig neben einander galten. In die neue Passivflexion scheint allerdings die alte Form -ոյր (-իւր) keinen Eingang mehr gefunden zu haben, wie denn auch im NA. die Form -ոյր allgemein abgestorben und von der jüngeren auf -էր verdrängt zu sein scheint.

Sonstige Umgestaltungen hat die altarmenische Imperfektflexion im Kilikischen nicht erlitten. So kennen z. B. die kilikisch-mittel-

1) Überhaupt lässt sich cl. իւ *iu* vor Liquida mehrfach auf älteres *իյ *iy zurückführen. Die Lautformen ալիւր *aliur*, աղբիւր *ałbiur*, եղջիւր *eljiur* setzen ein älteres *ալիյր *aliyr, *աղբիյր *ałbiyr, *եղջիյր *eljiyr voraus; denn nur so erklärt sich die entsprechende Genitivform auf -եր *-er*; ebenso erkläre ich արիւն für entstanden aus *արիյն mit bezug auf Genitiv արեան = *արիան), ձիւն aus *ձիյն nach Genitiv ձեան (= *ձիան) u. s. w. Wandel von ի *i* und յ *y* zu *u* resp. *v* liegt auch vor in der aa. Flexion der *i*-Stämme wie հոգի *hogi*, Gen. հոգւոյ *hogvoy* (aus *hogi-oy*, *hogy-oy*), vgl. Formenl. § 182 a).

2) Vgl. Faust. Byz. p. 69: տեսանոյր »er wurde gesehen«. Faustus zeigt noch in mehreren anderen Fällen bereits mittelarmenischen Lautstand. Vgl. Lautl. § 72.

armenischen Denkmäler noch nicht das im Neuarmenischen[1]) gewöhnliche Eintreten von sekundärem, euphonischen *y* vor die vokalisch anlautenden Suffixe, wie dies z. B. im Ach. (Tom. Dial. v. Ach. 63) der Fall ist: I s. impf. *mare-y-i* = kl. մարէ-ի; II s. impf. *mare-y-ir* = kl. մարէ-իր; I p. impf. *mare-y-ink'* = kl. մարէ-աք; II p. impf. *mare-y-ik'* = kl. մարէ-իք; III p. impf. *mare-y-in* = kl. մարէ-ին. Ebenso ist dem Kilikischen noch fremd das in der Form *mare-y-ink'* soeben berührte, allgemein[2]) neuarmenische Suffix *-ink'*: letzteres ist spezifisch neuarmenisches Produkt und entstanden nach Analogie der I pers. plur. Präsentis auf Suff. *-nk'*, wobei zugleich das in sämtlichen übrigen Personalsuffixen vorliegende Element *i* sich auf diese Person verallgemeinerte. Ganz analog ist das alte Suffix *-ak'* der I pl. Aor. im Neuarmenischen durch Suffix *-ink'* ersetzt[3]).

Hierzu beiliegende Paradigmentafel zum Präsenssystem.

# Kap. III. Der Aorist.

§ 367. Der altarmenische, noch in den modernen Dialekten fortlebende Aorist[3]), findet sich auch im Kilikisch-Mittelarmenischen wieder in seinen beiden Verzweigungen als einfacher Aorist und zusammengesetzter Aorist[4]). Dem Aorist liegt der Aoriststamm zu grunde: dem einfachen Aorist der einfache Aoriststamm; dem zusammengesetzten Aorist der zusammengesetzte Aoriststamm. Der Unterschied von einfachem und zusammengesetztem Aorist ist lediglich ein Stammesunterschied.

1) Im Pol., Nach., Ach. etc.; vgl. Hanusz in WZKM. 1, 302. Dagegen haben die beiden modernen Schriftsprachen gelehrte archaisierende Formen ohne *y*.

2) Auch im Ostarmenischen herrscht dieses neue Suffix *-ink'*, sowohl im Imperfekt als auch im Aorist.

3) In manchen modernen Dialekten wird er allerdings nicht mehr von allen Verben gebildet und ist entschieden im Schwinden begriffen, so z. B. im Pol. Im ostarm. Dialekt v. Agulis ist er ganz geschwunden und durch ein Tempus compositum, bestehend aus Partizip auf *-el* resp. auf *-al* + Präsensform des Verb. substant., ersetzt. Cf. S. Sarg. p. 115 f.

4) Weniger bezeichnend werden einfacher und zusammengesetzter Aorist nach griechischem Vorbilde Aorist II resp. Aorist I genannt.

## I. Aoriststamm.

§ 368. **Der einfache Aoriststamm** ist gleich der Verbalwurzel und liegt in reiner Gestalt vor in der III p. sg. Aor. So haben wir als Fortsetzung des altsprachlichen Verhältnisses in der Stammbildung:

| Präsensstamm | | Aoriststamm | |
|---|---|---|---|
| *հանե-* | (v. *հանեմ*) | *հան-*[1] | *han-* |
| *բերե-* | (v. *բերեմ*) | *բեր-*[2] | *per-* |
| *մտե-* | (v. *մտեմ*) | *մուտ-*[3] | *mud-* |
| *թողու-* | (v. *թողում*) | *թող-*[4] | *ťoγ-* |
| *ելնե-* | (v. *ելնեմ*) | *ել-*[5] | *el-* |
| *գտնու-* | (v. *գտնում*) | *գիտ-*[6] | *kid-* |
| *իջնու-* | (v. *իջնում*) | *իջ-*[7] | *ič-* |
| *տեսնու-* | (v. *տեսնում*) | *տես-*[8] | *des-* |
| *առնու-* | (v. *առնում*) | *առ-*[9] | *aṙ-* |
| *ընկնի-* | (v. *ընկնիմ*) | *ընկ-*[10] | *əng-* |
| *լինի-* | (v. *լինիմ*) | *լի-*[11] | *li-* |
| *մեռնի-* | (v. *մեռնիմ*) | *մեռ-*[12] | *meṙ-* |
| *հասնի-* | (v. *հասնիմ*) | *հաս-*[13] | *has-* u. s. w. |

Belege: 1) *ե-հան* III s. Aor. Lied Lev. Dul. 540. 2) *բեր-ին* III p. Aor. L 185 9; *բեր-էք* II p. Imp. Aor. Smp. Chron. 612. 3) *մտ-աւ* III s. Aor. 55 15, Smp. Chron. 631. 4) *թող-ել* Part. Aor. 51 3; *թող-ած* Part. Aor. 55 8. 5) *ել-աւ* III s. Aor. 9 24, 25 21. 6) *գիտ* II s. Imp. Aor. Mr B; *գտ-այ* I s. Aor. 63 13. 7) *իջ-աւ* III s. Aor. Smp. Chron. 648. 8) *տես-էք* II p. Imp. Aor. 11 24. 9) *առ-ի* I s. Aor. 11 25; *առ-ին* III p. Aor. 63 22. 10) *ընկ-աւ* III s. Aor. 33 7, Rb *խղ.* 11) *լել* (= **լի-եալ*) Part. Aor. 45 18, 47 31. 38. 12) *մեռ-ել* Part. Aor. 23 15. 13) *հաս-ել* Part. Aor. 77 14 u. s. w.

§ 369. Hierher stellen sich auch die Kausativa, die bis ins Neuwestarmenische (vgl. Aid. II p. 90, § 248) ihren alten, regelmäßigen Aoriststamm auf *ուց-* resp. *ցուց-* bewahrt haben, während nach § 324 ff. der Präsensstamm jüngere Lautform angenommen hat. Beispielsweise bildet: kl. *լըմ̃նցնեմ* den Aoriststamm *լըմ̃նցուց-*[1] = cl. **լըմանացուց-*; kl. *կեցցնեմ*, *կեցնեմ* den Aoriststamm *կեցցուց-*, *կեցուց-*[2] = cl. *կեցուց-*; kl. *յաւելցնեմ* den Aoriststamm *յաւելցուց-*[3] = cl. *առա-*

Belege: 1) *լըմ̃նցուց-աք* I pl. Aor. 9 13. 2) *կեցցուց-ել* akt. part. Aor. 35 31. 3) *յաւելցուց-ել* akt. part. Aor. 47 20, 57 2.

ւելացուց-; kl. ուսցնեմ den Aoriststamm ուսուց-[4] = cl. ուսուց-; kl. մնցնեմ den Aoriststamm մնուց-[5]) = cl. մնուց-; kl. հասցնեմ den Aoriststamm հասուց-[6]) = cl. it.; kl. յարցնեմ den Aoriststamm յարուց[7]) = cl. it.; kl. փախցնեմ den Aoriststamm փախուց-[8]) = cl. it.; kl. հովլցնեմ den Aoriststamm հովլցուց-[9]) = cl. հովլացուց-; kl. կակղացնեմ den Aoriststamm կակղացուց-[10]) etc. Auch kilikisch կորսնեմ *gorsənem* hat regelmäßig den alten Aoriststamm կորուս- *gorus*-[11]), kl. դարձնեմ *tarcənem* ebenso den alten Aoriststamm դարձուց- *tarcuç*- bewahrt. — Das seinem Wesen nach nicht kausative kl. Verb ցուցնեմ *çuçnem* (*çuçənem*) wird, da äußerlich und seiner Form nach mit den Kausativen zusammenfallend, auch als solches behandelt, und bildet (ebenso wie noch im Neuarmenischen) einen neuen, nach Analogie der Kausativa gebildeten Aoriststamm: ցուցուց-[12]) *çuçuç*-, gegenüber dem regelrechten classischen Stamm ցուց- *çuç*-, gleich als hieße die ursprüngliche Form ցուցուցանեմ. Als Kausativ wird im Neuarmenischen analog auch das scheinbar formal ein Kausativ darstellende հարցնեմ *harçnem* (*harçənem*) behandelt. Ob jedoch schon im Kilikischen dieser neue Aoriststamm *harçuç*- (հարցուց-) an Stelle des alten regelmäßigen *harç*- (հարց- getreten war, ist aus Mangel an Belegen schwer zu sagen.

4) ուսուց-ին III pl. Aor. Rb լդ. 5) մնուց-ած pass. part. Aor. 63 15. 6) հասոյց III s. Aor. Smp. Chron. Dul. 624. 7) յարոյց III sg. Aor. Smp. Chron. Dul. 622. 8) փախոյց III sg. Aor. Smp. Chron. Dul. 646. 9) հովլցուց-ած pass. part. Aor. Mx. Her. 17. 10) կակղացուց-ած pass. part. Aor. Geop. 33. 11) կորուս-ի I sg. Aor. 63 12; կորուս-եալ akt. part. Aor. 63 21, Rb ճր; կորուս-ած pass. part. Aor. Rb ճր; կորոյս III s. Aor. 13 22, 57 11, 59 8, 67 1. 12) ցուցուց-եալ akt. part. Aor. 9 19; (bei Mx. Her. p. 134 findet sich die im Neuarmenischen wiederkehrende Form ցցուցել von ցցընել mit ausgefallenem *ա* der ersten Silbe).

§ 370. Unregelmäßig bilden den einfachen Aoriststamm die folgenden: գամ — եկ-[1]) *eg*-; տանիմ — տար- *dar*-;

Belege: 1) չեկ-իր II sg. Aor. neg. 9 21, 75 17; եկ-ին III pl. Aor. 51 16; եկ-եալ akt. part. Aor. 11 17, 13 13, 59 12. 13, 67 15; տար II sg. imp. Aor. Mr B bei H. 156; տար-աւ III sg. Aor. 93 2; տար-եալ akt. part. Aor. 55 21, Rb ճխա, լդ; կալ II sg. imp. Aor. Rb ճժր; կալ-աւ III sg. Aor. Smp. Chron. 616, 622, 643; կալ-եալ akt. part. Aor. 17 18, 23 9, 39 16. 17, 57 20, 67 9. 23. 28; կեր-աւ III sg. Aor. Smp. Chron. 611; կեր-ան III sg.

ունիմ — կալ- *gal-*; ուտեմ — կեր- *ger-*; տամ — տու- *du-*; երթնում — երթու- *ertu-*; այնեմ — արար- *arar-* und այր- *air-*: lauter aus der alten Sprache überkommene und weiter ins Neuarmenische übergehende Aoriststämme, mit alleiniger Ausnahme von Stamm կալ-, der im NA. durch einen von ունիմ neugebildeten Aoriststamm verdrängt wird. Auch mittelarmenisch erscheint übrigens schon die Partizipialform ընդունած *əndunaj* p. 11 12, 59 31, 67 13, 81 10, statt des älteren ընկալած.

այնեմ hat als Aoriststamm die Form այր- mit Ausnahme der 3. Person singularis, welche noch die alte reduplizierte Wurzelform արար zeigt. Stamm այր- ist lautgesetzlich hervorgegangen aus արար-, indem die mehrsilbigen Formen wie արար-ի, արար-իր, արար-աք nach Lautl. § 34 zunächst zu արրի, արրիր, արրաք wurden, welch letztere hinwiederum nach Lautl. §§ 38 und 134 ihr արր- in այր- übergehen ließen. Die zweisilbige 3. Pers. sing. dagegen musste lautgesetzlich erhalten bleiben. So gestaltet sich das beiderseitige Verhältnis zwischen der kilikischen und altarmenischen Stammform folgenderweise:

| Kilikisch: | | Classisch: | |
|---|---|---|---|
| այր-ի | *air-i* | արար-ի | *arar-i* |
| այր-իր | *air-ir* | արար-իր | *arar-ir* |
| արար | *arar* | արար | *arar* |
| այր-աք | *air-ak̔* | արար-աք | *arar-ak̔* |
| այր-իք | *air-ik̔* | արար-իք | *arar-ik̔* |
| *այր-ին | *air-in* | արար-ին | *arar-in.* |

Aor. Smp. Chron. 612; տվ-ել akt. part. Aor. 17 13, 23 26, 25 6, 49 12 etc.; տու-ած pass. part. Aor. 73 21; երթլ-իր II sg. Imp. Aor. 25 24; երթլ-ած pass. part. Aor. 39 12, 51 16, 65 19; երթու-ել akt. part. Aor. Smp. Chron. 651; այր-ի I sg Aor. Mr B մծգ; առ-ին spätere Form des 15. Jhds. für älteres այր-ին III pl. Aor. bei Amirdovlat̔ II. 348, 368; արար III sg. Aor. 71 22, Rb ծզ, կ, ղէ, ճե, ճի, ճկա; այր-ել akt. part. Aor. 15 12, 27 8. 12. 14. 19, 29 18, 35 17, 57 17, 61 9. 11, 63 4.

§ 371. Als spezifisch mittel- (und neu-)armenischer Aoriststamm tritt դիր-[1]) *tir-* zu Präs. դ-ն-եմ *t-n-em* »lege« an Stelle

Belege: 1) դր-ի I sg. Aor. Mr B մծգ; դր-իր II sg. Aor. Smp. Chron. 649; ե-դիր III sg. Aor. Smp. Chron. 640; դր-ին III pl. Aor. Smp. Chron. 625, 631, 648, 652, 653, 655, 656, 668, 669, 670, Rb իզ und im Nachwort; դիր II sg. Imp. Aor. Mr B լզ, լթ, խթ; դր-ել akt. part. Aor. 75 8. 4, 55 24, Rb կը, հր, B ծե, ճծզ, մխզ; դր-ած pass. part. Aor. 47 26,

des altarmenischen entsprechenden Stammes դի- *di-* resp. augmentiert *e-di-*. Die Aoriststämme տար- *dar-* und դիր- *tir-* sind nach ein und demselben Prinzip gebildet, nur dass ersterer bereits gut classisch ist, während letzterer erst in mittelarmenischer Zeit allgemein wird. Zu dem erweiterten Präsens տանիմ »führe« (= տա + ն + իմ für *տա-ան-իմ) gehört die II p. sg. Imperat. Aor. տար, bestehend aus Verbalwurzel տա- + Suffix der II Person sg. ր; ganz ebenso wie zu Präsens տամ »gebe« von Stamm տու- der Imperat. տուր (= տու + ր), zu Präsens դնեմ »lege« von Stamm դի- der Imperativ դիր (= դի + ր) gebildet wird. Nun ist regelmäßig die II p. sg. imperativi des einfachen Aorists akt. identisch mit dem Aoriststamme und von derselben, als der Wurzelform werden die Formen des Indikativs gebildet: so z. B. II s. imp. հան, I s. Ind. հան-ի; II s. imp. թող, I s. Ind. թող-ի; II s. imp. առ, I s. Ind. առ-ի. Zufolge dieses Bildungsprinzips und auf Grund einer Erweiterung desselben war bereits im Altarmenischen bei տանիմ *tanim* entsprechend die II Person sg. des Imperativs Aor. տար *tar* als reiner Stamm aufgefasst und vom Imperativ aus auf die übrigen Formen des Aorists ausgedehnt worden, eigentlich fehlerhaft, da, wie gesagt, diese Imperativform nicht, wie gewöhnlich, die reine Wurzel darstellt, sondern die durch Personalsuffix *r* erweiterte Wurzel. Der nämliche Vorgang wiederholte sich in mittelarmenischer Zeit für դնեմ. Schon in der alten Sprache kommen, allerdings vereinzelt und offenbar mehr vulgär, zu diesem Verb neben den vom ursprünglichen Aoriststamm դի- abgeleiteten Formen die folgenden vom Stamm դիր- gebildeten zum Vorschein: դրին (= դիր + ին) III pl. Ind. und Partizip դր-եալ (= դիր + եալ). Im Mittelarmenischen erscheinen vollends sämtliche Formen des Indikativs Aoristi als vom neuen Stamm դիր- gebildet: hier hat sich, analog wie bei տանիմ, die fälschlich für den Verbalstamm gehaltene II s. imperativi auf *-r* wirklich zum allgemeinen, das ursprüngliche Thema դի- verdrängenden Aoriststamm erweitert. In der Flexion wird Stamm դիր- vor Suffix lautgesetzlich zu դր- *tr-*. Demnach stellt sich das historische Abstufungsverhältnis für die Aoriststammentwickelung dieses Verbs folgendermaßen dar:

65 28, 67 7, 77 4 etc. Vgl. auch bei Vard. Hist. (13. Jhd.): դրի »ich habe gelegt« p. 157 28; են դրել »sie haben gelegt« p. 157. Nur die II pl. Imp. lautet noch դիք Rb իա.

| Classisch-Altarmenisch: | | Kilikisch-Mittelarmenisch: | |
|---|---|---|---|
| ե-դ-ի | *e-d-i* | դր-ի | *tər-i* |
| ե-դ-իր | *e-d-ir* | դր-իր | *tər-ir* |
| ե-դ | *e-d* | ե-դիր | *e-tir* |
| ե-դ-աք | *e-d-aḱ* | դր-աք | *tər-aḱ* |
| ե-դ-իք | *e-d-iḱ* | դր-իք | *tər-iḱ* |
| ե-դ-ին | *e-d-in* | դր-ին | *tər-in.* |

Über die außerdem für die III Person sing. erscheinende Form եբեդ s. unten § 377 ff. — Entsprechend zeigt das NWA., speziell das Tr. und Pol.: *təri, tərir, tərinḱ* u. s. w. Schließlich dringt dasselbe ununterbrochen fortwirkende Formationsprinzip im NA. auch bei dem dritten Falle von *r*-Imperativ durch; der so im NWA. hervorgehende Aoriststamm *dur-* zu *dam* »gebe« liegt im Tr., Pol. u. s. w. dem Passiv dieses Zeitworts zu grunde, während im Aktiv der ältere Stamm sich gehalten hat. So bildet (n. Aid. II 67) Tr. zwar noch den aktiven Aorist *dəv-i* (տու-ի), *dəv-ir* (տու-իր), aber die passiven Präsensformen *dər-v-im* (տր-ու-իմ), *dər-v-is* (տր-ու-իս), *dər-v-i* (տր-ու-ի).

§ 372. Der Aorist zu երթամ: չոգայ, չոքայ[1]) findet sich mittelarmenisch nicht belegt, was in Verbindung mit der Thatsache, dass das NA. diesen Stamm nicht mehr kennt, darauf hinweist, dass derselbe bereits im Kilikischen veraltet war. Ebenso muss schon im Kilikischen der cl. Aorist արբ-ի *arbi* von Stamm արբ- *arb-* geschwunden gewesen sein, wie denn auch das alte Präsens ըմպեմ *əmpem* »trinke« durch das Verb խմեմ *xəmem* verdrängt ist. — Auch die classischen Aoriste zu լսեմ *lsem* und ճանաչեմ *čanačem*: լուայ *lvay* mit Stamm լու- *lu-*, ծանեայ *caneay* mit Stamm ծանի- *cani-* sind geschwunden und durch neue, vom Präsensstamm gebildete zusammengesetzte Aoriststämme ersetzt (cf. unten § 375), wie auch im Neuarmenischen (z. B. im Tr., Ach. etc.).

1) Die ursprünglichere Form ist offenbar die Dublette չոքայ, woraus mit Anlehnung an գամ »gehe« die Dublette չոգայ mit գ entstanden zu sein scheint. չոքայ hängt sicher zusammen mit չու »Weg, Reise« (cf. Hübschmann Gramm. p. 485 f.). Hinsichtlich des in չոքայ erscheinenden Elementes -ք *ḱ* stelle ich die folgende Gleichung auf:

չո-ք-այ *čo-ḱ-ay* / չու *ču* = երկո-ք-ին *erko-ḱ-in* / երկու *erku*

§ 373. **Der zusammengesetzte Aoriststamm** ist gleich der Verbalwurzel + Suff. *-aç*, *-eç* (gekürzt aus *-eac*) oder *-ç-*, und liegt in reiner Gestalt vor in der III p. sg. Aoristi. Wie beim einfachen Aorist, so gilt auch hier noch die altarmenische Bildungsnorm, wonach das zusammengesetzte Thema praktisch gewonnen wird:

1) Von einfachen Präsensstämmen durch Anfügung von *ց ç* an den Präsenscharakter, nur dass bei den *i*-Stämmen der Präsenscharakter *i* zu *e* werden muss. Z. B.:

| Präsensstamm: | | Aoriststamm: | |
|---|---|---|---|
| գրե- | (v. գրեմ) | գրեց-[1] | *kreç-* |
| խլե- | (v. խլեմ) | խլեց-[2] | *xleç-* |
| ծախե- | (v. ծախեմ) | ծախեց-[3] | *jaxeç-* |
| յեմե- | (v. յեմեմ) | յեմեց-[4] | *hemeç-* |
| ուզե- | (v. ուզեմ) | ուզեց-[5] | *uzeç-* |
| սղալե- | (v. սղալեմ) | սղալեց-[6] | *sγaleç-* (*səγaleç-*) |
| գնա- | (v. գնամ) | գնաց-[7] | *knaç-* (*kənaç-*) |
| կարդա- | (v. կարդամ) | կարդաց-[8] | *gartaç-* |
| մնա- | (v. մնամ) | մնաց-[9] | *mnaç-* (*mənaç-*) |
| ազատի- | (v. ազատիմ) | ազատեց-[10] | *azadeç-* |
| դատըստնի- | (v. դատըստնիմ) | դատըստնեց-[11] | *tadəstneç-* |
| լուծի- | (v. լուծիմ) | լուծեց-[12] | *luǰeç-* |
| կտրի- | (v. կտրիմ) | կտրեց-[13] | *gdreç-* (*gədreç-*) |
| հալծի- | (v. հալծիմ) | հալծեց-[14] | *halǰeç-* |
| ճշմարտի- | (v. ճշմարտիմ) | ճշմարտեց-[15] | *ǰšmardeç-* (*ǰəšmardeç-*) |
| ջնջի- | (v. ջնջիմ) | ջնջեց-[16] | *čnǰeç-* (*čənǰeç-*) |
| տրըստի- | (v. տրըստիմ) | տրըստեց-[17] | *drəsteç-* (*dərəsteç-*) etc. |

Belege: 1) գրեց-ի I sg. Aor. 93 16; գրեց-աք I pl. Aor. 25 2, 35 18, 67 29. 2) խլեց-եր II sg. Aor. 57 20. 3) ծախեց-ի I sg. Aor. 75 18; ծախեց III sg. Aor. Smp. Chron. 644. 4) յեմեցին III pl. Aor. Mr A 199. 5) ուզեց III sg. Aor. 35 12, Smp. Chron. 620. 6) սղալեց III sg. Aor. 81 15. 7) գնաց III sg. Aor. 81 11, Rb ճՀէ; գնաց-ել akt. part. Aor. 77 11; գնաց-ուղ Verbalnomen Rb ճլր. 8) կարդաց III sg. Aor. 75 12. 13. 9) մնաց III sg. Aor. 29 11, 31 20, 33 10, 35 1; մնաց-ել akt. part. Aor. 79 18, 83 19. 10) ազատեց-աւ III sg. Aor. 67 3. 11) դատըստնեց-աւ III sg. Aor. 43 6, 69 8. 12) լուծեց-աւ III sg. Aor. 67 15. 16. 13) կտրեց-աւ III sg. Aor. 67 12, 69 10. 12. 14) հալծեց-այ I sg. Aor. 3 18. 15) ճշմարտեց-աւ III sg. Aor. 29 10. 16) ջնջեց-աւ III sg. Aor. 55 12. 17) տրը-ստեց-աւ III sg. Aor. 11 3.

2) Von erweiterten Präsensstämmen durch Anfügung von *ց ç* an die Wurzel oder den reinen Stamm. Z. B.:

| Präsensstam: | Aoriststamm: | |
|---|---|---|
| ամր-ն-ա(մ) | ամր-ց-[1] | *amr-ç-* (*amər-ç-*) |
| գող-ն-ա(մ) | գող-ց-[2] | *koγ-ç-* |
| լմն-ն-ա(մ) | լմն-ց-[3] | *lmn-ç-* (*ləmən-ç-*) |
| հարստ-ն-ա(մ) | հարստ-ց-[4] | *harəst-ç-* |
| յաւել-ն-ա(մ) | յաւել-ց-[5] | *havel-ç-* |
| տարպել-ն-ա(մ) | տարպել-ց-[6] | *daṙbel-ç-* |
| լ-ն-ու(մ) | լ-ց-[7] | *l-ç-* (*lə-ç-*) |
| ընկե-ն-ու(մ) | ընկե-ց-[8] | *ənge-ç-* etc. |

Belege: 1) ամրց-աւ III sg. Aor. 59 24, 69 6. 2) գողց-ած pass. part. Aor. Rb ճիա. 3) լմնց-աւ III sg. Aor. 75 26; լմնց-ել akt. part. Aor. 75 24. 4) հարստց-աւ III sg. Aor. 35 13. 5) յաւելց-ել akt. part. Aor. Mx. Her. 124. 6) տարպելց-ել akt. part. Aor. 53 12. 7) լց-ած pass. part. Aor. Mr A bei H. 144. 8) ընկէց (aus ընկեաց) III sg. Aor. Vard. Hist. bei H. 439.

§ 374. Unregelmäßig bilden in der alten Sprache den zusammengesetzten Aorist die Verba առնեմ (Stamm առաց-, գիտեմ (Stamm գիտաց-) und կարեմ (Stamm կարաց-). Dieselben Aoristformen gelten, zum teil lautlich verändert, noch für das Kilikische: առաց III sg. Aor. 9 22, Rb ճհե, Mr A 242; առացաք I pl. Aor. 77 5, Mr A 151; առցին III pl. Aor. 29 8, Mr B ձգ; առցել part. pr. 15 10. 15, 23 9. 10, 67 10; գիտացին III pl. Aor. Rb ճլգ; գիտացիր II sg. Imp. L 178 6. 20, L 185 7; գիտացէք II pl. Imp. L 186 2, Rb խգ; կարցի I sg. Aor. Rb խա, լգ; կարցաք I pl. Aor. Rb ճհգ. Erhalten haben sich ferner die unregelmäßigen Aoriststämme von բառնամ und դառնամ als բարձ- *parc-* und դարձ- *tarc-*.

§ 375. Mehrfach zeigt der zusammengesetzte Aorist das Streben nach weiterer Expansion. So wird der ursprüngliche Aorist ծանեայ von ճանաչեմ verdrängt durch ճանաչեցի; ebenso tritt an Stelle des einfachen Aorists լուայ von լսեմ die zusammengesetzte Stammform լսեց- wie folgende Beispiele zeigen: լսեց »er hörte« Smp. Chron. Dul. 619, 620, 621, 642, Lied Lev. Dul. 540; լսեցին »sie hörten« Ass. Ant. 47 2, Rb կգ, Smp. Chron. Dul. 650; լսեցէք »höret« Eleg. Ed. Dul. 227; ճանչած »erkannt« 9 15, 65 15, L 156 19. Auf demselben Expansionsstreben des erweiterten Aorists beruht auch die in Rb ճհէ überlieferte Form սպաննեց »er tötete« von սպաննեմ.

§ 376. Im allgemeinen jedoch giebt hinsichtlich des **beiderseitigen Besitzstandes** und der Verteilung von einfachem und zusammengesetztem Aorist auf die verschiedenen Präsensstämme das Kilikische wesentlich die altarmenischen Verhältnisse wieder. Wie im Classischen, so wird auch hier der zusammengesetzte Aoriststamm regelmäßig gebildet: 1) von der Mehrzahl der einfachen *e*-Stämme; 2) von allen *a*-Stämmen, sowohl den einfachen als den erweiterten; 3) von der Mehrzahl der einfachen *i*-Stämme; 4) von einer Anzahl erweiterter *u*-Stämme. In den übrigen Fällen erscheint der **einfache** Aoriststamm, nämlich: 1) Von mehreren einfachen *e*-Stämmen und sämtlichen erweiterten *e*-Stämmen, worunter auch die Kausativa; 2) von einfachen *i*-Stämmen und sämmtlichen erweiterten *i*-Stämmen; 3) von der Mehrzahl der erweiterten *u*-Stämme und sämtlichen einfachen *u*-Stämmen. Danach ist der zusammengesetzte Aorist vorzugsweise den einfachen Präsensstämmen eigen, der einfache Aorist dagegen den erweiterten Präsensstämmen.

Im Neuarmenischen ist hinsichtlich der Verteilung der beiden Aoriststämme im allgemeinen der alte Zustand erhalten geblieben: die einfachen alt- (und mittel-) armenischen Aoriststämme sind auch regelmäßig als solche in die neuen Mundarten übergegangen, die zusammengesetzten regelmäßig zusammengesetzte geblieben.

Anm. Über den **passiven Aoriststamm**, dem teils der Präsensstamm auf *-vi* (Norm: Präs. *ծախուիմ*, Aoriststamm *ծախուեց-*), teils der entsprechende durch Passivelement *u* erweiterte aktive Aoriststamm (Norm: akt. Aor. *բաց-ի*, pass. Aoriststamm *բացու-* oder akt. Aor. *գր-ի*, pass. Aoriststamm *գրու-* zu grunde liegt, ist schon oben §§ 357, 358 gehandelt.

Von den so gebildeten Aoriststämmen ist außerdem eine bestimmte Klasse fähig durch das Augment erweitert zu werden, nur bei drei Stämmen ist das Augment wesentlich.

### Das Augment.

§ 377. Das indogermanische Augment, als stammbildender Faktor des Präteritums Indikativi ist bereits dem Altarmenischen nicht mehr wesentlich, sondern beschränkt sich auf das enge Gebiet der einsilbigen Personalformen des Aorist, ist jedoch auch da nicht allgemein, da mit *e* oder *i* anlautende Verba kein Augment annehmen, noch ist es in den meisten

Fällen ausschließlich, da neben den augmentierten auch die augmentlosen Formen vorkommen. So lautet die III. sg. Aoristi z. B.: ե-կաց und կաց, ե-լից und լից, ե-հան und հան, ե-ցոյց und ցոյց, է-ած und ած etc. Bei andern Personen als der III p. sg. findet sich das Augment nur bei den drei Verben դնեմ, գամ und տամ, in deren augmentierten Aoristformen: sg. I ե-դ-ի, II ե-դ-իր, III եդ; pl. I ե-դ-աք, II ե-դ-իք, III ե-դ-ին; sg. I ե-կ-ի, II ե-կ-իր, III ե-կն; pl. I ե-կ-աք, II ե-կիք, III ե-կ-ին; sg. I ե-տ-ու, II ե-տ-ուր, III ե-տ; pl. II ե-տուք, III ե-տուն das Augment sich erhalten hat, zur Vermeidung von einsilbigen, dem armenischen Sprachgeiste widerstrebenden Verbalformen, während es in der zweisilbigen Form տուաք der I p. pl. weggefallen ist[1]).

Je mehr nun das durch die ganze armenische Sprachgeschichte sich hindurchziehende Abneigungsprinzip gegen einsilbige Verbalformen sich im Laufe der Zeit verschärft und weiter um sich greift — in der mittleren und neueren Sprache tritt dasselbe weit ausgeprägter und stärker hervor als im Altarmenischen[2]) — in demselben Maße auch treten zurück und schwinden allmählig jene augmentlosen einsilbigen Formen der III p. sg. Aor., wie կաց, լից, հան. Im Kilikischen, wo letztere vollends veraltet und untergegangen sind, erscheinen deshalb nur mehr die augmentierten Formen: das alte Augment setzt sich hier fort als regelmäßiger und obligatorischer Bildungsfaktor der III pers. sing. der einsilbigen Aoriststämme; so stets kl. էած III sg. Aor. B կր; էառ III sg. Aor. S1 27, Rb ճմէ; եղարկ III sg. Aor. Rb ճկէ; եթող III sg. Aor. Rb ծէ, ճծէ; եհան III sg. Aor. Lied Lev. (Dul. p. 540); եսպան III sg. Aor. 93 26, Rb ճկէ; եհաս III sg. Aor. 93 7. Hingegen haben die neuen zweisilbigen Aoristformen von դնեմ und տամ (vgl. oben § 371 und unten § 387, 2)) eben deshalb, weil zweisilbig, auch eo ipso ihr Augment eingebüßt, während aus dem entgegengesetzten Grunde sich erhalten haben

1) Vgl. hierüber auch Meillet: »Notes sur quelques faits de Morphologie« p. 11.

2) Auf dieser Abneigung beruht im NA. bei den Einsilblern գամ, տամ, լամ sowohl die Erhaltung der vollen Form կու des Indikativs (worüber zu vgl. oben § 360 Rdn.), als auch die Rettung des präpositionalen *i* im negativen Indikativ (worüber des Näheren unten § 422), welch letzteres ւ aus demselben Grunde mit denselben einsilbigen Stämmen գամ, լամ nebst կամ dialektweise geradezu zu zweisilbigen Stämmen verwachsen ist. Vgl. das Nähere unten § 422 Rdn.

die augmentierten Aoristformen von գամ: sg. ե-կ-ի *e-g-i*, ե-կ-իր *e-g-ir*, pl. ե-կ-աք *e-g-ak̄*, ե-կ-իք *e-g-ik̄*, ե-կ-ին *e-g-in*.

§ 378. Nicht nur erhalten hat sich das alte Augment, sondern sogar erweitert in der III p. sg. eben dieser drei Verba, wo die alten Formen եկն *ekn*, ետ *et* und եդ *ed* sich zu folgenden dem Mittelarmenischen eigentümlichen neuen Bildungen entwickelt und umgestaltet haben:

երեկ *ereg* (spr. *er'ek*) »kam«, »ist gekommen«,
երետ *ered* (spr. *er'et*) »gab«, »hat gegeben«,
երեդ *eret* (spr. *er'et*) »legte«, »hat gelegt«.

Die Form երեկ *ereg* tritt mit Beginn des 12. Jhd. auf bei Grigor Ereç: ի Թուին շղա երեկ Թագաւորն Յունաց, Greg. Er. Chron. Dul. p. 156; եւ ի՛ նմին աւուր, յորժամ անդ կարմիր ձիւն երեկ յերկիրս քրիստոնէից, երեկ ձիւն սպիտակ եւ մոխրախառն, Greg. Er. Chron. Dul. p. 166; auch schon bei Mx. Her. p. 14: եւ երբ իմանաս որ ջերմ ի վճար երեկ. Die Form երետ *ered* findet sich nach Aidynians Gewähr (Kr. Gr. I p. 144) gleichfalls schon um dieselbe Zeit[1]). In der Folgezeit werden die Formen ganz allgemein: երեկ: in Ass. Ant. pp. 11 24. 26, 43 6, 73 13, 75 13, 93 15; in Smp. Chron. (ed. Dul.) pp. 611, 631, 644, 646, 648, 678, Rb ճհէ; auch bei Vardan (13. Jhd.) p. 155 երեկ »er kam«; dazu die II sing. imperativi արեկ in Ass. Ant. 25 12, 75 10; երետ: in Ass. Ant. pp. 11 25, 29 19, 35 21, 83 1. 2. 5; in Smp. Chron. (ed. Dul.) p. 618, 619, 620, 629, 650, 668; Lied Lev. Dul. p. 539, Rb ճխթ; als dialektischer Eindringling erscheint երետ bei Vard. Hist. 157, 161 sowie Step̌. Orb. II 11 5, 71 2, 72 1; modifiziert als էրէտ in einer Inschrift aus Ani vom J. 1310 (Shir. 79). Auch die Form երեդ, von der mir zufällig keine Belege vorliegen, ist nach Aidynians Gewähr (Kr. Gramm. II p. 72) als mittelarmenisch gesichert[2]).

1) Dagegen ist das bereits anfangs des 5. Jhd.'s vereinzelt vorkommende երետ *eret* nach Aidynians Vermutung (Kr. Gramm. II 72) als unursprünglich und unecht zu verwerfen.

2) Dieselben Aoristformen lassen sich bis weit ins Neuarmenische hinab verfolgen. Im Achrabadin, Fuchsbuch, Buch der Kupferstadt, sind dieselben ganz gewöhnlich: vgl. առ իս արեկ »komm zu mir« H II 335 8. 9, Ամիրաթն երեկ »der Emir kam« H II 335 17, գնաց ալեւորն ձայն երետ »der Greis ging und rief« H II 336 13 a. i. Auch in spätmittelarmenischer Poesie erscheinen sie: z. B. Imp. արեկ »komm« Kost. Samml. I 17, III 60; երեկ »kam« ibid. II 9, III 39; երետ »gab« ibid. III 38, 51, 52, 53. Als früh-

§ 379. Es stellt sich die Frage nach Entstehung dieser mittelarmenischen Aoristformen. Zunächst steht fest, dass bereits in den classischen mit Augment versehenen Aoristformen der drei Verba գամ, տամ, դնեմ, wie: եկի, եկիր, եկն, եդի, եդիր, եդ, ետու, ետուր, ետ, der ursprüngliche augmentale Charakter des anlautenden *e* verblasst war; das ursprüngliche Augment *e* galt und ward behandelt als integrierender Bestandteil der Verbalwurzel. Im Kilikischen musste vollends die augmentale Natur des *e* unkenntlich geworden sein, zumal da allen Personen zugleich dieses *e* anhaftete, und die III pers. sg., die normale Trägerin des Augments, hier keine besondere Auszeichnung vor den übrigen Personen voraus hatte. Während nun die mehrsilbigen alten Aoristformen wie եկի, եկիր unverändert ins Mittelarmenische übergingen, war es ganz natürlich, dass die als augmentiert verkannten, für reine Wurzelstämme geltenden einsilbigen dritten Personen եկ, ետ, եդ eine Umgestaltung erfahren mussten. Nun waren die aa. Formen եկ, ետ, եդ nach Lautl. § 41 vom Kilikischen übernommen worden in der Lautform *yeg*, *yed*, *yet*. Als konsonantisch anlautende Einsilbler waren sie nunmehr augmentfähig; als ursprüngliche Augmentformen verblasst, nahmen sie zur Beseitigung der Einsilbigkeit, wirklich zum zweitenmale das Augment an: es entstanden die Formen **e-yeg*, **e-yed*, **e-yet*, welche, da die Lautverbindung եյ *ey* eine unmögliche ist, sich zu *e-reg*, *e-red*, *e-ret* umgestalteten, durch die Mittelformen **e-γeg*, **e-γed*, **e-γet* hindurch; vielleicht unter dem Einfluss des Imperativs արեկ »komm«! Letztere Form sehen wir gleichsam vor unsern Augen entstehen, als eine Verschmelzung der beiden asyndetisch verbundenen Imperative արի՛ եկ »auf! komm«, die zum teil mit dem kontrahierten արեկ abwechseln[1]). Vgl. Armenian popular

---

polarmenisch steht երէկ »kam« in einer Urkunde vom J. 1463 (Min. Leh. 87); երետ »gab« Min. Leh. 149 bis, 151 bis. Als veraltete Formen hat noch Tf. die III p. sg. Aor. *erit* (= kl. երետ) neben jüngerem *təviç* »gab« (Tom. Dial. v. Tifl. 239 und 246); ferner J̌lf. die veralteten III Personen sg. Aor. արեկ »kam« und արետ »gab« — für երեկ und երետ, da im J̌lf. classischem und kilikischem *e* regelmäßig *a* entspricht — neben den jüngeren Formen եկաւ »kam«, տուաւ und տուեց »gab« (Patk. Dial. 83).

1) Im NOA. wird dialektweise das erste Kompositionsglied արի՛ geradezu als Imperativ zu գամ verwendet; vgl. Palas. S. 94.

21*

songs v. Ališan p. 19: *արի՛ եկ ե՛լ յայս այգոյս* [1]). Dagegen anzunehmen, der Imperativ *արեկ* habe als die ursprünglichere Form den Anstoß gegeben zu einer augmentierten Aoristform **ե-արեկ*, woraus *երեկ* geworden, wäre ganz unnatürlich und unhaltbar, schon deshalb weil zweisilbige Formen nicht augmentiert werden.

An Stelle dieser speziell mittelarmenischen Formen treten, wie aus den Quellen hervorgeht, bereits in frühneuarmen. Zeit die Neubildungen *եկաւ* [2]), *դրաւ*, *տուաւ*, während die übrigen Personen die aktiven Aoristsuffixe behaupten in *եկի*, *եկիր*, *տուի*, *տուիր*, *դրի*, *դրիր* etc. Überhaupt ist im Neuarmenischen das alt- und mittelarmenische Augment der III p. sg. so gut wie ganz untergegangen. Zum Ersatz und zur Vermeidung von dem Sprachgeist widerstrebenden einsilbigen Formen musste die nunmehrige augmentlose, einsilbige Form einen neuen Zusatz erhalten: diesen gewann die bisher ohne jegliches Personalsuffix gebildete Form dadurch, dass sie nach Analogie sämtlicher übrigen Personen eine Personalendung annahm: diese konnte, da dem aktiven Aorist eine solche fehlt, nur die des passiven Aorists, d. i. Suff. *-av* sein: was um so leichter ermöglicht ward, als seit dem Aufkommen des neuen *u*-Passivs der passive Aorist seine passive Funktion eingebüßt hatte. Der Vorgang lässt sich wohl auch folgendermaßen ausdrücken: an die Stelle der veralteten augmentierten Form der III p. sg. Aor. Activi einsilbiger Aoriststämme ist im Neuarmenischen die entsprechende Form des passiven Aorists getreten, welche, durch das neue *u*-Passiv aus ihrer bisherigen Stellung verdrängt, nun aktive Funktion erlangte. So entstand die neuarmenische »unregelmäßige« Aoristflexion, mit passiver Form auf *-av* in der III p. sg., während die übrigen Personalformen aktive Endungen haben. So zeigt die neuwestarmenische Schriftsprache für den Aorist aktivi: sg. I p. *բերի*, II p. *բերիր*, pl. I p. *բերինք*, II p. *բերիք*, III p. *բերին*: dagegen III p. sg. *բերաւ* (für älteres *եբեր*); *առի*, *առիր* etc.: dagegen III p. sg. *առաւ* (für älteres *էառ*); *զարկի*, *զարկիր* etc.: dagegen III p. sg. *զարկաւ* (für älteres *եզարկ*); *բացի*, *բացիր* etc.: dagegen III p. sg. *բացաւ* (älter: *եբաց*); *լացի*, *լացիր* etc.: dagegen III p. sg. *լացաւ* (älter: *ելաց*). Ferner die jüngeren, ganz analogen Formen: *ըսի* (= kl. *ասցի* »sagte«), *ըսիր* etc.: dagegen III p. sg. *ըսաւ*; *ըրի* (= kl. *այրի* »machte«), *ըրիր* etc.: dagegen III p. sg. *ըրաւ*; *տարի*, *տարիր* etc.:

---

2) Das aa. Glossar »dichterischer und bäuerlicher Wörter« im Mscr. No. 337 der Wiener Mechitharistenbibliothek kennt außer adj. *արի* = »*քաջ*« *կամ* »*ուժեղ*« auch das adj. *արեկ* = »*խիստ*« *կամ* »*քաջ*« *կամ* »*առաւել*«; dieses auch in Pit. sowie bei Erznkaçi erscheinende dialektische adj. *արեկ* aus **արի-ակ* ist identisch mit dem jüngeren kilikischen *աղեկ* »gut« und hat natürlich mit Imperativ *արեկ* nichts zu thun, mag höchstens zur Entstehung des letzteren sekundär mitgewirkt haben.

1) *եկաւ* z. B. bei Amirdovlatʻ (14. Jhd.) Dagegen kann die Form *չ-եկաւ* Smp. Chron. Dul. 651 als echt angezweifelt werden.

dagegen III p. sg. **տարաւ**; **դրի**, **դրիր** etc.: dagegen III p. sg. **դրաւ** (für älteres **եդիր**, **եդեր**); **տուի**, **տուիր** etc.: dagegen III p. sg. **տուաւ** (für kl. **երետ**)[1]. Daneben entwickelt sich jedoch, namentlich in der östlichen Sprachgruppe, noch eine andere Flexion für eben diese III Person singularis, wonach an den einsilbigen Aoriststamm statt der Endung **-աւ** *-av* das Suffix **-եց** *-ⁱeç* antritt, welches, eigentlich Stammauslautsilbe und in der III p. sg. des aktiven erweiterten Aorists zum Vorschein kommend, als wirkliche Personalendung aufgefasst und schon früh auf die III p. sg. der fraglichen Verba neben **-աւ** *-av* ausgedehnt wurde. So flektiert das östliche Schriftarmenisch nebst Astr.: III sg. Aor. Akt. **առ-աւ** und **առ-եց** »nahm«, **տար-աւ** neben **տար-եց** »brachte«, **սկս-աւ** neben **սկս-եց** »begann«, **տու-աւ** neben **տու-եց** »gab«, **ար-աւ** neben **ար-եց** »that, machte«, **դր-աւ** neben **դր-եց** »legte«, **բեր-աւ** neben **բեր-եց** »brachte«. Das Aufkommen von **-եց** *-ⁱeç* neben **-աւ** *-av* erklärt sich aus dem Bedürfnis, der III Person eine den übrigen, aktiven Personalendungen gleichartige, ebenfalls a k t i v e Personalendung zu geben, an Stelle des Passiv-Suffixes **-աւ** *-av*, welches seinerseits den Vorzug hat, eine wirkliche Personalendang zu sein.

So galt bereits für die frühneuarmenische Sprachperiode allgemein bei den fraglichen Verben folgende Flexion: Sg. I **բերի**, II **բերիր**, III **բերաւ** neben **բերեց**, Pl. I **բերինք**, II **բերիք**, III **բերին**. Auf dieser frühmodernen Sprachstufe, die sich in den beiden neuarmenischen S c h r i f t - s p r a c h e n wiederspiegelt[2], blieben jedoch im allgemeinen die lebenden V o l k s i d i o m e nicht stehen. Nach der Norm der zweigestaltigen III Pers. Sing. spaltete sich in der Folgezeit jene ältere Flexion nach zwei Richtungen hin: unter Anlehnung an die III Pers. sg. auf *-av* entstand einerseits namentlich im WA.[3] eine neue Flexion mit Passivsuffixen, unter Anlehnung an die III Pers. sg. auf *-ⁱeç* andrerseits im OA.[4] eine neue Flexion mit Aktivsuffixen: Die ältere Flexion: I **բերի**, II **բերիր**, III **բերաւ** und **բերեց** etc. verzweigte sich folgendermaßen:

| N e u w e s t a r m e n i s c h | N e u o s t a r m e n i s c h |
| --- | --- |
| *per-a* | *ber-eç-i* |
| *per-ar* | *ber-eç-ir* |
| *per-av* | *ber-ⁱeç* |
| *per-ank̕* etc. | *ber-eç-ink̕* etc. |

Ebenso wurde z. B. die ältere Flexion **տուի**, **տուիր**, **տուաւ** und **տուեց** erweitert zu:

| N e u w e s t a r m e n i s c h | N e u o s t a r m e n i s c h |
| --- | --- |
| *duv-a* | *tav-eç-i* |
| *duv-ar* | *tav-eç-ir* |
| *duv-av* | *tav-ⁱeç* |
| *duv-ank̕* etc. | *tav-eç-ink̕* etc. |

---

1) Cf. Aid. II p. 66 f., Palas. p. 91 f.

2) Nur bei Stamm **ել-** dehnte sich später auch in der Schriftsprache die passive Form auf alle Personen des Aorists aus. Vgl. unten § 382.

3) Vgl. Aid. Kr. Gramm., Han., Patk. Mat., Tom. Dial. v. Ach.

4) Vgl. Palas. p. 91 f.

## II. Flexion des Aorists.

**Flexionscharakter: Aktiver (*i*-Aor.) und passiver (*a*-Aor.) Aorist.**

§ 380. Hinsichtlich der Flexion hat sich der alte Unterschied von sog. aktivem und passivem[1]) Aorist erhalten, mit den beiden charakteristischen Aoristvokalen: *i* für den aktiven, *a* für den passiven Aorist. Die Grenzen des aktiven und passiven Aorists haben sich jedoch, der classischen Sprache gegenüber, merklich verschoben, und zwar ist der aktive Aorist zurückgedrängt und sein Gebiet eingeschränkt worden. Im Classischen bilden regelmäßig den aktiven Aorist die aktiven oder besser die transitiven Verben; der passive Aorist ist dem passiven und dem intransitiven Verb eigen. Ursprünglich musste diese beiderseitige Gebietsbegrenzung eine streng eingehaltene gewesen sein; allein schon gleich am Eingange der historischen Sprachperiode, in der ältesten classischen Zeit, finden wir die beiden Aoriste nicht mehr streng auf ihre ursprünglichen Gebiete beschränkt. So ist bei den erweiterten *a*-Stämmen, die ihrer Mehrzahl nach als Intransitiva den passiven Aorist annehmen, derselbe passive Aorist der Analogie der Mehrzahl folgend auch auf viele transitive *a*-Stämme, obwohl diesen ursprünglich fremd, ausgedehnt worden. Ebenso ist bei den zwei transitiven *ni*-Stämmen տանիմ *tanim* und ունիմ *unim* der passive Aorist տարայ resp. կալայ nicht ursprünglich, sondern erst nachträglich dadurch entstanden, dass diese vereinzelten transitiven *ni*-Stämme sich den übrigen, ausschließlich intransitiven oder passiven *ni*-Stämmen mit passivem Aorist anschlossen, wobei allerdings von dem ursprünglichen aktiven Aorist noch vereinzelte Reste sich erhalten haben in der II p. sg. Imp. տար *tar*, կալ *kal*, im Futur II p. sg. տարցես, III p. sg. տարցէ (neben տարցիս, տարցի etc.), կալցես, կալցէ etc. (neben կալցիս, կալցի).

§ 381. Entschiedener und nachdrücklicher macht sich dieses bereits in der alten Sprache bemerkbare Streben nach

1) Die Bezeichnungen »aktiver« resp. »passiver Aorist«, mit denen hier natürlich kein Genusunterschied ausgedrückt werden soll, sind als die in der altarmen. Grammatik gangbaren, beibehalten worden, obschon fürs Kilikische entschieden die Bezeichnungen *i*-Aorist und *a*-Aorist vorzuziehen sind.

Erweiterung des passiven Aorists geltend im Mittelarmenischen. So rücken im Kilikischen an Stelle der betreffenden classischen aktiven Aoriste folgende neue passiven Aoriste:

| | | | | |
|---|---|---|---|---|
| Zu գտնում | (cl. գտանեմ) | Aor. գտ-այ | »ich fand« | (cl. գտ-ի) |
| » իջնում | (cl. իջանեմ) | Aor. իջ-այ | »ich stieg ab« | (cl. իջ-ի) |
| » տեսնում | (cl. տեսանեմ) | Aor. տես-այ | »ich sah« | (cl. տես-ի) |
| » ելնեմ | (cl. ելանեմ) | Aor. ել-այ | »ich ging aus, stieg« | (cl. ել-ի) |
| » մտնեմ | (cl. մտանեմ) | Aor. մտ-այ | »ich ging ein« | (cl. մտ-ի) |
| » հասնեմ | (cl. հասանեմ) | Aor. հաս-այ | »ich gelangte« | (cl. հաս-ի) |
| » *եղնիմ | (cl. եղանիմ) | Aor. եղ-այ | »ich wurde« | (cl. եղ-է) |

Schon mit den Anfängen des 12. Jhd.s treten diese neuen Aoristformen auf. So finden sich bei Matth. Urrh. (ed. Dul.): իջաւ »er stieg herab« p. 27, 143; հասաւ »er gelangte« p. 67; մտաւ »er ging ein« p. 107; bei Mich. Syr. (ed. Dul.): ելաւ »er stieg auf« p. 342; մտաւ »er ging ein« p. 339, 341, 373; bei Mx. Her.: տեսայ »ich sah« p. 44, 63, 65, 126; ելաւ »er stieg auf« p. 15; հասաւ »er gelangte« p. 22, 137; եղաւ »er ward« p. 13, 58, 76, 77, 128; եղան »sie wurden« p. 59, 126; in Geopon: գտան »sie fanden« p. 15; մտաւ »er ging ein« p. 31; եղաւ »er ward« p. 189; in S.-R. Rb: տեսաւ »er sah« § 116; in Ass. Ant. (Mitte des 13. Jhd.s): գտայ »ich fand« 63 13; տեսաւ »er sah« 75 12; ելաւ »er ging hinaus« 9 24, 25 21, 33 6; մտաւ »er ging ein« p. 55 12. 15; եղաւ »er ward« 11 4, 35 24, 51 4. 18, 55 16, 65 1, 83 4; եղան »sie wurden« 59 37; in Smp. Chron. (ed. Dul.): գտան »sie fanden« p. 669; իջաւ »er stieg ab« p. 629, 648; իջան »sie stiegen ab« p. 667; տեսաւ »er sah« p. 612, 669; տեսան »sie sahen« p. 612, 669; ելաւ »er ging hinaus« p. 612, 620, 627, 631, 646, 671; ելան »sie gingen hinaus« p. 622, 644, 650, 651, 658; հասաւ »er gelangte« p. 666; մտաւ »er ging ein« p. 612, 631, 649, 657; մտաք »wir gingen ein« p. 650; մտան »sie gingen ein« p. 649, 650, 667; եղաւ »er ward« p. 647; in Mr B: հասաւ »ist gelangt« մի; մտաւ »ist eingegangen« ճկթ; Mr A: եղան »wurden« 168; հասաւ »ist angelangt« 225; Rb: գտայ »ich fand« իա, ճհգ; չգտայ »ich fand nicht« հգ; ելաւ »ging heraus, ist gestiegen« լէ, ճհէ; ելան »gingen hinauf« կ; եղաւ »wurde, entstand« հզ, ճհլ; եղան »entstanden« ծբ; մտաւ »ging ein« ճկ; տեսաւ »sah« ճկա; տեսան »sahen« հբ. Lied Lev.: հասաւ »gelangte« Dul. 540[1]).

1) Auch der Ostarmenier Step̔annos Orbelean schreibt: գտայ »ich fand« I 149 14; գտաւ »er fand« I 125 6; իջայ »ich ging hinab« I 209 7; իջաւ

§ 382. Noch weiter griff in der Folgezeit die passive Aoristform um sich, nachdem diese mit der Entstehung eines neuen passiven Aorists mit Charakter *u* ihre ehemalige, auch im Mittelarmenischen noch nicht ganz aufgegebene passive Funktion allmählig (ausgangs der mittelarmenischen Periode) an den neuen *u*-Aorist verloren hatte, womit die letzte Schranke gefallen war, die der willkürlichen Ausdehnung des passiven Aorists auch auf transitiven Verben noch im Wege gestanden hatte. Wie nun mit Beginn der neuarmenischen Sprachära zum Ersatz der veralteten augmentierten Formen der III Pers. sg. Formen auf *-աւ* eintraten, sodann in der Folgezeit von der III Person sg. aus im WA. die passive Flexion sich auf alle übrigen Personalformen ausbreitete, ist bereits oben § 379 p. 324—325 bei Besprechung des Augments berührt worden. — Für das Spätkilikische kann höchstens ein schwacher Anfang dieser späteren Neuerung beobachtet werden an der im Lied auf Levon belegten III p. sg. *եկաւ* »kam«, wie denn auch bezeichnenderweise die beiden modernen Schriftsprachen übereinstimmend bei demselben Stamm *եկ-* die passive Flexion durch den ganzen Indikativ durchführen, während sie bei den übrigen einsilbigen Stämmen dieselbe auf die III Person sg. beschränken. Vgl. Aid. II 67.

## Flexionsendungen.

### 1. Indikativ (und Konjunktiv) des Aorist.

§ 383. Im einzelnen haben sich für den Indikativ die Personalendungen der alten Sprache unverändert erhalten. Die neuarmenische Endung *-nk̄* der I p. pl. Aor. ist dem Kilikischen (wie denn auch im Imperfekt, cf. oben § 366) noch fremd. Die für beide Aoriste, den aktiven und den passiven gemeinsamen Personalendungen sind folgende:

| | | | |
|---|---|---|---|
| Singular | II p.: | *-ր* | *-r* |
| Plural | I p.: | *-ք* | *-k̄* |
| | II p.: | *-ք* | *-k̄* |
| | III p.: | *-ն* | *-n*. |

---

»er ging hinab« I 118 7. 20. 21; *իջան* »sie gingen hinab« I 118 7. 19, 129 12; *հասաւ* »er gelangte« I 176 19, 179 1, II 81 4; *տեսայ* »ich sah« I 149 13; *տեսաւ* »er sah« II 64 5; *ելաւ* »er ging hinaus« I 76 19 etc. Ebenso zeigt schon der Historiker Vardan: *իջաւ* »stieg herab« p. 154; *տեսաւ* »hat gesehen« p. 158.

Die I p. sg., ebenso wie die III p. sg. Aor. Aktivi haben keine Personalendung; die III p. sg. des passiven Aorist hat die Endung -ւ -v. Aktiver und passiver Aorist unterscheiden sich durch ihren charakteristischen Flexionsvokal.

§ 384. Im Classischen hat der passive Aorist durchgängig in sämtlichen Personen den Flexionsvokal *a*, der in Verbindung mit der Personalendung sich zu folgenden Flexionssuffixen erweitert: այ *ay*, ար *ar*, աւ *av*, աք *ak̄*, այք *aik̄*, ան *an*. Das այ *ay* der I p. sg. ist aus einfachem ա *a* entstanden, das am Ende eines Wortes unmöglich ist. In der II p. pl. erscheint ebenfalls այ für ա analog wie in der II p. pl. Präs. der *a*-Konjugation. — Im Kilikischen ist das alte *-ay* der I p. sg. zu *a* geworden: in der Schrift hat sich allerdings die Schreibung այ erhalten, worin das յ rein graphisches Zeichen ist. Ebenso ist für das in der Schrift noch fast allgemein erscheinende այք der II p. pl. der Lautwert *ak̄* fürs Kilikische anzunehmen: auf *-ak̄* lautet diese Person auch allgemein im Neuarmenischen. Die übrigen Suffixe haben sich unverändert erhalten.

§ 385. Im aktiven Aorist hat das Classische vorherrschend den Flexionsvokal *i*: und zwar ist derselbe stehend in der I p. sg. und III p. pl. Daneben Flexionsvokal *e* in der II pers. des Singulars und Plurals, Flexionsvokal *a* in der I p. pl. (wie beim passiven Aorist). Während die II p. pl. des zusammengesetzten Aor. Akt. regelmäßig den Flexionsvokal *e*, selten *i* hat, hat umgekehrt die II p. pl. des einfachen Aor. Akt. regelmäßig *i*, selten *e*. Demnach lautet die Flexion des akt. Aorists im Classischen: Singular I p. -ի *-i*, II p. -եր *-er*, III p. —, Plural I p. -աք *-ak̄*, II p. -էք, -իք *-ek̄*, *-ik̄*, III p. -ին *-in*.

Anm. Bei den altarmenischen Aoristen եկի und եղի ist Flexionsvokal ի *i* auch auf die II p. sg. ausgedehnt[1]). Im Neuarmenischen dagegen ist Flexionsvokal *i* im aktiven Aorist nicht nur auf die II Person des Singular, sondern auch auf die I Person

1) Umgekehrt ist das charakteristische Zeichen *e* der II Person in dem classischen Aorist zu եղանիմ auf sämtliche Personalformen des Präsens ausgedehnt: Sg. I եղ-է (= *եղ-ե-յ), II եղ-ե-ր, III եղ-ե-ւ; Pl. I եղ-ե-աք, II եղ-է-ք, III եղ-ե-ն; die II pl. եղէք ist analog gebildet wie die II pl. präs. սիրէք vom Stamm *sire-*; die I pl. եղ-ե-աք mit doppeltem Flexionscharakter.

des Plural verallgemeinert worden, so dass der neue aktive Aorist folgende Suffixe aufzeigt: Sg. I *-i*, II *-ir*, III —, Pl. I *-inḱ*, II *-iḱ*, III *-in*.

Das Kilikische, als zwischen alter und neuer Sprache hierin die Mitte haltend, hat nun zwar in der I Person des Plurals noch den alten Flexionsvokal ա *a*: in der II Person des Singulars dagegen ist für den einfachen Aorist der Flexionsvokal *i* anzusetzen, indem die II Person des Singulars sich der entsprechenden Person des Plurals mit Flexionsvokal *i* angeglichen hat. Für die II Person sing. des zusammengesetzten Aorists ist jedoch noch Endung -եր *-er* mit Vokal *e* als kilikisch überliefert, wenngleich auch hier in spätkilikischer Zeit schon das Suffix -իր *-ir* aufkommt. Für die II Person Plur. sowohl des einfachen als des erweiterten aktiven Aorists setze ich Flexionsvokal *-i* an. Für den aktiven Aorist sind demnach im Kilikischen folgende Personalsuffixe (im weiteren Sinn) vorhanden: Singular: I -ի *-i*, II -իր *-ir* = ի + ր (*i* + *r*) für den einfachen Aorist, -եր *-er* = ե + ր (*e* + *r*) für den zusammengesetzten Aorist, III —; Plural: I աք *aḱ* = ա + ք (*a* + *ḱ*), II իք *iḱ* = ի + ք (*i* + *ḱ*), III ին *in* = ի + ն (*i* + *n*).

§ 386. Belege sind teils schon bisher gegeben worden, teils auch noch (für die III p. sg. auf -եց) im Folgenden enthalten. Erwähnt seien hier noch für den aktiven Aorist: առի I p. sg. 11 25; այրի I p. sg. Mr B bei H. 154; կորուսի I p. sg. 63 12; դրիր II p. sg. Smp. Chron. 649; եկիր II p. sg. 9 21, 75 17; եբեր III p. sg. 75 18; առին III p. pl. 63 22, Rb ճլե; բերին III p. pl. L 185 9; եկին III p. pl. 51 16; գրեցի I p. sg. 93 16; խնդրեցի I p. sg. 3 6; ծախեցի I p. sg. 75 18; կարճեցի I p. sg. Rb իա; փնդռեցի I p. sg. Rb ճհզ; խլեցեր II p. sg. 57 20; եփեցիր II p. sg. spätmittelarm. bei Amirdovl. 151; գրեցաք I p. pl. 25 2, 35 18, 49 7, Rb ժա, իա, իգ, լգ, կդ, ձգ, ղե; համեցաք I p. pl. Rb ճհէ; պարգեւեցաք I p. pl. L 154 13, 158 12; վկայեցաք I p. pl. 59 15; գրեցին III p. pl. Rb ղդ; ձգեցին III p. pl. 51 16; վկայեցին III p. pl. 29 9; ասաց III p. sg. 9 22; գնաց III p. sg. 75 9, 81 11, Smp. Chron. 648; կարդաց III p. sg. 75 12. 13; մնաց III p. sg. 29 11, 31 20, 33 10, 35 1; յիմաց III p. sg. Rb իը; ասցաք I p. pl. 77 5; գնացին III p. pl. Smp. Chron. 621, 644; ասցին III p. pl. 29 8. Am spärlichsten belegt ist die II Person Singulars und Plurals; gleichwohl dürfen die für diese Fälle oben angesetzten

Flexionsvokale für gesichert gelten. — **Für den passiven Aorist**: *ընկաւ* III p. sg. 33 7; Rb *խզ*; *դիպաւ* III p. sg. Rb *իթ*; *հազաւ* III p. sg. 29 18, 31 7. 20, 35 1, 63 6; *փրթաւ* III p. sg. 63 13; *կալաւ* III p. sg. Smp. Chron. 616, 622, 643; *տարաւ* III p. sg. 93 2; *կերաւ* III p. sg. Smp. Chron. 611; *կերան* III p. pl. Smp. Chron. 612; *ուսան* III p. pl. Rb *կ*; *աշխատեցայ* I p. sg. 3 14; *հալծեցայ* I p. sg. 3 18; *ազատեցաւ* III p. sg. 67 3; *ամրցաւ* III p. sg. 59 24, 69 6; *բոզցաւ* III p. sg. Rb. *հբ*; *դատըստնեցաւ* III p. sg. 43 6, 69 8; *լմնցաւ* III p. sg. 75 26; *լուծեցաւ* III p. sg. 67 15. 16; *խոստացաւ* III p. sg. 27 18, 35 14; *կտրեցաւ* III p. sg. 67 12, 69 10. 12, 81 11; *հաստատեցաւ* III p. sg. 67 7; *հարըստցաւ* III p. sg. 35 13; *հեռացաւ* III p. sg. 75 9; *ճշմարտեցաւ* III p. sg. 29 10; *ուրդեցաւ* III p. sg. Mx. Her. 132; *ընջեցաւ* III p. sg. 55 12; *տրըստեցաւ* III p. sg. Aor. 11 3.

Anm. 1. Eine nicht morphologische sondern rein phonetische Umgestaltung hat die III Person Singularis des aktiven erweiterten Aorists der *e*-Stämme erlitten, welche in der alten Sprache, als mit dem reinen Aoriststamm identisch, auf *-եաց* *-eaç* auslautet. Im Kilikischen musste nach Lautl. § 79 a) das auslautende *-եաց* zu *-եց* *-ʿeç* werden. In dieser neuen Gestalt auf *-ʿeç*, die auch im Neuarmenischen noch fortlebt[1]), ist die Form häufig belegt; so in Ass. Ant.: *այրեց* 93 28, *ծախեց* 65 1, *յուղարկեց* 75 13, *ուզեց* 35 12, *ողալեց* 81 15; in Smp. Chron.: *բռնեց* p. 619, 624, 628, 656, 670, *բռնկեց* 612, *գնեց* 655, *ժողովեց* 648, 656, *լուծեց* 646, *լսեց* 619, 620, 621, 642, *խլեց* 612, *խստեց* 611, *ծախեց* 644, *ծածկեց* 629, *ծեծեց* 642, *կարեց* 619, *ձգեց* 629, *յղարկեց* 642, 649, *յուղարկեց* 670, *ուզեց* 620, 648, *պսակեց* 620, *սաստեց* 622, *սիրեց* 619, *տիրեց* 622, *քշփեց* 622; in Rb: *անարգեց* *հբ*, *առջընտրեց* *ճլբ*, *բռնեց* *ճհէ*, *գահեց* *ճկը*, *գնեց* *ճժ*, *գործեց* *ճլ*, *զատեց* *ճհե*, *ծախեց* *ժ*, *կոխեց* *հբ*, *համեց* *թ*, *չինեց* *մկզ*, *պնդեց* *ճկը*, *աւերեց*, *կարեց* und *խանգրեց*; in Lied Lev.: *լըսեց* Dul. p. 540, *քաշեց* Dul. p. 540; bei Het. Kor. (ed. Dul.): *աւերեց* 487, *խանկրեց* 481, 483, 486 etc.

Anm. 2. Dieselbe III Person Singularis hat bei den Kausativen zwar äußerlich die alte Form bewahrt und wird noch *-ոյց* (resp. *-ոյս*) geschrieben. Lautlich ist jedoch das classische

1) Zum Teil dialektisch differenziert, wie zu *-iç* im Pol., Nch. u. Tf., zu *-uç* im Dial. v. Erivan (Patk. dial. p. 25).

*-oiç* im Kilikischen zu *-uiç* (*-uç*) geworden (cf. Lautl. § 9). Z. B.: կորույս *goruis* (cl. *korois*) 13 22, 57 11, 59 8, 67 1, Rb ճա; խմցույց *xəmçuiç* (cl. *xmçoiç*) Rb ճկ; հաւնեցույց *havneçuiç* (cl. *havaneçoiç*) Rb կ; յարույց *haruiç* (cl. *yaroiç*) Smp. Chron. 622; հասույց *hasuiç* (cl. *hasoiç*) Smp. Chron. 624; փախույց *paxuiç* (cl. *paxoiç*) Smp. Chron. 646.

§ 387. Vom Classischen abweichend flektieren im Kilikischen:

1) Der dem alten Aorist auf -եայ *-eay* entsprechende passive Aorist. Der classische Aorist auf -եայ *-eay* wird gebildet zu intransitiven erweiterten Präsensstämmen der I., IV. namentlich aber der III. Konjugation, wie: cl. յարեայ zu յառնեմ, ծանեայ zu ճանաչեմ, այտեայ zu այտնում, զարթեայ zu զարթնում, թաքեայ zu թաքնում, խրտեայ zu խրտնում, ոստեայ zu ոստնում, սառեայ zu սառնում, թռեայ zu թռչիմ, հանգեայ zu հանգչիմ, փախեայ zu փախչիմ, կորեայ zu կորնչիմ etc. Es liegen hier eigentlich zweisilbige Wurzeln vor: denn -եայ ist entstanden aus *իայ mit wurzelhaftem ի; so ist հանգեայ = *հանգի-այ, յարեայ = *յարի-այ (vgl. den Imperativ արի!). Aus Präsens *հանգի-չ-իմ ward natürlich հանգ-չ-իմ, mit *i*-Schwund[1]). Im Kilikischen schwindet jenes wurzelhafte *i* nun auch vor vokalischem Suffix, analog wie bei den Nominalstämmen auf *-i* dieses *i* vor vokalischem Flexionssuffix nach § 182 a) ausfällt. So entstehen die neuen Aoristformen: կորան *goran* III pl. Aor. Smp. Chron. 671 für cl. կորեան *կորի-ան; հանգաւ *hangav* III sg. Aor. Smp. Chron. p. 645 für cl. հանգեաւ *հանգի-աւ; փախաւ *paxav* III sg. Aor. für cl. փախեաւ *փախի-աւ Smp. Chron. p. 624, 627, 649, 670; փախան *paxan* III pl. Aor. für cl. փախեան *փախի-ան Smp. Chron. p. 667.

2) Der Aorist Indik. von տամ »gebe«. Im Classischen verschmäht der Aoriststamm von տամ »gebe«: տու- *tu-*, weil vokalisch auslautend, den den konsonantisch auslautenden

1) In dem vokalischen Auslaute des Aoriststammes dieser Verba ist auch der Grund zu suchen für die Erscheinung, dass in der alten Sprache dieselben ihr Partizip Präteriti nicht vom einfachen Verbalstamme, sondern vom Verbalstamme des entsprechenden Kausativs bilden. So wird gebildet z. B. zu Aor. այտեայ das Partizip այտուց-եալ, zu Aor. զարթեայ das Partizip զարտուց-եալ, doch wohl lediglich zur Vermeidung des Zusammenstoßes von Doppel-*e* in den Formen *այտե-եալ aus *այտի-եալ, զարթե-եալ aus *զարթի-եալ.

Stämmen regelmäßig zukommenden Flexionsvokal; indem das stammauslautende *-u* die Funktion des Flexionsvokals übernimmt, treten die Personalendungen unmittelbar an den Stamm. Im Kilikisch-Mittelarmenischen dagegen ist, wie auch in der neuen Sprache, dem Streben nach Ausgleichung und Uniformierung gemäß, das sich bereits im Mittelarmenischen so vielfach kundgiebt, die alte unregelmäßige Flexion vom Aoriststamm *տու-* aufgegeben, so dass derselbe mit Ausnahme der oben § 378 f. besprochenen III Pers. Sing. wie ein gewöhnlicher einfacher Stamm im aktiven Aorist behandelt wird und regelmäßig nach dem Stammauslaut *u* noch Flexionsvokal *i* annimmt. Bei den so entstehenden zweisilbigen Formen fällt natürlich das Augment weg, so dass die Flexion dieses Stammes sich der betr. altarmenischen Flexion folgendermaßen gegenüberstellt:

| | | Kilikisch-Mittelarmenisch: | | | Classisch-Altarmenisch: | |
|---|---|---|---|---|---|---|
| Sing. | I | *տու-ի* | *dəv-i* | I | *ե-տու* | *e-tu* |
| | II | *տու-ի-ր* | *dəv-i-r* | II | *ե-տու-ր* | *e-tu-r* |
| | III | *երետ* | *ered* | III | *ե-տ* | *e-t* |
| Plur. | I | *տու-ա-ք* | *dəv-a-ḱ* | I | *տու-աք* | *tu-aḱ* |
| | II | *տու-ի-ք* | *dəv-i-ḱ* | II | *ե-տու-ք* | *e-tu-ḱ* |
| | III | *տու-ի-ն* | *dəv-in* [1] | III | *ե-տու-ն* | *e-tu-n.* |

Belege sind: *տվի* I p. sg. Mr B *մժդ*; *տվին* III p. pl. Mr B *մժդ*, Het̔. Kor. Chron. 490; *տուին* (andere Schreibart für *տվին*) III p. pl. S.-R. Rb §§ 57, 61, 63; *տուին* ferner in Smp. Chron. p. 620, 648, 649, 655, 669, 670; auch bei Step̔. Orb. erscheint das dialektische *տուի* »habe gegeben« II 71 s. Inschriftlich finden sich belegt: *տուի* und *տվի* »ich gab« in Inschriften vom J. 1042 (Šir. 114), vom J. 1251 (Šir. 25), vom J. 1253 (Šir. 26), vom J. 1262 (Šir. 116), vom J. 1266 (Šir. 26), vom J. 1348 (Šir. 63); *տվաք* »wir gaben« vom J. 1253 (Šir. 26); *է տվել* »hat gegeben« vom J. 1228 (Šir 23); *էի տվել* »ich hatte gegeben« vom J. 1215 (Šir. 77), *էր տվել* »er hatte gegeben« vom J. 1262 (Šir. 116) u. s. w.

## 2. Imperativ des Aorist.

§ 388. Die Bildung des Imperativs ist wesentlich noch diejenige der classischen Sprache.

1) Vgl. im NWA.: tr. und ach. *dəvi*, *dəvir*, *dəvav*, *dəvinḱ*, *dəviḱ*, *dəvin* (Aid. II 67, Tom. 66) neben pol. *duva*, *duvar*, *duvav* etc. (Han. 43) nach S. 323 ff.

In der alten Sprache gilt für den **aktiven** Imperativ folgende Regel: Die II Person Pluralis des aktiven Imperativs ist gleich der entsprechenden Personalform des Indikativs, die jedoch regelmäßig das Suffix *-էք -ẹk̄* (nur in Ausnahmsfällen *-իք -ik̄*) annimmt: z. B. II pl. Imp. *սիրեցէք*, *աղացէք*, *հանէք*. Die II Person Singularis ist gleich der reinen Stammform, wenn diese einsilbig ist: so II sg. Imp. *լաց* (v. *լամ*), *կաց* (v. *կամ*), *կեաց* (v. *կեամ*), *թաց* (v. *թանամ*), *լից* (v. *լնում*), *խից* (v. *խնում*), *հան* (v. *հանեմ*), *առ* (v. *առնում*), *թող* (v. *թողում*); ist aber der Stamm, sei er einfach oder erweitert, ein mehrsilbiger, so wirft er in der II Pers. Sing. des aktiven Imperativs den auslautenden Konsonanten ab: so z. B. aus dem mehrsilbigen erweiterten Stamm: *սիրեաց-* die II p. sg. Imp. *սիրեա*, *գործեաց-* die II p. sg. Imp. *գործեա*, *աղաց-* die II p. sg. Imp. *աղա*, *լուաց-* die II p. sg. Imp. *լուա*; aus dem mehrsilbigen einfachen Stamm: *ամրացոյց-* die II p. sg. Imp. *ամրացո*[1]), *արբեցոյց-* die II p. sg. Imp. *արբեցո*, *թաքոյց-* die II p. sg. Imp. *թաքո*, *կորոյս-* die II p. sg. Imp. *կորո*, *մատոյց-* die II p. sg. Imp. *մատո*; ebenso aus mehrsilbigem Stamme *արար-* die II p. sg. Imp. *արա*, ausnahmsweise auch neben Imp. *կալ* die verkürzte Form *կա*.

Dieselbe Regel gilt auch noch für das Kilikische, wie folgende Beispiele zeigen, die sich als historische Fortsetzungen der betreffenden altarmenischen Formen darstellen: II p. pl. Imp.: *հայցեցէք* 3 23; *պատռեցէք* Rb լգ; *պատովեցէք* Rb ա; *փթեցէք* Rb լգ; *կացէք* Smp. Chron. 612; *առէք* »nehmet« Smp. Chron. 648; *այրէք* »machet« Rb իա; *բերէք* »bringet« Smp. Chron. 612; *տեսէք* »sehet« 11 24, Rb իգ, լդ. II p. sg. Imp.: *ած* »führe« B իը; *առ* »nimm« B գ, է, ժդ, խե, հբ; *գիտ* »suche« B միե, մծթ, մխա; *լից* »fülle« B իէ, լը; *հան* »nimm weg« B խթ, ծ, ծիբ, միզ; *հաս* »gelange« B իթ; *տես* »sieh« B ծզ; *բաց* »öffne« B ծհզ, մկ; *թաց* »tauche, tunke« B ծհզ, մլդ, մկը; *աղա* »mahle« B ա, դ, իը, լթ, Mx. Her. 43, 44; *ավտա* »glaube« B մկթ; *գնա* »gehe« 13 21; *լվա*, *լվայ* »wasche« A 156, 237, 259, B իէ, ծժը, ծիդ, միե, մծը, մկ, մկզ. Da die Imperativformen der **einfachen** *a*-Stämme *աղա*, *ավտա* u. s. w. formal mit der III p. sg. Präsentis zusammenfallen gewann es

1) Nach Abfall des auslautenden *ց ç* erscheint statt Diphthong *ոյ oy* bloßes *ո o*.

den Anschein als bildeten diese Themata den Imperativ vom Präsensstamme, worauf denn auch von den erweiterten *a*-Stämmen nach falscher Analogie die jüngeren vom Präsensstamm gebildeten Formen aufkamen: *բանա* »öffne« A 304; *լուանա* »wasche« A 260, 304, B մխդ, մկղ u. s. w. — Von altererbten Formen seien noch erwähnt: *արա* »mache« zu *առնեմ* 25 12, L 179 4, Mx. Her. 44, B ա, է, ը, ժթ, ճդ, ճխթ, մկբ, մկզ; *կալ* »halte« zu *ունիմ* B մխզ, Rb ճժբ; *կեր* »iss« zu *ուտեմ*. Erhalten haben sich ferner zu den Verben *դնեմ*, *տանիմ*, *տամ* die Imperativformen *դիր*, *տար*, *տուր*, die einzigen aktiven Imperative, die das Personalsuffix *r* der II Person Singularis Präsentis annehmen: *դիր* B ծա, ծե, ծզ, ծէ, ճծ, ճկե; *տար* B լթ, ճձե, ճձզ; *տուր* B է, ժբ, ժդ, Mx. Her. 44, 150. Dagegen ist der altarmenische analog gebildete Imperativ *լուր* II p. sg. zu *լսեմ* »höre« aufgegeben und durch einen neuen, regelmäßig vom mittelarm. Aoriststamm *լսեց-* gebildeten ersetzt: II p. sg. imp. *լսէ*, II p. pl. imp. *լսեցէք* Ners. Šnorh. Eleg. Ed. (Dulaur.) 227. Verdrängt ist auch der alte Imperativ *գիտեա* (von Stamm **գիտեաց-*) zu *գիտեմ* »ich weiß« durch die vom Stamme *գիտաց-*[1]) gebildete Form *գիտացիր* II p. sg. L 178 6. 20, 185 7; *գիտացիք* II p. pl. L 186 2, Rb հբ, ճհ, Smp. Chron. 678.

§ 389. Rein phonetische Umgestaltung der altarm. aktiven Imperativform der II Pers. Sing. liegt vor in folgenden zwei Fällen:

1) Beim Kausativum. Wie schon erwähnt lautet dieselbe im Kilikischen noch auf *-ո* oder *-ոյ* aus. Die lautliche Gleichheit der classischen und der kilikischen Form ist jedoch nur eine äußerliche, graphische, da altes *ո o* im Kilikischen nach Lautl. § 7 sich stark nach *u* hin differenziert hat. Auch erscheint geradezu, neben der Form auf *-ո*, bereits die Form mit *-ու*, so dass in diesem Falle der im Neuarm. allgemeine Lautwandel von classischem *ո o* zu *ու u* schon im Kilikischen vorliegt. Belege: *եղկցոյ* »lass lauwarm werden« B խ; *եռցոյ* »siede« B ծէ, ճա, ճժթ, ճկթ, ճձե, ճղզ, մ, մդ, մլը, մծա; *թանձրցոյ* »verdichte« B ծա, ճզ; *կաթեցոյ* »tröpfele« B ճժթ, ճղդ,

1) *գիտաց-* gehört eigentlich zu *գիտանամ* Aor. *գիտացայ*, das bereits altarmenisch, nach Wb als Vulgärform für *գիտեմ* vorkommt.

ճղե; տաքցոյ »wärme« B ճկզ; ցամքցոյ »trockne« B ճբ, ճե; մտոյ »lass eingehen« B մլբ, մծբ, մկթ; յերո »erhebe« A 137, 239; վերոյ »erhebe« B ճձա. Daneben: իջու »lass hinabkommen« L 179 3; կակղցու »erweiche« B ե; հովցու »erkälte, kühle ab« B ճա; ջողցու »wärme« B ճլզ, ճկզ; չորցու »trockne« B զ, է, ը, ժզ, ժե, ժզ, իբ, իզ.

Dieselbe Form finden wir noch teilweise im Modernwestarmenischen, z. B. im Ach.: II sg. Imp. *nəsdẹçu* (= cl. նստեցո), II pl. Imp. *nəsdẹçuçẹkʿ* (= cl. նստեցուցէք). Die gewöhnliche neuwestarmenische Form der betreffenden II Pers. Sing. Imp. lautet indes auf *-ur* aus; z. B. tr. *ləmənçur* zu Indikativ *ləmənçuçi* (Aid. II p. 90). Sie repräsentiert eine jüngere Sprachstufe und ist entstanden dadurch, dass die ältere Form auf *-u*, die den apokopierten Aoriststamm darstellt, noch obendrein das Personalsuffix der II Person, nämlich *r*, annahm [1]).

1) Einem noch jüngeren Sprachstadium gehört im Ostarmenischen (Dialekt von Tiflis, östl. Schriftspr. etc.) die betreffende Imperativform und überhaupt der Aorist des Kausativs an. Hier bildete einst das Kausativ ebenfalls den Imperativ auf -ուր *-ur*. Diese Imperativform auf *-ur* wurde nun in der Folgezeit, ganz analog wie Imperativ դիր (cf. § 371) zur Stammform des Indikativs Aoristi, an welche die Flexionssuffixe antraten (vgl. Palas. S. 79). So z. B. entwickelte sich aus Imperativ հագցուր *hagçur* (v. հագցընեմ) der ostarmenische Indikativ Aoristi:

| | | | | | |
|---|---|---|---|---|---|
| հագցրի | *hagçri* | aus | *հագցուր-ի | = | *հագուց-ուր-ի |
| հագցրիր | *hagçrir* | aus | *հագցուր-իր | = | *հագուց-ուր-իր |
| հագցրեց (հագցրուց) | *hagçrʻeç* | aus | *հագցուր-եց | = | *հագուց-ուր-եց |
| հագցրինք | *hagçrinkʿ* | aus | *հագցուր-ինք | = | *հագուց-ուր-ինք |
| հագցրիք | *hagçrikʿ* | aus | *հագցուր-իք | = | *հագուց-ուր-իք |
| հագցրին | *hagçrin* | aus | *հագցուր-ին | = | *հագուց-ուր-ին |

Dagegen hat das auf älterer Sprachstufe stehen gebliebene Neuwestarmenische allgemein: հագուց-ի, հագուց-իր, հագուց, հագուց-ինք, հագուց-իք, հագուց-ին. — Die Folge jener ostarmenischen Umwälzung war, dass die Imperativform auf -ուր *-ur*, welche somit zur Stammform des Aorist geworden war, so dass das bereits vorhandene Personalsuffix ր *r* nicht mehr als solches erkannt und für stammhaft gehalten wurde, nun eine neue Personalendung erhielt, bestehend in Suffix -ու *-u*; dieses geht zurück auf das auslautende, stammhafte *u* des älteren mittel- und neuarm. Kausativimperativs, welches scheinbar als Personalendung gelten konnte, und als solche wirklich auf den vorliegenden Fall übertragen wurde; so entstand als jüngste Form die II p. sg. Imp. հագցրու *hagçru* = *հագցուր-ու *հագուց-ուր-ու, ebenso կարդացրու *kardaçru* zu Ind. կարդացրի, մեծացրու *mecaçru* zu Ind. մեծացրի etc.

Die in Mechithar Heraçi's Medizinalwerk vorkommenden Kausativimperative auf *-ուր -ur*: *կերցուր* p. 41, 46, *հովացուր* p. 23, 24, *յաւելցուր* p. 41, 43, *ցամաքեցուր* p. 41 sind nicht ursprünglich, sondern erst in neuarmenischer Zeit durch zweite Hand in den Text gekommen, wie schon die daneben bei Mech. häufiger stehenden älteren Formen auf *-ո*: *եռցո* p. 44, *լմնցո* p. 61, *պատրաստեցո* p. 99, *մնո* p. 17 etc. beweisen.

2) Bei der II Pers. Sing. Imperativi der einfachen *e*-Stämme, deren älteres *-եա -ea* nach Lautl. § 81 zu *-է -ē* werden musste. Die so entstandene neue mittelarmenische (und neuarmenische) Imperativform auf *-է -ē* findet sich belegt: in Ass. Ant.: *վճարէ* »bezahle« 41 5, *թափէ* »löse« 75 10; in Geoponica: *բանէ* »verrichte« 34, *լեսէ* »zerstoße« 150, *նայէ* »blicke« 195, *պահէ* »bewahre« 99; in Mr B: *աճռէ* »zermalme« Խ, Կդ; *այրէ* »verbrenne« ՃՀզ, Միզ; *աւծնէ*, *օծնէ* »salbe, schmiere« Հ, Ճր, Մթ; *եփէ* »koche« Լժ, Խ, Խէ; *զինէ* »schlachte« Մկ; *թրջէ* »weiche ein« Ժր, Իա, Լէ; *լուսէ* »zerstoße« Ժ, Իր, ՃՀ, ՃՀե, ՃՀզ, ՃՀթ, ՃՃթ, ՃՂղ, ՃՂժ, Մդ, Մե, ՄՀ; *խառնէ* »mische« Ժդ, Իէ, Իր, Խզ, Լթ, ՃՀե; *ծածկէ* »bedecke« Խր; *ծեծէ* »schlage« Ժա, Ժր, Ժդ, Իէ, Խժ, Հ, Մժ; *կեղեւէ* »schäle« Խժ; *կշռէ* »wiege« Լէ; *կոտրէ* »breche« Ճդ; *կտրէ* »schneide« Խժ, Կդ; *ձգէ* »entlasse« Կդ, Ճդ; *մաղէ* »siebe« Ժա, Ժր, Իէ, Իր, Հ, ՃՀ, ՃՃժ; *մանրէ* »verkleinere« Խզ, Խէ, Կդ; *շաղղէ* »knete« Ժ, Ժա, Ժր, Ժդ, Խզ, Խէ; *շինէ* »verfertige, bereite« Ժր, Ժր; *պահէ* »bewahre auf« Լժ, Խ, ՃԺէ; *պարզէ* »seihe« Լր, Լժ; *սրբէ* »säubere« Հ; *վառէ* »zünde an« Ճդ; *վարէ* »beseitige« ՃԿր; *տրորէ* »rühre ein« Լժ, Խէ; *ցանէ* »streue« Ձա, ՃՀ; *քամէ* »seihe, filtriere« Խ, Խէ, ՃԺէ; *քերէ* »schabe« Հ; auch schon bei Mx. Her. *աղընձէ* (= cl. *աղանձեա*) p. 150, *աճռէ* (= cl. *աճռեա*) 149, *բժշկէ* (= cl. *բժշկեա*) 15, *ընկէ* (= cl. *ընկեա*) 126, *խառնէ* (= cl. *խառնեա*) 9, 149, *մաղէ* (= cl. *մաղեա*) 44, *շաղէ*,

---

Demnach ist der geschichtliche Entwickelungsgang der II Pers. Sing. Imp. des Kausativs stufenweise folgender:

| | |
|---|---|
| Altarmenisch (Classisch): | *մեծացո* |
| Mittelarmenisch (Kilikisch): | *մեծացու* |
| Neuwestarmenisch: | *մեծացուր* = *մեծացու-ր* |
| Neuostarmenisch: | *մեծացրու* = *մեծացու-ր-ու*. |

շաղվէ (= cl. շաղեա) 72, 74, պահէ (= cl. պահեա) 71, օծնէ (= cl. օծնեա) 10 u. s. w.

Anm. Die nach § 388 eigentlich auf den apokopierten Aoriststamm -եաց *-eaç* zurückgehende II Sing. Imp. auf -է *-ē* ist scheinbar vom Präsensstamm gebildet, was den Anstoß gab zur Bildung derartiger Imperative vom wirklichen Präsensstamm. So Geop. p. 32 3: դնէ *tnē* II Sing. Imp. vom Präsensstamm gebildet für älteres դիր cl. *dir*, kl. *tir* II Sing. Imp. Aor.[1]).

§ 390. Der Imperativ des sogenannten passiven Aorist gestaltet sich im Classischen folgendermaßen: Die II Person Singularis ist a) beim zusammengesetzten Aorist auf -եցայ *-eçay* gleich der Stammform auf -եաց *-eaç*; b) in allen übrigen Fällen gleich dem um Flexionssuffix -իր *-ir* vermehrten Stamme. Die II Person Pluralis = Stammform + Suffix -արուք *-aruḱ*. — Im Kilikischen dagegen ist für die II Person Singularis die Endung -իր *-ir* verallgemeinert worden: die classische Form auf -եաց *-eaç* ward durch die bereits in spätclassischer Zeit auftauchende Form auf -իր *-ir* verdrängt. In der II Person Pluralis ist analog für die alte Form auf -արուք *-aruḱ* die Form auf -այք *-aiḱ* eingetreten, welche bereits im Spätclassischen auftritt. Belege sind nur spärlich und mangelhaft vorhanden: երդուիր *ertvir* II p. sg. 25 24, ուսիր *usir* II p. sg. Rb ժա. Dennoch ist mit Sicherheit fürs Kilikische anzusetzen: II p. sg. -իր *-ir* (cl. -եաց, -իր), II p. pl. -այք *-aiḱ* (cl. -արուք)[2]).

---

1) Im Neuarmenischen (Tr., westliche und östliche Litteratursprache etc.) hat sich die mittelarmenische Imperativform auf -է *-ē* weiter ausgedehnt, indem sie nicht nur die alte Imperativform auf -եա *-ea* vertritt, sondern außerdem noch bei den *i*-Stämmen die ursprüngliche Imperativform (cl. -եաց *-eaç*, kl. -եցիր *-eçir*) verdrängt hat. So z. B. tr. ապրիմ mit Imp. Aor. II sg. ապրէ (cl. ապրեաց, kl. ապրեցիր), խօսիմ mit Imp. Aor. II sg. խօսէ (cl. խօսեաց, kl. խօսեցիր); ebenso z. B. pass. լսուիմ mit Imp. Aor. լսուէ, հանուիմ mit Imp. Aor. հանուէ (Aid. II p. 57 ff., Palas. p. 80 ff.). Erwähnt seien auch die tr. Imperative ըսէ *əsē* (pl. ըսէք), ըրէ *ərē* (pl. ըրէք) für cl. und kl. ասա, արա. In allen diesen speziell neuarmenischen Fällen ist die II sg. auf -է erst nachträglich aus der II pl. auf -էք, -եցէք abstrahiert worden.

2) Im Neuarmenischen ist die Form -այք der II Plur. Imper. geschwunden, und Suffix -էք *-eḱ* des aktiven Imperativs auch auf den passiven Imperativ ausgedehnt; die *a*-Form hatte mit dem Aufkommen des neuen *u*-Passivs ihre Bedeutung verloren und sie musste um so eher in der II Plur. Imperativi von der aktiven *ē*-Form verdrängt werden, als ihr

Anm. Zu den § 381 besprochenen jüngeren spez. kilikischen *a*-Aoristen bleiben bezeichnenderweise die ursprünglichen aktiven Imperativformen weiter bestehen; unabhängig und unbeeinflusst von Indikativen wie գտայ, իջայ, տեսայ leben noch fort die Imperativformen գիտ, գտէք, տես, տեսէք u. s. w. Belege siehe § 388.

§ 391. Nachdem mit dem Untergange des auch als Imperativ Aoristi funktionierenden Futurs, das formal den Konjunktiv Aoristi darstellte (vgl. oben § 359), die Sprache zugleich den besonderen Ausdruck für die III Person des Imperativs eingebüßt hatte, trat dafür die III Person des Konjunktiv Präsentis verbunden mit թող *t̔oγ* ein. Diese ganz dem russischen пусть, пускай + Präsens entsprechende mittels թող zusammengesetzte Imperativform, die noch dem NA. ganz geläufig ist[1]), findet sich als mittelarmenisch belegt z. B. in Ass. Ant.: թող հայնց այնէ »er thue so« 13 21; զզինն ի հետն թող բերէ

Zusammenfallen mit der II Pers. Plur. des Indikativs Zweideutigkeit verursachte: das im NA. aus dem Indikativ Aoristi verdrängte Suffix *-ēk̔* der II Pl. ist zum Ersatz im Imperativ allgemein geworden. Nachdem so der passive Imperativ Aoristi sich im Plural dem aktiven angeglichen hatte in der gemeinsamen Form auf -էք *-ēk̔*, musste dem in der neuen Sprache waltenden Uniformierungsprinzip gemäß auch der Singular sich dem aktiven Singular anzugleichen streben, zumal letzterer bei der überwiegenden Mehrzahl der Verba herrschend war: da nun die aktive Form sing. regelmäßig auf -է *-ē* resp. -ա *-a*, also vokalisch ausgeht, gestaltet sich die passive Form sing. auch zur vokalisch auslautenden um: Suffix -իր *-ir* wird zu -ի *-i* gekürzt (nur die am älteren Zustande festhaltende Schriftsprache bewahrt das volle Suffix -իր *-ir*); z. B. im Ach. (Tom. p. 69 ff.): II p. sg. Imp. *paxi* = cl. *paxir*, *koxçi* = cl. *golaçir*; im Ag. (S. Sarg. p. 119 f.): *məřa-h-i* = cl. *mořa-ç-ir*, *hivanda-h-i* = cl. *hivanda-ç-ir*, *t̔la-h-i* = cl. *t̔ula-ç-ir* etc. Ferner sind auf ähnliche Weise aus der älteren II p. sg. Imp. auf *-r* gekürzt die neuarmen. Formen: *ge* (neben *ger*) aus älterem կեր zu ուտեմ; *pe* (neben *per*) aus բեր zu բերեմ; *du* (neben *dur*) aus տուր zu տամ.

Auf analoge Weise ist endlich im Neuarmenischen die Singularform des alt- und mittelarmenischen negativen Imperativs auf *-r* um das auslautende *-r* gekürzt und so der entsprechenden Form des positiven Imperativs angeglichen worden. Z. B. im Ach. (Tom. p. 79): II p. sg. *mi marē*, pl. *mik̔ marē*, *mi xosi*, pl. *mik̔ xosi*; im Tf. (Petermann Abh. d. Ak. d. Wiss. zu Berlin 1866 p. 83): II p. sg. մի կրի *mi gri*, մի մնա *mi mna*; im Ag. (S. Sarg. 121): II p. sg. կապի մա՛, pl. կապի մա՛ք (մէք), նահի մա՛, pl. նահի մա՛ք etc.

1) Vgl. für Pol. Han. pp. 119—120, für Tr. Aid. II § 268.

»den Preis bringe er mit sich« 69 18; *թող ամէն մարդ հայնց ունենայ զիր վճարն* »so bekomme jedermann seine Zahlung« 41 9. 10; *թող հանչաք համբերէ ոք իր խամին* »man gebe seinem Gegner so lange Frist« 33 16. 17; *թող բերեն այլ անսիգվլորքն զիրենց սիգեղնին* »die übrigen Assignatinhaber sollen ihre Scheine bringen« 41 9. 10; ebenso: *թող ծախվորեն* »sie sollen ausgeben« Rb *հբ*; *թող փնդռեն* »sie sollen suchen« Rb *ճիա*; *թող գիտենան* »sie sollen wissen« Rb *խգ*; *թող ունենայ* »er soll haben« Geop. 60; *թող կենայ* »er soll bleiben« Geop. 114 u. s. w.

§ 392. Außerdem findet sich jedoch für die III Person Sing. Imper. Aor. die Form der II Person Sing. Imper. Aor. verwendet, abweichend vom Classischen, in folgenden Fällen: Ass. Ant. 43 9: *նա թէ գայ 'ի յօրն ու պացխուն այնէ, նա լեր բարի* »wenn er nun auf den Termin erscheint und sich verantwortet, so soll es gut sein«; Dipl. v. Levon V L. 185 20: *եղիր քեզ համանք* »es sei dir Befehl«; Dipl. v. Ošin L 178 15: *եղիրս քեզ համանք* »dies sei dir Befehl«. Über *եղիրս* an letzterer Stelle sagt irrtümlich Dulaurier (Recueil des Historiens des Croisades, Tome I p. 756): »Ce mot, qui diffère sensiblement du dialecte vulgaire moderne, est la troisième pers. sing. du futur du verbe substantif *եղանել* ou *եղանիլ*, être; en armenien littéral *եղիցի*«. Vielmehr ist *եղիրս* = *եղիր* + enklit. Pronominalsuffix *ս s*. Vermutungsweise lässt sich sagen: aus Fällen wie II sg. Imperativi *պահէ*, *վճարէ*, *թափէ* (= cl. *պահեա*, *վճարեա*, *թափեա*) neben III sg. Imperativi *պահէ*, *վճարէ*, *թափէ* (= III Pers. sg. Konj. Präs. nach § 391) mochte es den Anschein gewinnen, als gelte die II Person Imperativi auch zum Ausdruck der III Person Imperativi. So wären denn auch in den übrigen Fällen nach falscher Analogie die entsprechenden zweiten Personen Imperativi fur die dritten in Gebrauch gekommen, und z. B. obiges *լեր ler*, ursprünglich II Pers. sg. des Imperativs, auch auf die III Person, und *եղիր eγir*, ursprünglich II Person sg. des Imperativs, ebenfalls auch auf die III Person verallgemeinert worden.

---

Die verschiedenen Gestaltungen und Variationen des Aorists je nach Stammbildung und Flexion mögen die folgenden Aorist-Tabellen veranschaulichen. In denselben sind die im Vorhergehenden im Anschluss an die altarmenische Grammatik beibehaltenen Ausdrücke »aktiver« und »passiver Aorist« durch die bezeichnenderen, jede Zweideutigkeit ausschließenden Benennungen: *i*-Aorist bezw. *a*-Aorist ersetzt.

# Aorist-Tabellen.

## I. Übersichtstabelle.

| | Einfacher Aorist (Aor. II). | | | Zusammengesetzter Aorist (Aor. I). | | |
|---|---|---|---|---|---|---|
| *i*-Aorist | akt. թող -ի | »ich ließ« | Präs. թողում | լոսեց -ի | »ich zermalmte« | Präs. լոսեմ. |
| | pass. թողվ-այ | »ich wurde gelassen« | | լոսվեց -այ | »ich wurde zermalmt« | |
| *a*-Aorist | akt. գտ -այ | »ich fand« | Präs. գտնում | այրեց -այ | »ich brannte« (intrans.) | Präs. այրեմ. |
| | pass. գտվ -այ | »ich wurde gefunden« | | այրվեց-այ | »ich wurde gebrannt« | |

## II. Flexionstabelle.

| | *i*-Aorist: Einfacher Aorist | | *i*-Aorist: Zusammengesetzter Aorist | | | *a*-Aorist | |
|---|---|---|---|---|---|---|---|
| Ind.: | թող-ի | *ṫoγ-i* | լոսեց-ի | *loseç -i* | Ind.: | գտ-այ | *kəd-a* |
| | թող-իր | *ṫoγ-ir* | լոսեց-{եր / իր} | *loseç* -{*er* / *ir*} | | գտ-ար | *kəd-ar* |
| | ե-թող | *e-ṫoγ* | լոսեց | *los^i eç* | | գտ-աւ | *kəd-av* |
| | թող-աք | *ṫoγ-ak̄* | լոսեց-աք | *loseç-ak̄* | | գտ-աք | *kəd-ak̄* |
| | թող-իք | *ṫoγ-ik̄* | լոսեց-իք | *loseç-ik̄* | | գտ-այք | *kəd-aik̄* (*-ak̄*) |
| | թող-ին | *ṫoγ-in* | լոսեց-ին | *loseç-in.* | | գտ-ան | *kəd-an.* |
| Imp.: sg. | թող | *ṫoγ* | լոսէ | *lose̱* | Imp.: sg. | գիտ | *kid* cf. *us-ir* |
| pl. | թող-էք | *ṫoγ-e̱k̄.* | լոսեց-էք | *loseç -e̱k̄.* | pl. | գտ-էք | *kəd-e̱k̄* cf. *us-aik̄* (*-ak̄*). |

# Kap. IV. Verbalnomina.

## I. Infinitiv.

§ 393. Die Präsensstämme auf *-e*, *-a*, *-u* haben ihren alten Infinitiv bewahrt. Beispiele:

a) von *e*-Stämmen die Infinitive: *ասել* 23 8, 47 26, *գիտել* 9 5. 6, *գրաւկնել* 71 11, 77 18, *ծախել* 47 23, 73 11. 18, L. 155 12, *կարգել* 21 21, *ճանչել* 25 16, 81 15, *ուզել* 17 14, 19 16, 23 5, 25 8, *պահընջել* L 158 10, *վճարել* 81 18, *դարձընել* 79 3. 4, 81 16, *իջցնել* L 186 6, *կեցցընել* 23 11. 12, 31 10, 61 7, 67 14, *ըլայթել* 19 21, *մունետկել* 75 14, *ջալընջել* 19 21, 23 17. 18. 24, 69 18 etc.

b) von *a*-Stämmen die Infinitive: *ամընալ* 23 20, *աւտալ* 73 8, *դալ* 23 8. 17. 20, *տալ* 9 9, 11 17, 21 1, 49 19, 53 6 etc.

c) von *u*-Stämmen die Infinitive: *առնուլ* 11 14. 16, 23 17. 20, 29 4, 69 17, *երդնուլ* 11 2, 73 9, *թողուլ* 41 18, *տեսնուլ* 15 25 etc.

Infinitiv der *i*-Themata. — Als in der classischen Hochsprache nach Verdrängung der III Person sg. Impf. auf *-iur* durch die jüngere Analogiebildung auf *-er* (vgl. oben § 366) die Imperfektformen der *i*-Stämme äußerlich ganz mit denen der *e*-Stämme zusammengefallen waren, war es naturgemäß, dass auch der ursprüngliche Infinitiv auf *-il* der *i*-Stämme unter der Wirkung des Analogieprinzips von dem *el*-Infinitiv der *e*-Stämme verdrängt und ersetzt werden musste, um so mehr als zu der Form *-il* die obliquen Kasus *-eloy*, *-elov* mit *e* gehörten: die streng classische Litteratursprache erkannte demnach den *i*-Stämmen nur einen Infinitiv auf *-el* zu. Dass jedoch in Wirklichkeit in der lebenden Volkssprache des Altarmenischen die ursprüngliche Form auf *-il* noch nicht völlig untergegangen war, das verraten die bei bestimmten alten Autoren mit nicht streng classischer, mehr vulgärsprachlicher Diktion noch vereinzelt und versprengt zugelassenen *il*-Formen. An eine ältere Überlieferung und noch in der Volkssprache vorhandene Unterströmung knüpft offenbar das Kilikische an in der Infinitivbildung der *i*-Stämme: die Passivstämme auf *-vi* haben im Kilikischen ausschließlich den Infinitiv auf *-il*. Z. B.: Inf. *պսակուիլ* (zu pr. *պսակուիմ*) 55 4; *վճարուիլ*, *վճարվիլ* (zu pr. *վճարուիմ*) 71 12, 81 21; *պահուիլ* (zu pr. *պահուիմ*) Rb ճհ;

*ուտվիլ* (zu pr. *ուտվիմ*) Geop. 120; *ցանուիլ* (zu pr. *ցանուիմ*) Geop. 66. Ebenfalls erscheinen von eigentlichen *i*-Stämmen die Infinitive auf *-իլ -il*: *դատաստանիլ* (pr. *դատաստանիմ*) 23 5, 25 27, 59 11; *Հագնիլ* (pr. *Հագնիմ*) 73 17; *փօշամնիլ* (pr. *փօշամնիմ*) 83 26; *ապրիլ* (pr. *ապրիմ*) Rb ՃՀ; *դատիլ* (pr. *դատիմ*) Rb ՃԼԵ; *Հաշտիլ* (pr. *Հաշտիմ*) Rb ՃՀ; *այրիլ* (pr. *այրիմ*) Mx. Her. 119 etc. Zwar findet sich daneben noch (namentlich in Ass. Ant.) die classische Form auf *-ել -el*: z. B. *ապրել* (pr. *ապրիմ*) 9 8; *դատաստանել* (pr. *դատաստանիմ*) 27 14, 61 11, 67 15; *ծնանել* (pr. *ծնանիմ*) 19 23; *կուլել* (pr. *կուլիմ*) 33 8. 12, 59 34; *մեռնել* (pr. *մեռնիմ*) 9 8; *ունել* (pr. *ունիմ*) 19 24; *լինել* (pr. *լինիմ*) 9 7; da jedoch die Form auf *-ել -el* sich bezeichnenderweise bei solchen Stämmen vorfindet, die wesentlich unverändert aus der alten Sprache überkommen sind, während andrerseits die Form auf *-իլ -il* sich vorzugsweise bei lautlich veränderten und von den betreffenden classischen abweichenden Präsensstämmen, sowie bei dem spez. mittelarmenischen Passivstamm auf *-vi* vorfindet, ist entschieden der Infinitiv auf *-իլ -il* als der echtkilikische und volkstümlichere anzusetzen. Zur völligen Verdrängung der Form auf *-ել -el* bei den gewöhnlichen *i*-Themen, bei denen sie noch zugelassen sein mochte, war entscheidend die Analogiewirkung der Passivstämme, da, wie oben bemerkt, sämtliche Passivstämme auf *-vi* prinzipiell auch in der Schriftsprache nur die *il*-Form bildeten.

## II. Partizipia.

### 1. Partizipium auf *-օղ* (*-աւղ*) *-ǫγ*.

§ 394. Als uneigentliches Partizip mit mehr nominaler als verbaler Natur hat sich im Kilikischen erhalten, das auch noch im NA. fortlebende[1]) alte Verbalnomen auf *-ող -oł* = kilikisch *-օղ* (*-աւղ*) *-ǫγ* (vgl. Lautl. § 71 Anm.). Hinsichtlich der Bildung hat sich in den meisten Fällen die alte Norm erhalten; so z. B. *գնօղ* (*-աւղ*) 81 16, 83 9, 85 6, 73 13, 69 17, Rb ԾԴ, ՃԺ, ՃՀԱ; *գրաւկնօղ* (*-աւղ*) 71 21, 75 27, 79 6; *գրաւղ* Rb ԼԴ; *լսաւղ* Rb ԽԳ; *գրկօղ* (*-աւղ*) 29 11, 57 28, 59 5; *ծախօղ* (*-աւղ*) 65 4, 83 9, Rb ՃԳ; *ծեծօղ* (*-աւղ*) 61 1. 20; *կարաւղ* Rb Ա, ԾԱ, Կ, ՂԴ, ՃԳ; *կորսնօղ* (*-աւղ*) 63 16, Rb ՃԱ; *Հիլայօղ* (*-աւղ*) 33 16, 35 5. 25. 30;

1) Z. B. im Tf. (Petermann Abh. d. Akad. d. Wiss. zu Berl. 1866 p. 81), Ag. (S. Sarg. p. 105 ff.), Ach. (Tom. Dial. v Ach. p. 66) u. s. w.

շահաւղ Rb ճա; ուզօղ (-աւղ) 23 11. 14. 15, 63 19, 69 8; ուսցնաւղ Rb ճլե; ջայլընջօղ (-աւղ) 69 4; քշտօղ (-աւղ) 31 6. 12, 59 38, Rb ճե, ճլ; սնցնաւղ Rb ղէ; դատըստնօղ (-աւղ) 59 39, 61 7. 8. 12. 18. 22, 63 5. 7, 67 13. 14; ունօղ (-աւղ) 23 18, 63 14. 11. 12, 77 12, Rb ճբ; գնացօղ (-աւղ) Rb ճլբ; արբեցաւղ Rb լգ; հոգցօղ (-աւղ) = cl. հոգացող 41 17; տըւաւղ Rb կզ. Teilweise jedoch weicht die Bildung dieses Verbalnomens vom Classischen ab und nähert sich schon dem in der neuarmenischen Schriftsprache geltenden Schematismus, wonach sämtliche Verba mit Ausnahme der *a*-Stämme das Suffix *-ǫγ* an den Präsensstamm setzen, die *a*-Stämme dagegen an den Aoriststamm[1]). So kl. այնող (-աւղ) 57 10. 21, 61 14 für cl. արարող (vereinzelt անող), na. ընօղ; kl. գտնօղ (-աւղ) 63 16. 22 für cl. գտող, na. գտնօղ; kl. սպաննօղ (-աւղ) Rb ժա, իը, իթ, հբ, ճլ für cl. սպանող, na. սպաննօղ; kl. առնօղ (-աւղ) Rb կզ für cl. առող, na. առնօղ. Merkwürdig ist die in Ass. Ant. 9 13 belegte Form հասկնօղաց, Gen. plur. von հասկնօղ, gebildet von dem Präsensstamm, abweichend sowohl von aa. հասկացող als von na. հասկըցօղ.

### 2. Partizipium Futuri (Gerundiv).

§ 395. An Partizipien auf -լի finden sich belegt: ընդունելի »annehmbar, gültig« 53 6, 59 36, Rb ճժգ; անթողլի »unverzeihlich« Rb խե; անբժշկելի »unheilbar« Rb ճհ. Im NA. ist dieses Nomen zum Gerundiv auf *-lik* erweitert[2]): die oben § 259 angeführten uneigentlichen Plurale auf -լիք deuten darauf hin, dass jenes neue Gerundiv schon in mittelarmenischer Zeit in Formation begriffen war; dadurch erklärt sich die Seltenheit der Bildung auf -լի im Kilikischen.

§ 396. Die aa. Bildung auf -լոց ist verdrängt und ersetzt durch ein neues Gerundiv auf -լոյ, ursprünglich Dativ singularis des Infinitivs, analog wie die untergegangene Form auf -լոց den Dativ pluralis darstellte. Schon Smpad zeigt: ուտելոյ անասուն »Tier zum essen, essbares Tier« Rb Cap. ճհ; որ քաղելու (für -ոյ) լինի »was sich ausgraben, durch Bergbau gewinnen lässt«

1) Vgl. Aid. II § 273.

2) Hierüber sowie über die andern neuarmenischen Verbalnomina vgl. Aid. II 102 und 104. Nur die Schriftsprache lässt die Form auf *-li* noch zu als Klassizismus.

Rb Cap. գ̅. In dem etwas jüngeren Mr B ist dieses Gerundiv ganz gewöhnlich; so z. B. Cap. մ̅: զհալելոյ դեղերն »die schmelzbaren Droguen«; Cap. ճ̅ձ̅ը̅: հալելոյ դեղերն »die schmelzbaren Droguen«; Cap. ճ̅ձ̅ը̅: զայլ դեղերն որ հալելոյ է եւ զայլ դեղերն որ աղալոյ է »die übrigen Medikamente, sowohl die schmelzbaren als die mahlbaren; Cap. ճ̅ը̅: զհալելոյն հալէ »die schmelzbaren (scil. ‚Droguen') schmelze«; Cap. ճ̅ծ̅: յայս դեղերոյս՝ զոր հալելոյն է՝ հալէ »von diesen Droguen schmelze die schmelzbaren«; Cap. ճ̅ղ̅ե̅: զայն խիժերն՝ որ չէ լոսելոյ »diejenigen Harze die nicht pulverisierbar sind«; Cap. մ̅: ի վերոյ գրեալ դեղերոյս զլոսելոյն լոսէ »von den oben erwähnten Droguen zerstoße die zu zerstoßenden«; Cap. ճ̅ի̅ե̅: զլոսելոյն (scil. դեղերոյն) »die zu zerstoßenden«; Cap. ճ̅ղ̅: ի խիժերոյն՝ որ չեն ծեծելոյ՝ դուն ի ներս լից »von den Harzen schütte diejenigen hinein, die sich nicht zerstoßen lassen«; Cap. մ̅ի̅ա̅: զոր հեշտն է ճանչելոյ՝ մենք այժմ գրեցաք »was angenehm zu erkennen ist, haben wir nun geschrieben«. In Mr A p. 115: զաղաղոյն ի դեղերոյս աղա »die mahlbaren unter den Medikamenten mahle«; p. 116: զաղալոյն աղա »mahle die mahlbaren«. Die Beispiele zeigen, dass seiner Natur gemäß dieses Gerundiv sowenig wie das aa. auf *-լոց* deklinierbar ist. Im Neuarmenischen setzt es sich fort als Gerundiv auf *-lu*, worüber Näheres bei Aidynian II 102 ff.

### 3. Partizipium Präteriti.

§ 397. **Partizip auf -ել -ʲel.** — Das altarmenische Partizipium präteriti auf *-եալ -eal* ist lautgesetzlich (nach Lautl. § 79 c) zum Partizip auf *-ել -ʲel* geworden. Es wird in dieser neuen, mittelarmenischen Lautform von sämtlichen Verben, auch von dem neuen *u*-Passiv gebildet und stimmt in der Bildung mit der classischen Grundform dahin überein, dass regelmäßig die Verba mit einfachem Aorist das *ʲel*-Partizip vom einfachen Aoriststamm bilden, die Verba mit zusammengesetztem Aorist vom zusammengesetzten Aoriststamm; die *e*- und *i*-Stämme jedoch mit zusammengesetztem Aoriststamm auf *-եց* bilden es nicht von letzterem sondern von der Wurzel d. i. dem Verbalstamm. Dazu folgende Belege:

§ 398. a) Von Verben mit zusammengesetztem Aoriststamm auf *-եց*: *անուանել*[1]) *anvan$^{i}$el* (= cl. *անուանեալ*) v. *անուանեմ*; *գնել*[2]) *k̄n$^{i}$el* (= cl. *գնեալ*) v. *գնեմ*; *գոզել*[3]) *koz$^{i}$el* (= cl. *գոզեալ*) v. *գոզեմ*; *գրաւկնել*[4]) *kravgn$^{i}$el* (= cl. *գրաւականեալ*) v. *գրաւկնեմ*; *գրել*[5]) *kr$^{i}$el* (= cl. *գրեալ*) v. *գրեմ*; *զատել*[6]) *zad$^{i}$el* (= cl. *զատեալ*) v. *զատեմ*; *ընծայել*[7]) *ənjay$^{i}$el* (= cl. *ընծայեալ*) v. *ընծայեմ*; *թափել*[8]) *t̄ap$^{i}$el* (= cl. *թափեալ*) v. *թափեմ*; *ժողվել*[9]) *žoγv$^{i}$el* (= cl. *ժողովեալ*) v. *ժողվեմ*; *խաբել*[10]) *xap$^{i}$el* (= cl. *խաբեալ*) v. *խաբեմ*; *խլել*[11]) *xl$^{i}$el* (= cl. *խլեալ*) v. *խլեմ*; *խնայել*[12]) *xnay$^{i}$el* (= cl. *խնայեալ*) v. *խնայեմ*; *ծախել*[13]) *jax$^{i}$el* (= cl. *ծախեալ*) v. *ծախեմ*; *ծեծել*[14]) *jej$^{i}$el* (= cl. *ծեծեալ*) v. *ծեծեմ*; *կապել*[15]) *gab$^{i}$el* (= cl. *կապեալ*) v. *կապեմ*; *կարգել*[16]) *gark$^{i}$el* (= cl. *կարգեալ*) v. *կարգեմ*; *կտրել*[17]) *gdr$^{i}$el* (= cl. *կտրեալ*) v. *կտրեմ*; *կցել*[18]) *gç$^{i}$el* (= cl. *կցեալ*) v. *կցեմ*; *համել*[19]) *ham$^{i}$el*

---

1) *թէ չլինայ անուանել* »wenn nicht genannt hat« 55 8. 2) *թէ գնել լինի* »wenn gekauft hat« 47 20, 49 3; (*լինի*) *գնել* »(hat) gekauft« 47 11; (*լինին*) *գնել* »(haben) gekauft« 55 25. 3) *լինի գոզել* »hat uriniert« B *միգ*. 4) *թէ լինի գրաւկնել* »wenn er gepfändet hat« 71 20; *գրաւկնել են* »sie haben gepfändet« 77 19. 5) *գրել է* »hat geschrieben« Rb *Հբ*, *ճխդ*; *գրել ենք* »wir haben geschrieben« 47 31, 55 15, A 273, Rb *Լգ*, *Լէ*, *Կգ*, *Հ*, *ճժբ*, *ճժե*, *ճլ*, *ճխ*, B *մծդ*; *ենք գրել* »wir haben geschrieben« B *ծբ*, *մժգ*, *մխա*, *մկե*, Rb *ճլդ*, *ճծբ*, *ճծգ*; *թէ գրել էի* »wenn ich geschrieben hätte« 93 8, Rb *լդ*; *գրել էր* »er hatte geschrieben« Rb *լդ*, *ճհգ*. 6) *զատել* (*է*) »(hat) befreit« 63 20; *չէ զատել* »hat nicht befreit« 63 20. 21. 7) *որ լինի ընծայել* »welche geboren hat« 55 5. 8) *որ թափել էիր* »dass du eingelöst hättest« 75 17. 9) *ժողվել է* »hat versammelt« 15 15; *ժողվել լինան* »haben versammelt« 35 15. 10) *լինի խաբել* »hat betrogen« Rb *Հբ*. 11) *խլել ես* »hast an dich gerissen« 57 19; *խլել է* »hat an sich gerissen« 57 24. 12) *է խնայել* »hat geschont« Smp. Chron. p. 650. 13) *ծախել լինի* »hat verkauft« 17 13, 63 23, 65 2; *թէ լինան ծախել* »wenn sie verkauft haben« 19 23; *ծախել է* »hat verkauft« 63 20, 65 3; *որ է ծախել* »wer verkauft hat« 65 5. 14) *ծեծել է* »hat geschlagen« 61 9. 15) *լինի կապել* »hat gebunden« B *մժբ*. 16) *թէ կարգել լինին* »wenn verheiratet haben« 49 11. 17) *որ կտրել է* »welcher abgeschnitten hat« 79 18. 18) *թէ կցել լինի* »wenn untersagt hat« 49 14. 19) *է համել* »hat geboten, befohlen« Rb *կգ*, *ճծը*, *ճկա*, *ճկգ*; *չէ համել* »hat nicht erlaubt« Rb *Հբ*; *թէ համել լինայ* »wenn erklärt hat« 13 31.

(= cl. հրամայեալ) v. համեմ; հարգեւորել[20] *hargevorʻel* (= cl. հարգեւորեալ) v. հարգեւորեմ; հրամայել[21] *hramayʻel* (= cl. հրամայեալ) v. հրամայեմ; հրաւիրել[22] *hravirʻel* (= cl. հրաւիրեալ) v. հրաւիրեմ; հաստատել[23] *hastadʻel* (= cl. հաստատեալ) v. հաստատեմ; մսխել[24] *msxʻel* (= cl. մսխեալ) v. մսխեմ; յեմել[25] *hemʻel* (= cl. յամեալ) v. յեմեմ; յիշել[26] *hišʻel* (= cl. յիշեալ) (v. յիշեմ; ներկել[27] *nergʻel* (= cl. ներկեալ) v. ներկեմ; շանցնել[28] *šançnʻel* (= cl. *շանացանեալ) v. շանցնեմ; շարժել[29] *šaržʻel* (= cl. շարժեալ) v. շարժեմ; շինել[30] *šinʻel* (= cl. շինեալ) v. շինեմ; շըպըռնել[31] *šəbəṙnʻel* (= cl. *շըպըռնեալ) v. շըպըռնեմ; պահել[32] *bahʻel* (= cl. պահեալ) v. պահեմ; պարգեւել[33] *barkevʻel* (= cl. պարգեւեալ) v. պարգեւեմ; պնդել[34] *bndʻel* (= cl. պնդեալ) v. պնդեմ; սահմանել[35] *sahmanʻel* (= cl. սահմանեալ) v. սահմանեմ; սարել[36] *sarʻel* (= cl. *սարեալ) v. սարեմ; վճարել[37] *vǰarʻel* (= cl. վճարեալ) v. վճարեմ; քամել[38] *k̆amʻel* (= cl. քամեալ)

---

20) է հարգեւորել »hat geehrt« Rb ղզ. 21) է հրամայել »hat befohlen« Rb կզ; որպէս հրամայել ենք »wie wir verordnet haben« L 158 11. 12. 22) որ չէ հրաւիրել »dass er nicht vorgeladen hat« 9 24. 23) որ է հաստատել »dass eingesetzt hat« 29 21; զոր էին գրով հաստատել »was schriftlich fixiert hatten« 3 11. 24) թէ մսխել լինի »wenn er verschleudert hat« 17 12. 25) յեմել լինի »hat geweilt« B ժէ. 26) յիշել է »hat erwähnt« B կէ; յիշել ենք »wir haben erwähnt« B ճլը, միե; յիշել են »sie haben erwähnt« B միա. 27) լինի ներկել »hat gefärbt« B միզ. 28) թէ շանցնել լինի »wenn verschleudert hat« 45 18. 29) լինի շարժել »hat bewegt« Mr B b. H. 157. 30) է շինել »hat zubereitet« B մկզ; թէ լինի շինել »wenn erworben hat« 47 30; որ լինի շինել »dass erworben hat« 47 11; թէ շինել (լինի) »wenn erworben (hat)« 49 4; լինին շինել »sie haben erworben« 55 25, Rb հ. 31) շըպըռնել (է) »(hat) gestoßen« 31 13; շըպըռնել (լինան) »(haben) gestoßen« 31 3. 32) պահել լինիս »hast aufbewahrt« B ճխդ. 33) է պարգեւել »hat geschenkt« L 185 10. 11. 19. 20; էր պարգեւել »hatte geschenkt« 3 13. 34) պնդել լինի »hat befestigt« B ճծդ; որ պնդել լինայ »der befestigt hat« Rb ճխր. 35) է սահմանել »hat bestimmt« Rb լդ, B ճձ, միե, մծե; սանմանել ենք »wir haben bestimmt« A 292; սահմանել են »sie haben bestimmt« B ճխ, մծթ; են սահմանել »sie haben bestimmt« Bb ը, իա, ճկէ. 36) սարել (լինան) »(haben sich) bereitet« 35 15. 37) վճարել լինի »hat bezahlt« 77 2, 81 22. 38) քամել ես »hast geseiht« B ծե.

v. քամեմ; քշտել[39]) k̆št'ⁱel (= cl. *քշտեալ) v. քշտեմ; օժտել[40]) ǫžd'ⁱel (= cl. աւժտեալ) v. օժտեմ; օկտել[41]) ǫgdⁱel (= cl. աւկտեալ) v. օկտեմ; ադրել[42]) ǫtrⁱel (= cl. *ադրեալ) v. ադրեմ; տահրկել[43]) dahrgⁱel (= cl. *տահրկեալ) v. տահրկեմ; տըֆընդել[44]) dəfənd'ⁱel (= cl. *տըֆընդեալ) v. տըֆընդեմ; համբերել[45]) hamperⁱel (= cl. համբերեալ) v. համբերեմ; մոտել[46]) mṙdⁱel (= cl. մոտեալ) v. մոտեմ; ուզել[47]) uzⁱel (= cl. յուզեալ) v. ուզեմ; ստեզրել[48]) stezrⁱel (= cl. *ստեզրեալ) v. ստեզրեմ; բաժնել[49]) pažnⁱel (= cl. բաժանեալ) v. բաժնիմ; դատըստնել[50]) tadəstnⁱel (= cl. դատաստանեալ) v. դատըստնիմ; դիպել[51]) tibⁱel (= cl. դիպեալ) v. դիպիմ; եփել[52]) ep̔ⁱel (= cl. եփեալ) v. եփիմ; թափել[53]) t̔ap̔ⁱel (= cl. թափեալ) v. թափիմ; խառնել[54]) xaṙnⁱel (= cl. խառնեալ) v. խառնիմ; խօսել[55]) xǫsⁱel (= cl. խաւսեալ) v. խօսիմ; կարմրել[56]) garmrⁱel (= cl. կարմրեալ) v. կարմրիմ; հալծել[57]) halǰⁱel (= cl. հալածեալ) v. հալծիմ; հանդիպել[58]) handibⁱel (= cl. հանդիպեալ) v. հանդիպիմ; հաւնել[59]) havnⁱel

---

39) քշտել է »hat geschlagen« 31 12. 13, 61 9. 40) օժտել է »hat geschenkt« 63 20; օժտել (լինի) »(hat) geschenkt« 65 2; թէ լինան օժտել »wenn sie geschenkt haben« 19 23. 41) է օկտել »hat geholfen« B մժգ. 42) ադրել լինի »hat bewilligt« 21 17; լինի ադրել »hat bewilligt« 83 17. 43) տահրկել է »hat überwunden« B միգ; չէ տահրկել »hat nicht besiegt« B միգ. 44) տըֆընդել ես »hast Einsprache erhoben« 23 10; տֆնդել է »hat verboten« Rb ծէ. 45) թէ համբերել լինայ »wenn Frist gewährt hat« 23 23. 46) մոտել էին »waren abgefallen« Het̔. Kor. 481. 47) որ ուզել լինայ »dass gefordert hat« 23 12. 48) որ ստեզրել լինայ »d'où il se serait éloigné« 13 11. 49) որ բաժնել լինայ »dass sich entfernt hat« 15 11; որ բաժնել է »dass sich entfernt hat« 13 9. 50) (չես) դատըստնել »(hast nicht) Klage erhoben« 67 11; որ դատըստնել լինի »welcher Klage erhoben hat« 43 11; որ դատըստնել լինայ »welcher Klage erhoben hat« 27 17. 51) լինի դիպել »hat getroffen« A 245. 52) եփել է »ist gekocht, ist aufgewallt« B մլէ, մկգ. 53) լինի թափել »hat sich verrenkt« B ճխթ. 54) լինի խառնել »hat sich vermischt« B միդ. 55) չես խօսել »hast nicht gesprochen« 67 28; չլինի խօսել »hat nicht gesprochen« 23 23. 56) կարմրել լինի »hat sich gerötet« B մկզ. 57) լինի հալծել »hat sich abgemüht« Rb կբ. 58) լինի հանդիպել »ist begegnet« B ճէ. 59) հաւնել են »sind übereingekommen« Rb խգ.

(= cl. հաւանեալ) v. հաւնիմ; պաղել[60]) *bay'el* (= cl. պաղեալ) v. պաղիմ; վատուժել[61]) *vaduž'el* (= cl. վատուժեալ) v. վատուժիմ; վզենկել[62]) *vzeng'el* (= cl. *վզենկեալ) v. վզենկիմ; վնասել[63]) *vnas'el* (= cl. վնասեալ) v. վնասիմ.

§ 399. b) Von Verben mit zusammengesetztem Aoriststam auf -աց: ասցել[64]) *asç'el* und *as'el* (= cl. ասացեալ) v. ասեմ; գնացել[65]) *knaç'el* (= cl. գնացեալ) v. գնամ; գաւսացել[66]) *kosaç'el* (= cl. գաւսացեալ) v. գօսանամ; խլացել[67]) *xlaç'el* (= cl. խլացեալ) v. խլանամ; խոստացել[68]) *xostaç'el* (= cl. խոստացեալ) v. խոստանամ; ծանդրցել[69]) *jandrç'el* (= cl. ծանրացեալ) v. ծանրանամ; հովլցել[70]) *hovç'el* (= cl. հովացեալ) v. հովանամ; մաւտեցել[71]) *modeç'el* (= cl. մաւտեցեալ) v. մաւտենամ; մնացել[72]) *mnaç'el* (= cl. մնացեալ) v. մնամ; շատցել[73]) *šadç'el* (= cl. շատացեալ) v. շատանամ; ողջացել[74]) *oyčaç'el* (= cl. ողջացեալ) v. ողջանամ; յիմցել[75]) *himç'el* (= cl. իմացեալ) v. յիմնամ; կեցել[76]) *geç'el* (= cl. կեցեալ) v. կենամ; լմնցել[77]) *lmnç'el* (= cl. *լմա-

60) պաղել լինի »hat sich erkältet« B ղդ, միգ. 61) վատուժել է »ist entkräftet« B միզ; վատուժել լինի »ist ermattet« B ծխ. 62) չէք վզենկել »habt nicht Schaden erlitten« 3 23. 63) վնասել է »hat Schaden gelitten B մծգ.

64) ասցել ես »hast gesagt« 15 15, 23 9; չես ասցել »hast nicht gesagt« 67 10. 11; որ հայնց է նա ասցել »dass er so gesagt hat« 11 27; որ ասցել լինայ »dass er gesagt habe« 15 10; ասցել է »hat gesagt« B մկզ; է ասցել »hat gesagt« Rb ծխգ; daneben չլինի ասել »hat nicht gesagt« Rb ծիբ. 65) թէ գնացել լինի »wenn er gegangen ist« 77 11; է գնացել »ist gegangen« Rb հբ; գնացել է »ist gegangen« B միգ. 66) թէ գաւսացել լինի »wenn vertrocknet (paralysiert) ist« B մծգ. 67) լինի խլացել »ist stumm geworden« B մկէ. 68) որ խոստացել լինայ »welcher versprochen hat« 27 17. 69) ծանդրցել լինի »ist schwer geworden« B ծիբ. 70) հովլցել լինի »ist erkältet« B մծգ. 71) մաւտեցել է »hat sich genähert« B մի, միգ. 72) մնացել է »ist geblieben« 79 18, 83 19; է մնացել »ist geblieben« Rb խէ, ծէ, միգ, B ծծթ. 73) շատցել լինի »hat sich vermehrt« A 19; շատցել է »hat sich vermehrt« B միգ. 74) ողջացել է »ist genesen« B միգ. 75) յիմցել լինի »hat erfahren« Rb ծե. 76) լինի կեցել »ist dagewesen« 57 24, 67 12; լինին կեցել »sind dagewesen« Rb ծժգ. 77) լմնցել լինի »hat sich erfüllt« 75 24.

նացեալ) v. լինամ; յեւելցել[78]) *hevelçʿel* (= cl. *յաւելացեալ, wirklich vorhanden առաւելացեալ) v. յեւելնամ; ուռեցել[79]) *uṙeçʿel* (= cl. *ուռեցեալ) v. ուռենամ; վատուժցել[80]) *vaduẑçʿel* (= cl. *վատուժացեալ) v. վատուժնամ; տառպելցել[81]) *daṙbelçʿel* (= cl. *տառապելացեալ) v. տառպելնամ.

§ 400. c) Von Verben mit einfachem Aoriststamm: բերել[82]) *perʿel* (= cl. բերեալ) v. բերեմ; հանել[83]) *hanʿel* (= cl. հանեալ) v. հանեմ; մտել[84]) *mdʿel* (= cl. մտեալ) v. մտեմ; այրել[85]) *airʿel* (= cl. արարեալ) v. այնեմ; ելել[86]) *elʿel* (= cl. ելեալ) v. ելնեմ; արիացուցել[87]) *ariaçuçʿel* (= cl. արիացուցեալ) v. արիացնեմ; կեցցուցել[88]) *geççuçʿel* (= cl. կեցուցեալ) v. կեցցնեմ; յաւելցուցել[89]) *havelçuçʿel* (= cl. *յաւելացուցեալ, wirklich vorhanden: առաւելացուցեալ) v. յաւելցնեմ; ցուցուցել[90]) *çuçuçʿel* (= cl. ցուցեալ) v. ցուցնեմ; կորուսել[91]) *gorusʿel* (= cl. կորու-

78) յեւելցել է »hat zugenommen« B մծէ. 79) լինի ուռեցել »ist angeschwollen« B ծիր; թէ ուռեցել լինա »wenn angeschwollen ist« B մծզ. 80) վատուժցել լինի »ist entkräftet« B ծե. 81) եթէ տառպելցել լինան »wenn in Dürftigkeit geraten sind« 53 12.

82) զինչ լինի բերել »was gebracht hat« 45 13; քանի չլինի բերել »so lange nicht geboren hat« 49 12; երբ չլինի բերել »wann nicht geboren hat« 55 12. 83) են հանել »haben gezwungen« Rb խզ. 84) մտել լինի »ist eingegangen« 47 3; լինի մտել »ist eingegangen« Rb ծժե, B մկէ. 85) եմ այրել »habe gethan« 57 17; չեմ այրել »habe nicht gethan« 63 4; այրել ես »hast gethan« 15 16, 57 18; այրել է »hat gethan« 27 12. 14, 29 18, 61 9; չէ այրել »hat nicht gethan« 27 8, 29 17; այրել լինի »hat gethan« 35 17; լինի այրել »hat gethan« 57 27, Rb իբ, կբ, հբ, ծծ, ծհե; այրել լինայ »hat gethan« 15 12, 27 19, Rb ծկ; էաք այրել »wir hatten gethan« Smp. Chron. 651; են այրել »sie haben gethan« Rb լդ; այրել լինան »haben gethan« 61 11. 86) է ելել »ist ausgetreten« 13 21; ելել է »ist herausgekommen« 13 9, Lied Lev. Dul. 539; թէ լինի ելել »wenn hervorgekommen ist« 47 33; լինի ելել »ist hinaufgestiegen« Rb ծծ; ելել են »sind ausgetreten« 49 15; են ելել »sind ausgetreten« 49 32. 87) որ արիացուցել լինայ »welcher aufmerksam gemacht hat« Rb ծխբ. 88) թէ կեցցուցել էր »wenn er bewiesen hätte« 33 18, 35 31. 89) թէ յաւելցուցել լինի »wenn hinzugefügt hat« 47 20; զոր լինին յաւելցուցել »was hinzugefügt haben« 57 2. 90) թէ չլինի ցուցուցել »wenn nicht gezeigt hat« 9 19. 91) կորուսել է »hat verloren« 63 21, Rb ծբ; որ կորուսել լինի »was er

սեալ) v. կորսնեմ; ընկել[92]) *əng'el* (= cl. անկեալ) v. ընկնիմ; լել[93]) *l'el* (= cl. լեալ) v. լինիմ; հասել[94]) *has'el* (= cl. հասեալ) v. հասնիմ; մեռել[95]) *meṙ'el* (= cl. մեռեալ) v. մեռնիմ; նստել[96]) *nst'el* (= cl. նստեալ) v. նստիմ; թողել[97]) *ṫoγ'el* (= cl. թողեալ) v. թողում; առել[98]) *aṙ'el* (= cl. առեալ) v. առնում; երդուել[99]) *ertv'el* (= cl. երդուեալ) v. երդնում; գտել[100]) *kd'el* (= cl. գտեալ) v. գտանում; իջել[101]) *ič'el* (= cl. իջեալ) v. իջնում; սկսել[102]) *sks'el* (= cl. սկսեալ) v. սկսնում; եկել[103]) *eg'el* (= cl. եկեալ) zu գամ; կալել[104]) *gal'el* (= cl. կալեալ) zu ունիմ; կերել[105]) *ger'el* (= cl.

---

verloren hat« Rb ճր. 92) է ընկել »ist gefallen« B միզ; լինի ընկել »ist gefallen« B ճիր, Lied Lev. Dul. 539; ընկել լինի »ist gefallen« B ճիդ. 93) լել է »ist geschehen« 27 18, 77 19; է լել »ist geschehen, geworden« 19 22, Rb վ, Լվ, ձր, ճծ, ճծէ; լինի լել »ist entstanden, ist geworden« 19 14, 47 38, 55 12, 57'25, Rb հր; լինին լել »sind gewesen« Rb ա; չլինի լել »ist nicht geworden, geboren« 45 18, 47 21. 31, 55 26; էր լել »war gewesen« Smp. Chron. 650. 94) է հասել »ist gekommen« Rb ճժ, ճկթ; չլինի հասել »ist nicht angekommen« 77 14. 95) մեռել է »ist gestorben« 23 16. 17, 37 14; թէ լինի մեռել »wenn gestorben ist« 49 35; թէ մեռել լինի »wenn gestorben ist« 21 13; թէ լինայ մեռել »wenn gestorben ist« 23 15. 16. 96) նստել (է) »(hat) gesessen« Lied Lev. 540. 97) լինի թողել »hat hinterlassen« 51 3. 98) առել ես »hast genommen« 57 19; առել է »hat genommen« 65 3, B ճղե, Rb ճզ; լինի առել »hat genommen« 47 4. 16. 17. 21, B միզ, Rb հր, ձե, ղե, ճհզ; չլինի առել »hat nicht genommen« 85 4; զինչ առել լինայ »was genommen hat« 19 13; առել լինի »hat genommen« 55 18, Rb հր, ճխ; վասն զի են առել »weil genommen haben« 49 32; թէ առել լինան »wenn genommen haben« 53 16; էր առել »hatte genommen« 3 12. 99) չէաք երդուել »wir hatten nicht geschworen« Smp. Chron. 651. 100) լինի գտել »hat gefunden« Rb հ; որ գտել է »welcher gefunden hat« 65 3. 101) է իջել »ist abgestiegen« B միզ; լինի իջել »ist abgestiegen« B մկէ; իջել լինի »ist abgestiegen« B միզ. 102) սկսել է »hat begonnen« B մի, միզ. 103) եկել եմ »bin gekommen« 11 17; եկել է »ist gekommen« 67 15; մենք եկել ենք »wir sind gekommen« 13 13. 59 12. 13. 104) կալել եմ »habe besessen, innegehabt« 23 9; 39 16. 17, 57 20, 67 9. 28; կալել է »hat besessen« 67 13; կալել լինի »hat besessen« 17 18; թէ կալել լինայ »wenn er besessen hätte« 67 30; թէ կալել լինին »wenn sie besessen haben« 39 18. 105) չլինի կերել »hat nicht gegessen« B մկզ.

կերեալ) zu ուտեմ; տվել[106]) dv'el (= cl. տուեալ) v. տամ; տարել[107]) dar'el (= cl. տարեալ) v. տանիմ; ընդունել[108]) əndun'el (= cl. ընկալեալ) v. ընդունիմ; դրել[109]) tr'el (= cl. եդեալ) v. դնեմ.

§ 401. d) Passive Partizipien: կապվել[110]) gabv'el (cl. կապեալ) v. կապվիմ; լսուել[111]) lsv'el (cl. լուեալ) v. լսվիմ u. s. w.

§ 402. In den Geoponica (Edit. Venet. 1877) ist das Partizip auf *-ել -'el* nicht zugelassen und durchgehends dafür das Partizip auf *-եալ -eal* gesetzt. Das *'el*-Partizip war natürlich schon in der lebenden Sprache vorhanden, da bereits bei Mechiṫar Heraçi sich folgende Beispiele davon finden: բռնել[112]) *pṙn'el* (cl. բռնեալ) v. բռնեմ; դատել[113]) *taḋ'el* (cl. դատեալ) v. դատեմ; ընծայել[114]) *ənǰay'el* (cl. ընծայեալ) v. ընծայեմ; խմել[115]) *xm'el* (cl. խմեալ) v. խմեմ; կտրել[116]) *gdr'el* (cl. կտրեալ) v. կտրիմ; յաղթել[117]) *haγṫ'el* (cl. յաղթեալ) v. յաղթեմ; յամել[118]) *ham'el* (cl. յամեալ) v. յամեմ; յիշել[119]) *hiš'el* (cl. յիշեալ) v. յիշեմ; պակսել[120]) *bags'el* (cl. պակասեալ) v. պակսեմ; փորձել[121])

---

106) տվել լինի »hat gegeben« 17 13, 53 6; լինի տվել »hat gegeben« 81 18, 83 9. 11, Rb կբ; թէ տվել լինայ »wenn gegeben hat« 25 6; տվել լինին »sie haben gegeben« 49 12, 23 26; ենք տվել »wir haben gegeben« B մժզ; է տվել »hat gegeben« Rb հա, ճծէ; տվել է »hat gegeben« Rb ա. 107) է տարել »hat geführt« Rb լզ; տարել լինի »hat gebracht« 55 21; թէ լինան տարել »wenn geführt haben« Rb ճիա. 108) թէ ընդունել լինի »wenn empfangen hat« 9 18. 19. 109) դրել է »hat hinterlegt« 75 8; զոր դրել լինի »welche festgesetzt hat« 75 4; թէ լինին դրել »wenn gebildet haben« 55 24; թէ լինան դրել »wenn gelegt haben« 19 23.

110) վասնզի կապվել է »weil gebunden ist« 9 7. 111) որ լինի լսուել »so dass gehört worden ist« 19 15.

Aus Mx. Her.: 112) բռնել ունիս »hast ergriffen« 81. 113) զմարմինն դատել լինի »hat den Körper angestrengt« 20. 114) լինի ընծայել »hat hervorgebracht« 134. 115) լինի խմել »hat getrunken« 91; խմել լինին »haben getrunken« 40. 116) կտրել լինի »ist niedergeschlagen« 39. 117) յաղթել լինի ‹hat gesiegt, hat die Oberhand gewonnen« 38, 41. 118) լինի յամել »hat angedauert« 40. 119) յիշել եմ »habe erwähnt« 31; յիշել է »hat erwähnt« 120. 120) պակսել են »sind geschwunden« 39. 121) են փորձել »haben versucht« 120.

*porc'el* (cl. փորձեալ) v. փորձեմ; քաշել[122]) *kaš'el* (cl. քաշեալ) v. քաշեմ; այրել[123]) *air'el* (cl. այրեալ) v. այրիմ; բորբոսել[124]) *porpos'el* (cl. բորբոսեալ) v. բորբոսիմ; դատել[125]) *tad'el* (cl. դատեալ) v. դատիմ; խանձել[126]) *xanǰ'el* (cl. խանձեալ) v. խանձիմ; վաստուժել[127]) *vaduž'el* (cl. վաստուժեալ) v. վաստուժիմ; երեւեցել[128]) *ereveç'el* (cl. երեւեցեալ) v. երեւենամ; կացել[129]) *gaç'el* (cl. կացեալ) v. կամ; կեցել[130]) *geç'el* (cl. կեցեալ) v. կենամ; յաւելցել[131]) *havelç'el* (cl. *յաւելացեալ) v. յաւելնամ; ելել[132]) *el'el* (cl. ելեալ) v. ելնեմ; հատել[133]) *had'el* (cl. հատեալ) v. հատանեմ; ցցուցել[134]) *ççuç'el* (cl. ցուցեալ) v. ցցնեմ; ծնել[135]) *jn'el* (cl. ծնեալ) v. ծննիմ; սկսել[136]) *sks'el* (cl. սկսեալ) v. սկսնիմ, սկսնում; տեսել[137]) *des'el* (cl. տեսեալ) v. տեսանում; տուել[138]) *dv'el* (cl. տուեալ) v. տամ; եկել[139]) *eg'el* (cl. եկեալ) v. գամ; կալել[140]) *gal'el* (cl. կալեալ) v. ունիմ; կերել[141]) *ger'el* (cl. կերեալ) v. ուտեմ; տարել[142]) *dar'el* (cl. տարեալ) v. տանիմ.

122) լինի քաշել շատ հոգս »hat sich viele Sorge gemacht« 40. 123) այրել լինի »ist verbrannt« 115. 124) չէ բորբոսել »hat sich nicht verschimmelt« 110. 125) դատել լինի »hat sich ermüdet, hat gearbeitet« 40, 91. 126) խանձել լինի »ist verbrannt« 115. 127) վաստուժել լինի »ist ermattet, erschöpft« 20, 84. 128) չլինի երեւեցել »ist nicht zum Vorschein gekommen« 134. 129) լինի կացել »ist gewesen« 40. 130) է կեցել »ist gewesen« 91. 131) յաւելցել լինի »hat zugenommen« 124. 132) է ելել »ist ausgegangen« 15. 133) հատել լինի »ist gebrochen worden« 39. 134) չլինի ցցուցել »hat nicht gezeigt« 134. 135) եթէ չլինի ծնել »wenn nicht entstanden ist« 45 9. 136) լինի սկսել »hat begonnen« 134. 137) չես տեսել »hast nicht gesehen« 104. 138) լինի տուել »hat gegeben« 136. 139) լինի եկել »ist gekommen« 106. 140) է կալել »hat genommen, bekommen« 115; լինի կալել »hat genommen, bekommen« 114. 141) կերել լինին »haben gegessen« 40. 142) լինի տարել »hat durchgemacht, ertragen«.

§ 403. Während das altarmenische Partizip auf -եալ *-eal* zugleich aktives und passives Partizip ist, ist, wie die obigen Belege zeigen, die jüngere kilikische Form auf -ել *-'el* lediglich zum aktiven Partizip herabgesunken. Dass aa. Part. սիրեալ *sireal* bedeutet sowohl »geliebt habend« als »geliebt worden«, բերեալ *bereal* sowohl »getragen habend« als »getragen worden«: dagegen kilikisches Part. սիրել *sir'el* nur »geliebt habend«, kl. բերել *per'el* nur »getragen habend«. Das

Aufgeben der passiven Funktion ist bedingt durch die Entstehung des neuen *u*-Passivums. Im Classischen, wo Aktiv- und Passivstamm mit einander identisch waren, musste auch das aktive Partizip präteriti mit dem passiven in der Form zusammenfallen. Sobald nun aber der neue spezielle Passivstamm auf -*u* ins Leben getreten war, der gleich den übrigen Stämmen das Partizip auf *-ել* *-ʻel* (*-եալ* *-eal*) bildete, war auch eo ipso für das passive Partizip präteriti ein besonderer Ausdruck gewonnen, da das neue Partizip auf *-ուել* *-vʻel* notwendigerweise ein ausschließlich passives war. Mit der Entstehung des neuen passiven Partizips präteriti auf *-ուել* *-vʻel* geht Hand in Hand das Schwinden der passiven Funktion des reinen *ʻel*-Partizips: in der durch Məchitar Heraçi repräsentierten frühmittelarmenischen Sprache, wo das *u*-Passiv erst in der Entwickelung begriffen ist, und demgemäß ein Partizip auf *-ուել* noch fehlt — so bei Mx. Her. — erscheint naturgemäß das Partizip auf *-ել* auch noch mehrfach als passives Partizip (man vergleiche die obigen Belege aus Mx. Her.)[1]: als solches ist es jedoch völlig untergegangen in eigentlich kilikischer Zeit: denn nachdem neben das frühmittelarmenische aktiv-passive Partizip *լսել* *lsʻel*, *բերել* *perʻel* etc. ein passives Partizip *լսուել* *lsvʻel*, *բերուել* *pervʻel* etc. getreten war, musste nach dem allgemeinen, speziell darin sich manifestierenden Deutlichkeitsprinzipe, dass zwiefach funktionierende Sprachformen die eine dieser Funktionen aufgeben, sobald dafür ein besonderer Neuausdruck geschaffen ist, ersteres aus seiner passiven Stellung von dem neuentstandenen passiven *vʻel*-Partizip verdrängt und ersetzt werden. Das Gesagte gilt natürlich nur für transitive Verben; Intransitive und Neutren stehen als solche außerhalb dieses Funktionswechsels des Partizips auf *-ել* *-ʻel*.

§ 404. Nicht nur die Funktion als passives Partizip, auch die selbständige nominale Funktion hat das Partizip

---

1) Vereinzelt erscheint auch inschriftlich dasselbe Partizip noch in passiver Funktion: so *հաստատել է* »ist bestätigt«, *նզովել եղիցի* »er sei verflucht« vom J. 1215 (Šir. 78). Dagegen aktivisch: *եմ գրել* »ich habe geschrieben«, *շինել էի* »ich hatte gebaut«, *գնել էի* »ich hatte gekauft«, *էի տվել* »ich hatte gegeben«, *թողել էաք* »wir hatten gelassen« in Inschriften vom J. 1215 (Šir. 75 ff.), vom J. 1288 (Šir. 140), vom J. 1348 (Šir. 63).

auf *-eal* in seiner mittelarmenischen Fortsetzung auf *-ˈel* eingebüßt; das kilikisch-mittelarmenische Partizip auf *-ˈel* ist rein verbaler Natur und erscheint, wie die Belege p. 346—353 zeigen, nur mehr einzig und ausschließlich als Bildungsfaktor von Tempora periphrastica in Verbindung mit dem Verbum substantivum. Die selbständige nominale Verwendung hat sich nur ausnahmsweise erhalten in ganz vereinzelten substantivierten bis ins Neuarmenische hinabreichenden Termini, wie Հեծել *hejˈel* (= cl. Հեծեալ) »Reiter« und »Heer« Smp. Chron. Dul. 623, 646, 648, 668, 670, մեռել *merˈel* (= cl. մեռեալ) »Toter, Leichnam« Rb խղ, Mr A, B, sowie in den adverbialen: զատել (զատէլ, զարթէլ) *zadˈel* (*zadel*, *zartel*), քաւել (քաւէլ) *Kavˈel* (*Kavel*), worüber zu vergleichen oben §§ 312, 316. Aus seiner selbständigen Funktion wurde das *ˈel*-Partizip verdrängt durch das mittelarmenische Partizip auf -ած.

§ 405. **Partizip auf -ած *-aj*.** — Das in der armenischen Sprachgeschichte zuerst im Kilikisch-Mittelarmenischen auf der Bildfläche erscheinende, bis ins NA. sich erstreckende Partizip präteriti auf -ած *-aj* ist im MA. rein passiver resp. intransitiver Natur und das eigentliche passive Partizip des Kilikischen, da bei dem Partizip auf -ուել *-vˈel-* der passive Charakter nicht sowohl an der Endung als an dem passiven *u*-Stamm haftet. Im Gegensatz zu dem passiven Partizip auf *-vˈel*, welches, da eine Spezies des *ˈel*-Partizips repräsentierend, nicht selbständig funktioniert, sondern rein verbale Natur zeigt, hat das Partizip auf *-aj* beide Funktionen gemeinsam, wobei jedoch in den uns vorliegenden Quellen die selbständige, nominale Verwendung dieses Partizips entschieden überwiegt. Gebildet wird das Partizip auf *-aj* von sämtlichen aktiven Verben, sowohl Transitiven als Intransitiven, von Transitiven als rein passives Partizip, von Intransitiven als intransitives Partizip; und zwar liegt ihm derselbe Stamm zu grunde wie dem Partizip auf -ել *-ˈel*. Hierzu folgende Belege:

§ 406. a) Von Verben mit zusammengesetztem Aoriststamm auf -եց: ածած[1]) *ajaj* v. ածեմ, անիրաւած[2]) *aniravaj* v.

1) գլուխք ԺԷ ի ցանկք ածած »siebzehn Kapitel in ein Register gebracht« 3 5. 2) անիրաւածն »der, welcher Unrecht erlitten hat« 39 19.

անիրաւեմ, անուանած 3) *anvnaj* v. անուանեմ, աւդրած 4) *o̱traj* v. աւդրեմ, աւղղած 5) *o̱γγaj* v. աւղղեմ, բաժնած 6) *pažnaj* v. բաժնեմ, բռնած 7) *pṙnaj* v. բռնեմ, գրած 8) *kraj* v. գրեմ, դատըստնած 9) *tadəstnaj* v. դատըստնիմ, զատած 10) *zadaj* v. զատեմ, զարդարած 11) *zartaraj* v. զարդարեմ, զրկած 12) *zrgaj* v. զրկեմ, խափանած 13) *xap̔anaj* v. խափանեմ, ծալած 14) *jalaj* v. ծալեմ, ծախած 15) *jaxaj* v. ծախեմ, կարգած 16) *garkaj* v. կարգեմ, կտրած 17) *gdraj* v. կտրեմ, համած 18) *hamaj* v. համեմ, համարած 19) *hamaraj* v. համարեմ, հանած 20) *hanaj* v. հանեմ, հաստատած 21) *hasta-*

---

3) յայլ ամէն անուանած վկայից »von allen übrigen genannten Zeugen« 59 10; զինչ անուանած լինի իր »was ihr zuerkannt worden ist« 55 6; տուայրն զոր անուանած լինի իր »die Mitgift, die ihr zuerkannt worden ist« 57 2. 4) քանի աւդրած կենայ »so lange bewilligt ist« 37 6. 5) ես աւղղած եմ »ich bin angewiesen« 41 7; է աւղղած »ist angewiesen« 41 23; զայն աւղղած մարդն »den angewiesenen Mann« 83 3. 6) որ բաժնած լինի »welcher getrennt ist« 49 30; բաժնածքն »die Getrennten« 49 32. 7) եւ ունան բռնած զդրօշկերոյն ծայրերն »und sie sollen die Spitzen der Fähnchen erfasst halten« 59 14; բռնած ես »du bist gefangen« Smp. Chron. Dul. 631. 8) որ գրած լինի »was geschrieben ist« 21 15; երբ գրած կենայ »wann geschrieben ist« 83 27; որ գրած կայ »was geschrieben steht« L 154 25; որպէս գրած է »wie geschrieben ist« L 179 4; իր գրածն »das von ihm Geschriebene« 81 6; գրած է »ist eingeschrieben« S.-R. Rb p. 106 § 25. 9) որ դատըստնած է ի յիր վերայ »gegen welchen geklagt worden ist« 67 5. 10) է զատած »ist geschieden« 49 28. 11) ամենայն իրօք զարդարած »mit Jeglichem ausgestattet« Smp. Chron. Dul. 633. 12) զրկածն »der Geschädigte« 29 11, 57 9. 26, 59 6; զրկած են »sind beraubt« S.-R. Rb p. 119 § 68. 13) խափանած է »ist zur Seite geschoben, ausgeschlossen, aufgehoben« S.-R. Rb p. 134 § 128. 14) թէ զկտաւին ծալած ծախէ »wenn er die Leinwand zusammengefaltet kauft« 85 6. 15) յաղագս ծախած հայրենեց »über verkauftes Erbgut« 69 14. 16) որ կարգած լինի »welches verheiratet ist« 49 30; թէ կարգած լինի »wenn verheiratet ist« 53 1; թէ կարգած լինան »wenn verheiratet sind« 53 15; կարգած ու բաժնածքն »die Verheirateten und Getrennten« 49 31. 17) կտրած սինօրն »abgegrenztes Gebiet« 39 21. 22; եւ թէ կտրած լինի հին »und wenn es von früher her begrenzt ist« 39 25; զկտրածն »das Abgegrenzte« 35 25. 18) համած է »ist verordnet« L 177 4. 19) է համարած »wird gehalten, erachtet« 59 37; համարած է »wird gehalten, erachtet« S.-R. Rb p. 137 § 135. 20) եթէ հանած են »wenn fortgeschickt sind« S.-R. Rb p. 139 § 143. 21) է հաստատած »ist bestimmt, festgesetzt« 17 20, 65 7, 81 12.

*daj* v. հաստատեմ, հիլայած[22]) *hilayaj* v. հիլայեմ, հրաւիրած[23]) *hraviraj* v. հրաւիրեմ, ձգած[24]) *ckaj* v. ձգեմ, մսխած[25]) *msxaj* v. մսխեմ, յիշած[26]) *hišay* v. յիշեմ, նախատած[27]) *naxadaj* v. նախատեմ, շինած[28]) *šinaj* v. շինեմ, ջրած[29]) *čraj* v. ջրեմ, սահմանած[30]) *sahmanaj* v. սահմանեմ, սայզած[31]) *saizaj* v. սայզեմ, սազած[32]) *sazaj* v. սազեմ, վարած[33]) *varaj* v. վարեմ, վկայած[34]) *vgayaj* v. վկայեմ, տահրկած[35]) *dahrgaj* v. տահրկեմ, փոխած[36]) *ṗoxaj* v. փոխեմ, փորձած[37]) *ṗorcaj* v. փորձեմ, քշտած[38]) *k̄štaj* v. քշտեմ, հանդիպած[39]) *handibaj* v. հանդիպիմ, նստած[40]) *nstaj* v. նստիմ, փտած[41]) *ṗdaj* v. փտիմ.

§ 407. b) Von Verben mit zusammengesetztem Aoriststamm auf *-աց*, *-ից*: աղցած[42]) *ayçaj* v. աղամ, գողցած[43]) *koyçaj* v. գողնամ, լցած[44]) *lçaj* v. լնում.

---

22) հիլայած խիսմն »der beklagte Gegner« 61 8; հիլայածն »der Angeklagte« 29 9, 31 19, 33 10. 15, 35 17. 18. 25. 29, 61 2, 63 4. 5. 6; զհիլայածն »den Angeklagten« 33 24. 23) քանի հրաւիրած կենայ »so lange er einberufen ist« 37 6. 24) ձգած լինի »ist ausgestoßen« 59 28. 25) մսխած ապրանքն »das verschleuderte Gut« 19 20. 26) են յիշած »sind erwähnt« S.-R. Rb p. 137 § 137. 27) լինին նախատած (-աձ) »werden für ehrlos erklärt« S.-R. Rb p. 119 § 68. 28) նոր շինած հայրենեցս »dieses neugegründeten Vermögens« 47 22. 29) զէգ ջրած ի վերայ գետին »wie benetzt am Flussufer« Smp. Chron. Dul. 647. 30) սահմանած սինօռն »das festgesetzte Gebiet« 39 21; է սահմանած »ist festgesetzt« 47 24, 55 11; կայ սահմանած »ist festgesetzt« 85 8. 31) սայզած լինի »hat sich in Besitz gesetzt« (s'est saisi) 23 4; եթէ սայզած կենայ »wenn er sich in Besitz gesetzt hat« 57 7. 32) սազած լինի »hat sich in Besitz gesetzt« 23 2. 33) վարած լինի »ist ausgeschlossen« 61 22; լինի վարած »ist ausgeschlossen« 61 24. 34) վկայած ըղորդ մարդ »ein bezeugtermaßen rechtschaffener Mann« 81 5; երեք վկայած աղէկ կնիկ »drei bezeugtermaßen rechtschaffene Frauen« 47 1. 35) այն տահրկած մարդոյն »jenem besiegten Manne« 59 27. 36) չէ փոխած »ist nicht geändert« S.-R. Rb p. 127 § 95. 37) փորձած հալալ »als gerecht erprobt« 81 5. 38) քշտածն »der Geschlagene, Verwundete« 31 10; քշտածին »des Geschlagenen« 31 8. 14. 39) է ճիճն հանդիպած »ist oft vorkommend« 35 2. 40) որ նստած կենան »welche Sitz führen« 27 9. 41) գտան զշուրջառն փտած »sie fanden den Chormantel verwest« Smp. Chron. Dul. 669.

42) եւ շաքար դիր ի վերայ քսան դրամ աղցած »und Zucker thue darauf, 20 Dram gemahlenen« Mr A und B. 43) իր գողցած իրք »etwas ihm Gestohlenes« Rb ճիա; թէ լինի գողցած »wenn gestohlen worden ist« Rb ճիա. 44) լցած լինի »ist gefüllt« Mr A.

§ 408. c) Von Verben mit einfachem Aoriststamm: այրած [45]) *airaj* v. այնեմ, ելած [46]) *elaj* v. ելնեմ, սպանած [47]) *spanaj* v. սպաննեմ, սնուցած [48]) *snuçaj* v. սնուցնեմ, զարկած [49]) *zargaj* v. զարկնեմ, զարկնում, թողած [50]) *t̔oγaj* v. թողում, առած [51]) *aṙaj* v. առնում, երդված [52]) *erṭvaj* v. երդնում, տված, տուած [53]) *dvaj* v. տամ, ընդունած [54]) *əndunaj* v. ընդունիմ, ճանչած [55]) *jančaj* v. ճանչեմ, դրած [56]) *traj* v. դնեմ.

§ 409. In den Geoponica hat das Partizip auf -ած *-aj* folgende Vertreter: a) աղած [57]) *aγaj* v. աղեմ, աղնձած [58]) *aγnjaj* v. աղնձեմ, այրած [59]) *airaj* v. այրեմ, աւերած [60]) *averaj* v. աւերեմ, բեւեռած [61]) *peveṙaj* v. բեւեռեմ, գանած [62]) *kanaj* v. գանեմ, գոված [63]) *kovaj* v. գովեմ, գրած [64]) *kraj* v. գրեմ, եփած [65]) *ep̔aj*

45) լինի այրած »ist gethan worden« 57 22. 46) այրոյն ելած »hervorgetretenes Blut« 61 18. 19. 47) սպանծին »des Ermordeten« Rb ճիզ. 48) սնուցած է »ist erzogen worden« 63 15. 49) զարկածն »der Geschlagene« 59 38. 50) թէ լինի թողած »wenn entlassen worden ist« 55 8. 51) զքաղաքն առած ունէին »sie hatten die Stadt genommen« Smp. Chron. Dul. 650. 52) երկու երդված »zwei Geschworenen« 65 19; երդված մարդոյն »des Geschworenen« 51 16; երդված մարդկաց »den geschworenen Männern« 39 12; երդուածքն »die Geschworenen« 57 9; յերդվծնոյն »von den Geschworenen« 51 13. 53) է տըված »ist gegeben« 49 25, 51 22; լինի տուած »ist gegeben« 73 21. 54) ընդունած է »wird angenommen« 51 22; լինի ընդունած »wird angenommen« 81 10; չէ ընդունած »wird nicht angenommen« 11 12, 59 31, Smp. Chron. 678. 55) չլինին ճանչած »sind nicht bekannt« L 156 19; զ ճանչած համբերութիւնն »die zuerkannte Frist« 65 15; ճանչած համբերութեններն »die zuerkannten Fristen« 23 26; ճանչած չաւուշի »eines dazu verordneten Gerichtsdieners« 9 15; են ճանչած »sind zuerkannt« 25 2; թէ կնիկն ճանչած ամուլ լինի »wenn die Frau anerkanntermaßen unfruchtbar ist« 21 18; այն է ճանչած սուտն »jener ist anerkanntermaßen der illegitime« 33 9; ճանչած ըղորդ մարդ »ein anerkanntermaßen rechtschaffener Mann« 81 5. 13. 56) դրած է »ist festgesetzt« 67 7; է դրած »ist festgesetzt« 47 26; լինի դրած »ist festgesetzt« 77 4; դրած պոմանն »der festgesetzte Termin« 65 28.

Aus Geoponica: 57) աղած »gesalzen« 49, 16. 58) աղնձած »geröstet« 90, 96, 116. 59) այրած »verbrannt« 113, 127. 60) աւերած »zerstört« 113. 61) բեւեռած »genagelt« 221. 62) գանած »geschlagen« 56. 63) գոված է »ist gelobt« 122. 64) գրած է »ist geschrieben« 105. 65) եփած »gekocht« 96.

v. եփեմ, զուգած 66) *zukaj* v. զուգեմ, ընտրած 67) *əndraj* v. ընտրեմ, թաղած 68) *ťaγaj* v. թաղեմ, թարախած 69) *ťaraxaj* v. թարախեմ, թերեհամած 70) *ťerehamaj* v. թերեհամեմ, թրջած 71) *ťrčaj* v. թրջեմ, թօշմած 72) *ťo̱šmaj* v. թօշմեմ, լեսած 73) *lesaj* v. լեսեմ (normalkilikisch լոսեմ), խանձրէհամած 74) *xanjrẹhamaj* v. խանձրէհամեմ, խառնած 75) *xar̄naj* v. խառնեմ, խծկած 76) *xjgaj* v. խծկեմ, խորոված 77) *xorovaj* v. խորովեմ, ծածկած 78) *jajgaj* v. ծածկեմ, ծաղկած 79) *jaγgaj* v. ծաղկեմ, ծեծած 80) *jejaj* v. ծեծեմ, ծեփած 81) *jep̔aj* v. ծեփեմ, ծռած 82) *jr̄aj* v. ծռեմ, ծրարած 83) *jraraj* v. ծրարեմ, կակղած 84) *gagγaj* v. կակղեմ, կատարած 85) *gadaraj* v. կատարեմ, կթած 86) *gťaj* v. կթեմ, կշռած 87) *gšr̄aj* v. կշռեմ, կոխած 88) *goxaj* v. կոխեմ, կտտած 89) *gddaj* v. կտտեմ, կտրած 90) *gdraj* v. կտրեմ, հալած 91) *halaj* v. հալեմ, համրած 92) *hamraj* v. համրեմ, հանած 93) *hanaj* v. հանեմ, հաստատած 94) *hastadaj* v. հաստատեմ, հոտած 95) *hodaj* v. հոտեմ, հօտած 96) *ho̱daj* v. հօտեմ (= յատանեմ), ձարձատած 97) *carcadaj* v. ձարձատեմ, ձիւթած 98) *cüťaj* v. ձիւթեմ, ճեղքած 99) *ǰeγgaj* v. ճեղքեմ, ճշմարտած 100) *ǰšmardaj* v. ճշմարտեմ, մազմզկած 101) *mazmzgaj* v.

---

66) զուկած »verbunden« 104. 67) ընտրած »auserlesen« 124. 68) թաղած »vergraben, eingesenkt« 89. 69) թարախած »eiternd« 213. 70) թերեհամած »fade« 115. 71) թրջած »eingeweicht« 225. 72) թօշմած »verwelkt« 75. 73) լեսած »zermalmt« 20, 77, 87, 89, 107, 111. 74) խանձրէհամած »fade« 105. 75) խառնած »gemischt« 32, 100, 108, 126. 76) խծկած »gestopft« 195. 77) խորոված »gebraten« 107. 78) ծածկած »geborgen« 87. 79) ծաղկած »erblüht« 32, 37, 100. 80) ծեծած »geklopft« 90, 111. 81) ծեփած »bestrichen, beschmiert« 31, 87, 104, 194. 82) ծռած »gebogen« 67. 83) ծրարած »zusammengeballt« 104. 84) կակղած »erweicht« 179. 85) կատարած »vollendet« 193. 86) կթած »eingesammelt, geerntet« 98. 87) կշռած »gewogen« 55. 88) կոխած »zertreten, »zerstampft« 42, 104. 89) կտտած »verschimmelt, verdorben« (v. Wein) 113. 90) կտրած »geschnitten, abgeschnitten« 52, 56, 71, 72. 91) հալած »geschmolzen« 33. 92) համրած »erachtet« 220. 93) հանած »weggenommen, gelöst« 58, 96, 112, 184. 94) հաստատած »befestigt« 25, 63, 104.

95) հոտած »riechend, übelriechend« 116. 96) հօտած »geschnitten« (v. Weinstock) 71, 72. 97) ձարձատած = »հատ հատ, այլ ամբողջ« (Geop. Gloss.) 86. 98) ձիւթած »gepicht, verpicht« 126. 99) ճեղքած »gespalten« 124. 100) ճշմարտած »beglaubigt« 23. 101) մազմզկած »mit Wurzelfasern versehen« 35.

մաղմղկիմ, մաղած[102]) *maγaj* v. մաղեմ, միաւորած[103]) *miavoraj* v. միաւորեմ, յատակած[104]) *hadagaj* v. յատակեմ, յիստակած[105]) *histagaj* v. յիստակեմ, շինած[106]) *šinaj* v. շինեմ, չափած[107]) *ćaṗaj* v. չափեմ, պակսած[108]) *bagsaj* v. պակսեմ, պահած[109]) *bahaj* v. պահեմ, պանդղրած[110]) *bandraj* v. պանդղրեմ, պատառած[111]) *badaṙaj* v. պատառեմ, պատրուսած[112]) *badrusaj* v. պատրուսեմ, պնդած[113]) *bndaj* v. պնդեմ, ջրած[114]) *ćraj* v. ջրեմ, սահմանած[115]) *sahmanaj* v. սահմանեմ, սատակած[116]) *sadagaj* v. սատակեմ, սարած[117]) *saraj* v. սարեմ, սմբակած[118]) *smbagaj* v. սմբակեմ, սրբած[119]) *srpaj* v. սրբեմ, վնասած[120]) *vnasaj* v. վնասեմ, վստահած[121]) *vstahaj* v. վստահեմ, տնկած[122]) *dngaj* v. տնկեմ, ցանած[123]) *çanaj* v. ցանեմ, փորած[124]) *ṗoraj* v. փորեմ, փորձած[125]) *ṗorcaj* v. փորձեմ, քաղած[126]) *k̄aγaj* v. քաղեմ, քամած[127]) *k̄amaj* v. քամեմ, քացախած[128]) *k̄açaxaj* v. քացախեմ, օծած[129]) *ǫjaj* v. օծեմ. — b) աղացած[130]) *aγaçaj* v. աղամ, լուացած[131]) *lvaçaj* v. լուանամ, հնացած[132]) *hnaçaj* v. հնանամ, տաքցած[133]) *ṫak̄çaj* v. տաքնամ, լցած[134]) *lçaj* v. լնում. — c) անկած[135]) *angaj* v. անկանիմ, բեկած[136]) *pegaj* v. բեկնեմ, բուսած[137]) *pusaj* v. բուսնիմ,

---

102) մաղած ›gesiebt‹ 76, 109. 103) միաւորած ›verbunden, geeint‹ 104. 104) յատակած = ›ի յատակն իջած‹ (Geop. Gloss.) 101. 105) յիստակած ›gereinigt‹ 102, 103. 106) շինած ›zubereitet, hergestellt‹ 54, 86, 102, 104, 186. 107) չափած ›gemessen‹ 55. 108) պակսած ›unzureichend‹ 31. 109) պահած ›aufbewahrt‹ 101. 110) պանդղրած = ›տունկ դեռ նոր արմատս արձակեալ‹ (Geop. Gloss.) 35, 58, 129. 111) պատառած ›zerrissen‹ 46. 112) պատրուսած ›gepfropft‹ 38, 40. 113) պնդած ›befestigt‹ 62. 114) ջրած ›benetzt‹ 132. 115) սահմանած ›bestimmt, festgesetzt‹ 62. 116) սատակած ›getötet‹ 195. 117) սարած ›zugerüstet, bereitet‹ 186. 118) սմբակած ›zertreten‹, zerstampft‹ 178. 119) սրբած ›gereinigt‹ 73, 122. 120) վնասած ›beschädigt‹ 74. 121) վստահած ›gesichert, beglaubigt, erwiesen‹ 191. 122) տնկած ›gepflanzt‹ 69. 123) ցանած ›gesäet‹ 39, 139. 124) փորած ›gegraben‹ 37, 43. 125) փորձած ›erprobt, versucht‹ 37, 99. 126) քաղած ›geerntet, eingesammelt‹ 39, 126. 127) քամած ›gedrückt, ausgedrückt, filtriert‹ 126. 128) քացախած ›sauer geworden‹ 114. 129) օծած ›bestrichen‹ 94. — 130) աղացած ›gemahlen‹ 113, 184. 131) լուացած ›gewaschen‹ 85, 94, 96, 126. 132) հնացած ›gealtert‹ 28. 133) տաքցած ›gewärmt‹ 165. 134) լցած ›gefüllt‹ 43, 94, 107, 220. — 135) անկած ›gefallen‹ 67, 73. 136) բեկած ›gebrochen‹ 92. 137) բուսած

ելած[138]) *elaj* v. ելնեմ, եղած[139]) *eγaj* v. Aor. եղայ, հասած[140]) *hasaj* v. հասնիմ, հարցած[141]) *harçaj* v. հարցնեմ, անցուցած[142]) *ançuçaj* v. անցնեմ, եռացուցած[143]) *eṙaçuçaj* v. եռացնեմ, կակղացուցած[144]) *gagγaçuçaj* v. կակղացնեմ, նմանեցուցած[145]) *nmaneçuçaj* v. նմանեցնեմ, նորացուցած[146]) *noraçuçaj* v. նորացնեմ, չորացուցած[147]) *ç̌oraçuçaj* v. չորացնեմ, պաղեցուցած[148]) *bayeçuçaj* v. պաղեցնեմ, սնուցած[149]) *snuçaj* v. սնուցնեմ, փակուցած[150]) *p̔aguçaj* v. փակցնեմ, կերած[151]) *geraj* zu ուտեմ, ճանաչած[152]) *ǰanač̦aj* v. ճանաչեմ, դրած[153]) *traj* zu դնեմ.

§ 410. Auch bei dem älteren Məchiṭar Heraçi ist bereits das *aj*-Partizip vertreten durch folgende Formen: a) աղրնձած[154]) *aγənjaj* v. աղրնձեմ, այլայլած[155]) *ailailaj* v. այլայլեմ, այրած[156]) *airaj* v. այնեմ, արգիլած[157]) *arkilaj* v. արգիլեմ, արգելած[158]) *arkelaj* v. արգելեմ, բորբոսած[159]) *porposaj* v. բորբոսեմ, բռնած[160]) *pṙnaj* v. բռնեմ, գրած[161]) *kraj* v. գրեմ, եփած[162]) *ep̔aj* v. եփեմ, զուգած[163]) *zukaj* v. զուգեմ, ընտրած[164]) *əndraj* v. ընտրեմ, թրջած[165]) *t̔rčaj* v. թրջեմ, ժխորած[166]) *žxoraj* v. ժխորեմ, ժողոված[167]) *žoγovaj* v. ժողովեմ, խառնած[168]) *xaṙnaj* v. խառնեմ,

---

›gewachsen‹ 37. 138) ելած ›herausgekommen‹ 31. 139) եղած ›geworden‹ 85. 140) հասած ›gereift‹ 39, 41, 57, 104. 141) հարցած ›gefragt‹ 196. 142) անցուցած ›durchgelassen, vorbeigelassen‹ 130. 143) եռացուցած ›gesiedet‹ 112, 122, 127. 144) կակղացուցած ›geschmeidig gemacht‹ 33. 145) նմանեցուցած ›angeglichen‹ 28. 146) նորացուցած ›erneuert‹ 115. 147) չորացուցած ›getrocknet‹ 188. 148) պաղեցուցած ›abgekühlt, wieder kalt gemacht‹ 112. 149) սնուցած ›ernährt‹ 28, 186, 209. 150) փակուցած ›angeheftet, angesetzt‹ 80. 151) կերած ›gegessen‹ 97. 152) ճանաչած ›erkannt, anerkannt‹ 31. 153) դրած ›gesetzt‹ 47.

Bei Mx. Her.: 154) աղրնձած ›geröstet‹ 44, 45. 155) այլայլած ›verändert, umgestaltet‹ in der Vorrede. 156) այրած ›gemacht‹ 45. 157) արգիլած ›gehindert‹ 5, 13, 22, 114. 158) արգելած it. 159) բորբոսած ›verschimmelt‹ 93 28. 30. 38, 94 2. 160) բռնած ›ergriffen‹ 36, 39. 161) գրած ›geschrieben‹ 23, 126. 162) եփած ›gekocht‹ 8, 11, 13, 24, 42, 43, 45, 46, 83, 120. 163) զուգած ›vereint, gepaart‹ 10, 112. 164) ընտրած ›gewählt‹ 52, 149. 165) թրջած ›befeuchtet, eingeweicht‹ 55. 166) ժխորած ›beunruhigt, gestört‹ 22. 167) ժողոված ›gesammelt‹ 93. 168) խառնած ›gemischt‹ 41, 32.

խորված[169]) *xorvaj* v. խորվել, ծածկած[170]) *jajgaj* v. ծածկել, ծրարած[171]) *jraraj* v. ծրարել, կեղեւած[172]) *geγevaj* v. կեղեւել, կտուած, կտված[173]) *gdvaj* v. կտուել, կտվել, հալած[174]) *halaj* v. հալել, հոտած[175]) *hodaj* v. հոտել, յիշած[176]) *hišaj* v. յիշել, յիստկած[177]) *histgaj* v. յիստկել, նեխած[178]) *nexaj* v. նեխել, նե-խիլ, շարժած[179]) *šaržaj* v. շարժել, պահած[180]) *bahaj* v. պահել, պատահած[181]) *badahaj* v. պատահել, ջնջած[182]) *čnjaj* v. ջնջել, տապկած[183]) *dabgaj* v. տապկել, տրորած[184]) *droraj* v. տրորիլ, ցանած[185]) *çanaj* v. ցանել, ցաւած[186]) *çavaj* v. ցաւել, փերճկած[187]) *ṗerjgaj* v. փերճկել = cl. փեճոկել, փերճոկած[188]) *ṗerjogaj* v. փերճոկել = cl. փեճոկել, փերճկոտած[189]) *ṗerjgodaj* v. փերճկո-տել (erweiterter Stamm zu փերճկել), փորձած[190]) *ṗorcaj* v. փորձել, քաշած[191]) *k̆ašaj* v. քաշել. — b) աղցած[192]) *aγçaj* (gelehrt *aγaçaj*) v. աղալ, լուացած, լվացած[193]) *lvaçaj* v. լուանալ, լվանալ. — c) ծնած[194]) *jnaj* v. ծննիլ, արած[195]) *araj* (gelehrt *araraj*) v. անել, հովցուցած[196]) *hovçuçaj* v. հովցնել, սնուցած[197]) *snuçaj* v. սնուցնել, կալած[198]) *galaj* zu ունիլ, կերած[199]) *geraj* zu ուտել; unregelmäßig steht այրեցած[200]) p. 122 für այրած

---

169) խորված »gebraten« 33, 46. 170) ծածկած »bedeckt, verhüllt« 47. 171) ծրարած »eingebunden, umwickelt« 117. 172) կեղեւած »geschält« 149. 173) կտուած, կտված »herausgenommen, herausgeschält, herausgeschnitten« 44, 50, 51. 174) հալած »geschmolzen« 42. 175) հոտած »riechend« 25. 176) յիշած »erwähnt« 71. 177) յիստկած »gereinigt« 43, 55, 117. 178) նեխած »verfault« 25. 179) շարժած »bewegt« 22. 180) պա-հած »bewahrt« 39, 55. 181) պատահած »begegnet, vorgefallen« 32. 182) ջնջած »ausgewischt« 43. 183) տապկած »in der Pfanne gegraten oder gebacken« 45. 184) տրորած »verkleinert, verdünnt, eingerührt« 33. 185) ցանած »ausgestreut« 8. 186) ցաւած »schmerzend« 22, 23. 187) փերճկած »geschält, ausgehülst, gereinigt« (von der Gerste u. dgl.) 42. 188) փերճոկած (= փերճկած) 13, 45. 189) փերճկոտած Variante zu beiden Vorhergehenden փերճոկած und փերճկած 46. 190) փորձած »erprobt« 74. 191) քաշած »gezogen, angezogen, gespannt« 28, 47. — 192) աղցած, աղացած »gemahlen« 30, 43, 117. 193) լուացած, լվացած »gewaschen« 41, 77. — 194) ծնած »geboren, entstanden« 41. 195) արած ,արարած »gemacht« 7, 117, 148. 196) հովցուցած »kalt gemacht, erkältet« 9, 17, 30, 112. 197) սնուցած »ernährt« 21. 198) կալած »gefangen« 28. 199) կերած »gegessen« 46. 200) այրեցած »gebrannt« 122.

v. այրեմ »brenne«, wohl zur Vermeidung von Verwechselung mit այրած p. prät. v. այնեմ »mache«.

§ 411. Partizipia aus Mr A: այրած »gebrannt« 48; աղցած »gemahlen« 115; արգիլած »zurückgehalten« 49, 121, 183; բորբոսած »schimmelig« 150; բռնած »ergriffen« 134; դեղած »vergiftet« 118; եփած »gekocht« 181; լցած »gefüllt« 17, 240; խառնած »gemischt« 186; խաշած »gesotten« 111; խորոված »gebraten« 111; կերած »gegessen« 257; կրկնած »gedoppelt« 18; հավքած »gesammelt« 179; հարած »verwundet« 134; յաւելցած »vermehrt« 101; փերճոկած »enthülst« 154, 181 etc.

§ 412. Mr B zeigt folgende Partizipia auf -ած: այրած »gebrannt« ժա, լէ, հդ, հե, ճլթ, միը, մկթ; աղած »gesalzen« ճիդ, ճձ; աղընձած »geröstet« գ, է; աղցած »gemahlen« ա, բ, թ, լը, խդ, ճլթ, ճձա, ճձզ, ճձթ, միէ, մլթ; բաժնած »gesondert« ժէ, միզ; գրած »geschrieben« ծզ, ճժզ, ճժե, ճժթ, ճիե, ճղը, մժե, միդ, միզ, մլը, մծե; եփած »gekocht« ճժբ, ճհե, միե, մծա, մծզ; ընտրած »auserlesen« ժէ, խթ; թափած »verrenkt« ճխթ, ճզ, հբ, հզ, մծթ, մհ; լոսած »zerstoßen« ժը, խթ, ձէ, ճիե, ճլդ, ճկդ, ճկզ, ճձ, ճձե, ճղբ, մ, մզ, մկա, մկթ, մհ; լուացած, լվացած »gewaschen« լէ, ճ, ճժը, ճձզ, ճձթ, մխա, մծա, մհ; խառնած »gemischt« միզ, խե, ճլթ, ճկզ; ծեծած »geschlagen« խբ, հա, հզ, ճլե, ճղէ; ծրարած »eingewickelt« ճլը, ճխզ; կապած »gebunden« ճկթ; կեղեւած »geschält« ը, լբ, խբ, ղբ, ղթ, միե; կերած »gegessen, zerfressen« մխզ; կորզած »herausgerissen« խէ; կոտրած »gebrochen« ճխը; կտուած, կտոլած »geputzt« ա, բ, լզ; կտրած »geschnitten« ճիդ; հալած »geschmolzen« ճիդ, ճղե, ճղէ; հանած »herausgenommen« ժթ, իը, լէ, խա, ճհթ, մժզ; ծնացած »gealtert« ծզ; ձարձատած »zerstückelt« լը, լթ, խա; ձգած »geschleudert« մծզ; մաղած »gesiebt« ա, բ, լը, ճլէ, ճծա, ճկդ, ճձե, մզ, մլթ, մժզ, մխբ; յիշած »erwähnt« խզ, միե; շաղղած »geknetet« խէ, խթ; շինած »verfertigt, zubereitet« է, ղթ, ճզ, միե, միզ, մլա, մլթ, մկզ; չորցուցած »getrocknet« լզ, ճժը, մծզ, մծը, մծթ; պատռած »zerrissen« մժզ; պարզած »filtriert« ծդ, մծզ; ջրած »gewässert« մծթ; սահմանած »festgesetzt« ճլա, միզ; սնուցած »genährt« մծա; սրբած »gereinigt« բ, ժը, իզ, լը, ծէ, ղբ;

տապքցած »vertrocknet« ծե, ճլը; ցանած »gestreut« մլբ; փոխած »übersetzt« ժղ; փորձած »erprobt« ժթ, ղբ, ճիղ, ճիթ, ճծգ, ճհա, մժե, մժը, մծգ, մկղ; քամած »geseiht, filtriert« իբ, ծե, ճձղ, մծգ; քերած »geschabt« լթ, խա, ղբ, ճիդ.

§ 413. Partizipia aus Rb: այրած »gemacht« ճբ; անիծած »verflucht« ղէ, ճժա; անցած »vergangen« ճժ; առած »genommen« ղդ; ասցած »gesagt« իդ, ճիբ, ճկ; արարած »gemacht« կղ; աւերած »verdorben« ճկգ; աւրհնած »gesegnet« խգ; բաժանած »getrennt« լդ; բաժնած »getrennt« ճժդ; բաթտած »umwickelt« կ, ճկա; բանառած »angewandt, gebraucht« ճծղ; բանադրած »anathematisiert« ժթ, ի, լը, ծե; բացած »geöffnet« ա; բռնած »gefangen, gebunden« ճժգ; գնացած »gegangen« ծէ, ճկը; գողցած »gestohlen« ճիա, ճհե; գրած »geschrieben« ժղ, իբ, իգ, ծէ, ղե, կղ, կէ; դասած »klassiert« ճհէ; դատած »gerichtet, verurteilt« ճլթ; դրած »gesetzt« կբ, հ, ճհ, ճհե; ելած »ausgetreten« ճլէ, ճկը; եկած »gekommen« խ; զարկած »geschlagen« ճլէ, ճհե; ընկած »gefallen« ճկա, ճհէ; ընդունած »angenommen, gültig« իգ, իղ, խ, հէ, ձը; թողած »verlassen« հե, հթ; խառնած »gemischt« ճժդ; խլած »geraubt« ճխդ; խնամէխաւսած »verlobt« հգ; խոռած »ausgebohrt« ճհէ; ծախած »verkauft« ճթ; ծածկած »verborgen« ճժա; ծնած »geboren« ղէ; կալած »gehabt, besessen« ճհէ; կապած »gebunden« լդ, ծե; կացուցած »gestellt« լբ; կարգած »geordnet, eingesetzt« լբ, լգ; կարճած »gekürzt« լգ; կերած »gefressen« ճժը, ճխ; կնքած »getauft« լէ, ղբ; կոտրած »getötet, gemordet« ճիգ, ճլէ, ճկա, ճհե; կտրած »entschieden, verordnet« կղ; համած »befohlen« ճլէ; համարած »gehalten, erachtet« խ, հբ, ձղ, ղդ, ճղ, ճթ, ճծա, ճհղ; հաշուած »gerechnet« ղդ; հաստատած »festgesetzt« կբ, ճը; հարբած »betrunken« ճիգ, ճծե; հարկեւորած »geehrt« ա, ծբ; հիլայած »angeklagt« իդ; հրամայած »befohlen« իը, լդ, հբ, հե, ճթ; ձգած »entlassen, abgesetzt« ժբ, ծե, ճլե, ճխգ, ճհէ; ձեռնադրած »gefirmelt« ժբ, ծա; ճանչած »erkannt« խա, խէ; մեռած »gestorben« ի; մկրտած »getauft« ժբ; մոլրած »verirrt« ճհէ; նեղած »gequält« հբ; նզոված »verflucht, anathematisiert« ծթ, իթ, ղա, ղէ, ճխգ; շահած »gewonnen« գ, խր,; շինած »gebaut« ա, ճհ; որոշած »geschieden« ղէ; պսակած »verheiratet« ըդ; ջնջած »verwischt« կ; սահմանած »bestimmt« խա, խէ, ծր, հե, ղա, ճխդ; սպաննած »getötet« իը, ճիզ, ճկը, հր; վճարած »bezahlt« կր; տարած »fortgeführt« խ; տուած »gegeben« ճլթ, ճխ, ճծէ; փակած »geschlossen, gesperrt« ճկա; փրթած »befreit« ճկա; փաւշմանած »reuig« ձէ.

§ 414. Formal stimmt das Partizipium auf *-ած -aj* genau überein mit dem classischen Verbalnomen auf *-ած -ac*; letzteres, das Gegenstück zu dem classischen, vorwiegend abstrakten Verbalnomen auf *-ուած -vac*[1]), ist wesentlich ein konkretes Nomen[2]), und greift in der Litteratur der spätklassischen Zeit immer mehr um sich; so treten in späterer Zeit neben die

1) Wie առնուած »Nehmen, Ergreifen«, ասացուած »Rede«, արարուած »Schaffen«, դարձուած »Rückkehr«, եղուած »Lage«, եղծուած »Flucht«, զօդուած »Verbindung«, ընթերցուած »Lesen, Lektüre, լուծուած »Lösung«, խայծուած »Schwarzfärben der Trauben«, խառնուած »Mischen, Mischung«, կալուած »Besitznahme, Besitz«, կապուած »Binden, կատարուած »Vollendung, Verwirklichung«, հալուած »Schmelzen«, հայեցուած »Anblick«, հայցուած »Bitte«, հարցուած »Frage«, մաշուած »Schmilzen, Hinschwinden«, յաջողուած »Glück«, յաւելուած »Vergrößerung, Zuwachs«, սկսուած »Anfang«, պատառուած »Riss«, ստացուած »Erwerb, Besitz«; ferner mit Übergang in die konkrete Bedeutung: դիպուած, դրօշուած, զանգուած, զարկուած, խայթուած, խափանուած, կազմուած, կառուած, կացուած, կծուած, կոտորուած, կտուած, կցուած, հաստուած, հարուած, հերձուած, հիւսուած, մածուած, մանուած, յարմարուած, շինուած, շրջուած, պատուած, սարուած, անկուած etc.

2) Classische Verbalnomina auf *-ած* sind z. B. առած »das Genommene, die Annahme, Lemma«, ասած »Rede, Wort«, արարած »Geschöpf, Schöpfung«, աւելած »Kehricht«, ասացած »Rede, Ausdruck«, ասած it. (b. L. Pʿarp.), գծած »Charakter, գուպարած »Kampf«, խազած »Charakterzug«. խորոված »Braten«, ծեփած »Mörtel«, կազմած »Gerät, Gerätschaft«, կատարած »Ende, Ziel«, կողոպտած »Beute«, կտրած »Schnitt, Abschnitt«, հասարակած »Hälfte, Äquinoctium«, հարած »Wunde«, մեկնած »Zwischenraum«, մնացած Überrest«, որմած, որմածք »Mauer, Zaun«, սալարկած »Pflaster«, ստորոգած »Prädikat«, վրիպած »Fehler« etc. etc. Die entsprechenden Verba sind: առնում, ասեմ, առնեմ, աւելում, գծեմ, գուպարեմ, խազեմ, խորովեմ, ծեփեմ etc. etc.

älteren հիւսուած, նստուած, շինուած, փորուած, փրթուած als gleichbedeutend: հիւսած, նստած, շինած, փորած, փրթած etc. Im Classischen hat das Verbalnomen auf -ած noch rein und ausschließlich substantivische Funktion, ausgenommen jedoch die folgenden Adjektive auf -ած: երկիւղած »furchtsam«, հոգած »besorgt«, ցաւած »leidend«, ողորմած »mitleidig«, բախած »thöricht, verrückt«. Gestützt auf letztere Fälle von Possessivadjektiven auf -ած dürfen wir die Vermutung wagen, dass überhaupt das alte Verbalnomen auf -ած seinem Wesen nach nichts anderes ist als das substantivierte Neutrum eines ursprünglichen Adjektiv- resp. Partizipialnomens (cl. արարած = »das Geschaffene«, »factum, creatum«, cl. ասած = »das Gesprochene«, »dictum«), dessen ursprüngliche Natur, die im classischen Idiome großenteils verwischt ist, in dialektischen Unterströmungen sich lebendig erhalten hatte und nun, als der Einfluss der classischen Hochsprache ermattet war, mit elementarer Gewalt im Mittelarmenischen zum Durchbruch kam. So und kaum anders begreift es sich, dass schon in der spätclassischen Litteratur, vielleicht unter Anlehnung an die erwähnten classisch-armenischen Fälle երկիւղած, հոգած, ցաւած etc., das Nomen auf -ած allgemein auch in adjektivisch-partizipialer Funktion aufzutreten beginnt. So stellt sich neben: cl. արարած «Geschöpf, Schöpfung« das späte արարած adj. »geschaffen, erschaffen« in Ganj.; cl. կարգած »Ordnung, Einrichtung« das späte կարգած adj. »geordnet« bei Esaias Vardapet; cl. հիւսած »Geflecht« das späte հիւսած »geflochten« in Leb. d. Vät.; cl. ներկած »Farbe« das späte ներկած »gefärbt« in Čaṙəntirḱ, N. Šnorh.; cl. հատած »Abschnitt, Einschnitt« das späte հատած »geschnitten« bei N. Šnorh. So finden sich denn auch ohne entsprechendes älteres substantivisches Verbalnomen schon in der nachclassischen Litteratur die Fälle: բաժանած »getrennt« (v. բաժանեմ) bei N. Lampr.; բանտած »eingekerkert« (v. բանտեմ) in Ganj.; բեւեռած »genagelt« (v. բեւեռեմ) bei N. Lampr.; գրած »geschrieben« (v. գրել) Stepׂan. Orbel. S. 260; զարհուրած »erschrocken« (v. զարհուրիմ) bei N. Šnorh.; ըմբռնած »ergriffen« (v. ըմբռնեմ) bei Lampr.; խաւարած »verfinstert« (v. խաւարեմ) bei N. Šnorh. und N. Lampr.; խրատած »ermahnt« (v. խրատեմ) bei N. Lampr.; կապած »gebunden« (v. կապեմ) bei Šnorh., N. Lampr.; կոչած »gerufen« (v. կոչեմ) in Ganj.; ձգած »geworfen« (v. ձգեմ) bei Šnorh.; ուղղած »aufgerichtet« (v. ուղղեմ) bei N.

Lampr.; պատմած »erzählt« (v. պատմեմ) bei Chosrovik; պատրած »betrogen« (v. պատրեմ) bei Lampr.; պռուգած »mit Mitgift ausgestattet« (v. պռուգեմ) bei Mx. Goš; ստեղծած »gebildet« (v. ստեղծեմ) in Ganj.; գոյացած »mit Wesenheit begabt« (v. գոյանամ) in Ganj.; մեռած »gestorben« v. մեռնիմ) in Ganj.; ցանկած »begierig« (v. ցանկամ) in Ganj.; լցած »gefüllt« (v. լնում) bei N. Šnorh.; ferner noch գօտեւած, գօտելած »gegürtet«, թրջած »benetzt«, խնամած »besorgt«, ծալած »gefaltet«, կատաղած »wütend«, կուտած »gehäuft«, կրկնած »verdoppelt«, մխած »eingesteckt«, նզոլած[1]) »verflucht« und noch andere. In diesen frühmittelarmenischen Bildungen auf -ած haben wir die ersten geschichtlichen Vertreter des Partizips auf -ած -aj, welches, etymologisch identisch mit dem classisch-armenischen Verbalsubstantiv auf -ած -aç, das letztere in adjektivisch-partizipialer Funktion darstellt. Und zwar ist der adjektivische Charakter des Partizips auf -ած -aj im Mittelarmenischen so vorwiegend und so stark ausgeprägt, dass dieses neue Partizip, wie bereits oben § 404 bemerkt, das Partizip auf -ել -el vollständig aus der selbständigen nominalen Funktion verdrängen konnte[2]).

---

1) Schon eine Inschrift aus Ani vom J. 1033 zeigt: նզոլած է »er sei verflucht« Šir. 127. In späteren Inschriften erscheint das Partizip auf -ած ganz allgemein; z. B. in einer Inschrift vom J. 1215 (Šir. 75 ff.): գնած է »ist gekauft«; գրաւկնած էր »war gepfändet« u. s. w.

2) Wenn statt des passiven Partizips auf -ած -aj in kilikischen Quellen zuweilen noch das alte Partizip auf -եալ -eal erscheint, so folgt hieraus nicht etwa, dass dies alte Partizip in der kilikischen Volkssprache noch lebendig war; die kilikische Volkssprache besitzt kein Partizip auf -եալ -eal mehr: letzteres ist jedoch in der kilikischen Schriftsprache noch zugelassen als gelehrter Klassizismus, und zwar bei solchen Verben, die nicht eigentlich kilikisch sind, sondern unverändert und lediglich als gelehrte Termini aus der alten Sprache übernommen werden (cf. Aid. II p. 105). So z. B. անուանեալ »genannt, festgesetzt, bestimmt«: անուանեալ կոչն 9 21, անուանեալ պայմանն 13 18, անուանեալ ապրնացն 21 9; եղեալն »das Geschehnis« 13 17; կատարեալ »vollendet, vollkommen«: կատարեալ պատմամբ 15 24, կնիկ կատարեալ 53 1, կատարեալ պատճռվորն 79 17; հանգուցեալ, հանգուցեալ »ruhend« 3 11, L 185 10; սահմանեալ »festgesetzt, verordnet« etc. in: սահմանեալ իրաւամքքն 13 24; սահմանեալ չափն 25 5. Ganz dieselbe Rolle spielt das Partizip auf -եալ -eal noch jetzt in der modernen Litteratursprache (cf. Aid. II p. 102 f.).

§ 415. Somit erklärt sich das mittelarmenische Partizip auf *-ած*, das zunächst in dem plötzlichen und gewaltigen Auftreten, womit wir es kennen gelernt haben, als eine rätselhafte Erscheinung vorkommen mochte, in Wirklichkeit als die historische Fortsetzung einer um Jahrhunderte zurückreichenden, in der alten Volkssprache wurzelnden, jedoch von der classischen Hoch- und Litteratursprache nicht acceptierten und somit unserm Gesichtskreise lang entrückten adäquaten Urform, welche endlich in mittelarmenischer Zeit auch litteraturfähig wurde. Nicht allzugewagt hat demnach Thomson (Dial. v. Tifl. § 292) dieses Partizip schon für die urarmenische Zeit angesetzt. Vgl. Thom. ibid. Jedenfalls ist die Grundlage, worauf die mächtige Erscheinung des mittelarmenischen *ած*-Partizips ruht, nicht direkt im Classisch-Altarmenischen zu suchen, sondern in den altarmenischen Dialekten.

Gegen Petermann, welcher[1]) das Partizip auf *-ած -aj* aus dem zusammengesetzten Aoriststamm auf *-ց -ç* herleitet und damit für identisch erklärt, spricht: 1) das *-ց -ç* des zusammengesetzten Aoriststamms kann nach armenischen Lautgesetzen unmöglich zu *ծ c* (*j*) werden; 2) den Aoriststamm auf *-աց -aç* haben blos *a*-Stämme, während das Partizip auf *-ած -ac* von sämtlichen Stämmen gebildet wird; 3) wäre das Partizip auf *-ած -aj* hervorgegangen aus dem Aoriststamm auf *-աց -aç*, so würde man doch als Partizip erwarten von *աղամ* die Form **աղած* (Stamm *աղաց-*), von *կարդամ* die Form **կարդած*, von *հաւատամ* die Form **հաւատած*, während die wirklichen Partizipialformen dieser Verben *աղացած*, *կարդացած*, *հաւատացած* lauten. Dass sich bereits in der altarmenischen Zeit adjektivisch-partizipiale Bildungen finden wie *բաց baç* »geöffnet, offenbar«, *թաց ṫaç* »befeuchtet, feucht«, welche identisch sind mit den entsprechenden Aoriststämmen der Verba *բանամ*, *թանամ*, beweist noch keineswegs, dass auch das Partizip auf *-ած -aj* auf den Aoriststamm auf *-ած* zurückgeht.

Ein vom Passivstamm auf *-ու -u* (*v*) gebildetes passives Partizip auf *-ուած -vaj* ist im Kilikischen noch nicht vorhanden, weil eben das vom Aktivstamm mit Suff. *-ած -aj* gebildete Partizip schon an sich ein passives ist[2]). Erst mit Beginn der neuarmenischen Sprachperiode, als

---

1) In seiner »Grammatica ling. Arm.« p. 197, sowie in »Abhdlg. d. Ak. d. Wiss. zu Berlin 1866« p. 81.

2) Das in Ass. Ant. p. 25 18 überlieferte *երդուեցուած* (*լինի*) »vereidigt« ist korrupt und zu emendieren in **երդուեցուցած ertveçuçaj*,

der Sprachgeist nicht mehr recht lebendig war, und unter dem Einfluss des Uniformierungs- oder Angleichungsprinzips der Passivstamm ganz wie ein gewöhnlicher Verbalstamm behandelt wurde, bildete sich vom Passivstamm auf -ու *-u* ein neues passives Partizip auf -ուած *-vaj*. Nun wiederholte sich eine in einem früheren Sprachstadium stattgehabte Erscheinung: gleichwie nämlich beim Aufgang der mittleren Sprachperiode das Partizip auf -եալ *-ʿel* (-եալ *-eal*) die passive Funktion aufgab, sobald ein spezifisch passives Partizip auf -ուել *-vʿel* vorhanden war, ebenso verlor jetzt, beim Anheben der neuarmenischen Periode das mittelarmenische Partizip auf -ած *-aj* seine bisherige passive Funktion an das neugebildete passive Partizip auf -ուած *-vaj*. Das mittelarmenische passive *aj*-Partizip ist im Neuarmenischen allgemein zum aktiven *aj*-Partizip geworden. Hiermit gewann die neue Sprache über die mittlere den Vorzug eines selbständigen aktiven Partizips, indem das neuarmenische ած-Partizip, als Fortsetzung des betreffenden mittelarmenischen, vorzugsweise selbständig-nominale Natur zeigt; hiermit zugleich auch den Vorzug genauerer Tempusunterscheidung, die allerdings augenscheinlich sich an türkisches Vorbild anlehnt: so im Tr., wo das vom *aj*-Partizip gebildete Tempus compositum als bestimmtes Präteritum das sichere und wirkliche Geschehensein der Handlung anzeigt, während das vom Partizip auf *-ʿer* (= *-ʿel*) gebildete Tempus compositum, als unbestimmtes Präteritum, die Handlung blos als eine nach dem Hörensagen des Redenden stattgehabte hinstellt, cf. Aid. II p. 95. Jenes entspricht dem osmanischen Präteritum auf *-di*: *sevdi*; dieses dem Präteritum auf *-miš*: *sevmiš*. Im Grunde beruht jedoch dieser Tempusunterschied des Neuarmenischen auf der ursprünglichen Natur beider Partizipia: das Partizip auf *-ʿer* (kl. *-ʿel*) als rein verbales bezeichnete in Verbindung mit dem Hülfszeitwort ursprünglich die Handlung als einfach historische Aussage, ohne Bezug auf wirkliche Vollendung; das auf *-aj* dagegen vermöge seiner ursprünglich nominalen Natur, statt wie jenes mit dem Hilfsverb zu einem Verbalbegriff zu verwachsen, begleitet vielmehr dasselbe als selbständiges perfektivisches Nomen, drückt mithin ursprünglich die Handlung als eine perfektivische, in der Gegenwart wirklich abgeschlossen und vollendet vorliegende aus.

Hinsichtlich der formalen Veränderungen, die beide mittelarmenischen Partizipia, das auf -ած *-aj* und das auf -ել *-ʿel* bei ihrem Übergang in die neue Sprache erlitten haben, sind weniger bedeutend rein lautliche Abweichungen wie z. B. die Abstufungen des Partizipialsuffixes -ած zu den Formen -եծ *-ʿec*, -օծ *-oc* im Dialekt von Agulis (S. Sarg. p. 110), der Übergang des Partizips auf -ել *-ʿel* zum Partizip auf -իլ *-il* in den Dialekten von Polen, Nachiǰevan, Tiflis etc. Tiefgreifendere Umgestaltung erfuhr dagegen das Partizip auf -ել *-ʿel* in bestimmten neuarmenischen Dialekten, z. B. in denen von Konstantinopel und Achalzich, indem es zum Partizip auf *-er* geworden ist. So tritt im Tr. ein für mittelarmen. սիրել *sirʿel* (cl. սիրեալ) die neue Form սիրեր *sirʿer*, für mittelarmen.

Part. prät. pass. des Kausativs *երդուեցնել »vereiden, vereidigen« zu dem spätclassischen Simplex երդնուլ »schwören«.

*բերել per*$^{i}$*el* (cl. *բերեալ*) die neue Form *բերեր per*$^{i}$*er*, für mittelarmen. *մոռցել moṙç*$^{i}$*el* (cl. *մոռացեալ*) die neue Form *մոռցեր moṙç*$^{i}$*er* etc. Diese Umgestaltung des alten *el*-Partizips zum *er*-Partizip ist nicht etwa eine naturgemäße, aus dem Sprachgeiste hervorgegangene phonetische Wandlung: Wandel von *լ l* zu *ր r* im Auslaut ist in keiner Periode der armenischen Sprachgeschichte nachzuweisen.

Nun fallen aber die $^{i}$*er*-Partizipia der einfachen *e*-Stämme formal zusammen und sind identisch mit dem entsprechenden partizipialen Verbalnomen auf -$^{i}$*er* der negativen Konjugation (worüber Näheres unten S. 379 ff.); so im Tr.:

Partizip prät.: *սիրեր sir*$^{i}$*er* neben negativem Verbalnomen *սիրեր sir*$^{i}$*er*,
*լսեր ls*$^{i}$*er* » » » *լսեր ls*$^{i}$*er*,
*բերեր per*$^{i}$*er* » » » *բերեր per*$^{i}$*er*;

*սիրեր եմ* »ich habe geliebt« und *չեմ սիրեր* »ich bin nicht liebend«,
*լսեր եմ* »ich habe gehört« und *չեմ լսեր* »ich bin nicht hörend«,
*բերեր եմ* »ich habe getragen« und *չեմ բերեր* »ich bin nicht tragend«.

Die Übereinstimmung ist unmöglich eine zufällige; beide partizipiale Verbalnomina müssen hinsichtlich ihrer Entstehung mit einander in Zusammenhang stehen, zumal beide auch lokal mit einander verbunden sind, indem diejenigen Dialekte, die das Negativnomen auf *-r* besitzen auch zugleich das Partizip prät. auf *-r* aufweisen, während irgend ein Dialekt, welcher das erstere nicht kennt, auch das letztere entbehrt und umgekehrt. Da nun, wie unten S. 379 ff. dargethan werden soll, das negative Partizipialnomen auf -$^{i}$*er* sich selbständig und unabhängig vom Partizip präteriti entwickelt hat, muss letzteres in seiner Bildung von jenem abhängig gewesen sein. Das ältere mittelarmenische Partizip auf *-ել* -$^{i}$*el* hat sich hier, dem in der neuen Sprache so mächtig waltenden Angleichungsprinzip gemäß, dem bereits vorhandenen parallelen präsentischen Partizip der negativen Konjugation auf *-եր* -$^{i}$*er* in der Endung assimiliert: nachdem zunächst nach S. 380 unten die Negativformel *çem sir*$^{i}$*el, çes ləs*$^{i}$*el, çi per*$^{i}$*el* zu *çem sir*$^{i}$*er, çes ləs*$^{i}$*er, çi per*$^{i}$*er* umgeformt war, musste nach dem Analogieprinzip notwendigerweise auch die mit jener äußerlich ganz parallele Affirmativformel *sir*$^{i}$*el em* oder *em sir*$^{i}$*el, ləs*$^{i}$*el es* oder *es ləsiel, per*$^{i}$*el e̱* oder *e̱ per*$^{i}$*el* zu *sir*$^{i}$*er em* resp. *em sir*$^{i}$*er, ləs*$^{i}$*er em* resp. *em ləs*$^{i}$*er, per*$^{i}$*er e̱* resp. *e̱ per*$^{i}$*er* werden. Von den einfachen *e*-Stämmen aber dehnte sich die Neuerung in der Folge auf alle übrigen Verben aus; dass dabei das Osmanisch-Türkische mit seinem Partizip Aor. auf *-er*[1]) ein starker mitbeteiligter Faktor gewesen, ja vielleicht den Anstoß zu der Umgestaltung gegeben, ist um so weniger zu bezweifeln, als das Partizip prät. auf *-er* sich nur bei solchen modernen Dialekten vorfindet die dem Türkischen näher stehen, und davon am meisten beeinflusst werden konnten, wie z. B. der Dialekt von Konstantinopel und Achalzich[2]), während die ferner

---

1) Wie *sever* (in *sever idim, sever idiñ* etc.) von *sevmek*.

2) Achalzichs armenische Bevölkerung besteht aus türk-armenischen Kolonisten. Sein Dialekt ist ein westarmenischer.

liegenden Dialekte, so das Polnisch-Armenisch, Nachijevan-Armenisch, sowie die östlichen Mundarten von dieser Neuerung verschont geblieben sind, und das alte *ʻel*-Partizip[1]) bewahrt haben.

Im Dialekt von Achalzich hat weiterhin ganz analog, jedoch in einem späteren Sprachstadium, das diesem Dialekt eigene negative Partizipialnomen auf *-ẹ*[2]) das Partizip prät. auf *-ʻel* dahin beeinflusst, dass dieses sich in der Endung jenem assimilierte oder vielmehr durch ein neues präteritales, nach dem Muster des negativen Verbale auf *-ẹ* gebildetes Partizip auf *-ẹ* ersetzt wurde; so nach Tom. Dial. v. Ach. pp. 63. 68: *çʻem marẹ* = »ich lösche nicht aus«, *çʻes marẹ* = »du löschst nicht aus«, *çʻi marẹ* = »er löscht nicht aus« neben: *yes yem marẹ* = »ich habe ausgelöscht«, *yes ẹyi marẹ* = »ich hatte ausgelöscht« etc.

Die Partizipia präteriti activi auf *-ʻer* und auf *-ẹ* sind neuarmenische Erzeugnisse und erstrecken sich, nach dem bisher Gesagten, nicht über die Grenzen des Neuarmenischen hinaus. Deshalb sind die bereits bei Mx. Her. erscheinenden, vereinzelten Partizipialformen auf *-ʻer*[3]) unecht und nichts weniger als mittelarmenisch, wofür sie Aidynian in seiner Grammatik II p. 103 f. ausgiebt. Als unechte, erst durch spätere neuarmenische Redaktion in den Text gekommene Formen verraten sich diese Partizipien auf *-ʻer* schon dadurch, dass daneben von eben denselben Verben regelmäßig die Partizipialform auf *-ել -ʻel* erscheint, welch letztere auch in dem uns vorliegenden verderbten Texte Məchitʻars die vorherrschende geblieben ist[4]).

1) Zum Teil lautlich zur Form auf *-il* differenziert.

2) Über Entstehung desselben vgl. unten S. 381.

3) Es sind: *յիշեր* (*եմ*) »habe) erwähnt« p. 31, *փորձեր* (*ենք*) »wir haben versucht« p. 126, *տագնապեր* (*է*) »hat geplagt, bedrängt« p. 27, *յաւելցեր* (*է*) »hat zugenommen« p. 32, *տաքցեր* (*է*) »(hat sich) erhitzt« p. 27, *ընկեր* (*է*) »ist) gefallen« p. 40.

4) Dasselbe gilt von vereinzelten, in anderen mittelarmenischen Quellen versprengten Partizipien auf *-եր -ʻer*, wie: *իմացեր* für *իմացել* in Smp. Chron. Dul. p. 650.

§ 416. Im Anschluss an die Darstellung der Partizipia präteriti giebt folgende Tabelle eine Übersicht der mittels dieser Partizipia gebildeten Tempora composita. Letztere haben, wie schon aus den im Vorhergehenden scharenweise angeführten Belegen hervorgeht, der alten Sprache gegenüber eine erhöhte Bedeutung gewonnen und dienen wesentlich zur Vervollständigung des Verbalparadigma[1]).

1) Vergleiche hierüber Aidynian II 96.

### Historische Tempora composita.

| | Aktiv. Indikativ. | Aktiv. Konjunktiv. | Passiv. Indikativ. | Passiv. Konjunktiv. |
|---|---|---|---|---|
| Präteritum | լոսել {եմ / լինիմ} *los'el* {*yem* / *linim*} | լոսել լինամ *los'el linam* | լոսուել {եմ / լինիմ} *losv'el* {*yem* / *linim*} | լոսուել լինամ *losv'el linam* |
| Plusquamperfekt | լոսել {էի / լինէի} *los'el* {*ẹi* / *linẹi*} | լոսել լինայի *los'el linayi* | լոսուել {էի / լինէի} *losv'el* {*ẹi* / *linẹi*} | լոսուել լինայի *losv'el linayi* |

### Perfektivische Tempora composita.

| | Passiv. Indikativ. | Passiv. Konjunktiv. |
|---|---|---|
| Präteritum | լոսած {եմ / լինէի} *losaj* {*yem* / *linim*} | լոսած լինամ *losaj linam* |
| Plusquamperfekt | լոսած {էի / լինէի} *losaj* {*ẹi* / *linẹi*} | լոսած լինայի *losaj linayi* |

Anm. 1. Für die Konjunktivformen *լինամ*, *լինայի* sei verwiesen auf §§ 424 und 429 unten. — Das negative Verb invertiert dieselben Tempusformen mittels des Präfixes *չ* zu *չեմ լսել*, *չեմ լսուել*, *չեմ լսած*, *չլինամ լսել* etc. Dieselbe Inversion ist übrigens auch häufig bei den positiven Formen zu beobachten.

Anm. 2. Außer den oben dargestellten periphrastischen Verbindungen erscheint vereinzelt auch die des passiven Partizips auf *-ած* mit *ունիմ*, wie z. B. Smp. Chron. Dul. 650: *զքաղաքն առած ունէին* »sie hatten die Stadt genommen«, eine Ausduckseweise, die schon Aidynian (Kr. Gramm. II 97) mit unserm westeuropäischen aus dem Verb des Besitzes + Part. prät. komponierten Präteritum zusammenstellt. Wie jedoch die Spärlichkeit der einschlägigen Fälle verrät, vermochte diese Verbindung sich nicht als festausgeprägte Tempusform im Kilikischen festzusetzen, wie denn dieselbe auch dem Neuarmenischen fremd ist.

## Kap. V. Negative Konjugation.

§ 417. Eine besondere negative Konjugation ist in der classischen Sprache nicht vorhanden: die negativen Zeitformen werden von den positiven lediglich durch vorgesetztes *ոչ* oč̣ unterschieden; dem affirmativen *սիրեմ*, *սիրէի*, *սիրեցի*, *սիրիցեմ*, *սիրեցից* entspricht negativ: *ոչ սիրեմ*, *ոչ սիրէի*, *ոչ սիրեցի*, *ոչ սիրիցեմ*, *ոչ սիրեցից*. — Statt der vollen Form *ոչ* oč̣ beginnt in spätclassischer Zeit[1]) allgemein das verkürzte *չ* č̣ einzutreten und so entstanden die spät- und nachclassischen Formen: *չսիրեմ*, *չսիրիցեմ*, *չսիրէի*, *չսիրեցի*, *չսիրեցից*, *չսիրել* etc. Von diesen späten č̣-Formen gingen naturgemäß sämtliche außerhalb des Präsenssystems stehenden, analog wie die entsprechenden positiven Formen, unverändert ins Mittelarmenische über. Beispiele für das Kilikische sind: *չառի* »ich nahm nicht« 11 25;

1) Wenn *չ* č̣ sich vereinzelt bereits in frühclassischer Zeit findet, so steht es immer in vulgärer Diktion und ist nicht als echtclassisch zu betrachten.

*չեկիր* »du kamst aicht« 9 21, 75 17; *չգալոյն* »des Nichterscheinens« 9 19; *չես ասացեալ* »du hast nicht gesagt« 77 11; *չէ հրաւիրեալ* »er hat nicht vorgeladen« 9 24; *չես խօսեալ* »du hast nicht gesprochen« 67 28; *չլինի խօսեալ* »er hat nicht gesprochen« 23 23; *չլինի ծնեալ* »ist nicht geboren worden« 45 9; *չլինի առեալ* »hat nicht genommen« 85 4; *չլինի ցուցուցեալ* »hat nicht angegeben« 9 19; *չէ ընդունած* »wird nicht angenommen« 11 12, 59 31; *մի այնէք* »machet nicht« Rb *ճհէ*; *մի գողնայք* »stehlet nicht« Rb *ճհէ*.

§ 418. Im Präsenssystem hingegen musste das negative Verb bei seinem Übergang ins Mittelarmenische, in engem Zusammenhang mit der durchgreifenden Umgestaltung desselben Tempuskomplexes des positiven Verbs, eine neue Gestalt annehmen. Zunächst schwanden mit dem Verlust des altarmenischen Konjunktivs und Futurs auch die entsprechenden negativen Formen: neg. Konj.: *չսիրիցեմ*, neg. Fut.: *չսիրեցից*. In die Stelle des untergegangenen negativen Konjunktivs rückte der bisherige negative Indikativ, ganz analog wie beim positiven Verb. Wie beim positiven, so trat nun auch beim negativen Verb zum Ersatz des zum Konjunktiv gewordenen Indikativ ein neues Indikativtempus ein, nicht aber ein mit präf. *կու* *gu* gebildetes — das Negativpräfix *չ* *č* gestattete diese Bildung nicht — sondern ein zusammengesetztes Tempus, bestehend aus der negierten Präsens- resp. Imperfektform des Verbum substantivum, die durch Partikel *ի* *i* mit dem Infinitiv des betreffenden Verbs verbunden ward. Als Vertreter dieses neuen Indikativ Präsentis und Imperfekti finden sich die Formen: *չեմ յերթալ* »ich gehe nicht« Rb *ճհէ*; *չեմ յառնուլ* »ich nehme nicht« oder auch »ich werde nicht nehmen« 11 21; *չես ի կարել* »du kannst nicht« 25 25; *չէիր ի խօսել* »du redetest nicht« Mr A 242; *չէ ի վճարել* »er bezahlt nicht« 75 26. 27; *չէ ի հասնել* »er gelangt nicht« Mr A 164; *չէ ի հաճեցնել* »er versöhnt nicht« Rb *ճհէ*; *չէ ի հրամայել* »es gestattet nicht« Rb *հբ*; *չէ ի տալ* »es giebt nicht, gestattet nicht« Rb *ժբ*, *խա*; *չի ճանչել* »er erkennt nicht« 25 22; *չի լինիլ* »es findet nicht statt« Rb *խա*; *չէր ի փնդռել* »er forschte nicht nach« Rb *ճժա*; *մենք չէաք ի հաւնել* »wir willigten nicht ein« Dipl. Sarv. H. 258; *չեն ի կարել* »sie können nicht« Rb *ձբ*; *չեն ի յայրել* »sie verbrennen nicht« Rb *խղ*; *չեն ի յուրանալ* »sie leugnen nicht« 35 2. 3;

չեն ի պակսիլ »sie fehlen nicht« Mr A 225; չեն ի պատկառիլ »sie scheuen sich nicht« Rb լզ. Ebenso weist Mx. Her. auf: չէ ի յերեւել »kommt nicht zum Vorschein« p. 110; չէ ի յերեւենալ »kommt nicht zum Vorschein« p. 110; չէ ի պակասել »versagt nicht« p. 110; չեն ի պակասել »versagen nicht« p. 137. Geoponica p. 136: չլինի ի տալ »giebt nicht« oder auch »will nicht gehen«.

§ 410. Aus den Beispielen geht hervor, dass die Form des negativen Ind. Präsens zugleich die Funktion des negativen Futur hat.

Anm. Bei Vardan (14. Jhd.) erscheint die Ausdrucksweise mit Hülfsverbum + Infinitiv auch beim affirmativen Verbum: են ի կռուիլ »sie kämpfen« Vard. 161 9. 10; եմ յասել »ich werde sagen« 158; եմ յանձնել »ich empfehle« oder »ich will empfehlen« 159; Հայոց կանթեղն է ի վառիլ »der Leuchter der Armenier brennt« 154 13. 14; հաւատալ եմ »ich glaube« 160. Weitere Beispiele dieses dem kilikischen Indikativ mit կու entsprechenden Tempus compositum bieten die H. 422 ff. mitgeteilten mittelarmenischen Texte: է ի գալ »kommt« H. 423 2; ոնց ելնեմ ի դուրս՝ երբ երկինքն ի շուրջ է ի գալ եւ զիս ի ներքս է ի յունել »wie soll ich hinausgehen, da der Himmel sich ringsum dreht und mich im Innern umschlossen hält?« H. 423 26; ibid. ինչ ցեղ ելնեմ, երբ երկինքն ի վրայս է [ի] փլչել եւ զիս ի ներքեւն է յարգելել »wie soll ich hinausgehen, da der Himmel über mir zusammenstürzen und mich unter sich zurückhalten wird?«; թուեննայ թէ զմատնդ ի զատ է ի ձգել »es scheint, dass sie deinen Finger weg drängt« H. 427 30; թուի թէ ի վէմ ես ի հասնել »es scheint, dass du auf einen Stein stößest« 427 5 a. i.; լինի ի խաղալ »hüpft« 429 7; թուեննայ թէ ի բարձր ի վայր է ընկնիլ »es scheint ihm, dass er von oben herab fällt« H. 423 18. Diese auch bei Mx. Her. in zwei vereinzelten Fällen: ի յայրել լինի S. 119 und է ի ասել S. 133 auftretende Konstruktion ist spezifisch ostarmenisch[1]).

---

1) Vgl. auch Aid. II 87 und Hun. I 255, 435. — Noch jetzt stellt im ostarmenischen Dialekt von Agulis dieselbe Form, allerdings in verkürzter Fassung, das Futur dar, nach folgendem von Sargseanç p. 118 gegebenen Schema: կարիլ ըմ, ըս, այ, ըք, ըք, ըն; նահիլ ըմ, ըս, այ, ըք, ըք, ըն; հռա́նիլ ըմ, ըս, այ, ըք, ըք, ըն etc. Als Futur hat sich ferner im Ostarmenischen auch die entsprechende negative

§ 420. Für den negativen Konjunktiv dagegen finden sich als Belege z. B.: *կու աղաչենք զքեզ որ չծախես* »wir bitten dich, dass du nicht verkaufest« 53 22; *նա խսկի չայնէ* »so soll er ja nicht thun« 37 5; *նա վասն այնոր չաւտայ դարպասն* »so soll deshalb der Gerichtshof nicht glauben« 63 15; *նա այլ չընդունվի բնաւ* »so soll durchaus nicht mehr angenommen werden« 11 10; *թէ այնէ այրիկն տիաթիկ ու թէ չայնէ* »sei es, dass der Gatte ein Testament mache oder nicht« 55 13. 14; *չառնուն* »sie sollen nicht nehmen« L 155 30, 156 4. 13; *որ չգտնուն* »falls sie nicht finden« 13 10; *չարգիլեն* »sie sollen nicht hindern« 156 29; *չբանան* »sie sollen nicht öffnen« L 156 16; *որ չտան* »dass sie nicht geben« 43 10 etc. etc. — Der negative Imperativ ist nach dem oben § 417 Gesagten unverändert aus der alten Sprache in die mittlere übergegangen. Die Konjugation des negativen Verbs gestaltet sich demnach im Kilikischen folgendermaßen:

---

Form erhalten, was vielleicht zu dem Schlusse berechtigt, dass ursprünglich Natur und Funktion dieses Zusammengesetzten Tempus mehr eine futurische war. Als Präsens Indikativ dagegen trat im Ostarmenischen, nachdem auch hier die ältere Indikativform *չծախեմ* konjunktivische Funktion angenommen hatte, die durch *չ* negierte positive Indikativform ein. Demnach ist die negative Flexion des Präsenssystems im OA., speziell in der östlichen Schriftsprache (n. Palas. 86), folgende:

**Präsens.**

| Indikativ | Konjunktiv |
|---|---|
| *չեմ ծախում* | *չծախեմ* |

**Imperfekt.**

| | |
|---|---|
| *չէի ծախում* | *չծախէի* |

**Futur.**

*չեմ ծախել*

**Imperativ.**

II sg. *մի ծախեր*
II pl. *մի ծախէք*.

Indes repräsentiert obiges Schema lediglich den älteren Sprachzustand des OA. Präsens- und Imperfektformen sind zwar die allgemein ostarmenische Norm geblieben; im Futur und Imperativ jedoch sind zum Teil apokopierte Verbalnomina eingetreten, analog wie im Westarmenischen (vgl. unten p. 379 ff.).

# Paradigma des negativen Verbums.

## Aktivum.

### Präsens.

| | | Indikativ. | | Konjunktiv. | |
|---|---|---|---|---|---|
| Sing. | I | չեմ ի լոսել | *ç̌em i losel* | չլոսեմ | *ç̌losem* (*ç̌əlosem*) |
| | II | չես ի լոսել | *ç̌es i losel* | չլոսես | *ç̌loses* (*ç̌əloses*) |
| | III | չէ ի լոսել<br>չի լոսել | *ç̌e̱ i losel*<br>*ç̌i losel* | չլոսէ | *ç̌lose̱* (*ç̌əlose̱*) |
| Plur. | I | չենք ի լոսել | *ç̌enḱ i losel* | չլոսենք | *ç̌losenḱ* (*ç̌əlosenḱ*) |
| | II | չէք ի լոսել | *ç̌e̱ḱ i losel* | չլոսէք | *ç̌lose̱ḱ* (*ç̌əlose̱ḱ*) |
| | III | չեն ի լոսել | *ç̌en i losel* | չլոսեն | *ç̌losen* (*ç̌əlosen*). |

### Imperfekt.

| | | Indikativ. | | Konjunktiv. | |
|---|---|---|---|---|---|
| Sing. | I | չէի ի լոսել | *ç̌e̱i i losel* | չլոսէի | *ç̌lose̱i* (*ç̌əlose̱i*) |
| | II | չէիր ի լոսել | *ç̌e̱ir i losel* | չլոսէիր | *ç̌lose̱ir* (*ç̌əlose̱ir*) |
| | III | չէր ի լոսել | *ç̌e̱r i losel* | չլոսէր | *ç̌lose̱r* (*ç̌əlose̱r*) |
| Plur. | I | չէաք ի լոսել | *ç̌e̱aḱ i losel* | չլոսէաք | *ç̌lose̱aḱ* (*ç̌əlose̱aḱ*) |
| | II | չէիք ի լոսել | *ç̌e̱iḱ i losel* | չլոսէիք | *ç̌lose̱iḱ* (*ç̌əlose̱iḱ*) |
| | III | չէին ի լոսել | *ç̌e̱in i losel* | չլոսէին | *ç̌lose̱in* (*ç̌əlose̱in*) |

### Futur.

չեմ ի լոսել *ç̌em i losel* etc.

| | | Imperativ. | | Infinitiv. | |
|---|---|---|---|---|---|
| Sing. | II | մի {լոսեր / լոսել} | *mi* {*loser* / *losel*} | չլոսել | *ç̌losel* (*ç̌əlosel*) |
| Plur. | II | մի լոսէք | *mi lose̱ḱ* | | |

### Aorist.

| | |
|---|---|
| չլոսեցի | *ç̌loseçi* (*ç̌əloseçi*) |
| չլոսեցիր | *ç̌loseçir* (*ç̌əloseçir*) |
| չլոսեց | *ç̌los'eç* (*ç̌əlos'eç*) |
| չլոսեցաք | *ç̌loseçaḱ* (*ç̌əloseçaḱ*) |
| չլոսեցիք | *ç̌loseçiḱ* (*ç̌əloseçiḱ*) |
| չլոսեցին | *ç̌loseçin* (*ç̌əloseçin*) |

## Passivum.

### Präsens.

| Indikativ. | Konjunktiv. |
|---|---|
| չեմ ի լոսվիլ *çem i losvil* | չլոսվիմ *çlosvim* (*çəlosvim*). |

### Imperfekt.

| Indikativ. | Konjunktiv. |
|---|---|
| չէի ի լոսվիլ *çei i losvil* | չլոսվէի *çlosvei* (*çəlosvei*). |

### Futur.

չեմ ի լոսվիլ *çem i losvil.*

| Imperativ. | Infinitiv. |
|---|---|
| Nicht belegt! | չլոսվիլ *çlosvil* (*çəlosvil*). |

### Aorist.

չլոսվեցայ *çlosveça* (*çəlosveça*).

§ 421. Offenbar unter Anlehnung an den Indikativ ist die neue, analog gebildete Doppelform des Imperativs entstanden. So schreibt Mr B: դու այլ մի տալ »gieb nichts mehr« մլա; մի առնուլ »nimm nicht« մծէ; մի արգիլել »hindere nicht« մլա; մի լսել »höre nicht« մլե; մի հասցնել »bringe nicht, stelle nicht« ճղթ; մի պատրաստեցնել »warne nicht, halte nicht ab« միէ; մի քամել »seihe nicht, filtriere nicht« ճհդ. Daneben nur mehr vereinzelt die ältere Form auf *-r*: մի արձկեր »entlasse nicht« ճհդ. Bei dem älteren Sempad erscheint umgekehrt erst selten dieser neue Imperativ, so մի գահել »schlage nicht« ճկը, մի հանել »hole nicht« դ, während die alte Ausdrucksweise noch die regelmäßige ist: մի այներ »thue nicht« ճհէ, մի առնուր »nimm nicht« ճհէ, մի բոզցներ »prostituiere nicht« ճհէ, մի դներ »setze nicht« in Rb, մի մատներ »übergieb nicht« ճժե, մի մտեր »geh nicht ein« ճ, մի վլագցներ »sprenge nicht« ճհէ etc. Vereinzelt schreibt Rb in Cap. ճհէ մի չինես »verfertige nicht, gestalte nicht«. Letztere Form des negativen Imperativs, die sich der II Pers. sg. des Konjunktivs anschließt, ist dem Nichtkilikier Məchitar Heraçi ganz geläufig; derselbe zeigt: մի արգիլես »hindere nicht« S. 125; մի դնես »setze nicht« S. 88; մի ընդունիս »nimm nicht an« S. 88; մի հովցնես »erkälte nicht, lass nicht kalt werden« S. 95; մի տաս »gieb nicht« S. 42, 83, 84,

87, 95, 117, 119, 125 u. s. w.[1]). Auch darin kennzeichnet sich Mechitars Sprache als nichtkilikisch, dass sie das Negativpräfix *չ* = kl. *čə* regelmäßig zu *չի čí* werden lässt[2]), wie dies z. B. noch im Polarmenischen, namentlich aber im Nordostarmenischen, im Dial. v. Tiflis der Fall ist. Der Einzelfall *չիընդունի čiənduni* (= *չ-ընդունի*) Mx. Her. 42 zeigt jedoch, dass außer lautlichen Momenten hier auch die Analogie des *չի čí* der III Person sg. des Indikativ mitgewirkt hat.

§ 422. Die Dublette *չի լոսել či losel* der III Person sg. des negativen Indikativ präsens ist lautgesetzlich (Lautl.) kontrahiert aus älterem *չէ ի լոսել çe i losel.*

In frühneuarmenischer Zeit gestalteten sich nun auch die übrigen Personalformen des Indikativs nach dieser zusammengezogenen Form der III sg. Indikativi um, und es gingen aus den mittelarmenischen Formen *չեմ ի ծախել*, *չես ի ծախել*, *չենք ի ծախել*, *չէի ի ծախել* etc. unter Anlehnung an die III sg. Ind. Präs. *չի* + Inf. folgende verkürzte hervor: *չեմ ծախել*, *չես ծախել*, *չենք ծախել*, *չէի ծախել* etc. Nur bei den

---

1) Seltener finden sich daneben noch die Formen auf *-եր*: *մի յամեցներ* »verzögere nicht« Mx. Her. 42; *մի տար* »gieb nicht« Mx. Her. 81.

2) Die *či*-Formen bei Mx. Her. sind: *չիրոնես* 10 (= *չրոնես*), *չիհոլցնես* 23 (= *չհոլցնես*), *չիյուլանաս* 29 (= *չյուլանաս*), *չիսաս* 69 (= *չսաս*), *չիյաւելցնես* 99 (= *չյաւելցնես*), *չիգտուի* 38 (= *չգտուի*), *չիգտնի* 44 (= *չգտնի*), *չիգտուի* 45 (= *չգտուի*), *չիդատէ* 46 (= *չդատէ*), *չիդատի* 27 (= *չդատի*), *չիթողու* 55 (= *չթողու*), *չիլինի* 21, 26, 38, 41, 45, 46 (= *չլինի*), *չիլուծանի* 87 (= *չլուծանի*), *չիլուծի* 44 (= *չլուծի*), *չիխմէ* 24 (= *չխմէ*), *չիխոցնայ* 96 (= *չխոցնայ*), *չիխցկի* 10 (= *չխցկի*), *չիկայ* 37 (= *չկայ*), *չիքաշէ* 131 (= *չքաշէ*), *չիկարէ* 25, 33, 69, 135 (= *չկարէ*), *չիկենայ* 48 (= *չկենայ*), *չիմտէ* 24, 47 (= *չմտէ*), *չիյամէ* 23 (= *չյամէ*), *չիյաջողի* 28 (= *չյաջողի*), *չիշտապի* 33 (= *չշտապի*), *չիպատահի* 47 (= *չպատահի*), *չիփոփի* 41 (= *չփոփի*), *չիտանի* 48 (= *չտանի*), *չիմնաց* 39 (= *չմնաց*), *չիհանդիպեցաւ* 26 (= *չհանդիպեցաւ*). Vgl. auch bei Mx. Her. die Formen: *դիժար* (für kl. *դժար təžar*) 49, 53, 55, 57, 58, 65; *դիժարնայ* (für kl. *դժարնայ təžarna*) 65; *իսպիտակ* (für kl. *սպիտակ spıdag, əspidag*) 33, 42 u. s. w., *յիստակ*, *յիստկած* 55, 57, 81, 92, 99; nur letzterer Fall ist auch kilikisch.

Immerhin werden bei demselben Autor die älteren Lautformen noch zugelassen, wie folgende Beispiele zeigen: *չ-ըլցնես* 99; *չ-ժուժէ* 42; *չ-լինի* 134; *չ-լսեր* 136; *չ-չասնան* 23; *չ-անկի* 148; *չ-քաշեն* 139, *դժար* 51, 53, 54, 99, 136.

Einsilblern գալ, տալ, լալ behauptete die ältere vollständige Form das Feld als չեմ ի գալ, չեմ ի տալ, չեմ ի լալ etc.; und zwar ist der Grund der Erhaltung des ի *i* bei diesen Einsilblern ebenderselbe, welcher bei ebendenselben drei Verben die Erhaltung des ursprünglichen vollen Präfixes կու *gu* (*ku*) bewirkte, während vor den sämtlichen übrigen, mehrsilbigen Verben Präfix կու sein ու einbüßte: es ist die in der Geschichte der armenischen Sprache von der ältesten historischen Zeit an deutlich hervortretende Abneigung gegen einsilbige Verbalformen, ein Moment dem z. B. auch die classische Sprache die Erhaltung des Augments in den einsilbigen Formen der III p. sg. Aor., das Kilikisch-Mittelarmenische die Erweiterung der älteren einsilbigen Aoristformen եկ *ek*, եդ *ed*, ետ *et* zu den neuen zweisilbigen Formen երեկ *ereg*, երեդ *eret*, երետ *ered*[1]) verdankt, wie denn auch die neuarmenischen Verba *ikal* »gehen«, *igal* »existieren«, *ilal* »weinen« in ihrer Entstehung damit zusammenhängen[2]). — Dieser Bildungsstand des negativen Verbs liegt vor und hat sich bewahrt z. B. im modernen Dialekt von Nachijevan. Die meisten Dialekte jedoch blieben nicht auf dieser Entwickelungsstufe stehen, sondern es traten an die Stelle des im neg. Ind. präs. funktionierenden Infinitivs auf -լ *-l* entsprechende Formen auf -ր *-r*; so wurden die älteren չեմ ծախել, չեմ սորվիլ, չեմ կարդալ, չեմ մոռնալ verdrängt durch չեմ ծախեր, չեմ սորվիր, չեմ կարդար, չեմ մոռնար. Dieses nunmehrige Verbalnomen (neg. Part. präs.) auf *-r* ist identisch mit dem negativen Imperativ auf *-r* und ist seiner Entstehung nach in erster Linie auf den negativen Imperativ zurückzuführen. Und zwar musste die Umwälzung zunächst bei der III p. sg. Ind. präs. anheben, deren Form չի ծախել *çi jaxel* mit dem entsprechenden neg. Infinitiv չիծախել *çijaxel* (aus չծախել) zusammenfiel: mit Anlehnung an die Imperativform մի ծախեր, մի սորվիր gestaltete sich die bisherige Form չի ծախել, չի սորվիլ um so eher zu չի ծախեր, չի սորվիր um, als die Imperativform auf *-r* die einzige spezifisch negative Verbalform

1) Cf. oben § 378.

2) Aus dem Vorkommen der vereinzelten Formen չեմ ի գալ *çem i kal*, չեմ ի տալ *çem i dal*, չեմ ի լալ *çem i lal* neben der regelmäßigen Formel չեմ *çem* + Inf. musste es den Anschein gewinnen, als gehöre das hier ausnahmsweise erscheinende ի *i* zum Verbalstamme; mit letzterem verwuchs wirklich dieses ի *i* zu einem Worte, um so leichter, als dadurch an Stelle der bisherigen einsilbigen Verbalformen zweisilbige traten. So entstanden die neuarmenischen Formen: *i-kalu* = գալ »gehen, kommen«, *i-lalu* (= լալ) weinen« im Pol. nach Han. 72; իկայ *iga* (für կայ), իգայ *ika* (für գայ), իլայ *ila* (für լայ) u. s. w. im Dialekt von Großarmenien nach Aid. I 172. Vgl. in Alishans »Armenian popular songs« p. 41 den Refrain: իգայ նստի դարպազ կնէ sowie: իգայ նստի սէյրան անէ.

ist, und zudem überhaupt die Form der II sg. Imperativi regelmäßig mit der III p. sg. Indikativi identisch ist[1]. Von der III sg. Ind. präs. breitete sich die neue *r*-Form auch auf die übrigen Personen aus. — Daneben spielte jedoch zur Ausbreitung der *r*-Form, zumal auf die Personalformen des Imperfekts, ein anderer Faktor eine nicht unbedeutende Rolle. Es ist nämlich in der III Person sg. des negativen Imperfekt Indikativs: *չէր ծախեր*, *չէր սորվեր*, *չէր կարդար*, *չէր մոռնար* das Verbalnomen auf *-ր -r* ursprünglich identisch mit der entsprechenden Personalform des positiven Imperfekts; *չէր ծախեր* ist hervorgegangen aus *չէր ծախէր*, *չէր սորվեր* aus *չէր սորվէր*, das Verbalnomen *կարդար* nebst *մոռնար* aus den Imperfektformen *կարդար* und *մոռնար*; nur so erklärt sich der Umstand, dass die *i*-Stämme im neg. Imperfekt das Verbalnomen auf *-եր* bilden, während dasselbe im neg. Präsens auf *-իր* auslautet[2]; auch findet sich noch jetzt wirklich die Schreibung mit *է*[3]: *չէր ծախէր* neben *չէր ծախեր*, *չէր սորվէր* neben *չէր սորվեր* (Aid. II 86) als historisch-etymologische neben der jüngeren phonetischen. Der so umgestalteten III Pers. Sing. glichen sich dann die übrigen Personalformen des Imperfekt Indikativs an, welches Tempus seinerseits in seiner nunmehrigen Form gewiss nicht ohne Einfluss auf die Gestaltung des Präsens war. — Möglicherweise mag auch das osmanische Verbalnomen auf *-er*, *-ar* als mitwirkender Faktor an der Bildung des neg. Verbalnomens auf *-r* beteiligt gewesen sein; gilt doch der soeben dargestellte Entwickelungsprozess des negativen Verbs vor allem für das Türkarmenische, das auf dieser Bildungsstufe erstarrte, während die meisten andern, dem osmanischen Einflusse nicht unterliegenden Dialekte noch einen letzten Schritt weiter thaten. Es war nämlich die II Person sing. Imperativi auf *-r* von dem bereits oben § 390 Rdn. besprochenen, im NA. so mächtigen Angleichungsgesetze, wonach sich sämtliche älteren Imperativformen auf *-r* nach den entsprechenden vokalischen umzubilden streben, allmählig erfasst worden: so dass dieselbe unter Anlehnung an die entsprechende Form des positiven Imperativs mit Abwerfung des Schluss-*r* zur vokalischen geworden war. Die Folge war, dass auch das mit der neg. Imperativform auf *-r* formal zusammenfallende neg. Verbalnomen auf *-r* in die Analogie mit hineingezogen wurde und ebenfalls nach Aufgabe des schließenden *r* vokalisch auslautend wurde. So gestaltete sich z. B. im Pol. und Ach. (Tom. S. 63) die neue Indikativform folgendermaßen:

---

1 Cf. cl. II sg. Imp. Aor. *հան*, neben III sg. Ind. Aor. *հան* (*եհան*); cl. II sg. Imp. Aor. *եկ*, neben III sg. Ind. Aor. *եկ*; mittelarm. II sg. Imp. Aor. *դիր*, neben III sg. Ind. Aor. *եդիր* etc.

2) So: neg. Präs. *չեմ սորվիր*, *չես սորվիր* etc. neben neg. Impf. *չէի սորվեր*, *չէիր սորվեր* etc. (cf. Aid. II p. 82 f.).

3) Vom Standpunkte der modernen Orthographie aus für fehlerhaft erklärt von Aidynian II 86, jedoch historisch-etymologisch berechtigt.

*ç̌em marẹ* (aus älterem *ç̌em marer*),
*ç̌es aya* ( » » *ç̌es ayar*),
*ç̌i dẹsni* ( » » *ç̌i dẹsnir*),
*ç̌ẹyi marẹ* ( » » *ç̌ẹyi marer*),
*ç̌ẹyir aya* ( » » *ç̌ẹyir ayar*),
*ç̌ẹr dẹsni* ( » » *ç̌ẹr dẹsnir*)[1].

Da in all diesen Indikativformen das Personalverhältnis nicht am eigentlichen Verbalstamme, sondern am Hülfsverb ausgedrückt ist, ward zuletzt unter dem Zwange des Ausgleichungsprinzips dieses Verhältnis auch auf den Imperativ übertragen: die Personalform *marẹkʻ* der II Pl. Imp. ward verdrängt durch *marẹ*, worauf das Personalverhältnis analog dem Indikativ am Präfix ausgedrückt werden musste; Negativpräfix *mi* ward pluralisiert zu *mikʻ*. So im Ach. (n. Tom. p. 70) II sg. *mi marẹ* »lösche nicht aus!«, II pl. *mikʻ marẹ* »löschet nicht aus!«; II sg. *mi xosi* »sprich nicht!«, II pl. *mikʻ xosi* »sprechet nicht!«. Ebenso, nur mit postponiertem Negativpräfix, hat der Dialekt von Agulis (S. Sarg. 121): II Sing. *կապի մա՛* (*մի*), II Plur. *կապի մա՛ք* (*միք*); II Sing. *նահի մա՛* (*մի*), II Plur. *նահի մա՛ք* (*միք*); II Sing. *հոա՛նի մա՛* (*մի*), II Plur. *հոա՛նի մա՛ք* (*միք*)[2].

---

1) Teilweise sind die älteren Formen auf *-r* neben den jüngeren vokalischen Tochterformen in der Sprache noch wirklich lebendig. So im Ach. neben *ç̌em marẹ* noch *ç̌em marer*, neben *ç̌em aya* noch *ç̌em ayar* gebräuchlich. Vgl. Tom. Dial. v. Ach. p. 70.

2) Daneben die Formen mit *-լ*: *կապիլ մա՛*, *կապիլ մա՛ք*, *նահիլ մա՛* etc. S. Sarg. p. 121.

## Kap. VI. Unregelmäſsige Konjugation.

§ 423. War auch der Untergang des alten Konjunktivs und des Futurs ein durchgreifender, allen Verben gemeinsamer gewesen, so blieb doch von der darauf erfolgten, oben § 360 f. dargestellten, regelmäßigen Verschiebung und Umgestaltung der Tempora des Präsenssystems eine Anzahl von Verben unerreicht und bildete für sich eine besondere Gruppe mit eigener Konjugationsart: es ist dies die Gruppe von Verben, die neben dem einfachen Stamm noch einen erweiterten auf *-ենա* *-ena* (resp. *-na*) neben sich haben, welch letzteren seiner Bildung und seinem ursprünglichen Wesen nach wir oben §§ 338—347 kennen gelernt haben.

§ 424. Nachdem bei dem allgemeinen Untergange des altarmenischen Konjunktivs auch diese Verba ihren Konjunktiv eingebüßt hatten, trat nicht etwa, wie bei den übrigen Verben, der Indikativ in dessen Stelle: es war vielmehr der Indikativ des entsprechenden **erweiterten Stammes**, vermöge dessen eigentümlicher, in § 347 untersuchten Natur, wonach die Verbalhandlung als eine entfernte, bedingte hingestellt wird, dazu berufen und gleichsam dazu geschaffen, zum Konjunktiv des entsprechenden einfachen Verbs zu werden. Die Folge hiervon war, dass der alte Indikativ in seiner bisherigen Funktion bleiben konnte: und so behauptete er sich bei diesen Verben als einziger Überrest des altarmenischen einfachen Indikativs Präsentis und Imperfekti, als welcher er noch in der neuen Sprache vorliegt bei diesen Verben. Belege sind z. B. Indikativ: *ես որ ի յիմ ապրանքն եւ ի հարկիքն կամ* »ich, der ich auf meinem Besitztum und in meiner Ehre bin« 21 25. 26; *որ կան* »die sich befinden« L. 154; *զոր կան* it. L. 178, 185; *ու բաժին մի այլ անսիգլորք կան եւ կու առջնտրեն զիս* »und es giebt eine Anzahl anderer Assignatinhaber, und sie drängen sich mir vor« 41 7. 8; *քո իրքն, որ առ իս գրաւկան կայր* »ein Gegenstand, der bei mir als Pfand war« 75 17; dagegen Konjunktiv: *թէ անհաւէրք ի ծառութիւն կենայ* »wenn er unaufgeboten im Dienste steht« 15 1; *եթէ ի հայնց տեղի կենայ* »wenn er an einem derartigen Orte sich befindet« 15 25; *թէ կենդանի կենայ կինն* »wenn die Frau am Leben ist« 21 12; *կենայ* »er bleibe« Rb *ղե*; *կապած կենայ* »er bleibe gebunden« Rb *ծ*; *թող կենայ* »er bleibe« B *մլթ*, *մկէ*, Rb *ճհէ*; *հանգիստ կենայ* »soll ruhig bleiben« Mx. Her. 25; *պատրաստ կենայ* »soll enthaltsam (nüchtern) sein« Mx. Her. 11, 21; *եւ կենան երկու խիստն առջեւ պարոնին* »und es sollen beide Gegner vor dem Baron erscheinen« 33 5; *կենան* »sollen sein« Rb *լգ*, *խե*; *պատեհ է, որ կենան* »es ist Gesetz, dass seien« Rb *խա*. — Indikativ: *ու ես ուզեմ որ իմ սիգելովս առջեւ վճարվիմ* »und ich verlange, dass ich gemäß meiner Assignate vorher bezahlt werde« 41 23; dagegen Konjunktiv: *եւ հիլայօղն ուզենայ* »und falls der Kläger verlangt« 35 5; *ու թէ ինք ուզենայ* »und wenn er verlangt« 43 3; *եւ թէ այրիկն ուզենայ* »und wenn der Mann verlangt« 49 16; *թէ ուզենա* »wenn er will« B *մծգ*, *մկգ*; *թէ ուզենան* »wenn sie wollen« B *մկգ*. — Indikativ: *ունին զհասակն* »sie erlangen das Reifealter« 51 1; *զէգ ունի յիր ձեռք* »wie er es in seiner Hand hat« 59 21; *վկայնին իշխանութիւն ունին* »die Zeugen haben Vollmacht« 61 15; dagegen Konjunktiv: *եւ* ուննայ զիրքն »und er soll das Gut behalten« 59 21; պիտի որ ուննայ »es ist nötig, dass er habe« 19 11; նա ուննայ »er soll erhalten« 23 19; ուննա »er habe« Rb գր, ճհգ; թող ուննա »er soll haben« B մծ; ուննան »sie sollen haben« 25 19, Rb ա, կ; թէ ուննայ »wenn hat« 37 15. — Indikativ: գիտէ »er weiß« 83 1; ով գիտէ »wer weiß« 39 3, 83 15; dagegen Konjunktiv: գիտենայ »er wisse« Rb խէ; զոր գիտենայ »was er wissen mag« 59 12; որ գիտենայք »damit ihr wisset« Rb խր; թող գիտենան »sie sollen wissen« Rb խզ, հգ, ճհէ. — Indikativ: պիտի, պարտի »es ist nötig, es muss« passim; dagegen Konjunktiv: եթէ ոք պարտք պարտենայ »wenn Jemand Schulden schuldet« 71 17; յաղագս թէ մարդ մարդոյ պարտք պարտենայ »darüber, dass Jemand einem andern schulde« 71 19; քանի իր պիտենայ »solang ihm beliebt« 25 26; թէ իրենց պիտենայ »wenn es ihnen beliebt« 61 15 etc.

§ 425. Vom Futur sind ausgeprägte, sichere Beispiele in den vorliegenden Quellschriften kaum vorhanden. Da jedoch das oben § 347 angezogene neuarmenische Futur mit կու *gu* notwendigerweise auf das Mittelarmenische zurückgehen muss, ist das Futur dieser Verba für das Kilikische mit Sicherheit anzusetzen als bestehend aus präf. կու *gu* + Konjunktiv: es ist nichts weiter als der Indikativ Präsens des erweiterten Stammes.

§ 426. Der Infinitiv ist der des erweiterten Stammes; Beispiele: լինալ (zu լինիմ) 59 33; ուննալ (zu ունիմ) 17 2. 4, 47 23, 51 21; կենալ (zu կամ) L. 158 25, Geop. p. 23, 62, 64, 67, 129; ունենալ (zu ունիմ) Smp. Chron. 648, Geop. p. 14, 96, 100, 215. Lediglich Klassizismen sind die noch vorkommenden vom einfachen Stamm gebildeten Infinitive.

§ 427. Wie im Neuarmenischen, so erscheint auch bereits im Kilikischen die erweiterte Stammform auf die außerhalb des Präsenssystems stehenden Zeitformen ausgedehnt. So findet sich: որ կեցաւ III sg. Aor. Rb ճլ für cl. կաց, եկաց; ferner կեցաւ in Smp. Chron. Dul. 678; կեցան III pl. Aor. Smp. Chon. Dul. 649 für cl. կացին; կեցել Part. prät. 57 24, 67 12 für cl. կացեալ etc.; dagegen zu ունիմ noch Aor. կալայ, Part. կալել.

§ 428. Das kilikisch-mittelarmenische Paradigma des unregelmäßigen Verbums gestaltet sich demnach, am Verbum կամ *gam* dargestellt, folgendermaßen:

## Paradigma der unregelmäfsigen Konjugation.

### Verbum կամ »bin vorhanden, existiere«.

#### Präsens.

| | | Indikativ. | | Konjunktiv. | |
|---|---|---|---|---|---|
| Sg. | I | կամ | *gam* | կենամ | *genam* |
| | II | կաս | *gas* | կենաս | *genas* |
| | III | կայ | *ga* | կենայ | *gena* |
| Pl. | I | կանք | *gank̔* | կենանք | *genank̔* |
| | II | կայք | *gaik̔, -ak̔* | կենայք | *genaik̔, -ak̔* |
| | III | կան | *gan* | կենան | *genan.* |

#### Imperfekt.

| | | Indikativ. | | Konjunktiv. | |
|---|---|---|---|---|---|
| Sg. | I | կայի | *gayi* | կենայի | *genayi* |
| | II | կայիր | *gayir* | կենայիր | *genayir* |
| | III | կայր | *gair, -ar* | կենայր | *genair, -ar* |
| Pl. | I | կայաք | *gayak̔* | կենայաք | *genayak̔* |
| | II | կայիք | *gayik̔* | կենայիք | *genayik̔* |
| | III | կային | *gayin* | կենային | *genayin.* |

#### Futur.

| | | | |
|---|---|---|---|
| Sg. | I | կու կենամ | *gu genam* |
| | II | կու կենաս | *gu genas* |
| | III | կու կենայ | *gu gena* |
| Pl. | I | կու կենանք | *gu genank̔* |
| | II | կու կենայք | *gu genaik̔, -ak̔* |
| | III | կու կենան | *gu genan.* |

#### Aorist.

| | | | |
|---|---|---|---|
| Sg. | I | կեցայ | *geça* |
| | II | կեցար | *geçar* |
| | III | կեցաւ | *geçav* |
| Pl. | I | կեցաք | *geçak̔* |
| | II | կեցայք | *geçaik̔, -ak̔* |
| | III | կեցան | *geçan.* |

Partizip prät.: { կեցել *geç'el*, կեցած *geçaj.* }

Infinitiv: կենալ *genal.*

Ebenso flektieren im Präsenssystem[1]) die übrigen Verba dieser Kategorie, als:

| | | | | | |
|---|---|---|---|---|---|
| Ind. | Präs. | *գիտեմ* | Konj. | Präs. | *գիտենամ*, |
| » | » | *կամիմ* | » | » | *կամենամ*, |
| » | » | *ունիմ* | » | » | *ունենամ*, |
| » | » | *լինիմ* | » | » | *լինամ*, |
| » | » | *ուզեմ* | » | » | *ուզենամ*, |
| » | » | *կարեմ* | » | » | *կարենամ* etc. |

Anm. 1. Obiges Paradigma gilt strenggenommen und ohne Einschränkung nur für die strengkilikische Sprache Sempads. Dagegen zeigt die durch Mr A, Mr B und Geoponica vertretene spätere Sprachstufe größere Freiheit in der Behandlung dieser Stämme, indem der erweiterte Stamm auch als Indikativ Präsentis mit oder ohne Präfix *կու* fungiert. So steht als Indikativ: *ունենա* »hat« B *մլգ*, *կենա* »ist vorhanden« B *միե*, *մծզ*; *թւլենա* »es scheint« B *մլը*, *մխ*. An Indikativen mit *կու* zeigen Geoponica nur *կու կենան* 193 4; Mr B *կու կենա մթ*, *մկզ*, *մկէ*, *մկթ*.

Anm. 2. Schwankende Konjugation lässt sich beobachten bei den Verba *լինիմ* und *ուզեմ*. Neben der unregelmäßigen Flexionsweise: Ind. pr. *լինիմ*, Konj. pr. *լինամ* geht nämlich auch die regelmäßige einher: Ind. pr. *կու լինիմ*, Konj. pr. *լինիմ*[2]); ebenso neben: Ind. pr. *ուզեմ*, Konj. pr. *ուզենամ* auch Ind. pr. *կու ուզեմ*, Konj. pr. *ուզեմ*[3]). Dieselbe doppelte Flexion beider Verba setzt sich wesentlich im Neuarmenischen fort.

**Verbum substantivum *եմ* *yem* »bin«.**

§ 429. Unter die unregelmäßige Konjugation fällt auch das Hilfszeitwort *եմ* *yem* »bin«. Hier war allerdings, nach dem Schwunde des altarmenischen Konjunktivs *իցեմ* *içem* kein Ersatzkonjunktiv von einem entsprechenden erweiterten Stamm vorhanden, da zu *եմ* ein erweiterter Stamm **ենամ* nicht existiert: dennoch behauptete der alte Indikativ präs. imperf. seine Stelle, und nahm nicht nach dem allgemeinen Gesetz die Funktion des Konjunktivs an: letzterer ward vielmehr ersetzt

---

1) Der Aorist hat zum Teil die alte Form bewahrt.

2) Indikativ: *կու լինի* 13 16, 25 1. Konjunktiv: *լինի* passim.

3) Indikativ: *կու ուզէ* 15 16, 67 3. Konjunktiv: *պիտի ուզեն* 17 15 »müssen verlangen«; *թէ ուզէին* 17 16 u. s. w.

durch die Konjunktivform լինամ *linam* von լինիմ *linim*, die auch auf das Futur sich ausdehnte als կու լինամ *gu linam*. So konnten die ursprünglichen Indikativformen: Präs. եմ *em*, Imperf. էի *ẹi* als solche erhalten bleiben, und so wurde zugleich die Form *կու եմ, *կու էի umgangen, welch letztere beim Verbum substantivum zumal in zusammengesetzten Zeitformen schwerfällig und störend gewirkt hätte. Die kilikische Flexion des Verbum substantivum, die sich wesentlich bis ins Neuarmenische erhalten hat, gestaltet sich demnach folgendermaßen:

**Präsens.**

| | | Indikativ. | | | Konjunktiv. | | |
|---|---|---|---|---|---|---|---|
| Sg. | I | եմ | *yem* | (cl. *em*) | լինամ | *linam* | (cl. *içem*) |
| | II | ես | *yes* | (cl. *es*) | լինաս | *linas* | (cl. *içes*) |
| | III | է | *ẹ* | (cl. *ẹ*) | լինայ | *lina* | (cl. *içẹ*) |
| Pl. | I | ենք | *yenk̔* | (cl. *emk̔*) | լինանք | *linank̔* | (cl. *içemk̔*) |
| | II | էք | *ẹk̔* | (cl. *ẹk̔*) | լինայք | *linaik̔*, *-ak̔* | (cl. *içẹk̔*) |
| | III | են | *yen* | (cl. *en*) | լինան | *linan* | (cl. *içen*). |

**Imperfekt.**

| | | Indikativ. | | Konjunktiv. | |
|---|---|---|---|---|---|
| Sg. | I | էի | *ẹi* | լինայի | *linayi* |
| | II | էիր | *ẹir* | լինայիր | *linayir* |
| | III | էր | *ẹr* | լինայր | *linair*, *-ar* |
| Pl. | I | էաք | *ẹak̔* | լինայաք | *linayak̔* |
| | II | էիք | *ẹik̔* | լինայիք | *linayik̔* |
| | III | էին | *ẹin* | լինային | *linayin*. |

**Futur.**

| | | | |
|---|---|---|---|
| Sg. | I | կու լինամ | *gu linam* |
| | II | կու լինաս | *gu linas* |
| | III | կու լինայ | *gu lina* |
| Pl. | I | կու լինանք | *gu linank̔* |
| | II | կու լինայք | *gu linaik̔*, *-ak̔* |
| | III | կու լինան | *gu linan*. |

Infinitiv: լինալ *linal*.

Als Aorist gilt եղայ *eγa*; Imperativ: II sg. լեր *l'er*; Partizip prät.: լել *l'el*, եղել *eγ'el*, եղած *eγaj*. — Belege sind zur Genüge schon im Vorhergehenden gegeben; die Futurform ist, obwohl mehr erschlossen als belegt, hinlänglich gesichert.

Anm. Zu Aorist եղայ ist das bereits im Classisch-Armenischen nicht mehr recht gebräuchliche Präsens եղանիմ vollends geschwunden, wie denn auch der aa. Defektivstamm գոգ *gog* »sage« in unserm Mittelarmenisch nicht mehr auftritt.

## Negative Konjugation des irregulären Verbs.

§ 430. Auch in der negativen Flexion scheidet sich das unregelmäßige Verb von dem regelmäßigen. Nach § 418 war die der regulären Negativkonjugation eigentümliche periphrastische Indikativform lediglich hervorgerufen und in ihrer Ausbreitung bedingt durch den Mangel einer dem Konjunktiv չծախեմ *č̣jaxem* parallelen und zugleich davon differenzierten einfachen negativen Indikativform, Mangel, der in letzter Linie bedingt war durch das Fehlen einer vom positiven Konjunktiv flektivisch verschiedenen positiven Indikativform; letztere ist in der Form կու ծախեմ von der entsprechenden Konjunktivform ծախեմ nur durch Präfix կու unterschieden, und hätte, wenn durch չ *č̣* negiert, ebenfalls չծախեմ lauten und mit dem Konjunktiv zusammenfallen müssen. Ganz anders beim irregulären Verb: hier ist die Indikativform von der des Konjunktivs wesentlich verschieden, da beide von je einem besondern Stamm gebildet sind: neben Ind. կամ der Konj. կենամ, Ind. գիտեմ der Konj. գիտենամ. Die negative Konjugationsart blieb daher ganz naturgemäß bei diesen Verben die ältere, wonach den einzelnen Tempusformen ohne Unterschied das Negativpräfix չ *č̣* vorgesetzt wird; negativer Konjunktiv und Indikativ sind schon durch die Stammform hinreichend unterschieden, was bei analoger Bildung mit präf. չ *č̣* beim regulären Verb nicht der Fall gewesen wäre, weshalb auch eben diese ältere negative Konjugationsweise beim regulären Verb aufgegeben und durch eine andere ersetzt wurde. Übrigens findet sich ausnahmsweise die negative Flexionsart des regulären Verbs auch auf das irreguläre ausgedehnt. So p. 25 25: չես ի կարել »du kannst nicht« für gewöhnliches չկարես[1]). Dagegen für die gewöhn-

---

1) Analog hat noch heute die westliche Schriftsprache folgende Indikativformen: չեմ կրնար (aus älterem չեմ ի կարենալ); չեմ գիտեր (älter չեմ ի գիտել) neben չգիտեմ, չիտեմ; cf. Aid. II 86.

liche regelrechte negative Flexion die folgenden Belege: Indikativ: *զի առանց ձիաւորութեան չկայ հասակ* »denn ohne Ritterschaft giebt es keine Volljährigkeit« 17 23; *վասն զի նշանին ի պարոնին ձեռն կայ, չկայ ի դարպասուն* »denn die Pfänder sind im Besitz des Lehnsherrn, nicht im Besitz des Gerichtshofs« 33 5; *նա այլ չկայ քան որ կռուին* »so ist keine andere Möglichkeit vorhanden, außer dass sie kämpfen« 35 23. Konjunktiv: *թէ տղայ չկենայ* 19 13, *որ վկայ չկենայ* 33 15, *թէ չկենայ թուղթ* 39 22, *թէ չկենայ կենդանի տղայ* 45 13, *թէ ժուխժ չկենայ* 59 37. 38, *թէ չկենայ վկայք* 81 11 etc. — Indikativ: *չունիմ այլ քեզ պացխուն այնել* »habe mich dir fürder nicht zu verantworten« 23 10; *ես իսկի չունիմ քեզ պացխուն* »ich habe dir gegenüber keine Verantwortungspflicht« 67 8; *չունի այնուհետեւ իշխանութիւն* »er hat von da ab keine Gewalt« 9 11; *չունի հրամանք* »er hat keine Berechtigung« 49 12; *եւ այս վանց այնոր է, որ պարոնն չունի կարողութիւն* »deswegen, weil der Lehnsherr keine Vollmacht hat« 13 25. Konjunktiv: *որ ցաւ չունենայ* 25 16, *թէ չունենայ* 31 10, *եթէ չունենայ* 75 6, *որ չունենան* 51 8, *թէ չունենան* 51 10, *չունենայ* »soll nicht bekommen« 55 9 etc. — Indikativ: *չկարէ պարոնն մատղշցնել* »es kann der Lehnsherr nicht verjüngen« 17 24; *չկարէ գրել ու տալ* »kann nicht verschreiben und verschenken« 21 1; *չկարէ այնել* »kann nicht thun« 53 2; *չկարէ առնուլ* »kann nicht nehmen« 53 13; *չկարէ լինալ* »kann nicht stattfinden« 59 33; *չկարեն ուզել* »sie können nicht fordern« 17 14. Konjunktiv: *որ տղայ չկարենայ բերել* 21 19; und so alle übrigen hierhergehörigen Verba wie: Ind. *չլինիմ*, Konj. *չլինամ*; Ind. *չկամիմ*, Konj. *չկամենամ*; Ind. *չուզեմ*, Konj. *չուզենամ*; Ind. *չգիտեմ*, Konj. *չգիտենամ*; Ind. *չպարտիմ*, Konj. *չպարտենամ*; auch Ind. *չեմ*[1]), Konj. *չլինամ*.

Anm. Analog wie in der positiven Konjugation so finden sich auch in der negativen ausnahmsweise die erweiterten Formen *չկարենամ*, *չունենամ* u. s. w. als Indikativ. Z. B. p. 21 19: *նա պարոնն չկարենայ հարկել զինք* »da kann der Lehnsherr sie nicht zwingen«; im allgemeinen tritt diese Erscheinung erst in der spätern medizinischen Litteratur zu Tage.

---

1) Häufig belegt in der III sg.: *չէ* = »ist nicht« und als Adverb in der Bedeutung »nein!« 31 5. 19. 23, 33 10, 35 22, 57 11. 16, 71 3 etc.

Das Futur, obschon nicht belegt, ist gleichzusetzen mit dem Konj. Präsens. Im übrigen richtet sich die negative Flexion des irregulären Verbs nach der entsprechenden des regulären Verbs. Die negative Konjugation des unregelmäßigen Verbs hat sich wesentlich bis ins Neuarmenische erhalten. Vgl. Aid. II p. 86 § 238.

## Negatives Paradigma des irregulären Verbs.

### Präsens.

| | Indikativ. | | Konjunktiv. | |
|---|---|---|---|---|
| Sg. I | չկամ | *çgam* (*çəgam*) | չկենամ | *çgenam* (*çəgenam*) |
| II | չկաս | *çgas* (*çəgas*) etc. | չկենաս | *çgenas* (*çəgenas*) etc. |

### Imperfekt.

| | Indikativ. | | Konjunktiv. | |
|---|---|---|---|---|
| II | չկայի | *çgayi* (*çəgayi*) | չկենայի | *çgenayi* (*çəgenayi*) |
| Sg. I | չկայիր | *çgayir* (*çəgayir*) etc. | չկենայիր | *çgenayir* (*çəgenayir*) etc. |

### Futur.

| | | |
|---|---|---|
| Sg. I | չկենամ | *çgenam* (*çəgenam*) |
| II | չկենաս | *çgenas* (*çəgenas*) etc. |

Infinitiv: չկենալ *çgenal* (*çəgenal*).

Imperativ: մի կենար *mi genar* (?).

### Aorist.

Sg. I չկեցայ *çgeça* (*çəgeça*) etc.

### Prät. comp.

չեմ կեցել *çem geç'el.*

# Anhang:

# Syntaktische Eigentümlichkeiten.

## I. Substantiv und Adjektiv.

§ 431. a) Determination des Substantivs. — Schwache Ansätze zum Ausdruck des unbestimmten Artikels zeigt schon die alte Sprache; namentlich erscheint in volkstümlicher Diktion das Zahlwort *mi* in dieser Verwendung; vgl. hierüber A. Meillet, Mém. d. l. soc. d. ling. de Paris X p. 266. Im Kilikischen setzt sich diese Erscheinung derart fort, dass der unbestimmte Artikel ausgedrückt wird durch das dem Nomen nachgesetzte[1]) und unflektierte *mi*. Z. B.: *բաժին մի* »ein Teil« 69 9, 77 2, 41 7; *մասն մի* »ein Teil« Rb լա̅; *տարի մի ու օր մի* »Jahr und Tag« 67 10; *տարոյ մի ու աւուր մի* Genitiv von *տարի ու օր* 69 17, 77 23; *ազգ մի* »ein Verwandter« 71 2, Rb ճժբ̅; *բժիշկ մի* »ein Arzt« 25 18; *կտոր մի* »ein Stück« 79 6; *կին մի այլ* »eine andere Frau« 47 10; ferner in allgemeinen Bestimmungen wie: *ոք մի* 79 12, *չաք մի* 75 3, *Հանչաք մի* Rb ճբ̅.

Anm. Vereinzelt, vor vokalischem Anlaut, findet sich die Form *մին min* Ass. Ant. p. 47 3 in *չտայ փող մին ի յետ* »giebt nicht einen Heller zurück«.

Der unbestimmte Artikel ist jedoch noch nicht allgemein, wie dies im Neuarmenischen der Fall ist; vielmehr ist er, als grammatische Kategorie im Kilikischen noch in der Entwickelung begriffen, und, wie die Beispiele zeigen, handelt es sich in manchen Fällen noch mehr um eine reine Hervorhebung der Vereinzelung, die mit unserm unbestimmten Artikel nicht ganz identisch ist. In späteren mittelarmenischen Quellen erscheinen statt kl. *մի mi* resp. *մին min* die Kürzungen *մն mn* (*mən*) oder *մ m* dem Nomen enklitisch angehängt. So auch bereits

1) Entgegen dem Ostarmenischen, wo Artikel *mi* dem Nomen vorangeht.

bei Mx. Her. սակաւմն *sagavmən* »ein wenig« p. 9 etc.[1]). Im Neuarmenischen entspricht meist *mə* resp. *mən* vor unmittelbar folgendem Vokal (vgl. Aid. II 24, 25).

§ 432. Völlig entwickelt ist bereits kilikisch der bestimmte Artikel, repräsentiert durch postponiertes *n*, wie sich auf Schritt und Tritt in unsern Quellen nachweisen lässt. Hierdurch unterscheidet sich das Kilikische einerseits von der alten Sprache, in welcher bekanntlich das Pronominalsuffix *n* noch wesentlich pronominale Natur zeigt; vgl. über den demonstrativen Charakter des altarmenischen sog. »Artikels« A. Meillet Syntaxe comparée de l'arménien in Mém. d. l. soc. d. ling. Paris X pp. 264 u. 265. Andererseits in formaler Hinsicht auch von dem Neuarmenischen, wo die ältere Form des Artikels *n* zwar nach Vokal, d. i. bei vokalischem Auslaut erhalten bleibt, bei konsonantischem Auslaut hingegen zu *ə* wird. Vgl. Aid. Kr. Gramm. II p. 22 ff.

Anm. Werden die Adjektiva առջի *aṙči*, վերջի *verči*, յետի *hedi* und ähnliche in substantivischer Verwendung durch den bestimmten Artikel determiniert, so tritt der Artikel an die der classischen entsprechende Form auf -ին *-in*: z. B. առջինն »der erste« 41 12, ի յետինն »zum Letzten« 41 13 etc. Vgl. oben Formenl. p. 250—251.

§ 433. b) Attributive Bestimmung des Substantivs. — Im Classischen wird bei attributiver Bestimmung des Substantivs das Adjektiv dem Nomen teils vor- teils nachgesetzt. Vorgesetzt bleibt das Adjektiv meist unflektiert; nachgesetzt wird es regelmäßig flektiert; regelmäßig flektiert wird auch das vorgesetzte Adjektiv, falls es einsilbig ist.

Im Kilikischen ist — analog wie z. B. im Neupersischen — jene alte Mannigfaltigkeit dahin reduziert worden, dass jener Typus der attributiven Stellung, wonach das Adjektiv seinem Substantiv vorangeht, als alleinige und ausschließliche Norm des

---

1) Die Kürzung von *mi* zu *m* ist namentlich schon früh erfolgt im Pol. So zeigt eine Lemberger Urkunde vom J. 1492 b. Min. Leh. p. 117 die Formen: զգալմ, ջօխօլմ; ferner eine Urkunde aus Kamenec-Podolskij b. Min. Leh. p. 141 ff. die Fälle: արծթէ բուրվառմ, խաչվառմ, շուրջառմ, խաչմ արծթէ, մեծ խաչմ, մեծ խուցմ, ու արծթէ խաչմ ոսկեջրած; ferner eine andere Kamenecer Urkunde b. Min. Leh. p. 149 ff. mit Formen wie: պատուական թագմ, մեծ խաչմ, ու պատկերքմ; daneben auch պատկերքմն Min. Leh. p. 142. Vgl. hierüber auch Aid. I 174.

attributiven Ausdrucks sich festgesetzt hat; das seinem Substantiv voraufgehende, und mit ihm gleichsam zu einem einzigen Begriff verwachsene attributive Adjektiv ist somit zum flexionslosen erstarrt, wie folgende Belege zeigen: *ծեր եւ գիտուն մարդիքն* »die alten und kundigen Leute« 39 23; *ճանչած չաւուշի* »eines zuerkannten (verordneten) Büttels« 9 15; *ճանչած համբերութեներն ու օրերն* »die festgesetzten Fristen und Termine« 23 26; *աղէկ վկայք* »gute Zeugen« 19 15, 33 17; *աղէկ վկայնի* »gute Zeugen« 53 4; *իր աւագ որդւոյն* »seinem ältesten Sohne« 21 17; *ի վերայ երդւած մարդոյն* »auf einen geschworenen Mann« 51 16; *առջի այրկանն* »des ersten Gatten« 37 26; *յետի կնկանն* »der letzten Gattin« 47 17; *ըղորդ ժառանգացն* »den rechtmäßigen Erben« 21 16; *ամէն ապրնօքն* »mit dem ganzen Vermögen« 21 7. — Bezeichnend für die mittelarmenische Sprachstufe ist, dass der Instrumental adjektivische Funktion erlangt. Z. B. *զվատուժն եւ զուժովն* »das schwache und das starke« Mr A 15; *առ սերկեւիլ զմեծն ու զջրովն* »nimm Quitten, große und saftige« Mr B խթ; *այլ ուժով* »stärker« B մի; *թէ ուժովընութիւն մարդ լինի* »wenn man von kräftiger Natur ist« B իը. — Wie eigentliche Adjektiva werden auch behandelt adjektivisch funktionierende Substantiva: z. B. *կոյս աղջկներոյն* »der jungfräulichen Mädchen, der Jungfrauen« 47 28; *կոյս աղջկան* »einer Jungfrau« Rb ձր; *լիճ ծառաեր* »Lehnsleute« 13 11, 27 4; *լիճ ծառաերու* »der Lehnsleute 3 4 etc. — Wie eigentliche Adjektiva werden endlich auch konstruiert folgende Verbindungen adjektivischer Natur: *ոչինչ ազգ* »keinerlei«, *այլ ազգ* »anderartig«, *այս ցեղ*, *այտ ցեղ*, *այն ցեղ* »dergestalt, derartig«; *այս չափ*, *այտ չափ*, *այն չափ* (letztere auch zu einem Wort verbunden) »solch, so groß« und ähnliche. Z. B.: *ոչինչ ազգ կերպով* »auf keinerlei Weise« 9 12; *այս երեք ազգ կերպովս* »auf folgende dreifache Art« 17 4; *վասն ոչինչ ազգ պատճառի* »wegen keinerlei Vorwand« 79 7; *յայլ ազգ գործեր* »an anderartigen Beschäftigungen« Rb ճխր; *շատ ազգ ցաւեր* »mancherlei Krankheiten« Rb ճծա; *յայտ ցեղ սարութենէդ* »von solcherlei Gerät, von derartigem Gerät« 45 11. 12; *զիսայ չափ դեկանս* »so und so viel Geld« Rb ճժր u. s. w.

§ 434. Hinsichtlich der Stellung des Adjektivs und dessen Unveränderlichkeit steht das Kilikische bereits auf der Stufe des Neuarmenischen, wo ebenfalls das Adjektiv stets seinem Substantiv vorangeht und flexionslos ist. Vgl. Aid. Kr. Gramm.

II 26. Das substantivierte Adjektiv wird natürlich flektiert und wie ein Substantiv behandelt; z. B. *վասն աղէկի* »zum Wohle, zur Besserung« Rb *ճծա*; *երդուածք* »Geschwornen« 57 9, 67 16; *յերդվծնոյ* »von den Geschwornen« 51 13 etc.

§ 435. c) Steigerung des Adjektivs. — An Stelle des veralteten classischen Komparativs auf *-գոյն -goin* tritt ein neuer Ausdruck für den Komparativ: es wird im Kilikischen der Positiv zum Komparativ gesteigert durch Vorsetzung des Adverbs *այլ ail* »mehr«. Z. B. *Ես այլ հին եմ յանսիզս* »ich bin älter nach meinem Assignatenschein« 41 4. 5; *իր սիգեղն այլ հին է* »sein Schein ist älter« 41 20; *Ինք այլ հին լին ճորտ* »er ist der ältere Lehnsmann« 41 21; *ղէդ այլ հին* »als älteren« 41 23, 43 1; *եթէ ոք տուն վարձէ տարոյ եւ կամ ամսոյ պոմնով, եւ վարձվորն այլ կանուխ ուզենայ որ ելնէ* »wenn einer ein Haus mietet auf das Ziel von Jahr und Tag, und der Vermieter verlangt, dass jener früher ausziehe« 71 6. 7; *Հայնց որ այլ մեծ չկարէ լինել* »so dass sie größer nicht sein kann« 9 7; *Թէ հազար այլ մօտեւոր ազգք լինի* »wenn er auch tausendmal näher verwandt sein sollte« 71 3. 4; *իմ սիգեղն այլ հին է քան զայլ անսիզվորացդ* »mein Schein ist älter als derjenige der übrigen Assignatinhaber« 41 5. Ferner aus Geoponica: *քան զիւր զինին այլ աղէկ* »besser als sein Wein« 124 15; *այն այլ պակաս է* dieses ist geringer« 184 19; *Թէ այլ մեծ ուզես* »wenn du größeren (scil. ‚Lauch‘) willst« 165 19; *այլ մեծ լինի* »er (der Lauch) wird größer« 165 21; *որ այլ աղէկ տեղի ախորժայ* »welcher einen besseren Ort verlangt« 155 letzte Zeile; *այլ աղէկ քան զայլ շինած վանձնատոն* 221 1. Aus Mx. Her.: *որպէս այլ յառաջ ասացաք* »wie wir weiter oben gesagt haben« 3 8; *զոր այլ ի յետոյ յիշել կամիմ* »was ich weiter unten erwähnen werde« 59 6. 7; *ծարաւն այլ շատ լինի քան* — »der Durst ist größer als« 90 11 infr.; *այլ կարճ լինի* »wird kürzer« 115 9; *այլ յուշ գայ* »kommt stärker« 129 3 infr. An weiteren Beispielen, mit Inbegriff der adverbialen Komparative, finden sich in Rb: *այլ անուշ* »lieblicher« *լա*; *այլ աւագ* »älter« *ծէ*; *այլ խիստ* »stärker« *ղէ*; *այլ կանուխ* »früher« *հբ*; *այլ հարուստ* »reicher« *կ*; *այլ մեծ* »größer« *հբ*, *ճկ*; *այլ շուտ* »schneller» *ճհէ*; *ի յայլ պեղծն* »zu Schlimmerem« *հբ*; *այլ ցածքն* »die Niedrigeren« *հ*; *զայլ ցած հեծելվորքն* »die niederen Ritter« *հ*; *այլ շատ* »mehr« *ձէ*; *այլ աւելի* »mehr« *ճղ*, *ճլա*; *այլ յետեւ*

»später« ճլէ. In Mr B: *այլ աղէկ* »besser« ճղզ; *այլ զաւրաւոր* »kräftiger« ճղզ; *այլ թանձր* »dichter« ճձ; *այլ թեթեւ* »leichter« ղզ, ճդ; *այլ ծանդր* »schwerer« ճխ; *այլ ուժով* »stärker« մի; *այլ սուր* »schärfer, akuter« ճա; *այլ սպիտակ* »weißer« խզ; *այլ պակաս* »weniger« ճհզ, մժզ; *այլ աւելի* »mehr« ճձր. In Mr A: *այլ շուտով* »schneller« 199; *այլ ուժով* »stärker« 199 u. s. w.[1]).

§ 436. Der Gegenstand des Vergleichs steht nach *քանց* *kanç* »als«[2]) im Akkusativ, und wird dem gesteigerten Adjektiv sowohl vor als nachgesetzt. In diesem Falle, wo das Objekt des Vergleichs ausdrücklich genannt ist, genügt zum Ausdrucke des Komparativs auch der einfache Positiv: z. B. *նա իրաւունք չտան քանց սամսրչեքն* »so geben sie keine weiteren Abgaben als die Maklergebühr« L 155 6; *քանց սամսրչեքն այլ իրք չտան* »geben keine weitere Gebühr als die Maklergebühr« L 156 6 etc.

Im Neuarmenischen, wo analog der Komparativ mittels präponierten adv. *al* (= kl. *այլ*) bezw. ostarm. *el*, oder auch mittels *evel*, *eveli* (= cl *աւելի*) etc., gebildet wird, steht das Objekt der Komparation teils nach *kan* resp. *kanç*, *kanz* im Akkusativ, oder aber es steht ohne *kan*, *kanç* im Ablativ. Vgl. Thoms. Dial. v. Tiflis § 351, 352, 353 etc., Aid. II p. 27, 167.

§ 437. Für den Superlativ hat, ebensowenig wie Alt- und Neuarmenisch, das Kilikisch-Mittelarmenische eine eigene, festausgeprägte Ausdrucksweise entwickelt. Häufig dient die Komparativform, zumal wenn mit Artikel verbunden, auch als Superlativ. So Mr B հե: *այլ աղէկն* »der Beste«.

## II. Zahlwort.

§ 438. In selbständiger, substantivischer Funktion flektieren sämtliche Kardinalzahlen, und zwar als Singularia nach Formenl. § 274.

§ 439. In adjektivischer Funktion, d. i. in Verbindung mit dem Nomen des gezählten Gegenstandes, zeigt im Classisch-Armenischen das Zahlwort folgende Beziehung zu dem

1) Vereinzelte Fälle erscheinen schon in der spätclassischen Litteratur; so *այլ մեծ* »größer« bei Vardan Hist. S. 158 17. 18.

2) Als archaistische Form erscheint daneben auch noch das alte *քան* *kan* »als«.

gezählten Nomen: Es können sämtliche Kardinalzahlen dem Nomen beliebig entweder vorangehen oder nachfolgen. Hinsichtlich der Übereinstimmung mit dem Nomen zerfallen die Zahlen in zwei Gruppen: die erste Gruppe umfasst die Zahlwörter: *երկու*, *երեք*, *չորք*; dieselben sind bereits in ihrer Endung als Pluralia, bezw. *երկու* als Dual gekennzeichnet, und werden stets flektiert sammt dem gezählten Nomen, beide pluralisch. Die zweite Gruppe, umfassend alle übrigen Zahlen von *հինգ* ab, stimmt mit jener darin überein, dass, falls das Zahlwort dem Substantiv nachfolgt, beide, sowohl Zahlwort als gezähltes Nomen, pluralisch flektiert werden. Ist hingegen das Zahlwort dem Nomen des gezählten Objekts vorangestellt, so bleibt es regelmäßig unflektiert; der gezählte Gegenstand aber wird flektiert, und zwar nach Belieben, entweder singularisch oder pluralisch (vgl. Aid. altarm. Gramm. pp. 33—34). Z. B.:

| | | | |
|---|---|---|---|
| Nom. | *եւթն այր* | neben | *եւթն արք* |
| Gen. | *եւթն առն* | » | *եւթն արանց* |
| Akk. | *զեւթն այր* | » | *զեւթն արս* |
| Abl. | *յեւթն առնէ* | » | *յեւթն արանց* |
| Instr. | *եւթն արամբ* | » | *եւթն արամբք.* |

Im Kilikischen nun hat sich blos der durch das erstere der beiden Schemata dargestellte Typus der Beziehungsweise von Zahlwort und Nomen des gezählten Gegenstandes erhalten, und hat überdies auch auf die Zahlwörter der ersten Gruppe sich verallgemeinert. Mit andern Worten: sämtliche Kardinalzahlen, mit Einschluss des Zahlwortes der Einheit *մէկ* *mēg*, haben im Kilikischen adjektivische Natur angenommen und werden dementsprechend dem gezählten Nomen vorangestellt und zwar unflektiert. Das Nomen aber wird flektiert im Singular. Beispiele: *մէկ կէսն* »der eine Teil« 49 5; *ի մէկ խօսք* »zu einer einzigen Aussage« 35 17; *ի մէկ տարի* »in einem Jahre« 93 17; *մէկ կնկանն* »der einen Gattin« 47 15; *մէկ վկային* »des einen Zeugen« 59 35; *երկու աղէկ վկայ* »zwei gute Zeugen« 81 8; *երկու բաժինն* »die zwei Teile« 49 19; *երկու երդւած* »zwei Geschworne« 65 19; *երկու լիճ ճորտ* »zwei Lehnsmänner« 25 13; *երկու խիսմն* »die zwei Gegner« 35 15; *երկու տղայ* »zwei Kinder« Smp. Chron. Dul. p. 622; *երկու վկայ* »zwei Zeugen« 59 39; *երկու շաբաթ* »zwei Wochen« 65 18; *երկու շաբթուն* »der zwei

Wochen« 65 18; *երկու դեհին* »beider Teile« 39 26; *երկու կնկանն* »beider Frauen« 47 14; *յերկու խասմէն* »von den zwei Gegnern« 65 27; *երեք ազգ են* »sind drei Arten« 17 3; *երեք լիճ ճորտ* »drei Lehnsmänner« 13 9, 15 13; *երեք վկայած աղէկ կնիկ* »drei bezeugterweise rechtschaffene Frauen« 47 1. 2; *երեք օր* »drei Tage« 77 7; *զերեք տարին* »die drei Jahre« Rb *հթ*; *հետ երեք տարպայի* »nach drei Malen« Rb *ժբ*; *այս երեք ազգ կերպովս* »auf diese dreifache Art« 17 4; *երեք չորս հետ* »drei oder vier Male« Geop. p. 116; *իրեք չորս լիտր* »drei oder vier Liter« p. 124 4; *յայս երեք պատճառէս* »aus diesen drei Gründen« 17 11; *յերեք բաժնէն զմէկ* »von drei Teilen einen, = ein Drittel« 53 13; *յերեք բաժնէն մէկն* »von drei Teilen einer, = ein Drittel« 53 25. 26, 49 18; *չորս ակն* »vier Augen« Geop. p. 64; *երեք չորս անգամ* »drei oder viermal« Smp. Chron. Dul. 630; *չորս հինկ տարոյ ընդ ներքսէ* »innerhalb drei oder vier Jahren« 17 23. 24; *ի չորս տարոյ ստունկն* »auf einem vierjährigen Stamme« Geop. p. 64; *ի չորս բաժնէն մէկն* »von vier Teilen einer, = ein Viertel« 47 13; *զհինկ պահուն աղաւթքն* »das Gebet der fünf Stunden« Rb *լգ*; *ի վեց բաժնէն մէկ բաժին* »ein Sechstel« 47 12; *վեց ամ* »sechs Jahre« Rb *հէ*; *ութ տարի* »acht Jahre« Rb *հթ*; *տասնումէկ տարոյ* »elf Jahre alt« Rb *ճիզ*; *վաթսուն տարոյ* »von sechzig Jahren« 11 6; *հազար դեկան* »tausend Tegans» 31 7 etc.; ferner auch in Ziffern: *գ սոլ* 61 21; *եճ կարմիր սուրի* 31 8; *ժե օր* 13 15; *ժե տարի* 51 20; *ժե տարոյ* 51 2; *ժե աւուրն* 13 21, 77 1; *Լ լիտր* 61 21 etc.

Immerhin finden sich noch, wenn auch mehr vereinzelt, Fälle von nachgesetztem Zahlwort. So: *ամիս երեք եւ օր երեք* »drei Monate und drei Tage« 51 1; *նոր դրամ երեք* »drei neue Trams« L 155 26; *նոր դրամ հինկ* »fünf neue Trams« L 155 26; *նոր դրամ քսան* »zwanzig neue Trams« L 157 16. Aber auch in diesen vereinzelten Fällen hat, wie ersichtlich, das Kilikische nur teilweise und unvollkommen den ursprünglichen Zustand bewahrt, wonach das Substantiv des gezählten Gegenstandes bei postponiertem Zahlwort im Plural stehen muss, während hier das Kilikische den Singular zeigt. Der Fall ist als ein Ausnahmefall und als im Schwinden begriffen zu betrachten. Das Neuarmenische kennt ihn nicht mehr.

Im Neuarmenischen gilt, wie schon im Kilikischen, allgemein die Regel, dass die flexionslose Kardinalzahl dem als

Singular flektierten gezählten Gegenstand vorangeht[1]). Ob vielleicht in diesem Punkte Mittel- und Neuarmenisch von dem Numerale des Neupersischen beeinflusst worden sind? Oder ist die beiderseitige Übereinstimmung eine mehr zufällige, so dass beide gleiche Erscheinungen unabhängig von einander entstanden wären?

Anm. Bemerkenswert ist, dass bei Substantiven, die einen Zeitpunkt oder eine Zeitdauer sowie Klasse und Rangstufe bezeichnen, die Kardinalzahl im Sinne und in der Funktion unserer Ordinalzahl steht. So z. B.: *ի չորս օրն* »am vierten Tage« 77 8, Smp. Chron. Dul. p. 647; *երեք պահ* »die dritte Stunde« Geop. 38; *եօթն օրն* »am siebenten Tag« Geop. 21; *ըղորդ հասակն տասնուհինգ տարին է* »das richtige Reifealter ist das fünfzehnte Jahr« 17 22; *որձ տղայքն ի տասնուհինգ տարին ունին զհասակն* »die männlichen Kinder erlangen die Reife im fünfzehnten Jahre« 51 1; *տասնուերկու տարին* »das zwölfte Jahr« Rb *ճիզ*; *զտասնուհինգ տարին* »das fünfzehnte Jahr« Rb *ճը*; *զվաթսուն տարին* »das sechzigste Jahr« Rb *ճհէ*; *յութ օրն* »am achten Tage« B *միդ*; *վեց ամիսն* »der sechste Monat« B *ժ*; *հինգ դասն* »fünfte Klasse« Rb *կ*; *վեց դասին* »der sechsten Klasse« Rb *կ*; *մինչլի չորս երեսքն* »bis ins vierte Glied« Rb *ղդ*.

## III. Pronomen.

§ 440. a) Pronominalsuffixe. — Die enklitischen Pronominalsuffixe: *s*, *d*, *n* haben ihren Funktionskreis dahin erweitert, dass sie nicht nur determinierend an Nomina, sondern auch an Präpositionen und präpositionale Adverbia antreten, wo im Classischen, welchem letztere enklitische Konstruktion noch fremd ist, die Partikel das von ihr logisch regierte Pronomen stets als selbständiges Pronomen im Kasus obliquus nach sich verlangt. Solche Beispiele von neuer enklitischer Pronominalkonstruktion des Kilikischen sind: *պարոնն կամ պայլն պարոնին բերէ զինք առջեւն* »der Lehnsherr oder der Amtmann des Lehnsherrn lässt ihn vor sich kommen« (cl. *առաջեաւ իւր* oder *նորա*) 9 20; *երբ երդնու չաւուշն նա տրըստեցաւ ի վերայն ու հերիք եղաւ* »sobald der Büttel schwört, so ist die Bestätigung hierüber erbracht und zur Genüge geschehen« (cl. *ի վերայ*

1) Vgl. Aid. Kr. Gramm. II 32.

*նորա*) 11 3; *որ թէ շատ վկայ բերեն կամ կեցութիւն ի վերայն* »so dass, mögen sie auch viele Zeugen oder Beweise gegen ihn vorbringen« (cl. *ի վերայ նորա*) 11 10; *նա ահա որ ճշմարտեցաւ վկայութիւն ու ումն ի վերայն* »da ist die Zeugenaussage und die Usurpation bestätigt gegen ihn[1]) (cl. *ի վերայ նորա* oder *այնր*) 29 10. 11; *թէ ունենայ տղայ ի մէջն* »wenn er von ihr ein Kind besitzt« 37 14; *որ տղայ է լել ի մէջն* »dass ein Kind von ihr geboren ist« 37 17; *ու տղայ չլինի լել ի մէջն* »und falls ein Kind von Ihnen nicht geboren ist« 47 21, statt *ի մէջ իրենց*, wie zu lesen 19 5. 6; *չհանդաւ ի հետն աղջիկն* »das Mädchen pflegte keinen Umgang mit ihm« Smp. Chron. J. 665; *սալար զգինն ի հետն թող բերէ* »den ganzen Preis bringe er mit sich« 69 18. 19 (neben kl. *ի հետ իր* 61 16, *հետ իր* 61 17 »mit ihm«); *թէ ու մարդ այլ ուզես ի հետդ* »wenn du noch jemand bei dir haben willst« (für *ի հետ քո*) Rb *ճ*; *առջեւս* »vor mir« Rb *ճհէ*; *ի խէչն* »zu ihm, zu ihr, zu ihnen« Rb *հր* zweimal; *ներքեւն* »darunter« Mr B *մծթ*, *ծզ*; *ի յառաջգ* »oben, im Obigen« Mx. Her. p. 61; *յերջեւն* »hinter ihm« Mr A 222. Auch in dieser syntaktischen Erscheinung spiegelt das Kilikische die Verhältnisse des Neuarmenischen wieder; freilich hat sich im Neuarmenischen die Konstruktion des Pronominalsuffixes mit Partikeln noch weiter entwickelt und verallgemeinert. Man vergleiche Aid. II p. 121, 123.

§ 441. b) Relativkonstruktion. — Ein eigentliches Relativpronomen besitzt, nach Formenl. § 303, das Kilikische nicht mehr: das altarmenische Pronomen *որ* *or* ist zur Relativpartikel herabgesunken. Der Ausdruck von Kasus- und Numerusverhältnis wird dadurch erreicht, dass dem flexionslosen Relativadverb *որ* *vor* das Pronomen personale III p. oder das Pronomen demonstrativum in derjenigen Kasus- und Numerusform, die logisch dem Relativum gerade zukommt, nachgesetzt wird; dabei kann das selbständige Demonstrativ natürlich durch das Demonstrativsuffix vertreten werden. Beispiele: Kl. *որ իր* »wessen« für cl. *որոյ*: *այրի իրիցկինն՝ որ իր այրիկն յեկեղեցուոյն սպասաւորութիւնն լինի մեռել* »die Priesterwitwe, deren Gatte im Dienste der Kirche gestorben ist« Rb *լա*; *այն՝ որ դատըստնած է ի յիր վերայ* »derjenige, gegen welchen geklagt ist« (kl. *որ ի յիր վերայ* für cl. *յ-որոյ վերայ*) 67 5;

1) Oder auch: »in betreff dieser Sache, in diesem Punkte«.

ի ֆուլանայ վերայ, որ իր անսիզն յետեւ է քան զիմն »gegen den und den, dessen Assignate jünger ist als die meinige« 41 22; analog վասն կնոջ՝ որ ցուլն ի խէչն գտնի »in betreff der Frau, bei welcher der Buhle angetroffen wird« Rb Հբ. Kl. որ իր »wem, welchem« für cl. որում: այն՝ որ ուժն իր լինի այրած »jener, dem Gewalt angethan worden ist« 57 22; զայն մարդն՝ որ իր պարտենայ »jenen Mann, welchem er schuldet« 81 23. 24. Kil. որ յիրմէ »von wem, von welchem« für cl. յորմէ: գտնողն՝ որ զգրաստն առին յիրմէ »der Finder, von welchem man das Lasttier weggenommen hat« 63 22. Kl. որ իրենց »welcher, derer, welchen, denen« für cl. որոց: որ լինի իրենց սահմանն այսպէս »für welche folgendes verordnet wird« L 154 20. 21 etc. Auch die Geoponica zeigen folgende Fälle dieser Konstruktion: p. 93 2 infr.: այն գինին՝ որ այն կնոջ հոտն ի յինքն դիպի »derjenige Wein, zu welchem der Geruch jener Frau stößt«; p. 104 27: Թզենի փայտով՝ որ տերեւքն յինքն կենան »mit Feigenholz, an welchem sich die Blätter befinden«; p. 126 16: Ջուր ած աղբիւրի, որ զինքն սուրբ մարդ առնու յաղբերէն »bringe Quellwasser, welches ein reinlicher Mann aus der Quelle schöpft«; p. 129 letzte Zeile: յայգին, որ շատ ազգեր կենայ յինքն »in dem Weinberg, worin viele Sorten sich befinden«; p. 190 8. 9: եւ խոտ մի կայ՝ զոր արապերէն հաշա ասեն, որ մեղուն զինքն խիստ սիրէ »und es giebt ein Kraut, das man auf arabisch ‚Hasha' nennt, welches die Bienen sehr lieben«; p. 155 unten: էրէ մի կայ՝ որ իւր անունն սարու ասեն »es giebt ein wildes Tier, dessen Namen man ‚Saru' nennt«; p. 163 2. 1 unten: եւ թէ ուզես հազար շինել, որ թրընջի համ գայ յիւրմէ »und wenn du Lattich erzielen willst, von welchem der Geschmack der Warzenpomeranze ausgeht«. — Analog bei Mx. Her. p. 83 15: Ջուր՝ յոր եփած լինի յինքն »Wasser, in welchem gekocht ist«; p. 84 6: Ջուր տուր՝ որ յինքն եփած լինի »gieb Wasser, in welchem gekocht ist«; p. 38 3: զառաջին ցեղն, որ իւր պատճառն »die erste Gattung, deren Ursache«; p. 65 9. 10: այն դէմն, որ հաւասար եւ ի յար լինի տաքութիւնն »jene Gattung, deren Wärme gleichmäßig und andauernd ist«. — Aus Mr A: այն իրվին՝ որ իրենց բնութիւն »jene Objekte, deren Natur« 193; այն իրվին՝ որ իրենց մարմինն »jene Objekte, deren Körper« 193. — Aus Mr B: որ — յինք »auf welchen« Cap. կզ, մբ; եւ կայ սունկն՝ որ արոյն ելնէ յիրմէ »und es giebt einen Schwamm

(Fungus), aus welchem Blut heraus fließt« Cap. մկա; այնոց՝ որ ի փորցվլութենէ խիստ նիգ լինի հանդիպել իրենց »jenen, welchen vom Leibweh starker Schwindel zugestoßen ist« Cap. ճէ.

Die bloße Relativpartikel ohne entsprechendes Demonstrativ erscheint Mx. Her. 65 4. 5 infra: այնոց որ արիւնն շատ լինի ի մարմին »jenen, in deren Körper das Blut reichlich strömt«; Ass. Ant. 79 15. 16: չափ մարծպան —, որ քան զպարոնութեանն մատնեհարն այլազգ կենայ ի վերայ »Mardzbanmass, worauf ein anderartiges Siegel sich befindet, als dasjenige der Herrschaft«. — Mr B հզ: լաւն այն է՝ որ գոյնն կարմրհեղձ լինի »der beste ist derjenige, dessen Farbe dunkelrot ist«; B ճծէ: ի վերայ այն տեղոյն՝ որ ցաւն է »auf jene Stelle, an welcher das Übel ist«; B մկա: եւ կայ՝ որ չելնէ արոյն »und es giebt einen solchen, woraus kein Blut fließt«.

Nur ganz vereinzelt zeigt sich in der classischen Sprache obige Relativkonstruktion, und zwar als Semitismus[1]), während dieselbe uns im Kilikischen als wirklich armenische Spracheigentümlichkeit entgegentritt, die sich wohl selbständig aus der Sprache heraus entwickelt hat, und keineswegs auf die gleiche Relativkonstruktion des Neupersischen oder Arabischen zurückzugehen braucht. Noch heute ist dieselbe syntaktische Erscheinung im Neuarmenischen vorhanden; vgl. darüber Aid. II 202.

## IV. Partikeln.

§ 412. Hinsichtlich der Kasusrektion der Präpositionen sind bezeichnend folgende Fälle: p. 51 12: թէ որբերն քան կամ դանկատ ունենան ի վերայ ումեք »wenn die Waisen einen Handel oder eine Klage gegen jemanden haben«: p. 61 5: ի վերայ ումեք »gegen jemanden«; p. 59 26. 27: զամէն յոյզն, վանց յում դատաստանն է »das ganze strittige Objekt, um dessentwillen der Prozess ist«; Rb հբ: հետ այլ ումեք »mit sonst jemandem«. Daraus ergiebt sich folgendes: die altarmenische Kasusrektion, wonach Präpositionen wie ի վերայ und վասն (kl. վանց) den Genitiv nach sich haben, ist im Kilikischen dahin verschoben, dass die betreffenden Präpositionen den Dativ regieren. Zum Vorschein kommt diese Verschiebung der Kasus freilich nur bei Pronominibus: bei

1) Vgl. Aid. II p. 202.

andern Wortkategorieen ist äußerlich kein Unterschied vom Classischen vorhanden, da bei denselben Genitiv und Dativ der Form nach zusammenfallen.

Analog zeigt verschobene Kasusrektion auch das Neupersarmenische, worin nach Aid. I 200 folgende Fälle: իրար վրէն (westarm. իրարու վրայ); առանց էն (westarm. առանց անոր); էնը գեօրեայ (westarm. անոր կէօրէ); ferner ինձ վրայ, մեզ վրայ, մեզ համար, ձեզ վրայ, ձեզ համար, մեզ պէս etc. In letzteren Fällen ist, gleichwie im Kilikischen, statt des Genitivs der Dativ eingetreten, eine Erscheinung, auf die man öfter bei den jüngeren Entwickelungsstufen einer Sprache stößt.

§ 443. Überhaupt tritt zum Ausdrucke des Possessivverhältnisses der Dativ ein, wie folgende Beispiele zeigen: 73 10: Թէ գրաւկան ունենայ որ առ ինք ումեք »si quelqu'un a chez lui le gage d'un autre«; 61 5: յաղագս դատաստանի ումեք »des plaintes de quelqu'un«; Rb ճհա: ումեք անսուն »Jemandes Tier«; Rb ճհէ: ումեք գրաստ »Jemandes Lasttier«; Rb ճհէ: ումեք ընջուղ »Jemandes Kalb«; Rb ճգ: ումեք իրք »Jemandes Habe«; Rb հր, ձա: ումեք կին »Jemandes Frau«: Rb ճհէ: զումեք անսուն Akk. »Jemandes Tier«; Rb ճհլ: զումեք աւրան Akk. »Jemandes Garbe«; Rb ճլզ: ի յում անուն »in wessen Namen«; Rb ա: ի յում երկիր գտնլի՝ այնոր է »auf wessen Grundeigentum es gefunden wird, dem gehört es«; Rb կը: ի յում վիճակ լինի »in wessen Distrikt ist«[1]).

1) Dass dieselbe Konstruktion auch z. B. bei dem späten Historiker Vardan (13. Jhd.) Eingang finden konnte, darf, zumal Vardan Ostarmenier ist, nicht auffallend erscheinen. Aus dessen Geschichtswerk seien erwähnt: յորում աւուրս bezw. յորում յաւուրս »in dessen Tagen, zur Zeit desselben« S. 34, 40, 61, 67, 76, 85, 87; ի նմին աւուրս »in den Tagen desselben, zu Lebzeiten desselben« S. 107; յերեսներորդ վեցերորդ ամի թագաւորութեանն իւրում »im 36. Jahre seiner Regierung« S. 26; ի մետասաներորդ ամի թագաւորութեանն իւրում »im 11. Jahre seiner Herrschaft« S. 53; յերկոտասաներորդ ամի հայրապետութեան իւրում »im 12. Jahre seines Patriarchates« S. 86; յուս կրօնաւորի միում »auf der Schulter eines Mönches« S. 122; ի տուն հօր մերում »im Hause unseres Vaters« S. 66.

## V. Verbum und Satzbildung.

§ 444. 1) Übereinstimmung des verbalen Prädikats mit dem Subjekte. — Ist das Subjekt ein Plural, so stimmt das verbale Prädikat mit demselben regelmäßig im Numerus überein; es kann jedoch auch im Singular stehen. Z. B.: *մենք այնենք* »wir machen« 63 18; *թէ շահին տղայքն ու թէ վզենկին* »wenn die Kinder gewinnen und wenn sie verlieren« 51 17; *որձ տղայքն ի տասնուհինգ տարին ունին զհասակն* »die männlichen Kinder erlangen ihr Reifealter im fünfzehnten Jahre« 51 1; *ապա թէ վկայքն չկամենան զկռիւն* »wenn aber die Zeugen den Zweikampf nicht wollen« 59 18; *ապա թէ վկայնին կամենան զկռիւն* »wenn aber die Zeugen den Zweikampf wollen« 59 23; *թէ յետմնացքն ամէնն աղջիկներ լինին* »wenn die Erben sämmtlich Mädchen sind« 21 5. Dagegen im Singular: *նա այլ վայր ունենայ այնոր յետմնացքն* »so sollen es wieder haben seine Erben« 23 19; *նշաններն ի պարոնին ձեռն կայ* »ihre Pfänder sind in der Hand des Lehnsherrn« 33 4; *թէ այլ օտար ապրներ կենայ ի դուրք* »wenn noch andere Güter außerdem vorhanden sind« 21 9; *նա այս բլայթնիս ջնջեցաւ* »so sind diese Bestimmungen annulliert« 55 12. Namentlich ist der Singular beim Prädikate Regel für den Fall, dass das Subjekt ein Plurale tantum mit Singularbedeutung ist. Z. B.: *թէ հայրենիք կենայ* »wenn Erbgut vorhanden ist« 59 19; *լինի վկայիցն խօսքն մէկ* »die Aussage der Zeugen gestaltet sich zu einer einstimmigen« 29 2.

§ 445. 2) Kasusrektion des Verbums. — Der von den Verben des Sagens und Erzählens abhängige sog. Kasus narrativus der alten Sprache lässt sich für das Kilikische nicht mehr nachweisen, ebensowenig wie das Kilikische noch einen Kasus circumlativus kennt. Die beiden Kasus, Ablativ und Instrumental, besitzen nicht mehr die Kraft, an sich allein und vermöge ihrer ursprünglichen Natur unter bloßer Vorsetzung des Präfixes *զ- z-* jene Beziehungen auszudrücken. Vielmehr wird im Kilikischen das entsprechende Umstandsverhältnis durch die respektiven Präpositionen oder präpositionalen Ausdrücke: *վանց vanç* und *ի վերայ i vera* »in betreff, über«, *շուրջ šurč* und *ի վերայ* »um, herum« ausgedrückt.

Anm. Auffallenderweise wird das Verb *ուզել uzel* »wünschen, begehren, verlangen, fordern« auf zweifache Weise konstruiert: 1) mit Akkusativ des direkten Objekts und Ablativ der Person, von welcher verlangt wird; 2) mit Akkusativ des direkten Objekts und *ի i* c. Akk. der Person, von welcher etwas verlangt wird. Z. B.: *ի պարոնէն պիտի ուզեն* »von dem Lehnsherrn müssen sie es begehren« 17 15; *ոչ կարեն յայրկէն բնաւ իրք ուզել* »können von dem Gatten gar nichts verlangen« 19 16. Daneben: *ուզել զհայրենիքն ի յայն որ ունենայ* »das Erbgut verlangen, von demjenigen, der es besitzt« 17 14; *թէ յունօղք ապրնացն ուզէին* »wenn sie es von den Inhabern des Gutes forderten« 17 16; *որ ի պարոնութիւնն ուզվի* »dass es von der Herrschaft verlangt werde« 17 20. Erstere Konstruktion ist echtarmenisch: letztere dagegen ist wohl unter dem Einflusse des französischen »demander quelque chose à quelqu'un« entstanden, welches in dem altfrz. Original der »Assises d'Antioche« gestanden haben mag.

§ 446. 3) Verwendung der einzelnen Tempora und Modi. — Die Tempora in ihren entsprechenden Modis schließen sich hinsichtlich ihrer Anwendung wesentlich denen der classischen Sprache an. Eigentümlich ist den »Assises d'Antioche« die häufige Verwendung des Aorists als Perfektum präsens oder logisches Perfekt. Solche Perfekta präsentia sind in Ass. Ant. folgende: *եւ մնաց գրկօղն տուգնաց ներքեւ* 29 11; *եւ մնաց յաստուծոյ եւ ի դարպսուն համանքն* 31 20; *նա մնաց ի պարոնին համանքն* 33 3; *եւ մնաց ի պարոնին համանքն* 33 9. 10; *եւ մնաց ի պարոնութեան ի համանքն* 35 1; *նա մնացել է շանն ու վզենն ամէնն ի յիր հաւատոցն ի վերայ* 83 20. *նա գիտելի է որ ապա հագաւ զմեղանքն* 29 17; *նա հագաւ զմեղանքն* 31 7; *նա ահա որ հագաւ զմեղանքն* 31 20; *նա անկրէն հագաւ զմեղանքն* 35 1. *նա ելաւ ի ժամն ի հարկէ* 25 21; *եւ ելաւ ի պարտուց* 9 24; *նա ահա որ ելաւ այտ բլայթն ի դարպսէն, ու ի յիրենց շընին ընկաւ* 33 6. 7; *նա ժամ եղաւ իր* 51 4; *նա եղաւ* 51 18; *ու հերիք եղաւ* 11 3. 4; *եւ ազգն բնաւ ելել են* 49 15; *նա մշտնջենաւոր կորոյս զայն իրքն* 57 11; *նա կորոյս զբլայթն* 59 8; *նա սպիկ կորոյս* 67 1; *թի չի՝ կորոյս* 13 22. *նա գնաց կտրեցաւ* 81 11; *նա մէկայլին բանն ամրցաւ* 69 6; *նա իր խիսմ ազատեցաւ* 67 3; *նա լուծեցաւ դատաստանն* 67 15; *նա ահա որ ի վերայ նորա հաստատեցաւ* 67 7; *նա կտրեցաւ* 67 12; *նա ահա որ ճշմարտեցաւ վկայութիւն* 29 10. Bezeichnenderweise gehören sämtliche Fälle dem Gebiete der Nach- oder Folgesätze an.

§ 477. Verbalnomina: Infinitiv, Partizipia. — Die Verwendung derselben in Verbindung mit dem Verbum substantivum ist weit ausgedehnter und allgemeiner als im Altarmenischen. Man denke nur an die Rolle, die der Infinitiv bei der negativen Konjugation spielt, sowie an die zahlreichen mit Hülfe der Partizipia gebildeten Tempora composita; das Kilikische nähert sich hierin schon dem Neuarmenischen.

§ 448. In selbständiger Verwendung dagegen, als Vertreter von ganzen Sätzen, sind die Verbalnomina, dem Altarmenischen gegenüber, sehr zurückgewichen. So ist die altarmenische Konstruktion ի *i* + Inf., im Sinne eines temporalen Nebensatzes, im Kilikischen nicht mehr nachzuweisen; ersetzt ist sie durch Bildung von eigentlichen, durch Konjunktion eingeleiteten Nebensätzen. Zum Teil tritt auch für Infinitive, die von einem Verbum finitum abhängig sind, im Kilikischen ein konjunktionaler Nebensatz ein. So wird z. B. in der alten Sprache das Impersonale պիտի *piti* »oportet« stets konstruiert mit dem Infinitiv: im Kilikischen dagegen verlangt es stets einen konjunktivischen Nebensatz nach sich, eingeleitet durch Konjunktion որ *vor* »dass«, oder auch ohne dieselbe; z. B.: պիտի որ առնու 55 15; պիտի որ ունենայ 19 11; պիտի լինի 47 27. Spurlos geschwunden ist ferner die der classischen Sprache so charakteristische selbständige Konstruktion des Partizipium präteritum im Sinne eines Verbum finitum: das dem classischen Partizip auf -եալ *-eal* entsprechende kilikische auf -ել *-'el* findet sich, wie in Formenl. § 404 dargethan, ausschließlich noch in Verbindung mit dem Verb subst. in den zusammengesetzten Zeiten. An Stelle jener dem Altarmenischen eigentümlich absoluten Partizipialkonstruktionen treten im Kilikischen Nebensätze mit Verbum finitum. Satz- und Periodenbau ist hiermit einfacher und weniger mannigfaltig, zugleich aber auch weniger schwerfällig als in der classischen Sprache.

§ 449. Ein eigentümliches Gepräge wird namentlich dem Satzbau und Satzgefüge des Kilikischen aufgedrückt durch die so häufigen Bindeglieder. Bereits oben Formenl. § 316 wurde Konjunktion որ *vor* vorgeführt als regelmäßige Einleitepartikel der Konsekutivsätze, Finalsätze und abhängigen Aussagesätze, als Vertreterin von cl. թէ, եթէ, զի, որպէս զի etc. Vgl. Gloss. Neu ist auch folgendes syntaktische Gesetz: Die Nachsätze der hypothetischen, temporalen und Relativperioden werden regelmäßig eingeführt durch das Bindewort նա (նայ) *na*. Im Classischen steht dafür bekanntlich Konjunktion *ev*, jedoch nur vereinzelt und fakultativ, während das Kilikische die Einleitepartikel *na* in diesen Fällen regelmäßig und obligatorisch setzt. a) Nach Bedingungssätzen: *Թէ լիճն երդնու՝ նա քիթ է սպկիկ* »wenn der Lehnsmann schwört, so ist er frei und rein« 11 9; *Թէ կարենան գտնուլ զինք 'ի տեղն՝ նա մէկն ասէ* »wenn sie ihn am Orte finden können, so spricht der eine« 15 14; *Թէ չգայ՝ նա պատեհ է որ ապա դարպասն յառաջ երթայ* »wenn er nicht kommt, so muss darauf das Gericht weiter schreiten« 15 24; *Եւ թէ ոչ՝ նա համբերէ պարոնն* »und wenn nicht, so gewährt der Lehnsherr eine Frist« 15 26; *Եւ թէ տղայ կենայ տիկնոջն՝ նա պիտի որ ունենայ տիկինն զմէկայլ կէսն զապրնացն* »und wenn die Dame ein Kind hat, so muss die Dame den andern Teil des Gutes erhalten« 19 11. Ebenso pp. 9 21, 11 10, 21 3. 13, 23 7. 15, 25 8. 10, 27 6. 9, 29 5. 7 u. s. w., ferner häufig in Rb, Mr A, Mr B, Geop., Mx. Her., Smp. Chron. u. s. w. Zuweilen tritt zu նա verstärkend noch ապա *aba* oder ահա *aha* hinzu: *Եւ թէ խիսմն փայլէ ու չկռւի՝ նա ահա որ սուտ է* »und wenn der Gegner sich entzieht und nicht kämpft, so ist er im Unrechte« 61 17; *Եւ թէ լիճ չկամենայ երդնուլ՝ նա ապա բերեն զչաւուշն* »und wenn der Lehnsmann nicht schwören will, so lässt man den Büttel kommen« 11 25. — b) Nach Temporalsätzen: *Երբ այնէ չաւուշն զհրաւէրքն՝ նա պարտ է* »wann der Büttel die Vorladung macht, so muss« 9 16; *Երբ լիճ ճորտն վաթսուն տարոյ լինի՝ նա այլ ծառութիւն չպարտի* »sobald der Lehnsvasall 60 Jahre alt ist, schuldet er keinen Lehnsdienst mehr« 11 16; *Յորժամ ու գայ՝ նա մինակ ի ժամն առնու անյապաղ* »wann auch immer er kommen mag, nimmt er es sofort, ohne Verzug« 13 28. — c) Nach Relativsätzen: *Վասն զի այն որ զապրանքն կալել լինի տարի մի եւ օր մի՝ նա խիկի իր պացխուն չպարտի որ այնէ* »weil der, welcher das Gut ein Jahr und einen Tag besessen hat, ihm ja nicht Rede zu stehen schuldet« 17 18; *Որ իրաւ ու մօտեւոր լինի՝ նայ այն առնու զիրքն* »wer im Rechte und der Nächstverwandte ist, der erhält den Gegenstand« 69 3[1]).

1) Vgl. die analog fungierende Bindepartikel *ne* im Neuarmenischen (Tr.) bei Aidynian II 99. Vgl. als weitere Analoga für denselben Fall: russisch то, deutsch »da«.

§ 450. Wie sehr auch fremdsprachlicher Einfluss auf das Kilikische sich äußern mag in dem Eindringen von fremdem Sprachgute, so hat sich doch im allgemeinen die Syntax davon rein gehalten: Satzbau und Satzgefüge des Kilikischen sind wesentlich echtarmenisch, im Unterschied z. B. von der neu-westarmenischen Schriftsprache, deren Syntax nach Satzbau und Satzgefüge bekanntlich die osmanisch-türkische ist[1]). Die in unsern kilikischen Quellen zum Teil hervortretenden nicht-armenischen Eigentümlichkeiten der Syntax sind gelehrte Nachbildungen eines fremdsprachlichen Originals, und als solche der eigentlichen Volkssprache fremd geblieben.

1) Die westliche Sprache hat starken türkischen Einfluss erfahren: die Türk-Armenier sprechen bekanntlich ebenso gut osmanisch-türkisch als armenisch.

# Nachträge und Erweiterungen.

Zu p. 21, Rdn. 3. Von der neuostarmenischen Lautentsprechung des alten *ո* ausgehend hat bekanntlich Schröder im Thesaurus denselben Lautwert auch auf das Classisch-Altarmenische verallgemeinert und übertragen, indem er classisches *ո* allgemein mit *uë* transskribierte. Vgl. Schröder Thes. ling. arm. p. 13.

Zu p. 57, Rdn. 1. Namentlich stark ausgeprägt ist diese Lauterscheinung im Zentralarmenischen, speziell im araratischen Dialekte, wie aus folgenden, den von Navasardeanç in Tiflis publizierten »Hay žoγovrdakan Hekiatner« entnommenen Fällen ersichtlich wird: *փոտ*, *փոտը* (= cl. *հոտ*, *հոտն*) VII 4, 39, 61, 93; *փող*, *փողը* (= cl. *հող*, *հողն*) VI 21, 22, VII 42, 51; *սեւափողը* (= cl. *սեւահողն*) VII 97; *փորսըլի* (= cl. *որսալի*) VII 96. Ferner: *փոգի* (= cl. *հոգի*) VI 4 21, 21 15. 20, VII 16 20, 25 18. 19, 37 3, 97 18; *անփոգի* (= cl. *անհոգի*) VII 93 16; *փողէց-փոգի* VI 6 19. 20, VII 7 1 a. i.; *փոր*, *փորը* (= cl. *հոր*, *հորն*) VII 30 21, 97 6; *փորումը*, *փորումն* Lok. sg. VII 30 21. 26. 28; *փորերում* Lok. pl. VII 26 1; *փորէ* (= ma. *հորէ*) III sg. pr. VI 21 25; *փորեց* (= ma. *հորեց*) III sg. Aor. VI 15 7. 11, VII 95 9.

Zu p. 74, § 84 Anm. Zu den Fällen: *san*, Gen. von *sun*, *deruťan*, Gen. von *deruťien* u. s. w. stellen sich auch folgende normal ostarmenischen Formen des Pronomens III Person, in welchen na. *a* altarmenischem *ea* in letzter Silbe entspricht: Sing. Dat.-Akk. *իրան*, Abl. *իրանից*, Instr. *իրանով*, Lok. *իրանում*. Plur. Nom. *իրանք*, Gen. *իրանց*, Dat.-Akk. *իրանց*, Abl. *իրանցից*, Instr. *իրանցով*, Lok. *իրանցում*. So in der oa. Hochsprache n. Palas. p. 136. Etwas differenziert zeigt Ag.: Gen. *ʲիրա́ն*, Dat.-Akk. *ʲիրա́ն*, *իւրա́ն*, Abl. *ʲիրանից*, *ʲիրանանից* und *իւրանից*, Instr. *ʲիրանաւ*, Lok. *ʲիրանամ* etc. (n. S. Sarg. Dial. v. Ag.); ferner Tf. (n. Tom. Dial. v. Tf. § 358): Sing. Gen. *iran* (neben *ir* und *ira*), Dat.-Akk. *իրան*, Instr. *irmov*, Abl. *irmen*, Lok. *iranum*. Plur. Nom.

*irank̄*, Gen.-Dat.-Akk. *iranç*, Instr. *irançmov*, Abl. *irançmen* und *irançemen*, Lok. *irançum*.

Zu p. 134—135, Rdn. 3 erstes Alinea. Zu dem in der altarmenischen Version des Dionysius Thrax (Ed. Cirbied, Paris 1830) überlieferten nichtclassischen altarmenischen Sprachgute gehört auch die Präposition նր (Dublette նրն) Dion. Thr. p. 54 § 19. Dieselbe Partikel kehrt sehr häufig wieder in der aa. philosophischen Litteratur (speziell bei Dav. Phil.) in der Form ն, derart, dass letztere als regelmäßiges Lokalpräfix der vokalisch anlautenden Nomina genau dem präpositiven ի der konsonantisch anlautenden Nomina entspricht; Beispiele s. oben p. 239 Rdn. Dazu stellt sich nun im neuarmenischen Dialekt von Agulis als ganz paralleles Gegenstück die Indikativbildung vokalisch anlautender Stämme mittels des Präfixes *n*; so z. B. n. Patk. dial. p. 47 ff.: von արել (= kl. առնել »machen«) der Ind. präs. նարամ-րմ, -րս, -այ etc. gegen Konj. präs. արիմ, արիս, արի etc.; von ըհել (= kl. ասել »sagen«) der Ind. präs. նահամ-րմ, -րս, -այ etc. gegen Konj. präs. ահիմ, ահիս, ահի etc.; von ըրվալ (= kl. երեւիլ »erscheinen«) der Ind. präs. նըրվամ-րմ, -րս, -այ etc. gegen Konj. präs. ըրվիմ, ըրվիս, ըրվի etc.; dagegen ohne präfigiertes *n* von տիսնալ »sehen« Ind. präs. տիսնամ-րմ Konj. präs. տիսնիմ. Das agulische Verbalnomen auf *-am* entspricht phonetisch dem normalostarmenischen auf *-um*, ist also Lokativ und folglich jenes *n* das Lokativpräfix und identisch mit jener altarmenischen in der philosophischen und grammatischen Litteratur erscheinenden Partikel *n* resp. *nə*. Vgl. auch hierüber bereits Patk. dial. p. 20. Also sind jene altarmenisch belegten Formen nicht etwa grammatische Erfindungen (!) sondern durch das Vorkommen derselben Formen in der neuen Sprache als echtarmenisch, d. i. in diesem Falle altdialektisch gesichert; ein weiteres Zeugnis für die dialektische Spaltung des Altarmenischen. — Präp. *n* (= *nə*, *nən* bei Dion. Thr.) ist natürlich, wie schon Patkanean (Patk. dial. p. 20) eingesehen hat, identisch und zusammenzustellen mit Lokativpartikel gr. ἐν, lat., goth., deutsch *in* etc. Schon bei David Phil. ist diese Präposition bei konsonantisch anlautenden Nominen nicht mehr zugelassen und so gut wie ausschließlich auf die Fälle mit vokalischem Anlaute beschränkt, in welcher Stellung sie schon früh mit dem Nominalstamm zusammengewachsen sein muss; nur deshalb, weil diese Partikel schon frühzeitig im Sprachbewusstsein als solche verblasst war und als integrierender Bestandteil des mit ihr verschmolzenen Nomens galt, konnte dieselbe in erstarrter Form sich halten und überleben zu einer Zeit, als sämtliche altsprachlichen Flexionspräfixe im NA. zurückgedrängt und aufgegeben wurden.

Zu p. 192 Zeile 19 und zu Rdn. 5 ibid. Als moderne Ausläufer von entsprechenden mittelarmenischen *vi*-Pluralen begegnen außerdem im AK. auch noch Fälle wie: *դռուիք* »Thüren«, *շնուիք* »Hunde«, *տնուիք* »Häuser« nach Čanik. p. 284.

Zu p. 193 Zeile 8 ff. Vgl. auch na. *կըթ-տի-ք* (aus *կըն-տի-ք) »Frauen«, na. *տըկ-տի-ք* »Wurzeln« im AK. (n. Čanik. p. 284.

Zu p. 193, § 248 Zeile 6 ff. Vgl. auch als neuarmenische Fortsetzungen von älteren Grundformen auf *-vədi* folgende Plurale des Dialektes von Akn: *ներ-ուըտաք* (aus *ներ-ուըտի-աք) »Wurzeln, Wurzelenden«, *քուր-ուըտաք* (aus *քուր-ուըտի-աք) »Schwestern«, *տալ-ուըտաք* (aus *տալ-ուըտի-աք*) »Schwägerinnen«; dagegen vom mehrsilbigen *աղբար* »Bruder« die Pluralform: *աղբր-տաք* (= *աղբար-տի-աք), n. Čanik. p. 283.

Zu p. 226, § 283 Anm. Die modernen pronominalen Dativformen auf *-i*, wie *ինծի*, *մեզի* haben (gegen S. 226 Z. 25—26) nicht sowohl genitivische als vielmehr **akkusativische** Funktion zugleich in sich vereinigt, und zwar infolge einer eigentümlichen Verschiebung der Kasusformen, die vom Pronomen der II Person ihren Ausgang nahm. Nachdem nämlich durch den Schwund des Akkusativpräfixes *z* beim Pronomen II pers. der Akkusativ mit dem Dativ zu der gemeinsamen Form sg. *քեզ*, pl. *ձեզ* zusammengefallen war, gewann es den Anschein, als sei hier die Dativform zugleich auf den Akkusativ übergegangen; analog wurden nun auch beim Pronomen der I und III Person die Dativformen auf den Akkusativ verallgemeinert unter Verdrängung der ursprünglichen Akkusativformen; und wie *ինծ*, *մեզ*, *քեզ*, *ձեզ*, so traten natürlich die sie ablösenden jüngeren Dativformen *ինծի*, *մեզի*, *քեզի*, *ձեզի* zugleich in **Akkusativ-Funktion** ein.

Gleichwohl ist diese Erscheinung nur schwach ausgeprägt im WA. (vgl. Aid. II § 150 und Han. O Języku Ormian Polskich): zur vollen Geltung gelangt sie dagegen im OA. — hier standen sich gegenüber beispielsweise im Ag. der Nom. sg. *is* und

Akk. sg. *is*, im Tf. der Nom. sg. *yis* und Akk. sg. *is*, so dass hier zudem das Deutlichkeitsbestreben der Sprache der Verdrängung dieser unbequemen Akkusativform und ihrer Ersetzung durch eine neue Form Vorschub leisten musste —, wo auch die übrigen Pronomina mit in die Analogie der Personalia hineingerissen wurden. So flektiert denn die oa. Litteratursprache (Palas. k̔erak. maireni lezvi p. 135 ff.), nicht nur Nom. sg. ես, Gen. իմ, Dat. und Akk. ինձ; Nom. sg. դու, Gen. քո, Dat. und Akk. քեզ; Nom. sg. ինքը, Gen. իր, Dat. und Akk. իրան, sondern auch Nom. sg. սա, Gen. սրա, Dat. und Akk. սրան, Nom. pl. սրանք, Gen. սրանց, Dat. und Akk. սրանց etc. Analog zeigt Tf. (Tom. Dial. v. Tf. p. 200 ff.): Nom. sg. *yis*, Gen. *im*, Dat. und Akk. *inj*, *inji*, Nom. pl. *mink̔*, Gen. *mir*, Dat. und Akk. *miz*, *mizi*, ebenso Dat. und Akk. sg. *k̔iz*, *k̔izi*, pl. *jiz*, *jizi* zu Pron. II pers., Dat. und Akk. sg. *iran*, pl. *iranç* zu Pron. III pers.; ferner Ag. (vgl. S. Sarg.): sowohl Dat. sg. ա̈նձ als Akk. sg. ա̈նձ zu Nom. իս, sowohl Dat. pl. միզ als Akk. pl. միզ zu Nom. միք; ja sogar mit Verallgemeinerung dieses Vorganges auf das Nomen entstand folgende Flexion: Nom. sg. աղպար (= kl. աղբայր), Gen. աղպուր, Dat. աղպուր, Akk. աղպար und աղպուր; Nom. կնակʲ (= kl. կնիկ), Gen. կնկու, Dat. կնկու, Akk. կնակʲ und կնկու. Letztere Erscheinung hat sich schließlich in jüngster Zeit in mehreren nördlichen und nordöstlichen Grenzdialekten unter slavischem Einflusse dahin festgesetzt und verallgemeinert, dass sämtliche Nomina, welche belebte Wesen, Mensch oder Tier, bezeichnen, die Genitiv-Dativform zugleich zum Ausdruck des Akkusativs verwenden.

Zu p. 234 2. Ganz ebenso wie Nch. flektiert der verwandte krimarmenische Dialekt, wie folgende Beispiele aus den von Navasardeanç in Tiflis publizierten »Hay žoγovrdakan hek̔iat̔ner zeigen: դարա Gen.-Dat. sg. VIII 69 6. նարա Gen.-Dat. sg. VII 52 11, 54 17. 22, 57 5 a. i., 58 17, 58 2, 60 2. 3. 6. 17, 61 3, 62 6. 8. 9, 63 5. 19, 64 3. 5. 8 a. i., 66 4, 67 2 a. i., 68 3, 69 9, 72 13. 16, 73 11. 12; VIII 68 12, 72 18. 20. նարան Gen.-Dat. sg. VII 58 21, 60 21; VIII 69 1. նարամէն Abl. sg. VII 59 4. նարքա Nom.-Akk. plur. VII 50 4 a. i., 53 6. 27, 55 2. 13, 57 7, 63 11, 66 7, 69 8. 2 a. i.; VIII 68 1. 2, 72 20. նացա Gen.-Dat. plur. VII 50 8. 17, 52 6 a. i., 53 3. 14, 55 8, 56 2. 2 a. i., 66 2, 67 2. 3, 69 4 a. i.; VIII 68 3, 70 7 a. i., 72 15 u. s. w.

Zu p. 243 Zeile 2. Wie Nch. so zeigt auch der verwandte Dialekt der Krimarmenier noch die älteren Formen *խսա*, *խտա*, *խնա* und zwar mit reiner Demonstrativbedeutung. Dazu folgende Belege aus »Hay žoγovrdakan hekiatner« Bd. VII: *խսա ատենս* (= *այս ժամանակ*) »zu dieser Zeit, jetzt« 58 14, 60 18, 63 1; *խսա տեղս*, *խսա տեղը* »an diesem Orte, hier« 62, 64 1; *խտա տեղը* »an diesem Orte, da« 52 19; *խնա պահ մ՚ ալ* »vor einer Weile« 59 letzte Zeile unten, 62 3; *տար խսա* »trage dieses« 71 6. 7; *նայիմ խսանը ի՞նչ է* »ich will sehen, was dies ist« 52 3; *խսա ճամբէն շիտակ գնա* »gehe gerade von diesem Wege aus« 64 letzte Zeile unten; *զարկ խտա վար մարդուն գետինը* »schlage diesen gemeinen Menschen da zu Boden« 69 9; *խնա Արաբի-Ջէնկիին* »jenes Arabi-J̌enki« 64 18. Und auch: *խսա խնչ խնսանի փառ կայ* 63 unten, *խտա խատտար յոգնիլ խս* 64 oben, *խտա վարդապետի խատտար* VIII 70 3 unten etc. Ebenso floriert noch dasselbe Pronomen im na. Dialekt von Arabkir, woraus nach Hant. ams. XIV p. 251:f. folgende Beispiele angeführt sein mögen: *խսա պաճայէն վար*, *խտա խօճան*, *խնա օսկիները*, *խսա լաթէրօքս*, *խսա եաhուտուն*, *խտա գըզի լայըխ բան մ՚օ*, *խսա եաhու-տին*, *խսա վըրիս գիրքս*, *խսա մարդը*. Danach bezeichnen die Demonstrativa *խսա*, *խտա*, *խնա*, im Unterschied zu den übrigen Demonstrativen, eigentlich das **Nahestehende, Gegenwärtige, unmittelbar vor Augen liegende**; von dieser ihrer ursprünglichen Funktion zu der oben § 299 fürs Kilikische nachgewiesenen Verwendung ist der Übergang ein leichter und natürlicher.

Zu p. 276 Zeile 4 unten. Vgl. jedoch die von Pol. und Nch. abweichende Gestalt des Kausativs im Krimarmenischen: *-ցունիմ*, *-ցունիս*, *-ցունէ*, *-ցունինք*, *-ցունիք*, *-ցունին*. So z. B. zeigen Navasardeanç' Hekiatner die Formen *կը հալցունիս* II s. pr. VIII 66; *կը հալցունէ* III s. pr. VIII 66; *կը հարցունէ* III s. pr. VI 59, 70, 71; *հեռացունէ* III s. pr. VII 71; *մեռցունէ* III s. pr. VII 66; *զարթեցունէ* III s. pr. VII 55; *կանցունէ* III s. pr. VII 54; *կը հարցունինք* I pl. pr. VII 59; *կը հարցունին* III pl. pr. VII 49; *վերցունել* Inf. VII 100; *կը մեկնեցունէի* I s. Impf. VIII 68 etc. Zu untersuchen wäre, ob hier morphologische Umbildung aus älteren neuarmenischen *u*-Stämmen vorliegt, oder aber, ob diese Formen urspünglich sind, so dass das *u* in *-ցունիմ*, *-ցունիս* etc. sich aus älterem *ə* rein phonetisch herausentwickelt hätte, in welch letzterem Falle die p. 276 aufgestellte Erklärung des Kausativs auf *-num*, *-unum* entsprechend zu modifizieren wäre.

Zu p. 288, § 347. Als weiterer Beleg zur Begründung meiner Theorie der kilikischen Stämme auf *-ena* und der durch sie bedingten unregelmäßigen Konjugation sei auch folgende Mitteilung Thomsons bezüglich des neuarmenischen Dialekts von Tiflis (Tom. Dial. v. Tifl. § 398) hier angeführt: »Suffix *-ena-* bildet im Tifliser Dialekte an zehn Verba, die zu entsprechenden, vorwiegend mit Suffix *a* und *i* gebildeten Verben parallel laufen. Die Verba mit Suffix *-enal* haben eine besondere Bedeutungsnuance, die sich mehr oder weniger vergleichen lässt mit der Bedeutung des iterativen, andauernden oder unvollendeten Aspektes unserer (d. i. der russischen) Verba. In den Handschriften begegnen diese Formen vom 11. Jahrhundert ab und sind offenbar hervorgerufen durch die Vulgärsprachen jener Zeit, denn im Classischen gab es ähnliche Verba nicht, obschon in demselben Suffix *-enal* existierte.« Und weiter: »Im Tifliser Dialekte erscheinen sie (die Stämme auf *-ena-*) in allen Tempora, während die parallele einfache Stammform dieser Verba sich erhalten hat fast ausschließlich nur im Präsens und den mit dem Präsens zusammenhängenden Bildungen«. Solcher einfacher Stämme, die ihre alte Indikativform gerettet haben, beobachtete Thomson (Dial. v. Tifl. § 415) in der Tifliser Mundart folgende sieben: *im*, *unim*, *gidim*, *kam*, *pitim*, *ažę* und *kanam* (*karam* = *կարեմ*); lauter Verba, die, mit Ausnahme des Verbum substantivum *im*, Parallelformen auf *-ena* besitzen und auf das Mittelarmenische zurückgehen. Vgl. auch Tom. Dial. v. Tifl. § 427. Weniger rückhaltlos vermag ich Thomsons Ansicht zu teilen, dass diese *ena*-Stämme bereits in der urarmenischen Sprache, noch vor dem Verfall derselben in Dialekte, entstanden seien. Sicher fällt ja die Entstehung dieser Stammgruppe in vormittelarmenische, d. i. altarmenische Zeit; sie dagegen weiter zurückzuverlegen in die Zeit der sprachlichen Einheit, des Urarmenischen, verbietet der Umstand, dass die classische Sprache diese Bildung nicht kennt, da doch, wenn dieselbe schon in urarmenischer Zeit entstanden wäre, sie sowohl dem classischen wie den übrigen altarmenischen Dialekten hätte gemeinsam sein müssen.

Zu p. 302 Rdn. Doppeltgesetzte Indikativpartikel zeigt der Dialekt von Arabkir, woraus Hant. ams. XIV p. 251 f. folgende Beispiele bringt: *կ' ըլի կու* »ist, wird«, *կ' ունենայ կու*

»hat«, կ' ըսա̊ կու »sagt«, կու գայ կու »kommt«, կ' էնա̊ կու »macht«, կ' առնա կու »nimmt«, կուզա̊ կու »verlangt«, կուտա̊ կու »giebt« p. 295 u. s. w. Daneben erscheint noch die einfache, bald vor-, bald nachgesetzte Partikel: կ' երթա »geht«, կու համրէ »zählt«, տեսնա կու »sieht«, ղրկես կու »schickst«, կ' երթա յըն-կած ղնա̊ »er geht, lehnt das Ohr an«, կ' երթան հասնին կու »gehen und gelangen« u. s. w. — Analog entstand in derselben Mundart durch Verschmelzung der zwei abwechselnden Futurformeln *di* + Präsens, Präsens + *di* eine dritte Kombination für das Futur: *di* + Präsens + *di*; z. B. nach Hant. ams. ibid.: ի՞չ տ' էնա̊ տի »was wird machen?«; գանգատ տի տամ տի »werde Klage stellen«; տ' էնիմ տի »werde machen«; տի գայ տի »wird kommen« p. 296 etc. Daneben noch: չառնա տի »wird nicht nehmen«; առնաս տի »wirst nehmen«; տ' երթամ »werde gehen« etc.

Zu p. 307 Zeile 1 ff. oben. An die Stelle des indikativbildenden Verbalnomens auf *-um* resp. auf *-is* tritt ausnahmsweise im J̌lf. ein Partizip auf *-man*. So entstehen nach Patk. dial. p. 90 ff. die Indikativ-Präsensformen:

| | | |
|---|---|---|
| գնաման | ամ | »ich gehe«, |
| տեսման | աս | »du siehst«, |
| փախման | այ | »er flieht«, |
| առման | անք | »wir nehmen«, |
| լալման | աք | »ihr weinet«, |
| կալման | ան | »sie sind vorhanden«. |

So auch: տալման ամ »ich gebe«, կոլման und գոլման ամ »ich gehe, ich komme« etc. Vgl. schon Schröder Thesaur. ling. arm. (vom J. 1711) p. 356:

Ծօւռ մօռ խուսուղ Ջուղեցին ա
Որ նասիլըն գուլն գոլմանա
Sed mendose loquitur Sjulfajensis,
Dicens: Guln gulmana (lupus venit).

Vgl. auch aus Որբ Ջուղայեցւոց (Ališan »Armenian Popular Songs« p. 13)

V. 3: Գերի գնաման աք դէպ ի Խորասան.
V. 11: Իւմ աք թողման՝ դուք որ գնաման աք.

Dazu Partizipium präsentis: գնաման, տեսման, փախման, առման, լալման, կալման etc.; und weiter mit Übertragung der *man*-Form auf das Präteritum:

*գնաման ի* »ich ging«,
*տեսման իր* «du sahst«,
*փախման էր* »er floh«,
*առման ինք* »wir nahmen«,
*լալման իք* »ihr weintet«,
*կալման ին* »sie waren vorhanden« Patk. dial. 90 ff.

Sonst erscheint diese Bildung lediglich als Partizip prät. pass. So im Ak. (Čanik. p. 393): *գրման է* = normal na. *գրուած է*; *դրման է* = normal na. *դրուած է*; *քաշման է* = normal na. *քաշուած է*; ferner im Sr. (n. Margoliouth im Journal of the Royal As. Soc. vom J. 1898): *goxman* »gehängt«, *zardrman* »geschmückt, gekleidet«, *k̄ašman* »gezogen«, *krman* »geschrieben«, *paçman* »geöffnet«, *kovman* »gelobt« etc.; wie denn auch Zt. dieselbe Form, hier zu *-mon* differenziert, zeigt, als *ip̓mon* »gekocht« nach Lautl. § 43 Anm. 1.

Das Verbalnomen auf *-man* ist identisch mit dem neupersischen Derivatum auf مان *mān*; dementsprechend ist es im allgemeinen nur den mehr oder weniger unter persischem Einfluss stehenden östlichen oder zentralen Mundarten eigen; von der gebietenden Stellung, die dasselbe im pers-armenischen Dialekt von Julfa einnimmt, stufenweise absteigend, je weiter das Sprachgebiet nach Westen hinläuft, verschwindet diese Verbalbildung fast gänzlich im eigentlichen Westarmenischen. Das Kilikische kennt nur das vereinzelte *man*-Derivatum *լման lman* (aus **li-man*) in der Verbindung *ի լման i lman* »vollständig, ganz« 41 18, 57 1, 71 11, 93 17, welcher vereinzelte Fall auch auf die modernen westlichen Dialekte übergegangen ist.

# Exkurs.

## Über die vulgärsprachliche Fabel- und Morallitteratur der mittleren Zeit,

spez. die sog.

## Vardanischen Fabelsammlungen

in ihrer

## sprachgeschichtlichen Bedeutung.

Das sehnlichst erwartete Werk N. Marr's: **Сборники притчъ Вардана** Матеріалы для Исторіи Средневѣковой Армянской Литературы liegt nun endlich in 3 Bänden abgeschlossen vor. Von dem richtigen Standpunkte ausgehend, dass der Versuch einer sog. »kritischen« Textausgabe für dieses Litteraturgebiet verfehlt oder doch verfrüht wäre, hat Marr die sogenannten Sammlungen von Vardanischen Fabeln und Parabeln in all ihren mannigfaltigen Redaktionen und Überarbeitungen unverändert mitgeteilt und so ein Werk geschaffen, das eine wahre Fundgrube sowohl in stofflicher als in sprachlicher Beziehung für die nachclassische Fabel- und Morallitteratur darstellt. Die sprachlichen Eigentümlichkeiten dieses Litteraturkomplexes hat schon Marr gehörig gewürdigt und, soweit es im Plane seines Werkes lag, verwertet: die mit vulgärsprachlichen Elementen durchsetzten Stücke gelten ihm mit Recht als spätere Produktionen, die von den eigentlichen Schriften des Fabeldichters Vardan zu sondern sind; das vulgärsprachliche Element wird hier mit entschiedenem Scharfsinn als Kriterium für Echtheit und Ursprünglichkeit oder Unechtheit der verschiedenen Texte gehandhabt.

An diese rein litterar-historischen und textkritischen Vorarbeiten Marr's anknüpfend wird folgende Untersuchung denselben Gegenstand von sprachgeschichtlichen Standpunkte aus weiter verfolgen und beleuchten, indem sie sich folgende Fragen stellt:

1) Welches ist das gegenseitige Verhältnis der verschiedenen Redaktionen zu einander in vulgärsprachlicher Hinsicht, und lässt sich daraus irgend ein Schluss auf Alter und Entstehungszeit dieser Redaktionen ziehen? 2) Wie verhalten sich die dialektischen Elemente dieses Litteraturkreises zu dem Kilikischen? und in wieweit bieten diese »Materialien zur Geschichte der mittelarmenischen Litteratur« in ihrem nichtclassischen Teile auch wirklich mittelarmenisches Sprachgut? Die Lösung dieser Probleme wird sich ergeben aus einer Zusammenstellung der verschiedenen Rezensionen, wobei jede einzelne derselben je nach dem in derselben hervortretenden vulgärsprachlichen Material charakterisiert werden soll[1]).

Mr **F** = Ej̆miaciner Codex No. 2281. Graphisches. Älteres *ե* in nichtletzter Silbe wird zum Unterschiede von jotiertem *e*-Laute mit *է* bezeichnet: *ցէրեկն* 325 15, *աւէրեց* 280ᵃ 11, *ամէցնօղն* 331 4, *բէրել* 320 6, *էրիտասարդ* 308 6, *էկին* 324 6. 7, *էփեց* 341 2, *էլաւ* 184 10, *էկել* 116ᵃ 17, *էդիր* 319 1, 332 5, 334 4 etc. — Phonetisches. Vokalschwund: *ասցաք* 329 18, *ասցին* 325 2, 329 18, *բերնին* 175 10, *ելնեմ* 116ᵃ 11, *լաւնայ* 96ᶜ 8, 329 11, *մեռնի* 317 2, *սուլտնայ* 324 12; *պժար* 325 5; *լուսնկին* 325 6; *ղրկեցի* 170 9. cl. *յա* = *յե*: *ի յեռջեւն* (= kl. *ի յառջեւն*) 335 19, *յեռջեւ* (= kl. *յառջեւ*) Var. 170 2. cl. *ե* = *ի*: *յիրիկունն* 326 6, 301 10, 109ᵃ 13; *դիհին* Var. 168 12; *գիհին* 328 1. cl. *ու* = *ը*: *ըղորդ* 314 7, 331 18, 333 11 cl. *ը* = *ի*: *պիժար* 325 7. cl. *այ* = *ա*: *ալ* 335 12, *ան* 320 7 neben *այլ* 324 14, *այնոր* 313 9, *այսոր* 331 13. cl. *ոյ* = *ու*: *եր-դմնցուց* 335 11, *կանչեցուց* 301 13, *հատուց* 341 2, *անուշ* 333 9, *գուն* 24 4, *ձիուն* 326 5, *քո հոգուտ* 339 3 neben älterem *իմ հոգոյս* ibid. cl. *այ* = *է* (*ե*): *էգի* 301 7, *ի յեգուն* Var. 168 28, *զէգէպանն* Var. 168 28, *ձէնեց* 327 2. cl. *եա* = *ե*: *կորեկ* 116ᵃ 3, *հեծել* 280ᵃ 5, *մեռել* 318 1. cl. *եա* = *ա*: pron. *իրար* 95ᵇ 7, 176 4. 8. cl. *իա* = *է*: *զէտ* 310 1. 2. cl. *իւ* = *ի*: pron. *իր* 340 4, *իրեն* 333 3, *իրենք* 320 7. Konsonantenschwund: *ամէ* 324 4, 331 6, *ամէցնօղն* 331 4, *ձմեռ* 337 4, *ձուկ* 332 7. 10, 334 3. Aspiration des Auslautes: *զթաքն* (= cl. *զթագն*) 334 5, *երփ* (= cl. *երբ*) 220ᵃ 7, 306 4, 318 4, 319 2, 324 14. 17, Var. 189 2. cl. *ն* = *լ*: *լապատակքն* 163ᵇ 10.

---

1) Zitiert wird in Folgendem nach der laufenden Kapitelnummer von Marr's Textausgabe. Die als Varianten gegebenen Vulgarismen sind ebenfalls angeführt unter Verweis auf das betreffende Textkapitel mit Hinzufügung des Zeichens Var. Zitationen aus Bd. III werden durch die römische Ziffer III gekennzeichnet; außerdem wird sämtliches Material aus Teil III nach der Seitenzahl zitiert.

cl. ո = ր: *արնեմ* 301 14, 313 13. 15; *արնես* 68$^{a}$ 4, 293$^{a}$ 6, 320 5, 339 2; *արնէ* 306 8, 328 1, Var. 168 3; *արնէր* 324 12–13, Var. 188 7; *արնել* Var. 184 8, Var. 186 5–6. Einschaltung: *Թունտրի* 276$^{a}$ 8. — Morphologisches. Gen. sg. auf *-ի* für cl. *-ոյ*: *Ջրին* Var. 187 6, *տղին* 314 10, Var. 183 4. Gen. sg. auf *-վան*: *գիշերվան* 331 29. Instr. sg. *-երով* für cl. *-երբ*: *գետեզերով* 336 4. 5. Akk. Plur. *-ք*: *տո լուծք* 116$^{a}$ 2, *զայն վանքն* 280$^{a}$ 12, *զաւելուքն* Var. 175 16, *զինչքն* 325 13, *զկուրծք* 304 8, *զձեռքն* Var. 189 11, *զմարգիքն* 142$^{a}$ 12, *ի բերանքն* 329 9, *ի ծայրքն* 338 4, *ի շնիքն* 96$^{c}$ 7, *ի յայլ աշխարհք* 335 7, *յերկինքն* 334 6, *խնդիրք արար* 307 2. Gen. plur. *-եց*: *շնեց* 333 7, *շնեցն* 333 10. Plural auf *-եր*: *զակներն* (Akk.) Var. 186 4, *բաղրկներ* 324 6, *զբէրներն* Var. 188 1, *զցողերն* 325 14, *ժամերն* 331 29, *ծագեր* und *ձայերն* 340 2. 4. 5, *ծառեր* 176 8, 142$^{a}$ 8–9, *զճանապարհերն* 329 2, *զպէխեր* und *զպէխերս* 325 12. 16, *զփոկերն* 338 6; Gen.-Dat. *Թեւերուն* 276$^{a}$ 10, *ծագերուն* 340 2. 3. 4, *ծառերուն* 338 4, *կոներուն* 276$^{a}$ 11; Abl. *ի ծառերուն* 338 7, *ի կարճերուն* 340 7, *ի յերկանվզերուն* 340 7. 8. Instr. *փոկերով* 338 3. Plural auf *-նի*: *բարձնի* (v. *բարուճ*) 338 2, *գուրպանիտ* (v. *գուրպայ*) 96$^{c}$ 9, *խելօքնին* (v. *խելօք*) 324 18, Akk. *զկարսընին* (v. *կարաս*) 301 8, *բլրնի* (v. *բլուր*) 332 5, *զլխընին* (v. *գլուխ*) 338 5, *ի յապլաՆնին* (v. *ապլահ* arab. أَبْلَه) 324 15. 17. 18, *մայմնդնին* (v. *մայմուն* arab. np. tr. مَيمون) 338 6, *տոլպնդնի* (v. *տոլպանդ*) 338 3, Akk. *զտոլպնտնին* 338 5; Gen.-Dat. *նայիպնոյն* (v. *նայիպ* arab. نَائِب) 301 2. Plural auf *-վի*: *ի ծնկվին* »zu den Knieen« 96$^{c}$ 7, *ծնկուիտ* »deine Kniee« 96$^{c}$ 10; *ոտվի* »Füße« 335 19, *ոտվին* »die Füße« 335 22, 336 3. Plural auf *-ան*: *զձիանն* »die Pferde« Var. 182 4. Personalpron.: I pers. *ի մեզանէ* 163$^{b}$ 9; III pers. *իր* 340 4, *իրեն* 306 8, 333 3, Var. 188 3, *յիրենք* 320 7. Reziprokpronomen: *զիրար* 95$^{b}$ 5. 7, Var. 176 4. 8. 12, *ի յիրար* 298$^{a}$ 4. Demonstrativa: Suffix III p. *տ* in *հաւքտ* 28$^{a}$ 2, *հոգիտ* 339 4, *հոգեկտ* 339 5, *ձայնտ* 24$^{c}$ 6, *զաւազանիտ* Var. 189 13; Gen. *այնոր* 313 9, *այտոր* 331 13; Pron. *ինա* in *ի յինա քղ̈քէն* 319 9. Präsensstamm: a) aktiv: *լցնեմ* 308 7, *հարբստցնեմ* 116$^{a}$ 8, *մտեմ* 116$^{a}$ 5. 9. 14, *չմտես* 116$^{a}$ 5, *մտեն* 338 4, *լինենա* 329 5, *կենամ* 336 1. 2, *իջնու* 328 4, *տեսնում* 95$^{b}$ 3. 5, 333 11, *տեսն̈ուր* 325 15; b) passiv: *Թողվի* 322 7, *խորվի* Var. 168 24, *փոխվի* 336 6, *լցվինք* 163$^{b}$ 4, *լցվիք* 163$^{b}$ 8, *յիշվին* 322 6, *լցվեր* (= *-էր*) Var. 172 3. Präsens I pers. plur. *առնենք* 116$^{a}$ 18, *գրենք* 324 18, *ենք* 333 9, *ուսուցանենք* 326 4, *չգիտենք* Var. 185 4; *լինինք* 336 3, *ժողւինք* 163$^{b}$ 3, հաստանինք 218$^{a}$ 3, ունինք 163$^{b}$ 2, տանինք Var. 175 19, չմեռանինք Var. 182 3; գանք 95$^{b}$ 7, երթանք 163$^{b}$ 3. 5, 280$^{a}$ 5, 329 5; տեսնունք 95$^{b}$ 7. Indikativ präs.-impf.: կու առնեմ 116$^{a}$ 19, 339 3, կու արնեմ 313 13, կու ելնեմ 325 6, կու իջանեմ 325 7, կու հանեմ 325 9, կու ճանաչեմ 325 10, կու մտեմ 116$^{a}$ 5, կու շարժեմ 325 12, կու ուզեմ 305 11, կու պահեմ 329 12, կու սպանեմ 331 17, կու տեսանեմ 4$^{c}$ 5, կու մեռնիմ 331 9, կու նայիմ 314 10, կու բանամ 325 7, կու գամ 325 4, կու երթամ 68$^{a}$ 8, կու կենամ 329 4, կու տամ 320 7, կու ցանկամ 314 14, կու առնում 68$^{a}$ 5, 313 12, կու թողում Var. 189 8, կու տեսնում 314 14; կու առնես Var. 184 5, կու արնես 68$^{a}$ 4, 293$^{a}$ 6, 320 5, 339 2, կու աւերես Var. 171 11, կու խնդրես 333 5, կու ուզես Var. 184 12, կու ցանես 339 4, կու տաս Var. 171 6; կու առէ 320$^{a}$ 7, 331 19, կու աւգտէ Var. 170 10, կու կրէ 305 9, կու խնդրէ 305 2. 15, կու հարցանէ 308 9, կու հրամայէ 218$^{a}$ 3, կու ձգէ 320 9, կու մտէ 220$^{a}$ 4, կու նշանակէ 276$^{a}$ 11, կու ուտէ 319 10, կու սանձահարէ 280$^{a}$ 15, կու սպանանէ 220$^{a}$ 4, կու վախէ 163$^{b}$ 9, կու ցամաքեցնէ 305 8. 9, կու փնդռէ 116$^{a}$ 18, կու բարկանայ 314 18, կու գայ 95$^{b}$ 2, 280$^{a}$ 2. 3, 308 11, 314 9, 319 7, կու շատնայ 142$^{a}$ 14, կու տայ 305 2. 16. 17, 321 10, կու սանի 380 8, կու առնու 310 3, կու սպաննենք 325 4, կու գանք Var. 171 6, կու երթանք 325 3, կու փախչիք 95$^{b}$ 2, կու գործեն 142$^{a}$ 14, կու պատառեն 331 19, կու վախեն 95$^{b}$ 5, կու տեսանեն 338 1, կու հատնին 340 5, կու ուսանին 338 2, կու կենան 338 4, կու թողուն 325 12, կու տեսնուն 338 6; կու խրատէի 304 6, կու փորձէի 305 15, կու գայի 69$^{c}$ 5–6. կու երթայի 302 19, կու յայպէիր 313 17, կու անցանէր 331 25, կու այրէր 276$^{a}$ 12, կու առէր 322 4, կու արնէր 324 12–13, կու բերէր 313 2, կու գրէր 324 13, կու դնէր 331 28–29, կու ելանէր 142$^{a}$ 1, 331 28, կու լինէր 218$^{a}$ 1, կու ըկէր 116$^{a}$ 8, կու ծծէր 276$^{a}$ 2, կու կարէր Var. 187 1, կու կշռէր 298$^{a}$ 1, կու համբ[ր]էր 304 1, կու ճանաչէր 325 15–16, կու ճչէր 116$^{a}$ 7, կու նշանակէր 142$^{a}$ 9. 14, 276$^{a}$ 3. 5. 9. 10, կու շինէր 329 2, կու ոլրէր 340 3–4, կու ուտէր 329 3, կու ջրէր 331 25, կուստկեցուցանէր 4$^{c}$ 5–6, կու վարէր 116$^{a}$ 3, կու ցանէր 339 2, կու քարշէր 142$^{a}$ 17, կու բանայր 331 29, կու գայր 293$^{a}$ 2, 331 21, կու երթայր Var. 169 2, Var. 189 1, 276$^{a}$ 9, 308 9, կու երթար 319 6, կու տար 301 11, կու առնուր 306 5, կու լնուր 276$^{a}$ 4, 306 5. 7, կու աղաղակէին 307 7, կու առնէին 306 2, կու դնէին 142$^{a}$ 13, կու ուտէին 325 1, կու չափէին 331 30, կու տանէին 306 4, 318 1, կու ցանէին 306 2, կու տային 142$^{a}$ 7, 329 2–3, կու լնուին 306 3; daneben erscheint Präfix կու mit folgendem vokalischen Anlaut verschmolzen in կուտեմ 68ª 3. 4. 5, կերթամ 116ª 9, 318 5, 331 9, 335 4, կերթաս 335 3, կուզես 313 13, 305 10, կառէ 15ª 4, կուզէ 305 10, կուտէ Var. 182 5, կուզէի 313 21, կառէր 293ª 2, կարնէր 315 2, կերթայր Var. 176 1, 335 1, կուտէր 276ª 10, կուզէին 331 5, կերթային 306 9. Aoristformen mit doppeltem Augment: էրետ (III sg. Aor. n. տալ) 304 10, 313 21, 324 10, Var. 169 3, Var. 184 12, Var. 189 4, neg. չէրետ Var. 187 3; էրեկ (III sg. Aor. n. գալ) 163ᵇ 4, 301 14, 318 4, 319 2, 324 7, 331 16, 335 6. 8, 341 2, Var. 183 2. 3, Var. 189 2, neg. չէրեկ 320 2; dazu Imp. II sg. արեկ 95ᵇ 5. 7. 8, 116ª 4, 304 8, 318 2, 324 11, 325 3, 336 4. Aorist III sg. auf -եց: ազատեց 116ª 8, աղաղակեց Var. 183 3, աւէրեց 280ª 11, գնեց Var. 180 2, 324 1, 341 1, գրեց 324 13, էփեց 341 2, ընկեց Var. 184 11, լսեց 329 12, խլեց Var. 168 35, ծախեց Var. 180 3, խմեց Var. 109ª 4, կաթեց 298ª 2. կապեց Var. 175 8, 326 5, կշռեց 341 4, կատարեց 329 6, կսկծեց Var. 183 6–7, կտրեց 95ᵇ 9, 333 11, Var. 168 29, համբուրեց 327 5, ձգեց Var. 109ª 13, Var. 184 10, 326 4, 329 8. 17, 335 5, ձէնեց 327 2, ղալաթեց 220ª 9, ղրկեց 308 8, 325 14, 333 5, յղարկեց Var. 168 18, Var. 180 3, նախատեց Var. 186 9, շինեց Var. 184 8, ուզեց Var. 187 3, պահեց Var. 184 10, 326 5, 301 10, 330 6, չարայրանեց 220ª 6. 8, չարչարեց Var. 186 5, պատառեց 331 14. 15, ջարդեց 95ᵇ 9–10, սպանեց Var. 109ª 13, 298ª 3, 301 12. 13, վազեց 298ª 3, 314 20, փաթեց 95ᵇ 8, փօփոխեց Var. 186 4. *a*-Aorist als Vertreter von classischem *i*-Aorist: մտաւ 116ª 15, 280ª 11, 327 2, 335 15; ելայ 280ª 8, ելա 280ª 10, էլայ 301 16, էլաւ (ելաւ) Var. 184 10, 220ª 6. 7, 301 3. 12, 320 4, 329 15, 335 7, էլան (ելան) Var. 109ª 13, Var. 188 4, 333 4; գտայ 68ª 4, 280ª 10, գտաւ Var. 109ª 5, Var. 180 3, 218ª 6, 315 4, 329 18; իջաւ 334 5; տեսայ 315 7, տեսա 319 8, տեսաւ 142ª 16, 308 10, 315 5, 319 8, 320 4, 324 3, 327 3, 329 15, 333 7, 335 11, Var. 186 4; եղար Var. 168 32, եղաւ 218ª 2, 315 4, եղան 340 1, neg. չեղաւ Var. 170 9; էկաւ 308 1, 315 6, 335 14, neg. չէկաւ Var. 186 5. Aorist auf -այ für classischen Aorist auf -եայ: փախաւ 333 13, 335 6, Var. 169 7. Aoristformen von դնել, տալ, առնել: էդիր (եդիր) III sg. 280ª 11, 319 1, 332 5, 334 4, Var. 169 3, Var. 175 9. 10, Var. 189 2. 5. 11; դրին III pl. 340 2; տվին III pl. 305 12, 324 16, Var. 180 8. 10; առին III pl. (v. առնել) Var. 170 7. Aorist des Passivs: բացվաւ 314 11, թողվաւ 322 5, լվացվեցաւ 335 8, փոխվեցաւ 325 2, լցվեցան 163ᵇ 8. Imperativ Aoristi: II sg. բռնէ 116ª 19, ծեծէ 304 8, կախէ 116ª 4, ձգէ 336 5, շալկէ 336 4, երդուընցիր Var. 189 11; II pl. ասցէք 325 4, խմեցէք 301 18, ղրկեցէք Var. 170 5, տվէք 305 10. Gerundiv: պատուելու է »ist zu loben« 220$^a$ 10, են գնալու »müssen gehen« 307 10. Partizip auf -ած: անկած 307 5, բուսեցած 307 6, երկաթած 116$^a$ 7, կան-կնած 320 5, կոտրած Var. 170 4–5, հարբած 327 1, մեռածն 309 2, ուռեցած 305 5, սատակած 15$^a$ 1; դրած է 313 3, 316 1, 317 1, դրած էր 324 14, 331 22, հանած էր 331 27, նշանած էր Var. 168 40, շինած էր 331 20. 26, փորձած էր 317 3, է շինած 331 3. 11. 31, էր կախած 22$^a$ 2, էր վառած 327 3, չես դրած 24$^c$ 4. Partizip auf -ել: բէրել եմ 320 6, եկել եմ 116$^a$ 18, էկել եմ 116$^a$ 17, տվել եմ Var. 189 3, լսել է Var. 184 16, ստեղծել է 335 3, ասացել են 331 1, Var. 182 4, հանգել են 321 9, արել էր 315 5, գրել էր 315 5, լսել էր 329 18, խափանել էր 280$^a$ 10, լցվել էր 306 10, նստել էին 325 1, փախել էին Var. 171 2; եմ գրել 315 8, եմ մտել 329 10, եմ տեսել Var. 184 4, ես գրել 324 15, է արել Var. 188 5, է դրել 314 17, է ծծել 324 5, Var. 168 21, է կուտել Var. 175 16, է ղրկել 218$^a$ 6, է մնացել Var. 179 6, է պահել Var. 184 16, է տեսել 313 19, են դրել 331 3–4, էր անկել 321 1, էր առել Var. 109$^a$ 10, էր դրել Var. 175 21–22, էր կախել 293$^a$ 2, էր կեցել 329 18, էր սպանել Var, 109$^a$ 12; չեմ ատիկել 318 3, չեմ էկել 116$^a$ 17, չ[է] լսել 313 19, չէ խաւսել 313 19–20, չէ կոխել 313 20–21, չէ կտրել Var. 168 15, չ[է] շօշափել 313 20, չէր արել Var. 168 14, չէր կերել 324 4, չէր տվել Var. 109$^a$ 10, Var. 184 15. Außerdem finden sich schon Anfänge des եր-Partizips: ելեր է 116$^a$ 18, եմ առեր 320 6, էր առեր 306 10, է լցեր Var. 189 4. Indikativformen des negativen Verbs: Präs. չեմ ի կարել 331 8, չեմ ի կամիլ 321 3. 4, չես ի գալ 325 3–4, չես ի խօսիլ 331 17, չես ի վախիլ Var. 184 5, չեն ի առնուլ 310 3–4, չեն ի խոստովանիլ 320 9, չէիր ի լսել 304 7, չէիր ի արնել Var. 186 5–6, չէր ի բաց-վիլ 306 9, չէր ի գիտն″լ 319 7, չէր ի երթալ 308 10, չէր ի հանգչիլ 307 2. Daneben erscheint erst vereinzelt das jüngere Verbalnomen auf -ր: չի յիմանար »merkt nicht« 325 9, չեն ի կարեր ելնել »können nicht hinaufsteigen« 338 9.

Mr C = Ejmiaciner Codex No. 1684. Graphisches. Für altes ա erscheint häufig die Schreibung այ: հայրկ 31$^a$ 9, ծայկն 45$^a$ 12, ցայնձն 40$^a$ 10, մի՛ վախենայր 70$^a$ 5, քայրայր 4$^b$ 12, փա-րայտի 96$^b$ 12, չփայխչեմ 95$^a$ 12, առայգեցին 4$^b$ 2 etc. Analog steht für ի vereinzelt իյ in գերիյս 39$^a$ 21. — Phonetisches. Im allgemeinen findet sich Übereinstimmung mit F. Als besonders stark hervortretend seien nur folgende Einzelpunkte hervorgehoben: ol. իւ = ու: աղբուր Var. 60$^a$ 3, յաղբուրն III Var. p. 145; առուծ

39$^a$ 6, 95$^a$ 1. 5, Var. 78 1, ***տոուծն*** 4$^b$ 1. 5, 39$^a$ 1. 3. 8. 11. 12. 21, 95$^a$ 11. 12. 15. 19, 96$^b$ 4. 13, III Var. p. 144; Akk. ***զտոուծ*** 95$^a$ 14, ***զտոուծն*** 4$^b$ 6; Gen.-Dat. ***տոուծոյ*** Var. 63 3, ***տոուծոյն*** 96$^b$ 3, Var. 158$^a$ 25, ***տոուծուն*** 96$^b$ 12, III Var. pp. 133, 144; Abl. ***ի յտոուծուն*** Var. 78 5; ***արուն*** Var. 78 2. 7. 9. 15, III Var. p. 143, ***արունն*** 45$^a$ 2, ***զարունն*** III Var. p. 143, ***արունախառն*** 111$^b$ 7; ***եղջուր*** III Var. p. 134. Aspiration: ***յերփ*** (= cl. ***երբ***) 43$^a$ 9, ***կարքն*** (= cl. ***կարգն***) 45$^a$ 4, ***կարքօոր*** (= cl. ***կարգաւոր***) 45$^a$ 1, ***արչն*** (= cl. ***արջն***) 96$^b$ 2, ***սաքերն*** v. ***սաք*** (= cl. ***սազ***) 161$^a$ 2. Ferner: ***թուխթ*** (= cl. ***թուղթ***) 31$^a$ 1. 25. 27. 34, ***թուխթն*** 31$^a$ 4, ***ախքերաց*** v. ***ախքուր*** (= cl. ***աղբիւր***) III Var. p. 145 u. s. w. — **Morphologisches.** Gen. sg. ***-ի***: ***թղթին*** 31$^a$ 26, ***գեղջին*** 8$^a$ 5, Var. 26 4, ***գեղչիս*** 29$^a$ 4. Gen. sg. ***-ոջ***: ***ընկերոջն*** III p. 173, ***գետոջն*** Var. 173 3. Vokalischer Instr. sg. auf ***-ով*** für ursprünglich konsonantischen: ***ալրով*** (v. ***ալուր***) 45$^a$ 9. Singularflexion ursprünglicher *k̄*-Plurale: ***շնքի*** (Gen. v. ***շնիք***) 45$^a$ 3, ibid. ***շնքիս***; ***խելքովտ*** (Instr. v. ***խելք***) 95$^a$ 16, ***կոպքով*** (Instr. v. ***կոպք***) 39$^a$ 6. Akk. Plur. ***-ք***: ***զկաշիքն*** 111$^b$ 3, ***զքո մեղքդ*** 96$^b$ 18, ***զմիտք*** 29$^a$ 23, ***զատամունքն*** 40$^a$ 8, ***զայն գեղացիքն*** 22$^a$ 2, ***զլուծքն*** 70$^a$ 1, ***զիմ տղայքն*** 70$^a$ 8, ***զմեր մեղքն*** 31$^a$ 42, ***զերեքն*** III p. 173, ***զմարդիք*** 31$^a$ 6–7, ***ի կեանքն*** 40$^a$ 6, ***ի խաչք*** 45$^a$ 7, ***ի յիմ կամքս*** 43$^a$ 5, ***ի քո կամքդ*** 43$^a$ 6. Plural auf ***-եր***: ***այծեր*** 31$^a$ 6, ***բաներ*** 24$^b$ 12, ***խոտեր*** 31$^a$ 18, ***կալերս*** III p. 173, ***հաւերստ*** 24$^b$ 9, ***ձկներն*** 242 7, ***մկներն*** 45$^a$ 2. 3. 5. 6, ***շներն*** 111$^b$ 6, III p. 175, ***ջրեր*** 31$^a$ 18, ***տեղեր*** 31$^a$ 18, Akk. ***զճղերն*** III p. 174, ***զմորթեր*** 111$^b$ 3; Abl. in der jüngeren Form auf ***-է***: ***ի ճղերէն*** III p. 174. Plural auf ***-նի***: ***կոուկնին*** 161$^a$ 2, Akk. ***զցլխնին*** Var. 37 4, Var. 30 18. Plural auf ***ւլի***: ***մե-ջուլին*** 29$^a$ 6, ***շուլին*** (aus ***շնուլին***) 72$^b$ 5. Personalpron. I pers.: ***ի մեզանէ*** 31$^a$ 15; II pers.: ***ի ձեզնէ*** 22$^a$ 14–15, 31$^a$ 9; Rezipr. ***ի յիրար*** 70$^a$ 12, ***մէկ մէկի*** 46$^a$ 23, 39$^a$ 1, 70$^a$ 1. Demonstrativa. a) Suff. II pers. ***տ*** in ***ձուքտ*** Var. 30 14, ***խելքովտ*** 95$^a$ 16; b) dem. ***այնով*** Instr. 36$^a$ 17. Präsensstamm: ***այնէ*** (= cl. ***առնէ***) III p. 174, ***այնեն*** III p. 173, ***անեն*** III p. 173, ***առնէր*** (= cl. ***առնոյր***) 43$^a$ 22, ***արգելեն*** 18$^a$ 8, ***կշտացնէ*** III p. 174, ***գիտենայ*** III p. 174, ***կենալն*** Var. 37 11, ***կենայ*** III p. 174, ***կենան*** III p. 173, ***գտնում*** III p. 174, ***տեսնում*** 22$^a$ 13, 29$^a$ 14, ***տեսնուս*** Var. 78 6–7, ***տեսնու*** 95$^a$ 7. 9, ***տեսնումք*** 45$^a$ 5; pass. ***քծնուի*** 59$^b$ 20. Präsens I pers. plur. ***անենք*** III p. 173, ***բե-րենք*** 96$^b$ 9, ***ենք*** 149$^a$ 14, Var. 30 17, ***խմենք*** 111$^b$ 6, ***ուտենք*** Var. 78 7–8, 111$^b$ 7, III p. 173, ***պահենք*** III p. 173, ***վազենք*** 29$^a$ 8, ***վա-տենք*** III p. 173, ***տանք*** 22$^a$ 7, ***ծիծաղինք*** 22$^a$ 6. Indikativ präs.-impf.: ***կու վախեմ*** 43$^a$ 5, ***կու տեսանեմ*** 4$^b$ 9, ***կու երնես*** 149$^a$ 9, կու համարես Var. 30 14, կու իջանէ Var. 30 12, կու պահէ Var. 30 12, կու երթայ Var. 30 11, կու կախեմք Var. $158^{a}$ 20, կու ասէք $59^{b}$ 11, կու առնուն III p. 175, կու փրկեն III p. 175, կու գնայի $72^{b}$ 7, կու երթայի III p. 175, կու հաւատայիր $43^{a}$ 10, կու բլչէր III p. 175, կու երկնչէր Var. 37 4, կու կուտէր $36^{a}$ 12, կու քաշէր $40^{a}$ 7, կու խեղդվէր $72^{b}$ 1–2, կուցելէր $70^{a}$ 1; mit vokalisch anlautender Verbalform verschmilzt կու: կուզեն $18^{a}$ 15, կուտեն Var. $163^{a}$ 4, կապրին $8^{a}$ 16. Doppeltes Augment: երեկ $96^{b}$ 2, III p. 174, III p. 173 (bis); dazu Imp. II sg. արեկ $29^{a}$ 8, $43^{a}$ 8, $70^{a}$ 5. Aorist III sg. auf *-եց*: ասեց $40^{a}$ 10, բռնեց $29^{a}$ 12, ժամանեց $36^{a}$ 2, ծռտեց $43^{a}$ 23, կարեց $22^{a}$ 9, կտրեց $95^{a}$ 14, պահեց Var. $93^{a}$ 7, պնդեց $22^{a}$ 12, վլագեց $43^{a}$ 22, լսեց Var. $67^{a}$ 3, Var. $93^{a}$ 7, III p. 174, լսէց $96^{b}$ 3, համրէց $44^{a}$ 6. *a*-Aorist als Vertreter von classischem *i*-Aorist: գտայ $95^{a}$ 18, գտաւ $24^{b}$ 1, III p. 173, 174, գտան $39^{a}$ 2; իջաւ Var. 37 7; տեսաւ $36^{a}$ 15, III p. 174, տեսան $36^{a}$ 22; մտաւ $22^{a}$ 10, $36^{a}$ 18, $70^{a}$ 9; ելաւ $70^{a}$ 16, III p. 174, Var. 93 7, Var. 37 6, ելան 242 5; եղաւ III p. 173, եղաք Var. 30 16, եղան $29^{a}$ 2, $39^{a}$ 2, III p. 175; եկաւ $8^{a}$ 4. Aorist auf *-այ* statt älteren auf *-եայ*: փախաւ $4^{b}$ 11, փախան $59^{b}$ 13, Var. $163^{a}$ 7. Aoristformen von դնել, լսել: լսեցեր II sg. Var. 30 7–8; եդիր III sg. $70^{a}$ 2, III p. 173; դրին III pl. $72^{b}$ 5, $111^{b}$ 8, Var. 26 1, Var. 37 4, Var. 158 3. Partizip auf *-ած*: եղած $59^{b}$ 12, մեռած $39^{a}$ 7, III p. 173, կապած III p. 174, նեղած $96^{b}$ 8, սիրած III p. 174. Partizip auf *-ել*: աշխատել եմ $96^{b}$ 6, եմ կերել $161^{a}$ 9, չենք տեսել $36^{a}$ 30. Daneben zeigt sich schon Übergang in das jüngere *r*-Partizip: չեմ կերեր »habe nicht gegessen« III p. 173. — Von F unterscheidet sich diese Handschrift namentlich dadurch, dass sie für die älteren *i*-Präsensthemata regelmäßig *e*-Themata schreibt, so z. B.: լինենք (= kl. լինինք) $70^{a}$ 5; կովլենք und կոռուենք (= kl. կոռուինք) $95^{a}$ 10. 11; չունենք (= kl. չունինք) Var. 67 5; խեղդվենք (= kl. խեղդվինք) Var. $163^{a}$ 2; ազատվենք (= kl. ազատվինք) Var. $163^{a}$ 2; չփախչեմ (= kl. չփախչիմ) $95^{a}$ 17. Es ist jedoch, in anbetracht der großen Übereinstimmung, die im übrigen dieser Codex in allen wesentlichen Punkten mit Cod. F zeigt, letztere Abweichung entschieden auf Rechnung späterer Kopisten zu setzen, ebenso wie noch einiges andere, den Stempel der Unechtheit an sich tragende, nachträglich in die Rezension eingedrungene Material, wie սագերոցն (Gen. pl. v. սագ) $161^{a}$ 7, die oben zitierte Ablativform Pluralis ի ճղերէն, sowie die folgenden Pluralformen des Personalpronomens III p.: Akk. զուրանքն $163^{a}$ 8 neben der echten Form զիւրեանք $31^{a}$ 15;

Gen.-Dat. *իրանց* III p. 173 (bis). Nach Ausscheidung dieser, eine jüngere Überlieferungsschicht repräsentierenden, moderndialektischen Eindringlinge bleibt uns eine mit F wesentlich übereinstimmende, sprachlich eng verwandte Originalredaktion, die nur wenig jünger als F sein kann und wohl auf C² als Vorlage zurückgeht.

**Mr C²** = Ejmiaciner Codex No. 1711. Im Verhältnis zu C zeigt dieser Codex eine etwas altertümlichere von Vulgarismen freiere Sprache. Die bedeutendsten Vulgarismen von C² sind folgende: Gen. sg. *ընկերոջ* Var. 37 7, Instr. sg. *աշխւրով* Var. 45ᵃ 9, Gen. sg. *գեղջի* Var. 26 4, *ծովեզերին* Var. 158ᵃ 4, Gen. plur. *աղբերաց* III 90ᵃ 3; *ni*-Plural: *զգլխնիս* (Akk.) Var. 30 18, *զգլխնին* (Akk.) Var. 37 4; *vi*-Plural: *շըվին* (für *շընվին*) Var. 72ᵇ 5; Pron. pers. *ի մեզնէ* (Abl.) Var. 31ᵃ 15, *զիւրենքն* (Akk.) Var. 163ᵃ 8; I Pers. plur. präs. *տանենք* Var. 67 6, *ուտենք* Var. 78 7–8, Var. 149ᵃ 5, *ազատինք* Var. 163ᵃ 3, *լինինք* Var. 70ᵃ 5, *խեղդինք* Var. 163ᵃ 3, *կռուինք* Var. 95ᵃ 10, *կուփինք* Var. 95ᵃ 11, *երթանք* Var. 70ᵃ 8, Var. 163ᵃ 2; Indikativ mit *կու*: *կու համարես* Var. 30 14, *կուէրնես* Var. 149ᵃ 9, *կու իջանէ* Var. 30 12, *կու պահէ* Var. 30 12, *կու կախեմք* Var. 158ᵃ 20, *կու ուզեն* Var. 18ᵃ 15, *կու ուտեն* Var. 163ᵃ 4, *կու տանէր* Var. 48 1, *կու խեղդէր* Var. 72ᵇ 1–2, *կու շրջի* Var. 70ᵃ 23, *կու երկնչէր* Var. 37 4, *կու երթայ* Var. 30 11, *կու գան* Var. 163ᵃ 2, *կու տեսնում* Var. 4ᵇ 9; Aoristformen: imp. *արեկ* Var. 44ᵃ 5; *լսեցեր* II sg. Var. 30 7–8; III sg. *-եց*: *լսեց* Var. 67 3, Var. 96ᵇ 3, *այրեց* Var. 36ᵃ 16, *զենեց* Var. 111ᵇ 2; *թափեց* Var. 4ᵇ 11, *խառնեց* Var. 36ᵃ 16, *ծրտեց* Var. 43ᵃ 23, *կտրեց* Var. 36ᵃ 16, Var. 196ᵃ 3, *կոտրեց* Var. 40ᵃ 8, *համրեց* Var. 44ᵃ 6, *պահեց* Var. 93ᵃ 8, *վազեց* Var. 22ᵃ 10; *իջաւ* Var. 37 7, *ելաւ* Var. 22ᵃ 15, Var. 37 6, Var. 78 4, Var. 104 1, *եղաք* Var. 4ᵇ 13, Var. 30 16, *եղան* Var. 68 1, *գտան* Var. 196ᵃ 6, *տեսան* Var. 163ᵃ 8; Partizip auf *-ել*: *մտել է* Var. 4ᵇ 9, *թաղել ենք* Var. 30 17, *է նստել* Var. 241 17, *է տուել* Var. 173 13–14. — Mit C² zeigt sprachliche Ähnlichkeit Codex E.

**Mr E** = Ejmiaciner Codex No. 2189. Wie C² so kennt auch E nur das Partizip auf *-ել*: *սպանել էր* Var. 109ᵃ 12, *եմ սպանել* Var. 301 15, *է եղել* Var. 168 21, *է մնացել* Var. 179 6, *է սնուցել* Var. 301 15, *չես առել* Var. 179 6. Im Übrigen finden sich: *եր*-Plural: *ծառերն* Var. 142ᵃ 8–9, *ծառերուն* (Gen.) Var. 142ᵃ 7; *նի*-Plural: *զկարասանին* (Akk.) Var. 301 8, *նայպնին* Var. 301 2, *նայպնուն* (Gen.) Var. 301 2; Indikativ: *կու նշանակէ* Var. 142ᵃ 9. 11, *կու գործեն* Var. 142ᵃ 14, *կու դնեն* Var. 142ᵃ 13, *կու քաշէր* Var. 142ᵃ 17, *կու տաք* 142ᵃ 9, *կու տան* 142ᵃ 7, *կու տայր* Var. 301 11;

Passivformen: քաշուի Var. 142a 19, լուացվիլ 313 2; Aoristformen: երեկ Var. 301 14, երետ Var. 313 21, Var. 314 12; գործեց Var. 304 5, խմեց Var. 109a 4, ձգեց Var. 109a 12, չհամբերեց Var. 142a 15; տվին Var. 109a 12; տեսաւ Var. 142a 6. 11, Var. 313 5–6, մտաւ Var. 109a 9, ելաւ Var. 301 5, ելան Var. 142a 3, եկաւ Var. 109a 6. — Hieran schließt sich von sprachlichem Standpunkte aus Mr H (= Ejmiaciner Codex No. 2282) mit Indikativformen wie կու վախեմ 356 8, կու աղաւթես 356 6, կու առնէ 356 4–5, կու ասէ 357 3, կու փոխէ 358 2, կու չարչարի 357 7, կու տեսնում 357 3; Aoristformen wie z. B. չէրեկ 365 2, գովեց 364 14, տեսաւ 364 2; ել-Partizip: ասել ես 365 3, չեմ արարել 356 5; ած-Partizip: մեռած 366 3, նստած 365 5. Die Versionen M, N und O kommen hier so gut wie gar nicht in betracht, da dieselben nur einige vulgärsprachliche Floskeln aufweisen, und im allgemeinen sich an die classische Sprache halten; so finden sich aus N nur der եր-Plural: սազեր III p. 92, und նի-Plural: կոընկնի III p. 92, die Präsensformen կու ամաչեմ III p. 92, կու հրամայես III p. 82, կու գնայ III p. 82, մենք տանք III p. 92, sowie die Präterita գտաւ III p. 92, ելաւ III p. 90, վերցել էր III p. 92. Kaum interessanter ist in dieser Beziehung **Br** (= Manuskript der königlichen Bibliothek zu Berlin [Ms. or. Minut. 273]). Br. zeigt folgende Vulgärformen: աւաք III p. 104, բեռներով III p. 104, մենք III p. 99, ի մեզանէ III p. 99, ընդ իրար III p. 101, լինենա III p. 99, գործենք III p. 99, խնամենանք III p. 102, տանք III p. 99, պահուիս III p. 109, խաբուին III p. 101, երետ III p. 101, ելայ III p. 98, ելաւ III p. 101, տեսաւ III p. 99, 100, մտաւ III p. 102, մտան III p. 99, փախաւ III p. 101; է անցել III p. 100, ընկել էին III p. 100; զենած III p. 100, կապած III p. 104, պահած III p. 105. Etwas mannigfaltiger gestaltet sich in dialektischer Hinsicht die bereits der folgenden Überlieferungsgruppe sich annähernde Redaktion A (= Ejmiaciner Codex No. 2189). Erwähnt seien hieraus: եր-Plural ֆեղլեր Var. 152 1, բեռներտ Var. 152 7–8; նի-Plural գլուխնիդ Var. 220 11, խելօքնին Var. 225 27. 28. 38; I pl. Präs. ուտենք Var. 218 12, գնանք Var. 220 6, տանք Var. 225 53; Ind. կու լինիմ Var. 225 48, կու ասէ Var. 224 9, կու աւերէ Var. 220 29, կու խնդրէք Var. 225 40, կու սպանանէի Var. 220 39; Aor. եդիր Var. 224 7; տեսայ Var. 225 57, տեսար Var. 225 56; Prät. զարկել է Var. 220 24, պահել է Var. 210 3, է մտել Var. 225 17, էր բերել Var. 218 13, woneben sich bereits die եր-Formen խաբեր է Var. 152 3, գրեր էր Var. 152 2 stellen.

ag = »Fuchsbuch« [Աղուեսագիրք], Amsterdamer Ausgabe 1668. Mit der vorigen durch Mr F repräsentierten Gruppe stimmt diese Redaktion lautlich überein mit Ausnahme von folgendem Falle: Հորդուն Gen. v. Հորդ (cl. որթ) Var. 10 1, Հորթուն Gen. v. Հորթ (cl. որթ) Var. 10 4. In morphologischer Beziehung zeigen sich folgende gemeinsame Berührungspunkte: Gen. sg. -ոջ in ընկերոջ Var. 123 8–9. 10, քուրոջ Var. 120 11. 14. 18. 21. 33. 34. 35, քրոջ Var. 120 7. 8. 26; Instr. sg. -երով (= cl. -երբ) in եղջերովս 216 3, եղջերովն 216 5, Var. 132 3. Nom.-Akk. Plur. -ք: գայլս չափ իրքս 175 19; մարդիկք 18b 19, 25a 2, 66a 11, 142a 6. 8, 142b 5, 175 23, 184 16. 19, 193 9. 11. 18. 26, 203 8, 211 2, Var. 10 12, Var. 29 12, Akk. զմարդիկքն 142b 12, 188 4. Plural auf -եր: այծերն 214 14, թփերն Var. 89 10, խոզերն 18b 3. 8. 10, ծառեր 142a 7, ծառերն 142a 9, մայրերն 18b 17, մկներն 203 1, շներ 66a 11; Akk. զակներն 186 4, զայծերն 214 2, զբեռներն 188 1, զձագեր Var. 11 8, զոտներն 211 1; Gen.-Dat. խոզերուն 18b 6, մօրերուն 18b 6; Abl. ի խոզերոյն 18b 14. Plural auf -նի: գլխնին 203 3, գլխնիդ 220 11, քուռկնին 18b 3. 5. 7. 13. 17. 20; Gen.-Dat. քուռկնոյն 18b 14–15. Plural auf -վի: աչուին Var. 39 12. Plural auf -ան: զձիանդ 182 4. Demonstrativum: Gen. այդոր 25a 9, այնոր 158a 16, 214 6, 215 29. Präsensstamm: իջնում 158a 24, 216 3, տեսնում 79a 4, տեսնուն 66a 12, կանչեցնեն 225 44, կանչեցնէին 225 52, քարշեցնեն 142b 3, ծարուրվին 203 9, կենայ 223 2, 225 11, չունենայ 61a 11. Präsens I pers. Plur. կատարենք 67a 5, կուինք 203 4, չունինք 67a 5, տանք 225 46. Erweitertes Angment: երետ 184 12, 189 4, neg. չէրետ 187 3 (bis); երեկ 183 2, 189 2; imp. արեկ 158a 8, 189 10. Aor. III sg. auf -եց: բռնեց 67a 7, ընկեց 184a 6, կանչեց 158a 16, ձգեց 186 8, ղրկեց 187 5, նայեց 187 3, ջլատեց 188 4, վազեց 158a 22, փոխեց 186 3. *a*-Aorist für classischen *i*-Aorist: իջաւ 201 23, տեսաւ 189 6, չգտայ 220 38, չգտաւ 109a 5, ելաւ 158a 22, 184 10. 13. 16, 188 3, 206 5, մտաւ 4a 1. 12. 13. 14, 184 11, 184a 15. 18, 188 7, 202 10, չմտաւ 184a 12, եկաւ 186 5. Partizip auf -ած: բերած 224 10, ժողոված 188 3, կախած 220 6. 8. 11, ձգած 192 2, նստած 216 2, փոխած 186 4. — Abweichend von der vorigen Gruppe zeigt zunächst ag jüngere Pluralformen, wie իշուաննին 18b 13 und իշուանքն 18b 2. 3. 5. 7. Auch die Indikativbildung verrät jüngeren Sprachstand, indem Präf. կու vor vokalischem Anlaute nun regelmäßig zu կ gekürzt wird; so finden sich zwar: կու զուգեմ 215 32. 20, կու կոչէ 220 14, կու հատուցանէ 214 17, կու պահէ 185 6, կու գամ 215 18, կու գայ 220 24, կու տայք 142a 9, կու *տան* 18b 6, *կու տանիմ* 158a 16, 211 4, *կու տանիս* 211 6, *կու թերահաւատի* 189 9, *կու թուի* 220 27, *կու լինիմք* 18b 7, *կու բերէր* Var. 168 31, *կու նշանակէր* 175 22, *կու մուրայր* 188 2, *կու չատ-ցնէին* 142a 12, *կու վճարուին* 18b 14, aber mit Verschmelzung: *կու-գեմ* 215 15. 29, *կուգես* 184 12, *կուգէ* 224 9, 216 3, *կուգէք* 221 11, *կուտէ* 182 5, *կուտեն* 18b 8, *կառնես* 184 5, *կերթայր* 189 1. Für die I Pers. plur. Aoristi erscheint bereits das aus dem Präsens verallgemeinerte Suffix *-նք* in der Form *կերինք* 226 4. Ferner hat sich das Verhältnis des *ել*-Partizips zum *եր*-Partizip, welch letzteres in F und C erst ganz vereinzelt auftritt, dahin umgestaltet, dass das jüngere *եր*-Partizip sich verallgemeinert und dem ersteren bereits den Rang streitig macht; so stellen sich neben die *ել*-Formen *արել է* 188 5, *ձգել եմ* 187 7, *լսել էր* 5a 22, *կուտել էր* 175 16, *եմ արել* 188 5, *եմ դատել* 213 6, *եմ լսել* Var. 95 9, *ես մտել* 186 9, *է մտել* 184 14, *է ստեղծել* 203 10, *էր դրել* 189 4, *էր ունեցել* 5a 22, *էին կապել* 203 6, *չէ տուել* 184 15 bereits die jüngeren *r*-Bildungen *լսեր է* 184 16, *պահեր է* 184 16, *օթեր է* 67a 1; *եմ թողեր* 189 8, *էր անկեր* 213 6, *էր կապեր* 175 18. Namentlich aber giebt sich der jüngere Charakter dieser Redaktion zu erkennen in der negativen Konjugation. Während nämlich Mr F und überhaupt die vorige Gruppe stets noch das volle Indikativtempus *չեմ* + *ի* + Infinitiv aufweisen, kennt ag nur mehr die daraus hervorgegangene gekürzte Form ohne Präp. *ի*: *չես վախիլ* »du fürchtest nicht« 184 5, *չէի կարել* »ich konnte nicht« 175 14, *չէր շարժիլ* »bewegte sich nicht« 142a 18 (neben noch jüngerem *չի պիտէր կենար* »durfte nicht bleiben« 188 7); III s. Präs. *չի գիտել* »weiß nicht« 185 2, *չի փլչիլ* »stürzt nicht ein« 225 50. Demnach gehört ag sprachlich schon nicht mehr zur vorigen Gruppe, sondern repräsentiert eine jüngere Sprachstufe, zu welcher auch Mrr. I und D gehören.

Mr I = Ejmiaciner Codex No. 0. Zunächst stimmt die negative Konjugation dieser Redaktion ganz mit der von ag überein: *չեմ աւերել* »ich verwüste nicht« 171 11, *չէր լնուլ* »er erfüllte nicht« 172 5–6. Wie in ag so ist auch hier das Verhältnis von *el*-Partizip zu *er*-Partizip ein gleichmäßiges; so finden sich neben den *el*-Formen *ծնել է* 172 6, *պատուիրել էր* 170 8, *սովորել էր* 168 27, *մեռել էր* 168 27, *կորուսել ես* 168 11, *ամբարցել է* 31 18, *է արածել* 168 14, *եմք կերել* Var. 133 11 die ebenbürtigen *er*-Formen *կտրեր եմ* 10a 11–12, *պահեր ես* 10a 6, *գողացեր ես* 10a 5, *է ուսուցեր* 12a 11, *չէր կտրեր* 168 15, *չէր արեր* 168 14. Auch im übrigen findet sich wesentliche Übereinstimmung mit ag, und zwar in folgenden dialektischen Eigentümlichkeiten: Aspiration im Anlaute: *հորդն* (= cl. *որդին*) 10ᵃ 7, Gen. *հորթոյ* 10ᵃ 1; *հարորով* Instr. v. *հարոր* (= cl. *արօր*) 10ᵃ 19. Aspiration im Auslaute: *տուաք* (= cl. *տուագ*) Var. 5 6, *կաք* (= cl. *կագ*) 10ᵃ 6, *մերք* (= cl. *մերգ*) 12ᵃ 2, *սուք* (= cl. *սուգ*) 170 7, *սոսյք* (= cl. *սոսյգ*) 10ᵃ 12, Akk. *զսիրամարքն* (= cl. *զ-սիրամարգն*) Var. 27 1. Gen.-Dat. sg.: *թխթին* 12ᵃ 24, *գեղջի* Var. 26 4, *արիւնի* 168 22, *արիւնին* 168 25. Instr. sg.: *եղջերով* Var. 132 3. Pronominalformen: *ի քերդանէ* Var. 135 14, *այնոր* Var. 135 34. Plural auf *-եր*: *զթաթեր* (Akk.) Var. 13 2, *զձագերն* (Akk.) Var. 118, *մանրանձագերն* 167 6, *գալերուն* (Gen.) Var. 59 3. Präsenssystem: *կուսինք* Var. 95 7, *զիանէնանք* 170 11, *խմեցնեն* Var. 5 3, *ողջացնել* Var. 25 10; *խափւին* Var. 148 11, *առհարկւին* Var. 148 11; *կու պահեմ* Var. 135 33, *կու ափրես* 171 11, *կու խրատէ* 171 13, *կու բռնեն* 169 7, *կու փախչիս* Var. 95 9, *կու լինի* 168 25, *կու կոչի* 168 24, *կու գա* 168 20. 22, *կու գամք* 171 5. Aoristsystem: *երես* 10ᵃ 13, Imp. *արի եկ* Var. 20 9; *գնեց* Var. 11 1, *խմեց* 169 3, *կարեց* 172 2, *մնեց* 170 9, *ճանաչեց* 169 6, *սպանեց* Var. 5 16, *լցեց* 172 3; *լսեցիր* Var. 30 7–8, *առուիր* Var. 53 4, *եզիր* 169 3; *գտա* 10ᵃ 8, *գտաք* 168 24, *իջան* Var. 23 15, *տեսա* Var. 5 16, *տեսաւ* 10ᵃ 12, 171 12, *տեսաք* 168 9, *ելաւ* 171 12, Var. 46 5, Var. 89 12, *հարցաւ* 172 3; *գտվաւ* Var. 141 8. 11 und *գտաւ* Var. 141 10. — Vereinzelt tritt hier auch der *ներ*-Plural auf in der Form *մութառիսներ* (v. *մութառիս* arab. مُدَرِّس) Var. 141 15. 18, eine Neubildung, die sich in Mr D fortsetzt.

Mr D = Ejmiaciner Codex No. 12. Als *ներ*-Plural findet sich die Form *խելօքներ* Var. 225 27–28 zu Singular *խելօք*, analog wie zum Singular *պարտք* die Pluralbildung *պարտքեր* Var. 221 6–7. Das Verhältnis von *ել*-Partizip zu *եր*-Partizip gestaltet sich analog wie in Mr I; Partizipia auf *-ել*: *մտել է* Var. 4ᵇ 9, *ասել եմ* 254 9, *է կարել* 196ᵇ 16–17, *ես կերել* 254 9, *էր կերել* Var. 168ᵃ 51, *է ասել* Var. 229 17, *եմ դրել* 175ᵃ 22, *էր դրել* 175ᵃ 18, *չես ասել* 254 10, *չեմք տուել* 295 9; daneben die *եր*-Formen: *չահեր եմ* 297 11, *ելեր է* 21ᵃ 7, *լցեր էր* 235ᵃ 2, *ես խայծեր* 196ᵇ, *է ստեղծեր* 290 1–2, *է եկեր* 297 4, *չեմ սպաներ* 291 20–21, *չես քաշեր* 77ᵃ 8. Das negative Verb zeigt noch die vorigen Formen, so z. B. Ind. pr. II pl. *չէք տանել* Var. 135ᵃ 10, Ind. pr. III sg. *չի կարել* Var. 135ᵃ 70, Ind. pr. III pl. *չեն կարել* 100ᵃ 10, Ind. impf. II sg. *չէիր կարել* Var. 213 8, woneben bereits die *r*-Form *չի համարիր* 290 15 erscheint. Weitere Dialectica dieser Redaktion sind: aspirierte

Formen wie *զերթ* (= cl. *զիարդ*) 297 6, *երթիք* (= cl. *երդիք*) 297 5; Gen. sg. *թղթին* $12^{b}$ 16, *մեղրի* 298 12, Abl. *ի մեղրէն* 298 2; Nom. plur. *մարդիկք* $173^{a}$ 42, $198^{a}$ 7, 254 17. 18, 259 10, 274 14, 298 12, Var. 10 12, Var. 30 16, Var. 110 9, Var. $135^{a}$ 45, Var. 191 4, Var. 191 11, Akk. *զմարդիկք* 294 8, *զայծքն* Var. 31 15, *զզօրքն* 291 21, *զխելքն* $24^{d}$ 27, *զծառայքն* 295 7. 10, *զհովիւքն* Var. 31 23, *զձեռքն* Var. 191 4, *զմեղք* Var. $75^{a}$ 9, *զփտոք* 261 14, *զշունքն եւ զպոռնիկքն* Var. 190 16; *եր*-Plural: *ծառերս* 291 19, *ճորտերն* $175^{a}$ 9, *ձագերն* $198^{a}$ 2, *քարեր* Var. 200 9, Akk. *զայծերն* Var. 214 8. 9, Instr. *ձագերովք* Var. 46 6; *նի*-Plural: *գլխնին* Var. 203 8, *զգլուխնին* (Akk.) Var. 37 4, *խելօքնին* Var. 225 38; pron.-pers. *ի քեզանէ* (Abl.) Var. 222 5, 256 3, pron. rezipr. *յիրար* (Akk.) Var. 215 3, pron. dem. *այնով* (Instr.) 295 24; Präsensformen: *գիտացնեմ* Var. 31 8, *մեռացնեմ* $175^{a}$ 24, *փոսացնէ* Var. $108^{a}$ 2, *գիտենամ* 292 2–3, *գիտենայ* 295 14, *կենայ* Var. $22^{a}$ 10, $233^{a}$ 2–3, 261 12, *կենա* 268 5, *կենալն* Var. 37 11, *կենալ* 284 4. 7, *կամենամ* 294 8, *ունենայ* 299 2. 5, *իջնուն* 297 13, *տեսնում* Var. 215 37, *տեսնուս* 292 4, pass. *լցուի* 245 11, *խեղդուիլ* Var. 200 16; *գնանք* $196^{b}$ 18, *երթանք* Var. 222 18, Var. 236 6, *կենանք* $196^{b}$ 19, *կռուինք* Var. 203 4; Indikativ: *կու ասես* Var. 221 17, *կու ասէ* Var. $135^{a}$ 67, Var. 221 17, *կու գնես* Var. 222 10, *կու գործէ* 294 5, *կու խառնէիր* Var. 214 13, *կու խնդրեմ* Var. 222 6, *կու խնդրէ* Var. 224 9, *կու խնդրէք* Var. 221 10, Var. 225 40, *կու խնդրեն* $18^{c}$ 13, *կու խառնեմ* Var. 214 6, *կու ծածկեմ* 294 6, *կու ծախէր* 298 1, *կու կախեմք* Var. $158^{a}$ 20, *կու հանես* Var. 51 6, *կու հանէր* 297 10, *կու հրամայէ* Var. $67^{a}$ 11, *կու ձգէ* Var. $108^{a}$ 6, *կու մտանէ* $100^{a}$ 10, *կու ներէ* 272 16, *կու պահեմ* Var. $135^{a}$ 69, *կու տեսանէր* Var. $168^{a}$ 21, *կու քաւես* $77^{a}$ 8, *կու քարշեն* $100^{a}$ 9; *կու գայ* 295 14, *կու գայր* Var. $168^{a}$ 50, *կու գժան* 254 15, *կու գնամ* Var. $168^{a}$ 14, *կու հաւատաս* $235^{a}$ 18, *կու ուրանայ* Var. 222 24, *կու տամ* 254 10, *կու տաս* Var. 214 5, *կու տայ* $150^{a}$ 13–14, *կու տան* $18^{c}$ 7, *կու տայիր* Var. 214 13, *կու քաղցրանայ* 294 4; *կու թուիմ* 282 17, *կու լինիմ* Var. 225 48, *կու խօսիմ* Var. 296 6, *կու կամիմ* Var. 215 29, *կու կատարի* $235^{a}$ 9, *կու մեռանիմ* Var. $135^{a}$ 49, *կու շրջի* Var. 225 12, *կու տանի* 263 7, 254 11, *կու երկնչէր* Var. 37 4; *կու լնուս* Var. 214 5; *կառնես* $235^{a}$ 16, Var. 214 4, *կառնում* 294 3, *կասէի* 297 8, *կերթայ* $13^{b}$ 2, $175^{a}$ 17, *կերեւնար* 297 9, *կուտէ* $18^{c}$ 5, $100^{a}$ 5, 254 10; Aoristformen: *երեւա* Var. 201 23, imp. II sg. *արեկ* Var. 44 5; *խոսեց* 296 3, *ծեծեց* 295 7, *քարշեց* Var. 215 32, *լսեց* 295 16, *լսէց* Var. $93^{a}$ 7, *լսեցին* Var. 31 11, 297 11; *դրի* $235^{a}$ 16, *եդիր* $175^{a}$ 5, $235^{a}$ 13,

Var. 229 12, Var. 233 1, *դրին* Var. 37 4, Var. 158$^{a}$ 3, Var. 224 7; *տուի* Var. 222 27, *տվի* Var. 222 24, Var. 224 18; *գտայ* Var. 213 4, *գտաւ* 254 6, *գտան* 291 14, Var. 200 7, Var. 201 16. 44, *իջաւ* Var. 37 7, *տեսայ* Var. 225 56, *տեսաւ* 254 8, 292 10, 295 8, Var. 75$^{a}$ 2, Var. 200 2, *մտաւ* 291 2, 235$^{a}$ 1, Var. 4$^{b}$ 2, Var. 110 5, Var. 184$^{a}$ 7. 16, *մտան* Var. 201 14, *ելաւ* 293 3, 297 17, Var. 37 6, Var. 168$^{a}$ 47, Var. 191 7–8, Var. 206 5, Var. 236 12, *եղայ* Var. 222 38, *եղաւ* 77$^{a}$ 1, 196$^{b}$ 17, 247 7, Var. 45$^{a}$ 5, Var. 222 14, *չեղան* Var. 191 11, *եկաւ* Var. 93 5, Var. 238 2, *չեկաւ* 295 20; *ած*-Partizipia: *կապած* 291 7, *ծեփած* Var. 238 8, *հոտած* Var. 10 4, *պահած* 256 2, 294 1–2, *լցած* 278 2, *քաղցած* 235$^{a}$ 3. — Gegenüber ag, welches erst die vereinzelte *նք*-Form der I pl. Aoristi *կերինք* zeigt, findet sich hier diese Form bereits verallgemeinert: *ելանք* Var. 222 27, *եկանք* Var. 222 27, *նստանք* Var. 222 26. Neu und in den vorhergehenden Rezensionen noch unbelegt sind auch Plurale wie *մկերն* Var. 203 5 zu *մուկ* für älteres *մկներ-ն*. Mr D bildet zugleich mit dem sprachlich ähnlichen Mr B die Überleitung zu Gruppe III.

Mr **B** = Ejmiaciner Codex No. 453. Die Verwandtschaft mit den vorhergehenden Redaktionen erhellt schon aus Fällen wie: neg. Ind. *չես ասել* II sg. 135$^{a}$ 48, *չեն ողորմիլ* III pl. 135$^{a}$ 34, woneben sich auch als Eigentümlichkeit der pronominale Dativ *ինձի* Var. 222 7. 29, sowie noch folgende Dialectica zeigen: *ղորդ* (= cl. *ուղ-ղորդ*) 168$^{a}$ 62, *ղրկել* (= cl. *յուղարկել*) Var. 215 8, *հորդի* zu *հորդ* (= cl. *որթ*) Var. 10 1, *յիրաւունք* (= cl. *իրաւունք*) Var. 10 11, *լապստակ* (= cl. *նապաստակ*) Var. 89 10–11, *լապստակին* (= cl. *նապաստակին*) Var. 89 12; Plur. Nom. *մարդիք* Var. 10 2, 135$^{a}$ 45, Akk. *զաղիքն* Var. 4$^{b}$ 11, Gen. *պահրեցն* 135$^{a}$ 5; *այծերն* Var. 214 11, *թփերն* Var. 89 10, *ձվերս* 135$^{a}$ 68, *շներն* 72$^{a}$ 21, Akk. *զայծերն* Var. 214 8, *զձագերն* Var. 46 6, *զքերծերն* 72$^{a}$ 17; *իշվան* Var. 225 19 nebst *իշան* Gen. *իշանուն* Var. 225 11; Pron. pers. *ի քեզանէ* 135$^{a}$ 14 und *ի քեզնէ* Var. 221 7, Pron. rezipr. *յիրար* Var. 215 3; Präsensstamm: *լմընցնեմ* Var. 224 18, *հասցնէ* Var. 223 2, *նեղացնէ* Var. 224 19, *կենա* Var. 223 2, 168$^{a}$ 61, *կենամք* 196$^{a}$ 9, *տեսնում* Var. 215 37, *տեսնու* 72$^{a}$ 26, *գտնուք* Var. 225 7; *զրուցենք* 168$^{a}$ 62, *կովինք* Var. 95 7, *գանք* Var. 224 3; Indikativ: *կու առնեմ* 135$^{a}$ 10 *կու առնես* Var. 214 4, *կու խնդրեմ* 135$^{a}$ 14. 15, Var. 222 6, *կո սպանանեմ* 135$^{a}$ 52, *կու լծեն* 135$^{a}$ 33, *կու փրկեն* 72$^{a}$ 9, *կու խառնէիր* Var. 214 13, *կու բերէր* 168 41; *կու գա* 135$^{a}$ 6, 168$^{a}$ 35, *կո գան* 168$^{a}$ 27, *կու գայր* 168$^{a}$ 41, *կու կենաս* 135$^{a}$ 47, *կու հաւատաս* 235 17, *կու տա* Var. 214 17, *կու տայիր* Var. 214 13; *կու մեռնիմ*

$135^a$ 49. 54, *կու ծիծաղիս* $135^a$ 47. 48, *կու շրջիս* Var. 220 29, *կու արածի* Var. $5^a$ 4, *կու շրջի* Var. 225 12, *կու բլչէր* $72^a$ 10, *կու երեւէր* $168^a$ 19; *կելնեմ* Var. 218 3, *կազատես* Var. 222 10, *կաւիրես* Var. 220 29, *կառնէ* Var. 224 22, *կուզէ* Var. $5^a$ 10, *կուտենք* Var. 218 12, *կուրանա* Var. 222 24, *կառնում* $135^a$ 77, *կառնուն* $72^a$ 8; Aoristformen: *երեկ* 235 1, *երեւ* Var. 215 15; *ազատեց* $72^a$ 12, *զարդարեց* $168^a$ 70, *լծեց* $135^a$ 38, *խաբեց* 168 42, *ծալեց* 236 4, *կանչեց* $72^a$ 10, *կոչեց* Var. 215 34, *կորեց* Var. 110 6, Var. 215 22, *հաշվեց* Var. 222 9, *ձգեց* Var. 215 3, *ուղարկեց* $168^a$ 79, *պնտեց* Var. 89 7, *ջարթեց* $135^a$, *վազեց* Var. 89 10–11, *օգնեց* $72^a$ 12; *տվի* Var. 215 13, Var. 222 24, Var. 224 18, *տվիր* Var. 222 21, *տվին* $168^a$ 28, *տուին* $168^a$ 64. 66; *եկիր* $168^a$ 71, 235 13, Var. 224 7; *մնաւ* $168^a$ 46, *գտա* Var. 220 38, *գտան* $59^a$ 2, *ելաւ* Var. 224 13, *եղաւ* Var. 46 5, 236 4, *եղաք* $135^a$ 47, *ելան* $59^a$ 5, *հարցաւ* $168^a$ 43; pass. *լցվաւ* 235 2; Partizip auf *-ած*: *զարդարած* $168^a$ 82, *փեճռած էր* $168^a$ 23, *էր խօսեցած* $168^a$ 78; Partizip auf *-ել*: *աշխատել էր* $135^a$ 44, *ժանկռոտել էր եւ պնտել* $168^a$ 52, *կապել էր* 236 9–10. *կորել էր* $168^a$ 60, *կորել է* Var. $196^b$ 17, *հրամայել է* 235 22, *նստել էր* Var. 224 15, *հիվանդացել է* Var. $5^a$ 9, *մնուցել եմ եւ պահել* Var. 10 4, *տվել է* Var. 220 24, *տվել էին* $168^a$ 65, *ես խայթել* Var. $196^b$ 17, *եմ կորուսել* $168^a$ 13, *եմ արել* $135^a$ 69, *են արել* Var. 225 28, *եմ եկել* Var. 220 32, *էր գրել* $168^a$ 19, *էր կերել* $168^a$ 51, *է մտել* Var. 225 17, *էր մնացել* $168^a$ 22, *չէ ելել* $168^a$ 84, *չէ կեցել* $168^a$ 85; Partizip auf *-եր* findet sich daneben nicht vor; dagegen zeigt sich vereinzelt der präfixlose Ablativ *մատղէն* $135^a$ 71 nebst negativen Konjunktivformen mit *չի*: *չի կիտէ* $135^a$ 27, *չի վատէ* $135^a$ 41, *չի պարտիմ* Var. 222 16, *չի զենեն* $135^a$ 42, *չի տանին* $135^a$ 36. 43; in letzterem zeigt diese Version schon Verwandschaft mit Mr G.

Eine letzte Gruppe von handschriftlicher Überlieferung eröffnet sich mit Mr G = Ejmiaciner Codex No. 0. Allerdings zeigt auch G noch viele gemeinsame Berührungspunkte mit den vorhergehenden Redaktionen; ich erwähne: Nom. Plur. *մարդիք* $31^b$ 7. 13, $31^c$ 8, Var. $135^a$ 45, Gen. pl. *պահրեց* Var. $135^a$ 5; Nom. pl. *գալերն* $31^b$ 1, *գառներն* $31^b$ 9, $31^c$ 4. 7, *խարճերն* 346 3. 13, *կողերն* Var. $135^a$ 73, *հաւեր* 347 1, *մարգերն* $31^c$ 10, *չներն* $31^b$ 13. 15, 350 31, *չներդ* $31^b$ 7, Gen. plur. *կշտերոյ* 350 21, *գառներուս* $31^c$ 18, *խարճերուն* 346 15, *չներուդ* $31^b$ 10, *հոֆնուդ* (sic!) zu *հոլիւ* $31^b$ 10, Nom. plur. *խոյանն* zu *խոյ* 250 20. 34; ferner die Pronominalformen: *մենք* $31^b$ 2. 11, 350 14, *ի քեզանէ* 350 5, *ի քեզնէ* 348 5, *իրենց* $31^b$ 11, յիրար 350 14, հետ իրաց 31b 22, այնով 350 35, ինա 346 12; Verbalformen: կենամք 31b 12, կենամ 31c 7, կենայ 346 4, գտնում 31c 18, փակուէր 350 36, մորթենք Var. 135a 41, արածինք 350 16, լինինք 31b 12, կովինք 350 16, տանք 350 18, Ind. կու ասեմ Var. 135a 49. 54, կու գնեմ 348 1—2, կու խնդրեմ 350 50, կու պահեմ Var. 135a 69, կու երթամ 345 5, կու ծիծաղիս Var. 135a 80, կու ասէ Var. 135a 67, կու պատատէ 346 10, կու բարակի 346 14, կու մեռանի Var. 135a 66. 67, կու նմանի 343 3, կու գանք 350 16, կու առածինք 350 14—15, կու կովինք 350 14, կու առնեն 31b 7, կու չարչարեն 346 10—11, կու կըտրէիր 350 33—34, կու ամաչէր 346 15, կու թափէր 342 2, կու մտնէիր 350 35, կանեմ 31c 18, կասեն 350 15, կուզես 350 51, կուզէք 31b 9, կուզեն 346 12; Aoristformen: երետ 350 5, neg. չերետ 348 5. 15; վազեց 344 4; առլի 348 11. 14, տուիր 349 6; եդիր 350 39, տեսայ 342 6, տեսաւ 320a 2, ելաւ 350 29, եկաւ 350 39; փախաւ 350 9. 27; pass. կախվեցաւ Var. 229 10, փակուեցաւ 350 28; Gerundiv մեռնելոյ է »er muss sterben« 292a 6—7, լուանալու է »muss gewaschen werden« 292a 5. Dagegen hat sich das Verhältnis von ել-Partizip zu եր-Partizip vollends umgekehrt: das եր-Partizip hat fast ausschließliche Geltung erlangt und die noch vereinzelt gebliebenen älteren Fälle ես առել 349 5, էր եղել 350 31, էր փրթել 350 34 verschwinden vor der Masse von եր-Partizipien: կարգեր էր 346 1, կովեր են 31b 3, մեղանչեր (scil. եմ) 31c 3, պատատեր եմ 31c 3, արեր եմ 320a 4, կերեր եմ 31c 3, 343 2, տեսեր ես 343 1—2, տեսեր (scil. էր) 342 5—6, տըւեր է Var. 229 19, դըրեր էր 346 1—2, խոշորցեր է 31b 5, զղջացեր եմ 320a 4, նեղացեր էր 346 15; եմ քաշեր 31c 4, եմ քրտներ 344 9, եմ կերեր 31c 4, էր կերեր 342 5—6, էր արարեր 344 1—2, է դարձեր 31b 5. 6; չեմ առեր 388 5, չէ տեսեր 343 6, չէի կերեր 342 5—6. Entsprechend erscheint nun auch im Indikativ Präs.-Imp. der Negativkonjugation das Verbalnomen auf *-r* verallgemeinert; so չի կարեր III sg. Ind. präs. neg. Var. 135a 70, չէք առներ II pl. Ind. präs. neg. Var. 135a 10, woneben nur noch vereinzelte ältere Formen [չէիր տեսանել 344 8 und չեմ ի հասնիլ 345 5] sich erhalten haben. In den übrigen Negativformen, d. i. im Konjunktiv, Aorist und den Verbalnomina hat sich älteres Präfix *č̣ə* allgemein zu *č̣i* entwickelt: I sg. Konj. präs. չի մնամ 350 6, III sg. Konj. präs. չի պիտի 346 11, I pl. Konj. präs. չի կովինք 350 17, II sg. Aor. pass. չի խրատուեցար 350 35. Hier auch begegnet 343 2 in der Form մնէն der schon in Mr B erschienene präfixlose Ablativ, eine Neuerung, die in dem folgenden Mr V noch stärker hervortritt und sich auch in Mr S wiederfindet in der Form *մեղանէ* III p. 147. Übrigens erscheinen in S (= Codex No. 78 der Sevanschen Klosterbibliothek) nur spärliche Dialektformen, wie der *նէր*-Plural *գուռակներն* III p. 147, die *էր*-Partizipien *է ածեր* III p. 160 und *էր կալեր* III p. 147, die jedoch deutlich die Zugehörigkeit von S zu der Gruppe G-V verraten.

Mr V = Codex No. 135 anc. fonds der Bibliothèque nationale zu Paris. Eine Sonderstellung nimmt Mr V ein in graphischer Beziehung. Es erscheint hier nämlich das Indikativpräfix regelmäßig in der Form *կոյ*: *կոյ առնես* 157 22, *կոյ առնէ* 116 43, *կոյ ուտեմ* 161 8, *կոյ ուտեն* 126 7, *կոյ կերցընես* 133 15, *կոյ կոկեն* 91 5, *կոյ հանես* 113 15, *կոյ հանեն* 142 15, *կոյ հրամայէ* 3 5, 116 57, 133 8, *կոյ մտանեմ* 116 36, *կոյ պահեմ* 135 33, *կոյ վարեմ* 133 14, *կոյ թալկտի* 159 13, *կոյ վաստակիմ* 133 14, *կոյ տապի* 159 13, *կոյ գայ* 146 7, *կոյ գար* 164 1; ferner aus Bd. III folgende Fälle: *կոյ ելնէ* p. 184 17, *կոյ ուտէր* p. 189 2–3, *կոյ երթամ* p. 192 14, *կոյ երթանք* p. 188 7, *կոյ առնունք* p. 188 9, *կոյ առնուր* p. 187 31–32, *կոյ ելնունք* p. 188 5, *կոյ դնեն* p. 184 24, *կոյ կաթէ* p. 184 20, *կոյ խոստէ* p. 183 22, *կոյ վախեմ* p. 184 18–19, *կոյ քաղէ* p. 184 20, *կոյ անկանի* p. 182 5, *կոյ լինի* p. 184 29. 30. 31, *կոյ հանդիպի* p. 188 8–9, *կոյ նմանի* p. 189 1, *կոյ ցաւի* p. 189 14. 17, *կոյ գաս* p. 186 34, *կոյ գայ* p. 182 26, 192 15, *կոյ գար* p. 179 23, 180 16–17, *կոյ թալկանար* p. 183 10, *կոյ լինայ* p. 182 11, 184 28, *կոյ մղընձկտար* p. 192 7, *կոյ տամ* p. 189 9, *կոյ մտնոյն* p. 184 24–25, *կոյ տեսնունք* p. 188 7. Verschmelzung des *կոյ* mit folgendem *u*-Anlaut liegt vor in *կոյզես* (aus *կոյ ուզես*) 151 13, *կոյզէ* (aus *կոյ ուզէ*) III p. 183 26, *կոյզէր* (aus *կոյ ուզէր*) 164 1, III p. 182 10, *կոյտես* (aus *կոյ ուտես*) 133 14, *կոյտէ* (aus *կոյ ուտէ*) 81 1. Nur ausnahmsweise steht noch die mittelarmenische Form *կու*, wie z. B. *կու աշխատիմ եւ կու դատիմ* 126 6. 7, *կու նայինք* III p. 188 6, *կու տաս* III p. 189 10. Dass wir es bei der Form *կոյ* wirklich mit einer rein graphischen Eigentümlichkeit zu thun haben, geht hervor aus folgenden analogen Fällen: *ոյզես* (= kl. *ուզես*) 135 15, *ոյզէ* (= kl. *ուզէ*) 116 45, 135 15, 151 13, *մտնոյն* (für *մտնուն*) III p. 184 24–25, neben welchen auch die Schreibungen mit *ու* einherlaufen; vgl. auch III p. 188 28 *քու հայրն* »dein Vater« neben III p. 188 29 *քոյ խաւսքն* »deine Rede«. Erwähnt sei auch die phonetische Schreibung *կանկուն* 104 3, *ժառանկ* 30 1 statt der älteren historisch-etymologischen mit *գ*. Dagegen lässt sich folgende weitere Eigentümlichkeit dieser Redaktion schwerlich mit Marr (Сборники I p. 169—170) als rein graphische Erscheinung auffassen:

es ist dies die Lautentsprechung *-այն* für classisches und kilikisches *-անն*, wie sie in folgenden Beispielen zu Tage tritt: *աղչկայն* (für *-անն*) 116 37, *աշխրհակայն* (für *-անն*) 137 10, *աւետարայն* (für *-անն*) 141 16, *բերայն* (für *-անն*) 43 1, 117 37, *զբերայն* (für *-անն*) 10 5, *ի բերայն* (für *-անն*) 24 4, 112 9, 135 18, *գերեզմայն* (für *-անն*) 58 8, *դատաստայն* (für *-անն*) 30 6, *դեկայն* (für *-անն*) 156 13. 16. 26, *եզայն* (für *-անն*) 133 13, *իշխայն* (für *-անն*) 1 13. 24, *զիշխայն* (für *-անն*) 1 20, *կնկայն* (für *-անն*) 152 3. 10. 28, *ձկայն* (für *-անն*) 149 3. 7, *զնշայն* (für *-անն*) 10 5, 35 24, 78 3, *պատմուճայն* (für *-անն*) 74 1—2, *զպարայն* (für *-անն*) 116 19; analog auch die Verbalformen *արբենայն* 35 24, *ողջանայն* 158 5, *որսայն* III p. 192 26, *ջանայն* III p. 192 25 statt zu erwartenden *-անն*. Diese Erscheinung, die entschieden zu trennen ist von rein graphischen, auch in andern Versionen vorhandenen Fällen wie *կակղայցնէ* 108 5, *նեղայցնես* 48 8, *ղանայղան* III p. 179 8, *մինայկեց* 8 1, erklärt sich als Nasalvereinfachung oder Verschmelzung, die sich in der jüngeren Sprachentwickelung mehrfach beobachten lässt (vgl. Lautl. p. 106—107 Rdn. 1 a) und b)), und bezeugt somit den relativ jungen Charakter der Version V. Letzterer zeigt sich auch darin, dass gegenüber den andern Versionen, die noch häufig die alte diphthongische Schreibweise beibehalten, in Mr V regelmäßig und fast ausnahmslos die altüberlieferte diphthongische Schreibung durch die monophthongische ersetzt ist; so z. B. entsprechen alten *այ*-Formen die folgenden *ա*-Formen: *ալ* 122 20, *ի յալ* 120 12, *գալ* 39 1. 4, III p. 186 4, *գալն* 16 1. 12, 40 1. 2. 4. 7, 59 1. 7, 65 3, 68 1. 3, 91 1, 114 1. 3, *զգալն* 66 1. 2, 78 6, *գալուն* 39 6. 12, 59 1. 7, 65 4, 114 13, *գալքն* 31 4. 14, *գալոց* 31 2, *ան* 117 11, III p. 180 7, *զան* 28 4, 114 21, 119 24, 135 7. 11, *յան* 117 25, III p. 180 5, *անպիսի* 43 9, *յանժամն* 35 12, *ձանեբդ* (plur.) 113 14, *ածքն* 31 13, *զածս* 31 15, *որո-գաթ* 68 1. 3, *եղբար* 5 4. 5. 6, 65 5, 68 5, 85 4, 112 2, 123 7, 138 4, 166 3, *հարն* 149 1, *մար* 12 2, *մարն* 34 3, *զմար* 12 6, *ի վար* 4 6, *քարար* 4 12; III sg. Impf. *գար* 43 30, 48 2, 59 9, 85 3, 116 8, 135 4, *գնար* 157 7, *գողանար* 90 2, *երթար* 84 1, 85 4, 116 6, 123 5, 133 1, 136 8, *չերթար* 157 3, *լար* 39 7, 40 7, 48 4, 90 3, 133 32, *լինար* 157 4, *կար* 24 3, 113 11, 117 15, 119 24, 146 2, *կենար* 119 4, *որսար* 123 3, *տար* 90 2; I sg. Fut.: *կերաց* 150 6, *տարաց* 158 11; analog für älteres *հայնց* die Schreibung *հանց* 112 8, 117 27, 141 6, 146 8, für alteres *այնեմ* die Form *անեմ* 120 11, 133 19, 135 32 etc., für älteres *ոյ* steht *ու* in *զքուն* 131 2, *խորագուն* 166 3, *մեծայգուն* 14 2, 61 1, *յառաջագուն* 166 2, *թուլ* 1 30, 3 4, 54 13, *լուս* 62 1. 2, *անլուս* 1 17, *կուս* 32 1, 41 5, *ընկուզ* 124 3. 6, *շուտ* 29 3, *առնուր* 25 24, III sg. Aor. *արքեցուց* 36 11, *իջուց* 46 11, 116 20, *կացուց* 1 1, 4 2, 35 6, *հասուց* 8 7, *մեռուց* 5 13, *ցուց* 35 5. Übrigens zeigt V in phonetischer Hinsicht folgende, teils mit den vorhergehenden Redaktionen gemeinsamen, teils noch jüngere Lautformen. Zu letzteren gehören z. B. die abgeschliffenen Formen *արուըստաւոր* 2 2, *արուըստից* 2 10, *հրըշտակք* 141 9, *հրըշտակքն* 118 10. 16, 125 8, 142 11, 150 13, *զհրըշտակքն* 150 11, *զհրըշտակսն* 20 18, *հրըշտակաց* 1 23; ferner *կիրիայն* (= cl. *կրիայն*) 23 9, *կիրիաքն* (= cl. *կրիայքն*) 23 1, *զ-կիրիայքն* (Akk.) 23 20, *կիրայիցն* (Gen.) 23 12 und *կռուկն* (= cl. *կռունկ*) 6 3. Dagegen mehr oder weniger mit den übrigen Redaktionen gemeinsam teilt Mr V folgende Lautentsprechungen: cl. *յա-* = *յե*: *եռջեւ* III p. 187 22, *յեռջեւս* III p. 185 7; cl. *եղ-* = *աղ-* in *աղբայրն* 144 5. 7; cl. *ուղ-* = *ող-* in *ողորդ* 70 11, *ողորդէ* 70 10. 14; cl. *այ* = *ոյ* in *պոյման* (= kl. *պոման*) 23 10; cl. *եա* = *ե*: *ցորեն* 22 4, *յետեւ* 185 11; cl. *իւ* = *ու*: *հարուր* (= cl. *հարիւր*) 77 3, *հուր* (= cl. *հիւր*) 159 10, *հուրին* Gen. 152 15, *յալուրսուն* (von *ալուր* = cl. *ալիւր*) 133 29–30, *յառուծէն* (= cl. *յառիւծոյն*) 78 5; Aspiration: *հոք* (= cl. *հող*) 151 36, *ի հոքս* 46 9, *անհոք* 31 13, *սաքն* (= cl. *սագն*) 28 7, *միրք* (= cl. *միրգ*) 12 1, *զմիրքն* III p. 182 28, III p. 183 1, *զսիրայմարքն* (= cl. *զսիրամարգն*) 27 1, *քաշութին* 27 6; so erscheint auch der ältere Genitiv auf *-ոջ* nunmehr stets in der Lautform *-ոչ* (s. weiter unten). Erhärtung: *թուխիթ* 31 12, 66 1, 119 39. 40, 152 14, *թուխտն* 119 43. 49. 50, *զթուխտն* 119 48; Ausfall und Erweichung: *ջաղաց* 133 27, *ջաղ-ցայպան* 133 28, *ջերնու* (= cl. *ջեռնու*) 133 3; Abfall: *ուղարկէ* 116 44, *ուղարկեաց* 120 22, 119 35–36, *ուղարկեցէք* 119 38–39; *պառ* 159 8, *եղեղ* 104 3, *ձուկ* 149 2, 152 23, *մուկ* 21 1; Vorschlag und Stimmtonentwickelung: *յերբ* 136 13, 147 6, III p. 188 5 und mit *r*-Schwund *յեբ* 5 19, 48 2, 156 9, III p. 187 6, *յոյժով* III p. 187 30; *հարաւրոնք* 10 10, *հորթոյ* 10 1, *հորթոյն* 10 4: *ըստեղ-ծեց* 141 9, *իստիպեաց* 135 26, 156 6, 157 11. 18; *գիժար* 134 1, *աղուվէսն* 69 2. 6, 70 5; Umstellung: *դարտակ* 116 9. 13, 122 15. 18. 24; Einschaltung: *ծանդր* 41 7. 8, 76 3, 118 10, 150 3, *ծանդրացաւ* 30 7, *ծունդր* 48 4, 75 2, *մանդր* 114 12, 124 3, 142 17. 19, 149 6, *մանդրն* 149 4. — Als sprachlich jüngste Version äußert sich Mr V namentlich auf morphologischem Gebiete. In der Nominalflexion verallgemeinert sich als Fortsetzung der bereits in Mrr G und S beobachteten Erscheinung der präfixlose Ablativ: *բերկրութենէն* III p. 181 4, *ուրախութենէն* III p. 181 2. Ferner finden sich folgende Flexionsformen a) der *i*-Deklination: Gen. *գլխին* 136 11, *թխտին* 119 41, *թըխտին* 119 42, *պտղին* 124 2, *տղին* 36 9. 17, *գեղջի* 8 1. 5, 26 4, *գեղջին* 35 8; Instr. *զանձով* 157 31, *կարգով* 15 19, *եղջիւրովք* 132 3; b) der *o*-Deklination: Gen. *այրոջ* 146 15, *կնոջն* 135 43. 44. 45, *ընկերոջ* 123 8. 10, *քուրոջ* 30 2, 120 2. 7. 8. 11. 14. 18. 21. 22. 25. 33; c) der *van*-Deklination: Abl. *վաղվընէն* III p. 188 4. Uneigentliche *ք*-Plurale, wie *միտք* »Verstand« werden singularisch flektiert: Gen. *մտքի* 39 10. Von eigentlichen *ք*-Pluralen seien erwähnt: *պարոնայք* 127 3; *մարդիք* 10 12, 11 5, 29 12, 36 15. 16, 110 9. 16, 126 9. 11, 130 6, 148 11; Akk. *զմարդիք* 36 2, *զմարդիքն* 117 29, *զդադարքն* 131 2, *զդուրքն* 91 4, *զգրկանքն* 38 12. *զծնողքն* 149 6, *զմեղքն* 11 11, 128 7, 142 37, *զմեղաւորքն* 18 17, *զոտքն* 114 9, *զայլ էշքն* 14 2, *ի ձեռք* 70 9, *ի ձմեռնային աւուրքն* 73 1–2, *ի սուտ կեանքս յայս* 30 5, *զխելքս իմ* 26 11, *յորդիքն* 159 8; Instr. *ընձաւք* (v. *ընձայ*) 31 6, *արտասաւք* (= cl. *-ուաւք*) 1 26. *եր*-Plurale: *բեռներ* 152 7, *դռներն* 152 22, *դրացներ* 152 17, *թոռներ* 139 3, *լեռներն* III p. 180 16, *ծառերն* 142 17, *ծովաչեր* 117 19, *Հարսներ* 159 8, *Հարսներն* 159 24, *ձագերն* 46 2. 36, *սագերն* 69 1, *մլքեր* 159 3, *ֆէլեր* 152 1; Akk. *զաչերն* III p. 180 31, *զբեռներն* 152 12. 21, *զդռներ* 152 15, *զթխտերն* 152 19, *զձագերն* 34 2, *զնարընջատերն* III p. 180 11–12, *զքթերն* 91 4, *զտլըսմերն* III p. 180 12; *իմաստու-թիւներ* III p. 180 8, Akk. *զիմաստնայսիրութեններն* III p. 180 13, *զհաքմութեններն* III p. 180 12; Gen. *մրգերոյն* III p. 181 14, *մրգե-րուն* III p. 183 19, *գալերուն* III p. 186 7–8 und p. 187 3, *խոտերուն* III p. 181 6. 7; Abl. *ի թոռներոյն* III p. 180 5, *ի թոռներուն* III p. 187 33; Instr. *բեռներով* 182 28; jüngere Neuform ist *ձկերն* 149 14 zu sg. *ձուկ*. *նի*-Plurale: *խելոքնին* III p. 181 8–9 und p. 182 3, *կարդացողնին* 147 6, *ջաղացնի* 159 3; daneben jedoch, übereinstimmend mit Redaktion S, schon die jüngere *ներ*-Form: *Հաքիմներն* (sg. *Հաքիմ*) III p. 183 14; *վի*-Plurale: *աչւիվ* III p. 186 19, *գրվին* III p. 180 10. Vom Pronomen personale I und II Person erscheint nur mehr die Dativform auf *-ի*: *ինձի* 133 15, III p. 181 31, *քեզի* 22 3, 116 53; Abl. *յինէն* 116 45, *ի քենէ* 21 9; poss. *քուկդ* »die Deinige« III p. 189 7; rezipr. *զիրար* III p. 189 8, *յիրար* III p. 188 25; demonstr. Gen. *անոր* 116 39, *ատոր* 135 34, *այտոր* 147 9, Instr. *ատով* 113 16. Präsensstamm: *արգելէ* 116 52, *անեմ* 120 11, 133 19, 135 8. 11. 12. 32, III p. 184 18, p. 185 14, *անես* 133 8, 146 5, *անէ* 1 10, 114 21, 119 57, 135 33, 145 1, 154 21, 159 23, *այնէ* 155 29, *այնէր* 152 1, *անէր* 151 18, 155 1, *մի աներ* 133 6. 7, 156 27, *Հասցնեմ* 135 14, *վերձցնէ* 136 17, *ժաժցնէր* III p. 185 13, *շատացնէր* 142 23, *գիտացնեմք* 31 8; *լինենայ* III p. 182 22. 24, *մի լինար* 127 8, *կենամ* III p. 181 12, p. 185 5, *կենաս* III p. 186 16, p. 190 35, *կենայ* 22 10, 134 6, 154 22, 184 3, *կենար* III p. 183 8, *կենալն* III p. 184 2; *գտնում* III p. 185 19, p. 186 1, *գըտնում* III p. 185 21–22, *մի մտնուր* 154 3; Passivformen: *լարվի* III p. 186 12, *լարւի* III p. 186 35, *լուացվիս* III p. 191 22, *խաբուին* 16 11, 95 14, 148 11. 13, *տահրկուին* 148 11; I Pers. plur.: *ասենք* 113 7, *բերենք* 116 16, 136 14, *ենք* 114 17, *զենենք* 136 14, *հանենք* 116 16, *հրամենք* 39 10, *պատուենք* 136 15, *կռուինք* 95 7, *հասանինք* 158 21, *ունինք* 24 19, III p. 188 4, *չունինք* 67 2, *գանք* 158 21, *տանք* 22 3, *երթանք* 51 4, 116 16, 158 21, *աղքատանանք* 64 10, *խնամենանք* 20 9. 13, *փարթամանանք* 64 9, *առնունք* 128 21. Indikativformen sind bereits oben angeführt; erwähnt seien noch: *կանեմ* III p. 182 6, p. 185 10, *կածես* 155 13, *կասես* 157 20, *կասէ* 134 3. 4, *կասեն* III p. 189 10, *կելանեմ* 116 37, *կերթաս* III p. 192 12, *կուտէր* III p. 189 13, p. 192 5. Das Präsenssystem hat im Gegensatz zu den früheren Redaktionen schon das Futurum mit *տի* aufzuweisen: *տի գայ* III p. 191 29, *տի լինայ* 156 15, *տի ծնանք* 135 31. Das Aoristsystem zeigt zunächst die gewöhnlichen auch den übrigen Codices gemeinsamen Formen, als: pass. *զրկւեցաւ* III p. 182 8, *լուացվեցան* 28 1; III p. sg. *երեւ* 122 35, 152 21, nebst Imp. *արեկ* 20 9, 113 6, 114 12, 122 20. 26 (= *արի եկ* 121 4); ferner III p. sg. *-եց այրեց* 11 8, *բռնեց* 147 4, *ընկեց* 19 2, *ըստեղծեց* 141 9, *իմաստնայսիրեց* III p. 180 19, *լարեց* III p. 183 4, *խալիսեց* 155 31, *խառանչեց* 14 14, *խնդրեց* 151 16, *հաչեց* 135 29, 148 7, *ձգեց* 141 7, 156 17, 157 32, III p. 189 12, *մխիթարեց* 163 10, *վազեց* III p. 180 29, p. 190 28, p. 191 6, *քաշեց* III p. 182 2, p. 183 25, *լսեց* 5 19, 116 42, 120 28, 135 1, 142 12, 156 19, wozu Imp. II sg. *լսէ* 43 31, analog wie zu *անեմ* mit Aor. *արի* nun die Imperativform II sg. *արէ* 146 9 auftritt; altem Imperativ auf *-եաց* entspricht natürlich der auf *-եց*: z. B. *բանեց* »arbeite« 122 21. 26. Weiter finden sich auch Aoristformen wie *թռաւ* 94 5. 6, *փախաւ* 157 32, sowie die aktiven *a*-Aoriste der Verba *գտնում*, *տեսնում* etc. wieder in Mr V: *գտայ* 38 6, 116 12, 148 2, 161 10, III p. 181 27, p. 187 10, *գտար* III p. 187 18, *գտաւ* 89 3, 148 1, 151 9, III p. 185 18. 25, p. 186 4, *գտան* 39 2, 50 1, 59 1, 160 1, *իջաւ* III p. 180 25, *տեսաւ* 164 2, III p. 183 9, p. 180 27, p. 192 15, p. 181 22, p. 182 34, *մտաւ* 20 1, 116 37, 117 13, *մտան* 10 3, III p. 180 6, *ելայ* 72 7, *ելար* 106 3, *ելաւ* 21 9, 72 2, 93 3, 142 19. 26, 146 11–12, 155 7, III p. 181 8, *եղար* 112 12, *եղաք* 5 22, 25 17, *չեղաք* 4 13, *եկաւ* 144 5, 146 10,

III p. 186 3, p. 189 3. 13, p. 191 9, p. 192 15, *եկան* 166 1. Neu und dieser Redaktion charakteristisch ist hingegen die Gebietserweiterung eben dieses *a*-Aorists und die daraus entspringende gemischte Aoristflexion, wonach die III Person sg. des *i*-Aorists einsilbiger Stämme den Aoristcharakter *a* annimmt. So finden sich zwar noch die *i*-Formen *դրի* I p. sg. 152 24, 156 13, *դրին* III p. plur. 45 1, 123 2, *տուիր* II p. sg. 142 10, *տուին* III p. pl. 116 39, 136 5. 11, *արիր* II p. sg. 133 7: dagegen III p. sg. auf *-աւ*, wie z. B. *արաւ* »er machte« 135 3, III p. 180 18, p. 181 1, p. 182 1; *առաւ* »er nahm« 78 5. Vgl. hierüber Formenlehre p. 324—325. — Als passives Partizip erscheint, wie allgemein, so auch hier das Verbalnomen auf *-ած*, in den Formen: *թաղած* 135 20—21, *կարգած* 159 1—2, *կորած* 38 5, *մեռած* 15 2, *պահած* 76 3, *սովված* III p. 180 17, *անիծած է* 145 4, *մաքրած է* 36 21, *որոշած է* 145 2, *գրած էր* III p. 188 24, *հատած էր* 10 4, *է եղած* 59 6, *է քսած* 36 21, *էր լարած* III p. 181 25, *էր սպանած* 110 10, *էր ցանած* III p. 181 23. Beim aktiven Partizip präteriti dagegen unterscheidet sich Version V von den übrigen durch die fast gänzliche Verdrängung des älteren *ել*-Partizips: erscheint doch nur mehr die vereinzelte, vielleicht verderbte *ել*-Form *գնել էր* 38 10, gegenüber folgenden *եր*-Partizipien: *լսեր եմ* III p. 188 1, *խաբեր է* 38 10, *գրեր էր* III p. 187 6, *ապրեր էր* 159 6, *Նստեր էր* III p. 189 2; *ըստեղծեր է* 117 18, *թողեր է* 145 6, *ուսեր է* 133 35, *ուսեր* [*էր*] III p. 180 10, *ուսեր էր* III p. 180 14, *տարեր էր* 149 1, *տեսեր էք* 36 16. 17. 19, *փախուցեր էր* 147 1; *ասացեր են* III p. 181 9, p. 182 3, p. 183 14, p. 187 20, *գիշացէր է* III p. 181 30, *կարդացեր էր* III p. 180 9—10 (bis), *մոռացեր էր* III p. 180 9. 14; *են ասացեր* III p. 187 26, *էր հիւանդացեր* 125 2, *եմ լսեր* III p. 187 11, (*եմ*) *գրեր* 152 11, *եմ պահեր* 155 33, *է բաժաներ* 39 5. 10, *է գասեր* 145 6, *էր գներ* 149 1, *էր թարկեր* 156 2, *էր պառկեր* 133 28; (*եմ*) *բարձեր* 152 11, *եմ կերեր* III p. 181 29—30, *եմ եկեր* 152 11, (*եմ*) *եկեր* III p. 187 12, *ես հագեր* 141 4, *ես ուսեր* III p. 189 21, *է արեր* 152 10, *է ծներ* 154 12, *է ուսուցեր* III p. 190 1, *է տեսեր* III p. 182 14—15, *ենք տեսեր* 36 18, *ենք կերեր* 133 11, *ենք ուսեր* III p. 188 26, *չեմ տեսեր* III p. 187 13, *չենք տեսեր* 36 20. So hat denn auch das bereits in den vorhergehenden Redaktionen auftretende präsentische Verbalnomen auf *-r* des negativen Verbs hier ausschließliche Geltung erlangt; während in Redaktion G erst von den *e*-Stämmen das negative Verbalnomen auf *-r* erscheint, wird es hier von sämtlichen Verbalstämmen ohne Unterschied gebildet, wie folgende Fälle von negativem Indikativ Präsentis zeigen: *չեմ իշխեր* III p. 185 15, *չեմ կարեր* 22 8, *չես վախեր* III p. 189 5, *չի այրիր* 81 6, *չի հանգիպիր* III p. 181 21, *չի գնար* 134 2, *չի տար* III p. 184 17, *չի գտնէր* (= *-եր*) III p. 184 22, *չի գտնուր* III p. 184 26, *չեն քաղեր* III p. 184 27; selbst der vom eigentlichen negativen Verbum finitum abhängige Infinitiv gestaltet sich durch Attraktion zum Verbalnomen auf *-r*; so die Phrasen: *ոչ կարէ ելներ* 182 27–28, *չես կարել թարկեր* 156 8, *չեմ կարեր կենար* III p. 185 16. Im Konjunktiv dagegen, sowie überhaupt in allen außerhalb des indikativischen Präsenssystems stehenden Formen mit älterem *չ-*, entspricht dem in Mr G beobachteten Präfix *չի* in Mr V regelmäßig die Variante *չէ*: Neg. Konj. präs. *չէ ընկնիմ* III p. 185 10, *չէ լինիմ* III p. 182 6, *չէ որոգայթիմ* III p. 181 13, *չէ տեսնում* III p. 191 4, *չէ երկնչիս* 122 3. 4, *չէ անէ* 145 2. 3. 4. 5, 157 14, *չէ դնէ* III p. 184 22, *չէ իջանէ* 147 3, *չէ լինի* III p. 181 10–11, *չէ կայ* III p. 182 17, p. 184 18, p. 185 26; neg. Konj. Impf. *չէ գիտէր* III p. 181 3. 4, *չէ կար* III p. 191 6; neg. Aor. *չէ տեսաւ* III p. 181 26, *չէ առին* III p. 189 8, *չէ հաւանեցան* 117 30.

Nach obiger Zusammenstellung des Vulgärmaterials der verschiedenen nichtclassischen Redaktionen[1]) zerfallen dieselben in drei Gruppen: I. Gruppe mit Mr F und C als Hauptrepräsentanten, woran sich als sprachlich weniger wichtige die Codices C², E und H, M, N und O, Br und A anlehnen, welch letztere, da in ihnen nur vereinzelte Vulgarismen zugelassen sind, für unsere Untersuchung nur sekundäre Bedeutung haben; II. Gruppe mit den Versionen ag, Mr I, D und B; III. Gruppe mit Version G, woran sich als weniger bedeutend S anschließt, nebst der sprachlich interessanten Version V. Hieraus ergiebt sich von selbst das gegenseitige Verhältnis und relative Alter der einzelnen Redaktionen. Von dem jüngsten, durch V vertretenen Sprachtypus schrittweise aufsteigend gelangen wir durch die eine zeitliche Mittelstellung einnehmende Gruppe II hindurch zu der frühesten Gruppe mit dem ältesten Sprachtypus, wie er am reinsten in Mr F und C² vorliegt.

Zur annähernden Ermittelung des absoluten Alters der verschiedenen Redaktionen, müssen wir zum Mittelarmenischen zurückgreifen, speziell zu der uns näher bekannten Spezies des Mittelarmenischen, dem Kilikischen; von letzterem ausgehend, gewinnen

1) Die von Marr noch angeführten Codices G², K, L sowie wenige andere können, als dialektisch unbedeutend, hier außer betracht bleiben.

wir einen festen Stützpunkt zur chronologischen Fixierung des fraglichen Sprachstoffes. Die Vergleichung mit dem Kilikisch-Mittelarmenischen lehrt nun, dass zunächst sämtliche Redaktionen mit dem Kilikischen die allgemeinen Merkmale des Westarmenischen teilen; so entspricht altem *այ* regelmäßig *ա* gegenüber *է* im OA., die konsonantische Verschiebung liegt unverkennbar vor und äußert sich graphisch in Schreibungen wie *կանկուն*, *ժառանկ*, sowie in zahlreichen, oben beobachteten, aspirierten Formen; die Kasusformen der Deklination sind die westarmenischen; vor allem aber zeigt die Konjugation den westarmenischen Charakter in der negativen Indikativbildung sowie namentlich in der so markant ausgeprägten Indikativbildung des Präsens und Imperfekts mit *կու*, die dem OA. bekanntlich fremd ist: wir haben es also mit westarmenischem Sprachgute zu thun. Dasselbe zeigt auch im übrigen zahlreiche gemeinsame Berührungspunkte mit dem Kilikischen. In phonetischer Hinsicht seien nur folgende gemeinsame Lautentsprechungen hervorgehoben: cl. *յա* = *յե* oder *ե*, cl. *եա* = *ե*, cl. *իւ* = *ի* beim Pron. III pers., cl. *եղ-* = *աղ-*, cl. *իւ* = *ու* (kl. *ոյ*) in letzter Silbe, welch letztere Eigentümlichkeit besonders schön in Mr C sowie auch noch in Mr V hervortritt. Bemerkenswert ist auch die Konsequenz, mit der, übereinstimmend mit dem Kilikischen, die Aspiration im Auslaute in den verschiedensten Manuskripten durchgeführt und graphisch ausgedrückt wird, man vergleiche hierin Mr F, C, I und V. In der Deklination finden sich unter anderem die erweiterte *o*-Deklination mit Gen. sg. *-ոջ* (asp. *-ոչ*), ferner außer dem *ք*-Plurale die Plurale auf *-եր*, auf *-նի*, auf *-վի* und auf *-ան*, ganz wie wir sie im Kilikischen kennen gelernt haben, und zwar nicht etwa blos in einzelnen Redaktionen, sondern fast allgemein; so hat F den *եր*-Plural, *նի*-Plural, *վի*-Plural und *ան*-Plural; C den *եր*-Plural, *նի*-Plural und *վի*-Plural; ag den *եր*-Plural, *նի*-Plural, *վի*-Plural und *ան*-Plural; D den *եր*- und *նի*-Plural, V den *եր*-Plural, *նի*-Plural und *վի*-Plural. Beim Verbum finden wir, abgesehen von dem gemeinarmenischen Passivstamm auf *-vi*, die neuen *ենա*-Stämme, ferner ebenso wie im Kilikischen die *նու*-Stämme *գանուլ*, *իջնուլ*, *տեսնուլ* sowie *մնել* für cl. *մնանել*, wozu sich im Gegensatze zur alten Sprache die aktiven *a*-Ariste *գտայ*, *իջայ*, *տեսայ*, *մնայ* stellen. Abgesehen von den gemeinarmenischen Partizipien auf *-ել* und auf *-ած*, sei noch erwähnt die Übereinstimmung in der negativen Indikativformation *չեմ* + *ի* + Inf., wie sie Gruppe I mit dem Kilikischen zeigt. Die abweichenden Negativbildungen der Gruppen II und III sind Produkte historischer Weiterentwickelung jener Grundform, wie denn auch die meisten übrigen mit dem kilikischen Sprachtypus nicht in Einklank stehenden Dialectica dieser Redaktionen nicht sowohl auf ursprünglicher Grundverschiedenheit als auf der durch die historische Fortentwickelung bedingten Umgestaltung beruhen; so z. B. der schon verschiedentlich (in Gruppe III) auftretende, aus dem *նի*-Plural hervorgegangene Plural auf *-ներ*, das auf das *ել*-Partizip zurückgehende Partizip auf *-եր* etc. Trotzdem darf das vorliegende Vulgärmaterial deshalb noch nicht als kilikisch, resp. auf kilikischer Grundlage ruhendes und daraus hervorgewachsenes bezeichnet werden. Zunächst stellt nämlich keine einzige der fraglichen Redaktionen den kilikischen Sprachtypus vollkommen und adäquat dar, selbst nicht nach Abstrahierung von dem etwaigen aus späterer Weiterentwickelung Entstandenen; ja, selbst als Gesamtheit betrachtet, geben unsere Texte kein genügendes Bild des Kilikischen. Auffallend ist namentlich das gänzliche Fehlen der eigentümlichen kilikischen Flexionsformen des Demonstrativs *սա*, *դա*, *նա*; noch auffallender ist, dass von dem der kilikischen Mundart so charakteristischen Instrumental auf *-om* hier nicht einmal eine Spur vorhanden ist. Hierbei eine konventionelle, willkürliche Ausschließung dieser Formen, als nicht litteraturfähiger, aus der Schriftsprache anzunehmen, ist schon deshalb unwahrscheinlich, weil sonst die mannigfaltigsten von der classischen Litteratursprache auch noch so sehr abweichenden Dialectica zugelassen werden. Veraltet können andrerseits besagte Eigentümlichkeiten zur Abfassungszeit unserer Redaktionen durchaus noch nicht gewesen sein, da z. B. jene pronominalen *a*-Formen *նարա*, *նաքա*, *նադա* noch im heutigen Neuarmenisch fortleben. Nur eine Möglichkeit bleibt: die betreffenden Dialectica waren jenem Vulgäridiome, woraus den Redaktionen ihr vulgärsprachliches Material zugeflossen ist, fremd, folglich auch jenes Vulgäridiom nicht kilikisch. Dieses Resultat wird übrigens bestätigt durch das Vorkommen verschiedener nichtkilikischer Eigentümlichkeiten: so schreibt F, analog wie auch der Nordarmenier Məchitar Heraçi, regelmäßig *արնեմ* für kl. *այնեմ*; sodann finden sich die Formen: *ոնց* Mr F 308 9, Var. 171 8—9, *ատոնց* Mr V 158 4, *այլվայ* und *այլ վայ* für kl. *այլվայր* und *այլուր* III p. 183 24, p. 184 11, p. 185 8, *հիմի* V 117 25 für kl. *հիմայ*, *մոնում* Mr V für kl. *մոնեմ* etc. Da nun nach Gramm. p. 137—138 dieses ebensoviele Characteristica des nordwestarmenischen Sprachzweiges sind, so folgt, dass die Vulgärsprache, auf welche die fraglichen Versionen zurückgehen, zur nordwestlichen Abteilung des Mittelarmenischen gehört, allerdings einen mit dem Kilikischen eng verwandten und vielfach übereinstimmenden Dialekt jener Abteilung darstellt. In Gruppe I liegt dieser Dialekt in seiner relativ ältesten Gestalt vor, während Gruppe II und III jüngere Weiterentwickelungen desselben darstellen.

Es fragt sich nun, durch welche Zeitstadien hindurch diese drei Entwickelungsphasen jenes mit dem Kilikischen nahverwandten in unsern Texten vertretenen westarmenischen Sprachtypus sich erstrecken; mit anderen Worten: in welche Zeit fällt die Genesis der verschiedenen Überlieferungsgruppen sowie die einzelnen durch jene repräsentierten Sprachphasen?, liegt hier überhaupt, sei es in der Gesamtheit der drei Gruppen, sei es in irgend einer einzelnen derselben noch mittelarmenisches Sprachgut vor?

Betrachten wir zunächst Gruppe I, so finden wir schon in F die Verschmelzung des Indikativpräfixes կու mit folgendem vokalischen Anlaute: im Kilikisch-Mittelarmenischen dagegen bleibt կու stets noch in seiner vollen Form erhalten; ferner erscheinen die ersten Spuren des Verbalnomens auf -ր sowohl als Partizip präteriti als in der negativen Konjugation: das Mittelarmenische dagegen zeigt noch stets das Partizip auf -ել und das Verbalnomen auf -լ; auch C kennt schon die Präteritalform չեմ կերեր. Die übrigen Codices dieser Gruppe haben zwar entweder nicht oder nur spärlich derartige spätere Formen aufzuweisen; dies ist jedoch rein zufällig, da, wie bereits bemerkt, die betreffenden Codices ($C^2$, E, H etc.) überhaupt nur ausnahmsweise vereinzelte Vulgärfloskeln aufnehmen und im Ganzen den classischen Sprachtypus festzuhalten suchen. Erwägt man, dass im übrigen die Versionen dieser Gruppe sprachlich mit dem Mittelarmenischen übereinstimmen, so muss zwar die Vulgärsprache derselben, wie sie in F und C vorliegt, für nicht mehr rein mittelarmenisch erklärt werden; die Abweichungen sind jedoch noch so gering, dass wir unbedenklich diesen Sprachtypus als den eines Übergangsstadiums an die Grenzscheide des spätmittelarmenischen Zeitraumes setzen dürfen; die Entstehungszeit der betreffenden Redaktionen wird also annähernd in die Mitte des 15. Jahrhunderts fallen. — Von diesem relativ ältesten Sprachtypus hebt sich deutlich der in Gruppe II vertretene ab, und zwar zunächst in der Konjugation des negativen Verbs. Die ursprüngliche zusammengesetzte Zeitform չեմ ի + Inf. ist hier allgemein reduziert zu չեմ + Inf. Ferner hat sich das Verhältnis von եր-Partizip zu ել-Partizip zu Gunsten des ersteren verschoben, das nun eben so häufig wie das ել-Partizip erscheint. Dieser sowohl in ag als in I und D hervortretende Sprachcharakter berechtigt uns, die betreffenden Versionen um ein beträchtliches jünger anzusetzen als diejenigen der I. Gruppe: man wird kaum fehl gehen, wenn man als Entstehungszeit derselben die Übergangsperiode von der Neige des 15. zum Anfang des 16. Jahrhunderts annimmt. — Wenden wir uns zur III. Gruppe. Dieselbe ist namentlich in ihrem spätesten Ausläufer, in Version V, um ein bedeutendes später anzusetzen. Sie trägt einen entschieden jüngeren, schon mehr neusprachlichen Charakter, zunächst in der Konjugation des negativen Verbum, wo die für Gruppe II vorhandene Formel չեմ + Infinitiv sich zur ausschließlich gültigen Formel չեմ + Verbalnomen auf -ր umgestaltet hat. Als relativ späte Neuerung tritt uns hier auch das Negativpräfix č̣i, resp. dessen Variante č̣e für ursprüngliches č̣ə entgegen, wie denn չի z. B. noch heute dialektisch (im Pol., Nch. etc.) existiert. Namentlich aber ist für den jüngeren Charakter dieser Version bezeichnend das Partizip auf -եր, welches hier als das regelmäßige auftritt und die ältere ել-Form fast völlig verdrängt hat. Nun ist die Entstehung und das völlige Durchdringen dieser Partizipialform nicht vor der Mitte des 16. Jahrhunderts vollendet und zum Abschlusse gelangt: hiermit gewinnen wir einen Terminus post quem für das Alter der fraglichen Texte. Da andrerseits die Versionen dieser Gruppe sich noch im allgemeinen rein halten von späteren Neuproduktionen der jüngsten Periode des Neuarmenischen, als da sind: Plural auf -ներ, der erst in ein paar vereinzelten Exemplaren zum Vorschein kommt, Abschleifung des Indikativpräfixes կու zu կը bezw. կի vor konsonantisch anlautender Verbalform, Abschwächung des unbestimmten Artikels մի zu մը bezw. մ; da zumal noch keine Spur vorhanden ist von dem neusprachlichen Funktionswechsel des ած-Partizips (Gramm. p. 368—369) und im Gegensatz zur jüngsten modernen Sprachphase noch die verschiedenen mittelarmenischen Pluralgebilde lebendig sind, komponierte Plurale noch fast nicht vorkommen: wird auch der hier zum Ausdruck gelangende Sprachtypus nicht allzusehr über jenen Terminus post quem, d. i. die Mitte des 16. Jahrhunderts hinauszurücken sein, und dürfen wir deshalb mit annähernder Sicherheit als Entstehungszeit dieser III. Überlieferungsschicht den Abschnitt vom Ausgang des 16. bis Mitte des 17. Jahrhunderts ansetzen.

Im allgemeinen trägt die Sprache sämtlicher drei Gruppen, abgesehen von den speziellen Characteristica einer jeden einzelnen, den gemeinsamen Charakter einer Übergangssprache. **Mittelarmenisch** im strengen Sinne des Wortes ist sie schon nicht mehr; ebensowenig wie dieselbe nach den obigen Beobachtungen als schon eigentlich **modernarmenischer** Sprachtypus gelten kann. Es ist die Sprache der Übergangsperiode vom Spätmittelarmenischen zum Frühneuarmenischen, die zwar einerseits noch die meisten mittelarmenischen Eigentümlichkeiten bewahrt hat, andrerseits zugleich schon manche Besonderheiten des Neuarmenischen in sich aufgenommen hat. Darin eben liegt die hohe Bedeutung dieses schichtenweise überlieferten Litteraturkomplexes, dass die ihm zu grunde liegende Vulgärsprache (resp. die successiven Phasen dieser Vulgärsprache), die mit dem kilikischen Idiom in enger Verwandtschaft steht, uns ein anschauliches Bild gewährt von der stufenweise erfolgten Entwickelung, welche das Mittelarmenische, spez. das Westmittelarmenische beim Übergange in das Neuarmenische durchgemacht hat.

Druck von Breitkopf & Härtel in Leipzig.

# Tabelle der nominalen Singular-Deklination.

## Vokalische Deklination.

### *i*-Deklination.

**Ursprüngliche *i*-Deklination.** — **Sekundäre *i*-Deklination.**

| Paradigma: | աղ »Salz« | | պայման »Bedingung, Termin« | | արյուն »Blut« | | ոսկոր »Knochen« | | ալյուր »Mehl« | |
|---|---|---|---|---|---|---|---|---|---|---|
| Nom.-Akk. | աղ | *aγ* | պայման | *boman* | արյուն | *aruin* | ոսկոր | *oskor* | ալյուր | *aluir* |
| Gen.-Dat. | աղ-ի | *aγ-i* | պայմն-ի | *bomn-i* | արյուն-ի | *aruin-i* | ոսկր-ի | *oskr-i* | ալյուր-ի | *aluir-i* |
| Abl. | յ-աղ-է | *y-aγ-e̱* | ի պայմն-է | *i bomn-e̱* | յ-արյուն-է | *y-aruin-e̱* | յ-ոսկր-է | *y-oskr-e̱* | յ-ալյուր-է | *y-aluir-e̱* |
| Instr. | աղ-ով | *aγ-ov* | պայմն-ով | *bomn-ov* | արյուն-ով | *aruin-ov* | ոսկր-ով | *oskr-ov* | ալյուր-ով | *aluir-ov* |

### *o*-Deklination.

**Einfache *o*-Deklination.** — **Erweiterte *o*-Deklination.**

| Paradigma: | գլուխ »Kopf« | | գինի »Wein« | | տէր »Herr« | |
|---|---|---|---|---|---|---|
| Nom.-Akk. | գլուխ | *kəlux* | գինի | *kini* | տէր | *de̱r* |
| Gen.-Dat- | գլխ-ոյ | *kəlx-o* | գին-ոյ | *kin-o* | տիր-ոջ | *dir-oč* |
| Abl. | ի գլխ-ոյ | *i kəlx-o* | ի գին-ոյ | *i kin-o* | ի տիր-ոջ-է | *i dir-oč-e̱* |
| Instr. | գլխ-ով | *kəlx-ov* | գին-ով | *kin-ov* | տիր-ոջ-ով | *dir-oč-ov* |

### *u*-Deklination. — *a*-Deklination.

| Paradigma: | ծով »Meer« | | Paradigma: | ֆուլան »der und der« | |
|---|---|---|---|---|---|
| Nom.-Akk. | ծով | *jov* | Nom.-Akk. | ֆուլան | *fulan* |
| Gen.-Dat. | ծով-ու | *jov-u* | Gen.-Dat. | ֆուլան-այ | *fulan-a* |
| Abl. | ի ծով-է | *i jov-e̱* | Abl. | ի ֆուլան-այ | *i fulan-a* |

## I. *n*-Stämme.

| Paradigma: | Stämme auf -ութիւն: ծառութիւն »Knechtschaft« | | Stämme auf -իկ: կնիկ »Frau« | | Stämme auf -ուն: տուն »Haus« | |
|---|---|---|---|---|---|---|
| Nom.-Akk. | ծառութիւն | *jarutün* | կնիկ | *gənig* | տուն | *dan* |
| Gen.-Dat. | *ծառութեն | **jarutien* | կնկան | *gəngan* | տան | *dan* |
| Abl. | ի ծառութենէ | *i jaruten-e̱* | ի { կնկնէ / կնկէ } | *i* { *gəngn-e̱* / *gəng-e̱* } | ի տանէ | *i dan-e̱* |
| Instr. | ծառութենով | *jaruten-ov* | { *կնկնով / կնկով } | **gəngn-ov* / *gəng-ov* | { *տանով / *տնով } | **dan-ov* / **dən-ov* |

### Stämme auf Doppelkonsonanz.

| Paradigma: | ձուկ »Fisch« | | ձեռ »Hand« | |
|---|---|---|---|---|
| Nom.-Akk. | ձուկ | *cug* | ձեռ | *cier* |
| Gen.-Dat. | ձկան | *cəgan* | ձեռին | *cerin* |
| Abl. | ի ձկնէ | *i cəgn-e̱* | ի ձեռնէ | *i cern-e̱* |
| Instr. | { ձկօմ / ձկամ } | *cəgo̱m* | { ձեռօմ / ձեռամ } | *cero̱m* |

## II. *r*-Stämme.

| Paradigma: | աղբայր »Bruder« | | օր »Tag« | | | | | |
|---|---|---|---|---|---|---|---|---|
| Nom.-Akk. | աղբայր | *aγpair* | օր(ար) | | | *o̱r* | | |
| Gen.-Dat. | աղբօր(-ար) | *aγpo̱r* | աւուր | und | *օր(ար)-վան | *avur* | und | **o̱r-van* |
| Abl. | յ-աղբօր(-ար)-է | *y-aγpo̱r-e̱* | յ-օր(-ար)-է | und | յ-օր(-ար)-վընէ | *y-o̱r-e̱* | und | *y-o̱r-vən-e̱* |
| Instr. | աղբօր(-ար)-ով | *aγpo̱r-ov* | *օր(ար)-ով | | | **o̱r-ov* | | |

# Paradigmentafel zum Präsenssystem.

| | Aktiv. Präsens. Indikativ. | | Aktiv. Präsens. Konjunktiv. | | Passiv. Präsens. Indikativ. | | Passiv. Präsens. Konjunktiv. | |
|---|---|---|---|---|---|---|---|---|
| I. Konjugation: Paradigma լոսեմ »zermalme«. | կու լոսեմ | *gu losem* | լոսեմ | *losem* | կու լոսվիմ | *gu losvim* | լոսվիմ | *losvim* |
| | կու լոսես | *gu loses* | լոսես | *loses* | կու լոսվիս | *gu losvis* | լոսվիս | *losvis* |
| | կու լոսէ | *gu lose̱* | լոսէ | *lose̱* | կու լոսվի | *gu losvi* | լոսվի | *losvi* |
| | կու լոսենք | *gu losenk̃* | լոսենք | *losenk̃* | կու լոսվինք | *gu losvink̃* | լոսվինք | *losvink̃* |
| | կու լոսէք | *gu lose̱k̃* | լոսէք | *lose̱k̃* | կու լոսվիք | *gu losvik̃* | լոսվիք | *losvik̃* |
| | կու լոսեն | *gu losen* | լոսեն | *losen* | կու լոսվին | *gu losvin* | լոսվին | *losvin* |
| II. Konjugution: Paradigma տանիմ »führe«. | կու տանիմ | *gu danim* | տանիմ | *danim* | կու տարվիմ | *gu darvim* (seltener *danvim*) | տարվիմ | *darvim* (seltener *danvim*) |
| | կու տանիս | *gu danis* | տանիս | *danis* | կու տարվիս | *gu darvis* | տարվիս | *darvis* |
| | կու տանի | *gu dani* | տանի | *dani* | կու տարվի | *gu darvi* | տարվի | *darvi* |
| | կու տանինք | *gu dandink̃* | տանինք | *danink̃* | կու տարվինք | *gu darvink̃* | տարվինք | *darvink̃* |
| | կու տանիք | *gu danik̃* | տանիք | *danik̃* | կու տարվիք | *gu darvik̃* | տարվիք | *darvik̃* |
| | կու տանին | *gu danin* | տանին | *danin* | կու տարվին | *gu darvin* | տարվին | *darvin* |
| III. Konjugation: Paradigma գողնամ »stehle«. | կու գողնամ | *gu koγnam* | գողնամ | *koγnam* | կու գողնվիմ | *gu koγənvim* | գողնվիմ | *koγənvim* |
| | կու գողնաս | *gu koγnas* | գողնաս | *koγnas* | կու գողնվիս | *gu koγənvis* | գողնվիս | *koγənvis* |
| | կու գողնայ | *gu koγna* | գողնայ | *koγna* | կու գողնվի | *gu koγənvi* | գողնվի | *koγənvi* |
| | կու գողնանք | *gu koγnank̃* | գողնանք | *koγnank̃* | կու գողնվինք | *gu koγənvink̃* | գողնվինք | *koγənvink̃* |
| | կու գողնայք | *gu koγnaik̃* (*-ak̃*) | գողնայք | *koγnaik̃* (*-ak̃*) | կու գողնվիք | *gu koγənvik̃* | գողնվիք | *koγənvik̃* |
| | կու գողնան | *gu koγnan* | գողնան | *koγnan* | կու գողնվին | *gu koγənvin* | գողնվին | *koγənvin* |
| IV. Konjugation: Paradigma գտնում »finde«. | կու գտնում | *gu kədnum* | գտնում | *kədnum* | կու գտվիմ | *gu kədvim* (seltener *kədnəvim*) | գտվիմ | *kədvim* (seltener *kədnəvim*) |
| | կու գտնուս | *gu kədnus* | գտնուս | *kədnus* | կու գտվիս | *gu kədvis* | գտվիս | *kədvis* |
| | կու գտնու | *gu kədnu* | գտնու | *kədnu* | կու գտվի | *gu kədvi* | գտվի | *kədvi* |
| | կու գտնունք | *gu kədnunk̃* | գտնունք | *kədnunk̃* | կու գտվինք | *gu kədvink̃* | գտվինք | *kədvink̃* |
| | կու գտնույք | *gu kədnuik̃* (*-uk̃*) | գտնույք | *kədnuik̃* (*-uk̃*) | կու գտվիք | *gu kədvik̃* | գտվիք | *kədvik̃* |
| | կու գտնուն | *gu kədnun* | գտնուն | *kədnun* | կու գտվին | *gu kədvin* | գտվին | *kədvin* |

| | | | | |
|---|---|---|---|---|
| | կու լոսէիր gu loseir | լոսէիր loseir | կու լոսվէիր gu losveir | լոսվէիր losveir |
| I. Konjugation: | կու լոսէր gu loser | լոսէր loser | կու լոսվէր gu losver | լոսվէր losver |
| | կու լոսէաք gu loseak̃ | լոսէաք loseak̃ | կու լոսվէաք gu losveak̃ | լոսվէաք losveak̃ |
| | կու լոսէիք gu loseik̃ | լոսէիք loseik̃ | կու լոսվէիք gu losveik̃ | լոսվէիք losveik̃ |
| | կու լոսէին gu losein | լոսէին losein | կու լոսվէին gu losvein | լոսվէին losvein |
| | կու տանէի gu danei | տանէի danei | կու տարվէի gu darvei (seltener danvei) | տարվէի darvei (seltener danvei) |
| | կու տանէիր gu daneir | տանէիր daneir | կու տարվէիր gu darveir | տարվէիր darveir |
| II. Konjugation: | կու {տանէր / տանոյր} gu {daner / danuir (-ur)} | {տանէր / տանոյր} daner / danuir (-ur) | կու տարվէր gu darver | տարվէր darver |
| | կու տանէաք gu daneak̃ | տանէաք daneak̃ | կու տարվէաք gu darveak̃ | տարվէաք darveak̃ |
| | կու տանէիք gu daneik̃ | տանէիք daneik̃ | կու տարվէիք gu darveik̃ | տարվէիք darveik̃ |
| | կու տանէին gu danein | տանէին danein | կու տարվէին gu darvein | տարվէին darvein |
| | կու գողնայի gu koynayi | գողնայի koynayi | կու գողնվէի gu koyənvei | գողնվէի koyənvei |
| | կու գողնայիր gu koynayir | գողնայիր koynayir | կու գողնվէիր gu koyənveir | գողնվէիր koyənveir |
| III. Konjugation: | կու գողնայր gu koynair (-ar) | գողնայր koynair (-ar) | կու գողնվէր gu koyənver | գողնվէր koyənver |
| | կու գողնայաք gu koynayak̃ | գողնայաք koynayak̃ | կու գողնվէաք gu koyənveak̃ | գողնվէաք koyənveak̃ |
| | կու գողնայիք gu koynayik̃ | գողնայիք koynayik̃ | կու գողնվէիք gu koyənveik̃ | գողնվէիք koyənveik̃ |
| | կու գողնային gu koynayin | գողնային koynayin | կու գողնվէին gu koyənvein | գողնվէին koyənvein |
| | կու գտնուի gu kədnəvi | գտնուի kədnəvi | կու գտվէի gu kədvei (seltener kədnəvei) | գտվէի kədvei (seltener kədnəvei |
| | կու գտնուիր gu kədnəvir | գտնուիր kədnəvir | կու գտվէիր gu kədveir | գտվէիր kədveir |
| IV. Konjugation: | կու գտնոյր gu kədnuir (-ur) | գտնոյր kədnuir (-ur) | կու գտվէր gu kədver | գտվէր kədver |
| | կու գտնուաք gu kədnəvak̃ | գտնուաք kədnəvak̃ | կու գտվէաք gu kədveak̃ | գտվէաք kədveak̃ |
| | կու գտնուիք gu kədnəvik̃ | գտնուիք kədnəvik̃ | կու գտվէիք gu kədveik̃ | գտվէիք kədveik̃ |
| | կու գտնուին gu kədnəvin | գտնուին kədnəvin | կու գտվէին gu kədvein | գտվէին kədvein |

Anm. Obige Tabelle versucht keine Darstellung des Futurs, da nach § 363 eine feste Ausdrucksform für dieses Tempus sich im Kilikischen noch nicht entwickelt hat; unberücksichtigt bleibt auch das Genus neutrum oder medium (vgl. § 318), als formal ganz unter die II. Konjugation fallend. Auch von dem Genus passivum mit seiner schwankenden Stammbildung (vgl. §§ 354, 355, 358) will natürlich der enge Rahmen der Paradigmentafel kein im Einzelnen völlig erschöpfendes Bild geben.

MIX
Papier | Fördert gute Waldnutzung
FSC® C083411

Kolibri 360 GmbH
Ferdinand-Jühlke-Straße 7
99095 Erfurt, Deutschland
produktsicherheit@kolibri360.de